网络通信原理

冯穗力 董守斌 编著

科 学 出 版 社
北 京

内 容 简 介

本书是一本系统介绍网络通信技术的教材，系统阐述了网络通信的基本概念和基本原理，网络通信的基础数学方法，现有网络中常用的协议规范及关键技术，网络应用领域及发展动态，等等。

本书适合通信与信息系统、网络工程等专业的研究生、高年级本科生学习使用，也可供相关专业工程技术人员参考。

图书在版编目(CIP)数据

网络通信原理/冯穗力，董守斌编著. —北京：科学出版社，2017.9
ISBN 978-7-03-053398-2

Ⅰ. ①网… Ⅱ. ①冯… ②董… Ⅲ. ①计算机通信网 Ⅳ. ①TN915

中国版本图书馆 CIP 数据核字（2017）第 133425 号

责任编辑：郭勇斌 肖 雷 欧晓娟/责任校对：王晓茜 贾伟娟
责任印制：张 伟/封面设计：蔡美宇

科 学 出 版 社 出版
北京东黄城根北街 16 号
邮政编码：100717
http://www.sciencep.com

北京中石油彩色印刷有限责任公司 印刷
科学出版社发行 各地新华书店经销

*

2017 年 9 月第 一 版　开本：787×1092 1/16
2019 年 2 月第三次印刷　印张：38 3/4
字数：900 000

定价：98.00 元
（如有印装质量问题，我社负责调换）

前　言

　　近 30 多年来，以互联网和移动通信为代表的现代通信技术得到迅速的发展，其应用已经影响人们工作和生活的各个方面。随着互联网和移动通信网的应用日益深入社会生产和生活的各个方面，特别是在此过程中通信技术（Communication Technology，CT）与信息技术（Information Technology，IT）之间的相互渗透，人们对通信网络的认识和理解也发生了巨大的变化，通信网络从过去只有简单的语音、文件数据的通信功能，扩展到现在全方位几乎无所不包的功能，如信息获取和交流、远程监测与控制、网络购物和金融交易等，通信网络已经成为世界上各个国家最重要的基础设施之一。

　　随着网络通信技术的发展，市面上出现了大量介绍网络通信和有关技术的教材和专著，不仅讨论电话交换、数据传输等基本的方法和技术，还包括计算机网络、移动通信网络、宽带通信网络、通信网络技术基础等方面的内容。此外还有各种网络通信中的专门技术，如局域网技术，同步数字体系（Synchronous Digital Hierarchy，SDH），异步转移模式（Asynchronous Transfer Mode，ATM），传输控制协议/因特网协议（Transmission Control Protocol/Internet Protocol，TCP/IP 协议），第二代（2G）、第三代（3G）和第四代（4G）移动通信网络技术，多协议标签交换（Multi-Protocol Label Switching，MPLS）技术，传感器网络技术，以及近年来出现的软件定义网络（Software Defined Network，SDN）技术，等等。同时，许多涉及网络管理与互联网应用方面的书籍也不断出现，主要包括网络管理、网络安全、互联网服务、云计算与云服务等。

　　一方面，上述网络技术各有其自身的特点，它们之间又相互密切关联，有许多共同的特性。此外，不难发现，网络通信技术的发展与其他科学技术的发展一样，遵循一种螺旋上升的规律，许多过去已经成为经典的网络理论和方法，不会因为新的网络技术的出现而被抛弃，而是在继承的基础上，得到进一步的完善和升华，因此系统、深刻地理解网络通信发展的脉络和其中最本质的东西，对于网络通信技术的不断创新和发展，有重要的意义；另一方面，目前的硕士研究生、博士研究生在学习阶段要兼顾课程学习和项目研究，包括有关网络技术在内的课程学时一般非常有限。我们常常发现，即便一个学习通信与信息或网络工程的研究生，在某一个专门研究点上可以做得很深入，其视野仍然有很大的局限性，而要通过大量网络通信各个方面的书籍来系统、全面地掌握网络通信的基本原理，往往会受到时间等因素的限制。

　　本书试图弥补现有有关网络通信教材方面的不足，尝试编撰一本系统阐述网络通信基本原理、技术及应用的研究生教材。本书包括以下几个方面：网络通信的基本概念和基本原理，网络通信中常用的数学方法，现有网络中常用的技术和协议规范，以及网络通信中的一些新的技术和一些新的发展动态。

　　本书由以下三篇组成。

　　第一篇，阐述网络通信中的一般性问题。介绍网络通信的基本概念和主要的技术指标；

介绍设计分析网络通信系统时常用的数学工具，包括排队论、图论、最优化方法和博弈论中的基本概念及其在网络通信中的应用示例；讨论网络通信中包括信道、拓扑结构、路由技术、业务模型、流量管理与控制，以及交换与分组调度等各类网络中均会涉及的一般问题与相关技术；介绍网络通信协议的层次结构模型。

第二篇，讨论网络系统中基本的技术与主要的协议。主要针对目前已经获得广泛应用的各种通信网络的技术和协议进行讨论，其中包括最传统的公用电话交换网、移动通信网、电信支撑网、计算机接入网等。另外还重点介绍了 IP 网中的主要技术、通信系统中的骨干网技术和软交换技术，以及反映未来网络发展方向的软件定义网络、网络功能虚拟化等概念和其基本的方法。

第三篇，介绍通信网络的管理与应用。网络通信技术的发展，使网络的概念越来越泛化。通信网络已经从过去仅包含简单的人与人之间通话交流和数据传输的功能，变为一个综合的信息系统，而信息传输与交换仅是其中的一项功能。本篇涉及的内容包括通信网络的管理、网络安全、互联网各种典型应用，以及物联网、云计算等基于通信网络的最新服务与有关应用。

网络通信包含的内容非常丰富，涉及的问题也异常庞大、复杂，大量的细节和对其深刻的分析绝非是一本书能够涵盖的，作者并不期待读者看完本书后就具有设计通信网络的能力，或者掌握研究分析通信网络各种问题的技能。此外，本书在介绍各种网络协议时，也没有刻意强调其全面性和完整性，而是将其中主要的、作者认为具有揭示原理和本质性的内容展现给读者。本书的主要目的，是希望学生通过对本书的学习，系统地了解网络通信的基本概念和网络通信中的基本问题，了解通信网络运行的机制和一般规律，扩大知识面，提供过去在网络通信技术发展过程中解决各种主要问题的思路。使读者对网络通信有较为完整的理解和认识，在未来研究网络通信及与其有关的应用问题时有更加广阔的视野。

本书第一篇第 2 章中最优化方法一节的内容，由唐玮俊博士编撰；博弈论一节的内容，由周雄博士编撰；另外，第 5 章通信网络仿真概述的主要内容，由颜嘉伟同学提供。限于作者的学识和水平，书中难免存在不足之处，恳请读者批评指正。另外，在本书的编撰过程中，参考了大量有关的教材和专著，书中的许多思想、观点和方法，来自这些参考文献，对这些文献的作者，我们深表敬意和感谢！

感谢叶梧教授长期以来在网络通信教学与研究过程中给予的指导和帮助。感谢李斌教授、吴春风和雷秀珍老师在本书编撰过程中给予的帮助。感谢辜家伟、吴宗泽、马雅从、朱亚伟、王博、刘柽、付佳兵等同学在资料收集方面的辛勤工作，感谢姚剑萍、韩民钊和黄桂冰等同学在本书的校对过程中所做的工作。没有上述老师和同学们的帮助，完成本书的编撰和出版显然是困难的。特别感谢科学出版社的编辑在本书的出版过程中所做的大量耐心细致的工作。

感谢国家自然科学基金项目（61340035）、广东省重点科技计划项目（2014B010112006），广东省自然科学基金项目（2015A030308017）对本书出版的支持，感谢华南理工大学研究生院研究生教材建设基金和电子与信息学院教学改革项目对本书出版的支持。

作　者

2017 年 3 月

于华南理工大学五山园区

目　　录

前言

第一篇　网络通信基础

第1章　绪论 3
1.1　网络的基本概念及基本要素 3
1.2　网络通信发展的历史 5
1.3　通信网络系统的主要指标 8
1.4　通信协议及标准制定的主要国际组织和机构 11
1.5　本章小结 13
思考题与习题 14
参考文献 14

第2章　网络通信的数学基础 15
2.1　排队论基础 15
　　2.1.1　排队系统的基本模型 15
　　2.1.2　通信网络中常用的随机过程 20
　　2.1.3　马尔可夫链 25
　　2.1.4　M/M/n 排队模型 29
　　2.1.5　M/G/1 排队模型 39
　　2.1.6　排队网络系统 48
　　2.1.7　排队论基础小结 54
2.2　图论基础 55
　　2.2.1　图的基本概念 56
　　2.2.2　图的矩阵表示 64
　　2.2.3　网络中常用的图论算法 72
　　2.2.4　网络的极大流分析 78
　　2.2.5　图论基础小结 83
2.3　最优化方法 85
　　2.3.1　最优化的基本概念 85
　　2.3.2　几个数学基本概念 86
　　2.3.3　线性规划问题 89
　　2.3.4　非线性规划问题 92
　　2.3.5　一维搜索 96

2.3.6　无约束问题最优化方法 99
　　2.3.7　约束问题最优化方法 103
　　2.3.8　启发式算法 107
　　2.3.9　最优化方法在无线通信网络中应用的示例 109
　　2.3.10　最优化方法小结 111
2.4　博弈论基础 112
　　2.4.1　博弈论简介 112
　　2.4.2　非合作博弈 113
　　2.4.3　合作博弈 115
　　2.4.4　常用博弈模型介绍 116
　　2.4.5　博弈论在无线通信网络中的应用 120
　　2.4.6　博弈论小结 126
思考题与习题 126
参考文献 132

第3章　网络通信的技术基础 134

3.1　传输信道 134
　　3.1.1　信道的基本概念 134
　　3.1.2　恒参信道 135
　　3.1.3　随参信道 136
　　3.1.4　空-时无线信道 138
3.2　网络的拓扑结构与特点 141
3.3　传输差错控制 144
　　3.3.1　选择差错控制方式的基本因素 144
　　3.3.2　差错控制的基本概念 145
3.4　路由技术 149
　　3.4.1　网络状态信息 149
　　3.4.2　网络路由计算和选择 153
3.5　数据业务流的自相似模型 154
　　3.5.1　自相似性的基本概念 154
　　3.5.2　自相似性的性质 158
　　3.5.3　数据通信量的自相似性 160
　　3.5.4　通信量的自相似特性对排队系统的影响 161
　　3.5.5　自相似过程的参数估计 162
3.6　流量管理与拥塞控制 164
　　3.6.1　流量管理问题 164
　　3.6.2　流量管理与拥塞控制的基本方式 164
　　3.6.3　接入控制 165
3.7　交换与分组调度方法 168

- 3.7.1 节点内的分组交换 169
- 3.7.2 端口的分组调度 172
- 3.8 用户的移动管理方法 178
  - 3.8.1 移动代理方式 179
  - 3.8.2 归属地登记方式 179
- 3.9 本章小结 179
- 思考题与习题 180
- 参考文献 181

第 4 章 通信网络协议的层次模型 182
- 4.1 ISO 的 OSI 七层网络协议模型 183
- 4.2 OSI 参考模型的层与层间体系结构 186
- 4.3 层与层实体间的服务原语 187
- 4.4 TCP/IP 的网络结构模型 189
- 4.5 本章小结 194
- 思考题与习题 194
- 参考文献 195

第 5 章 通信网络仿真概述 196
- 5.1 网络仿真的基本概念 196
- 5.2 常见的网络仿真工具及工作原理 197
- 5.3 网络仿真工作流程 198
- 5.4 本章小结 200
- 思考题与习题 200
- 参考文献 200

第二篇 网络通信的基本技术与协议

第 6 章 公用电话交换网 203
- 6.1 PSTN 的典型结构 203
- 6.2 PSTN 的程控交换机基本结构 204
- 6.3 PSTN 的信号及呼叫过程 206
- 6.4 PSTN 的数据传输 208
- 6.5 PSTN 的演进技术 208
  - 6.5.1 ISDN 208
  - 6.5.2 智能网技术 211
- 6.6 本章小结 213
- 思考题与习题 213
- 参考文献 213

第 7 章 移动通信网络 ... 214
7.1 2G 移动通信系统 ... 215
7.1.1 移动通信系统的基本组成 ... 215
7.1.2 移动通信的基本工作过程 ... 216
7.2 3G 移动通信系统 ... 220
7.2.1 3G 接入网系统结构与通用协议模型 ... 221
7.2.2 3G 无线接口协议与基本功能 ... 224
7.3 LTE/4G 移动通信系统 ... 228
7.3.1 LTE/4G 接入网系统结构与演进通用协议模型 ... 228
7.3.2 LTE/4G 无线接口协议及其基本功能 ... 231
7.4 5G 移动通信系统展望 ... 234
7.4.1 5G 移动通信系统研发路线图 ... 234
7.4.2 5G 核心技术 ... 235
7.5 本章小结 ... 237
思考题与习题 ... 237
参考文献 ... 238

第 8 章 电信支撑网 ... 239
8.1 信令系统和信令网 ... 239
8.2 同步系统和数字同步网 ... 241
8.3 本章小结 ... 245
思考题与习题 ... 245
参考文献 ... 245

第 9 章 计算机接入网 ... 246
9.1 计算机接入网的主要类型 ... 246
9.2 IEEE 802 系列协议规范 ... 250
9.3 802.3 协议规范与局域网 ... 253
9.4 802.11 协议规范与无线局域网 ... 255
9.4.1 802.11 协议系列规范 ... 255
9.4.2 802.11 协议参考模型及功能 ... 257
9.4.3 802.11 的基本工作模式 ... 260
9.4.4 802.11 的 Mesh 工作模式 ... 263
9.4.5 802.11 中的隐藏节点和暴露节点问题及解决方法 ... 268
9.4.6 802.11 物理层特性 ... 269
9.5 802.16 协议规范与无线城域网 ... 270
9.5.1 802.16 协议系列规范 ... 270
9.5.2 802.16 协议参考模型及功能 ... 271
9.5.3 802.16 传输媒介的访问管理 ... 275
9.5.4 802.16 业务类型和服务管理 ... 278

| 9.5.5   802.16 的 Mesh 工作模式 ··· 282

| 9.5.6   802.16 的物理层特性 ·· 290

| 9.6   本章小结 ·· 291

| 思考题与习题 ··· 291

| 参考文献 ··· 292

| 第 10 章   IP 网技术 ··· 293

| 10.1   TCP/IP ·· 294

| 10.1.1   TCP/IP 的网络层 ··· 295

| 10.1.2   TCP/IP 的传输层 ··· 320

| 10.1.3   IP 网中实时业务传输控制协议 ··· 326

| 10.1.4   TCP/IP 的发展 ··· 332

| 10.2   IP 网的 QoS 技术 ··· 333

| 10.2.1   IP 网的 QoS 概念 ·· 333

| 10.2.2   资源预留协议与综合服务 ··· 334

| 10.2.3   区分服务 ··· 343

| 10.2.4   综合服务与区分服务的整合问题 ··· 349

| 10.2.5   本节小结 ··· 351

| 10.3   移动 IP ··· 351

| 10.3.1   移动 IP 的基本概念 ·· 351

| 10.3.2   移动 IP 的工作原理 ·· 353

| 10.3.3   移动 IP 的主要控制消息 ·· 363

| 10.3.4   移动 IP 小结 ··· 368

| 10.4   IPv6 协议 ·· 368

| 10.4.1   IPv6 协议概述 ·· 368

| 10.4.2   IPv6 报文结构 ·· 370

| 10.4.3   IPv6 编址方式 ·· 376

| 10.4.4   IPv6 的网络管理消息协议 ·· 380

| 10.4.5   IPv6 的地址配置 ··· 386

| 10.4.6   互联网从 IPv4 到 IPv6 的演进 ··· 388

| 10.5   本章小结 ··· 393

| 思考题与习题 ··· 393

| 参考文献 ··· 395

| 第 11 章   通信系统的骨干网技术 ··· 396

| 11.1   ATM 技术 ··· 396

| 11.1.1   ATM 技术的产生背景和主要协议规范 ·· 396

| 11.1.2   ATM 的基本工作原理和主要特性 ·· 397

| 11.1.3   ATM 协议的参考模型 ··· 399

| 11.1.4   ATM 交换技术 ··· 415

11.1.5 ATM 网络的业务量管理与拥塞控制 ………………………………………… 421
11.1.6 ATM 网络的应用 ……………………………………………………………… 436
11.1.7 ATM 技术小结 ………………………………………………………………… 443
11.2 多协议标签交换技术 …………………………………………………………………… 444
11.2.1 MPLS 的产生背景与有关协议规范 ……………………………………… 444
11.2.2 MPLS 网络的基本组成与特性 …………………………………………… 445
11.2.3 标签分发协议 ………………………………………………………………… 451
11.2.4 MPLS 的路由方法 …………………………………………………………… 454
11.2.5 基于 ATM 技术的 MPLS 网络系统 ……………………………………… 455
11.2.6 MPLS 技术小结 ……………………………………………………………… 457
11.3 NGN 与软交换技术 …………………………………………………………………… 458
11.3.1 NGN 与软交换技术的概念 ………………………………………………… 458
11.3.2 基于软交换的 NGN ………………………………………………………… 459
11.3.3 软交换系统中的主要协议 ………………………………………………… 463
11.3.4 软交换工作过程示例 ……………………………………………………… 465
11.3.5 本节小结 ……………………………………………………………………… 467
11.4 SDN …………………………………………………………………………………… 467
11.4.1 SDN 的概念 …………………………………………………………………… 467
11.4.2 SDN 体系结构简介 ………………………………………………………… 467
11.4.3 OpenFlow 协议 ……………………………………………………………… 470
11.4.4 OpenFlow 交换机 …………………………………………………………… 473
11.4.5 NFV …………………………………………………………………………… 474
11.4.6 SDN 及 NFV 发展面临的主要问题 ……………………………………… 478
11.4.7 软件定义网络小结 ………………………………………………………… 479
思考题与习题 ……………………………………………………………………………………… 479
参考文献 …………………………………………………………………………………………… 481

第三篇 通信网络的管理与应用

第 12 章 通信网络管理 ………………………………………………………………… 485
12.1 通信网络管理概述 ……………………………………………………………………… 485
12.2 网络管理的标准及协议 ………………………………………………………………… 486
12.3 OSI 网络管理框架 ……………………………………………………………………… 486
12.3.1 OSI 公共信息服务 CMIS …………………………………………………… 486
12.3.2 公共管理信息协议 CMIP …………………………………………………… 489
12.3.3 OSI 管理信息结构 …………………………………………………………… 490
12.4 电信管理网 ……………………………………………………………………………… 493
12.4.1 TMN 功能 ……………………………………………………………………… 493

12.4.2　TMN 信息体系结构 495
12.5　互联网网络管理 495
　　12.5.1　基于 SNMP 的管理框架 495
　　12.5.2　SNMP 参考模型 496
　　12.5.3　SNMP 的管理信息结构 497
　　12.5.4　SNMP 497
　　12.5.5　管理信息库 499
　　12.5.6　SNMP 与 CMIP 比较 500
12.6　网络管理的应用 501
　　12.6.1　网络监测 501
　　12.6.2　流量检测 502
　　12.6.3　故障管理 505
　　12.6.4　流量管理 508
思考题与习题 511
参考文献 511

第 13 章　通信网络安全 513
13.1　网络安全定义及相关术语 513
　　13.1.1　网络安全的定义 513
　　13.1.2　相关术语概念 514
13.2　加密传输体系 516
　　13.2.1　对称加密 516
　　13.2.2　非对称加密 517
　　13.2.3　混合加密 518
　　13.2.4　密钥管理 519
　　13.2.5　公钥基础设施 523
13.3　传输层安全 526
　　13.3.1　SSL 协议 526
　　13.3.2　TLS 协议 528
13.4　应用层安全 529
　　13.4.1　电子邮件安全 529
　　13.4.2　Web 安全 531
13.5　防火墙与入侵检测 534
　　13.5.1　防火墙 534
　　13.5.2　入侵检测 535
思考题与习题 537
参考文献 537

第 14 章　互联网应用 538
14.1　互联网应用层协议 538

        14.1.1 HTTP ··· 538
        14.1.2 邮件传输协议 ··· 540
        14.1.3 邮件访问协议 IMAP/POP3 ·· 541
        14.1.4 FTP ·· 542
        14.1.5 域名系统 ··· 543
    14.2 互联网应用的发展 ·· 545
    14.3 社交媒体 ··· 547
        14.3.1 即时通信 ··· 547
        14.3.2 微博/微信 ·· 548
        14.3.3 网络论坛 ··· 549
    14.4 搜索引擎 ··· 549
        14.4.1 网络爬虫 ··· 549
        14.4.2 倒排索引 ··· 551
        14.4.3 检索服务 ··· 552
    14.5 多媒体应用 ·· 554
        14.5.1 网络新闻 ··· 554
        14.5.2 流媒体 ·· 555
        14.5.3 网络游戏 ··· 557
    14.6 电子商务 ··· 558
        14.6.1 网络购物 ··· 558
        14.6.2 网上支付 ··· 561
        14.6.3 网上银行 ··· 561
        14.6.4 在线旅游 ··· 562
    思考题与习题 ·· 564
    参考文献 ·· 564
第 15 章 物联网应用 ··· 565
    15.1 物联网体系结构 ··· 565
        15.1.1 感知层功能及关键技术 ··· 565
        15.1.2 网络层功能及关键技术 ··· 566
        15.1.3 应用层功能及关键技术 ··· 567
    15.2 传感器与检测技术 ·· 567
        15.2.1 射频识别 RFID 技术 ··· 567
        15.2.2 传感器技术 ··· 569
    15.3 无线传感器网络 ··· 571
        15.3.1 无线传感器网络体系结构 ··· 571
        15.3.2 无线传感器网络的特征 ··· 574
        15.3.3 无线传感器网络应用领域 ··· 575
    15.4 物联网数据融合与管理 ··· 575

目 录 · xi ·

　　　15.4.1　数据存储 ··· 576
　　　15.4.2　数据融合 ··· 577
　15.5　物联网应用 ··· 577
　　　15.5.1　智能家居 ··· 578
　　　15.5.2　智能交通 ··· 579
　　　15.5.3　医疗健康 ··· 579
　思考题与习题 ··· 580
　参考文献 ··· 580

第 16 章　云计算与云服务 ·· 581
　16.1　基本概念与术语 ·· 581
　　　16.1.1　云计算特性 ··· 581
　　　16.1.2　角色 ·· 582
　　　16.1.3　云部署模型 ··· 582
　16.2　云计算的基础设施 ·· 583
　16.3　云计算关键技术 ·· 584
　　　16.3.1　虚拟化技术 ··· 584
　　　16.3.2　云存储 ·· 585
　　　16.3.3　编程模型 ··· 587
　16.4　云计算的分层体系 ·· 588
　　　16.4.1　基础设施即服务 IaaS ·· 589
　　　16.4.2　平台即服务 PaaS ·· 589
　　　16.4.3　软件即服务 SaaS ·· 589
　16.5　云计算的应用 ··· 590
　　　16.5.1　IaaS 服务 ·· 590
　　　16.5.2　PaaS 服务 ··· 591
　　　16.5.3　SaaS 服务 ··· 591
　思考题与习题 ··· 591
　参考文献 ··· 591

缩写对照表 ·· 593

第一篇 网络通信基础

本篇作为通信网络的概论，将介绍网络的概念，网络通信的简要发展历史；介绍网络通信的基本概念和主要的技术指标；介绍设计分析网络通信系统时常用的数学工具，包括排队论、图论、最优化方法和博弈论中的基本概念和知识；讨论网络通信中有关信道、拓扑结构、路由技术、业务模型、流量管理与控制，分组交换与包调度策略，用户的移动管理等各类网络中均会涉及的一般问题与有关的技术；介绍网络通信协议的层次结构模型等。

第1章 绪 论

网络通信在其长期的发展过程中，在不同的技术背景下针对不同的应用，形成了多种不同的网络形态、技术和有关的协议。这些网络各有其自身的特点，它们之间又相互密切关联，有许多共同的特性。与其他科学技术的发展一样，网络通信技术的发展也遵循一种螺旋上升的规律，许多过去已经成为经典的网络理论和方法，不会因为新的网络技术的出现而被抛弃，而是在继承的基础上，得到进一步的完善和升华，因此系统了解网络通信技术发展的脉络，理解其中基础和本质的东西，对于了解网络的运行机制和拓展其应用，促进未来网络通信技术的进一步发展和创新，有重要的意义。本书力图从网络通信与信息服务这一较为全面的角度，讨论网络通信的原理与方法，全书包括如下几个方面的内容：网络通信的基本概念和基本原理，网络通信中常用的数学方法，现有网络中常用的技术和协议规范，网络管理与应用，以及网络通信中的一些新的技术和未来的一些发展动态。

1.1 网络的基本概念及基本要素

1. 网络的基本概念

网络是人们在长期的生产和社会活动中创造出来的一种系统，可以抽象为由"点"和"线"组成的结构。视不同的描述对象，网络中的"点"和"线"可以被赋予不同的功能。在现代社会中，几乎每个人对网络的概念都有形象的认识，网络渗透到人们日常生活的各个方面。事实上，维系我们日常生活和工作状态正常运行的各种基础设施，除了在本书中将要详细讨论的通信网络外，许多也都是以网络的形式出现的。例如：

1) 电力系统

输电系统网络可将一个地区或整个国家的发电和用电系统联系起来，将发电站或发电厂发出的电能输送到各种类型的用电设备上。

2) 市政供水系统

供水系统网络将江河湖泊或各类水库与众多的企业的用水设施和千家万户的用水设备联系起来，为人们提供清洁的水源。

3) 交通运输系统

交通运输系统通常也以网络的形式运作，如全国的各类国道和省道构成的公路网、铁路和其站场构成铁路网、空中航线和机场构成的航空运输网、海洋航线和港口构成的海运网络等各种运输系统，都以某种网络的形式存在。

除此之外，大量的其他系统也是以网络结构形式运行的，如邮政局的邮件或快递公司的传递系统、银行系统、石油管线系统等。甚至包括政府各级部门组成的管理系统，也可以看作某种广义的网络系统。

网络给人们带来的最大好处是可以共享系统的资源。一般来说，从建设和运行维护成本的角度，人们不可能为每个用户专门建立一条从电站到居家之间的供电线路；也不可能专门建立一条从水源到居家之间的输水管线；同样道路不可能专门仅为某个特定的起点和终点来开辟建设；日常生活和工作的通信邮路也不可能为某个人专门建立。网络共享资源的方式，使大量昂贵事业的建设和运行维护的成本问题迎刃而解。

2. 网络的基本要素

除了抽象的"点"和"线"之外，网络通常必须具备以下两个要素。

1）统一的协议与规程

大型网络的一个共同特征是网络中包含成千上万，甚至不可计数的子系统或工作单元，要使得这些子系统和单元集成在一个系统中工作，必须有相应的**规程**或**协议**。比如，对于一个无线通信系统传输链路的两端，必须约定传输时采用的频率和调制编码方式等参数；在一个国家的电力系统中，从输变电压的等级到各种用电器的接插件等，都必须有统一的规定；在邮政系统中，从邮政编码、信封的格式到地址的书写方式，都必须有基本的规定，才能使网络系统有效地运行。

现代的通信网络，从地域覆盖范围，包含用户设备单元数及传输的业务种类等综合的角度来说，是目前世界上最庞大和复杂的一个网络系统。在现代通信网络系统中，各种设备单元的种类、处理能力，甚至结构和形态等可以多种多样。例如，有些设备可以是运算功能强大的服务器或超级计算中心，也可以是仅需要几个简单程序命令就可控制的家用电器。因此，要在网络设备间实现信息的交互，彼此理解其中的涵义，实现各种操作，需要有协议来规范各类信息表示方式。

2）管理与协调机制

通常一个网络系统在运行时，会出现许多随机的因素，要使网络有效地工作，同时还必须有某种形式的**管理**或**协调**机制。例如，对于电力系统，要有相应的管理调度机制，保证发电量与用电量的平衡；对于城市交通系统，必须有红绿灯信号，才能保证车辆安全有序地运行；对于政府机构，必须有强有力的管理体系，才能保证获取民意，以及各种统计信息上传和政令下达的畅通；同样地，对于通信网络，要使得各类不同的信息得以有效地传输，网络中需要一套完整的管理与协调机制。

3. 通信网络面对的主要问题

各种不同用途的网络系统有各自的特点，例如，有些网络传输是单向的，传输的物质从宏观上来说是连续绵密的，如电网、供水系统等；有些则是双向的，传输的物质的颗粒是离散的，如交通运输网、邮政网络等。现代通信网络是一种综合业务传输网。通信网络由于信息种类繁多和传输要求的不同导致传输业务的多样性，几乎包含各种网络中所需要解决的问题：

（1）通信网络中传输的业务类型可以是具有流特性的，如各种音视频业务；也可以是离散突发报文特性的，如各种文件传输业务；

（2）可以是具有实时性要求的音视频业务；也可以是各种非实时的业务（如电子邮件等类型）；

（3）可以是单向非对称的，也可以是双向交互式的；

（4）可以是一对一方式的，也可以是一对多组播方式的，或者是广播性质的；

（5）在物理形态上，可以是通过有线方式传输的，也可以是采用无线方式传输的；

（6）网络中的节点和用户终端，可以是固定的，也可以是移动的；

（7）网络中的信息，有些是希望公众尽可能知晓的，也有些是需要严格保密的。

可见在网络的存储资源和处理能力有限的条件下，要使得通信网络能够高效率地运行，需要解决一系列的复杂问题。

1.2 网络通信发展的历史

通信的发展历史很大程度上就是网络通信的发展历史。古代的烽火台，是以网络结构方式逐级传递告警信息；古代传输官府文件或民间书信的驿站，可以看作通信网络中的中转节点；以电磁场理论和电磁波信号为基础构建的近代通信系统，同样一开始就呈现了网络的特征。早期的通信网络是依据不同的通信业务的类型来设立的。

1837年莫尔斯发明电报后构建的电报网，是由电报局端到端的收发报机，传送报文的投递员构成的网络系统。需要发送电报的用户先到电报局填写电报报文，电报由报务员发送到接收端局，由报务员译码后，再由投递员传输到当地的收报者手中。

1876年贝尔发明电话机后构建的电话网，是一种较电报系统更为先进的网络通信系统，通过网络和电话机实现了端到端的模拟信号的通信。电话网络中的交换机经历了从人工交换（1878年）、机电式步进交换机（1893年）、纵横式自动交换机（1938年），到程序控制交换机（1965年）和现代的全数字式程控交换机的漫长发展过程。

1918年出现的调幅无线音频广播、1933年出现的调频无线音频广播和1938年开通的电视广播，呈现在人们面前的是一种单向广播式的无线通信网络系统。早期的电台和电视台节目信号，由本地的无线广播网络通过大功率的放大器和发送天线通过一跳的方式，将信号从广播电台传输到接收机中。音频广播信号的远距离传输，可通过短波方式，通过电离层反射到达接收端；或者通过卫星或微波中继的方式，将信号传输到本地的广播电台或电视台，然后通过本地的电台或电视台发送到接收机中。

1946年第一台电子计算机在美国的宾夕法尼亚大学诞生，伴随着电子技术与计算机技术的进步，数据通信在20世纪50年代开始蓬勃发展起来。早期的数据通信网络的主要应用在以下方面：一是替代需要人工介入的电报网，二是实现远距离共享昂贵的计算机运算资源。前者通常采用网状的结构方式，后者在开始阶段则是一种以计算机为中心的星形网络结构的系统。

1969年**分组交换网**在美国投入运行，分组交换网的开通是开启现代数字通信时代的标志。从某种意义上说，从此时开始的网络通信的发展历史，是一部从传统的每一通信进程独占物理信道的方式，向基于分组交换的统计复用共享物理信道方式转换的过程。

20世纪70年代，是以计算机网络为代表的通信网络发展的一个划时代的阶段的开端。

处于该阶段的计算机网络发展的初期，计算机接入网络的链路层出现了许多不同的技术，如以太网、令牌网、令牌环网等。不少计算机网络公司都提出了自己的网络体系结构和相应的网络层及传输层协议，如美国 IBM 公司提出的网络体系结构（System Network Architecture，SNA），美国 Digital 公司提出的数据网络结构（Data Network Architecture，DNA），美国 Novell 公司提出的互联网分组交换/顺序分组交换（Internetwork Packet Exchange/Sequenced Packet Exchange，IPX/SPX）协议，美国国防部基于 V. Cerf 和 B. Kahn 等工作提出的传输控制协议/因特网协议等。众多不同的技术和协议虽然有各自不同的优点，但采用特定的网络体系结构和协议只能使用该公司自己的产品。多种网络体系结构并存的情况呈现一种百花齐放的局面，但并不利于整个通信网络的发展。

国际标准化组织（International Standard Organization，ISO）很早就注意到计算机网络体系结构标准化的必要性，ISO 于 1977 年成立的专门委员会提出了不基于特定机型、操作系统或公司产品的网络体系结构的模型，称为**开放系统互联**（Open System Interconnection，OSI）模型，这就是著名的 OSI 网络协议七层参考模型。OSI 模型完整、清晰地定义了实现计算机系统互联互通的网络所需的各种功能，并进行了相应的层次划分，这一概念对后来各类通信网络的发展影响巨大。

而开始由美国国防部资助开发、后来又受到美国国家自然科学基金委员会的支持的 TCP/IP 协议，最终发展演变成当今全球各种通信设备和计算机系统互联互通的**事实标准**。伴随其发展，相关的各种完善 TCP/IP 协议和促进其发展的国际组织也相继成立，这标志着**互联网**（Internet）的诞生。互联网的出现和广泛应用从根本上改变了通信网络单纯传输的概念，当今的互联网不仅是一个简单的通信网，而且是一个包含众多服务器系统的信息网。计算机的普及和互联网的广泛应用，是人类进入信息社会的主要标志。

20 世纪 90 年代**光纤通信**技术开始获得广泛的应用，这是网络通信系统物理传输媒质的一次重要革命，光纤通信从根本上改变了通信系统的容量。光纤通信使通信系统信道容量的增加较**摩尔定理**描述的计算机 CPU 集成度与运算能力每 18 个月提高一倍的增加速度快了近一个数量级。单根光纤纤芯上的信息传输速率已经从百兆（M）比特每秒（10^8bit/s）、吉（G）比特每秒（10^9bit/s）发展到现在，其速率已经开始进入太（T）比特每秒（10^{12}bit/s）的时代。随着网络通信系统物理层传输速率的巨大提升，带动着网络中其他层的相关协议与技术也发生了巨大的变化，异步转移模式及相关技术的出现就是这种变化的典型代表之一。目前大量采用光纤作为传输媒质的宽带网络系统，其交换节点主要仍然是基于传统的交换机和路由器等设备构建，数据在节点中进行交换时，要分别进行光/电、电/光物理量的变换，同时其交换速度受制于相对较慢的电子元器件的工作速度。电子设备的交换能力已经成为影响光纤网络传输速度的主要瓶颈。采用直接进行光交换技术的**全光网络**，或许是新一代宽带网络技术的最重要发展方向之一。

无线通信系统是网络通信的重要组成部分。小范围的无线通信因其不受布设有线基础设施的限制，可以很灵活地构建小型的网络系统，如由无线对讲机构成的安保或工地指挥系统，这种小型的无线网络通过端到端的一条无线链路建立通信信道。但由单纯无线终端构成的网络在大范围、长距离应用中受到了两方面的制约：一方面，与有线传输时可将光波信号或电磁波信号局限在相应的传输媒质中不同，在开放的无线空间，不同的终端使用相同的频谱发射信号会产生相互干扰，因此频谱是非常有限的资源；另一方面，在需要便携和移动、同时又有远距离通信要求的场合，人们不可能随身携带笨重的大功率通信设备。

20世纪50～60年代，美国电话电报公司（American Telephone & Telegraph，AT&T）旗下的贝尔实验室，发明了频率可重用的**蜂窝式**无线通信系统，使无线频率资源可随蜂窝区域的减小而倍增，很大程度上解决了有限的频谱资源高效利用的问题，为现代小区制的移动通信的广泛应用奠定了基础。如果说铜缆或光纤是将电磁波信号限定在一个线状波导范围从而可在特定空间实现频谱的复用，蜂窝结构则是通过将信号的功率将限定在一个小的平面区域范围而实现频谱的复用，从而缓解了频谱资源稀缺制约的问题。蜂窝式无线接入网与有线核心网（Core Network，CN）的结合，解决了小功率终端发出的信号受传输距离的限制，实现了全球范围的移动通信。蜂窝式无线通信系统的发明是无线通信网络领域的一次革命。

20世纪80年代，第一代（1G）基于模拟通信技术的蜂窝移动通信系统开始规模商用，俗称"大哥大"的移动终端此时成为一种手提式的电话，但其昂贵的开通和设备费用使普通百姓望而却步，很大程度上是那个年代富有身份的象征。到90年代初，模拟移动通信系统逐步被更为先进的采用数字通信技术的第二代（2G）蜂窝移动通信系统所代替，数字技术的引入，使得通信质量更好，同时有更好的安全保密性能，特别是其可迅速大规模地普及应用带来的成本降低，使得移动电话最终成为人们日常生活普通工具的一部分。

移动通信系统与有线的通信系统的传输信道有很大的区别，终端和基站间的工作状态受无线信道周围环境的影响很大。现代的无线通信系统通常都以自适应的方式工作，可根据环境和移动状态对信道的影响及传输业务的服务质量要求，调整传输速率。1G移动通信系统是模拟通信系统，只能提供较简单的语音通话服务；2G移动通信系统是数字通信系统，传输速率通常仅为9.6Kbit/s（比特每秒），最高也只达到几十千比特每秒的速率；以码分多址（Code Division Multiple Access，CDMA）技术为基础的第三代（3G）移动通信系统的性能较之2G系统速率有了显著的提高，根据不同的环境与条件，在高速移动、步行或静止的状态下，可分别提供144Kbit/s、384Kbit/s和2Mbit/s等不同速率的传输服务。在3G移动通信系统技术的不断进步过程中，还出现了高速分组接入/高速下行链路分组接入（Highspeed Packet Access/Highspeed Downlink Packet Access，HSPA/HSDPA）等新的技术，使得传输的数据率达到了14.4Mbit/s的水平。

由互联网和移动通信结合引发的移动互联时代的强劲推动力，使移动通信依然是目前通信系统研究和技术开发方面最活跃的领域之一，3G移动通信系统通过**长期演进**（Long Term Evolution，LTE）**技术**的方式向第四代（4G）移动通信系统的方向发展。从物理层技术来说，LTE是一场技术革命，它采用了无线频谱利用效率更高的**正交频分复用**（Orthogonal Frequency Divssion Modulation，OFDM）的调制解调方式，结合射频的多进多出（Mutiple-In Mutipleout，MIMO）技术，当使用20MHz的无线带宽时，从基站到终端的下行峰值速率可超过100Mbit/s，而从终端到基站的峰值上行速率则可超过 50Mbit/s。**继续演进的** LTE（LTE-Advanced）技术，通过进一步利用**频谱聚合**等增强技术，使用的无线频带宽度可达 100MHz，系统无线传输的峰值速率可超过 1Gbit/s。移动通信系统正朝着向第五代（5G）移动通信技术的方向发展，国际电信联盟（International Telecommunication Union，ITU）提出的 5G 技术的目标是：用户速率可达 100Mbit/s～1Gbit/s，系统的峰值速率可达 10～20Gbit/s，能够支持 500km/h 的移动速度，频谱效率比 4G 提高 3～5 倍。

随着通信技术与信息技术两个领域的不断渗透和融合，以及所产生的"互联网+"效应导致的互联网应用的高速发展，数据流量的爆炸式增长对通信网络造成了巨大的冲击。传统的网络升级换代模式不仅缓慢，不能适应时代要求，而且高昂的运营成本使网络运营商不堪重负，由此正在催生一场以**软件定义网络**和**网络功能虚拟化**（Network Function Virtualization，NFV）为标志的网络组网和运行控制方式的新的变革。

网络通信技术的发展历史，本身就是一部近代通信技术的发展历史，其每一步的发展都深刻体现了物理学和数学等基础研究成果和各种工业技术进步的综合影响。

1.3 通信网络系统的主要指标

什么是网络通信系统的性能与技术指标，对不同的对象，可能会有不同的关注点和期望值。下面列举其中主要的性能指标参数。

1. 传输速率

网络的传输速率永远是人们关注的网络主要参数。人们在讨论网络传输速率时通常针对的是网络中某条物理链路单位时间内传输比特数的大小，即其比特率。比特率的基本单位是**比特/秒**（bit/s），或称**比特每秒**。虽然传输速率与信道容量的物理单位相同，但严格来说两者有不同的含义。**信道容量**一般是指香农意义下的信息速率，指的是可实现没有差错传输的比特率；而网络系统中的传输速率一般是指在不大于某一差错概率条件下的比特率。例如，对于合理配置的光纤，传输过程中引入的误比特率在 10^{-12}～10^{-9}。在许多有关计算机网络的书籍和文献，以及不会产生歧义的场合中，人们还常常会把传输速率称为**带宽**，应当注意这与通信原理中以赫兹（Hz）为单位的频谱带宽的含义是不同的。

2. 吞吐率

吞吐率是一个与传输速率有关联的网络参数，但两者有不同的含义。吞吐率通常是指单位时间内可传输的用户的**净荷**，即去除在传输过程中加入的开销和出错的部分后，正确传输的数据量。吞吐率的单位也是 bit/s。在不同的应用场景，吞吐率可能会有不同的定义。例如，对于链路层来说，某条链路吞吐率是指在单位时间内，在正确接收的数据帧中除去物理层和链路层包括同步、帧控制域中的各种参数所占的数据量，在数据域中所包含的数据量；而对于网络层级以上的各层来说，其吞吐率则还要刨去相应的各层报文中报头的各种开销。在一个实际的系统中，吞吐率的大小往往还会受到操作系统和各种调度控制策略的影响,因此一般来说,准确的吞吐率需要通过大量的实际测量后根据统计值来确定。吞吐率可以用来度量一个传输链路的传输能力;一个包含多跳的传输通道的传输能力;某个交换设备的交换能力;或者某个网络系统总的数据的传输处理能力。

3. 差错率

差错率是一个相对值,一般是指某条链路上传输的数据量(比特数)与传输过程中出错的部分经长时间统计得到的**比值**,通常也称为**误比特率**。另外,在现代的分组通信系统中,每个分组或一帧、一个报文中如果有错误,不管这个传输单元中错误有多少,都可能会导致整个传输单元作废,因此常常也会采用分组出错的概率、误帧率等作为衡量传输错误大小的指标。通常对不同传输业务会有不同的差错率要求,例如,对于话音业务,差错率要求不高于 10^{-3},对于视频业务该参数为 10^{-4},而对于文件类型的数据业务,往往要求达到 10^{-7} 以下。

4. 传输时延与时延抖动

网络的**传输时延**是指数据从信源节点传输到信宿节点所经历的时间,**延时抖动**是指最大的传输时延与最小的传输时延之间的差值。从目前网络传输方式的发展趋势来看,绝大多数的通信网络最终都将演变成基于统计复用的分组交换网络。对于现代的分组交换网,为提供传输效率,一般不会按照峰值速率分配带宽资源,为平滑业务流的突发性,通常在交换或路由设备中设有缓冲器,以调整网络的负载变化。网络传输业务的多种类型和各种不确定因素的存在,会导致数据分组在缓冲器内的时延大小呈现随机变化的特性。其中最小的时延由信道物理介质的传播时延和硬件的转发速度决定,其他的时延则与网络正在传输业务的特性、交换节点缓冲器大小及调度策略等多种因素有关。

一般对于没有严格时间限定的文件类型的传输业务,人们通常关心的是平均的传输时延。而对于实时业务,绝对传输时延的大小成为重要的参数指标。对于单向的流媒体(Streaming Media)(如电视类的音视频节目)业务,网络传输时延的上限取决于接收者愿意承受的等待节目开始播放的时间与接收端缓冲器容量的大小。大容量缓冲器可以吸收传输过程中的抖动。接收者可接受的等待时间越长和缓冲空间越大,可容忍最大的时延变化则越大。此时,虽然开始播放的绝对时延可能会较大,但一旦开始播放,经过缓冲的流媒体节目可以连续不断地播出,传输过程中引入的时延抖动都会被吸收。需要注意的是,对于需要进行双向交流的实时业务,如电话、视频会议等,一般不能够简单地通过控制缓冲器的大小来改善服务质量,因为人与人的交流有时间节律的固有习惯,一旦时延超过某一临界值,就会感觉到不舒服。这一临界值通常在 100~200ms。

5. 传输效率

通信网络的传输效率可以看作传输过程中用户数据量与总的传输数据量的**比值**。效率毫无疑问是通信网络的重要指标。任何一种网络要正常运行,都需要有维护网络运行的控制和监管机制和相应的传输开销。对于**面向连接**的网络系统，如一个公共电话网络，要实现正常的通话，需要有信令系统，完成用户的接入控制、分配资源建立传输路径、处理故障和计费等复杂的操作。而对于**非面向连接**的网络系统，如支撑互联网运行的 IP 网络，需要有相应的路由协议和互联网控制报文协议（Internet Control Message Protocol，ICMP），以实现数据分组的路由信息交互、拥塞控制，故障监测等功能，保证每个独立传输的报文能够正确地到达目的地。上述的控制或监管信息的传递需要消耗信道的传输资源。如何降低系统的开销以保证传输效率，显然也是每一个网络开发人员需要考虑的最重要的因素之一。

6. 安全性能

通信网络中信息传输安全的重要性不言而喻。传统的通信网是一个基于电路交换的面向连接的系统，对于这类网络，除非有手段可以在传输的硬件线路或结构上侵入到特定的传输路径上，一般很难获取传输信息的内容。现代通信网考虑信息交互的便利性和资源统计复用的高效率性，网络基本上采用开放系统互连的理念构建。黑客入侵他人的系统或者截获网络上传递信息有可能通过的软件进行远程的操作实现，因此现代网络系统在机制和结构上存在巨大的安全隐患，加之在网络的软件系统设计难以避免出现不完善之处，除非可以实现物理意义上的电磁或光信号对窃听者的隔离，否则安全隐患必然存在。因此网络中的入侵和反入侵将是一个永恒的博弈问题。

7. 能效

能量效率（简称能效）是指达到某项目标所需消耗的能量的一个相对指标，是通信系统的基本参数之一。在不同的场合，能效往往有不同的表示形式，例如，人们在比较不同通信设备性能的优劣时，常常依据单位能量可传输数据比特数，或比特能量/噪声功率密度谱（E_b/N_0）与误比特率 P_b 间的特性或关系曲线等方式进行度量。而在一些特殊的能量受限的网络应用场合，如对于野外无市电提供能量供给的传感器网络，能效反映的是获得同样的信息所需的能耗，能效直接影响系统可持续工作的时间。此时节点工作/休眠状态的转换方式性能的优劣、路由和信息处理等算法效率的高低，直接决定着系统的工作寿命。有文献表明：整个信息通信技术（Information Communication Technology，ICT）行业二氧化碳的排放量占全球排放量的 2%~2.5%，而且仍然在以每年 4%的速度递增。随着人们环境保护意识的提高，高能效的绿色通信方式越来越受到人们的重视，通信网络的能效的高低将成为越来越重要的系统指标。

8. 复杂性与成本

复杂性和成本也是衡量一个通信网络优劣的主要指标。通常系统的复杂性高意味着成本的增加。通信网络经历了从简单到复杂，又从复杂到简单的一种螺旋上升变化的过程。早期的电话网和电报网非常简单，但其运行需要介入大量人工的操作。随着各种通信业务的发展，出现的各种各样的专用的网络，如公共电话网、数据传输网、广播电视网等，整个通信系统呈现为一个复杂多元的大系统。为实现更便捷的通信，在近 30 多年来的通信网络的发展过程中，出现了诸如基于传统程控交换技术的**窄带综合业务数字网**（Narrowband Integrated Services Digital Network，N-ISDN）、基于 ATM 的**宽带综合业务数字网**（Broadband Integrated Services Digital Network，B-ISDN）等可同时支持多种不同业务传输的网络。较之前由多种专用网络综合构成复杂的大系统，宏观网络系统的复杂性得到了很大的改善，用户申请一个网络接入端口，即可实现多种业务的传输。尤其是 B-ISDN，较之前的网络有了革命性的变化，它是一种全分组化、基于统计复用虚电路实现的高速综合业务网络。

B-ISDN 网络实现了宽带和综合业务的传输，但这种基于 ATM 的网络技术复杂，交换设备价格昂贵。尤其是其主要的发展阶段恰好与基于 TCP/IP 协议的互联网高速发展在时间上刚好重叠，可谓生不逢时。ATM 技术最终没有进入局域网（Local Area Network，LAN）领域，而原来认为可在骨干网上大展拳脚，随着高速路由器技术的发展，也失去综合性能上的优势。在商业化的竞争过程中，B-ISDN/ATM 技术最终被更为简单的 IP 协议和高性能的交换技术所逐步淘汰。在商用的移动通信领域，原来 2G 和 3G 移动通信网采用的结构复杂的接入网部分，其体系结构也朝着**扁平化**的方向发展，LTE/4G 系统的接入网呈现结构更为简单的形式。

9. 便利性

在以计算机、微处理器和相应操作系统等软件技术快速发展的今天，高度智能化带来的使用便利性也成为通信网络的重要指标，有时甚至成为某项技术在商业上成败的关键。例如，以太网技术以几乎即插即用的便利配置方式最终在局域网领域取代了包括令牌网、令牌环网和 ATM 等技术，成为计算机和各种智能终端接入网络采用的最主要技术。便捷的入网方式也是目前基于 802.11 协议的无线局域网（Wireless Local Area Network，WLAN）获得广泛应用的重要原因之一。

1.4 通信协议及标准制定的主要国际组织和机构

通信网络是由众多独立单元组成的大系统，要使其有效地协调工作，需要相应的网络协议和标准。要实现通信网络系统在全世界范围内的互联互通，一般来说，这些协议和标准，要在全球得到普遍的认可，因此必须由国际权威的标准化组织来协调制定。目前在通信领域主要的 ISO 及有关的制定机构主要如下。

1. ITU

国际电信联盟（ITU）源于 1865 年欧洲多国政府为解决电报编码的标准化问题召开的代表大会上制定的《国际电报公约》，此后又为电话系统的国际服务问题制定了相应的规范，当时的欧洲是世界科学技术发展的中心。1947 年，ITU 成为联合国下的一个专门的独立机构，名正言顺地成为国际上通信领域标准化最具权威的组织。联合国的所有成员都可以是 ITU 的成员，目前有 190 多个成员，ITU 主要依赖各个成员国的捐资运行。ITU 属下主要有 3 个部门，分别是：**无线通信部**（ITU-Radio Communication Sector，ITU-R），主要负责无线频率和通信卫星轨道资源的分配；**电信标准化部**（ITU-telecommunication Standardization Sector，ITU-T），主要负责通信系统的标准和协议的制定，这些标准通常以建议书（Recommendation，REC）的形式出现，各国可自行决定是否采纳 ITU-T 的标准；**发展部**（ITU-development sector，ITU-D），主要任务是帮助普及以公平、可持续和支付得起的方式获取信息的通信技术，以促进各国的社会和经济发展。

2. ISO

ISO 成立于 1947 年，是世界上最大的非政府性标准化专门机构，目前约有 162 个会员国，ISO 的工作主要由全世界的志愿者组成的工作组完成。ISO 的任务是促进全球范围内的标准化及其有关活动，以便于世界范围内知识、科学、技术和经济活动中的相互合作与交流。ISO 制定的标准涉及全球产品、技术与服务的方方面面，因而是一个庞大的组织。ISO 有 200 多个技术委员会（Technical Committee，TC），TC 下面设分委员会（Sub-committee，SC），SC 下面再设有关的工作组（Working Group，WG）。在通信与计算机网络、信息处理工程领域，ISO 制定了最有名的技术标准包括 OSI 协议、**运动图像专家组**（Moving Picture Export Group，MPEG）系列视音频压缩标准等。

3. 电气与电子工程师学会

电气与电子工程师学会（Institute of Electrical and Electronic engineers，IEEE）原来只是美国电气与电子工程师学会，目前已经发展成一个国际性的涉及电气工程、电子技术、计算机工程与信息科学等领域的工程师学会，是全球最大的非营利性专业技术学会，会员遍布全球多个国家，是一个具有较大影响力的国际学术组织。IEEE 的活动经费来源主要是会员的会费和企业的赞助费等。IEEE 及下属的组织和机构主办的学术期刊很多已经成为相关领域的权威杂志，IEEE 同时还主持制定了多个技术标准，其中包括目前在通信与计算机网络领域得到广泛应用的 LAN 和城域网（Metropolitan Area Network，MAN）的物理层、媒体访问层和链路层协议。如有名的以太网协议 IEEE802.3、**无线城域网协议** IEEE802.11 和**无线城域网**（Wireless Metropolitan Area Network，WMAN）协议 IEEE802.16 等。

4. 互联网体系结构委员会

互联网体系结构委员会（Internet Architecture Board，IAB）也称**互联网架构委员会**。互联网源于由美国国防部资助研究开发的网络，开始设立了一个由其指定的委员会进行监管，该委员会后来演变为现在的 IAB。IAB 有两个下属机构，一个是主要由研究人员组成的**互联网研究任务组**（Internet Research Task Force，TRTF），该任务组主要关注网络长期发展的研究；另一个是**互联网工程任务组**（Internet Engineering Task Force，IETF），该任务组负责制定互联网标准，以解决当前互联网中主要的工程技术问题。IETF 已经成为国际的标准化组织。IETF 制定的标准以所谓"**请求评注**"的缩写"RFC（Request for Comments）"，加上相应的时间序号命名，任何人都可以免费下载获得。

5. 第三代移动通信系统伙伴项目

第三代移动通信系统伙伴项目（the 3rd Generation Partnership Project，3GPP）是近年来非常活跃的一个专业协会组织，3GPP 于 1998 年由 6 个不同国家和地区的标准化组织共同创建，包括**欧洲电信标准协会**（European Telecommunication Standards Institute，ETSI）、**中国通信标准化协会**（China Communication Standards Association，CCSA）、**美国电信工业解决方案联盟**（the Alliance for Telecommunications Industry Solutions，ATIS）、日本的**电信技术委员会**（Telecommunication Technology Committee，TTC）和**无线工业及商贸联合会**（Association of Radio Industries Businesses，ARIB）及韩国的**电信标准协会**（Telecommunication Technology Association，TTA）。3GPP 原来主要计划负责 3G 的国际标准化活动，伴随通信技术的发展，3GPP 实际工作已经推进到了包括 3G 后的 LTE 和**增强的演进技术**（LTE-advanced）标准的制定，LTE/LTE-advanced 实际上就是 4G 移动通信系统的技术标准。

6. 其他相关行业组织

在通信行业，每当一种新的具有很好商业应用前景的技术出现时，通常都会产生一些由企业和研究院所等发起成立的行业组织，以推动该项技术的应用和发展。这些组织，通常以**论坛**的形式出现，已有的这类论坛如 **ATM 论坛**、**多协议标签交换论坛**和 **Wi-Fi 论坛**等。值得注意的是，这些论坛并不仅是一个单纯的谈论相关技术学术年会，通常还是一个行业标准的制定组织，行业标准的推动往往由全球主要的设备生产商和研究开发机构进行操作。行业标准的出台仅由主要的设备生产商和研究开发机构组成的论坛或协会协商制定，ITU 和 ISO 等国际机构的标准出台，相对简单快捷，能够加快标准的制定，设备生产商和研究开发机构对行业标准的研究制定进行投入有较高的积极性，除了有利于自身拥有的专利进入标准的因素外，也可为这些行业的相关的产品尽快进入市场赢得商机。例如，ATM 论坛就制定了许多有关 ATM 网络的技术规范，这些规范在推进 ATM 网络技术的应用过程中发挥了重要的作用。此外，这些行业标准在进一步成熟和完善后也很可能被 ISO 所采纳，成为国际标准。

互联网在我国广泛应用和 3G 的技术标准出台之前，我国由于经济发展水平和通信领域技术相对落后等原因，在标准化制定的各种组织内鲜有话语权。我国的通信技术标准和协议规范基本上参照国际或欧洲的相关技术标准制定。随着经济和技术实力的提高，我国在国际通信技术领域的研究论文、技术创新和专利申请等方面，已经逐渐走在世界的前列，将会有越来越多的中国企业、研究机构和协会提出的技术规范，被接纳为国际行业协会或标准化组织的技术标准。

1.5 本章小结

本章主要讨论了网络的一般概念，介绍了通信网络发展历史的概要，讨论了通信网络的主要性能指标及这些指标的物理意义，最后介绍了国际上通信协议及标准制定的主要国际组织和机构，以及较有影响力的行业协议等。

思考题与习题

1-1 网络有哪些基本要素?

1-2 网络通信的发展历史与通信技术的发展历史有什么关系?

1-3 通信网络有哪些主要的技术指标?这些指标具体是如何定义的?

1-4 国际上在通信技术领域有哪些主要的标准化机构?通信行业的有关组织在标准化制定过程中发挥了什么作用?

参 考 文 献

龚向阳,金跃辉,王文东,等,2006. 宽带通信网原理. 北京:北京邮电大学出版社.

李星,2011. 绿色基站能效评估技术及发展趋势. 电信网技术,(1):40-44.

王映民,孙韶辉,等,2010. TD-LTE 技术原理与系统设计. 北京:人民邮电出版社.

谢希仁,1999. 计算机网络. 2 版. 北京:电子工业出版社.

张云勇,刘韵洁,张智江,2004. 基于 IPv6 的下一代互联网. 北京:电子工业出版社.

Rodriguez J,2016. 5G:开启移动网络新时代. 江甲沫,等译. 北京:电子工业出版社.

Tanenbaum A S,1997. Computer Networks. 3rd. 北京:清华大学出版社.

第 2 章 网络通信的数学基础

人们在分析和研究通信网络时，采用过许多具有针对性的数学工具，其中较为常用的主要有**图论**和**排队论**等。一方面，随着通信网络中业务类型的多样化，与其适配的各种网络服务也呈现多种不同的形式；另一方面，随着计算机和各种服务器运算能力的增强，特别是云计算和超级计算机等具有强大计算能力工具的出现，人们不再满足仅仅是对网络的性能分析和静态配置，而开始考虑对网络进行更为有效的动态管理。例如，引入**最优化方法**和**博弈论**等，实时地分析各种复杂的网络情况，对网络资源进行动态优化配置。本章介绍排队论、图论、最优化方法和博弈论的基本概念，数学方法和其在通信网络中的应用。上述的每一个方面，都是数学的一个分支，需要专门的学习才可能真正掌握。因此我们并不期待读者通过本章的学习，就能够熟练地掌握这些工具和方法。而是希望读者了解这些数学工具的特点，以及其在通信网络的性能分析和调度控制中独特和有效的作用，开阔视野，为未来在通信网络的研究和应用中使用这些工具，打下一定的基础。

2.1 排队论基础

2.1.1 排队系统的基本模型

1. 排队系统的概念

在人们日常生活中接受某项服务时，经常会遇到需要排队的情况。如银行办理业务时需要排队，政府部门办理各种事项时需要排队，食堂吃饭时也需要排队，这些都是生活中典型排队的例子。上述的这些排队的示例可以抽象为**排队系统**，排队系统中有三个基本要素：**队列**、**顾客**和**服务员**。将排队系统的概念进一步推广：在工厂的流水线上，原材料、毛坯和工件等需要经过若干工序的加工才能变成产品，若将每个加工工序看作某种服务，原材料和工件等看作顾客，加工设备看作服务员。工厂的流水线也可视为一种排队系统；在每台计算机中，有一个或多个处理器，假定有多个任务需要处理，如将任务看作顾客，处理器看作服务员，显然计算机也可以视为一种排队系统；同样在通信网络中的交换机或路由器中，如将数据分组或报文看作顾客，设备中的调度器或输出端口看作服务员，此时交换机和路由器也可看作某种排队系统。只要稍加观察就可发现，排队系统在我们的视野中几乎比比皆是。

在上面提到的排队系统的示例中，有一个普遍的现象，即顾客的到达一般具有某种随机性；因为顾客的业务通常多种多样，所以服务员服务的时间的长短也往往具有某种随机性。因此排队系统通常也称为**随机服务系统**。对于每个排队系统，要使其稳定有效地运行，显然需要考虑顾客的到达情况、业务的类别、服务员工作强度和配备服务员数量等，才能满足特定的服务要求。排队论（Queuing Theory）作为概率论的一个分支，就是专门研究这类随机服务系统有关性能的有力工具。需要注意的是，排队论一般用于分析系统的稳态特性，所导出的结果通常是某项参数在统计意义上的平均值，排队论一般不适用于分析系统的瞬态或者过渡过程的变化特性。

2. 排队系统的基本模型

排队系统中有队列、顾客和服务员三个基本要素，日常的生产和生活中的排队模型通常可归纳为如图 2-1 所示的情形，主要包括：**单队列单服务员**、**单队列多服务员**、**多队列单服务员**和**多队列多服务员**等 4 种基本的结构形式。

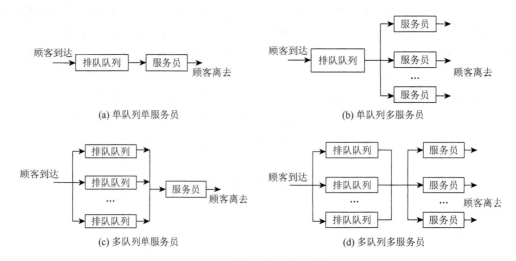

图 2-1　排队系统的基本结构

3. 排队系统的基本假设

在分析研究某个排队系统的有关性能时，通常有以下基本假设。

（1）已知排队系统的基本结构，其中排队队列的长度视不同的系统，可以是 0、有限长或无限长。

（2）已知顾客的**到达率**，即单位时间内顾客的平均到达数。到达率通常用符号 λ 表示。

（3）已知**服务率**，即单位时间内每个服务员可以接待的平均顾客数，服务率通常用符号 μ，服务率的倒数 $1/\mu$ 就是每个顾客的平均服务时间。

（4）已知顾客**到达方式**，到达方式可以是定时到达、随机到达、连续到达、成批突发到达等。已知到达方式，是指已知顾客到达间隔的分布特性。

（5）已知**排队规则**，排队规则主要有两种：一种是**等待制**。服务台忙时，顾客在系统中等待。典型的等待制的示例是分组交换系统，当分组到达时，如果交换机的端口正在传输之前到达的分组，当前到达的分组则进入缓冲队列，等待传输；另一种是**损失制**。在这种系统中，通常没有队列，当系统忙时，顾客只能离开。典型的损失制系统是电话接入系统，当用户发起一个呼叫时，如果系统忙，当前的呼叫只能取消，系统并不会在空闲时自动将该呼叫重新接入。

（6）已知**服务规则**，服务规则主要有以下几种。

①**先到先服务**：先到先服务是最常见的服务方式，日常生活中的排队系统，大都采用这种服务规则。

②**后到先服务**：后到先服务的规则常被计算机系统采用，如处理器在遇到中断请求需要保护现场时，要将当前的寄存器状态压入称为**堆栈**的存储单元中，使中断结束后可恢复现场。在此过程中，最后进入堆栈的数据最先弹出，这就是典型的后到先服务的例子。

③**优先级服务**：对不同类别的顾客提供不同优先等级的服务，例如，银行的**贵宾**（Very Important Person，VIP）服务，这种服务规则具有抢占性，具有高优先等级的顾客可以抢占排在前面的低优先等级顾客的位置。

④**轮询服务**：在一个服务员、多个队列的场景，服务员为各个不同队列中的顾客轮流提供服务。

⑤**其他服务规则**：除了上述规则外，还可以根据需要制定特殊的服务规则，包括若干种服务规则混合的方式。

（7）**排队服务系统求解的基本问题**：排队论主要分析系统稳态时的统计特性，具体如下。

①系统内的平均顾客数：等待队列中的顾客数和正在接受服务的顾客数。

②每个顾客的平均时延：顾客在队列中的等待时间和顾客接受服务的时间。

需要注意的是：在存在多个服务员的排队系统中，通常假定服务员间是独立工作的，某个服务员不能通过其他服务员提供帮助以其提高工作效率。

4. 排队模型记法

人们在研究不同的排队问题时，总结归纳出来若干种典型的排队模型，实际系统中的排队问题，通常都可以归结为这些模型中的一种。为了描述不同类型的排队系统，习惯采用 1953 年肯达尔（Kendall）提出的记法，该记法的格式为

$$A/B/n/S/Z$$

其中，A 表示**顾客到达间隔分布**；B 表示**服务时间分布**；n 表示**服务员的数目**；S 表示**系统容量的大小**；Z 表示**服务规则**。

对于到达间隔和服务时间：M 表示指数分布；D 表示常数；G 表示一般分布；E_k 表示爱尔兰分布；L 表示二项式分布；这里系统容量是指系统中可容纳的顾客数，其中包括正在接受服务的顾客数，如果排队系统的容量为无限大，参数 S 可省略；如果采用先到先服务的服务规则，参数 Z 可省略。

例如：$M/G/n/m$ 表示顾客到达服从泊松分布，服务时间的分布没有限定，系统中有 n 个服务员，连同正在接受服务的顾客，系统中可容纳 m 个顾客，采用先到先服务的服务规则。

5. 李特定理

李特（Little）定理在许多文献中也称为**李特公式**，李特定理是排队系统中具有普遍

性和一般意义的公式,下面先给出李特定理的表述及其证明,然后介绍其有关的应用。

定理 2-1 (**李特定理**) 排队系统的平均队长 L 等于顾客到达率 λ 与顾客平均停留时间 T 的乘积,即有

$$L = \lambda \cdot T \tag{2-1}$$

证明 记顾客 1,顾客 2,……,顾客 i,……的到达时间为 $t_1, t_2, t_3, \cdots, t_i, \cdots$;顾客 i 与顾客 $i+1$ 的到达时间间隔记为 $\Delta T_i = t_{i+1} - t_i$,$i = 1, 2, 3, \cdots$;记顾客 i 接受服务的时间为 T_{S_i}, $i = 1, 2, 3, \cdots$;在队列中的等待时间为 T_{W_i}, $i = 1, 2, 3, \cdots$,则顾客 i 在系统中总的停留时间为 $T_i = T_{W_i} + T_{S_i}$, $i = 1, 2, 3, \cdots$。记顾客 i 离开系统的时间为 t'_i,$t'_i = t_i + T_i$,$i = 1, 2, 3, \cdots$。若将 t 时刻系统中的顾客数记为 $N(t)$,则 $N(t)$ 取值的变化特性可形象地由图 2-2 表示。

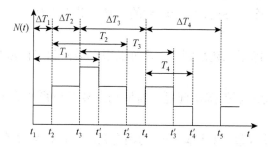

图 2-2 排队系统各个参数间的关系

不难理解,从顾客 1 到顾客 n 这 n 个顾客在系统中总的停留时间为

$$\sum_{i=1}^{n}(t'_i - t_i) = \sum_{i=1}^{n} T_i \tag{2-2}$$

每个顾客的平均停留时间则为

$$T = \frac{1}{n}\sum_{i=1}^{n} T_i \tag{2-3}$$

若记在 t 时刻累计到达系统的顾客数为 $\alpha(t)$,累计离开系统的顾客数为 $\beta(t)$,则有

$$N(t) = \alpha(t) - \beta(t) \tag{2-4}$$

上述各个函数间的变化关系如图 2-3 所示。在 $0 \sim t_{n+1}$ 时间内系统中的平均顾客数 L_n 可表示为

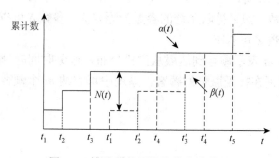

图 2-3 排队系统累计值的变化特性

$$L_n = \frac{1}{t_{n+1}}\int_0^{t_{n+1}} \alpha(t)\mathrm{d}t - \frac{1}{t_{n+1}}\int_0^{t_{n+1}} \beta(t)\mathrm{d}t = \frac{1}{t_{n+1}}\int_0^{t_{n+1}} N(t)\mathrm{d}t \tag{2-5}$$

结合图 2-2，考察式（2-5）中 $\int_0^{t_{n+1}} N(t)\mathrm{d}t$ 的变化特性，容易发现，在顾客 i 到达时刻 t_i，$N(t)$ 提升一个单位；在其离去时刻 t_i'，$N(t)$ 降低一个单位；因此顾客 i 对积分面积取值的贡献为 $(t_i' - t_i) \times 1$，由此可得

$$\int_0^{t_{n+1}} N(t)\mathrm{d}t = \sum_{i=1}^{n}(t_i' - t_i) = \sum_{i=1}^{n} T_i \tag{2-6}$$

每个顾客在系统中的平均逗留时间为 $\overline{T}_n = \left(\sum_{i=1}^{n} T_i\right)\bigg/ n$，由此可得 $\sum_{i=1}^{n} T_i = n\overline{T}_n$，若记在该段时间内顾客的平均到达率为 $\lambda_n = n/t_{n+1}$，则有

$$L_n = \frac{1}{t_{n+1}}\int_0^{t_{n+1}} N(t)\mathrm{d}t = \frac{1}{t_{n+1}} n\overline{T}_n = \frac{n}{t_{n+1}} \overline{T}_n = \lambda_n \overline{T}_n \tag{2-7}$$

取极限可得

$$L = \lim_{n\to\infty} L_n = \lim_{n\to\infty} \lambda_n \overline{T}_n = \lambda T \tag{2-8}$$

证毕。 □

李特定理所建立的普遍性体现在以下两个方面。

（1）李特定理中给出的平均队长 L、到达率 λ 和平均停留时间 T 三者之间的关系，既可应用于某个复杂系统中的局部系统，也可以应用于整个系统。

例如，在一个包含 n 个节点的网络系统中，节点 i 的数据分组的到达率为 λ_i，则在该节点内每个报文的平均停留时间 T_i、队列长度 L_i 与到达率 λ_i 之间的关系可以表示为

$$L_i = \lambda_i T_i \tag{2-9}$$

而在 n 个节点的网络系统中，若记数据分组的总到达率为 $\lambda_\Sigma = \sum_{i=1}^{n} \lambda_i$，在系统内每个数据分组的平均停留时间为 T_Σ，队列长度，即系统中平均的总的分组数为 L_Σ，则三者之间的关系仍可表示为

$$L_\Sigma = \lambda_\Sigma T_\Sigma \tag{2-10}$$

（2）李特定理对**到达过程**和**服务过程**的特性没有做任何的限定。也就是说，到达过程和服务过程可以是随机的，也可以是均匀的，无论是何种特性都不会影响李特定理的成立。

例 2-1 设每秒到达某个网络的数据分组有 10 000 个，若每个分组在网络中平均的停留时间为 5ms，问网络中平均会存在多个数据分组。

解 依题，已知到达率 λ 为 10000/s；T 等于 5ms 即为 0.005s。根据李特定理，网络中平均会存在 $L = \lambda T = 10000 \times 0.005 = 50$ 个数据分组。

需要注意的是，在例 2-1 中利用李特定理计算出在该网络中平均会存在 50 个数据分组停留在网络中。但是李特定理并不能告诉我们当前存在多少个分组在网络中，或者最多时会存在多个分组停留在网络中，当然也不可能据此知道这些数据报文会停留在哪些节点上。

例 2-2 某图书馆平均每天借出 8000 本书，每本书的平均借出期为三周。如果图书馆有共有藏书 200 万册，请问图书馆内平均会保留多少册书？

解 依题，我们可以把与该图书馆关联的读者看作一个系统，已知进入该系统的图书的到达率 λ 为 8000/天；平均借出期为三周意味着每册书停留在系统中的平均时间 T 为 21 天。由李特定理，读者这个系统中平均会存在 $L = \lambda T = 8000 \times 21 = 168000$ 册书。由此，图书馆平均保留的书为 200−16.8=183.2 万册。

例 2-3 某电话交换系统可以同时支持 500 个用户呼叫的接入，每个用户呼叫的平均通话时间为 2min，假定该电话交换系统总共有 80 000 个用户。如果每个用户平均每天打三次电话，试分析用户呼叫受到阻塞的概率。

解 因为每个用户平均每天打 5 次电话，共有 80 000 个用户，若把一个呼叫看作一个顾客，则顾客的到达率 λ 为 $80000 \times 5/(24 \times 60) = 277.78$ 次/min；平均通话时间即顾客在系统中的平均停留时间 T 为 2min；该系统可同时支持 500 个呼叫接入，用户拨号时如果遇到已经有 500 个其他用户正在通话，只能放弃本次呼叫。若记系统工作时平均顾客数为 l，$l \leq L = 500$。若记用户呼叫受到阻塞的概率为 α，则实际有效到达该电话交换系统的呼叫到达率为 $\lambda_e = (1-\alpha)\lambda$。由李特定理，此时应有 $l = \lambda_e T = (1-\alpha)\lambda T$，由此可得呼叫损失率

$$\alpha = 1 - \frac{l}{\lambda T} \geq \alpha_{\min} = 1 - \frac{L}{\lambda T} = 1 - \frac{500}{277.78 \times 2} = 0.1 \tag{2-11}$$

由此可知，按照这样的系统配置，用户呼叫受到阻塞的概率将大于等于 10%。 □

2.1.2 通信网络中常用的随机过程

1. 随机过程的基本概念

下面给出随机过程的一些基本的概念。

1）概率

设样本空间为 Ω，ζ 是 Ω 中的一个事件域，$P(A)$，$A \in \zeta$ 是定义在 ζ 上的一个实值集函数，如果它满足条件：

(1) 对于一切 $A \in \zeta$，有 $P(A) \geq 0$；

(2) $P(\Omega) = 1$；

(3) 若 $A_i \in \zeta$，$i = 1, 2, \cdots$，并且 $A_i A_j = \varnothing$（空集），$i \neq j$，则

$$P\left(\bigcup_{i=1}^{\infty} A_i\right) = \sum_{i=1}^{\infty} P(A_i) \tag{2-11}$$

就称 $P(A)$ 为事件 A 的概率。

2）概率空间

样本空间 Ω、事件域 ζ 和概率 P 是描述随机试验的三个基本组成部分，三者结合构成的有序总体（Ω，ζ，P）称为概率空间。

3）随机过程

给定概率空间（Ω，ζ，P）及参数集 T，如果对于每一个 $t \in T$，有一个定义在该概率空间上的随机变量 $X(t) \in \Omega$ 与其对应，则称随机变量集为（Ω，ζ，P）上的随机

过程。简记为 $\{X(t), t \in T\}$。随机过程可以由有限或无限多个**样本函数** $X_n(t), n=1,2,\cdots$ 所组成，其中每个样本函数也可称为一个**实现**。给定参数 t_i，$X(t_i)$ 是一随机变量。

4）随机过程的分布函数

设 $\{X(t), t \in T\}$ 为一随机过程，对于任意固定的 $t \in T$，$X(t)$ 为一随机变量，其分布函数定义为

$$F(t,x) = P\{X(t) < x\}, \quad t \in T \tag{2-12}$$

称 $F(t,x)$ 为随机过程 $\{X(t), t \in T\}$ 的一维分布。

通常，一维随机过程还不能完全描述随机过程的特性。在许多情况下，需要了解随机过程在多个不同时刻相互间的关系。一般地，对任意固定的有限个时刻：$t_1, t_2, \cdots, t_n \in T$，$X(t_1), X(t_2), \cdots, X(t_n)$ 的联合分布函数定义为

$$\begin{aligned} &F(t_1, t_2, \cdots, t_m, t_{m+1}, \cdots, t_n; x_1, x_2, \cdots, x_m, x_{m+1}, \cdots, x_n) \\ &= P\{X(t_1) < x_1, X(t_2) < x_2, \cdots, X(t_n) < x_n\} \quad t_1, t_2, \cdots, t_m, t_{m+1}, \cdots, t_n \in T \end{aligned} \tag{2-13}$$

称其为该随机过程的 n 维联合分布。随机过程的 n 维联合分布具有**相容性**，即对任何 $m < n$，有

$$F(t_1, t_2, \cdots, t_m, t_{m+1}, \cdots, t_n; x_1, x_2, \cdots, x_m, \infty, \infty, \cdots, \infty) = F(t_1, t_2, \cdots, t_m; x_1, x_2, \cdots, x_m) \tag{2-14}$$

5）随机过程的概率密度函数

对于随机过程的**分布函数** $F(t,x)$，如果存在

$$\frac{\partial F(t,x)}{\partial x} = f(t,x) \tag{2-15}$$

则将其定义为随机过程 $\{X(t), t \in T\}$ 的**一维概率密度函数**。进一步地，如果存在

$$\frac{\partial F(t_1, t_2, \cdots, t_n; x_1, x_2, \cdots, x_n)}{\partial x_1 \partial x_2 \cdots \partial x_n} = f(t_1, t_2, \cdots, t_n; x_1, x_2, \cdots, x_n) \tag{2-16}$$

则将其定义为随机过程的 **n 维概率密度函数**。

两个随机过程 $\{X(t), t \in T\}$ 和 $\{Y(t), t \in T\}$ 的 $m+n$ 维联合分布函数定义为

$$\begin{aligned} &F(t_1, t_2, \cdots, t_m; x_1, x_2, \cdots, x_m; t_1', t_2', \cdots, t_n'; y_1, \cdots, y_n) \\ &= P\{X(t_1) < x_1, X(t_2) < x_2, \cdots, X(t_m) < x_m; Y(t_1') < y_1, Y(t_2') < y_2, \cdots, Y(t_n') < y_n\} \\ &\quad t_1, t_2, \cdots, t_m; t_1', t_2', \cdots, t_n' \in T \end{aligned} \tag{2-17}$$

同理，若式（2-17）的偏导数存在，则两个随机过程 $\{X(t), t \in T\}$ 和 $\{Y(t), t \in T\}$ 的 $m+n$ 维概率密度函数定义为

$$\begin{aligned} &p(t_1, t_2, \cdots, t_m; x_1, x_2, \cdots, x_m; t_1', t_2', \cdots, t_n'; y_1, y_2, \cdots, y_n) \\ &= \frac{F(t_1, t_2, \cdots, t_m; x_1, x_2, \cdots, x_m; t_1', t_2', \cdots, t_n'; y_1, y_2, \cdots, y_n)}{\partial x_1 \partial x_2 \cdots \partial x_m \partial y_1 \partial y_2 \cdots \partial y_n} \\ &\quad t_1, t_2, \cdots, t_m; t_1', t_2', \cdots, t_n' \in T \end{aligned} \tag{2-18}$$

两个随机过程 $\{X(t), t \in T\}$ 和 $\{Y(t), t \in T\}$ 间可能有某种关联，也可能没有关系，其独立的充要条件是：对任意的 m 和 n，均有

$$F(t_1,t_2,\cdots,t_m;x_1,x_2,\cdots,x_m;t_1',t_2',\cdots,t_n';y_1,y_2,\cdots,y_n)$$
$$= F(t_1,t_2,\cdots,t_m;x_1,x_2,\cdots,x_m)F(t_1',t_2',\cdots,t_n';y_1,y_2,\cdots,y_n) \quad (2\text{-}19)$$

独立的充要条件也可以表示为，对任意的 m 和 n，均有

$$p(t_1,t_2,\cdots,t_m;x_1,x_2,\cdots,x_m;t_1',t_2',\cdots,t_n';y_1,y_2,\cdots,y_n)$$
$$= p(t_1,t_2,\cdots,t_m;x_1,x_2,\cdots,x_m)p(t_1',t_2',\cdots,t_n';y_1,y_2,\cdots,y_n) \quad (2\text{-}20)$$

一般地，如果已知随机过程的分布函数或概率密度函数，随机过程的统计特性就可以完全确定。但在一个实际系统中，要确定一个随机过程的分布函数或概率密度函数通常是很困难的，在大多数情况下，只能根据其**样值**估计随机过程的某些**统计特性**和**数字特征**。

2. 常用的随机过程

下面介绍通信网络中常用的随机过程。

1）独立过程

若随机过程 $X(t)$，在任意给定的时刻 $t_1,t_2,\cdots,t_n$，其分布函数均满足

$$F(x_1,x_2,\cdots,x_n;t_1,t_2,\cdots,t_n) = F_{t_1,t_2,\cdots,t_n}(x_1,x_2,\cdots,x_n) = \prod_{i=1}^{n} F_{t_i}(x_i) \quad (2\text{-}21)$$

则称该过程为**独立过程**。独立过程任一时刻的状态与其他时刻的状态无关。

2）马尔可夫过程

若对任意的 $t_1<t_2<\cdots,t_{n-1}<t_n$，随机过程的 $X(t)$ 的条件分布满足

$$P\{X(t_n)\leqslant x_n\mid X(t_1)=x_1,X(t_2)=x_2,\cdots,X(t_{n-1})=x_{n-1}\} = P\{X(t_n)\leqslant x_n\mid X(t_{n-1})=x_{n-1}\}$$
$$(2\text{-}22)$$

即有 $F_{t_1,t_2,\cdots,t_n}(x_n\mid x_1,x_2,\cdots,x_{n-1}) = F_{t_{n-1},t_n}(x_n\mid x_{n-1})$，则称该随机过程为**马尔可夫过程**，或简称**马氏过程**。马氏过程的特点是**无后效性**，即 $t=t_{n-1}$ 时刻的状态 $X(t_{n-1})$ 包含其所有的历史信息。

3）独立增量过程

定义 $X(t_1,t_2)=X(t_2)-X(t_1)$ 为随机过程 $X(t)$ 在时间间隔 $[t_1,t_2]$ 上的**增量**。如果对任意的 $t_1<t_2<\cdots,t_{n-1}<t_n$，增量 $X(t_1,t_2),X(t_2,t_3),\cdots,X(t_{n-1},t_n)$ 是独立的，则称 $X(t)$ 为**独立增量过程**。独立增量过程的特点是，只要在时间区域中没有重叠，则该随机过程的增量的取值是独立的。

4）泊松（Poisson）过程

对于随机过程：$X(t),t\in[0,\infty]$，其取值的状态空间为 $\{0,1,2,\cdots,k,\cdots,\infty\}$，$k$ 是非负的整数。这样的过程也称为**计数过程**。若该随机过程同时满足以下条件：

（1）$X(t)$ 是独立增量过程；

（2）对任意的 $t,\tau\geqslant 0$，增量 $X(t,t+\tau)=X(t+\tau)-X(t)$ 非负且服从参数为 $\lambda\tau$，$\lambda>0$ 的泊松分布，即有

$$P\{X(t+\tau)-X(t)=k\} = \frac{(\lambda\tau)^k}{k!}e^{-\lambda\tau}, \quad k=0,1,2,\cdots \quad (2\text{-}23)$$

则称 $X(t)$ 是具有参数 λ 的**泊松过程**。

泊松过程描述的是事件出现或到达的特性，该过程具有以下**基本性质**。

（1）事件的出现间隔 $\tau_n = t_n - t_{n-1}$ 服从如下的负指数分布：

$$p(\tau_n) = \lambda e^{-\lambda \tau_n}, \quad \tau_n \geqslant 0 \tag{2-24}$$

相应地，其分布函数为

$$F(x) = P\{\tau_n < x\} = 1 - e^{-\lambda x}, \quad x \geqslant 0 \tag{2-25}$$

在后面的讨论中，均假定时间变量的取值范围为等于或大于 0 的实数区域。

（2）在足够小的时间段内，有 2 个或 2 个以上的事件到达是几乎不可能的小概率事件。因为，一般地，有

$$P\{X(t+\tau) - X(t) = k\} = \frac{(\lambda \tau)^k}{k!} e^{-\lambda \tau} = \frac{(\lambda \tau)^k}{k!}\left(1 - \lambda \tau + \frac{(\lambda \tau)^2}{2} - \cdots\right), \quad k = 0, 1, 2, \cdots \tag{2-26}$$

由此可得

$$\begin{aligned}
P\{X(t+\tau) - X(t) = 0\} &= 1 - \lambda \tau + \frac{(\lambda \tau)^2}{2} - \cdots = 1 - \lambda \tau + o(\tau) \\
P\{X(t+\tau) - X(t) = 1\} &= \lambda \tau - (\lambda \tau)^2 + \frac{(\lambda \tau)^3}{2} - \cdots = \lambda \tau + o(\tau) \\
P\{X(t+\tau) - X(t) = k\}\big|_{k \geqslant 2} &= \frac{1}{k!}\left((\lambda \tau)^k - (\lambda \tau)^{k+1} + \frac{(\lambda \tau)^2}{2} - \cdots\right) = o(\tau) \\
&\cdots
\end{aligned} \tag{2-27}$$

其中，$o(\tau)$ 是当 $\tau \to 0$ 时的高阶无穷小，因此在足够小的时间段内，有 2 个或 2 个以上的事件到达是几乎不可能的。

（3）多个相互独立的泊松过程：$X_i(t), \lambda_i; i=1,2,\cdots,I$ 的和 $X(t) = \sum_{i=1}^{I} X_i(t)$ 仍然是泊松过程，其到达率 λ 为各泊松过程到达率的和 $\lambda = \sum_{i=1}^{I} \lambda_i$。

（4）若将参数为 λ 的泊松过程 $X(t)$ 的到达依概率 $p_i, i=1,2,\cdots,I, \sum_{i=1}^{I} p_i = 1$ 分配给 I 个随机过程，则这 I 个随机过程仍然是相互独立的泊松过程，并且有 $\lambda_i = p_i \lambda$。

泊松过程在通信网络中常用于建模呼叫的到达过程或者分组/报文的到达过程。

例 2-4 某交换节点当前有 K 个用户接入，每个用户的平均发送数据分组的速率为 λ，若将每个用户发送分组的过程均为相互独立的泊松过程，求该交换节点上总的分组到达率。

解 通常可以认为每个用户发送报文的过程是独立的，利用泊松过程的性质（c），可知此时总的分组的到达率为 $\lambda_\Sigma = K\lambda$。 □

例 2-5 当前有 I 个用户向网络节点发送报文，假定若将每个用户报文的到达过程为

相互独立泊松过程，其中第 i 个用户的平均发送报文的速率为 λ_i，$i=1,2,\cdots,I$。试求：

（1）任意两报文之间时间间隔的概率密度函数；

（2）若在 t_1 时刻到达的是第 k 个用户的报文，在紧接着的下一到达的报文也是第 k 个用户报文的概率；

（3）若在 t_1 时刻到达的是第 k 个用户的报文，在紧接着的下一到达的报文不是第 k 个用户报文的概率。

解 （1）根据泊松过程的性质（3）可知此时总的分组的到达率为：$\lambda_\Sigma = \sum_{i=1}^{I} \lambda_i$，再由性质（1），两报文到达的时间间隔 τ 的概率密度函数为

$$p(\tau) = \lambda_\Sigma e^{-\lambda_\Sigma \tau} = \left(\sum_{i=1}^{I} \lambda_i\right) e^{-\left(\sum_{i=1}^{I} \lambda_i\right)\tau}, \quad \tau \geq 0$$

（2）由前面（1）的分析，除了用户 k 之外的所有其他用户集合发送报文时间间隔的概率密度为

$$p_{\bar{k}}(\tau) = \left(\sum_{i \neq k, i=1}^{I} \lambda_i\right) e^{-\left(\sum_{i \neq k, i=1}^{I} \lambda_i\right)\tau}, \quad \tau \geq 0$$

用户 k 两报文间隔分布的概率密度函数为

$$p_k(\tau) = \lambda_k e^{-\lambda_k \tau}, \quad \tau \geq 0$$

若记用户 k 与非用户 k 报文到达的时间间隔分别为 T_k 和 $T_{\bar{k}}$，则下一个报文也是用户 k 的报文的概率为 $P\{T_k < T_{\bar{k}}\}$，由泊松过程的独立性，可得

$$P\{T_k < T_{\bar{k}}\} = \int_0^{+\infty} p_k(\tau_k) \int_{\tau_k}^{+\infty} p_{\bar{k}}(\tau_{\bar{k}}) \mathrm{d}\tau_{\bar{k}} \mathrm{d}\tau_k$$

$$= \int_0^{+\infty} \lambda_k e^{-\lambda_k \tau_k} \int_{\tau_k}^{+\infty} \left(\sum_{i \neq k, i=1}^{I} \lambda_i\right) e^{-\left(\sum_{i \neq k, i=1}^{I} \lambda_i\right)\tau_{\bar{k}}} \mathrm{d}\tau_{\bar{k}} \mathrm{d}\tau_k$$

$$= \frac{\lambda_k}{\lambda_k + \sum_{i \neq k, i=1}^{I} \lambda_i} = \frac{\lambda_k}{\sum_{i=1}^{I} \lambda_i}$$

（3）类似前面（2）的分析，可得

$$P\{T_{\bar{k}} < T_k\} = \int_0^{+\infty} p_{\bar{k}}(\tau_{\bar{k}}) \int_{\tau_{\bar{k}}}^{+\infty} p_k(\tau_k) \mathrm{d}\tau_k \mathrm{d}\tau_{\bar{k}}$$

$$= \int_0^{+\infty} \left(\sum_{i \neq k, i=1}^{I} \lambda_i\right) e^{-\left(\sum_{i \neq k, i=1}^{I} \lambda_i\right)\tau_{\bar{k}}} \int_{T_{\bar{k}}}^{+\infty} \lambda_k e^{-\lambda_k \tau} \mathrm{d}\tau_k \mathrm{d}\tau_{\bar{k}}$$

$$= \frac{\sum_{i \neq k, i=1}^{I} \lambda_i}{\sum_{i \neq k, i=1}^{I} \lambda_i + \lambda_k} = \frac{\sum_{i \neq k, i=1}^{I} \lambda_i}{\sum_{i=1}^{I} \lambda_i}$$

2.1.3 马尔可夫链

1. 马尔可夫链的基本概念与性质

时间和状态空间取值均为离散的马尔可夫过程称为**马尔可夫链**,马尔可夫链在排队论中有重要的应用。对于马尔可夫链,其无后效性一般由如下的条件概率描述

$$P\{X_n = j \mid X_{n-1} = i, X_{n-2} = m, \cdots, X_1 = k\} = P\{X_n = j \mid X_{n-1} = i\} \tag{2-28}$$

其中,i, j 取大于等于零的整数,表示所处的状态。$P\{X_n = j \mid X_{n-1} = i\}$ 也称为**转移概率**。特别地,如果转移概率与具体的时刻 n 无关,而仅与其前一时刻的状态有关,则将这种马尔可夫链称为**齐次马尔可夫链**。齐次马尔可夫链的转移概率可简单地记为

$$P\{X_n = j \mid X_{n-1} = i\} = p_{ij} \tag{2-29}$$

p_{ij} 表示的是两个相邻状态之间的转移概率,因此也称为**一步转移概率**。本书主要讨论齐次马尔可夫链。一般地,$p_{ij} \geq 0$,并且有

$$\sum_{j \in E} p_{ij} = 1, \quad i \in E \tag{2-30}$$

E 是马尔可夫的状态空间,包括有限多种和可列多种状态的情形。上式显然成立,因为从任意的状态 i 出发,转移到状态空间中的所有其他状态的概率总是等于 1。

类似地,可以定义两个状态间 k 步的转移概率:

$$P\{X_{n+k} = j \mid X_n = i\} = p_{ij}^{(k)} \tag{2-31}$$

对于 k 步的转移概率,同样有 $p_{ij}^{(k)} \geq 0$,以及如下的一般性质:

$$\sum_{j \in E} p_{ij}^{(k)} = 1, \quad i \in E \tag{2-32}$$

有时为方便说明问题,转移概率也用矩阵形式来表示,例如,一步的转移概率矩阵可表示为

$$\boldsymbol{P} = \begin{bmatrix} p_{00} & p_{01} & p_{02} & \cdots \\ p_{10} & p_{11} & p_{12} & \cdots \\ p_{20} & p_{21} & p_{22} & \cdots \\ \vdots & \vdots & \vdots & \end{bmatrix} \tag{2-33}$$

为后面的分析推导方便,规定:

$$p_{ij}^{(0)} = \begin{cases} 0, & i \neq j \\ 1, & i = j \end{cases} \tag{2-34}$$

马尔可夫链在初始时刻各状态的概率分布 $P_i(0)$,$i \in E$ 称为其**初始分布**,初始分布具有以下性质:

$$P_i(0) \geq 0, i \in E; \quad \sum_{i \in E} P_i(0) = 1 \tag{2-35}$$

同样地,马尔可夫链在第 n 个时刻各状态的概率分布 $P_i(n)$,$i \in E$ 也有类似的性质:

$$P_i(n) \geqslant 0, i \in E; \quad \sum_{i \in E} P_i(n) = 1 \qquad (2\text{-}36)$$

利用全概率公式,可得

$$\sum_{i \in E} P_i(0) p_{ij}^{(n)} = \sum_{i \in E} P\{X_0 = i\} P\{X_n = j | X_0 = i\} = \sum_{i \in E} P\{X_n = j, X_0 = i\} = P_j(n) \qquad (2\text{-}37)$$

即任意的第 n 步时各状态的概率分布,可由初始状态和 n 步的转移概率计算得到。

定理 2-2 （查普曼-柯尔莫哥洛夫方程） 对任意的正整数 k 和 l,有

$$p_{ij}^{(k+l)} = \sum_{s \in E} p_{is}^{(k)} p_{sj}^{(l)}, \quad i, j \in E \qquad (2\text{-}38)$$

证明 利用马尔可夫性和全概率公式可得

$$\begin{aligned}
\sum_{s \in E} p_{is}^{(k)} p_{sj}^{(l)} &= \sum_{s \in E} P\{X_{n+k} = s | X_n = i\} P\{X_{n+k+l} = j | X_{n+k} = s\} \\
&= \sum_{s \in E} P\{X_{n+k} = s | X_n = i\} P\{X_{n+k+l} = j | X_{n+k} = s, X_n = i\} \\
&= \sum_{s \in E} \frac{P\{X_{n+k+l} = j, X_{n+k} = s, X_n = i\}}{P\{X_n = i\}} = \frac{P\{X_{n+k+l} = j, X_n = i\}}{P\{X_n = i\}} \\
&= P\{X_{n+k+l} = j | X_n = i\} = p_{ij}^{(k+l)}
\end{aligned} \qquad (2\text{-}39)$$

证毕。 □

查普曼-柯尔莫哥洛夫方程表明高步的转移概率可以用低步的转移概率来表达,反复利用这一关系可知,任何高步的转移概率都可以用一步的转移概率来表示。转移概率的这一特性,可用一步与多步转移概率矩阵之间的关系来说明,设 P 为马尔可夫链的一步转移概率矩阵,则其两步转移矩阵与一步转移概率矩阵间有以下关系:

$$\boldsymbol{P}^{(2)} = \boldsymbol{P} \cdot \boldsymbol{P} = \boldsymbol{P}^2 \qquad (2\text{-}40)$$

类似地,其 k 步转移矩阵与一步转移概率矩阵间有以下关系:

$$\boldsymbol{P}^{(k)} = \underbrace{\boldsymbol{P} \cdot \boldsymbol{P} \cdot \boldsymbol{P} \cdots \boldsymbol{P}}_{k} = \boldsymbol{P}^k \qquad (2\text{-}41)$$

因此,已知一步转移概率矩阵,即可求任意 k 步的转移概率矩阵。

定义 2-1 非可约性（可通达性） 如果一个马尔可夫链对每一组状态 (i, j) 满足条件:

$$\forall i, j \in E, \quad \sum_{k=1}^{+\infty} p_{ij}^{(k)} > 0 \qquad (2\text{-}42)$$

则称该链是**非可约**的,或者说每一种状态间是可**相互通达**的。

非可约性意味着这个链不可分为两个或两个以上的链。例如,下面的矩阵定义的马尔可夫链满足非可约性,它们中的任两状态间是可通达的:

$$\boldsymbol{P} = \begin{bmatrix} p_{00} & p_{01} & p_{02} \\ p_{10} & p_{11} & p_{12} \\ p_{20} & p_{21} & p_{22} \end{bmatrix} = \begin{bmatrix} 0 & 1/3 & 2/3 \\ 1 & 0 & 0 \\ 0 & 0 & 1 \end{bmatrix}$$

而下面的矩阵定义的马尔可夫链则不满足非可约性:

$$P = \begin{bmatrix} p_{00} & p_{01} & p_{02} & p_{03} \\ p_{10} & p_{11} & p_{12} & p_{13} \\ p_{20} & p_{21} & p_{22} & p_{23} \\ p_{30} & p_{31} & p_{32} & p_{33} \end{bmatrix} = \begin{bmatrix} 0 & 1/2 & 1/2 & 0 \\ 1 & 0 & 0 & 0 \\ 1/3 & 1/3 & 1/3 & 0 \\ 0 & 0 & 0 & 1 \end{bmatrix}$$

因为 $p_{i3}=0$，$p_{3j}=0$，$i,j \neq 3$，其状态可以分为两组独立的相互不可通达的状态：$G_1=\{0,1,2\}$，$G_2=\{3\}$。

下面来看一个一步转移矩阵为

$$P = \begin{bmatrix} p_{00} & p_{01} & p_{02} \\ p_{10} & p_{11} & p_{12} \\ p_{20} & p_{21} & p_{22} \end{bmatrix} = \begin{bmatrix} 0 & 1 & 0 \\ 0 & 0 & 1 \\ 1 & 0 & 0 \end{bmatrix}$$

的马尔可夫链，其状态空间为 $E=\{0,1,2\}$，相应的状态转移图如图 2-4 所示。由每一个状态，经过 3 步或 3 步的整数倍，都可以返回原状态。由每一状态返回原状态的步数为 3,6,9,⋯，其最大公约数是 3，呈现某种"周期"的状态，由此可引出周期的定义。

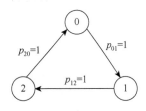

图 2-4　状态转移图

定义 2-2　（周期性）　对于马尔可夫链的状态 i，如果存在整数 d，$d>1$，使得总有 $p_{ii}^{(nd)}>0$，n 为任意的正整数，则称状态 i 是有周期的，其周期为 d。

定义 2-3　（稳态概率）　马尔可夫链的状态 j 的稳态概率 P_j 定义为

$$P_j = \lim_{n \to \infty} \frac{n \text{ 次转移中到达状态 } j \text{ 的次数}}{n} = \lim_{n \to \infty} P\{X_n = j | X_0 = i\}, \quad i \in E \tag{2-43}$$

状态 j 稳态概率的物理意义是：从任一可能的状态 i 出发，转移的次数趋于无限时，其中到达状态 j 所占的比例；或者说，经过无限多次的转移后，最终会停留在状态 j 的概率。显然当转移的次数无限多时，初始的状态具体为哪一个状态并不重要。

利用全概率公式，类似式（2-37）的推导，容易证明

$$P_j(n) = \sum_{i \in E} P_i(n-1) p_{ij}, \quad j \in E \tag{2-44}$$

令公式两边的 $n \to \infty$，可知状态 j 的稳态概率 P_j 满足以下关系：

$$P_j = \sum_{i \in E} P_i p_{ij}, \quad j \in E \tag{2-45}$$

式（2-30）可以改写为 $\sum_{i \in E} p_{ji} = 1$，$j \in E$，将该式的两边分别乘以式（2-45）的两边，可得全局平衡方程：

$$\sum_{i \in E} P_j p_{ji} = \sum_{i \in E} P_i p_{ij}, \quad i,j \in E \tag{2-46}$$

式中左侧表示从状态 j 转移到所有其他状态的概率，右侧表示所有其他状态转移到状态 j 的概率。也就是说，当系统稳定后，从任一状态转移到所有其他状态的概率，等于所有其他状态转移到该状态的概率。

全局平衡方程可以拓展到某个状态子集 $S_E \subseteq E$，此时式（2-46）变为

$$\sum_{j \in S_E} P_j \sum_{i \notin S_E} p_{ji} = \sum_{i \in S_E} P_i \sum_{j \in S_E} p_{ij}, \quad S_E \subseteq E \tag{2-47}$$

即对于一个稳定的系统,从任一状态子集转移到该子集的补集的概率,等于该子集的补集转移到该状态子集的概率。

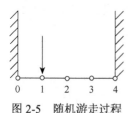

图 2-5 随机游走过程

例 2-6 某随机游走过程如图 2-5 所示。图中包含 5 个可能的停留点(状态),若游走到两个端点时以概率 1 返回,在其他点处以 1/2 概率向左或者向右游走。

(1) 求状态转移矩阵;
(2) 画出相应的状态转移图;
(3) 求各个状态的稳态概率。

解 (1) 该随机游走过程是一马尔可夫链,依题可得其状态转移矩阵为

$$\boldsymbol{P} = \begin{bmatrix} 0 & 1 & 0 & 0 & 0 \\ 1/2 & 0 & 1/2 & 0 & 0 \\ 0 & 1/2 & 0 & 1/2 & 0 \\ 0 & 0 & 1/2 & 0 & 1/2 \\ 0 & 0 & 0 & 1 & 0 \end{bmatrix}$$

(2) 状态转移图如图 2-6 所示。

(3) 由稳态概率与状态转移概率间的关系和概率的基本关系式

$$P_j = \sum_{i=0}^{4} P_i p_{ij}, \quad \sum_{i=0}^{4} P_i = 1$$

可解得稳态概率 $(P_0, P_1, P_2, P_3, P_4) = \left(\dfrac{1}{8}, \dfrac{1}{4}, \dfrac{1}{4}, \dfrac{1}{4}, \dfrac{1}{8}\right)$。□

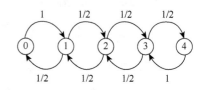

图 2-6 状态转移图

2. 生灭过程

有一种常用的特殊马尔可夫链,其所有的一步转移只发生在相邻的状态之间或自身的状态之中,这种类型的马尔可夫链称为生灭过程。生灭过程的状态转移图如图 2-7 所示。

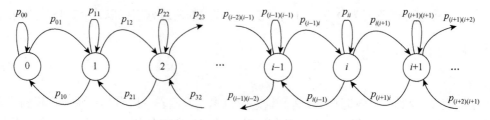

图 2-7 生灭过程的状态转移图

生灭过程的全局平衡方程可以简化为

$$P_j \sum_{i=0}^{\infty} p_{ji} = \sum_{i=0}^{\infty} P_i p_{ij}$$

$$P_j \left(p_{j(j-1)} + p_{jj} + p_{j(j+1)} \right) = P_j p_{jj} + P_{j-1} p_{(j-1)j} + P_{j+1} p_{(j+1)j} \quad (2\text{-}48)$$

$$P_j p_{j(j-1)} + P_j p_{j(j+1)} = P_{j-1} p_{(j-1)j} + P_{j+1} p_{(j+1)j}$$

特别地,要保证稳态时状态 j 左右两侧的平衡,还应该有

$$P_j p_{j(j-1)} = P_{j-1} p_{(j-1)j}, \quad P_j p_{j(j+1)} = P_{j+1} p_{(j+1)j} \quad (2\text{-}49)$$

由此可见,对于生灭过程的任何状态 n,有

$$P_n p_{n(n+1)} = P_{n+1} p_{(n+1)n} \quad (2\text{-}50)$$

稍后将会看到生灭过程在排队论中有重要的应用。

2.1.4 M/M/n 排队模型

1. M/M/1 排队系统

1) M/M/1 排队模型

M/M/1 排队模型的结构如图 2-8 所示,根据排队模型经典记法的规定,其中的第一个"M"表示顾客的到达过程是**泊松过程**,顾客间的到达间隔服从**指数分布**;第二个"M"表示服务时间服从指数分布;参数"1"表示该系统只有 1 个服务员;记号后面有两个参数缺省,表示该系统的队列的容量可以无限大,系统采用先到先服务的服务规程。

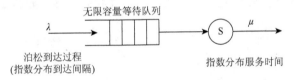

图 2-8 M/M/1 排队模型

2) M/M/1 排队系统的转移概率

假定已知顾客的到达率为 λ;系统的服务率为 μ;μ 的倒数 $1/\mu$ 就是每个顾客接受服务的平均时间。对系统的时间进行离散化后,每个小的时间片记为 δ。定义系统的状态为系统中的顾客数,在 $t=k\delta$ 时刻的状态记为 $N(t)|_{t=k\delta} = N_k$。相应地,系统的一步转移概率记为 $p_{ij} = P\{N_{k+1} = j \mid N_k = i\}$。根据顾客到达过程 X_k 是泊松过程,服务时间服从指数分布的基本假设,在 $(k\delta,(k+1)\delta)$ 期间,有 m 个顾客到达的概率为

$$P\{X_{k+1} - X_k = m\} = \frac{(\lambda\delta)^m}{m!} e^{-\lambda\delta} = \frac{(\lambda\delta)^m}{m!}\left(1 - \lambda\delta + \frac{(\lambda\delta)^2}{2} - \cdots\right), \quad m=0,1,2,\cdots \quad (2\text{-}51)$$

当 δ 足够小时,有

$$\begin{aligned} P\{X_{k+1} - X_k = 0\} &= 1 - \lambda\delta + o(\delta) \\ P\{X_{k+1} - X_k = 1\} &= \lambda\delta + o(\delta) \\ P\{X_{k+1} - X_k = m\}\big|_{m\geq 2} &= o(\delta) \end{aligned} \quad (2\text{-}52)$$

其中，$o(\delta)$ 是关于 δ 的高阶无穷小。在 $(k\delta,(k+1)\delta)$ 期间，n 个顾客接受完服务离去的概率

$$P\{X'_{k+1} - X'_k = n\} = \frac{(\lambda\delta)^n}{n!}e^{-\lambda\delta} = \frac{(\lambda\delta)^n}{n!}\left(1 - \lambda\delta + \frac{(\lambda\delta)^2}{2} - \cdots\right), \quad n = 0,1,2,\cdots \quad (2\text{-}53)$$

同理，当 δ 足够小时，有

$$\begin{aligned} P\{X'_{k+1} - X'_k = 0\} &= 1 - \mu\delta + o(\delta) \\ P\{X'_{k+1} - X'_k = 1\} &= \mu\delta + o(\delta) \\ P\{X'_{k+1} - X'_k = n\}\big|_{n \geq 2} &= o(\delta) \end{aligned} \quad (2\text{-}54)$$

因为到达过程和服务过程是两个相互独立的过程，当时间间隔 δ 足够小时，在 $(k\delta,(k+1)\delta)$ 期间内，一个以上顾客到达或离去的概率可以忽略，由此可得下面的转移概率：

$$\begin{aligned} p_{00} &= 1 - \lambda\delta + o(\delta) \\ p_{ii} &= (1 - \lambda\delta + o(\delta))(1 - \mu\delta + o(\delta)) = 1 - \lambda\delta - \mu\delta + o(\delta), \quad i \geq 1 \\ p_{i(i+1)} &= (\lambda\delta + o(\delta))(1 - \mu\delta + o(\delta)) = \lambda\delta + o(\delta), \quad i \geq 0 \\ p_{i(i-1)} &= (1 - \lambda\delta + o(\delta))(\mu\delta + o(\delta)) = \mu\delta + o(\delta), \quad i \geq 1 \\ p_{ij} &= o(\delta), \quad \text{其他} \end{aligned} \quad (2\text{-}55)$$

可见，M/M/1 排队系统实际上是一个生灭过程，其状态转移图如图 2-9 所示。

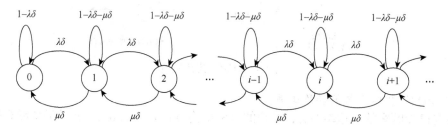

图 2-9　M/M/1 排队系统的状态转移图

3）M/M/1 排队系统的稳态概率

若记 M/M/1 排队系统任意的状态 n 的稳态概率为 P_n，已知对于生灭过程，由式（2-48），有

$$P_n p_{n(n+1)} = P_{n+1} p_{(n+1)n} \quad (2\text{-}56)$$

由前面获得的转移概率，相应地有

$$P_n \cdot (\lambda\delta + o(\delta)) = P_{n+1} \cdot (\mu\delta + o(\delta)) \quad (2\text{-}57)$$

当 $\delta \to 0$，有

$$P_n \lambda = P_{n+1} \mu \to P_{n+1} = \frac{\lambda}{\mu} P_n = \rho P_n = \rho^{n+1} P \quad (2\text{-}58)$$

其中 $\rho = \lambda/\mu$，到达率 λ 和服务率 μ 都是正数。显然，要保证排队系统稳定工作，应满足

条件 $\rho<1$，否则系统中的顾客数将趋于无限大，其他的状态都不复存在。当 $\rho<1$ 条件满足时，由概率的基本关系式可得

$$\sum_{n=0}^{\infty} P_n = \sum_{n=0}^{\infty} \rho^n P_0 = \frac{P_0}{1-\rho} = 1 \tag{2-59}$$

由此可得任意的状态 n 的稳态概率

$$P_0 = 1-\rho, \quad P_n = \rho^n(1-\rho) \tag{2-60}$$

4）M/M/1 排队系统的主要统计特性

排队论主要关注的是排队系统的统计特性，如系统中的平均顾客数 N、平均队列长度 N_Q、顾客的在系统中的平均停留时间 T、在队列中的平均等待时间 T_Q，以及这些参数与顾客的到达率 λ 和系统的服务率 μ 之间的关系。

（1）平均顾客数 N。按定义，系统中的平均顾客数为

$$N = \sum_{n=0}^{\infty} n P_n = \sum_{n=0}^{\infty} n\rho^n(1-\rho) = \frac{\rho}{1-\rho} = \frac{\lambda}{\mu-\lambda} \tag{2-61}$$

已知若要系统稳定工作，应有 $\rho<1$，即 $\lambda<\mu$。即对于随机到达的服务系统，要使得系统稳定地工作，应保证服务率大于到达率，并且当 $\lambda \to \mu$ 时，平均队列 $\overline{N} \to \infty$。简单地说，对于顾客是随机到达的服务系统，服务能力必须有一定的冗余度。

（2）平均停留时间 T。已知顾客的到达率和系统中的平均顾客数，由李特定理，马上可以得到顾客在系统中的平均停留时间

$$T = \frac{N}{\lambda} = \frac{\lambda/(\mu-\lambda)}{\lambda} = \frac{1}{\mu-\lambda} \tag{2-62}$$

显然，顾客在系统中的平均停留时间 T 与系统中的平均顾客数 N 是成正比的。

（3）顾客在队列中的平均等待时间 T_Q。顾客在系统中的平均停留时间 T 应等于其在队列中的平均等待时间 T_Q 加上其接受服务的平均时间 $1/\mu$。因此有

$$T_Q = T - \frac{1}{\mu} = \frac{1}{\mu-\lambda} - \frac{1}{\mu} = \frac{\lambda}{\mu(\mu-\lambda)} \tag{2-63}$$

（4）等待服务的顾客数（平均队列长度）N_Q。前面讨论李特定理时提到，该定理可用于分析整个系统中顾客到达率、平均顾客数与等待时间之间的关系，也可以用于分析一个局部系统中三者之间的关系。因此若已知顾客到达率 λ 和其在队列中的平均等待时间 T_Q，可得队列的长度

$$N_Q = \lambda T_Q = \lambda \cdot \frac{\lambda}{\mu(\mu-\lambda)} = \frac{\lambda^2}{\mu(\mu-\lambda)} \tag{2-64}$$

例 2-7 假定平均每个人打电话的时间为 3 分钟，一个人等待打电话的最大可忍耐时间是 5 分钟，则对于只有一部电话的电话亭来说，可支持的最大呼叫率是多少？

解 因为平均每个人打电话的时间为 3 分钟，即电话亭的平均服务时间 $1/\mu=3$ 分钟，或者 $\mu=1/3$ 呼叫/分钟；另外，因为等待打电话的最大可忍耐时间是 5 分钟，即 $T_Q=5$ 分钟，由式（2-63）可得

$$T_Q = \frac{\lambda}{\mu(\mu-\lambda)} \rightarrow \lambda = \frac{T_Q \mu^2}{1+T_Q\mu} = \frac{5\times(1/3)^2}{1+5/3} = 0.2083 \text{呼叫/分钟}$$

电话亭可支持的最大呼叫率是 0.2083 呼叫/分钟。 □

例 2-8 假定有 K 个独立的分组业务流，每个业务流分组的到达率均为 λ 的泊松过程，分组的长度服从指数分布。

（1）若用 K 独立的子信道传输在 K 个分组业务流，每个信道平均发送一个分组的时间为 $1/\mu$，求分组在发送端的平均时延和每个子信道的平均队列长度进；

（2）若用 K 倍于子信道的信道传输这 K 个分组业务流，求发送端的平均队列长度和分组在发送端的平均时延。

解 （1）每个独立的子信道都是一个到达率为 λ，服务率为 μ 的 M/M/1 系统，直接利用本节中得到的结果，分组的平均时延：$T = \dfrac{1}{\mu-\lambda}$；每个子信道的平均队列长度：

$$N_Q = \frac{\lambda^2}{\mu(\mu-\lambda)}。$$

（2）K 个独立的泊松到达分组业务流聚合后仍然是泊松过程，其到达率变为 $\lambda_\Sigma = K\lambda$；若将信道的传输速率提高 K 倍，显然其服务率也将提高 K 倍，变为 $\mu_\Sigma = K\mu$。此时系统仍然为一个 M/M/1 系统。由此可得，分组的平均时延：

$$T_\Sigma = \frac{1}{\mu_\Sigma - \lambda_\Sigma} = \frac{1}{K\mu - K\lambda} = \frac{1}{K}\cdot\frac{1}{\mu-\lambda} = \frac{1}{K}T$$

分组的平均缩短为原来的 $1/K$。平均队列长度：

$$N_{\Sigma Q} = \frac{(K\lambda)^2}{K\mu(K\mu-K\lambda)} = \frac{\lambda^2}{\mu(\mu-\lambda)} = N_Q$$

平均队列长度不变，换句话说，所需的总的队列缓存空间降低为原来的 $1/K$。 □

由例 2-8 可知，信道的统计复用有利于提高系统资源的利用率和性能。

2. M/M/m 排队系统

1）M/M/m 排队模型

M/M/m 排队模型的结构如图 2-10 所示，这里的第一个"M"表示顾客的到达过程是泊松过程，到达率为 λ；第二个"M"表示每个服务员的服务时间服从指数分布，其服务

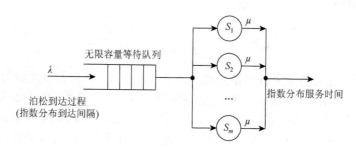

图 2-10　M/M/m 排队模型

率为 μ；"m" 表示该系统有 m 个服务员；记号后面的两个参数缺省，说明系统的队列的容量可以无限大，系统对顾客采用先到先服务的服务规程。同样，定义系统的状态为系统中在时刻的顾客数。

2）M/M/m 排队系统的转移概率

设系统在 $t=k\delta$ 时刻的状态为：$N(t)|_{t=k\delta}=N(k)=N_k=n$，与 M/M/1 系统一样，顾客的到达率与系统的状态无关，因此有

$$\lambda_n = \lambda, \quad n=0,1,2,\cdots \tag{2-65}$$

M/M/m 系统的服务率则与 M/M/1 系统不同，与系统当时的状态有关：若 $n \leq m$，每个到达的顾客均可立刻得到服务，系统的服务率正比于到达的顾客数；若 $n > m$，m 个服务员将均处于繁忙状态，此时系统的服务率达到最大，因此有

$$\mu_n = \begin{cases} n\mu, & n \leq m, \\ m\mu, & n > m, \end{cases} \quad n=0,1,2,\cdots \tag{2-66}$$

由此，可得 M/M/m 系统的状态转移图如图 2-11 所示。相应地，忽略高阶无穷小，M/M/m 系统的转移概率为

$$\begin{cases} p_{00} = 1-\lambda\delta \\ p_{ii} = 1-\lambda\delta-\mu_n\delta, \quad i \geq 1 \\ p_{i(i+1)} = \lambda\delta, \quad i \geq 0 \\ p_{i(i-1)} = \mu_n\delta, \quad i \geq 1 \\ p_{ij} = 0, \quad 其他 \end{cases} \tag{2-67}$$

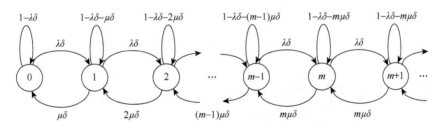

图 2-11 M/M/m 系统的状态转移图

3）M/M/m 排队系统的稳态概率

由前面讨论过的式（2-48）可知，对于进入了稳定状态的生灭过程，有：$P_j p_{j(j-1)} + P_j p_{j(j+1)} = P_{j-1} p_{(j-1)j} + P_{j+1} p_{(j+1)j}$。以 $p_{j(j+1)} = \lambda_n\delta$，$p_{j(j-1)} = \mu_n\delta$ 代入该式，整理可得

$$\lambda_{n-1}P_{n-1} + \mu_{n+1}P_{n+1} = (\lambda_n + \mu_n)P_n \tag{2-68}$$

式 2-68 的左边可看作状态 n 的到达率，右边为离去率，对于不同的状态，有以下关系式

$$\begin{array}{cccc}
\text{状态} & \text{进入率} & & \text{离去率} \\
0 & \mu_1 P_1 & = & \lambda_0 P_0 \\
1 & \lambda_0 P_0 + \mu_2 P_2 & = & (\lambda_1 + \mu_1) P_1 \\
\vdots & \vdots & \vdots & \vdots \\
n & \lambda_{n-1} P_{n-1} + \mu_{n+1} P_{n+1} & = & (\lambda_n + \mu_n) P_n \\
\vdots & \vdots & \vdots & \vdots
\end{array} \quad (2\text{-}69)$$

由此可得系统处于状态 n 的稳态概率的一般递推关系式

$$P_n = \frac{\lambda_{n-1}}{\mu_n} P_{n-1} = \frac{\lambda_0 \lambda_1 \cdots \lambda_{n-1}}{\mu_1 \mu_2 \cdots \mu_n} P_0 = P_0 \prod_{i=1}^{n} \frac{\lambda_{i-1}}{\mu_i}, \quad n \geq 1 \quad (2\text{-}70)$$

结合概率的基本关系式: $\sum_{n=0}^{\infty} P_n = 1$，可得

$$P_0 = \left(1 + \sum_{j=1}^{\infty} \prod_{i=1}^{j} \frac{\lambda_{i-1}}{\mu_i}\right)^{-1}, \quad P_n = P_0 \prod_{i=1}^{n} \frac{\lambda_{i-1}}{\mu_i} \quad (2\text{-}71)$$

以式（2-66）M/M/m 系统的关系式代入，可得

$$P_n = \begin{cases} P_0 \prod_{i=1}^{n} \dfrac{\lambda_{i-1}}{\mu_i} = \dfrac{1}{n!} \left(\dfrac{\lambda}{\mu}\right)^n P_0, & n < m \\[2mm] P_0 \prod_{i=1}^{m} \dfrac{\lambda_{i-1}}{\mu_i} \prod_{i=m+1}^{n} \dfrac{\lambda_{i-1}}{\mu_i} = \dfrac{1}{m! m^{n-m}} \left(\dfrac{\lambda}{\mu}\right)^n P_0, & n \geq m \end{cases} \quad (2\text{-}72)$$

其中: $P_0 = \left(\sum_{n=0}^{m-1} \dfrac{1}{n!} \left(\dfrac{\lambda}{\mu}\right)^n + \sum_{n=m}^{\infty} \dfrac{1}{m! m^{n-m}} \left(\dfrac{\lambda}{\mu}\right)^n \right)^{-1}$。若记 $\rho = \dfrac{\lambda}{m\mu}$，上式可改写为

$$P_n = \begin{cases} \dfrac{1}{n!} \left(\dfrac{\lambda}{\mu}\right)^n P_0 = \dfrac{1}{n!} (m\rho)^n P_0, & n < m \\[2mm] \dfrac{1}{m! m^{n-m}} \left(\dfrac{\lambda}{\mu}\right)^n P_0 = \dfrac{1}{m!} m^m \rho^n P_0, & n \geq m \end{cases} \quad (2\text{-}73)$$

其中，$P_0 = \left(\sum_{n=0}^{m-1} \dfrac{1}{n!} (m\rho)^n + \sum_{n=m}^{\infty} \dfrac{1}{m!} m^m \rho^n \right)^{-1}$。

4) M/M/m 排队系统的主要统计特性

M/M/m 系统的主要统计特性如下所述。

（1）**等待服务的平均顾客数** N。对于 M/M/m 排队系统，因为有 m 个服务员，所以当系统中少于等于 m 个顾客时，顾客无须等待，仅当顾客数大于 m 个时，方需排队，因此等待服务的平均顾客数为

$$N_Q = \sum_{n=0}^{\infty} n P_{n+m} = \frac{1}{m!} (m\rho)^m P_0 \sum_{n=m}^{\infty} n \rho^n = \frac{1}{m!} (m\rho)^m P_0 \frac{\rho}{(1-\rho)^2} \quad (2\text{-}74)$$

（2）**顾客的平均等待时间** T_Q。由李特定理，若已知顾客到达率 λ 及队列中的平均顾客数 N_Q，顾客的平均等待时间为

$$T_Q = \frac{N_Q}{\lambda} = \frac{1}{\lambda}\frac{1}{m!}(m\rho)^m P_0 \frac{\rho}{(1-\rho)^2} \quad (2\text{-}75)$$

（3）**顾客在系统中的停留时间** T。总的停留时间等于平均等待时间 T_Q 加上接受服务的平均时间 $1/\mu$，即

$$T = T_Q + \frac{1}{\mu} \quad (2\text{-}76)$$

（4）**系统中的平均顾客数** N。再由李特定理，系统中的平均顾客数为

$$N = T\lambda = \left(T_Q + \frac{1}{\mu}\right)\lambda = N_Q + \frac{\lambda}{\mu} \quad (2\text{-}77)$$

例 2-9 求 M/M/m 系统 m 个服务员均处于忙的工作状态的概率。

解 M/M/m 系统 m 个服务员均处于忙的概率 P_Q 等于系统中的顾客数等于或大于 m 的概率，因此有

$$P_Q = \sum_{n=m}^{\infty} P_n = \sum_{n=m}^{\infty} \frac{1}{m!}m^m \rho^n P_0 = \frac{1}{m!}m^m P_0 \sum_{n=m}^{\infty} \rho^n = \frac{(m\rho)^m P_0}{(1-\rho)m!}$$

例 2-10 到达率为 λ 的数据分组通过某具有缓冲队列的系统转发，试分析以下两种情形的系统性能：

（1）数据分组通过 m 个独立的信道传输，每个信道发送分组的平均发送速率为 μ，求分组的平均时延；

（2）数据分组通过一个发送分组平均速率为 $m\mu$ 的信道传输。求分组的平均时延；

（3）对上述的两种工作模式进行分析比较。

解 （1）系统 1：此时系统对应的是一个典型的 M/M/m 排队模型，直接由本节所得到的 M/M/m 系统的结果

$$T = T_Q + \frac{1}{\mu} = \frac{1}{\lambda}\frac{1}{m!}(m\rho)^m P_0 \frac{\rho}{(1-\rho)^2} + \frac{1}{\mu} = \frac{P_Q}{m\mu - \lambda} + \frac{1}{\mu}$$

上式中的最后一个等号利用了例 2-9 的结果。

（2）系统 2：此时系统对应的是 M/M/1 排队模型，可直接利用前面 M/M/1 排队系统的结果。此外也可根据 M/M/m 排队模型，当 $m=1$ 时，由（1）的结果，可得

$$T' = \frac{P_Q'}{\mu' - \lambda'} + \frac{1}{\mu'}$$

其中 $\lambda' = \lambda$，$\mu' = m\mu$，$P_Q' = \frac{(m'\rho')^{m'} P_0'}{(1-\rho')m'!} = \frac{\rho'}{(1-\rho')}P_0'$，$\rho' = \frac{\lambda}{m\mu}$，$P_0' = \left(\sum_{n}^{\infty}\rho'^n\right)^{-1}$。

（3）假定系统满足条件 $\lambda \gg 1$，$\mu \gg 1$。

①若系统负载很轻，即满足条件 $\frac{\lambda}{m\mu} \ll 1$，此时应有：$P_Q \approx 0$，$P_Q' \approx 0$，显然有

$$T = \frac{P_Q}{m\mu - \lambda} + \frac{1}{\mu} \approx \frac{1}{\mu}, \quad T' = \frac{P_Q'}{m\mu - \lambda} + \frac{1}{m\mu} \approx \frac{1}{m\mu}, \quad \frac{T}{T'} \approx m$$

显然系统1的时延是系统2时延的 m 倍,系统2的性能要优于系统1。

②若系统负载很重,即满足条件 $\dfrac{\lambda}{m\mu} \approx 1$,此时应有:$P_Q \approx 1$, $P_Q' \approx 1$,显然有

$$T = \dfrac{P_Q}{m\mu-\lambda} + \dfrac{1}{\mu} \approx \dfrac{P_Q}{m\mu-\lambda} \approx \dfrac{1}{m\mu-\lambda}, \quad T' = \dfrac{P_Q'}{m\mu-\lambda} + \dfrac{1}{m\mu} \approx \dfrac{1}{m\mu-\lambda}, \quad \dfrac{T'}{T} \approx 1$$

此时两个系统的时延性能趋于一致,时延的大小主要由等待时间决定。 □

3. M/M/∞ 排队系统

1)M/M/∞ 排队模型

M/M/∞ 排队模型的结构如图 2-12 所示,同样,这里的第一个"M"表示顾客的到达过程是**泊松过程**,到达率为 λ;第二个"M"表示每个服务员的服务时间服从指数分布,其服务率为 μ;"∞"表示该系统有 ∞ 个服务员;记号后面的两个参数缺省,说明系统的队列的容量可以无限大,系统对顾客采用先到先服务的服务规程。系统的状态同样定义为系统中在时刻的顾客数。

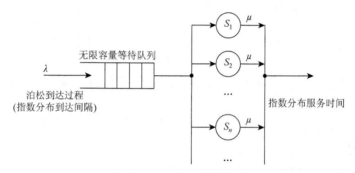

图 2-12 M/M/∞ 排队模型

2)M/M/∞ 排队系统的稳态概率

将 M/M/m 排队模型与 M/M/∞ 排队模型的到达率与服务率进行比较,可得

$$\begin{array}{cc} \text{M/M/m} & \text{M/M/}\infty \\ \lambda_n = \lambda & \\ \mu_n = \begin{cases} n\mu, & 0 \le n < m \\ m\mu, & n \ge m \end{cases} & \begin{array}{l} \lambda_n = \lambda \\ \mu_n = n\mu \end{array}, \; n=1,2,\cdots \end{array} \quad (2\text{-}78)$$

对于 M/M/∞ 排队模型,服务率 μ_n 正比于顾客数,可以无限增大。将到达率 $\lambda_n = \lambda$ 与服务率 $\mu_n = n\mu$ 代入生灭过程稳态概率的一般计算公式可得

$$P_n = \dfrac{\lambda_{n-1}}{\mu_n} P_{n-1} = \dfrac{\lambda_0 \lambda_1 \cdots \lambda_{n-1}}{\mu_1 \mu_2 \cdots \mu_n} P_0 = P_0 \prod_{i=1}^{n} \dfrac{\lambda_{i-1}}{\mu_i} = P_0 \dfrac{1}{n!} \left(\dfrac{\lambda}{\mu} \right)^n, \quad n \ge 1 \quad (2\text{-}79)$$

由概率的基本关系式进一步可得

$$\sum_{n=0}^{\infty} P_n = \sum_{n=0}^{\infty} P_0 \dfrac{1}{n!} \left(\dfrac{\lambda}{\mu} \right)^n = 1 \rightarrow P_0 = \left(\sum_{n=0}^{\infty} \dfrac{1}{n!} \left(\dfrac{\lambda}{\mu} \right)^n \right)^{-1} = e^{-\frac{\lambda}{\mu}} \quad (2\text{-}80)$$

因此有

$$P_n = \frac{1}{n!}\left(\frac{\lambda}{\mu}\right)^n e^{-\frac{\lambda}{\mu}} \quad (2-81)$$

3）M/M/∞ 排队系统的主要统计特性

下面讨论 M/M/∞ 排队系统的主要统计特性：

（1）**等待服务的平均顾客数** N_Q 对于 M/M/∞ 排队系统，因为有无穷多个服务员，所以顾客永远都无须等待，因此等待服务的平均顾客数

$$N_Q = 0 \quad (2-82)$$

对于 M/M/∞ 排队系统，无须配备队列的缓冲空间。

（2）**顾客的平均等待时间** T_Q 因为顾客无须等待，随到随服务，所以

$$T_Q = 0 \quad (2-83)$$

（3）**顾客在系统中的停留时间** T 顾客在系统中的停留时间等于接受服务的平均时间

$$T = \frac{1}{\mu} \quad (2-84)$$

（4）**系统中的平均顾客数** N 由李特定理，系统中的平均顾客数为

$$N = T\lambda = \frac{\lambda}{\mu} \quad (2-85)$$

具有大量处理器的云计算系统，在合理的计算资源管理的条件下，或者在到达的计算任务相对轻载的工作环境下，若将计算任务看作顾客，云计算系统可理解为由大量处理单元构成的服务员集，可以近似地建模为一个 M/M/∞ 排队系统。

4. M/M/m/m 排队系统

1）M/M/m/m 排队模型

M/M/m/m 排队模型的结构如图 2-13 所示，同样地，这里的第一个"M"表示顾客的到达过程是**泊松过程**，到达率为 λ；第二个"M"表示每个服务员的服务时间服从指数分布，其服务率为 μ；第三个参数"m"表示该系统有 m 个服务员；第四个参数"m"表示该系统限定的可容纳的顾客数，因为系统有 m 个服务员，所以队列的长度为 0，即没有缓冲队列；第五个参数缺省，说明系统对顾客采用先到先服务的服务规程。

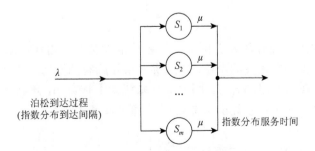

图 2-13 M/M/m/m 排队模型

2) M/M/m/m 排队系统的稳态概率

将 M/M/m/m 排队模型与 M/M/m 排队模型的到达率与服务率进行比较,因为 M/M/m/m 排队没有缓冲队列,当顾客到达时若发现服务员已被先期到达的顾客所占据,则会自动选择离开,所以该系统只有 m 种状态。因此有

$$\text{M/M/m} \qquad\qquad \text{M/M/m/m}$$
$$\lambda_n = \lambda \qquad\qquad \lambda_n = \lambda \\ \mu_n = \begin{cases} n\mu, & 0 \leq n < m \\ m\mu, & n \geq m \end{cases} \qquad \mu_n = n\mu, \quad n=1,2,\cdots,m \tag{2-86}$$

将 M/M/m/m 排队模型到达率 $\lambda_n = \lambda$ 与服务率 $\mu_n = n\mu$, $n=0,1,\cdots,m$ 代入生灭过程稳态概率的一般计算公式可得

$$P_n = \frac{\lambda_{n-1}}{\mu_n} P_{n-1} = \frac{\lambda_0 \lambda_1 \cdots \lambda_{n-1}}{\mu_1 \mu_2 \cdots \mu_n} P_0 = P_0 \prod_{i=1}^{n} \frac{\lambda_{i-1}}{\mu_i} = P_0 \frac{1}{n!}\left(\frac{\lambda}{\mu}\right)^n, \quad n=0,1,2,\cdots,m \tag{2-87}$$

由概率的基本关系式进一步可得

$$\sum_{n=0}^{m} P_n = \sum_{n=0}^{m} P_0 \frac{1}{n!}\left(\frac{\lambda}{\mu}\right)^n = 1 \ \rightarrow\ P_0 = \left(\sum_{n=0}^{m} \frac{1}{n!}\left(\frac{\lambda}{\mu}\right)^n\right)^{-1} \tag{2-88}$$

因此有

$$P_n = P_0 \frac{1}{n!}\left(\frac{\lambda}{\mu}\right)^n = \left(\sum_{n=0}^{m} \frac{1}{n!}\left(\frac{\lambda}{\mu}\right)^n\right)^{-1} \frac{1}{n!}\left(\frac{\lambda}{\mu}\right)^n \tag{2-89}$$

3) M/M/m/m 排队系统的主要统计特性

下面分析 M/M/m/m 排队系统的主要统计特性。

(1) **等待服务的平均顾客数** N_Q。对于 M/M/m/m 排队系统,当顾客到达时,若服务员未被占满,则直接接受服务;若顾客到达时 m 个服务员均处于忙的状态,则选择离开。因此系统中没有处于等待服务的顾客,因此

$$N_Q = 0 \tag{2-90}$$

(2) **顾客的平均等待时间** T_Q。因为系统中没有等待的顾客,所以

$$T_Q = 0 \tag{2-91}$$

(3) **顾客在系统中的停留时间** T。顾客在系统中的停留时间等于接受服务的平均时间

$$T = \frac{1}{\mu} \tag{2-92}$$

(4) **系统中的平均顾客数** N。因为一旦系统的服务员被占满,顾客便选择离去,这是一种对到达率来说是有损失的系统,实际进入系统顾客的到达率不能简单地取 λ。需要首先分析系统损失顾客的概率 P_{Loss}。因为一旦系统处于状态 m,顾客便会离去,所以系统损失顾客的概率 P_{Loss} 等于系统处于状态 m 时的稳态概率,即有

$$P_{\text{Loss}} = P_m = \left(\frac{\lambda}{\mu}\right)^m \frac{1}{m!} P_0 = \left(\frac{\lambda}{\mu}\right)^m \frac{1}{m!} \left(\sum_{n=1}^{m} \left(\frac{\lambda}{\mu}\right)^n \frac{1}{n!}\right) \tag{2-93}$$

系统真正有效的到达率为

$$\lambda_R = (1 - P_{\text{Loss}})\lambda \qquad (2\text{-}94)$$

若已知系统有效的到达率 λ_R，由李特定理，可以得到系统中的平均顾客数

$$N = T\lambda_R = \frac{\lambda_R}{\mu} = (1 - P_{\text{Loss}})\frac{\lambda}{\mu} \qquad (2\text{-}95)$$

例 2-11 公共电话网端局的程控交换机外线出口端是一种典型的 M/M/m/m 排队系统，一旦所有的出口线路被占用，所有的外出的呼叫都将不能接入。假定外线呼叫的到达率为 200 个/分钟，每次呼叫通话的持续时间为 3 分钟，若要求交换机外出呼叫的损失不大于 10%，在系统中平均外出呼叫数 N 将会是多少？

解 已知 $\lambda = 200/\text{min}$，$1/\mu = 3\text{min}$，$P_{\text{Loss}} = 10\%$，由式（2-95），平均外出呼叫数

$$N = (1 - P_{\text{Loss}})\frac{\lambda}{\mu} = (1 - 0.1) \times 200 \times 3 = 540 \qquad \square$$

若已知外线呼叫的到达率、平均的通话时间及对呼叫损失率的要求，理论上由式（2-93），可以估计程控交换机所需的外线数目 m。

2.1.5 M/G/1 排队模型

前面我们讨论了若干种经典的排队系统，在这些排队系统中，均假定顾客到达服从泊松过程，服务时间服从指数分布。其中的泊松到达较好地描述了大量实际随机服务到达过程的一般性，同时也因其便于分析处理，所以在一般在讨论随机服务系统的问题时，大都假定顾客服从泊松到达。但实际系统中服务过程的特性却往往因不同的情况而异。例如，对于许多工件的加工过程的操作是固定的，加工时间是一个常数；又如 ATM 网络中的信元（Cell），是一种固定长度的数据分组，发送一个分组的时间也是固定的，这些服务过程并非都服从前面讨论的指数分布。

此外，还有大量其他的系统，其服务时间的特性是一随机过程，其中的因素可能很复杂，很难抽象为某一特定的随机过程。对于这些服务过程，如果其一阶矩和二阶矩的统计特性可以通过某种大量统计的方法得到，可将服务时间归纳为一般性的独立同分布随机过程来进行讨论，这就是本节将要分析的 M/G/1 排队模型。这里的符号"G"表示服务过程一般的随机过程，如果有多个服务员，则这些服务过程是独立同分布的。前面讨论的 M/M/n 类型的随机过程，可以看作 $G=M$，即该独立同分布过程是指数过程时的特例，本节的有关结论，当然也适用于 $G=M$ 时的情形。

1. M/G/1 排队系统

M/G/1 排队系统的基本特性主要由泊拉泽克-欣钦（或译"波拉泽克-欣钦"，Pollaczek-Khinchin，P-K）公式描述，该关系式是英国数学家泊拉前克和苏联数学家欣钦各自独立提出的。

定理 2-3 （P-K 公式） 若 M/G/1 排队服务系统中顾客到达率为 λ，每个顾客的平均服务时间为 $\overline{T_S} = E[T_S] = 1/\mu$，服务时间的二阶矩为 $\overline{T_S^2} = E[T_S^2]$，则该服务系统的平均

等待时间为

$$T_Q = \frac{\lambda \overline{T_s^2}}{2(1-\rho)} \quad (2\text{-}96)$$

式中 $\rho = \lambda/\mu$。平均队列长度为

$$N_Q = \lambda T_Q = \frac{\lambda^2 \overline{T_s^2}}{2(1-\rho)} \quad (2\text{-}97)$$

顾客在系统的平均逗留时间为

$$T = \overline{T}_s + T_Q = \overline{T}_s + \frac{\lambda \overline{T_s^2}}{2(1-\rho)} \quad (2\text{-}98)$$

系统中的平均顾客数为

$$N = \lambda T = \lambda \overline{T}_s + \frac{\lambda^2 \overline{T_s^2}}{2(1-\rho)} \quad (2\text{-}99)$$

证明 记第 k 个顾客的服务时间为 $T_S^{(k)}$。当第 i 个顾客到达时,当前正在接受服务的顾客 l 的剩余服务时间记为 $R_{i,l}$,前面正在等待服务的顾客数为 N_i,其情形如图 2-14 所示,则第 i 个顾客的等待时间为

$$T_Q^{(i)} = R_{i,l} + \sum_{k=i-N_i}^{i-1} T_S^{(k)} \quad (2\text{-}100)$$

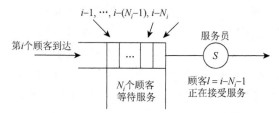

图 2-14 第 i 个顾客到达时系统的状态

由此可得

$$\begin{aligned} E\left[T_Q^{(i)}\right] &= E\left[R_{i,l} + \sum_{k=i-N_i}^{i-1} T_S^{(k)}\right] \\ &= E\left[R_{i,l}\right] + \sum_{k=i-N_i}^{i-1} E\left[\sum_{k=i-N_i}^{i-1} T_S^{(k)}\right] \\ &= E\left[R_{i,l}\right] + \overline{T}_s \cdot E[N_i] \end{aligned} \quad (2\text{-}101)$$

取极限,即系统达到稳态之后应有

$$T_Q = \lim_{i \to \infty} E\left[T_Q^{(i)}\right] = R + \overline{X} \cdot N_Q = R + \frac{1}{\mu} N_Q = R + \frac{1}{\mu}\lambda T_Q = R + \rho T_Q \quad (2\text{-}102)$$

式中 R 为剩余服务时间的统计平均值,整理上式可得

$$T_Q = \frac{R}{1-\rho} \quad (2\text{-}103)$$

一般地，任意时刻 τ **剩余服务时间**是一随机变量 $r(\tau)$。在顾客到达时刻，前面某个顾客接受服务的时间可能刚开始，可能刚好结束，可能正处于服务过程中的某个阶段，也可能此时系统中没有顾客；此外，不同服务所需的时间长短各异，这些都可形象地如图 2-15 所示。

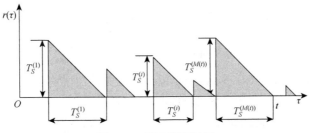

图 2-15 剩余服务时间

假定随机变量 $r(\tau)$ 具有**遍历性**，当 t 足够大时，可用 [$0\sim t$] 时间区间内剩余时间的时间平均值替代其统计平均值。在（$0\sim t$）时间区间内的平均剩余服务时间可表示为

$$R_t = \frac{1}{t}\int_0^t r(\tau)\mathrm{d}\tau = \frac{1}{t}\sum_{i=1}^{M(t)}\frac{1}{2}\left(T_S^{(i)}\right)^2 = \frac{1}{2}\cdot\frac{M(t)}{t}\cdot\frac{\sum_{i=1}^{M(t)}\left(T_S^{(i)}\right)^2}{M(t)} \tag{2-104}$$

式中 $M(t)$ 为 [$0\sim t$) 时间区间内已经服务的顾客数。取极限可得

$$R = \lim_{t\to\infty}R_t = \frac{1}{2}\cdot\left(\lim_{t\to\infty}\frac{M(t)}{t}\right)\cdot\left(\lim_{t\to\infty}\frac{\sum_{i=1}^{M(t)}\left(T_S^{(i)}\right)^2}{M(t)}\right) = \frac{1}{2}\cdot\lambda\cdot\overline{T_S^2} \tag{2-105}$$

最后一个括号的取值利用了服务时间的二阶矩满足遍历性的假设。由此可得

$$T_Q = \frac{R}{1-\rho} = \frac{\lambda\overline{T_S^2}}{2(1-\rho)} \tag{2-106}$$

由李特定理和排队系统的基本关系式，很容易得到所需证明的其他关系式。证毕。 □

通常可将 $\rho = \lambda/\mu$ 看作服务系统的负载程度，即负载率。由式（2-106）可见，当 $\rho\to 1$，将会使得 $T_Q\to\infty$，这说明对于顾客随机到达的服务系统，不能期待系统的负载率可以达到 100%，否则系统的工作会变得不稳定，即顾客的等待时间趋于无限大。

例 2-12 某频分复用系统，有 m 个信道。每个信道的分组均为到达率为 $\lambda_s = \lambda/m$ 的泊松过程，每个信道传输一个分组所需的时间均为常数 $1/\mu = m$，求一个分组在该系统内的平均时延 T_{FDM}。

解 因为该系统的每个信道的分组均为 $\lambda_s = \lambda/m$ 泊松到达过程，发送每个分组的时间均为 $1/\mu = m$，服务时间服从常数分布，所以是一种 $G=D$ 的 M/G/1 系统，这种系统也称为 M/D/1 模型。对于定常的分布，显然有

$$\overline{T}_S = m,\quad E\left[T_S^2\right] = m^2$$

因为 $\rho = \dfrac{\lambda_s}{\mu} = \dfrac{\lambda/m}{1/m} = \lambda$，根据 P-K 公式，可得分组的等待时间为

$$T_Q = \frac{\lambda_s \overline{T_S^2}}{2(1-\rho)} = \frac{(\lambda/m)m^2}{2(1-\lambda)} = \frac{\lambda m}{2(1-\lambda)}$$

相应地,分组的平均传输时延为

$$T_{FDM} = T_Q + \frac{1}{\mu} = \frac{\lambda m}{2(1-\lambda)} + m$$

2. 服务员有休息的 M/G/1 排队系统

对于服务员有休息的 M/G/1 排队系统,基本假设与前面讨论的 M/G/1 系统类似,顾客到达为参数为 λ 的泊松过程;服务过程为一般的随机过程。假定已知其服务一个顾客的平均时间为 $\overline{T_S} = E[T_S] = 1/\mu$,服务顾客时间的二阶矩为 $\overline{T_S^2} = E[T_S^2]$。这里服务员有休息是指:每服务完一个顾客,服务员都会获得一次休息的机会,休息过程(或休息时间)的长短 V_S,也是一个随机过程,假定已知休息时间的平均值为 $\overline{V_S} = E[V_S]$,休息时间的二阶矩为 $\overline{V_S^2} = E[V_S^2]$。服务员有休息的 M/G/1 排队系统工作过程的一个示例可如图 2-16 所示,注意服务员获得的第 i 个休息机会并非一定要紧跟在相应的第 i 次服务顾客之后。

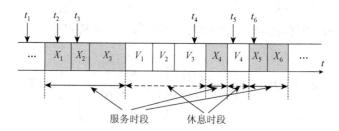

图 2-16 服务员有休息的 M/G/1 排队系统的工作过程示例

服务员有休息的 M/G/1 排队系统可以看作如下实际系统的抽象:
(1)生产线上的设备在完成某项工件加工后设备需要花时间做调整;
(2)生产线上的操作工人在一定工作时间后需要稍事休息;
(3)计算机系统中完成某个应用程序的运算后,需要回到操作系统处理操作系统内部的任务,等等。

下面分析服务员有休息的 M/G/1 排队系统的主要性能。记在时间区间($0 \sim t$)内接受服务的顾客数为 $M(t)$,服务员休息的次数为 $L(t)$。假定服务时间和休息时间的分布特性具有**遍历性**,可用时间平均替代统计平均,参见图 2-17,记**平均的剩余服务与休息时间为** R_t,可得

$$\begin{aligned}R_t &= \frac{1}{t}\int_0^t r(\tau)d\tau \\ &= \frac{1}{t}\sum_{i=1}^{M(t)}\frac{1}{2}(T_S^{(i)})^2 + \frac{1}{t}\sum_{j=1}^{L(t)}\frac{1}{2}(V_S^{(j)})^2 \\ &= \frac{1}{2}\cdot\frac{M(t)}{t}\cdot\frac{\sum_{i=1}^{M(t)}(T_S^{(i)})^2}{M(t)} + \frac{1}{2}\cdot\frac{L(t)}{t}\cdot\frac{\sum_{i=1}^{L(t)}(V_S^{(j)})^2}{L(t)}\end{aligned} \quad (2\text{-}107)$$

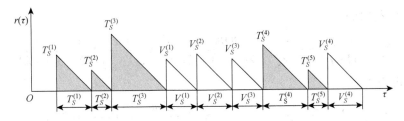

图 2-17 剩余服务时间与休息时间

取极限可得

$$R = \lim_{t \to \infty} R_t$$

$$= \lim_{t \to \infty} \frac{1}{2} \cdot \frac{M(t)}{t} \cdot \frac{\sum_{i=1}^{M(t)} \left(T_S^{(i)}\right)^2}{M(t)} + \frac{1}{2} \cdot \frac{L(t)}{t} \cdot \frac{\sum_{i=1}^{L(t)} \left(V_S^{(j)}\right)^2}{L(t)} \quad (2\text{-}108)$$

$$= \frac{1}{2} \cdot \lambda \cdot \overline{T_S^2} + \frac{1}{2} \cdot \lambda_V \cdot \overline{V_S^2}$$

式中 $\lambda_V = \lim_{t \to \infty} \frac{L(t)}{t}$，可看作休息的**出现率**。因为 $\lambda = \frac{\lambda/\mu}{1/\mu} = \frac{\rho}{1/\mu} = \frac{\rho}{\overline{T_S}}$，式中的 $\rho = \frac{\lambda}{\mu}$ 为系统的**负载率**。类似地，可定义系统的**闲置率** $\rho_V = 1 - \rho$，由此可得 $\lambda_V = \frac{\rho_V}{\overline{V_S}} = \frac{1-\rho}{\overline{V_S}}$。因此有

$$R = \frac{1}{2} \cdot \lambda \cdot \overline{T_S^2} + \frac{1}{2} \cdot \lambda_V \cdot \overline{V_S^2} = \frac{1}{2} \cdot \lambda \cdot \overline{T_S^2} + \frac{1-\rho}{\overline{V_S}} \cdot \overline{V_S^2} \quad (2\text{-}109)$$

由 P-K 公式，可得对服务员有休息的 M/G/1 排队系统，顾客的等待时间为

$$T_Q = \frac{R}{1-\rho} = \frac{1}{1-\rho} \left(\frac{1}{2} \cdot \lambda \cdot \overline{T_S^2} + \frac{1}{2} \cdot \frac{1-\rho}{\overline{V_S}} \cdot \overline{V_S^2} \right) = \frac{1}{2} \cdot \frac{\lambda \overline{T_S^2}}{1-\rho} + \frac{1}{2} \cdot \frac{\overline{V_S^2}}{\overline{V_S}} \quad (2\text{-}110)$$

例 2-13 某频分复用系统，有 m 个信道。每个信道的分组为到达率均为 $\lambda_s = \lambda/m$ 的泊松过程，每个信道传输一个分组所需的时间均为常数 $1/\mu = m$，假定该系统在时间域上划分为一个个均匀的时隙，时隙的长度等于发送一个分组的时间 m。每个分组只可能在每个时隙的开始时刻发送，如果错过发送时刻，只能等待下一个时隙，求一个分组在该系统内的平均时延 T_{SFDM}。

解 因为该系统的每个信道的分组均为 $\lambda_s = \lambda/m$ 泊松到达过程，发送每个分组的时间均为 $1/\mu = m$，服务时间服从常数分布。因为如果在某时隙开始时刻没有报文发送，则信道将在其整个时隙内处于空闲状态，系统可建模为有休息的 M/G/1 系统，空闲的时隙可视为服务员的休息时间。同样如例 2-12 分析，有

$$\overline{T_S} = m, \quad \overline{T_S^2} = E\left[T_S^2\right] = m^2, \quad \rho = \frac{\lambda_s}{\mu} = \frac{\lambda/m}{1/m} = \lambda$$

因为时隙的长度为 m，一旦进入空闲时隙，空闲的时间固定。所以对于该系统的"休息时间"显然有

$$\overline{V_S} = m, \quad E\left[V_S^2\right] = m^2$$

分组的平均等待时间

$$T_Q = \frac{\lambda_s \overline{T_s^2}}{2(1-\rho)} + \frac{1}{2} \cdot \frac{\overline{V_s^2}}{\overline{V_s}} = \frac{(\lambda/m)m^2}{2(1-\lambda)} + \frac{1}{2} \cdot \frac{m^2}{m} = \frac{\lambda m}{2(1-\lambda)} + \frac{m}{2} = \frac{m}{2(1-\lambda)}$$

分组的平均时延

$$T_{SFDM} = T_Q + \frac{1}{\mu} = \frac{\lambda m}{2(1-\lambda)} + \frac{m}{2} + m = \left(\frac{\lambda m}{2(1-\lambda)} + m\right) + \frac{m}{2} = T_{FDM} + \frac{m}{2}$$

其中，T_{FDM} 是例 2-12 讨论的频分复用系统的平均发送时延。 □

例 2-14 假定某时分复用（Time-division Multiplexing，TDM）系统由 m 个时隙构成一个帧，每个时隙可发送一个分组；信道的分组到达率为 λ；传输每个分组所需的时间为 $1/\mu' = 1$，传输在每个帧开始时刻进行，若错过帧的开始时刻则需要等到下一帧才能发送，求分组的平均时延 T_{TDM}。

解 仿上例的分析，因为该系统每个帧只能在每帧的起始时刻才能发送，所以该系统同样可以抽象为一个有休息的 M/D/1 系统。此时信道的负荷、发送一个分组的时间均值及二阶矩分别为

$$\rho = \frac{\lambda}{\mu'} = \frac{\lambda}{1} = \lambda, \quad \overline{T_s} = 1, \quad \overline{T_s^2} = 1$$

因为帧长固定为 m，一旦错过帧的开头，只能等待下一帧，所以空闲时间的均值及二阶矩分别为

$$\overline{V_s} = m, \quad E\left[V_s^2\right] = m^2$$

由此可得平均等待时间

$$T_Q = \frac{\lambda \overline{T_s^2}}{2(1-\rho)} + \frac{1}{2} \cdot \frac{\overline{V_s^2}}{\overline{V_s}} = \frac{\lambda}{2(1-\lambda)} + \frac{1}{2} \cdot \frac{m^2}{m} = \frac{\lambda}{2(1-\lambda)} + \frac{m}{2}$$

分组的平均传输时延

$$T_{TDM} = T_Q + \frac{1}{\mu'} = \left(\frac{\lambda}{2(1-\lambda)} + \frac{m}{2}\right) + 1$$ □

对例 2-12～例 2-14 这三个系统的时延性能进行比较，可以发现：

$$T_{TDM} \leqslant T_{FDM} < T_{SFDM}, \quad m \geqslant 2 \tag{2-111}$$

可见即便信道的物理传输能力均相同，当采用不同的工作方式时，仍呈现出不同的平均分组时延。采用统计复用的方式，总是有利于提高系统的性能。

3. 具有优先级的 M/G/1 排队系统

具有优先级的随机服务系统在现实生活中非常普遍，例如，在医疗服务系统中，病情危急的患者要先行治疗抢救；在邮件传递服务系统中，对于紧急的邮件需要加急传递；在通信系统中，重要的报文，需要优先传输；对于银行系统，VIP 客户，往往可以得到优先的服务，等等。因此，有必要研究这一类型的随机服务系统的性能。

本节研究的具有优先级的 M/G/1 排队系统有以下假设：

（1）系统具有 n 个不同的优先级，级别由高到低依次为第 $1,2,\cdots,n$ 级，共 n 级；

(2) 不同优先级的顾客流均为泊松过程,到达率分别为 $\lambda_1, \lambda_2, \lambda_3, \cdots, \lambda_n$;

(3) 对不同优先级顾客的服务时间的均值分别 $\overline{T_S^{(1)}}, \overline{T_S^{(2)}}, \overline{T_S^{(3)}}, \cdots, \overline{T_S^{(n)}}$,按照排队论的习惯记法,服务时间的均值也常常分别记为 $1/\mu_1, 1/\mu_2, 1/\mu_3, \cdots, 1/\mu_n$;

(4) 对不同优先级顾客的服务时间的二阶矩分别为 $\overline{T_S^{(1)2}}, \overline{T_S^{(2)2}}, \overline{T_S^{(3)2}}, \cdots, \overline{T_S^{(n)2}}$;

(5) 各个优先级别队列的平均长度分别为 $N_Q^{(1)}, N_Q^{(2)}, N_Q^{(3)}, \cdots, N_Q^{(n)}$;

(6) 分组的平均等待时间分别为 $T_Q^{(1)}, T_Q^{(2)}, T_Q^{(3)}, \cdots, T_Q^{(n)}$;

(7) 不同优先级顾客流的负载率分别为 $\rho_1 = \lambda_1/\mu_1, \rho_2 = \lambda_2/\mu_2, \cdots, \rho_n = \lambda_n/\mu_n$。

对于一个稳定的系统,通常要求总的负载率满足以下条件:

$$\rho_1 + \rho_2 + \rho_3 + \cdots + \rho_n = \sum_{i=1}^{n} \rho_i < 1$$

否则系统中的顾客会不断地累积,队列中的顾客数趋于无限大,导致不能稳定地工作。

具有优先级的服务策略一般又可以分为非强插优先排队策略和强插优先排队策略两种。

1) 非强插优先排队策略

当系统正在为某一级别的顾客服务时,若有更高优先级的顾客到达,也会继续完成对当前顾客的服务,然后才转向为较高级别的顾客服务。普通银行中的柜台服务通常采用这种策略。下面我们先讨论采用非强插优先排队策略的 M/G/1 排队系统的有关性能。注意下面分析所得的结果都是统计意义上的平均值。

(1) **第 1 级顾客在队列中的等待时间**。当有第 1 级的顾客到达系统时,如果前面已经有 $N_Q^{(1)}$ 个该级别的顾客还在队列中等待,显然该顾客必须在之前的这些顾客接受服务后,才可能获得服务。系统采用的是非强插优先排队策略,如果前面还有正在接受服务的顾客,无论他们的级别如何,都要让他们完成当前的服务,因此,该顾客的平均等待时间有以下关系:

$$T_Q^{(1)} = R + \frac{1}{\mu_1} N_Q^{(1)} = R + \frac{1}{\mu_1} \lambda_1 T_Q^{(1)} = R + \rho_1 T_Q^{(1)} \tag{2-112}$$

式中 R 是顾客的平均剩余服务时间。由此可得

$$T_Q^{(1)} = \frac{R}{1-\rho_1} \tag{2-113}$$

(2) **第 2 级顾客在队列中的等待时间**。第 2 级的顾客因为其优先级低于第 1 级,当前到达的顾客除了受到正在接受服务的顾客、已有的第 1 级和本级现有顾客队列长度的影响外,还会受到在等待期间新到达的第 1 级别的顾客的影响,因此其平均等待时间

$$T_Q^{(2)} = R + \frac{1}{\mu_1} N_Q^{(1)} + \frac{1}{\mu_2} N_Q^{(2)} + \frac{1}{\mu_1} \left(\lambda_1 T_Q^{(2)} \right) \tag{2-114}$$

式中的第一项是平均剩余服务时间;第二项是当该顾客到达时,当前第 1 级已在队列中的顾客的服务时间;第三项是当该顾客到达时,当前已在队列中的第 2 级顾客的服务时间;第四项则是当前到达的该类顾客,在其等待服务的过程中新到达的第 1 级顾客所需的服务时间。式 2-114 可改写为

$$T_Q^{(2)} = R + \frac{1}{\mu_1} N_Q^{(1)} + \frac{1}{\mu_2} N_Q^{(2)} + \frac{1}{\mu_1}\left(\lambda_1 T_Q^{(2)}\right)$$
$$= R + \frac{1}{\mu_1}\lambda_1 T_Q^{(1)} + \frac{1}{\mu_2}\lambda_2 T_Q^{(2)} + \frac{1}{\mu_1}\lambda_1 T_Q^{(2)} \quad (2\text{-}115)$$
$$= R + \rho_1 T_Q^{(1)} + \rho_2 T_Q^{(2)} + \rho_1 T_Q^{(2)}$$

利用前面所得结果：$T_Q^{(1)} = R/(1-\rho_1)$，整理上式可得

$$T_Q^{(2)} = \frac{R + \rho_1 T_Q^{(1)}}{1-\rho_1-\rho_2} = \frac{R}{(1-\rho_1)(1-\rho_1-\rho_2)} \quad (2\text{-}116)$$

（3）**第 k 级顾客在队列中的等待时间**。根据前面对第 1 级和第 2 级顾客等待时间的分析，利用归纳法，不难得到一般的第 k 级顾客的等待时间为

$$T_Q^{(k)} = \frac{R}{(1-\rho_1-\rho_2-\cdots-\rho_{k-1})(1-\rho_1-\rho_2-\cdots-\rho_k)} = \frac{R}{\left(1-\sum_{i=1}^{k-1}\rho_i\right)\left(1-\sum_{i=1}^{k}\rho_i\right)} \quad (2\text{-}117)$$

求等待服务时间，还需要知道平均剩余服务时间 R。将只有一种等级（无等级）时获得的平均剩余服务时间 R，推广到 n 种等级的情形，可得

$$R = \frac{1}{2}\lambda \cdot \overline{T_S^2} \xrightarrow{1 \to n} R = \frac{1}{2}\sum_{i=1}^{n}\lambda_i \cdot \overline{T_S^{(i)2}} \quad (2\text{-}118)$$

综合前面两式，可得第 k 级顾客在队列中的平均等待时间

$$T_Q^{(k)} = \frac{\sum_{i=1}^{n}\lambda_i \cdot \overline{T_S^{(i)2}}}{2\left(1-\sum_{i=1}^{k-1}\rho_i\right)\left(1-\sum_{i=1}^{k}\rho_i\right)} \quad (2\text{-}119)$$

加上顾客的接受服务的时间，就是该类顾客在系统中总的停留时间，因此有

$$T^{(k)} = T_Q^{(k)} + T_S^{(k)} = T_Q^{(k)} + \frac{1}{\mu_k} \quad (2\text{-}120)$$

（4）**顾客的平均等待时间和平均时延**。由到达率的物理意义，可知第 k 级顾客的**到达概率**为

$$P_i = \frac{\lambda_i}{\sum_{j=1}^{n}\lambda_j} \quad (2\text{-}121)$$

各类顾客不分等级的平均等待时间为

$$T_Q = \sum_{i=1}^{n} P_i T_Q^{(i)} = \sum_{i=1}^{n} \frac{\lambda_i}{\sum_{j=1}^{n}\lambda_j} T_Q^{(i)} = \frac{\sum_{i=1}^{n}\lambda_i T_Q^{(i)}}{\sum_{j=1}^{n}\lambda_j} \quad (2\text{-}122)$$

同理可得平均时延

$$T = \sum_{i=1}^{n} P_i T^{(i)} = \sum_{i=1}^{n} \frac{\lambda_i}{\sum_{j=1}^{n} \lambda_j} T^{(i)} = \frac{\sum_{i=1}^{n} \lambda_i T^{(i)}}{\sum_{j=1}^{n} \lambda_j} \quad (2\text{-}123)$$

若每个顾客的服务时间相同，即 $1/\mu_i = 1/\mu \to \mu_i = \mu$，则

$$\rho T_Q = \left(\sum_{i=1}^{n} \rho_i\right)\left(\sum_{j=1}^{n} P_j T_Q^{(i)}\right) = \left(\sum_{i=1}^{n} \frac{\lambda_i}{\mu_i}\right)\left(\sum_{j=1}^{n} \frac{\lambda_j}{\sum_{i=1}^{n} \lambda_i} T_Q^{(i)}\right)$$

$$= \frac{1}{\sum_{i=1}^{n} \lambda_i} \left(\sum_{i=1}^{n} \frac{\lambda_i}{\mu_i}\right)\left(\sum_{j=1}^{n} \lambda_j T_Q^{(i)}\right) \xrightarrow{\mu_i = \mu} = \sum_{i=1}^{n} \frac{\lambda_i}{\mu} T_Q^{(i)} = \sum_{i=1}^{n} \rho_i T_Q^{(i)} \quad (2\text{-}124)$$

即高等级顾客性能的提高是以低等级顾客性能的降低为代价的。如果条件 $\mu_i = \mu$ 不成立，则这一结论尚不能成立，因为某个等级的顾客等待时间的长短与自身等级的服务也有一定的关系。

2）强插优先排队策略

当某一级别的顾客正在接受服务时，若有更高优先级的顾客到达，则中断当前顾客的服务，优先为更高等级的顾客服务，在没有更高等级的顾客时，才会为较低等级的顾客服务，这是强插优先排队策略。强插优先排队策略在实际系统中也很常见，例如，医院的急诊系统就通常会采用这种策略。但对于一般的数据通信系统，即使有高级别的分组到达，一般来说不会中断其他级别当前分组的传输，总是先传输完当前的分组后，才传输更高级别的分组。但当一个报文被封装成多个小的分组传输时，强插优先排队策略可以体现在报文级的意义上。例如，在 ATM 的网络中，报文被分组成长度很小的信元传输，报文意义上的强插优先策略也会在 ATM 这类网络系统中出现。

根据前面对于非强插优先排队系统的分析，对于采用强插优先排队策略的 M/G/1 系统，一般地，其第 k 级的用户在系统中总的停留时间可以表示为

$$T^{(k)} = \frac{1}{\mu_k} + T_Q^{(k)} = \frac{1}{\mu_k} + T_{\text{old}}^{(k)} + T_{\text{new}}^{(k-1)} \quad (2\text{-}125)$$

其中，$T_Q^{(k)}$ 是该级别的顾客在队列中的等待时间，该时间由 $T_{\text{old}}^{(k)}$ 和 $T_{\text{new}}^{(k-1)}$ 部分组成：

第一项 $T_{\text{old}}^{(k)}$ 表示当前的第 k 级顾客到达时，系统队列中正在等待服务的所有第 1 级到第 k 级的顾客的服务时间，这些先到的顾客显然有较高的接受服务的优先权。虽然在对这部分顾客服务时也是按照级别的先后次序来进行的，但对于当前到达的顾客来说，对这些顾客无论其是分级别服务还是不分级别服务，其总的所需的服务时间是一样的，因此 $T_{\text{old}}^{(k)}$ 可简单地按照无级别服务的情形来求解，由前面关于 M/G/1 系统所得到的结果，可得

$$T_{\text{old}}^{(k)} = \frac{R^{(k)}}{1-\sum_{i=1}^{k}\rho_i} = \frac{\sum_{i=1}^{k}\lambda_i \cdot \overline{T_S^{(i)2}}}{2\left(1-\sum_{i=1}^{k}\rho_i\right)} \tag{2-126}$$

式中 λ_i、ρ_i 和 $\overline{T_S^{(i)2}}$ 分别是第 i 级顾客的到达率、负载率（$\rho_i = \lambda_i/\mu_i$）和服务时间的二阶矩；$R^{(k)} = \sum_{i=1}^{k}\lambda_i \cdot \overline{T_S^{(i)2}}\Big/2$ 是根据式（2-118）得到的结果；在式中求和从 1 到 k 是因为此时只需要考虑这些等级的顾客。

第二项 $T_{\text{new}}^{(k-1)}$ 表示从当前第 k 级顾客到达系统至该顾客接受服务前这段时间内，到达的第 1 级到第 $k-1$ 级的顾客所需要的服务时间，这部分顾客虽然是后来到达的，但因其级别较高，仍应先接受服务。这些的数量与该第 k 级顾客在系统中的停留时间有关，对于第 i 级（$i<k$）顾客来说，其平均到达的个数为 $\lambda_i \cdot T^{(k)}$，因此有

$$T_{\text{new}}^{(k-1)} = \sum_{i=1}^{k-1}\frac{1}{\mu_i} \cdot \left(\lambda_i T^{(k)}\right) = \sum_{i=1}^{k-1}\frac{\lambda_i}{\mu_i} \cdot T^{(k)} = T^{(k)}\sum_{i=1}^{k-1}\rho_i \tag{2-127}$$

将式（2-126）和式（2-127）代入式（2-125），可得

$$T^{(k)} = \frac{1}{\mu_k} + T_{\text{old}}^{(k)} + T_{\text{new}}^{(k)} = \frac{1}{\mu_k} + \frac{\sum_{i=1}^{k}\lambda_i \cdot \overline{T_S^{(i)2}}}{2\left(1-\sum_{i=1}^{k}\rho_i\right)} + T^{(k)}\sum_{i=1}^{k-1}\rho_i \tag{2-128}$$

整理后得

$$T^{(k)} = \left(\frac{1}{\mu_k} + \frac{\sum_{i=1}^{k}\lambda_i \cdot \overline{T_S^{(i)2}}}{2\left(1-\sum_{i=1}^{k}\rho_i\right)}\right)\Bigg/\left(1-\sum_{i=1}^{k-1}\rho_i\right) \tag{2-129}$$

这就是采用强插优先排队策略时第 k 级顾客在系统中的平均停留时间。

2.1.6 排队网络系统

1. 排队网络的基本概念

前面我们讨论了随机服务系统的各种简单的排队模型，这些排队模型一般只有两个随机过程，到达过程和服务过程，并且这两个过程是相互独立的。在实际的网络系统中，包含大量的由这样的简单排队模型组成的复杂系统，构成排队网络。例如，在一个通信网络中，有多个节点，节点之间的业务流会有相互影响；此外每个节点都通常包含多个入口和出口，入口和出口之间是节点内部的交换矩阵，因此在一个节点中就可能有多个前面讨论的排队模型。严格来说，在一个网络中分布的各种大大小小的排队系统都是有相互影响的。本节讨论排队网络系统的基本概念、有关模型和排队网络性能的基本分析方法。

排队网络的抽象结构可如图 2-18 所示，网络由多个节点通过某种拓扑结构互连而成，

每个节点包含一个队列和一个或多个服务员。根据网络是否有来自和去往网络外部的顾客,可将网络分为以下三种基本类型。

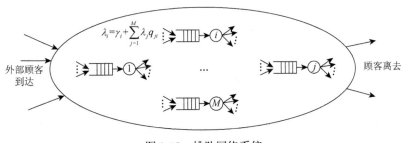

图 2-18 排队网络系统

（1）**开环网络**（Open Networks）。包含外部到达顾客流和离去顾客流的排队网络称为开环网络。通常顾客的到达流和离去流是同时存在的,否则如果只有到达流,网络中的顾客数就会趋于无限大;如果只有离去流,网络中的顾客数就可能会变为 0。如果将报文或者数据分组看作顾客,通信网络就是一个典型的开环系统。

（2）**闭环网络**（Closed Networks）。没有到达的顾客流和离去的顾客流的排队网络称为闭环网络。闭环网络中的顾客永远都只是在网络内部流动,网络中的顾客数是常数。一个封闭的控制系统可看作为一个闭环网络,系统的控制指令流只会在系统内部流动。

（3）**混合网络**（Mixed Networks）。如果网络中包含外部到达顾客流和离去顾客流,但对于某些类型的顾客,网络是闭环的;对于某些类型的顾客,网络是开环的。这种网络称为混合网络。一个自适应的通信网络系统可被看作为某种混合系统,作为某一类顾客的用户数据报文从网络外部流入,通过网络中的某些节点后流出;而作为另外一类顾客的网络路由器或交换机的控制报文只会在网络内部流动。

本书只介绍在通信网络中应用较为广泛的开环排队网络,其他类型的排队网络可参考有关的文献。

2. 开环排队网络

开环排队网络作为一种最典型、最简单和易于分析的系统在 20 世纪 50 年代就被深入地研究,其主要的结果来自 Jackson 在 1957 年和 1963 年发表的论文,因此排队网络模型通常也称为 Jackson 网络。

1）Jackson 网络

一个具有 M 个节点的 Jackson 网络一般定义如下：

（1）网络是开环的,从系统外到系统内的任何一个节点 i 的输入是泊松过程,其到达率 $\lambda_i \geq 0$;

（2）每个节点具有相互独立的指数分布的服务时间。若节点 i 的服务速率是与节点队列长度 n 相关的,可表示为 $\mu_i(n)$;若与队列长度无关,则服务速率就是常数 μ_i;

（3）顾客在节点上得到服务后,依概率或者离开网络或者进入网络内的另外一个节

点，其选择与过去的历史无关。 □

包含有 M 个节点的排队网络的状态是一随机向量：$\boldsymbol{N} = \left(N^{(1)}, N^{(2)}, N^{(3)}, \cdots, N^{(M)}\right)$，其状态空间为

$$S = \left\{\boldsymbol{n} = (n_1, n_2, n_3, \cdots, n_M) \mid n_i \geq 0, i = 1, 2, \cdots, M\right\} \quad (2\text{-}130)$$

其中，n_i 是节点 i 队列中的顾客数。网络在状态 $\boldsymbol{n}$ 的稳态概率定义为

$$P(\boldsymbol{n}) = P\left\{N^{(1)} = n_1, N^{(2)} = n_2, N^{(3)} = n_3, \cdots, N^{(M)} = n_M\right\} \quad (2\text{-}131)$$

顾客离开节点 i 去往节点 j 的概率称为**选道概率**，记为 q_{ij}，$i, j = 1, 2, \cdots, M$，在 Jackson 网络中一般**假定选道概率为常数**；顾客离开节点 i 后去往网络外部的概率记为 q_{i0}，q_{i0} 与选道概率间的关系为

$$q_{i0} = 1 - \sum_{j=1}^{M} q_{ij} \quad (2\text{-}132)$$

对于开环的网络，至少应有一个节点有 $q_{i0} > 0$，$i = 1, 2, \cdots, M$。网络外部的顾客到达节点 i 的概率记为 q_{0i}；若外部顾客进入网络的总到达率为 γ，则进入节点 i 的顾客的到达率 γ_i 为

$$\gamma_i = q_{0i} \cdot \gamma \quad (2\text{-}133)$$

显然应有

$$\sum_{i=1}^{M} \gamma_i = \sum_{i=1}^{M} q_{0i} \gamma = \gamma \sum_{i=1}^{M} q_{0i} = \gamma \quad (2\text{-}134)$$

同样对于开环的网络，至少应有一个节点的到达率 $\gamma_i > 0$，$i = 1, 2, \cdots, M$。

综上，不难理解，对于网络中的节点 i，其顾客到达率 λ_i 可表示为

$$\lambda_i = \gamma_i + \sum_{j=1}^{M} \lambda_j q_{ji}, \quad i = 1, 2, \cdots, M \quad (2\text{-}135)$$

式中，γ_i 是网络外部的顾客到达节点 i 的到达率，$\sum_{j=1}^{M} \lambda_j q_{ji}$ 是网络中所有的节点的顾客到达节点 i 的到达率。

当系统达到稳态状态时，进入网络的顾客和离开网络的顾客达到平衡，因此应有

$$\gamma = \sum_{i=1}^{M} \lambda_i q_{i0} \quad (2\text{-}136)$$

上式的左边是总的进入网络的顾客到达率，右边则是离开网络的顾客的总离去率。

对于一般的排队网络，尽管到达网络的顾客流为泊松过程，网络中每个节点的到达流一般来说不再是泊松过程，但如果节点的到达流没有自身的直接反馈，即 $q_{ii}=0$，$i = 1, 2, \cdots, M$，那么所有的节点到达流的和仍可视为泊松过程，假定节点的服务率与节点中的顾客数无关，则可直接利用前面简单排队模型的基本分析方法，排队网络的这种性质给我们分析排队网络的特性带来极大的便利。

此外，下面的 Burke 定理描述的排队模型的特性也为排队网络的分析带来帮助。

定理 2-4（**Burke 定理**）对于具有到达率为 λ 的 M/M/n 排队模型，包括 M/M/1、M/M/m 和 M/M/∞ 系统，当系统处于稳态时，具有以下性质：

(1) 系统中顾客的离开过程是速率为 λ 的泊松过程；

(2) 在任意的时刻 t，系统中的顾客数独立于 t 时刻以前离开系统的顾客流。 □

Burke 定理为由多个 M/M/n 排队系统互联组成的排队网络的稳态特性分析带来了极大的便利。

假定节点 i 的顾客到达率为 λ_i，节点中只有一个服务员，其服务率为 μ_i，则由 M/M/1 排队系统的分析结果，可以得到节点和整个网络系统中性能特性和各种参数之间的关系。

（1）**节点 i 上的平均顾客数**。在该节点 i 上的平均顾客数为

$$\overline{N^{(i)}} = \frac{\lambda_i}{\mu_i - \lambda_i} \tag{2-137}$$

（2）**顾客在节点 i 上的平均停留时间**。在节点 i 上顾客的停留时间分别为

$$\overline{T^{(i)}} = \frac{\overline{N^{(i)}}}{\lambda_i} = \frac{1}{\mu_i - \lambda_i} \tag{2-138}$$

（3）**系统中总的顾客数**。系统中总的平均顾客数为

$$N = \sum_{i=1}^{M} \overline{N^{(i)}} = \sum_{i=1}^{M} \frac{\lambda_i}{\mu_i - \lambda_i} \tag{2-139}$$

（4）**顾客在系统中的平均停留时间**。顾客在系统中的平均停留时间为

$$T = \frac{N}{\gamma} = \frac{\sum_{i=1}^{M} \overline{N^{(i)}}}{\sum_{i=1}^{M} \gamma_i} = \frac{1}{\sum_{i=1}^{M} \gamma_i} \cdot \sum_{i=1}^{M} \frac{\lambda_i}{\mu_i - \lambda_i} \tag{2-140}$$

若已知顾客进入网络各个节点的到达率 γ_i 和各节点的服务率 μ_i，$i=1,2,\cdots,M$，以及节点间的转移概率 q_{ij}；$i,j=1,2,\cdots,M$。解线性方程组：$\lambda_i = \gamma_i + \sum_{j=1}^{M} \lambda_j q_{ji}$，$i=1,2,\cdots,M$，得到 λ_i，$i=1,2,\cdots,M$，即可求得网络的上述各个节点和网络的特性参数。

定理 2-5 （Jackson 定理） 假定：

（1）网络由 M 个先到先服务的单服务员队列组成；

（2）从网络外进入节点 i 队列的顾客流是到达率为 γ_i 的泊松过程，$i=1,2,\cdots,M$；

（3）网络中至少有一个队列的外部顾客到达率 $\gamma_i \neq 0$；

（4）顾客在节点 i 中服务时间服从均值为 μ_i 的独立指数分布，$i=1,2,\cdots,M$；

（5）顾客在 i 中接受服务后，以概率 q_{ij} 进入节点 j，$i,j=1,2,\cdots,M$；节点 i 的顾客到达率为 $\lambda_i = \gamma_i + \sum_{j=1}^{M} \lambda_j q_{ji}$，$i=1,2,\cdots,M$；

（6）网络节点的负载率满足条件 $\rho_i = \lambda_i / \mu_i < 0$，$i=1,2,\cdots,k$。

则网络状态的稳态概率

$$P(\boldsymbol{n}) = P(n_1, n_2, n_3, \cdots, n_M) = P(n_1)P(n_2)\cdots P(n_M) \tag{2-141}$$

其中，

$$P(n_j) = \rho_j^{n_j}(1-\rho_j), \quad n_j \geq 0 \tag{2-142}$$

定理的证明可参见华兴（1987）。Jackson 定理告诉我们，若进入网络的到达过程是泊松过程；各队列的服务时间是独立的指数分布，则系统中顾客数由 k 个独立的 M/M/1 队列决定。

例 2-15 考虑某计算机系统，该系统由 CPU1 和 CPU2 组成，为完成某种运算操作组成图 2-19 所示的结构，CPU 的处理能力 μ_1 和 μ_2、q_{ij}，$i,j=1,2$。假定已知给定任务的到达率 γ_1，试分析该系统的有关性能。

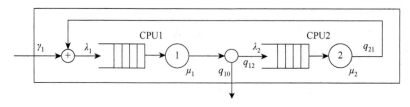

图 2-19　例 2-15 图

解　由式（2-141）和（2-142），网络状态的稳态概率
$$P(\boldsymbol{n}) = P(n_1, n_2) = P(n_1)P(n_2)$$

其中 $P(n_i) = \rho_i^{n_i}(1-\rho_i) = \left(\dfrac{\lambda_i}{\mu_i}\right)^{n_i}\left(1-\dfrac{\lambda_i}{\mu_i}\right)$，$i=1,2$。因为 μ_1 和 μ_2 已知，只要知道 λ_1 和 λ_2，即可求得网络各状态下的稳态概率。由式（2-135）$\lambda_1 = \gamma_1 + \lambda_2 q_{21} = \gamma_1 + \lambda_2$；$\lambda_2 = \lambda_1 q_{12}$。其中利用了 $q_{21}=1$ 的条件。解方程可得

$$\lambda_1 = \frac{\gamma_1}{1-q_{12}} = \frac{\gamma_1}{q_{10}}, \quad \lambda_2 = \frac{q_{12}\gamma_1}{q_{10}}$$

由此可得各稳态状态下的概率。在 CPU1 和 CPU2 上的平均任务数分别为

$$\overline{N^{(i)}} = \frac{\lambda_i}{\mu_i - \lambda_i}, \quad i=1,2$$

网络系统中的总平均任务数和完成每个任务的平均时间为

$$\overline{N} = \frac{\lambda_1}{\mu_1-\lambda_1} + \frac{\lambda_2}{\mu_2-\lambda_2}, \quad \overline{T} = \frac{\overline{N}}{\gamma} = \frac{1}{\gamma}\left(\frac{\lambda_1}{\mu_1-\lambda_1} + \frac{\lambda_2}{\mu_2-\lambda_2}\right)$$

2）分组交换网络的统计特性分析

分组交换网络可抽象为一开环的排队网络系统，网络外部进入网络的数据分组中的到达率可表示为

$$\gamma = \sum_{j=1}^{M}\sum_{i=1}^{M}\gamma_{ij}$$

其中，M 是网络中的节点数；γ_{ij} 是从节点 i（源节点）进入网络，需要传输到节点 j（目的节点）分组流的到达率。

若记网络链路 k 上的分组到达率为 λ_k，通常分组的到达率是由经过该链路的多个用户的分组数据流汇聚而成的，经过不同节点上的调度处理后，通常每个数据流有各自的统

计特性，而且不一定是泊松过程，分组的长短也各异，严格的分析往往非常复杂。在实际系统的分析中，可以采用 **Kleinrock** 独立性近似，即若流经链路的分组流的数目足够大时，到达间隔对流的特性和分组长度的依赖性将减弱，依然可用 M/M/1 模型来描述每条链路。

在网络内总的分组吞吐量

$$\lambda = \sum_{k=1}^{L} \lambda_k \tag{2-143}$$

因为一个分组从源节点到目的节点通常会经过多条链路，所以一般来说，有

$$\lambda \geq \gamma \tag{2-144}$$

即分组的吞吐量会大于等于分组进入网络到达率。每个分组在传输路径中经历的平均链路数可表示为

$$\overline{L} = \frac{\lambda}{\gamma} \tag{2-145}$$

若记链路 k 的分组到达率为 λ_k，则在该链路上正在传输和等待传输的分组数 $\overline{N^{(k)}}$ 为

$$\overline{N^{(k)}} = \lambda_k \overline{T^{(k)}} = \lambda_k \frac{1}{\mu_k - \lambda_k} \tag{2-146}$$

式中 $\overline{T^{(k)}}$ 是分组的时延，μ_k 是链路 k 的分组传输率。网络内的平均分组数为

$$\overline{N} = \sum_{k=1}^{M} \overline{N^{(k)}} = \sum_{k=1}^{M} \lambda_k \overline{T^{(k)}} \tag{2-147}$$

分组的平均时延

$$\overline{T} = \frac{\overline{N}}{\gamma} = \frac{1}{\gamma}\sum_{k=1}^{M} \overline{N^{(k)}} = \frac{1}{\gamma}\sum_{k=1}^{M} \lambda_k \overline{T^{(k)}} \tag{2-148}$$

例 2-16 由 2 个节点构成的网络系统如图 2-20 所示，已知节点 A 的分组流为泊松过程，到达率为 γ，节点 A 通过链路 L1 和 L2，分别以服务率 μ 向节点 B 发送数据分组。假定有两种向链路 L1 和 L2 分配业务流的方式：

（1）随机方式，到达节点 A 的数据分组分别以 1/2 概率发往两条链路；

（2）计量方式，到达节点 A 的分组发往队列较短的链路。

分析两种分配业务流方法的分组的传输时延。

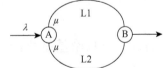

图 2-20 例 2-16 图

解 本例中假定每条链路都是一个 M/M/1 系统。

（1）随机方式：到达节点 A 的数据分组分别以 1/2 的概率发往两条链路，等效于每条链路的分组到达率为 $\gamma/2$，因为每条链路的服务率为 μ，所以由式（2-138），分组的时延

$$\overline{T^{(A)}} = \frac{1}{\mu_A - \lambda_A} = \frac{1}{\mu - \gamma/2}$$

（2）计量方式：到达节点 A 的分组发往队列较短的链路，此时对于数据分组来说，如图 2-21 所示，等效于顾客进入了一个等待队列和两个服务员的系统，即 M/M/2 系统，哪个服务员有空顾客就接受哪一个服务员的服务。

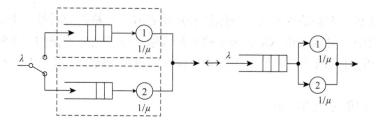

图 2-21 计量方式的等效关系

已知对于 M/M/m 排队系统，$T = T_Q + \dfrac{1}{\mu} = \dfrac{1}{\lambda}\dfrac{1}{m!}(m\rho)^m P_0 \dfrac{\rho}{(1-\rho)^2} + \dfrac{1}{\mu}$，其中，$\rho = \dfrac{\lambda}{m\mu}$，

$P_0 = \left(\displaystyle\sum_{n=0}^{m-1} \dfrac{1}{n!}(m\rho)^n + \sum_{n=m}^{\infty} \dfrac{1}{m!}m^m \rho^n \right)^{-1}$。当 $m=2$ 时，有

$$P_0 = \left(\sum_{n=0}^{2-1} \dfrac{1}{n!}(2\rho)^n + \sum_{n=2}^{\infty}\dfrac{1}{2!}2^2 \rho^n \right)^{-1} = \left(1 + \rho + \dfrac{2\rho^2}{1-\rho}\right)^{-1} = \dfrac{1-\rho}{1+\rho^2}$$

因此有 $T_Q = \dfrac{1}{\lambda}\dfrac{1}{2!}(2\rho)^2 P_0 \dfrac{\rho}{(1-\rho)^2} = \dfrac{1}{\lambda}2\rho^2 \left(\dfrac{1-\rho}{1+\rho^2}\right)\dfrac{\rho}{(1-\rho)^2} = \dfrac{1}{\lambda}2\rho^3 \dfrac{1}{1+\rho^2}\dfrac{1}{1-\rho}$

由此可得计量方式下节点 A 的分组时延

$$\overline{T'^{(A)}} = T_Q + \dfrac{1}{\mu} = \dfrac{1}{\lambda}2\rho^3 \dfrac{1}{1+\rho^2}\dfrac{1}{1-\rho} + \dfrac{1}{\mu} = \dfrac{1}{\mu}\dfrac{1}{1-\rho}\left(1 - \dfrac{\rho(1-\rho^2)}{1+\rho^2}\right)$$

因为 $\rho < 1$，所以 $\left(1 - \dfrac{\rho(1-\rho^2)}{1+\rho^2}\right) < 1$，由此可得 $\overline{T^{(A)}} < \overline{T'^{(A)}}$，可见采用计量方式比随机方式有更好的性能。

2.1.7 排队论基础小结

本节讨论了随机服务系统中各种主要经典排队模型的基本概念和有关的分析方法，包括单服务员、多服务员；无限长队列、有限顾客数；服务员有休息；具有不同优先服务等级的排队系统，等等，分析了上述各种类型系统的有关特性。在介绍排队网络的基本概念之后，讨论了如何分析一个具有多个节点的排队网络，排队网络的特性及相关的近似处理方法。需要强调的是，排队论主要分析的是系统的统计特性。无论是简单的排队模型，还是较为复杂的排队网络，本节分析和讨论的都仅限于这些系统的稳态特性，所获得的各种结果均是统计意义上的。随机系统的实时特性分析和优化控制，需要依赖随机微分方程和最优化方法等其他数学工具。尽管如此，排队论对于网络的规划设计和基本性能的评估，仍有重要的作用和意义。

2.2 图论基础

图论是从研究人们生活常识意义上直观的图的问题开始的。一般认为**图论**源于 1736 年瑞士数学家欧拉（L. Euler）发表的一篇解决哥尼斯堡**七桥问题**的论文。如图 2-22 所示，该城的普雷格尔河中有两个建有城堡的小岛，有七座桥将建有城堡的岛与河的两岸彼此连通。问题是：从两岸或岛上的任何一个地方开始，能否通过每座桥一次且仅通过一次就能回到原地。欧拉将图 2-22 抽象为如图 2-23 所示的结构，上述问题归结为，在图中是否可能连续地沿着各线段，从某一点出发经过各线段一次且仅一次而回到原出发点。欧拉得到的一般结论是：存在这种单行路径的充要条件是：奇次顶点的数目是零。奇次顶点是指连接该顶点的线段的数目是奇数。七桥问题中的每个点都是奇次顶点，显然不满足条件。

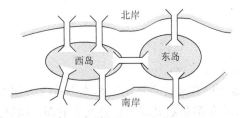
图 2-22 哥尼斯堡的七桥问题

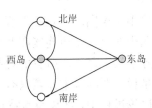
图 2-23 七桥问题的抽象图

图论研究史上的另外一个著名问题是**四色定理**（又称四色猜想、四色问题），这是一个至今仍未有理想证明结果的难题。该问题是这样的：一张画在平面上或者球面上的地图，相邻的国家涂以不同的颜色，只用四种颜色是否足够？该问题是一位名叫弗朗西斯·格思里（Francis Guthrie）的英国年轻的地图绘图员在 1852 年提出的，这是一个向任何一个普通人用几分钟即可解释清楚的问题，但在随后的一个多世纪都未被证明。经过人们的不懈努力，1939 年该问题的证明推进到 22 国以下的地图可只用四种颜色着色；1950 年推进到 35 国；1960 年推进到 39 国；随后又推进到了 50 国；……。直到 1976 年，美国伊利诺斯大学的哈肯（Haken）、阿佩尔（Apple）与科赫（Koch）等合作，在电子计算机上，用了 1200 多个小时，作了 100 亿次判断，最终完成了四色定理的证明。但他们这种借助计算机的机器证明并不太被人们所接受，1989 年哈肯和阿佩尔用了篇幅长达 741 页的论文，发表了他们的全部证明过程，回答了各种质疑。但这仍然是一个并非经典数学推演的结果，直到目前，仍有人在研究四色定理的非机器证明。

随着有关图论理论研究的深入，图论已经远不止限于上述的这种形象的图或图形问题的研究，如基尔霍夫（Kirchhoff）在电路系统中引入树的概念，运用图论解决了电路理论中求解联立方程的问题；凯莱（Cayley）用图论研究有机化学分子结构的问题。目前，图论已经广泛地应用到了许多科学领域，其中包括物理学、化学、生物学、运筹学、博弈论、控制论和工程学等多个领域。在通信领域，人们用图论解决网络系统中报文传输路径最短或最优的问题；在无线通信网络中，用图论解决无线信号干扰协调的问题；

在交通系统中，图论被应用于如何选择最佳的运行路径，使得有最好的经济效益；此外，在社会学、经济学、语义学等文科学等领域，也有其应用的示例。图论依然是当今一个非常活跃的数学分支。

本节将扼要介绍图论的基本概念、有关定义、定理和方法，讨论其在通信网络中的有关应用，使读者对图论和其作用有初步的认识。考虑篇幅问题，其中的许多定理都没有给出证明，这些证明在经典的图论教科书中都可以找到。

2.2.1 图的基本概念

1. 图的定义

参见图 2-23，在图论中所讨论的图是由**点**和**连线**组成的某种关系结构。其中的点也称为**顶点**或**端点**；连线也称为**边**。在图中，点的集合记为 $V=\{v_i;\ i=1,2,3,\cdots\}$，边的集合记为 $E=\{e_i;\ i=1,2,3,\cdots\}$。

在图论中讨论图时，有以下假设：
（1）图中的每一个边连接在两个顶点上；
（2）除了顶点之外，所有的边都没有其他任何公共点。

也就是说，图的基本元素只有顶点和边，边不能独立存在，一定是连接着两个顶点。在后面的讨论过程中，如果没有特别声明，所有的图都是定义在上述意义上的图。如果图中点的数目和边的数目都是有限的，则称这种图为**有限图**。在有限图中，点的个数可记为：$|V|=n$；边的个数可记为 $|E|=m$。

定义 2-4 图是由非空的顶点集合 V 与边集合 E 及 E 在 $V \times V$ 中的映射 σ 所组成
$$\sigma(e_k) = (v_i, v_j), \quad e_k \in E;\ v_i, v_j \in V \tag{2-149}$$
记为 $G=(E,V,\sigma)$，或者简记为 $G=(E,V)$。 □

值得注意的是，图论中讨论的图的概念可以抽象化：只要定义了顶点和其与边的关系，图是否用平面或空间上的几何点和边来表示并不重要。

2. 图的分类

图有许多种不同的分类方式，下面分别加以介绍。

1）有向图与无向图

图中的边可以是有方向的，若边与点之间的映射关系表示为
$$v_i \xrightarrow{e_k} v_j : (v_i, v_j) \tag{2-150}$$
此时 (v_i, v_j) 中顶点 v_i 与 v_j 的次序不能随便调换，所对应的图就是**有向图**。图 2-24 所示为有向图的一个示例，其中
$$G=(V,E), \quad V=\{v_1,v_2,v_3,v_4,v_5,v_6,v_7\}; E=\{e_1,e_2,e_3,e_4,e_5,e_6,e_7,e_8,e_9,e_{10}\}$$
$$e_1=(v_1,v_2), e_2=(v_1,v_5), \cdots, e_9=(v_6,v_7), e_{10}=(v_7,v_4)$$

图中的边也可以是无方向的，此时边可以表示为

$$v_i \xleftrightarrow{e_k} v_j : (v_i, v_j) = (v_j, v_i) \tag{2-151}$$

(v_i, v_j) 或者 (v_j, v_i) 只是表示该边与两顶点间的连接关系,没有次序之分,所对应的图就是一个无向图。图 2-25 给出了一个无向图的示例,其中

$$G = (V, E), \quad V = \{v_1, v_2, v_3, v_4, v_5, v_6, v_7\}; \quad E = \{e_1, e_2, e_3, e_4, e_5, e_6, e_7, e_8, e_9, e_{10}\}$$
$$e_1 = (v_1, v_2) = (v_2, v_1), e_2 = (v_1, v_5) = (v_5, v_1), \cdots, e_{10} = (v_7, v_4) = (v_4, v_7)$$

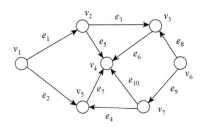

图 2-24 有向图示例

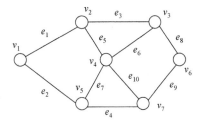

图 2-25 无向图示例

2)简单图和复杂图

在有些图中可能含有自环的边或并行的边,如图 2-26 所示,其中的边 e_2 所连接的两端是同一顶点,这种边就是**自环边**;其中的边 e_4 与边 e_5 的两端均连接到相同的顶点,这种边就是**并行边**。没有自环边和并行边的图称为**简单图**;含有自环或并行边的图称为**复杂图**。在通信网络中,一般不会出现自环的边。另外并行的边经过某种参数的合并等处理后,可将并行的边合并为一条边。例如,在两个节点上并行连接有两条 100Mbit/s 的链路,从链路容量的角度,常常可视为一条容量为 200Mbit/s 的链路。在本章讨论的图,均为简单图。

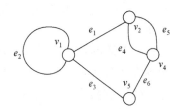

图 2-26 自环边、并行边与复杂图的示例

3)有权图与无权图

如果对于图 $G = (V, E)$ 的每条边 $e_i \in E$,都赋予某一实数 w_i,用于标识该边的某种性质,由此得到的图就称为**有权图**,反之就称为**无权图**。无权图也可以看作有权图的某种特例。在

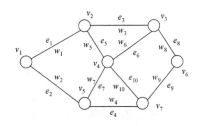

图 2-27 有权图示例

通信或运输网络中,如果人们仅仅关心网络的连通性,通常采用简单的无权图来分析;但如果除了连通性外,还关心数据分组或货物经过不同路径传输时其他因素的影响,如成本开销、时延、可用的带宽、传输的可靠性等因素时,可根据网络中的路径或链路的特性赋予不同的权值,以便于进行选路时的优化计算。如图 2-27 给出了一个有权图的示例,图中的权值,$w_i, i = 1, 2, \cdots, m$,视不同的考虑情形,可以代表开销、时延、与可用带宽的某个函数和可靠性等。

4)子图

对于图 $G = (V, E)$ 和图 $G_s = (V_s, E_s)$,若 V_s, E_s 包含于 V, E 中,即有

$$V_s \subseteq V, \quad E_s \subseteq E \tag{2-152}$$

则称 $G_s = (V_s, E_s)$ 为 $G = (V, E)$ 的子图。若 V_s, E_s 真包含于 V, E 内,即有

$$V_s \subset V, V_s \neq V; \quad E_s \subset E, E_s \neq E \tag{2-153}$$

则称 $G_s = (V_s, E_s)$ 为 $G = (V, E)$ 的真子图。

例如,在图 2-28 中,图(b)就是图(a)的一个真子图。

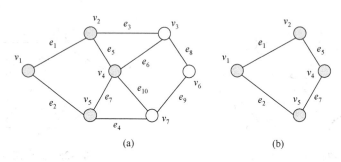

图 2-28 子图的示例

3. 图的基本术语和有关性质

下面给出一些有关图的基本术语和有关的性质,作为后面进一步讨论图论问题的基础。

(1) **关联性**:若顶点 v_i 是边 e_k 的一个端点,则称顶点 v_i 与边 e_k 是关联的。如图 2-25 中顶点 v_2 与 e_1、e_3 和 e_5 是关联的。

(2) **邻接点**:若 $(v_i, v_j) \in E$ 是图中的一条边,则称顶点 v_i 和 v_j 是邻接点。如图 2-25 中的 v_1 与 v_2 是邻接点,v_5 与 v_7 是邻接点。

(3) **邻接边**:若图中的边 e_i 和 e_j 有共同的顶点,则称 e_i 与 e_j 是邻接边。邻接边可以多于 2 个,如图 2-25 中的边 e_5、e_6、e_7 和 e_{10} 是关于顶点 v_4 的邻接边。

(4) **顶点度数**:图中与某顶点 i 向关联的边数称为该顶点的度数,记为 $d(v_i)$。例如,在图 2-25 中,有

$$d(v_1) = 2, \quad d(v_2) = 3, \quad d(v_3) = 3, \quad d(v_4) = 4, \quad d(v_5) = 3, \quad d(v_6) = 2, \quad d(v_7) = 3$$

有关顶点的度数,有以下两个性质:

① 对于一个有 n 个顶点,m 条边的图,有

$$\sum_{i=1}^{n} d(v_i) = 2m \tag{2-154}$$

证明 因为每条边总是对与两个顶点关联,为这两个顶点度的取值各贡献 1,所以顶点的度的总和贡献为 2,因此有上述的结论。 □

② 对任意的图,度为奇数的顶点的数目或为偶数,或为零。

证明 因为图的顶点集 V 总是可以划分为度数为奇数的顶点集 V_o 和度数为偶数的顶点集 V_e,由式(2-154),又有

$$\sum_{v_i \in V} d(v_i) = \sum_{v_i \in V_o} d(v_i) + \sum_{v_j \in V_e} d(v_j) = 2m \tag{2-155}$$

由此可得

$$\sum_{v_i \in V_o} d(v_i) = 2m - \sum_{v_j \in V_e} d(v_j) \tag{2-156}$$

上式的右式为偶数,因为左式中的每个顶点度的取值 $d(v_i)$ 为奇数,所以顶点集 V_o 的顶点数必须为奇数。 □

（5）**同构**：如果两个图 $G=(V,E)$ 和 $G'=(V',E')$ 的顶点和边之间在保持关联关系的条件下一一对应,则称 G 和 G' 是同构的。例如,图 2-29 中的（a）和（b）是同构的,虽然（a）与（b）形式上似乎很不相同,但两者的顶点和边之间有完全相同的关联关系。

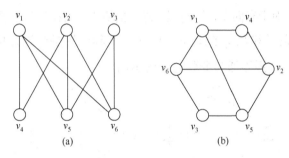

图 2-29 同构图的示例

（6）**路径**：由图中的一系列顶点和边连接而成的一段连通的序列 $\mu = v_{i_0} e_{j_0} v_{i_1} e_{j_1} v_{i_2} e_{j_2} \cdots v_{i_{k-2}} e_{j_{k-2}} v_{i_{k-1}} e_{j_{k-1}} v_{i_k}$,称为一条从顶点 v_{i_0} 到 v_{i_k} 顶点路径。

（7）**简单路径**：如果在路径 μ 中所有的边均不相同,则称该路径为简单路径。

（8）**初等路径**：如果在路径 μ 中所有的顶点均不相同,则称该路径为初等路径,初等路径一定是简单路径。图 2-30（a）给出了一条路径的示例,该路径既是简单路径,同时也是初等路径。

（9）**回路**：如果在路径 μ 中,起始顶点与终结顶点相同：$v_{i_0} = v_{i_k}$,则称该路径为一个回路。

（10）**简单回路**：没有重复边的回路称为简单回路。图 2-30（b）给出了一条回路的示例,该回路同时也是简单回路。

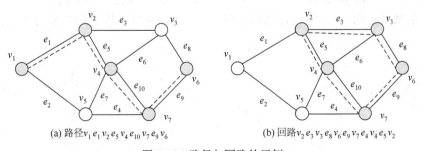

(a) 路径 $v_1 e_1 v_2 e_5 v_4 e_{10} v_7 e_9 v_6$ (b) 回路 $v_2 e_3 v_3 e_8 v_6 e_9 v_7 e_4 v_4 e_5 v_2$

图 2-30 路径与回路的示例

（11）**连通性**：在图的两顶点中如果存在一条路径，则称这两个节点是连通的；如果图中的任意两个顶点都是连通的，则称该图是**连通图**。图 2-31 给出的连通性的示例，其中（a）是连通图，（b）和（c）是非连通图。

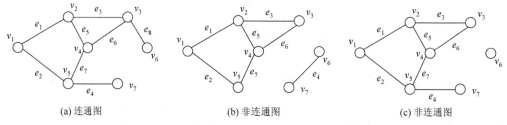

图 2-31　连通图与非连通图示例

（12）**强连通性**：对于有向图，还有强连通性的概念。若在任两个顶点 v_{i_0} 和 v_{i_k} 间，同时存在从 v_{i_0} 到达 v_{i_k} 的路径和从 v_{i_k} 到达 v_{i_0} 的路径，则称该图是强连通的。图 2-32 中的（a）和（b）分别给出了一个强连通与非强连通的示例。

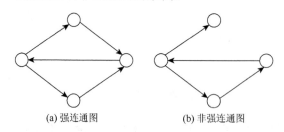

图 2-32　强连通与非强连通的示例

4. 树

树的概念在图论中有非常重要的地位，图论中许多重要的定理和方法，都是基于树的概念导出的。在通信网络中，利用树的概念和特性，可以分析应如何选择合理的路由，确定数据分组的最佳传输路径等，是许多通信网络设计和运行管理的基础。

定义 2-5　连通图 G 中的一个子图 G_S，如果满足下列的两个条件：①子图 G_S 满足连通性；②子图 G_S 中没有回路，则称子图 G_S 为图 G 的一个树。　□

简单地说，一个没有回路的连通图就是一个树。这里连通是指该子图连接包含图中所有的顶点，因此树也称为**支撑树**或**生成树**。对于一个图来说，树并不一定是唯一的。例如，对于图 2-33 中（a）所示的一个图，（b）～（f）都是其子图，其中的（b）～（d）满足是一个树的条件；而（e）中包含回路，（f）不具备连通性，因此后二者都不是树。

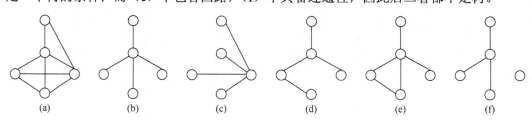

图 2-33　树与非树的子图

5. 树的基本概念与性质

下面先介绍两个与树有关的术语，再讨论有关树的基本性质。

（1）**树支**：确定图 G 的一个树 G_T，属于此树的边称为树支；

（2）**连支**：确定图 G 的一个树 G_T 后，图 G 中不属于树支的边称为连支。

在一个图中，树支与连支是与选定的树有关。就图 2-33 来说，（b）～（d）都是（a）的一个生成树。选不同的生成树，显然其树支和连支是有所不同的。

（3）**树的性质**：一个连通图的树有以下基本性质：

①在一个树的两个顶点之间存在一条且仅有一条路径；

②把树中任何一条边移去，则相应的子图不再具备连通性；

③树中树支的数目也称为该连通图的**阶数**，一个连通图可以有多个不同的树。对于具有 n 个顶点的连通图来说，其阶数总是等于 $n-1$；

④连支的数目也称为该连通图的**空度**。对于一个具有 n 个顶点和 m 条边的连通图，其连支的数目，即该空度为 $l=m-n+1$。

⑤在树的不相邻的两个顶点之间连上一条边，得到一个且仅一个回路。

上述有关树的这些性质，很容易在图 2-33 所示的各个树中体现。

（4）**基本回路**：对于一个具有 n 个顶点和 m 条边的连通图 G，选定一个树 G_T 后，加入一个连支，与树 G_T 中的若干树支就构成一个回路，这种**单连支回路**称为**基本回路**。因为连支的数目为 $l=m-n+1$，所以一个连通图中基本回路数共有 $m-n+1$ 个。图 2-34 给出了一个基本回路的示例，其中的（a）是一个连通图；（b）是该连通图的一个树；（c）描绘了该连通图的 4 个基本回路：

$$L_1=(1a2c3e4b1),\quad L_2=(2c3j7d2),\quad L_3=(3g5i6f7j3),\quad L_4=(3e4h5g3)$$

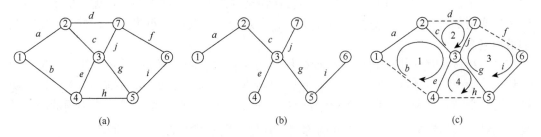

图 2-34 基本回路示例

（5）**生成树的构造方法**：给定一个图 G，通过下面的步骤，可以构造出关于该图的一个生成树。

①取图 G 中的一个任意一个顶点 k 作为该树的根节点，由此构成如下的一个子图：

$$G_S=(V_S,E_S),\quad V_S=\{k\},\quad E_S=\{\varnothing\} \tag{2-157}$$

该子图中只有一个顶点元素 k。

②如果 $V_S=V$，则 $G_S=(V_S,E_S)$ 即为所需求的生成树，转到步骤④；否则进行下一步操作；

③取图中的一条边 $(v_i, v_j) \in E$，其中 $v_i \in V_S$, $v_j \in V - V_S$。即在所取的边 (v_i, v_j) 中，有一个顶点 v_i 在 V_S 中，另外一个顶点 v_j 不在 V_S 中。然后以下列方法更新 $G_S = (V_S, E_S)$：

$$V_S \leftarrow V_S \cup v_j, \quad E_S \leftarrow E_S \cup (v_i, v_j)$$

转到步骤②。

④构造完成。

图 2-35 给出了一个构造图 2-34（a）所示连通图的一个树的示例，选定顶点 7 作为起始点，按照生成树的构造方法，经过 6 次扩展，得到该连通图的一个生成树。

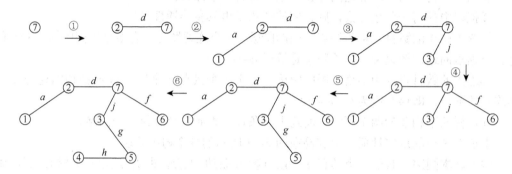

图 2-35 构造生成树的示例

6. 最小生成树

前面在图的分类一节中建立了有权图的概念，有权图中的每一条边都有一个权值，权值的物理意义很广泛，视研究网络的不同和具体的问题而异。权值的大小，通常也称为边的重量。研究如何得到**重量和最小**的传输路径是人们常常关注的问题。最小生成树就是构成树的边具有最小重量和的生成树。为分析如何获得最小生成树，有下面的专门术语和概念。

（1）**树枝**：最小生成树的子树称为树枝。注意这里的"树枝"，并非前面讨论过的"树支"，树支只是树的一条边，而树枝是一个子树，其中可以包含多个顶点和边。因此树枝可用一个节点集和一个边集来表示：$G_{Tb} = (V_{Tb}, E_{Tb})$。需要注意的是，在不同的图论教科书中对术语的定义可能会有不同的称谓，具体要根据其中的定义来理解。

（2）**输出边**：输出边是图中连接树枝的一条边，该边的一个顶点在树枝内，另外一个顶点在树枝外。

定理 2-6 对于连通图 G，给定树枝 $G_{Tb} = (V_{Tb}, E_{Tb})$，取图 G 中连接 G_{Tb} 的一个输出边 $e_k = (v_i, v_j)$，其中 $e_k = (v_i, v_j)$, $v_i \in G_{Tb}, v_j \notin G_{Tb}$，并且 e_k 是所有输出边中具有最小重量的输出边。由此得到 G_{Tb} 的一个扩展子图 $G'_{Tb} = (V'_{Tb}, E'_{Tb}) = (V_{Tb} \cup v_j, E_{Tb} \cup (v_i, v_j))$，则该扩展子图 G'_{Tb} 仍然是一个树枝。 □

定理 2-6 实际上给出了一个活动最小生成树的方法。从连通图中的任何一个顶点开始，采用定理 2-6 的扩展方法，就可以获得一个最小的生成树。

7. 割集

割集也是图论中的重要概念。在一个稳定后的电路系统中，根据基尔霍夫电流定律，流进节点或某个区域的电流总是等于流出的电流，这里把系统划分出了区域内与区域外两部分。在通信网络系统中，出于安全等方面的原因，有时需要分析，在什么条件下，可以把系统中的某个区域与其他区域实现某种完全隔离。如果将这些问题与图论联系起来，则需要用到有关割集的概念和定理。下面先给出割集的定义。

定义 2-6 设图 $G=(V,E)$ 是一个连通图，对于图中的一个边集的子集 E_S，$E_S \subseteq E$，（1）若 $G-E_S$，则图 G 被分为非连通的两部分；（2）若少移去 E_S 中的一条边，则图仍保持连通性。则称 E_S 为图 G 的一个**割集**。 □

图 2-36 给出了某连通图的 4 条边的子集，其中的子集 E_{S1} 和 E_{S2} 是割集。子集 E_{S3} 和 E_{S4} 都不是割集，因为子集 E_{S3} 将连通图分成了三部分；而减去子集 E_{S4} 后虽然是将连通图分成了两部分，但加入其中的一条边 j 后，并不能恢复图的连通性。

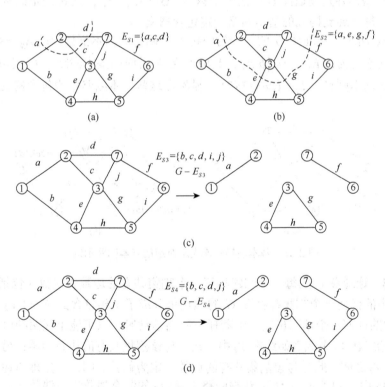

图 2-36 割集与非割集的示例

8. 基本割集

设 G_T 是连通图 G 中的一个树，设 e 是 G_T 中的一个树支。若移去 e，把树 G_T 分为各自连通的两部分，可得到两个不相交的顶点集合 V_1 和 V_2，其中 $V_2=V-V_1$。由 V_1 和 V_2 可以定义 G 的一个割集：该割集包含树支 e 和其他有关的连支。树支 e 和这些连支构成的割集称为基本割集。**基本割集**是包含一个且只包含一个树支的割集。

图 2-37 给出了一个连通图基本割集的示例,该割集中包含一个树支 c,其他的边都是连支。这个关于树支 c 的基本割集是:$E_{Sc}=\{b,c,d\}$;关于树支 c 的两个不相交的顶点集是:$V_1=\{1,2\}$,$V_2=\{3,4,5,6,7\}$。

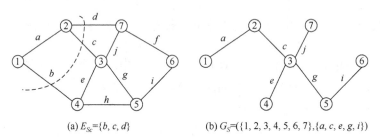

(a) $E_{Sc}=\{b,c,d\}$ (b) $G_S=(\{1,2,3,4,5,6,7\},\{a,c,e,g,i\})$

图 2-37 基本割集示例

定理 2-7 若 G_T 是连通图 G 中的一个树,由 G_T 中的一个树支 e_k 确定的基本割集所包含的连支中,每一连支构成的基本回路一定包含树支 e_k。

如图 2-38 所示,连通图 G 的一个树中树支 c 确定的基本割集为:$E_{Sc}=\{b,c,d\}$,该割集所包含的连支为:$E_{Sc}-c=\{b,d\}$。其中连支 b 对应的基本回路:$L_1=(1a2c3e4b1)$;连支 d 对应的基本回路:$L_2=(2c3j7d2)$。显然在这些基本回路中均包含树支 c。

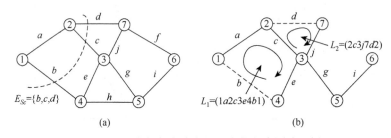

图 2-38 基本割集中连支所对应的基本回路示例

定理 2-8 连通图 G 的每一个回路与每一个割集共有的边数为偶数(包括 0)。 □

连通图中的任何一个割集都将图 G 的顶点集分成了不相包含的 V_1 和 V_2 两部分。从 V_1 或 V_2 中的任何一个顶点出发,沿着任一回路移动时,只可能出现两种可能的情况:一种可能是始终在 V_1 中或者始终在 V_2 中,此时与该割集共有的边数为零;另一种可能是往返于 V_1 和 V_2 之间,此时与该割集共有的边数一定为偶数。因此有定理所述的结论。例如,在图 2-38 中,割集 $E_{Sc}=\{b,c,d\}$ 与回路 L_1 和 L_2 的共有边数均为偶数 2。

2.2.2 图的矩阵表示

前面一节讨论了图论的基本概念及图的关联性质。在这些关联性质中,有的是关于顶点与边的,有的是关于边与回路的,还有的是关于边与割集的,等等。图的这些性质,可以用矩阵来表示。引入矩阵的概念后,不仅可以直观地表现图的各种关联关系,有时候还可以通过矩阵来进行问题的分析与求解的运算。本节将讨论图的矩阵表示，同样主要考虑的都是连通图，并且假定没有自环存在。

1. 关联矩阵

图的顶点与边的关联关系可用关联矩阵来表示，设有一个具有 n 个节点和 m 条边的连通图 G，其关联矩阵为一个 $n \times m$ 的矩阵 $A_G = \left[a_{ij} \right]_{n \times m}$，其行对应于顶点，其列对应于边。矩阵中的元素定义与该图的类型有关：

（1）对于无向图：
$$a_{ij} = \begin{cases} 0, & v_i 与 e_j 无关联 \\ 1, & v_i 与 e_j 有关联 \end{cases} \tag{2-158}$$

（2）对于有向图：
$$a_{ij} = \begin{cases} 0, & v_i 与 e_j 无关联 \\ 1, & v_i 是 e_j 的起点 \\ -1, & v_i 是 e_j 的终点 \end{cases} \tag{2-159}$$

例 2-17 求图 2-24 给出的有向图和图 2-25 给出的无向图的关联矩阵。按照定义，有向图的关联矩阵 $A_{\vec{G}}$ 和无向图的关联 A_G 分别为

$$A_{\vec{G}} = \begin{bmatrix} 1 & 1 & 0 & 0 & 0 & 0 & 0 & 0 & 0 & 0 \\ -1 & 0 & 1 & 0 & 1 & 0 & 0 & 0 & 0 & 0 \\ 0 & 0 & -1 & 0 & 0 & 1 & 0 & -1 & 0 & 0 \\ 0 & 0 & 0 & 0 & -1 & -1 & -1 & 0 & 0 & -1 \\ 0 & -1 & 0 & -1 & 0 & 0 & 0 & 0 & 0 & 0 \\ 0 & 0 & 0 & 0 & 0 & 0 & 1 & 1 & 0 & 0 \\ 0 & 0 & 0 & 1 & 0 & 0 & 0 & 0 & -1 & 1 \end{bmatrix}, \quad A_G = \begin{bmatrix} 1 & 1 & 0 & 0 & 0 & 0 & 0 & 0 & 0 & 0 \\ 1 & 0 & 1 & 0 & 1 & 0 & 0 & 0 & 0 & 0 \\ 0 & 0 & 1 & 0 & 0 & 1 & 0 & 1 & 0 & 0 \\ 0 & 0 & 0 & 0 & 1 & 1 & 1 & 0 & 0 & 1 \\ 0 & 1 & 0 & 1 & 0 & 0 & 0 & 0 & 0 & 0 \\ 0 & 0 & 0 & 0 & 0 & 0 & 0 & 1 & 1 & 0 \\ 0 & 0 & 0 & 1 & 0 & 0 & 0 & 0 & 1 & 1 \end{bmatrix}$$

对于**有向图**来说，因为一条边与两个顶点关联，并且一定是从一个顶点出发，终结于另外一个顶点，所以代表边的关联矩阵的每一列均含有一个 +1 和一个 -1，其余的元素为 0。将所有的行加到其中的任一行，将得到一个全 0 的行。这说明矩阵的所有行不是线性独立的。对于一个顶点数为 n 的连通图的关联矩阵，其秩不会超过 $n-1$。

对于**无向图**来说，代表边的每一列同样含有两个非零的元素，如果将所有的列加到一行上，得到一个每个元素取值为 2 的列，因为所有的元素的取值均为 0 或 1，从模 2 的角度来说，这也是一个全 0 的行，所以对于无向图的关联矩阵来说，其所有的行也不是线性独立的，同样对于顶点数为 n 的连通图来说。其关联矩阵的秩不会超过 $n-1$。

进一步地，有关关联矩阵的秩，有以下定理。

定理 2-9 一个顶点数为 n 的连通图，其关联矩阵的秩为 $n-1$。 □

例 2-18 分析例 2.2.1.1 所示的无向图的关联矩阵的秩。

解 作初等行变换，其运算按照模二的规则，很容易得到相应的上三角矩阵，其中第一个箭头后的矩阵是通过初等行变换得到的，第二个箭头后的矩阵是在行变换的基础上经过列交换得到的。由此可见这个具有 7 个顶点的图，其秩等于 6。

$$A_G = \begin{bmatrix} 1 & 1 & 0 & 0 & 0 & 0 & 0 & 0 & 0 & 0 \\ 1 & 0 & 1 & 0 & 1 & 0 & 0 & 0 & 0 & 0 \\ 0 & 0 & 1 & 0 & 0 & 1 & 0 & 1 & 0 & 0 \\ 0 & 0 & 0 & 0 & 1 & 1 & 1 & 0 & 0 & 1 \\ 0 & 1 & 0 & 1 & 0 & 0 & 1 & 0 & 0 & 0 \\ 0 & 0 & 0 & 0 & 0 & 0 & 0 & 1 & 1 & 0 \\ 0 & 0 & 0 & 1 & 0 & 0 & 0 & 1 & 1 & 1 \end{bmatrix} \xrightarrow{\text{初等行变换}} \begin{bmatrix} 1 & 1 & 0 & 0 & 0 & 0 & 0 & 0 & 0 & 0 \\ 0 & 1 & 1 & 0 & 1 & 0 & 0 & 0 & 0 & 0 \\ 0 & 0 & 1 & 0 & 0 & 1 & 0 & 1 & 0 & 0 \\ 0 & 0 & 0 & 1 & 1 & 1 & 1 & 1 & 0 & 0 \\ 0 & 0 & 0 & 0 & 1 & 1 & 1 & 0 & 0 & 1 \\ 0 & 0 & 0 & 0 & 0 & 0 & 0 & 1 & 1 & 0 \\ 0 & 0 & 0 & 0 & 0 & 0 & 0 & 0 & 0 & 0 \end{bmatrix}$$

$$\xrightarrow{\text{第6列与第8列交换}} \begin{bmatrix} 1 & 1 & 0 & 0 & 0 & 0 & 0 & 0 & 0 & 0 \\ 0 & 1 & 1 & 0 & 1 & 0 & 0 & 0 & 0 & 0 \\ 0 & 0 & 1 & 0 & 0 & 1 & 0 & 1 & 0 & 0 \\ 0 & 0 & 0 & 1 & 1 & 1 & 1 & 1 & 0 & 0 \\ 0 & 0 & 0 & 0 & 1 & 0 & 1 & 1 & 0 & 1 \\ 0 & 0 & 0 & 0 & 0 & 1 & 0 & 0 & 1 & 0 \\ 0 & 0 & 0 & 0 & 0 & 0 & 0 & 0 & 0 & 0 \end{bmatrix}$$

定理 2-10 在一个顶点数为 n 的连通图的关联矩阵中，一个 $(n-1)\times(n-1)$ 子矩阵是非奇异的充要条件是：该子矩阵的列对应于图的一个树的树枝。 □

例 2-19 图 2-39（a）给出了一个有向的连通图，求其关联矩阵。

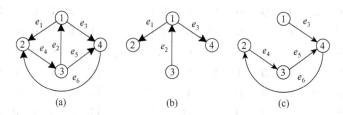

图 2-39 有向连通图与子矩阵之间的关系示例

解 图 2-39（a）关联矩阵为

$$A_{\vec{G}} = \begin{bmatrix} 1 & -1 & 1 & 0 & 0 & 0 \\ -1 & 0 & 0 & 1 & 0 & -1 \\ 0 & 1 & 0 & -1 & 1 & 0 \\ 0 & 0 & -1 & 0 & -1 & 1 \end{bmatrix}$$

两个子矩阵分别如下式中的阴影部分所示，

子矩阵1：$\begin{bmatrix} 1 & -1 & 1 & 0 & 0 & 0 \\ -1 & 0 & 0 & 1 & 0 & -1 \\ 0 & 1 & 0 & -1 & 1 & 0 \\ 0 & 0 & -1 & 0 & -1 & 1 \end{bmatrix}$, 子矩阵2：$\begin{bmatrix} 1 & -1 & 1 & 0 & 0 & 0 \\ -1 & 0 & 0 & 1 & 0 & -1 \\ 0 & 1 & 0 & -1 & 1 & 0 \\ 0 & 0 & -1 & 0 & -1 & 1 \end{bmatrix}$

子矩阵1是一个非奇异的矩阵。该矩阵对应的子图如图2-39（b）所示，是连通图中一个树的树枝。子矩阵2是一个奇异矩阵，所对应的子图如图2-39（c）所示，这显然不是一个树的树枝。 □

2. 权值矩阵

在边上定义了权值的图 G 中，可以用矩阵来反映从顶点 v_i 到顶点 v_j 是否存在边，以及边上权值间的关系。一个具有 n 个顶点的连通图 G，其权值矩阵为一个 $n\times n$ 的矩阵 $A_{GW}=[b_{ij}]_{n\times n}$，矩阵中的元素 b_{ij} 定义为

$$b_{ij}=\begin{cases} w_{ij}, & v_i\text{到}v_j\text{有边} \\ \infty, & v_i\text{到}v_j\text{无边} \\ 0, & i=j \end{cases} \tag{2-160}$$

其中，w_{ij} 为顶点 v_i 与顶点 v_j 连接边上的权值。

显然，对于权值矩阵来说，主对角线上的元素均为 0。此外，无向图的权值矩阵是对称的。而对于有向图来说，权值矩阵就不一定是对称的，因为边具有方向性，从顶点 v_i 到顶点 v_j 存在边并不意味着从顶点 v_j 到顶点 v_i 也存在边。

例 2-20 对于图 2-40（a）和（b）分别给出的有权值的无向图和有向图，分别求其相应的权值矩阵。

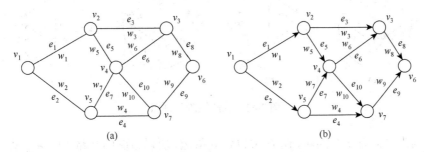

图 2-40 无向有权值图与有向有权值图示例

解 无向图的权值矩阵 A_{GW} 和有向图的权值矩阵 $A_{\vec{G}W}$ 分别为

$$A_{GW}=\begin{bmatrix} 0 & w_1 & \infty & \infty & w_2 & \infty & \infty \\ w_1 & 0 & w_3 & w_5 & \infty & \infty & \infty \\ \infty & w_3 & 0 & w_6 & \infty & w_8 & \infty \\ \infty & w_5 & w_6 & 0 & w_7 & \infty & w_{10} \\ w_2 & \infty & \infty & w_7 & 0 & \infty & w_4 \\ \infty & \infty & w_8 & \infty & \infty & 0 & w_9 \\ \infty & \infty & \infty & w_{10} & w_4 & w_9 & 0 \end{bmatrix}, \quad A_{\vec{G}W}=\begin{bmatrix} 0 & w_1 & \infty & \infty & w_2 & \infty & \infty \\ \infty & 0 & w_3 & w_5 & \infty & \infty & \infty \\ \infty & \infty & 0 & \infty & \infty & w_8 & \infty \\ \infty & \infty & w_6 & 0 & \infty & \infty & w_{10} \\ \infty & \infty & \infty & w_7 & 0 & \infty & w_4 \\ \infty & \infty & \infty & \infty & \infty & 0 & \infty \\ \infty & \infty & \infty & \infty & \infty & w_9 & 0 \end{bmatrix}$$

可见，主对角线上的元素均为 0；无向图的权值矩阵 A_{GW} 是一个对称矩阵，而有向图的权值矩阵 $A_{\vec{G}W}$ 一般来说是一个非对称矩阵。□

3. 回路矩阵

回路矩阵描述了有向图 G 中回路与边的关联关系。若一个具有 m 条边的有向图 G 总

共有 s 个不同的回路,回路的方向可以根据需要选定,则其回路矩阵是一个 $s\times m$ 的矩阵:$A_{GB}=\left[c_{ij}\right]_{s\times b}$,其中元素 c_{ij} 定义为

$$c_{ij}=\begin{cases} 1, & \text{如果边}e_j\text{在回路}i\text{中且边的方向与回路的方向一致} \\ -1, & \text{如果边}e_j\text{在回路}i\text{中且边的方向与回路的方向相反} \\ 0, & \text{如果边}e_j\text{不在回路}i\text{中} \end{cases} \quad (2\text{-}161)$$

例 2-21 图 2-41(a)给出了一个有向图的示例,其中的图 2-41(b)~(e)给出了该图所有可能的回路,总共有 7 个,并且定义了回路的方向。求该图的回路矩阵。

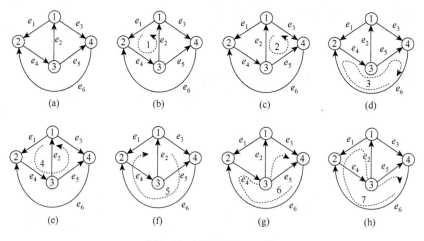

图 2-41 回路矩阵示例图

解 因为总共有 7 个回路,图 G 中包含 6 条边,所以该图的回路矩阵 A_{GB} 是一个 7×6 的矩阵。根据回路矩阵的定义,该图的回路矩阵为

$$A_{GB}=\begin{bmatrix} 1 & 1 & 0 & 1 & 0 & 0 \\ 0 & -1 & -1 & 0 & 1 & 0 \\ 0 & 0 & 0 & 1 & 1 & 1 \\ 1 & 0 & -1 & 1 & 1 & 0 \\ -1 & 0 & 1 & 0 & 0 & 1 \\ 0 & 1 & 1 & 1 & 0 & 1 \\ 1 & 1 & 0 & 0 & -1 & -1 \end{bmatrix}$$

其中第一行中元素 1、元素 2 和元素 4 取值为"1"是因为 e_1、e_2 和 e_4 在回路 1 上,并且方向与所定义的回路方向相同,其他元素取值为"0"是因为相应的这些边不在该回路上;其他行上元素的取值同样可按照相同的方法确定。 □

有关回路矩阵的秩,有以下定理。

定理 2-11 对于一个具有 n 个顶点,m 条边的有向连通图,其回路矩阵的秩为 $m-n+1$。 □

4. 割集矩阵

割集矩阵描述了有向图 G 中割集与边的关联关系。在定义割集矩阵之前，需要定义割集的方向。

1）割集的方向

对于顶点集为 V 的连通图中的任何一个割集，都可以把图 G 分为两个互不相交的顶点集合：V_1 和 V_2，$V_1 \cup V_2 = V$。割集的方向可以用一个有序偶 (V_1, V_2) 或 (V_2, V_1) 来确定。如果一个图 G 的一个割集 Q 是按照有序偶 (V_1, V_2) 来定义的话，则对于割集 Q 中的一条边 (v_i, v_j)，若 v_i 在 V_1 中，v_j 在 V_2 中，则称该边的方向与割集 Q 一致，反之则称其与割集 Q 相反；同理可以定义割集与有序偶 (V_2, V_1) 的关系。

2）割集矩阵

将一个具有 m 条边的有向图 G 中的所有可能的割集按照顺序进行编号，同时切得每个割集的方向。若图 G 总共有 k 个割集，则割集矩阵是一个 $k \times m$ 的矩阵：$A_{GQ} = [q_{ij}]_{k \times m}$，其中的元素 q_{ij} 定义为

$$q_{ij} = \begin{cases} 1, & \text{如果边} e_j \text{在割集} i \text{中且边的方向与割集的方向一致} \\ -1, & \text{如果边} e_j \text{在割集} i \text{中且边的方向与割集的方向相反} \\ 0, & \text{如果边} e_j \text{不在割集} i \text{中} \end{cases} \quad (2\text{-}162)$$

例 2-22 图 2-42（a）给出了一个有向图的示例，其中的图 2-42（b）～（e）给出了该图所有可能的割集，总共有 7 个，定义了割集的方向如图所示。求该图的割集矩阵。

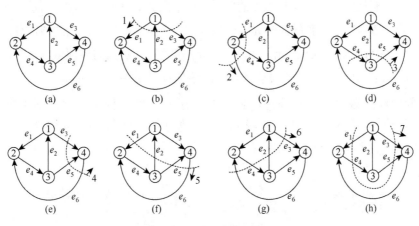

图 2-42 割集矩阵示例图

解 因为总共有 7 个割集，图 G 中包含 6 条边，所以该图的割集矩阵 A_{GQ} 是一个 7×6 的矩阵。根据割集矩阵的定义，该图的割集矩阵为

$$A_{GQ} = \begin{bmatrix} 1 & -1 & 1 & 0 & 0 & 0 \\ -1 & 0 & 0 & 1 & 0 & -1 \\ 0 & 1 & 0 & -1 & 1 & 0 \\ 0 & 0 & 1 & 0 & 1 & -1 \\ 1 & -1 & 0 & 0 & -1 & 1 \\ 0 & -1 & 1 & -1 & 0 & -1 \\ 1 & 0 & 1 & -1 & 1 & 0 \end{bmatrix}$$

其中第一行中的元素 1 和元素 3 取值为 "1" 是因为 e_1 和 e_3 的反向与所定义的割集方向相同,第二个元素为 "-1" 是因为 e_2 的方向与割集的方向相反,其他元素取 "0" 是因为相应的边不在割集内;其余行的元素取值的可按相同的方法确定。□

有关割集矩阵的秩,有以下定理。

定理 2-12 对于一个具有 n 个顶点,m 条边的有向连通图,其割集矩阵的秩为 $n-1$。□

5. 图的矩阵间关系

前面我们讨论了图的关联矩阵、权值矩阵、回路矩阵和割集矩阵等。对于有向图,其中关联矩阵、回路矩阵和割集矩阵间有一定的关系,这些关系可以归结为如下的定理。

定理 2-13 有向连通图的关联矩阵 A_G 和回路矩阵 A_{GB} 满足如下的关系:

$$A_G A_{GB}^{\mathrm{T}} = O \quad \text{和} \quad A_{GB} A_{GQ}^{\mathrm{T}} = O \tag{2-163}$$

式中 A_G^{T} 和 A_{GB}^{T} 分别是 A_G 和 A_{GB} 的转置矩阵。

证明 关联矩阵与回路矩阵的关系主要反映的是顶点与回路间的关系,一般地,任一回路 l 若经过图中的某个顶点 k 时,仅与连接该顶点所有边中的两条边有关联,记这两条边为 e_i 与 e_j,对于有向边来说,与顶点 k 的关系不外乎图 2-43(a)~(d)所示的 4 种情形。此时关联矩阵在该对应边位置的矩阵元素取值分别为:(a)e_i 与 e_j 均指向该顶点,$a_{ki} = -1$,$a_{kj} = -1$;(b)e_i 与 e_j 均背向该顶点,$a_{ki} = 1$,$a_{kj} = 1$;(c)e_i 指向该顶点,e_j 背向该顶点,$a_{ki} = -1$,$a_{kj} = 1$;(d)e_j 指向该顶点,e_i 背向该顶点,$a_{ki} = -1$,$a_{kj} = 1$。

不妨假定经过该顶点回路为逆时针方向,在上述的 4 种情形中,回路矩阵上该回路与该边的矩阵元素取值分别为:(a)$b_{li} = -1$,$b_{lj} = 1$;(b)$b_{li} = 1$,$b_{lj} = -1$;(c)$b_{li} = -1$,$b_{lj} = -1$;(d)$b_{li} = 1$,$b_{lj} = 1$。

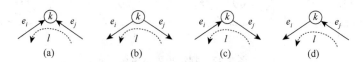

图 2-43 顶点、回路与边之间的各种关系

无论是上述的哪一种情形,对于矩阵 $A_G A_{GB}^{\mathrm{T}}$ 中顶点 k 与回路 l 的对应位置的元素取值均有

$$c_{kl} = \sum_{u=1}^{m} a_{ku} b_{lu} = a_{ki} b_{li} + a_{kj} b_{lj} = 0 \qquad (2\text{-}164)$$

对于经过该顶点回路为顺时针方向的情形同理可证。若回路 l 不经过顶点 k 时，与该顶点关联的边与回路没有关联，$a_{ki} \neq 0$ 处一定有 $b_{li} = 0$，因此 $c_{kl} = 0$。

综上，证毕。 □

例 2-23 对于图 2-42（a）给出的有向连通图，计算其关联矩阵和回路矩阵转置的乘积。

解 依题可得

$$A_G A_{GB}^{\mathrm{T}} = \begin{bmatrix} 1 & -1 & 1 & 0 & 0 & 0 \\ -1 & 0 & 0 & 1 & 0 & -1 \\ 0 & 1 & 0 & -1 & 1 & 0 \\ 0 & 0 & -1 & 0 & -1 & 1 \end{bmatrix} \cdot \begin{bmatrix} 1 & 1 & 0 & 1 & 0 & 0 \\ 0 & -1 & -1 & 0 & 1 & 0 \\ 0 & 0 & 0 & 1 & 1 & 1 \\ 1 & 0 & -1 & 1 & 1 & 0 \\ -1 & 0 & 1 & 0 & 0 & 1 \\ 0 & 1 & 1 & 1 & 0 & 1 \\ 1 & 1 & 0 & 0 & -1 & -1 \end{bmatrix}^{\mathrm{T}} = \mathbf{0} \qquad □$$

定理 2-14 有向连通图的回路矩阵 A_{GB} 与割集矩阵 A_{QB} 满足如下的关系：

$$A_{GQ} A_{GB}^{\mathrm{T}} = \mathbf{O} \quad \text{和} \quad A_{GB} A_{GQ}^{\mathrm{T}} = \mathbf{O} \qquad (2\text{-}165)$$

式中 A_{GQ}^{T} 和 A_{GB}^{T} 分别是 A_{GQ} 和 A_{GB} 的转置矩阵。

证明 因为每个割集都将图 G 分割为互不相连的两部分，要保证回路的闭合性，由定理 2-8 可知连通图 G 的每一个回路与每一个割集共有的边数为偶数，如果割集 k 与回路 l 有 $2u$ 条公共边，参见图 2-44，若其中有 u 条边相对于割集和回路的方向一致，则另外 u 条边必将在割集中有一个方向而在回路中有相反的方向。因此在计算矩阵 $A_{GQ} A_{GB}^{\mathrm{T}}$ 中的 (k,l) 位置的元素值 p_{kl} 时：$p_{kl} = \sum_{u=1}^{m} q_{ku} b_{lu}$，与证明定理 2-13 时的情形类似，在非零项中，-1 和 $+1$ 总是成对出现。因此一定有 $p_{kl} = 0$。证毕。 □

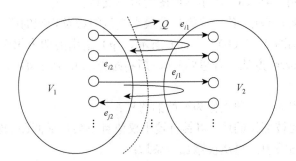

图 2-44 割集与回路之间的关系示例

例 2-24 对于图 2-42（a）给出的有向连通图，求回路矩阵与割集矩阵转置的乘积。

解 依题可得

$$A_{GQ}A_{GB}^{T} = \begin{bmatrix} 1 & -1 & 1 & 0 & 0 & 0 \\ -1 & 0 & 0 & 1 & 0 & -1 \\ 0 & 1 & 0 & -1 & 1 & 0 \\ 0 & 0 & 1 & 0 & 1 & -1 \\ 1 & -1 & 0 & 0 & -1 & 1 \\ 0 & -1 & 1 & -1 & 0 & -1 \\ 1 & 0 & 1 & -1 & 1 & 0 \end{bmatrix} \cdot \begin{bmatrix} 1 & 1 & 0 & 1 & 0 & 0 \\ 0 & -1 & -1 & 0 & 1 & 0 \\ 0 & 0 & 0 & 1 & 1 & 1 \\ 1 & 0 & -1 & 1 & 1 & 0 \\ -1 & 0 & 1 & 0 & 0 & 1 \\ 0 & 1 & 1 & 1 & 0 & 1 \\ 1 & 1 & 0 & 0 & -1 & -1 \end{bmatrix}^{T} = 0 \quad \square$$

2.2.3 网络中常用的图论算法

图论的方法在网络问题的分析研究中有各种应用，本节主要介绍其中的三种重要应用：求最小支撑树、求最短路径和确定两点间可能获得极大流的方法。这些方法在网络中可用于分析大量的不同问题，例如，当边的权值有不同的含义时，"最短路径"问题的方法可以用于分析路径选择问题，如成本最低的传输路径、时延最小的传输路径、最安全的传输路径等。

1．最小支撑树

从前面的讨论已经知道，最小支撑数是连通图中一个边的**权值和最小的树**。对于一个有限的连通图，最小支撑树总是可以通过遍历的方法求得，但这种方法效率较低。下面介绍常用的两种方法：

（1）**Kruskal 方法**（克鲁斯卡方法）。Kruskal 方法的具体实现步骤如下：

①首先选择权值最小的边和相应的顶点作为初始的树枝；

②选择与所得树枝邻接的边，将具有较小权值且不会形成回路的输出边，以及相应的顶点添加到当前的树枝中，每次仅添加一条边；

③检查更新后的树枝是否已经包含所有的顶点，如果还有其他的顶点，转到步骤②；

④结束。

例 2-25　试求图 2-45（a）所示连通图的最小支撑树。

解　根据 Kruskal 方法，首先选择具有最小权值的边及相应的两个顶点作为初始的树枝，整个求解过程如图 2-45（b）～（g）所示。（g）给出的即为相应的最小支撑树。□

（2）**Prim-Dijkstra 方法**（普里姆-迪杰斯科拉方法）。Prim-Dijkstra 方法的具体实现步骤如下：

①任意选择图中的一个顶点作为初始的树枝；

②选择与所得树枝邻接的边，将具有较小权值且不会形成回路的输出边，以及相应的顶点添加到当前的树枝中，每次仅添加一条边；

③检查更新后的树枝是否已经包含所有的顶点，如果还有其他的顶点，转到步骤②；

④结束。

Prim-Dijkstra 方法与 Kruskal 方法实际上没有太大的区别，从本质上来说都是通过选择权值最小的邻接边来进行树枝的扩展，最后形成一个具有最小权值的支撑树。

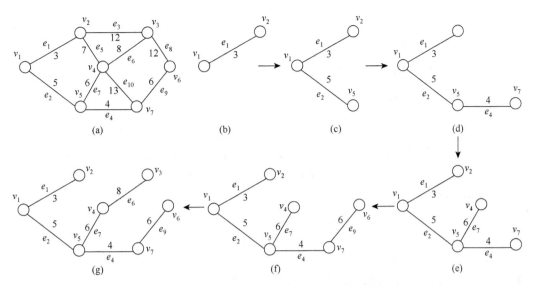

图 2-45 Kruskal 方法的最小支撑树求解过程示例

例 2-26 采用 Prim-Dijkstra 方法求图 2-45（a）所示连通图的最小支撑树。

解 根据 Prim-Dijkstra 方法，任意选择选择一个顶点，如将顶点和具有较小权值的边及相应的顶点作为初始的树枝，整个求解过程如图 2-46（b）～（g）所示。（g）给出的即为相应的最小支撑树。 □

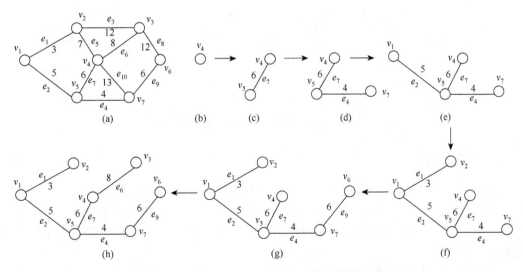

图 2-46 Prim-Dijkstra 方法的最小支撑树求解过程示例

在例 2-25 与例 2-26 中，采用不同的方法求得的最小支撑树是一样的。但一般来说，用不同的方法所得到的最小支撑树的权值和可能相同，但支撑树边的组成未必是一样的。甚至即使是同样采用 Prim-Dijkstra 方法，若选择不同的起始顶点作为起始的树枝时，最后得到的最小支撑树也未必是一样的，只有当连通图的每条边的权值均不同时，才能保证即使采用不同的方法或不同的初始顶点，最后得到的最小支撑树也是相同的。下面的定理保证了最小支撑树的唯一性。

定理 2-15　如果图 G 中所有边的重量是不同的，则有唯一的一个最小支撑树。　　□

2. 具有约束条件的最小支撑树

前面用 Kruskal 方法或 Prim-Dijkstra 方法得到的最小支撑树，在考虑如何使树的权值之和达到最小时没有附加其他的条件。在实际系统中，在寻找最小支撑树的过程中，可能会有其他的限定条件。比如，要求所得的树，连接图中任何两个顶点间边的数目，不能够超过某个限定值，这就是具有约束条件的最小支撑树。

求具有约束条件的最小支撑树的方法，最基本的方法是通过遍历的方法，在较为复杂的情形，可以采用带约束条件的最优化方法来求解，具体过程视约束条件而定。在较为简单的情形下，一种比较简单实用的做法是先通过 Kruskal 方法或 Prim-Dijkstra 方法得到的最小支撑树，然后对所得到的支撑树进行调整，使其满足条件。

例如，如果在求图 2-45（a）所示的连通图的最小支撑树中，加上任何两个顶点间所经过的边数不能够超过三个，这样在例 2-25 和例 2-26 中所获得的最小支撑树，将不能满足条件，因为在连接顶点 v_3 和 v_6 的路径间，包含的边的数目达到了 4 个。如图 2-47 所示，可对最小支撑树进行调整，删除边 e_4 和边 e_9，增加边 e_8 和 e_{10}，得到一个满足约束条件的最小树，此时树的总权值将增大 18 个单位。

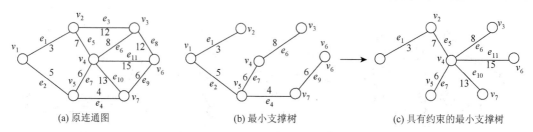

图 2-47　具有约束条件的最小支撑树示例

3. 最短路径

图论在网络中最重要的应用之一就是寻找最短路径，图论中的最短路径，可以是实际网络系统中最小时延、最小成本、最安全可靠等许多选路问题的抽象。本节讨论的最短路径，与前面讨论的最小支撑树概念有类似之处，路径最短，就是指路径的**权值和**最小。

1）Dijikstra 算法（迪杰斯科拉算法）

对一个给定权值的连通图，设其顶点集为 V；边 e_k 的权值记为 $w_k(v_i,v_j)$，其中 v_i 和 v_j 是通过边 e_k 所连接的两个顶点；将指定的根顶点记为 v_R，定义路径上所包含的边的权值和为**距离**。顶点 v_i 到 v_R 的距离记为 $D(v_i)$。采用 Dijikstra 算法可以确定从根顶点到连通图中任何一个顶点距离最小的路径。与最小支撑树的概念有所不同，采用 Dijikstra 算法寻找最短路径，特指从图中某一指定的顶点，到图中其他每一个顶点的最短路径。即确定一个以指定顶点为**根顶点**的一个树，在该树中，从根顶点到图中任何一个其他顶点路径上所包含的边的权值和是最小的。显然对图中不同的顶点，所得到的最短路径树是不同的。

Dijikstra 算法的具体计算步骤如下：

（1）初始化：设定根顶点 v_R，顶点集 $V_S = \{v_R\}$，$\overline{V}_S = V - V_s$。对所有不在 V_S 中的顶点：$v_i \in \overline{V}_S$，定义从 v_R 到 v_i 的路径距离

$$D(v_i) = \begin{cases} w(v_R, v_i), & \text{若顶点} v_i \text{直接与顶点} v_R \text{相连} \\ \infty, & \text{若顶点} v_i \text{不直接与顶点} v_R \text{相连} \end{cases} \quad (2\text{-}166)$$

（2）搜索在顶点集 V_S 外，满足下面条件的顶点

$$v^* = \arg\min_{v_i \notin V_s} D(v_i) \quad (2\text{-}167)$$

更新顶点集：$V_S \leftarrow V_S \cup v^*$，$\overline{V}_S \leftarrow V - V_S$。

（3）对所有顶点 v_j，$v_j \notin V_S$，更新其到根节点 v_R 的距离

$$D(v_j) \leftarrow \min\left(D(v_j), D(v^*) + w(v^*, v_j)\right) \quad (2\text{-}168)$$

（4）检查是否所有的顶点已经包含在 V_S 中，如果尚有其他顶点，转到步骤（b）；如果 V_S 已经包含全部顶点，结束搜索。

例 2-27 图 2-48 给出了一个带权值的连通图，设定根顶点为顶点 v_1，请根据 Dijikstra 算法求由根顶点到其他所有顶点的最短路径。

解 根据 Dijikstra 算法，求解过程如图 2-49 所示：
(a) 初始化：确定初始顶点集 $V_s = \{v_1\}$，标记各个顶点到根顶点 v_1 的距离；(b) 选择距离根顶点最近的顶点 v_2 加入

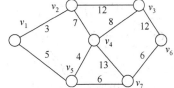

图 2-48　一个带权值的连通图

到顶点集：$V_s = \{v_1, v_2\}$；(c) 修改图中与顶点 v_2 相邻的顶点 v_3 和 v_4 到根顶点的距离；(d) 选择新的距离根顶点最近的 v_5 加入到顶点集：$V_s = \{v_1, v_2, v_5\}$；(e) 修改图中与顶点 v_5 相邻的顶点 v_4 和 v_7 到根顶点的距离；(f) 选择新的距离根顶点最近的顶点 v_4 加入到顶点集：$V_s = \{v_1, v_2, v_4, v_5\}$，因为与 v_4 相邻的顶点不会因为 v_4 的加入改变距离，所以加入顶点 v_4 后其他顶点的距离不变；按照上述的方式，继续从（g）～（k）的操作，直到把连通图中所有的顶点均包含到集合 V_s 中。最后得到（l）所示由根顶点 v_1 到其他各个顶点的一个最短的路径树。　□

2）Floyd 算法

Floyd 算法是一种基于矩阵迭代运算求解连通图中**任意两个顶点间最短路径**的方法。对于一个具有 n 个节点的连通图 G，经过不超过 $n-1$ 次迭代运算，可以得到一个反映路径权值和大小的权值矩阵 $A_{GW}^{(n)}$ 和确定路由选择的路由矩阵 $A_{GR}^{(n)}$。

计算权值矩阵 $A_{GW}^{(n)}$ 和路由矩阵 $A_{GR}^{(n)}$ 的具体步骤如下：

（1）设定初始权值矩阵 $A_{GW}^{(0)}$，初始权值矩阵的定义与前面讨论过的权值矩阵相同

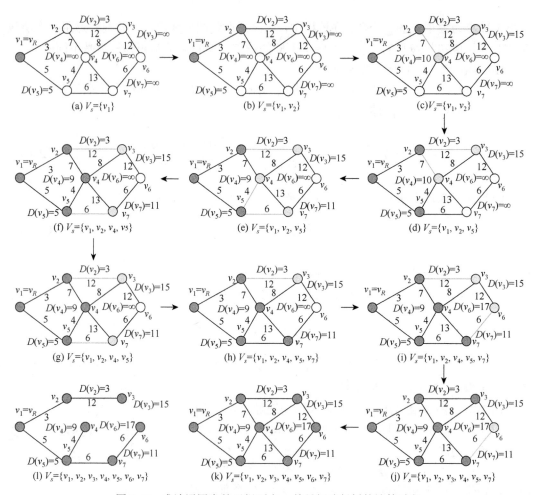

图 2-49 求连通图中关于根顶点 v_1 的最短路径树的计算过程

$$A_{GW}^{(0)} = \left[w_{ij}^{(0)} \right]_{n \times n}, \quad w_{ij}^{(0)} = \begin{cases} w_{ij}, & v_i 到 v_j 有边 \\ \infty, & v_i 到 v_j 无边 \\ 0, & i = j \end{cases} \quad (2\text{-}169)$$

其中 w_{ij} 是连通图上边 (i, j) 的权值。设定初始路由矩阵 $A_{GR}^{(n)}$：

$$A_{GR}^{(0)} = \left[r_{ij}^{(0)} \right]_{n \times n}, \quad r_{ij}^{(0)} = \begin{cases} j, & w_{ij}^{(0)} < \infty \\ 0, & w_{ij}^{(0)} = \infty 或 i = j \end{cases} \quad (2\text{-}170)$$

（2）进行递归运算，其中第 k 步的递归运算操作如下：

$$A_{GW}^{(k-1)} = \left[w_{ij}^{(k-1)} \right]_{n \times n} \to A_{GW}^{(k)} = \left[w_{ij}^{(k)} \right]_{n \times n}, \quad w_{ij}^{(k)} = \min_{u \ne i, u = 1, 2, \cdots, n} \left\{ w_{ij}^{(k-1)}, w_{iu}^{(k-1)} + w_{uj}^{(k-1)} \right\} \quad (2\text{-}171)$$

$$A_{GR}^{(k-1)} = \left[r_{ij}^{(k-1)} \right]_{n \times n} \to A_{GR}^{(k)} = \left[r_{ij}^{(k)} \right]_{n \times n}, \quad r_{ij}^{(k)} = \begin{cases} r_{ij}^{(k-1)}, & w_{ij}^{(k)} = w_{ij}^{(k-1)} \\ u, & w_{ij}^{(k)} < w_{ij}^{(k-1)} \end{cases} \quad (2\text{-}172)$$

得到权值矩阵 $A_{GW}^{(k)}$ 和路由矩阵 $A_{GR}^{(k)}$。

权值矩阵和路由矩阵过程的基本思想是每一步看能否找到权值和更小的路径，如有则更新权值并记录可经历的顶点，因为对于一个具有 n 个顶点的连通图，任意两个顶点间的路径所包含的边的数目不会超过 $n-1$ 个，所以经过最多不超过 $n-1$ 步计算后，即可得到最小权值和的路径和相应的路由。**最后得到权值矩阵**给出了连通图中任意两顶点间具有最小权值和的路径，注意这里最短路径是以权值和最小为依据的，因此路径最小并不意味着路径中所包含的边的数目最小。**最后得到的路由矩阵**给出了任意两个顶点间最短路径下一个的顶点编号，通过在最后的路由矩阵内下一个顶点指向目的顶点不断查询，即可得到完整的最短路径。具体的操作过程可通过下面的例子来理解。

例 2-28 试求图 2-48 所示连通图的权值矩阵 $A_{GW}^{(n)}$ 和确定路由选择的路由矩阵 $A_{GR}^{(n)}$。

解 （1）由图 2-48 可直接得到初始的权值矩阵和路由矩阵：

$$A_{GW}^{(0)} = \begin{bmatrix} 0 & 3 & \infty & \infty & 5 & \infty & \infty \\ 3 & 0 & 12 & 7 & \infty & \infty & \infty \\ \infty & 12 & 0 & 8 & \infty & 12 & \infty \\ \infty & 7 & 8 & 0 & 4 & \infty & 13 \\ 5 & \infty & \infty & 4 & 0 & \infty & 6 \\ \infty & \infty & 12 & \infty & \infty & 0 & 6 \\ \infty & \infty & \infty & 13 & 6 & 6 & 0 \end{bmatrix}, \quad A_{GR}^{(0)} = \begin{bmatrix} 0 & 2 & 0 & 0 & 5 & 0 & 0 \\ 1 & 0 & 3 & 4 & 0 & 0 & 0 \\ 0 & 2 & 0 & 4 & 0 & 6 & 0 \\ 0 & 2 & 3 & 0 & 5 & 0 & 7 \\ 1 & 0 & 0 & 4 & 0 & 0 & 7 \\ 0 & 0 & 3 & 0 & 0 & 0 & 7 \\ 0 & 0 & 0 & 4 & 5 & 6 & 0 \end{bmatrix}$$

（2）当 $k=1$ 时，

$$A_{GW}^{(1)} = \begin{bmatrix} 0 & 3 & 15 & 9 & 5 & \infty & 11 \\ 3 & 0 & 12 & 7 & 8 & 24 & 20 \\ 15 & 12 & 0 & 8 & 12 & 12 & 18 \\ 9 & 7 & 8 & 0 & 4 & 19 & 10 \\ 5 & 8 & 12 & 4 & 0 & 12 & 6 \\ \infty & 24 & 12 & 19 & 12 & 0 & 6 \\ 11 & 20 & 18 & 10 & 6 & 6 & 0 \end{bmatrix}, \quad A_{GR}^{(1)} = \begin{bmatrix} 0 & 2 & 2 & 5 & 5 & 0 & 5 \\ 1 & 0 & 3 & 4 & 1 & 3 & 4 \\ 2 & 2 & 0 & 4 & 4 & 6 & 6 \\ 5 & 2 & 3 & 0 & 5 & 7 & 5 \\ 1 & 1 & 4 & 4 & 0 & 7 & 7 \\ 0 & 3 & 3 & 7 & 7 & 0 & 7 \\ 5 & 4 & 6 & 4 & 5 & 6 & 0 \end{bmatrix}$$

其中，$w_{1,3}^{(1)} = \min_{u \neq 1, u=1,2,\cdots,n} \{w_{1,3}^{(0)}, w_{1,u}^{(0)} + w_{u,3}^{(0)}\} = \min\{\infty, w_{1,2}^{(0)} + w_{2,3}^{(0)}\} = \min\{\infty, 3+12\} = 15$，因为 $w_{1,3}^{(1)} = 15 < w_{1,3}^{(0)} = \infty$，从顶点 1 到顶点 3 的下一个中转的顶点是顶点 2，所以有 $r_{1,3}^{(1)} = 2$，两个矩阵中的其他元素取值的变化用类似的方法可以求得。

（3）当 $k=2$ 时，

$$A_{GW}^{(2)} = \begin{bmatrix} 0 & 3 & 15 & 9 & 5 & 17 & 11 \\ 3 & 0 & 12 & 7 & 8 & 24 & 14 \\ 15 & 12 & 0 & 8 & 12 & 12 & 18 \\ 9 & 7 & 8 & 0 & 4 & 16 & 10 \\ 5 & 8 & 12 & 4 & 0 & 12 & 6 \\ 17 & 24 & 12 & 16 & 12 & 0 & 6 \\ 11 & 14 & 18 & 10 & 6 & 6 & 0 \end{bmatrix}, \quad A_{GR}^{(2)} = \begin{bmatrix} 0 & 2 & 2 & 5 & 5 & 5 & 5 \\ 1 & 0 & 3 & 4 & 1 & 3 & 1 \\ 2 & 2 & 0 & 4 & 4 & 6 & 6 \\ 5 & 2 & 3 & 0 & 5 & 5 & 5 \\ 1 & 1 & 4 & 4 & 0 & 7 & 7 \\ 7 & 3 & 3 & 7 & 7 & 0 & 7 \\ 5 & 5 & 6 & 4 & 5 & 6 & 0 \end{bmatrix}$$

其中，$w_{2,7}^{(2)} = \min\limits_{u \neq 2, u=1,2,\cdots,7}\{w_{2,7}^{(1)}, w_{2,u}^{(1)} + w_{u,7}^{(1)}\} = \min\{20, w_{2,1}^{(1)} + w_{1,7}^{(1)}\} = \min\{20, 3+11\} = 14$，因为 $w_{2,7}^{(2)} = 14 < w_{2,7}^{(1)} = 20$，从顶点 2 到顶点 7 的下一个中转的顶点是顶点 1，所以有 $r_{2,7}^{(2)} = 1$，两个矩阵中的其他元素取值的变化用类似的方法可以求得。

（4）当 $k=3$ 时，在获得顶点 1 到顶点 6 的有限大权值的路径之后，矩阵中顶点 2 到顶点 6 的路径权值还可以进一步减小

$$w_{2,6}^{(3)} = \min\limits_{u \neq 2, u=1,2,\cdots,7}\{w_{2,6}^{(2)}, w_{2,1}^{(2)} + w_{1,6}^{(2)}\} = \min\{24, w_{2,1}^{(2)} + w_{1,6}^{(2)}\} = \min\{24, 3+17\} = 20，\quad r_{2,6}^{(3)} = 1$$

同理可得 $w_{6,2}^{(3)} = 20$，$r_{6,2}^{(3)} = 7$。

$$A_{GW}^{(3)} = \begin{bmatrix} 0 & 3 & 15 & 9 & 5 & 17 & 11 \\ 3 & 0 & 12 & 7 & 8 & 20 & 14 \\ 15 & 12 & 0 & 8 & 12 & 12 & 18 \\ 9 & 7 & 8 & 0 & 4 & 16 & 10 \\ 5 & 8 & 12 & 4 & 0 & 12 & 6 \\ 17 & 20 & 12 & 16 & 12 & 0 & 6 \\ 11 & 14 & 18 & 10 & 6 & 6 & 0 \end{bmatrix}, \quad A_{GR}^{(3)} = \begin{bmatrix} 0 & 2 & 2 & 5 & 5 & 5 & 5 \\ 1 & 0 & 3 & 4 & 1 & 1 & 1 \\ 2 & 2 & 0 & 4 & 4 & 6 & 6 \\ 5 & 2 & 3 & 0 & 5 & 5 & 5 \\ 1 & 7 & 4 & 4 & 0 & 7 & 7 \\ 7 & 3 & 3 & 7 & 7 & 0 & 7 \\ 5 & 5 & 6 & 4 & 5 & 6 & 0 \end{bmatrix}$$

在本例中，因为相距最远的顶点间，最多可包含 4 条边，所以经过 3 次迭代运算后，即可找到所有的任意两顶点间的具有权值和最小的"最短"路径。例如，权值矩阵给出的从顶点 v_2 到 v_7 间的**权值**和为 14(3+5+6=14)；路由矩阵给出的路由顶点 2 到顶点 7 的下一跳为顶点 1；由顶点 1 到顶点 7 的下一跳为顶点 5，由顶点 5 到顶点 7 的下一跳为顶点 7；由此可得其最小权值和的"最短"路径为 $v_2 \to v_1 \to v_5 \to v_7$。 □

2.2.4 网络的极大流分析

1. 网络的极大流概念

在各类网络系统中都会遇到传输时，如何确定从网络的某处到另外一处的最大传输能力，这就是极大流问题。本节讨论的网络的极大流，可用于分析在特定的条件下，对于一个给定的网络系统，如何确定网络系统中某两个顶点之间，可能获得的最大传输能力。

讨论网络的极大流问题时，假定网络可以抽象为一个有向的、无自环的连通图 $G=(V,E)$，并且有以下约定：

（1）网络中只有一个发送顶点 s，一个接收顶点 t，其余的顶点称为中间顶点；

（2）网络中的每条边赋予一个表示其传输能力的实数，称为该边的容量 $c(i,j)$，其中 i 和 j 是连接该边的两个顶点。对于有向图，从 i 到 j 与从 j 到 i 经过两条不同的边，因此一般来说，$c(i,j) \neq c(j,i)$；

（3）边 (i,j) 上经过的流的大小记为 $f(i,j)$，一般来说 $f(i,j) \neq f(j,i)$；

（4）设 V_1 和 V_2 是顶点集 V 的两个顶点子集，记 (V_1, V_2) 是满足如下条件的边的集合

$$(V_1, V_2) = \{(i,j); i \in V_1, j \in V_2\}$$

(5) 记起点在 V_1 中,终点在 V_2 中流的和为 $f(V_1,V_2) = \sum_{(i,j)\in(V_1,V_2)} f(i,j)$。

这类网络的假设通常用于分析运输网络上的问题,因此定义了上述规则的有向图也称为**运输网络**。本节问题的讨论图 G 均假定其是一个运输网络。

2. 流的模式

定义图 G 中一个**流的模式**为流的一个集合 $F = \{f(i,j)\}$。流的模式描述了一种流在图 G 中的分布形态,即在图上各个边流的大小。在描述流的模式时,涉及以下几个概念。

1) 相容

在图 G 中,流的模式 $F = \{f(i,j)\}$ 并非是可以随意设定的,必须满足某种规则才可能是合理的。若记从源顶点 s 中流出的流为 $f_{s,t}$,从目的顶点 t 中流出的流为 $-f_{s,t}$。如对任意的顶点 $i \in V$,满足条件:

$$f(i,V) - f(V,i) = \begin{cases} f_{s,t}, & i = s \\ 0, & i \neq s, t \\ -f_{s,t}, & i = t \end{cases} \quad (2\text{-}173)$$

对任何一个中间的顶点,流入的流等于流出的流且有

$$\forall (i,j) \in E, \quad c(i,j) \geqslant f(i,j) \geqslant 0 \quad (2\text{-}174)$$

即任何一条边上流的大小总是小于等于该边的容量。则称流的模式 $F = \{f(i,j)\}$ 是**相容的**。

2) 饱和边与非饱和边

若图 G 中的边满足条件:$f(i,j) = c(i,j)$,则称其为饱和边,否则称该边为非饱和边,非饱和的边也称为**增广边**,即沿着此边的流量是可以增大的。显然对于饱和边,其上的流量不可能再增大。

3) 流的模式标记方法

在图 G 中,当前流的模式状态可用与边关联的一组参数集 $\{c(i,j): f(i,j); i,j \in V\}$ 来表示,其中,$c(i,j): f(i,j)$ 分别标记边 (i,j) 的容量和当前边上流量的大小。图 2-50 给出了一个相容的流的模式示例,其中边 $(1,2)$ 的这一组参数:$c(1,2): f(1,2) = 5:1$,表示该边的容量为 5,当前的流的大小为 1。

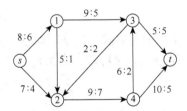

图 2-50 一个相容的流的模式示例

3. 切割

图 G 中分离发送顶点 s 和接收顶点 t 的边的集合 $(V_1, \overline{V_1})$ 定义为切割 K,

$$K:(V_1, \overline{V_1}), \quad \overline{V_1} = V - V_1, s \in V_1, t \in \overline{V_1} \quad (2\text{-}175)$$

这里切割具有阻断所有由发送顶点 s 向接收顶点 t 发送流的含义。需要注意的是,切割可以是一个前面讨论过的割集;也可以不是一个割集。例如,对于图 2-50 来说,下面的切割

$$K_1 : \{(1,3),(2,4)\}$$

是一个切断了所有从发送顶点 s 向接收顶点 t 发送流的路径的边的一个子集,但该切割不是一个割集,因为在图中移除割集中所对应的边后,该图依然是一个联通图;而对于图 2-50,下面的切割

$$K_2 : \{(1,3),(1,2),(s,2)\}$$

是一个割集,因为该切割不仅切断了所有从发送顶点 s 向接收顶点 t 发送流的路径,而且该切割所包含的边的子集,同样满足其成为割集的定义。

4. 切割的容量

割集 $K:(V_1,\bar{V}_1); \bar{V}_1 = V - V_1, s \in V_1, t \in \bar{V}_1$ 的容量定义为

$$c(K) = c(V_1,\bar{V}_1) = \sum_{(i,j)\in(V_1,\bar{V}_1)} c(i,j) \tag{2-176}$$

切割的容量为割集中所包含的边的容量的和。对于图 2-50 来说,切割 K_1 的容量:

$$K_1 : \{(1,3),(2,4)\}, \quad c(K_1) = c(1,3) + c(2,4) = 9 + 9 = 18$$

切割 K_2 的容量:

$$K_2 : \{(1,3),(1,2),(s,2)\}, \quad c(K_2) = c(1,3) + c(1,2) + c(s,2) = 9 + 5 + 7 = 31$$

5. 极小切割与极大流值

根据切割的定义,可直接得到以下结论:运输网络上发送顶点 s 向接收顶点 t 发出的流,等于图中任何切割中流的净值,即有

$$f_{s,t} = f(V_1,\bar{V}_1) - f(\bar{V}_1,V_1) \tag{2-177}$$

此外,根据容量的定义,可以导出如下的结论:流 $f_{s,t}$ 的值小于等于切割的容量,即有

$$f_{s,t} = f(V_1,\bar{V}_1) - f(\bar{V}_1,V_1) \leqslant c(V_1,\bar{V}_1) \tag{2-178}$$

上面的关系式可以证明如下:按照传输网络式(2-173)相容性的要求,对于任意满足条件 $s \in V_s, t \notin V_s$ 的顶点集 V_s,应有

$$\sum_{i\in V_s}(f(i,V) - f(V,i)) = f_{s,t} \rightarrow f(V_s,V) - f(V,V_s) = f_{s,t} \tag{2-179}$$

因为 $V_s \cup \bar{V}_s = V, V_s \cap \bar{V}_s = \{0\}$,所以有

$$f(V_s,V) - f(V,V_s) = f(V_s, V_s \cup \bar{V}_s) - f(V_s \cup \bar{V}_s, V_s) \tag{2-180}$$

其中,

$$f(V_s, V_s \cup \bar{V}_s) = f(V_s,V_s) + f(V_s,\bar{V}_s) - f(V_s, V_s \cap \bar{V}_s) = f(V_s,V_s) + f(V_s,\bar{V}_s) \tag{2-181}$$

$$f(V_s \cup \bar{V}_s, V_s) = f(V_s,V_s) + f(\bar{V}_s,V_s) - f(V_s \cap \bar{V}_s, V_s) = f(V_s,V_s) + f(\bar{V}_s,V_s) \tag{2-182}$$

将式(2-181)和式(2-182)代入式(2-179),可得

$$f(V_s,\bar{V}_s) - f(\bar{V}_s,V_s) = f_{s,t} \tag{2-183}$$

因为每条边上的流总是大于零的,所以 $f(\bar{V}_s,V_s) \geqslant 0$,因此有

$$f(V_s,\overline{V}_s) = \sum_{i\in V_s, j\in \overline{V}_s} f(i,j) \geq f_{s,t} \tag{2-184}$$

又因为 $f(i,j) \leq c(i,j)$，所以

$$f_{s,t} \leq f(V_s,\overline{V}_s) = \sum_{i\in V_s, j\in \overline{V}_s} f(i,j) \leq \sum_{i\in V_s, j\in \overline{V}_s} c(i,j) = c(V_s,\overline{V}_s) \tag{2-185}$$

因此有式（2-178）。 □

1）极小切割

在一个图 G 的所有切割中，割集容量取值最小的切割称为极小切割，记为 $\min c(K)$；极小割集是由图 G 自身的特性所决定的，与当前图上是否有流存在无关。

2）极大流值

在自发送顶点 s 向接收顶点 t 的所有流中，可能获得的最大值称为极大流值。记为 $\max f_{s,t}$。显然，同样，极大流值也是由图 G 自身的特性所决定的。

一般地，有以下关系：

$$f_{s,t} \leq \max f_{s,t} \leq \min c(K) \leq c(K) \tag{2-186}$$

即极大流值小于等于极小切割的容量。极小割集和极大流值本质上都是由图 G 自身的特性所决定，为证明下面的定理，首先定义路的概念。

6. 路

设对于顶点相异序列 $i_1, i_2, \cdots, i_n$，序列中相邻的两个顶点间都存在图中的一条边：(i_k, i_{k+1})，则由该顶点序列和相应的边构成的子图称为运输网络中的一个**路**。

在一个路中可以包含方向与顶点序列的顺序相同的边，这种边称为该路的**前向边**；也可以包含方向与顶点序列的顺序相反的边，这种边称为该路的**后向边**。例如，图 2-50 中由顶点序列 $s,1,2,3,t$ 和其相应的边 $(s,1),(1,2),(2,3),(3,t)$ 构成的子图就是一个从顶点 s 到顶点 t 的路，其中边 $(s,1),(1,2),(3,t)$ 就是相应的前向边；而边 $(2,3)$ 就是后向边。

定理 2-16 在一个运输网络中，流的极大值等于切割的极小值，即有

$$\max f_{s,t} = \min c(K) \tag{2-187}$$

证明 在讨论传输网络流的问题时，不相容的流模式没有什么意义。因此，一般地，可以假定网络中已有一个相容的流模式存在。如果自发送顶点 s 到目的顶点 t 存在一条路，其所有的前向边未饱和，而其后向边的流大于零。则可使这个路的所有前向边增加一个正整数 ε，所有后向边的流减去 ε，同时保持所有边的流为正值且不会超过边的容量。这样不会破坏网络中流的相容条件，也不会影响不属于此路的其他边的流，但网络中的流 $f_{s,t}$ 增大了 ε。通过这样的方法逐次增加 $f_{s,t}$，最后一定会使得路中至少一个前向边饱和，或/和一个后向边的流为零，当出现这种情况时路中的流就不能再增大,该路就称为不可增广路。当所有的从源顶点 s 到目的顶点 t 的路都不可增广时，$f_{s,t}$ 即达到极大值。

假定图中的一个流模式 $F = \{f(i,j)\}$ 已经使得 $f_{s,t}$ 达到不可增广的极大值,构造一个对应该流模式的切割 $(V_s, \overline{V}_s)$，该切割的顶点集 V_s 按照以下递归方式定义：

（1）首先初始化 V_s，令 $V_s = \{s\}$；

（2）若顶点 $i \in V_s$，并且有 $f(i,j) < c(i,j)$，则令 $j \in V_s$；同样地，若顶点 $i \in V_s$，并且有 $f(j,i) > 0$，则也令 $j \in V_s$。根据切割的定义 $t \notin V_s$。

切割 $(V_s, \overline{V}_s)$ 是分离源顶点 s 到目的顶点 t 的边的子集，按照 V_s 的构造的定义，应有：若 $(i',j') \in (V_s, \overline{V}_s)$，则 $f(i',j') = c(i',j')$；若 $(j'',i'') \in (\overline{V}_s, V_s)$，则 $f(j'',i'') = 0$。其他边的两个顶点都落在 V_s 中。所以对于此切割，有 $f(V_s, \overline{V}_s) = c(V_s, \overline{V}_s)$，$f(\overline{V}_s, V_s) = 0$。因此有：$f(V_s, \overline{V}_s) = f_{s,t} = c(V_s, \overline{V}_s)$。此切割的容量是在所有的切割的容量中最小的，因为对于其他的切割，都有 $f(V_1, \overline{V}_1) \leqslant c(V_1, \overline{V}_1)$，所以 $c(V_s, \overline{V}_s) = \min c(K)$。相应地，由式（2-186）可得，此时的 $f_{s,t}$ 达到最大值 $\max f_{s,t}$。证毕。 □

7. 极大流的标记算法

判断运输网络的传送能力需要确定极大流，由定理 2-16，穷举图中所有切割，通过比较获得最小的切割 $\min c(K)$，即可得到相应的极大流 $\max f_{s,t}$。对于一个复杂的图，这种方法的计算复杂。而标记算法提供了一种规则的方法，按照这种方法，不需要遍历所有的切割，也可以确定相应的极大流。

标记算法包括标记过程和增广过程，以及这两个基本过程内的循环过程，直到增广过程不能再继续，此时即可确定网络可能达到的极大流。下面先给出标记过程和增广过程的具体实现步骤，然后举例加以说明。

标记算法的计算流程：

1）标记过程

在标记过程中对网络中的每一个顶点进行处理，根据在一次标记过程中该顶点所处的不同处理阶段，可赋予三种不同的称谓，分别是：①未标记，未细查；②已标记，未细查；③已标记，已细查。并用一个具有三个参数的数组 $(k, +/-, \varepsilon)$ 进行标记，其中参数 k 是与顶点相邻的另外一个顶点的编号；参数"$+/-$"取"$+$"或者取"$-$"根据与相邻点关联的边的方向而定；参数 ε 是流的一个增量参数。标记过程的具体操作步骤如下：

①首先将发送顶点 s 标记为：$(s, +, \varepsilon(s) = \infty)$，此时称 s 被标记，未细查；其余顶点则均称未标记，未细查。

②选择一个已标记，未细查的顶点 i，对所有未标记的顶点 j：如果存在边 (j,i)，并且该边上的流 $f(j,i) > 0$，则将顶点 j 标记为 $(i, -, \varepsilon(j))$，其中 $\varepsilon(j) = \min\{\varepsilon(i), f(j,i)\}$，称 j 被标记，未细查；

如果存在边 (i,j)，并且有 $c(i,j) > f(i,j)$，则把顶点 j 标记为 $(i, +, \varepsilon(j))$，其中 $\varepsilon(j) = \min\{\varepsilon(i), c(i,j) - f(i,j)\}$，同样称 y 被标记，但未细查。

对于一个传输网络来说，如果同时出现边 (i,j) 和 (j,i)，在一次标记过程中，可先不考虑其中的某一条边，这不会影响标记的操作和最后结果。在完成上述操作后，在顶点 i 标记上的"$+$"号或者"$-$"号上加上一个小圈，变为"$\oplus$"或者"$\ominus$"，表示顶点

i 已标记，被细查。

③ 重复步骤②，此时两种可能情况出现：一是直至目的顶点被 t 标记，然后转向增广过程；二是直至不再有顶点可以标记，或者连接源顶点 s 或者目的顶点 t 的所有边均已经饱和。此时整个算法的操作结束。

2）增广过程

增广过程的具体操作步骤：

（1）令 $j=t$，转向下面增广过程的步骤（2）；

（2）如果 j 的标记为 $(i,+,\varepsilon)$，则把 $f(i,j)$ 增加 $\varepsilon(t)$，即 $f(i,j) \leftarrow f(i,j)+\varepsilon(t)$；如果 k 的标记为 $(i,-,\varepsilon)$，则把 $f(j,i)$ 减少 $\varepsilon(t)$，即 $f(j,i) \leftarrow f(j,i)-\varepsilon(t)$；

（3）如果 $i=s$，把网络中现有的全部标记去掉，转到**标记过程**的步骤（1）。否则，令 $j=i$，转到**增广过程**的步骤（2）。

下面通过一个示例来说明标记算法的应用。

例 2-29 试采用极大流的标记算法求图 2-51 所示的运输网络可获得的极大流。

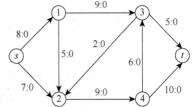

图 2-51 一个相容的流的模式示例

解 图 2-52 给出了采用极大流标记算法求解该题极大流问题的 3 次标记和 3 次增广的过程的结果。

第 1 轮操作：初始化发送顶点 s：$(s,+,\varepsilon(s)=\infty)$；选择连接 s 的顶点 1，根据规则将其标记为：$(s,+,8)$；选择连接 s 的顶点 2，根据规则将其标记为：$(s,+,7)$；此时对于顶点 s 来说，已经标记和细查，因此记为：$(s,\oplus,\infty)$。可选择从顶点 s 到目的顶点 t 的一个路进行标记，如在顶点 2 标记后，选择连接顶点 2 的顶点 4 进行标记，得到 $(2,+,7)$；选择连接顶点 4 的目的顶点 t 进行标记，得到 $(4,+,7)$。因为此时已经到达目的顶点 t，此时便可进行增广操作。增广过程实际上是一个回溯过程，沿着选定的路进行回溯，确定在相应的边上可增加的流的大小，得到第 1 轮增广的结果。标记过程保证了在一个从源顶点 s 到目的顶点 t 路中，流的增量参数 ε 只可能变小，因此回溯过程总是可行的。在本次增广过程中可以发现边 $(s,2)$ 已经饱和，在以后的标记过程时不需要再考虑此边。

第 2 轮操作：得到的结果如第二组图所示，增广操作后边 $(3,t)$ 饱和；

第 3 轮操作：得到的结果如第三组图所示。

经过 3 次标记和增广，此时图中的切割上的所有由 s 到 t 的边 $(2,4)$、$(3,t)$ 均已饱和，由第 4 组图可见，网络已经不能再增广。根据在该切割上流的和：9+5，可知该网络的极大流为 14。 □

2.2.5 图论基础小结

通信网络的基本结构是由一系列的节点和连接节点的链路组成的，这与图论中图由顶点和边组成非常相似。图论研究始于交通旅行问题，交通系统与通信网络系统都有诸如传输、拥塞、时延和开销等问题。因此图论中的许多重要的结果，如同在交通等领域一样，

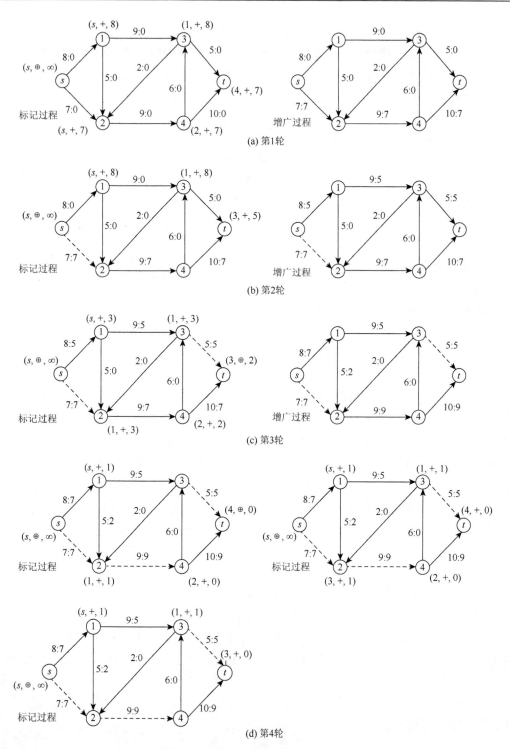

图 2-52 例 2.4.1 的标记和增广过程

在通信网络中也得到了很好的应用。本节概要地介绍了图论中最基本的概念,其中包括图的分类,图的主要术语的定义,如顶点、边、路径、回路和连通性及图的同构概念;介绍了图论中树、连支、树支和树枝等概念，讨论了构造最小生成树的方法，以及最小生成树具有唯一性的条件；介绍了割集的概念和有关定理；讨论了图的矩阵表示和其中常用的矩阵，包括关联矩阵、权值矩阵、回路矩阵和割集矩阵等，并分析了这些矩阵之间的关系。在介绍上述基本概念、定义和原理的基础上，介绍了图论方法在通信网络中的重要应用，主要有最小支撑树的确定、最短路径的求解方法等，其中计算最短路径的 Dijikstra 算法和 Floyd 算法是通信网络中选择路由的各种方法的基础。本节最后还讨论了网络的极大流问题，引入了有关切割的概念，确定一个网络的极大流的方法可用于判断网络两点间的最大传输能力。了解图论的基本概念，掌握其中与通信网络的分析与研究密切相关的定理，对于进一步深入学习通信网络的系统理论有重要的作用。

2.3 最优化方法

最优化方法已经日益成为人们进行理论研究和工程设计过程中的基本工具，本节将简要介绍最优化方法中的一些基本概念和算法，通过讨论的有关通信系统优化示例，使读者能直观地了解到最优化数学方法的思想和其在通信领域中的应用，以引起读者对最优化方法在通信系统中应用的关注。本章旨在让读者了解最优化方法的方法，因此仅介绍了其最基本的概念和有关的算法，其中列出的定理一般都没有给出证明过程，所给出的应用示例也是最简单和基本的。

2.3.1 最优化的基本概念

最优化方法是一个重要的数学分支，它所研究的问题是讨论在众多的方案中什么样的方案最优及怎样找出最优方案。这类问题普遍存在。比如，在无线通信中，节点总的发射功率有限，当需要同时向多个用户发送信号时，如何分配发送功率才能使系统吞吐量最大；蜂窝系统网络中，如何分配用户的服务基站，才能使用户体验最好；网络规划中，怎样安排设备的布局和路由选择，才能使系统效率最高，延时最低，等等。最优化这一数学分支，正是为这些问题的解决，提供理论基础和求解方法，它是一个应用广泛、实用性强的数学工具。

为讨论方便，引入记号：$f: \mathbf{R}^n \to \mathbf{R}$，它表示多元函数 $f(x)$，其自变量 x 是 n 维向量：$x \in \mathbf{R}^n$，而函数值 $f(x)$ 是实数，$f(x) \in \mathbf{R}$。

优化问题可以抽象归结为下面的数学形式：

$$\begin{aligned} &\min \quad f_0(x) \\ &\text{s.t.} \quad f_i(x) \leqslant b_i, \quad i=1,\cdots,m. \end{aligned} \quad (2\text{-}188)$$

其中，向量 $x = [x_1, \cdots, x_n]^\mathrm{T}$ 称为问题的**优化变量**（或**决策变量**），函数（映射）$f_0: \mathbf{R}^n \to \mathbf{R}$ 称为**目标函数**，函数 $f_i: \mathbf{R}^n \to \mathbf{R}$，$i=1,\cdots,m$ 称为约束函数，而常量 $b_1, \cdots, b_m$ 称为约束。满足约束的向量称为可行解。在所有可行解中，使目标函数最小的向量 x^* 称为优化问题的最优解，即

$$f_0(x^*) \leqslant f_0(z), \quad \forall z \in \{z | f_1(z) \leqslant b_1, \cdots, f_m(z) \leqslant b_m\} \quad (2\text{-}189)$$

可以看到，问题（2-188）是一个最小化问题。若优化问题的目标是求函数 $f_0'(x)$ 的最大值，则令 $f_0(x) = -f_0'(x)$，新问题为在相同的约束条件下求 $\min f_0(x)$。显然，新问题与原问题的最优决策变量是相同的，只是它们的目标函数值相差一个符号而已。

最优化算法的目标就是高效地找出最优化问题的最优解（在一定的精度内）或次优解。自 20 世纪 40 年代起，大量的优化算法被提出，相当一部分类型的优化问题得到了很好的解决，但依然存在着相当多的问题没有解决。优化算法的效率会随着问题中目标函数和约束函数的形式、优化变量的多少和优化问题的结构形式等因素变动。所以，即使优化问题中的目标函数和约束函数都是平滑的，优化问题的求解依然非常复杂。在下面的讨论中，我们将介绍最优化理论中的一些基本问题和成熟的求解算法，希望读者能对最优化理论和算法有初步的认识。

最优化问题根据不同的基准有以下几种不同的分类。

（1）**线性规划和非线性优化问题**：线性规划（Linear Programing，LP）是指最优化问题中的目标函数和约束函数都为线性函数的一类问题，而非线性优化问题则是指目标函数或约束函数是非线性函数的优化问题。线性规划问题是一类相当成熟的优化问题，有多种高效的求解算法可供使用，包括最著名的单纯型法。

（2）**无约束优化问题和有约束优化问题**：顾名思义，无约束优化问题是指只有目标函数而没有约束限制的一类优化问题。求解无约束优化问题一般较求解有约束优化问题简单，因此求解有约束优化问题的方法之一是将有约束优化问题转化为无约束问题求解。

（3）**凸优化问题**：凸优化问题是指目标函数和约束函数都为凸函数的优化问题，是最优化理论和算法中非常重要的一类问题。凸优化问题的求解有较好的理论保证，高效的求解算法也已经相对成熟。最小均方误差问题和线性规划问题都是典型的凸优化问题。

（4）**整数约束问题**：根据实际问题所建立的数学模型，除一般的约束函数外，还要求优化变量取整数值，这类问题称为整数约束问题。其中，整数约束的线性规划问题称为线性整数规划，简称整数规划。

2.3.2 几个数学基本概念

1. 局部极值与全局极值

定义 2-7 设 $x^* \in \mathbf{R}^n$，$\delta > 0$，集合 $\{x | x \in \mathbf{R}^n, \|x - x^*\| < \delta\}$ 称为 x^* 的 δ 邻域，记为 $N(x^*, \delta)$，其中 $\|x - x^*\|$ 表示 x 与 x^* 之间的距离（通常为欧几里得距离）。

定义 2-8 设 $f(x)$ 为定义在 n 维欧氏空间 $\mathbf{R}^n$ 中的某一区域 S 上的 n 元实函数，其中 $x = [x_1, \cdots, x_n]^T$。对于 $x^* \in S$，若存在某个 $\delta > 0$，对任意的 $x \in N(x^*, \delta) \cap S$ 均有 $f(x) \geq f(x^*)$，则称 x^* 为 $f(x)$ 在 S 上的局部极小点，$f(x^*)$ 为局部极小值。若对于所有 $x \in N(x^*, \delta) \cap S$ 且 $x \neq x^*$ 都有 $f(x) > f(x^*)$，则称 x^* 为 $f(x)$ 在 S 上的严格局部极小点，$f(x^*)$ 为严格局部极小值。

定义 2-9 设 $f(x)$ 为定义在 n 维欧氏空间 $\mathbf{R}^n$ 中的某一区域 S 上的 n 元实函数，其中 $x = [x_1, \cdots, x_n]^T$。对任意的 $x \in S$ 均有 $f(x) \geq f(x^*)$，则称 x^* 为 $f(x)$ 在 S 上的全局极小点，

$f(x^*)$ 为全局极小值。若对于所有 $x \in S$ 且 $x \neq x^*$ 都有 $f(x) > f(x^*)$，则称 x^* 为 $f(x)$ 在 S 上的严格全局极小点，$f(x^*)$ 为严格全局极小值。

2. 梯度、黑塞矩阵及泰勒展开式

设集合 $S \subset \mathbf{R}^n$ 非空，$f(x)$ 为定义在 S 上的实函数。如果 f 在每一点 $x \in S$ 连续，则称 f 在 S 上连续。再设 S 为开集，如果在每一点 $x \in S$，对所有 $j = 1, \cdots, n$，偏导数 $\partial f(x)/\partial x_j$ 存在且连续，则称 f 在开集 S 上连续可微。如果在每一点 $x \in S$，对所有 $i = 1, \cdots, n$ 和 $j = 1, \cdots, n$，二阶偏导数 $\partial^2 f(x)/\partial x_i \partial x_j$ 存在且连续，则称 f 在开集 S 上二次连续可微。

函数 f 在 x 处的梯度为 n 维列向量：

$$\nabla f(x) = \left[\frac{\partial f(x)}{\partial x_1}, \frac{\partial f(x)}{\partial x_2}, \cdots, \frac{\partial f(x)}{\partial x_n} \right]^{\mathrm{T}} \tag{2-190}$$

f 在 x 处的黑塞（Hessian）矩阵为 $n \times n$ 矩阵 $\nabla^2 f(x)$，第 i 行第 j 列元素为

$$\left[\nabla^2 f(x) \right]_{ij} = \frac{\partial^2 f(x)}{\partial x_i \partial x_j}, \quad 1 \leqslant i, j \leqslant n \tag{2-191}$$

当 $f(x)$ 为二次函数时，梯度及黑塞矩阵很容易求得。二次函数可以写成下列形式：

$$f(x) = \frac{1}{2} x^{\mathrm{T}} A x + b^{\mathrm{T}} x + c \tag{2-192}$$

其中，A 是 n 阶对称矩阵，b 是 n 维列向量，c 是常数。函数 $f(x)$ 在 x 处的梯度 $\nabla f(x) = Ax + b$，黑塞矩阵 $\nabla^2 f(x) = A$。

假设在开集 $S \subset \mathbf{R}^n$ 上连续可微，给定点 $\bar{x} \in S$，则 f 在点 $\bar{x}$ 的一阶泰勒（Taylor）展开式为

$$f(x) = f(\bar{x}) + \nabla f(\bar{x})^{\mathrm{T}} (x - \bar{x}) + o(\| x - \bar{x} \|) \tag{2-193}$$

其中，当 $\| x - \bar{x} \| \to 0$ 时，$o(\| x - \bar{x} \|)$ 是关于 $\| x - \bar{x} \|$ 的高阶无穷小量。

假设在开集 $S \subset \mathbf{R}^n$ 二次连续可微，则 f 在 $\bar{x} \in S$ 的二阶泰勒展开式为

$$f(x) = f(\bar{x}) + \nabla f(\bar{x})^{\mathrm{T}} (x - \bar{x}) + \frac{1}{2} (x - \bar{x})^{\mathrm{T}} \nabla^2 f(\bar{x}) (x - \bar{x}) + o(\| x - \bar{x} \|^2) \tag{2-194}$$

其中，当 $\| x - \bar{x} \|^2 \to 0$ 时，$o(\| x - \bar{x} \|^2)$ 是关于 $\| x - \bar{x} \|^2$ 的高阶无穷小量。

假设在所观察的区间内梯度是连续的，则有以下两个重要的性质。

性质 1 函数 $f(x)$ 在某一点 $x^{(0)}$ 的梯度 $\nabla f(x^{(0)})$，必与过该点的等值面（其方程为 $f(x) = f(x^{(0)})$）的切平面相垂直（假定 $\nabla f(x^{(0)}) \neq 0$）。或者说 $\nabla f(x^{(0)})$ 表示过 $x^{(0)}$ 的 $f(x)$ 的等值面在 $x^{(0)}$ 处的法向量。

性质 2 梯度方向是函数值增加最快的方向，即函数变化率最大的方向，而负梯度方向则是函数值减小最快的方向。

图 2-53 给出了 x 是二维向量情况下的梯度示意图。

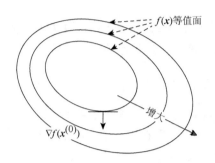

图 2-53　梯度示意图

3. 凸集和凸函数

设 S 为 n 维欧氏空间 $\mathbf{R}^n$ 中的一个集合。若对 S 中任意两点，连接它们的线段仍属于 S；换言之，对 S 中任意两点 $\boldsymbol{x}^{(1)}$，$\boldsymbol{x}^{(2)}$ 及每个实数 $\lambda \in [0,1]$，都有

$$\lambda \boldsymbol{x}^{(1)} + (1-\lambda) \boldsymbol{x}^{(2)} \in S \qquad (2\text{-}195)$$

则称 S 为凸集。如图 2-54 所示，其中（a）给出的是一个凸集，（b）给出的是一个非凸集。

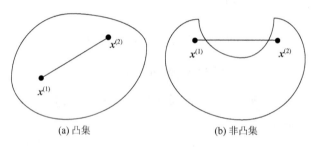

图 2-54　凸集与非凸集

定义 2-10　设 $f(\boldsymbol{x})$ 为定义在 n 维欧氏空间 $\mathbf{R}^n$ 中某个凸集 S 上的函数，若对任何实数 λ（$0 < \lambda < 1$）及 S 中任意两点 $\boldsymbol{x}^{(1)}$ 和 $\boldsymbol{x}^{(2)}$（$\boldsymbol{x}^{(1)} \neq \boldsymbol{x}^{(2)}$），恒有

$$f\left(\lambda \boldsymbol{x}^{(1)} + (1-\lambda)\boldsymbol{x}^{(2)}\right) \leqslant \lambda f\left(\boldsymbol{x}^{(1)}\right) + (1-\lambda) f\left(\boldsymbol{x}^{(2)}\right) \qquad (2\text{-}196)$$

则称 $f(\boldsymbol{x})$ 为定义在凸集 S 上的凸函数。

定义 2-11　若对每一个 λ（$0 < \lambda < 1$）及 S 中任意两点 $\boldsymbol{x}^{(1)}$ 和 $\boldsymbol{x}^{(2)}$（$\boldsymbol{x}^{(1)} \neq \boldsymbol{x}^{(2)}$），恒有

$$f\left(\lambda \boldsymbol{x}^{(1)} + (1-\lambda)\boldsymbol{x}^{(2)}\right) < \lambda f\left(\boldsymbol{x}^{(1)}\right) + (1-\lambda) f\left(\boldsymbol{x}^{(2)}\right) \qquad (2\text{-}197)$$

则称 $f(\boldsymbol{x})$ 为定义在凸集 S 上的严格凸函数。

有关凸集和凸函数，有下面几个主要性质。

性质 1　设 $f(\boldsymbol{x})$ 为定义在凸集 S 上的凸函数，则对任意实数 $\beta \geqslant 0$，函数 $\beta f(\boldsymbol{x})$ 也是定义在凸集 S 上的凸函数。

性质 2　设 $f_1(\boldsymbol{x})$ 和 $f_2(\boldsymbol{x})$ 都是定义在凸集 S 上的凸函数，则 $f_1(\boldsymbol{x}) + f_2(\boldsymbol{x})$ 也是定义在凸集 S 上的凸函数。

性质 3　设 $f(\boldsymbol{x})$ 为定义在凸集 S 上的凸函数，则对任意实数 β，集合

$$S_\beta = \{x | x \in S, f(x) \leq \beta\} \qquad (2\text{-}198)$$

是凸集。

性质 4 若 $f(x)$ 是定义在凸集 S 上的凸函数，则 $f(x)$ 的任一个极小点就是它在 S 上的全局极小点，而且所有极小点的集合是凸集。

为进一步介绍凸函数的一阶和二阶充要条件，首先给出半正定矩阵的定义。

定义 2-12 特征值都不小于零的实对称矩阵称为半正定矩阵。

一阶条件 设 $f(x)$ 在凸集 S 上具有一阶连续偏导数，则 $f(x)$ 为 S 上的凸函数的充要条件是，对 S 中任意两个不同点 $x^{(1)}$ 和 $x^{(2)}$，恒有

$$f(x^{(2)}) \geq f(x^{(1)}) + \nabla f(x^{(1)})^T (x^{(2)} - x^{(1)}) \qquad (2\text{-}199)$$

二阶条件 设 $f(x)$ 在开凸集 S 上具有二阶连续偏导数，则 $f(x)$ 为 S 上的凸函数的充要条件是，$f(x)$ 的黑塞矩阵 $\nabla^2 f(x)$ 在 S 上处处半正定。

2.3.3 线性规划问题

本节主要介绍线性规划问题。首先我们给出一个线性规划问题在通信中应用的抽象例子。假设在某个蜂窝小区中，有 N 个用户需要服务，用户 $n \in \{1, \cdots, N\}$ 要求获得不小于 r_n 的传输速率。小区中共有 W 个无线带宽资源，通过频分复用的形式同时服务这 N 个用户。用户 n 与小区基站之间的传输频谱效率为 s_n，分配获得的带宽为 w_n。优化的目标是选择最优的 $\{w_n\}$，使小区总的吞吐量最大。

根据上述的问题描述，我们可以很容易地写出对应的优化模型：

$$\begin{aligned} \max_{\{w_n\}} \quad & R = \sum_{n=1}^{N} s_n w_n \\ \text{s.t.} \quad & s_n w_n \geq r_n, \quad n = 1, \cdots, N \\ & \sum_{n=1}^{N} w_n \leq W, \quad n = 1, \cdots, N \end{aligned} \qquad (2\text{-}200)$$

这是一个典型的关于无线资源分配的线性规划问题。

线性规划问题是一类在实际应用中较为常见和实用的优化模型。从实际问题得到的线性规划模型是多种多样的，为了方便讨论，规定下列形式的线性规划为标准型：

$$\begin{aligned} \min \quad & z = \sum_{j=1}^{n} c_j x_j \\ \text{s.t.} \quad & \sum_{j=1}^{n} a_{ij} x_j = b_i \quad (i = 1, 2, \cdots, m) \\ & x_j \geq 0 \quad (j = 1, 2, \cdots, n) \end{aligned} \qquad (2\text{-}201)$$

定义如下矩阵和向量：

$$A_j = \begin{bmatrix} a_{1j}, a_{2j}, \cdots, a_{mj} \end{bmatrix}^{\mathrm{T}}, \quad A = \begin{bmatrix} a_{11} & a_{12} & \cdots & a_{1n} \\ a_{21} & a_{22} & \cdots & a_{2n} \\ \vdots & \vdots & \ddots & \vdots \\ a_{m1} & a_{m2} & \cdots & a_{mn} \end{bmatrix} = \begin{bmatrix} A_1 & A_2 & \cdots & A_n \end{bmatrix} \quad (2\text{-}202)$$

$$c = [c_1, c_2, \cdots, c_n]^{\mathrm{T}}, \quad x = [x_1, x_2, \cdots, x_n]^{\mathrm{T}}, \quad b = [b_1, b_2, \cdots, b_m]^{\mathrm{T}} \quad (2\text{-}203)$$

其中 $A_j \in \mathbf{R}^n$ 是约束条件的系数列向量，$A \in \mathbf{R}^{m \times n}$ 为约束条件的系数矩阵，$c \in \mathbf{R}^n$ 为价值向量，$b \in \mathbf{R}^n$ 为限定向量，$x \in \mathbf{R}^n$ 为决策变量，则标准型线性规划可重新写为向量形式：

$$\begin{aligned} \min \quad & z = c^{\mathrm{T}} x \\ \text{s.t.} \quad & \sum_{j=1}^{n} A_j x_j = b \\ & x \geq 0 \end{aligned} \quad (2\text{-}204)$$

或矩阵形式：

$$\begin{aligned} \min \quad & z = c^{\mathrm{T}} x \\ \text{s.t.} \quad & Ax = b \\ & x \geq 0 \end{aligned} \quad (2\text{-}205)$$

虽然线性规划模型是多种多样的，但通过一些简单变换都可化为标准型，具体的变换方法请读者查阅蒋金山（2007）、陈宝林（2005）、Boyd 和 Vandenberghe（2004）。

不失一般性，假设线性规划的变量个数 n 大于约束条件个数 m 且矩阵 A 的秩为 m。凡是满足约束条件 $Ax=b$ 的非负向量 x 称为线性规划的**可行解**；全体可行解的集合为**可行域**，记作 $X = \{x \in \mathbf{R}^n \mid Ax = b, x \geq 0\}$；而使目标函数 $z = c^{\mathrm{T}} x$ 达到最小的可行解称为**最优解**。设约束条件的系数矩阵 A 的秩为 m，则 A 中任一 m 阶可逆矩阵 B 称为线性规划的一个基矩阵，简称为一个基。若记 $B = [A_1 A_2 \cdots A_m]$，则称 A_j（$j=1,2,\cdots,m$）为基 B 的一个基向量，而 A 中其余 $n-m$ 个列向量称为非基向量。与基向量 A_j 相对应的决策变量 x_j 称为关于基 B 的一个基变量，而与非基向量相对应的决策变量称为非基变量。显然，线性规划最多有 C_n^m 个基，而关于每一个基的基变量共有 m 个，非基变量有 $n-m$ 个。取 A 中的一个基 B，当令所有非基变量为 0 时，所求出的满足约束条件 $Ax=b$ 的解称为线性规划的一个基本解。若线性规划的基本解 x 满足非负性，则称 x 为线性规划的一个基本可行解，而与 x 相对应的基 B 称为可行基。若基本可行解 x 中所有基变量的值都严格大于 0，则称 x 为线性规划的一个非退化基本可行解，否则称之为退化基本可行解。

线性规划的各种解之间的关系可以用韦恩（Venn）图 2-55 来表示。

下面给出一个例子来帮助理解线性规划中的各种解。

$$\begin{aligned} \min \quad & z = 5x_1 - 2x_2 + 3x_3 + 2x_4 \\ \text{s.t.} \quad & x_1 + 2x_2 + 3x_3 + 4x_4 = 7 \\ & 2x_1 + 2x_2 + x_3 + 2x_4 = 3 \\ & x_j \geq 0, \, j = 1, 2, 3, 4 \end{aligned} \quad (2\text{-}206)$$

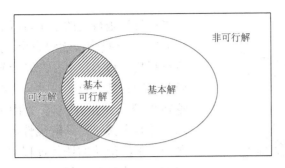

图 2-55 线性规划的各种解之间的关系

在此问题中，$A = \begin{bmatrix} 1 & 2 & 3 & 4 \\ 2 & 2 & 1 & 2 \end{bmatrix}$，$b = \begin{pmatrix} 7 \\ 3 \end{pmatrix}$，$m = 2$，$n = 4$ 且 $\text{rank}(A) = 2$。

（1）设 $B_1 = \begin{bmatrix} 1 & 2 \\ 2 & 2 \end{bmatrix}$，则 B_1 是一个基，x_1，x_2 是基变量，x_1，x_2 是非基变量，向量 $x^{(1)} = \left[-4, \dfrac{11}{2}, 0, 0\right]^T$ 是问题的一个基本解。由于 $-4 < 0$，所以 $x^{(1)}$ 不是（基本）可行解。

（2）设 $B_2 = \begin{bmatrix} 2 & 3 \\ 2 & 1 \end{bmatrix}$，则 B_2 是一个基，x_2，x_3 是基变量，x_1，x_4 是非基变量，向量 $x^{(1)} = \left[0, \dfrac{1}{2}, 2, 0\right]^T$ 是问题的一个非退化的基本可行解，并且可以验证是原问题的一个最优解。

关于线性规划，有下面的 4 个定理。

定理 2-17 若线性规划问题的可行域 X 非空，则 X 是一个凸集。□

定理 2-18 线性规划问题的每一个基本可行解 x 都对应于可行域 X 的一个顶点。□

定理 2-19 若线性规划问题有最优解，则一定存在一个基本可行解是最优解。□

定理 2-20 若线性规划问题有最优解，则目标函数的最优解一定可以在可行域 X 的某个顶点上达到。□

用一个简单的例子来体会这 4 个定理。

$$\begin{aligned} \min \quad & z = 2x_1 - x_2 \\ \text{s.t.} \quad & 3x_1 + 2x_2 \leqslant 18 \\ & -x_1 + 4x_2 \leqslant 8 \\ & x_1 \geqslant 0, x_2 \geqslant 0 \end{aligned} \quad (2\text{-}207)$$

图 2-56 给出了这个优化问题的可行域。定理 2-17～定理 2-20 保证了可行域是一凸集，可行域的顶点 A、B、C 和 O 是线性规划问题的所有基本可行解，并且问题的最优解（若存在）一定可以在这些顶点上达到。显然，可以从这 4 个定理出发，高效地求解线性规划的最优解。

根据这些定理，G. B. Dantzig 在 1947 年提出了一种非常实用的寻找最优基本可行解的方法，称为单纯形法。它的基本思想是：先找出一个基本可行解（称之为初始基本可行解，如图 2-56 中的顶点 O），然后判断其是否为最优解；如果不是，则转换到相邻且能改

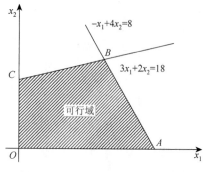

图 2-56 问题（2-207）的可行域

善当前目标函数值的基本可行解（如图 2-56 中的顶点 C），一直找到最优解为止。换句话说，它通过沿着可行集的边界，从一个顶点转移到改善当前目标函数值的相邻顶点，以此来寻找最优解。该方法无论在理论上还是在实际应用中都取得了巨大的成功，并且今天仍是求解线性规划问题的最有效方法之一。单纯形法的迭代过程主要由以下三个基本步骤构成：确定初始基本可行解；判别当前基本可行解是否是最优解；从一个基本可行解转换到相邻且改善了的基本可行解。上述三个步骤的具体描述需要大量的篇幅，有兴趣的读者自行参考附录中的相关书籍。

2.3.4 非线性规划问题

非线性规划问题也是一类优化问题，在这类问题中，目标函数或约束函数中至少有一个不是决策变量的线性函数。显然，非线性规划问题相对于线性规划问题而言更具一般性，在工程实际中也更普遍。

一般非线性规划的数学模型可表示为

$$\begin{aligned} \min \quad & f(\boldsymbol{x}) \\ \text{s.t.} \quad & h_i(\boldsymbol{x}) = 0 \quad (i=1,2,\cdots,m) \\ & g_j(\boldsymbol{x}) \geqslant 0 \quad (j=1,2,\cdots,l) \end{aligned} \quad (2\text{-}208)$$

其中，$\boldsymbol{x} = [x_1, x_2, \cdots, x_n]^T \in \mathbf{R}^n$ 是 n 维向量，f，$h_i(i=1,2,\cdots,m)$，$g_j(j=1,2,\cdots,l)$ 都是 $\mathbf{R}^n \to \mathbf{R}$ 的函数。

显然，任何非线性规划问题的数学模型都可以化为如式（2-208）的一般形式。与线性规划类似，把满足约束条件的解称为可行解，全体可行解的集合称为可行域。当一个非线性规划问题的自变量 $\boldsymbol{x}$ 没有任何约束，或者说可行域是整个 n 维向量空间，则称这样的非线性规划问题为无约束问题

$$\min f(\boldsymbol{x}) \quad (2\text{-}209)$$

有约束问题（2-208）与无约束问题（2-209）是非线性规划问题的两大类问题，它们在求解思路和方法上有很大的不同，主要的不同点在于，求解有约束问题，需要保证优化结果处于问题的可行域内，这使得求解的难度大大增加。

还有一类特殊的非线性规划问题值得关注。考虑如下非线性规划问题

$$\begin{aligned} \min \quad & f(\boldsymbol{x}) \\ \text{s.t.} \quad & h_i(\boldsymbol{x}) = 0 \quad (i=1,2,\cdots,m) \\ & g_j(\boldsymbol{x}) \geqslant 0 \quad (j=1,2,\cdots,l) \end{aligned} \quad (2\text{-}210)$$

设 $f(\boldsymbol{x})$ 是凸函数，$g_j(\boldsymbol{x})$ 是凹函数（即 $-g_j(\boldsymbol{x})$ 是凸函数），$h_i(\boldsymbol{x})$ 是线性函数。由于 $-g_j(\boldsymbol{x})$ 是凸函数，故满足 $g_j(\boldsymbol{x}) \geqslant 0$ 亦即 $-g_j(\boldsymbol{x}) \leqslant 0$ 的点的集合是凸集（根据凸函数的

性质 3）。而线性函数 $h_i(x)$ 即是时凸函数也是凹函数，故满足 $h_i(x)=0$ 的点的集合也是凸集。问题的可行域为 $m+l$ 个凸集的交集，凸集的交集仍为凸集。这样，上述问题就是求凸函数 $f(x)$ 在凸集上的极小点，这类问题称为**凸规划**，也称**凸优化**。凸规划是非线性规划中一类比较简单而又具有重要理论意义的特殊问题，它具有很好的性质，即凸规划的局部极小点就是全局极小点，并且极小点的集合是凸集。若凸规划的目标函数是严格凸函数，同时又存在极小点，则它的极小点是局部极小点且是唯一的。

1. 无约束问题的极值条件

非线性规划的最优性条件，是指非线性规划模型最优解所要满足的必要条件或充分条件。我们将从非线性规划（无约束）问题最优解的角度来讨论各种判定条件。

定义 2-13　满足 $\nabla f(x^*)=\mathbf{0}$ 的点 x^* 称为函数 $f(x)$ 的驻点或平稳点。　□

需要注意的是，在 $f(x)$ 定义域内部可微函数的极值点必为驻点，反之则未必。

已知函数 $f(x)$ 的驻点为 x^*，可利用驻点 x^* 处的黑塞矩阵 $\nabla^2 f(x^*)$ 来判断驻点的性质：

若 $\nabla^2 f(x^*)$ 是正定的，则驻点 x^* 是极小点（局部或全局）；

若 $\nabla^2 f(x^*)$ 是负定的，则驻点 x^* 是极大点（局部或全局）；

若 $\nabla^2 f(x^*)$ 是不定的，则驻点 x^* 不是极值点（或者说是鞍点）；

若 $\nabla^2 f(x^*)$ 是半定的，则驻点 x^* 可能是是极值点，也可能不是极值点，须视高阶导数的性质而定。特别当一切二阶导数在驻点处都为 0 时，应引用高阶导数来判别。

定理 2-21　设实值函数 $f(x)\in \mathbf{R}$，$x\in \mathbf{R}^n$，在点 x^* 处可微。若存在向量 $p\in \mathbf{R}^n$，使 $\nabla f(x^*)^\mathrm{T} p<0$，则存在 $\delta>0$，当 $\lambda \in (0,\delta)$ 时，有

$$f(x^*+\lambda p)<f(x^*) \tag{2-211}$$

定理 2-22（一阶必要条件）　设实值函数 $f(x)\in \mathbf{R}$，$x\in \mathbf{R}^n$，在点 x^* 处可微，若 x^* 是无约束问题 $\min f(x)$ 的局部极小点，则梯度

$$\nabla f(x^*)=\mathbf{0} \tag{2-212}$$

定理 2-23（二阶必要条件）　设实值函数 $f(x)\in \mathbf{R}$，$x\in \mathbf{R}^n$，在点 x^* 处二阶可微，若 x^* 是无约束问题 $\min f(x)$ 的局部极小点，则梯度 $\nabla f(x^*)=\mathbf{0}$ 且黑塞矩阵 $\nabla^2 f(x^*)$ 半正定。　□

定理 2-24（二阶充分条件）　设实值函数 $f(x)\in \mathbf{R}$，$x\in \mathbf{R}^n$，在点 x^* 处二阶可微，若 $\nabla f(x^*)=\mathbf{0}$ 且黑塞矩阵 $\nabla^2 f(x^*)$ 正定，则 x^* 是无约束问题 $\min f(x)$ 的严格局部极小点。　□

定理 2-25（充要条件）　设 $f(x)$ 是定义在 n 维欧氏空间 $\mathbf{R}^n$ 上的可微凸函数，$x^*\in \mathbf{R}^n$，则 x^* 为无约束问题 $\min f(x)$ 的全局极小点的充要条件是 $\nabla f(x^*)=\mathbf{0}$。　□

2. 下降迭代算法

前面讨论了约束问题的极值条件，从理论上讲，可以用这些条件求相应的非线性规划

的最优化解。但是对大多数实际的非线性规划问题，直接运用极值条件求解是很困难的。有的问题导数不存在，有的问题导数即使存在，计算也很麻烦，多数问题由条件 $\nabla f(x)=0$ 得到的是一个非线性方程组，求解非常困难，甚至根本无法得到解析解；此外，大多数非线性规划问题都是有约束条件的，上一节的极值条件也不能直接套用。因此，求解非线性规划问题一般都采用数值计算的迭代方法。用数值方法求解非线性规划问题的基本思路有：

（1）尽可能将多元函数优化问题转化为一系列的一元函数的优化问题求解；

（2）尽可能将非线性规划问题转化为一系列线性规划问题求解；

（3）尽可能将有约束的优化问题转化为一系列无约束优化问题求解。

从这些思路可以看到，单纯的一元函数优化和无约束问题的优化在非线性规划求解中有举足轻重的作用，以上基本思路实际上就是各种不同形式的迭代算法，通常这些迭代算法都是下降迭代算法。

迭代，就是从已知点 $x^{(k)}$ 出发，按照某种规则（即算法）求出后续点 $x^{(k+1)}$，用 $k+1$ 代替 k，重复以上过程；**下降**，就是对于某个函数，在每次迭代中，后继点的函数值都比原来的函数值有所减小。在一定条件下，下降迭代算法产生的点列收敛于原问题的解。

设 $x^{(k)} \in \mathbf{R}^n$ 是某种迭代算法的第 k 轮迭代点，$x^{(k+1)} \in \mathbf{R}^n$ 是第 $k+1$ 轮迭代点，记 Δx_k 为两者之差，即

$$\Delta x_k = x^{(k+1)} - x^{(k)} \tag{2-213}$$

或记为

$$x^{(k+1)} = x^{(k)} + \Delta x_k \tag{2-214}$$

由式（2-214）可知，Δx_k 是以 $x^{(k)}$ 为起点、$x^{(k+1)}$ 为终点的 n 维向量。现令 $d^{(k)} \in \mathbf{R}^n$ 是向量 Δx_k 方向上的单位向量，则有

$$\Delta x_k = \lambda_k d^{(k)} \tag{2-215}$$

此处 $\lambda_k > 0$，$\lambda_k \in \mathbf{R}$，即为正实数，将上式代入式（2-214）有

$$x^{(k+1)} = x^{(k)} + \lambda_k d^{(k)} \tag{2-216}$$

这里 $\|d^{(k)}\| = 1$，$d^{(k)}$ 的方向就是从 $x^{(k)}$ 向着 $x^{(k+1)}$ 的方向，式（2-216）就是求解非线性规划问题的基本迭代形式。

通常将式（2-216）中的 $d^{(k)}$ 称为迭代的第 k 轮搜索方向（可以不是单位向量），λ_k 称为第 k 轮的步长或沿 $d^{(k)}$ 方向的步长因子。从式（2-216）可以看出，求解非线性规划问题的关键在于如何构造每一轮的搜索方向和确定步长。

定义 2-14 设 $f: \mathbf{R}^n \to \mathbf{R}$，点 $\bar{x} \in \mathbf{R}^n$，向量 $p \in \mathbf{R}^n$（$p \neq 0$），若存在一个实数 $\delta > 0$，使 $\forall \lambda \in (0, \delta)$ 都有

$$f(\bar{x} + \lambda p) < f(\bar{x}) \tag{2-217}$$

成立。则称 p 为 $f(x)$ 在点 $\bar{x}$ 处的下降方向。 □

对于有约束的非线性规划问题

$$\min_{x \in \Xi} f(x) \tag{2-218}$$

Ξ 为其可行域，则算法不仅要保证搜索方向为下降方向，而且还要保证

$$x^{(k+1)} = x^{(k)} + \lambda_k d^{(k)} \tag{2-219}$$

仍然在可行域 Ξ 内（当然 $x^{(k)}$ 在 Ξ 内）。

定义 2-15 设 $\Xi \subset \mathbf{R}^n$，$\bar{x} \in \Xi$，n 维向量 $d \in \mathbf{R}^n$（$d \neq 0$），若存在 $\delta > 0$，当 $\forall \lambda \in [0, \delta]$ 时，$\bar{x} + \lambda d \in \Xi$ 仍成立，则称向量 d 为点 $\bar{x}$ 处关于可行域 Ξ 的可行方向。 □

因此对于求解有约束的非线性规划问题，其算法要保证搜索方向 $d^{(k)}$ 既是 $f(x)$ 在 $x^{(k)}$ 处的下降方向，又是该点 $x^{(k)}$ 关于区域 Ξ 的可行方向，并称之为 $f(x)$ 在点 $x^{(k)}$ 处关于 Ξ 的可行下降方向。

下降迭代算法的一般步骤如下：

（1）选取初始点 $x^{(1)}$，令 $k = 1$。

（2）构造搜索方向 $d^{(k)}$。若已得到迭代点 $x^{(k)}$，并且 $x^{(k)}$ 不是极小点，则对于 $x^{(k)}$ 点按照一定的规则构造出一个有利的搜索方向 $d^{(k)}$：对于无约束问题，$d^{(k)}$ 应是下降方向；对于有约束问题，$d^{(k)}$ 应是可行下降方向。

（3）确定最优步长 λ_k。从 $x^{(k)}$ 点出发，沿 $d^{(k)}$ 方向进行搜索，设步长为变量 λ（$\lambda \geq 0$），由于 $x^{(k)}$ 和 $d^{(k)}$ 均为已知，故 $f(x^{(k)} + \lambda d^{(k)})$ 是关于 λ 的一元函数，求以 λ 为变量的一元函数 $f(x^{(k)} + \lambda d^{(k)})$ 的极小点 λ_k，即

$$f(x^{(k)} + \lambda_k d^{(k)}) = \min f(x^{(k)} + \lambda d^{(k)}) \tag{2-220}$$

称上式中的 λ_k 为最优步长，又称上述求最优步长 λ_k 的过程为一维搜索（或线搜索）。

（4）令 $x^{(k+1)} = x^{(k)} + \lambda_k d^{(k)}$，得到一个新点 $x^{(k+1)}$，若 $x^{(k+1)}$ 已满足实现规定的算法终止条件，停止迭代，以 $x^{(k+1)}$ 为近似极小点；否则，令 $k+1 \rightarrow k$，返回步骤（2），继续迭代。

在以上各步骤中，确定搜索方向 $d^{(k)}$ 是最关键的一步，各种寻优方法的不同，主要在于它们选择的有利搜索方向不同。

一维搜索的步长 λ_k 有一个十分重要的性质：在搜索方向上所求得的最优点处的梯度和该搜索方向正交。

定理 设目标函数 $f(x)$ 具有连续的一阶偏导数，$x^{(k+1)}$ 按以下规则产生：

$$\begin{cases} f(x^{(k)} + \lambda_k d^{(k)}) = \min_{\lambda} f(x^{(k)} + \lambda d^{(k)}) \\ x^{(k+1)} = x^{(k)} + \lambda_k d^{(k)} \end{cases} \tag{2-221}$$

则有

$$\nabla f(x^{(k+1)})^T \cdot d^{(k)} = 0 \tag{2-222}$$

成立。

下降迭代算法中，常用的算法终止条件有以下几种。

（1）当自变量的改变量充分小时，即相继两次迭代的绝对误差

$$\|x^{(k+1)} - x^{(k)}\| < \varepsilon_1 \tag{2-223}$$

或者相继两次迭代的相对误差

$$\frac{\left\|\boldsymbol{x}^{(k+1)} - \boldsymbol{x}^{(k)}\right\|}{\left\|\boldsymbol{x}^{(k)}\right\|} < \varepsilon_2 \quad (2\text{-}224)$$

时，算法终止。

（2）当目标函数的下降量充分小时，即相继两次迭代的绝对误差

$$f\left(\boldsymbol{x}^{(k)}\right) - f\left(\boldsymbol{x}^{(k+1)}\right) < \varepsilon_3 \quad (2\text{-}225)$$

或者相继两次迭代的相对误差

$$\frac{f\left(\boldsymbol{x}^{(k)}\right) - f\left(\boldsymbol{x}^{(k+1)}\right)}{\left|f\left(\boldsymbol{x}^{(k)}\right)\right|} < \varepsilon_4 \quad (2\text{-}226)$$

时，算法终止。

（3）在无约束最优化中，当目标函数（设目标函数一阶可微）梯度的模充分小（即目标函数梯度近似为零向量）

$$\left\|\nabla f\left(\boldsymbol{x}^{(k+1)}\right)\right\| < \varepsilon_5 \quad (2\text{-}227)$$

时，算法终止。

2.3.5 一维搜索

在上一节讲述过，求解非线性规划问题的下降迭代算法包含两个关键的步骤：一步是由 $\boldsymbol{x}^{(k)}$ 出发，按算法规则构造出搜索方向 $\boldsymbol{d}^{(k)}$；另一步是在已知 $\boldsymbol{x}^{(k)}$ 和 $\boldsymbol{d}^{(k)}$ 后，由 $\boldsymbol{x}^{(k)}$ 出发，沿 $\boldsymbol{d}^{(k)}$ 求步长因子 λ_k，要求 λ_k 满足

$$f\left(\boldsymbol{x}^{(k)} + \lambda_k \boldsymbol{d}^{(k)}\right) = \min f\left(\boldsymbol{x}^{(k)} + \lambda \boldsymbol{d}^{(k)}\right) \quad (2\text{-}228)$$

因为 $f\left(\boldsymbol{x}^{(k)} + \lambda \boldsymbol{d}^{(k)}\right)$ 只是 λ 的一元函数，称这样的极小点问题为一维搜索。求解 λ_k 近似值得方法主要分为两类：一类为区间收缩法；另一类为函数逼近法。

1. 黄金分割法

黄金分割法也叫"0.618 法"，属于区间收缩法。该算法的思想是，首先找出包含极小点的初始搜索区间（图 2-57），然后按黄金分割点通过对函数值的比较不断缩小搜索区间。

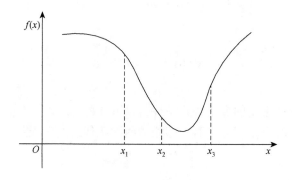

图 2-57 单谷区间

当然，要保证极小点始终在搜索区间内，当区间长度小到精度范围之内时，可以粗略地认为区间中点为极小点的近似值。黄金分割法适用于单谷函数，即在某一区间中存在唯一极小点的函数。

定义 2-16 设单变量函数 $f(x)$ 在区间 $[a_1,b_1]$ 内存在唯一的极小点 x^*，$x^* \in (a_1,b_1)$，并且 $f(x)$ 在 x^* 点的左侧严格下降，在 x^* 点的右侧严格上升，则称 $f(x)$ 在区间 $[a_1,b_1]$ 上是单谷函数，$[a_1,b_1]$ 为 $f(x)$ 的单谷区间。 □

黄金分割法原理简单，计算容易，使用效果也相当好，特别是它不要求函数是否可导。但需要注意的是，黄金分割法只适用于单谷函数。

例 2-30 用黄金分割法求函数

$$f(x) = \begin{cases} \dfrac{x}{2}, & x \leqslant 2 \\ -x+3, & \text{其他} \end{cases}$$

在区间 $[0,3]$ 上的极大点，要求缩短区间的长度不大于原区间长度的 15%。

解

$$a_1 = 0, \quad b_1 = 3$$
$$x_1 = a_1 + 0.618(b_1 - a_1) = 1.854, \quad x_1' = a_1 + 0.382(b_1 - a_1) = 1.146$$
$$f(x_1) = \frac{x_1}{2} = 0.927, \quad f(x_1') = \frac{x_1'}{2} = 0.573$$

因为 $f(x_1) > f(x_1')$，极大点不可能在区间 $[a_1, x_1']$ 上，故将原区间缩短为 $[x_1', b_1]$，即令

$$a_2 = x_1' = 1.146, \quad b_2 = b_1 = 3, \quad x_2' = x_1 = 1.854$$
$$f(x_2') = f(x_1) = 0.927$$

继续用黄金分割法迭代：

$$x_2 = a_2 + 0.618(b_2 - a_2) = 2.292, \quad f(x_2) = -x_2 + 3 = 0.708$$

因为 $f(x_2) > f(x_2')$，故将原区间缩短为 $[a_2, x_2]$，即令

$$b_3 = x_2 = 2.292$$
$$x_3 = x_2' = 1.854$$

计算

$$x_3' = a_3 + 0.382(b_3 - a_3) = 1.584, \quad f(x_3') = \frac{x_3'}{2} = 0.792$$

因为 $f(x_3) > f(x_3')$，故将原区间缩短为 $[x_3', b_3]$，即令

$$a_4 = x_3' = 1.584, \quad b_4 = b_3 = 2.292$$
$$x_4' = x_3 = 1.854, \quad f(x_4') = f(x_3) = 0.927$$

计算

$$x_4 = a_4 + 0.618(b_4 - a_4) = 2.022, \quad f(x_4) = -x_4 + 3 = 0.792$$

因为 $f(x_4) > f(x_4')$，故将原区间缩短为 $[x_4', b_4]$，即 $[1.854, 2.292]$。

计算精度

$$\frac{2.292-1.854}{3-0}=14.6\%<15\%$$

已达到要求精度，可停止迭代，得近似极大点和极大值：

$$x=\frac{1}{2}(1.854+2.292)=2.073, \quad f(x)=-2.073+3=0.927 \quad \square$$

本例的精确最优解是

$$x^*=2, \quad f(x^*)=1$$

2. 牛顿法

牛顿法是一种函数逼近法。它的基本思想是在极小点附近用二阶泰勒（Taylor）多项式近似代替目标函数 $f(x)$，从而求出 $f(x)$ 极小点的估计值。

牛顿法的算法步骤如下：

(1) 给定初始点 x_1，给定允许精度 $\varepsilon>0$，并令 $k=1$；

(2) 计算 $f'(x)$ 与 $f''(x)$；

(3) 若 $|f'(x)|<\varepsilon$，则停止迭代，得到近似极小点 x_k，否则转下一步；

(4) 计算 $x_{k+1}=x_k-\dfrac{f'(x_k)}{f''(x_k)}$；

(5) 令 $k:=k+1$，返回步骤（2）。

例 2-31 用牛顿法求函数

$$f(x)=\int_0^x \arctan t \, dt$$

的极小点，取 $x_1=1, \varepsilon=0.01$。

解 因 $f'(x)=\arctan x, f''(x)=\dfrac{1}{1+x^2}$，取 $x_1=1$，计算

$$f'(x_1)=0.7854, \quad \frac{1}{f''(x_1)}=2$$

故有 $x_2=x_1-\dfrac{f'(x_1)}{f''(x_1)}=-0.5708$。同理有

$$x_3=x_2-\frac{f'(x_2)}{f''(x_2)}=0.1169, \quad x_4=x_3-\frac{f'(x_3)}{f''(x_3)}=-0.00106$$

而 $|f'(x_4)|\approx 0.0010<0.01$，故迭代停止，输出近似极小解 $x^*\approx -0.00106$。 $\square$

本例精确解应是 $x^*=0$，因此牛顿法经过 3 次迭代已经非常接近最优解了。

3. 抛物线逼近法

抛物线逼近法的基本思想是在极小点附近，用二次三项式 $\varphi(x)$ 逼近目标函数 $f(x)$。

设 x_1，x_2，x_3 为 $f(x)$ 的极小点的附近三点，并且满足以下条件：

$$x_1<x_2<x_3, \quad f(x_1)>f(x_2), \quad f(x_3)>f(x_2) \quad (2\text{-}229)$$

则称 x_1，x_2，x_3 为"两头大中间小"的三点（图 2-57）。抛物线逼近法就是过三点 $(x_1, f(x_1))$、$(x_2, f(x_2))$ 和 $(x_3, f(x_3))$ 作抛物线 $\varphi(x)$，然后求 $\varphi(x)$ 得极小点作为 $f(x)$ 的近似极小点。如果不满足精度要求，则需要进行迭代直到满足精度要求为止。

经过三点 $(x_1, f(x_1))$、$(x_2, f(x_2))$ 和 $(x_3, f(x_3))$ 的抛物线 $\varphi(x)$ 的极小点为

$$x = \frac{1}{2} \frac{(x_2^2 - x_3^2)f(x_1) + (x_3^2 - x_1^2)f(x_2) + (x_1^2 - x_2^2)f(x_3)}{(x_2 - x_3)f(x_1) + (x_3 - x_1)f(x_2) + (x_1 - x_2)f(x_3)} = x_k \quad (2\text{-}230)$$

把 $\varphi(x)$ 的驻点 x 记作 x_k 作为 $f(x)$ 极小点的一个估计值。求出 x_k 以后，从 x_1、x_2、x_3、x_k 中选择目标函数最小的点及其左右两个邻点，令其中目标函数值最小的点为 x_2，其左右两个邻点分别为 x_1 和 x_3，这样就得到新的"两头大中间小"的三点，然后代入公式（2-230）求出新的估计值 x_{k+1}，以此类推。

2.3.6 无约束问题最优化方法

本节介绍几种常用的无约束条件下多变量函数的最优化方法。无约束问题的最优化方法大致分为两类：一类在计算过程中只用到目标函数值，而无须计算导数，通常称为直接搜索法；另一类在计算过程中需要计算目标函数的导数，称为解析法或使用导数的最优化方法。

1. 最速下降法

这里介绍的最速下降法及后面各节将要介绍的多变量函数牛顿法、共轭梯度法等都属于使用导数的最优化方法。

在求解无约束最优化问题时，人们希望选择一个使目标函数值下降最快的方向，以迅速达到极小点。负梯度方向是函数值减小最快的方向。最速下降法的基本思想正是在每一次迭代中，选择最速下降方向（负梯度方向）作为搜索方向，正因为如此，最速下降法又称一阶梯度法或梯度法。

最速下降法的基本原理与步骤如下：

（1）给定初始点 $\boldsymbol{x}^{(1)} \in \mathbf{R}^n$，允许误差 $\varepsilon > 0$，并令 $k = 1$；

（2）求 $\boldsymbol{x}^{(k)}$ 处梯度向量的模的值 $\|\nabla f(\boldsymbol{x}^{(k)})\|$，并判断精度。若 $\|\nabla f(\boldsymbol{x}^{(k)})\| < \varepsilon$，则停止计算，输出 $\boldsymbol{x}^{(k)}$ 作为近似极小点，否则转下一步；

（3）选择 $\boldsymbol{x}^{(k)}$ 处的负梯度方向作为搜索方向，即取

$$\boldsymbol{d}^{(k)} = -\nabla f(\boldsymbol{x}^{(k)}) \quad (2\text{-}231)$$

（4）从 $\boldsymbol{x}^{(k)}$ 点出发，沿 $\boldsymbol{d}^{(k)}$ 进行一维搜索，即求最优步长 λ_k，使得

$$f(\boldsymbol{x}^{(k)} + \lambda_k \boldsymbol{d}^{(k)}) = \min_\lambda f(\boldsymbol{x}^{(k)} + \lambda_k \boldsymbol{d}^{(k)}) \quad (2\text{-}232)$$

（5）令 $\boldsymbol{x}^{(k+1)} = \boldsymbol{x}^{(k)} + \lambda_k \boldsymbol{d}^{(k)}$，置 $k := k+1$，转步骤（2）。

最速下降法在一定条件下是收敛的。最速下降法产生的序列是线性收敛的，而且收敛性质与极小点处黑塞矩阵的特征值有关。最速下降方向反映了目标函数的一种局部性质。

最速下降法对初始点的选择要求不高,每一轮迭代工作量较少,它可以比较快地从初始点到达极小点附近。从局部看,最速下降方向的确是目标函数值下降最快的方向,选择这样的方向进行搜索是有利的。但从全局看,它的收敛速度是比较慢的。此外,从最速下降法的终止条件可以看出,用最速下降法求出的近似极小点,仅仅是驻点而已,它未必是真正的极小点,即使是极小点,也可能是局部的极小点。

2. 多变量函数牛顿法

多变量函数牛顿法是单变量函数牛顿法的推广。

设无约束问题的目标函数 $f(\boldsymbol{x})$ 为二次可微的实函数,考虑目标函数 $f(\boldsymbol{x})$ 在点 $\boldsymbol{x}^{(k)}$ 处的二次逼近式

$$f(\boldsymbol{x}) \approx Q(\boldsymbol{x}) = f(\boldsymbol{x}^{(k)}) + \nabla f(\boldsymbol{x}^{(k)})^{\mathrm{T}}(\boldsymbol{x} - \boldsymbol{x}^{(k)}) + \frac{1}{2}(\boldsymbol{x} - \boldsymbol{x}^{(k)})^{\mathrm{T}} \nabla^2 f(\boldsymbol{x}^{(k)})(\boldsymbol{x} - \boldsymbol{x}^{(k)}) \quad (2\text{-}233)$$

假定 $\boldsymbol{x}^{(k)}$ 点的黑塞矩阵正定。由于 $\nabla^2 f(\boldsymbol{x}^{(k)})$ 正定,函数 $Q(\boldsymbol{x})$ 的驻点 $\boldsymbol{x}^{(k+1)}$ 是 $Q(\boldsymbol{x})$ 的极小点。为求此极小点,令

$$\nabla Q(\boldsymbol{x}) = \nabla f(\boldsymbol{x}^{(k)}) + \nabla^2 f(\boldsymbol{x}^{(k)})(\boldsymbol{x} - \boldsymbol{x}^{(k)}) = 0 \quad (2\text{-}234)$$

即可解得

$$\boldsymbol{x}^{(k+1)} = \boldsymbol{x}^{(k)} - \left[\nabla^2 f(\boldsymbol{x}^{(k)})\right]^{-1} \nabla f(\boldsymbol{x}^{(k)}) \quad (2\text{-}235)$$

对照非线性规划问题的基本迭代格式,可知从点 $\boldsymbol{x}^{(k)}$ 出发沿搜索方向

$$\boldsymbol{d}^{(k)} = -\left[\nabla^2 f(\boldsymbol{x}^{(k)})\right]^{-1} \nabla f(\boldsymbol{x}^{(k)}) \quad (2\text{-}236)$$

并取步长 $\lambda_k = 1$ 即可得 $Q(\boldsymbol{x})$ 的极小点 $\boldsymbol{x}^{(k+1)}$。通常,把方向 $\boldsymbol{d}^{(k)}$ 叫作从点 $\boldsymbol{x}^{(k)}$ 出发的牛顿方向。

牛顿法至少是二阶收敛的。特别地,当 $f(\boldsymbol{x})$ 为二次凸函数时,运用牛顿法,经一次迭代即达极小点。值得注意的是,当初始点远离极小点时,牛顿法可能不收敛。原因之一是牛顿方向不一定是下降方向,经迭代,目标函数值可能上升。此外,即使目标函数值下降,得到的点 $\boldsymbol{x}^{(k+1)}$ 也不一定是沿牛顿方向的最好点,因此产生了阻尼牛顿法(或称修正牛顿法)。阻尼牛顿法与牛顿法的区别在于增加了沿牛顿方向的一维搜索,也就是说不是按固定步长 1 进行搜索,而是按牛顿方向上的最优步长进行搜索。

例 2-32 用牛顿法求解下列问题:

$$\min f(\boldsymbol{x}) = x_1 - x_2 + 2x_1^2 + 2x_1 x_2 + x_2^2$$

给定初始点 $\boldsymbol{x}^{(1)} = [0, 0]^{\mathrm{T}}$。

解 目标函数 $f(\boldsymbol{x})$ 的梯度和黑塞矩阵如下:

$$\nabla f(\boldsymbol{x}) = [1 + 4x_1 + 2x_2, -1 + 2x_1 + 2x_2]^{\mathrm{T}}, \quad H(\boldsymbol{x}) = \nabla^2 f(\boldsymbol{x}) = \begin{bmatrix} 4 & 2 \\ 2 & 2 \end{bmatrix}$$

在 $\boldsymbol{x}^{(1)}$ 处,目标函数 $f(\boldsymbol{x})$ 的梯度和黑塞矩阵是

$$\nabla f\left(\boldsymbol{x}^{(1)}\right)=[1,-1]^{\mathrm{T}}, \quad H\left(\boldsymbol{x}^{(1)}\right)=\nabla^2 f\left(\boldsymbol{x}^{(1)}\right)=\begin{bmatrix}4 & 2\\ 2 & 2\end{bmatrix}$$

牛顿方向

$$\boldsymbol{d}^{(1)}=-\left(H\left(\boldsymbol{x}^{(1)}\right)\right)^{-1}\cdot\nabla f\left(\boldsymbol{x}^{(1)}\right)=[1,1.5]^{\mathrm{T}}$$

从 $\boldsymbol{x}^{(1)}$ 出发，沿 $\boldsymbol{d}^{(1)}$ 作一维搜索，令步长变量为 λ，最优步长为 λ_1，则有

$$\boldsymbol{x}^{(1)}+\lambda\boldsymbol{d}^{(1)}=[-\lambda,1.5\lambda]^{\mathrm{T}}$$

即 $x_1=-\lambda,\ x_2=1.5\lambda$。故

$$f\left(\boldsymbol{x}^{(1)}+\lambda\boldsymbol{d}^{(1)}\right)=-\lambda-1.5\lambda+2\lambda^2-3\lambda^2+2.25\lambda^2=1.25\lambda^2-2.5\lambda$$

令

$$f'_\lambda\left(\boldsymbol{x}^{(1)}+\lambda\boldsymbol{d}^{(1)}\right)=2.5\lambda-2.5=0$$

则有 $\lambda_1=0$，故

$$\boldsymbol{x}^{(2)}=\boldsymbol{x}^{(1)}+\lambda_1\boldsymbol{d}^{(1)}=[-1,1.5]^{\mathrm{T}}$$

由于目标函数是二次凸函数，所以上述 $\boldsymbol{x}^{(2)}$ 即为极小点。 □

3. 共轭梯度法

共轭梯度法是介于最速下降法与多变量函数牛顿法之间的一个方法。它仅需利用一阶导数信息，克服了最速下降法收敛慢的缺点，又避免了多变量函数牛顿法所需要的二阶导数信息。具体计算步骤如下：

（1）给定初始点 $\boldsymbol{x}^{(1)}$，允许误差 $\varepsilon>0$。

（2）求初始点梯度。计算 $\boldsymbol{g}_1=\nabla f\left(\boldsymbol{x}^{(1)}\right)$，若 $\|\boldsymbol{g}_1\|<\varepsilon$，则停止迭代，得近似极小点 $\boldsymbol{x}^*=\boldsymbol{x}^{(1)}$；否则转下一步。

（3）构造初始搜索方向。令

$$\boldsymbol{d}^{(1)}=-\nabla f\left(\boldsymbol{x}^{(1)}\right) \tag{2-237}$$

置 $k=1$，进行第（4）步。

（4）进行一维寻优，求最优步长 λ_k 使

$$f\left(\boldsymbol{x}^{(k)}+\lambda_k\boldsymbol{d}^{(k)}\right)=\min_{\lambda\geq 0}f\left(\boldsymbol{x}^{(k)}+\lambda\boldsymbol{d}^{(k)}\right) \tag{2-238}$$

令 $\boldsymbol{x}^{(k+1)}=\boldsymbol{x}^{(k)}+\lambda_k\boldsymbol{d}^{(k)}$，转到第（5）步。

（5）求梯度向量。计算 $\nabla f(\boldsymbol{x}^{(k+1)})$，若 $\|\nabla f(\boldsymbol{x}^{(k+1)})\|<\varepsilon$，停止迭代，输出 $\boldsymbol{x}^*$ 的近似值 $\boldsymbol{x}^*\approx\boldsymbol{x}^{(k+1)}$。否则进行第（6）步。

（6）检验迭代步数。若 $k=n$，令 $\boldsymbol{x}^{(1)}:=\boldsymbol{x}^{(n+1)}$，转到第（3）步。否则进行第（7）步。

（7）构造搜索方向，利用公式

$$\boldsymbol{d}^{(k)}=-\boldsymbol{g}_k+\beta_{k-1}\boldsymbol{d}^{(k-1)} \tag{2-239}$$

取 $\beta_{k-1}=\dfrac{\|\boldsymbol{g}_k\|^2}{\|\boldsymbol{g}_{k-1}\|^2}$，$\boldsymbol{g}_k=\nabla f\left(\boldsymbol{x}^{(k)}\right)$，令 $k:=k+1$，转到第（4）步。

共轭梯度法对正定二次函数具有二次终止性，即若沿一组共轭方向（非零向量）搜索，

经有限步迭代必到达极小点。对于一般函数，共轭梯度法在一定条件下也是收敛的，并且收敛速度通常优于最速下降法。

例 2-33 使用共轭梯度法求下述二次函数的极小点

$$\min f(\boldsymbol{x}) = \frac{3}{2}x_1^2 + \frac{1}{2}x_2^2 - x_1 x_2 - 2x_1$$

取 $\varepsilon = 10^{-4}$，$\boldsymbol{x}^{(1)} = [-2, 4]^{\mathrm{T}}$。

解 首先将 $f(\boldsymbol{x})$ 化成

$$f(\boldsymbol{x}) = \frac{1}{2}[x_1, x_2]\begin{bmatrix} 3 & -1 \\ -1 & 1 \end{bmatrix}\begin{bmatrix} x_1 \\ x_2 \end{bmatrix} + [-2, 0]\begin{bmatrix} x_1 \\ x_2 \end{bmatrix}$$

其中 $\boldsymbol{A} = \begin{bmatrix} 3 & -1 \\ -1 & 1 \end{bmatrix}$ 是一个正定矩阵，$\boldsymbol{B} = \begin{bmatrix} -2 \\ 0 \end{bmatrix}$，$C = 0$。因 $\boldsymbol{x}^{(1)} = [-2, 4]^{\mathrm{T}}$，故 $\nabla f(\boldsymbol{x}^{(1)}) = \boldsymbol{A}\boldsymbol{x}^{(1)} + \boldsymbol{B} = [12, 6]^{\mathrm{T}}$。所以 $\boldsymbol{d}^{(1)} = -\nabla f(\boldsymbol{x}^{(1)}) = [12, -6]^{\mathrm{T}}$。

以 $\boldsymbol{x}^{(1)}$ 为出发点，沿 $\boldsymbol{d}^{(1)}$ 方向做最佳一维搜索，最优步长 $\lambda_1 = \dfrac{7}{12}$。故

$$\boldsymbol{x}^{(2)} = \boldsymbol{x}^{(1)} + \lambda_1 \boldsymbol{d}^{(1)} = \left[\frac{26}{17}, \frac{38}{17}\right]^{\mathrm{T}} \approx [1.529, 2.235]^{\mathrm{T}}$$

$$\nabla f(\boldsymbol{x}^{(2)}) = \boldsymbol{A}\boldsymbol{x}^{(2)} + \boldsymbol{B} = \left[\frac{6}{17}, \frac{12}{17}\right]^{\mathrm{T}} \approx [0.353, 0.706]^{\mathrm{T}}$$

计算 $\|\nabla f(\boldsymbol{x}^{(2)})\| \approx 0.789 > \varepsilon$，不满足精度要求，需要迭代，计算 β_1：

$$\beta_1 = \frac{\|\boldsymbol{g}_2\|^2}{\|\boldsymbol{g}_1\|^2} = \frac{\|\nabla f(\boldsymbol{x}^{(2)})\|^2}{\|\nabla f(\boldsymbol{x}^{(1)})\|^2} = \frac{1}{289} \approx 0.00346$$

故有

$$\boldsymbol{d}^{(2)} = -\boldsymbol{g}_2 + \beta_1 \boldsymbol{d}^{(1)} = -\left[\frac{90}{289}, -\frac{210}{289}\right]^{\mathrm{T}} \approx [-0.311, -0.727]^{\mathrm{T}}$$

再求最优步长 $\lambda_2 = 1.7$，故有

$$\boldsymbol{x}^{(3)} = \boldsymbol{x}^{(2)} + \lambda_2 \boldsymbol{d}^{(2)} = [1, 1]^{\mathrm{T}}$$

计算 $\|\nabla f(\boldsymbol{x}^{(3)})\| = 0 < \varepsilon$，故 $\boldsymbol{x}^{(3)}$ 即为本题最优解。

因为本题函数是正定二维二次函数，所以，经过二次迭代即达到了最优解。   □

4. 无约束通信优化问题举例

通信中，最简单的无约束问题就是信息论中的最大离散熵定理。一般离散信源的 r 个概率分量 $p_1, p_2, \cdots, p_r$ 必须满足 $\sum_{i=1}^{r} p_i = 1$。将 p_r 用 $p_1, p_2, \cdots, p_{r-1}$ 表示，有 $p_r = 1 - \sum_{i=1}^{r-1} p_i$。则最大化离散熵问题在数学上可以表示为

$$\max H = -\sum_{i=1}^{r-1} p_i \log_2 p_i - \left(1 - \sum_{i=1}^{r-1} p_i\right)\log_2\left(1 - \sum_{i=1}^{r-1} p_i\right) \qquad (2\text{-}240)$$

特别地，当信源为离散二元信源，上述无约束问题也可用 2.3.5 节中的一维搜索算法求解。

下面就尝试用最速下降法求解离散二元信源的最大离散熵。

$$\max H(p_1, p_2) = -p_1 \log_2 p_1 - p_2 \log_2 p_2 \Leftrightarrow \max H(p) = -p\log_2 p - (1-p)\log_2(1-p) \tag{2-241}$$

首先将最大化问题转化为最小化问题，

$$\min f(p) = -H(p) = p\log_2 p + (1-p)\log_2(1-p) \tag{2-242}$$

目标函数的梯度为 $\nabla f(p) = \log_2 p - \log_2(1-p)$，设 $p^{(1)} = 1/4$，则根据最速下降法，

$$d^{(1)} = -\nabla f(p^{(1)}) = \log_2 3 \tag{2-243}$$

最优步长

$$\lambda_1 = \arg\max_{\lambda \geq 0} f(p^{(1)} + \lambda d^{(1)}) = \frac{1}{4\log_2 3} \tag{2-244}$$

$$p^{(2)} = p^{(1)} + \lambda_1 d^{(1)} = 1/2 \tag{2-245}$$

此时 $\nabla f(p^{(2)}) = 0$，停止迭代，最优解为 $p = 0.5$，即 $(p_1, p_2) = (0.5, 0.5)$，最大熵为 1。

2.3.7 约束问题最优化方法

约束条件下求极小值的非线性规划问题的数学模型如下：

$$\begin{aligned} \min \quad & f(\boldsymbol{x}) \\ \text{s.t.} \quad & h_i(\boldsymbol{x}) = 0 \quad (i=1,2,\cdots,m) \\ & g_j(\boldsymbol{x}) \geq 0 \quad (j=1,2,\cdots,l) \end{aligned} \tag{2-246}$$

定义 2-17 （起作用约束） 设非线性规划问题的可行域为 Ξ，$\boldsymbol{x}^{(1)} \in \Xi$。若在 $\boldsymbol{x}^{(1)}$ 处，不等式约束 $g_j(\boldsymbol{x}) = 0$，则称这样的约束为 $\boldsymbol{x}^{(1)}$ 点的起作用约束。否则，若 $g_j(\boldsymbol{x}) > 0$，则称为不起作用约束。□

等式约束对所有可行点来说都是起作用约束。特别地，对于只含不等式约束的非线性规划问题，严格内点（即不在可行域边界上的点）不存在起作用约束。

定义 2-18 （正则点） 对于非线性规划问题，如果在可行点 $\boldsymbol{x}^{(1)}$ 处，各起作用约束的梯度线性无关，则 $\boldsymbol{x}^{(1)}$ 是约束条件的一个正则点。特别地，严格内点也是约束条件的正则点。□

定义 2-19 （可行下降方向） 设 $\boldsymbol{x}^{(1)} \in \Xi$，定义集合

$$I(\boldsymbol{x}^{(1)}) = \{i \mid g_i(\boldsymbol{x}^{(1)}) = 0, 1 \leq i \leq l\} \tag{2-247}$$

为 $\boldsymbol{x}^{(1)}$ 点所有起作用约束的下标的集合。方向 $\boldsymbol{d}$ 是可行点 $\boldsymbol{x}^{(1)}$ 处的可行下降方向的条件是同时满足

$$\nabla g_j(\boldsymbol{x}^{(1)})^{\mathrm{T}} \cdot \boldsymbol{d} > 0 \quad (j \in I(\boldsymbol{x}^{(1)})) \tag{2-248}$$

$$\nabla f(\boldsymbol{x}^{(1)})^{\mathrm{T}} \cdot \boldsymbol{d} < 0 \tag{2-249}$$

其中，式（2-248）保证 d 是可行点 $x^{(1)}$ 处的可行方向，式（2-249）保证 d 是可行点 $x^{(1)}$ 处的下降方向。

1. KKT 条件

KKT（Karush-Kuhn-Tucker）条件是非线性规划领域中最重要的理论成果之一，是确定某点是最优点的一阶必要条件。只要是最优点（在一定的附加条件下）就必须满足这个条件，但一般来说它并不是充分条件，因而满足这个条件的点不一定是最优点（类似于无约束问题中导数为零的点，可能只是驻点，不是最优点）。但对于凸规划，KKT 条件既是最优点存在的必要条件，同时也是充分条件。

考虑问题（2-246），设 $x^* \in \Xi$，$I(x^*) = \{i \mid g_i(x^*) = 0, 1 \leqslant i \leqslant l\}$，$f(x)$ 与 $g_i(x)$ $(i \in I(x^*))$ 在点 x^* 处可微，$g_i(x)$ $(i \notin I(x^*))$ 在点 x^* 处连续，$h_j(x)$ $(j=1,2,\cdots,m)$ 在点 x^* 处连续可微，并且向量集

$$\left\{\nabla g_i(x^*), \nabla h_j(x^*) \mid i \in I(x^*), j=1,2,\cdots,l\right\} \tag{2-250}$$

线性无关。若 x^* 是问题（2-246）的局部最优解，则存在 $\gamma^* = [\gamma_1^*, \gamma_2^*, \cdots, \gamma_l^*]^\mathrm{T}$ 和向量 $\lambda^* = [\lambda_1^*, \lambda_2^*, \cdots, \lambda_m^*]^\mathrm{T}$，使下述条件成立：

$$\begin{cases} \nabla f(x^*) - \sum_{j=1}^{l} \gamma_j^* \nabla g_j(x^*) - \sum_{i=1}^{m} \lambda_i^* \nabla h_i(x^*) = 0 \\ \gamma_j^* g_j(x^*) = 0 \quad (j=1,2,\cdots,l) \\ \gamma_j^* \geqslant 0 \quad (j=1,2,\cdots,l) \\ h_i(x) = 0 \quad (i=1,2,\cdots,m) \\ g_j(x) \geqslant 0 \quad (j=1,2,\cdots,l) \end{cases} \tag{2-251}$$

式（2-251）就是既含有等式约束又含有不等式约束的非线性规划问题的 KKT 条件，满足 KKT 条件的点成为 KKT 条件点或 KKT 点。

通常称函数 $f(x) - \sum_{j=1}^{l} \gamma_j g_j(x) - \sum_{i=1}^{m} \lambda_i h_i(x)$ 为问题（2-246）的广义拉格朗日函数，称乘子 $\gamma_1, \gamma_2, \cdots, \gamma_l$ 和 $\lambda_1, \lambda_2, \cdots, \lambda_m$ 为广义拉格朗日乘子。

由式（2-251）的第二个向量方程可知，当不等式约束 $g_i(x) \geqslant 0$ 在 x^* 处为不起作用约束时，γ_j^* 必为零，在运用 KKT 条件求 KKT 点时，利用这一点可以大大简化计算，另外还要把约束条件都加上。

例 2-34 求下列非线性规划问题的 KKT 点。

$$\begin{aligned} \min \quad & f(x) = 2x_1^2 + 2x_1 x_2 + x_2^2 - 10x_1 - 10x_2 \\ \text{s.t.} \quad & 5 - x_1^2 - x_2^2 \geqslant 0 \\ & 6 - 3x_1 - x_2 \geqslant 0 \end{aligned}$$

解 设 $g_1(x) = 5 - x_1^2 - x_2^2$，$g_2(x) = 6 - 3x_1 - x_2$，KKT 点为 $x^* = [x_1, x_2]^\mathrm{T}$，因为

$$\nabla f(\boldsymbol{x}^*) = \begin{bmatrix} 4x_1 + 2x_2 - 10 \\ 2x_1 + 2x_2 - 10 \end{bmatrix}, \quad \nabla g_1(\boldsymbol{x}^*) = \begin{bmatrix} -2x_1 \\ -2x_2 \end{bmatrix}, \quad \nabla g_2(\boldsymbol{x}^*) = \begin{bmatrix} -3 \\ -1 \end{bmatrix}$$

故根据 KKT 条件有

$$4x_1 + 2x_2 - 10 + 2\gamma_1 x_1 + 3\gamma_2 = 0$$
$$2x_1 + 2x_2 - 10 + 2\gamma_1 x_2 + \gamma_2 = 0$$
$$\gamma_1(5 - x_1^2 - x_2^2) = 0, \quad \gamma_2(6 - 3x_1 - x_2) = 0$$
$$5 - x_1^2 - x_2^2 \geq 0, \quad 6 - 3x_1 - x_2 \geq 0$$
$$\gamma_1 \geq 0, \quad \gamma_2 \geq 0$$

下面讨论 γ_1，γ_2 的取值情况，对应两个约束在 $\boldsymbol{x}^* = [x_1, x_2]^T$ 是否为起作用约束。

（1）假设两个约束全不是起作用约束。这时，$\gamma_1 = \gamma_2 = 0$，故有

$$\begin{cases} 4x_1 + 2x_2 - 10 = 0 \\ 2x_1 + 2x_2 - 10 = 0 \end{cases} \Rightarrow \begin{cases} x_1 = 0 \\ x_2 = 5 \end{cases}$$

但不满足约束，不是可行点。

（2）假设第一个约束为起作用约束，第二约束为不起作用约束。这时，$\gamma_2 = 0$，故有

$$4x_1 + 2x_2 - 10 + 2\gamma_1 x_1 = 0$$
$$2x_1 + 2x_2 - 10 + 2\gamma_1 x_2 = 0$$
$$5 - x_1^2 - x_2^2 = 0, \quad \gamma_1 \geq 0$$

解得 $x_1 = 1$，$x_2 = 2$，$\gamma_1 = 1$，$\gamma_2 = 0$，经检验后可知 $\boldsymbol{x} = [1,2]^T$ 是可行点且符合原假设，故它是一个 KKT 点。

（3）假设第一个约束为不起作用约束，第二个约束为起作用约束。这时，$\gamma_1 = 0$，故有

$$4x_1 + 2x_2 - 10 + 3\gamma_2 = 0$$
$$2x_1 + 2x_2 - 10 + \gamma_2 = 0$$
$$6 - 3x_1 - x_2 = 0, \quad \gamma_2 \geq 0$$

求解上述方程组可知，γ_2 有两组解：$\gamma_2 = 0$ 或 $\gamma_2 = -0.4$。舍去 $\gamma_2 = -0.4$，而由 $\gamma_1 = \gamma_2 = 0$ 求出的解，情况（1）相同，不是可行点。

（4）假设两个约束均为起作用约束。这时

$$2x_1 + 2x_2 - 10 + 2\gamma_1 x_2 + \gamma_2 = 0$$
$$5 - x_1^2 - x_2^2 = 0, \quad 6 - 3x_1 - x_2 = 0$$

无解。

综上所述，求出满足 KKT 点的是 $\boldsymbol{x}^* = [1,2]^T$。

2. 内点法

本节介绍求解非线性规划问题的罚函数法中的一种，称为**内点法**。罚函数法的基本思

想是通过构造罚函数,将约束问题转化为一系列无约束问题,进而用无约束最优化方法求解。具体到内点法,通过构造罚函数(内点法中也称障碍函数),内点法要求整个迭代过程始终在可行域内部进行,初始点也必须选一个严格内点。在可行域边界上设置一道"障碍",以阻止搜索点到可行域边界上去,一旦接近可行域边界时,就要受到很大的惩罚,迫使迭代点始终留在可行域内部。设最优化问题只含不等式约束,内点法的算法步骤如下:

(1) 给定严格内点 $x^{(0)}$ 为初始点,初始障碍因子 $r_1 > 0$,缩小系数 $\beta \in (0,1)$,允许误差 $\varepsilon > 0$,置 $k=1$。

(2) 构造罚函数 $p(x, r_k)$,罚函数可取以下两种形式

$$p(x, r_k) = f(x) + r_k \sum_{j=1}^{l} \frac{1}{g_j(x)}$$
$$p(x, r_k) = f(x) - r_k \sum_{j=1}^{l} \ln(g_j(x))$$
(2-252)

(3) 求罚函数 $p(x, r_k)$ 的无约束极小化问题。

以 $x^{(k-1)}$ 为初始点,求解

$$\min_{x \in \Xi_1} p(x, r_k) \tag{2-253}$$

得其极小点 $x^{(k)}$。式中,Ξ_1 是可行域中所有严格内点的集合。

(4) 判断精度。若满足收敛准则,则停止迭代,以 $x^{(k)}$ 作为原问题的近似极小点;否则取 $r_{k+1} = \beta r_k$,置 $k := k+1$,转到第(3)步。

收敛准则可以采用以下几种形式之一:

$$\begin{gathered} r_k \sum_{j=1}^{l} \frac{1}{g_j(x^{(k)})} \leqslant \varepsilon; \quad \left| r_k \sum_{j=1}^{l} \ln(g_j(x^{(k)})) \right| < \varepsilon \\ \|x^{(k)} - x^{(k-1)}\| < \varepsilon; \quad \left| f(x^{(k)}) - f(x^{(k-1)}) \right| < \varepsilon \end{gathered} \tag{2-254}$$

例 2-35 试用内点法求解非线性规划

$$\begin{aligned} \min \quad & f(x) = x_1 + x_2 \\ \text{s.t.} \quad & g_1(x) = -x_1^2 + x_2 \geqslant 0 \\ & g_2(x) = x_1 \geqslant 0 \end{aligned}$$

解 障碍函数采用对数函数来构造

$$p(x, r_k) = x_1 + x_2 - r_k \ln(-x_1^2 + x_2) - r_k \ln x_1$$

本例可用解析法求解

$$\begin{cases} \dfrac{\partial p(x, r_k)}{\partial x_1} = 1 - \dfrac{-2x_1 r_k}{-x_1^2 + x_2} - \dfrac{r_k}{x_1} \\ \dfrac{\partial p(x, r_k)}{\partial x_2} = 1 - \dfrac{r_k}{-x_1^2 + x_2} \end{cases}$$

令 $\dfrac{\partial p}{\partial x_1} = \dfrac{\partial p}{\partial x_2} = 0$,解方程组得

$$x_1 = \frac{1}{4}\left(-1 + \sqrt{1+8r_k}\right), \quad x_2 = \frac{3r_k}{2} - \frac{-1+\sqrt{1+8r_k}}{8}$$

因此

$$\boldsymbol{x}(r_k) = \left[\frac{-1+\sqrt{1+8r_k}}{4}, \frac{3r_k}{2} - \frac{-1+\sqrt{1+8r_k}}{8}\right]^{\mathrm{T}}$$

当 $r_k \to 0$ 时，$\boldsymbol{x}(r_k)$ 趋向于原问题的最优解为：$\boldsymbol{x}^* = [0,0]^{\mathrm{T}}$。各次迭代结果见表 2-1。

表 2-1 各次迭代结果

r_k	1.000	0.500	0.250	0.100	0.000 1	$r_k \to 0$
x_1	0.500	0.309	0.183	0.085	0.000 0	0
x_2	1.250	0.595	0.283	0.107	0.000 0	0

3. 通信中的优化问题举例

无线通信中的功率分配问题。设基站的总发射功率为 P。基站同时为 n 个用户服务，分配给用户 i 的功率为 p_i。则用户获得的速率为

$$r_i = \ln\left(1 + \frac{h_i p_i}{N_0}\right) \tag{2-255}$$

其中，h_i 是基站到用户的信道增益，N_0 是噪声功率。如何分配功率使基站的总吞吐量最大？这个优化问题可以建模为

$$\begin{aligned} \max \quad & U = \sum_{i=1}^{n} \ln\left(1 + \frac{h_i p_i}{N_0}\right) \\ \text{s.t.} \quad & \sum_{i=1}^{n} p_i \leq P \end{aligned} \tag{2-256}$$

令 $s_i = h_i/N_0$，利用 KKT 条件可以求得最优解为

$$p_i = \max\left\{\alpha - \frac{1}{s_i}, 0\right\} \tag{2-257}$$

α 是控制总功率满足约束的系数。这就是著名的注水定理。

2.3.8 启发式算法

前文各节中介绍的最优化计算方法基本上都属于函数优化问题。函数优化问题一般可描述为：设 D 为 n 维实数空间 $\mathbf{R}^n$ 上的区域，函数 f 为 $D \to \mathbf{R}$ 映射。函数 f 在区域 D 上全

局最大化就是寻求点 $x^* \in D$，使得 $f(x^*)$ 在区域 D 上最大，即 $f(x) \leqslant f(x^*), \forall x \in D$。另一大类最优化问题是组合优化问题。组合优化问题与函数优化问题的不同之处在于，函数优化问题的解是一定区域内的连续取值的量，而组合优化问题的解则是离散取值的量，即区域 D 是一个可数点集。这一类问题虽然看上去往往很简单，但求解问题最优解往往需要非常高的时间复杂度，问题的难度使其计算时间随问题的规模增大以指数速度增加。因此，人们想基于直观或经验构造一种算法，去求问题的一个可行次优解。这种方法就是启发式算法。

启发式算法可以这样定义：一个基于直观或经验构造的算法，在可接受的花费（指计算时间、占用空间等）下给出待解决组合优化问题每一个实例的一个可行解，该可行解与最优解的偏离程度不一定事先可以预计。很多著名的算法都属于启发式算法，如禁忌搜索（Tabu Search）、模拟退火（Simulated Annealing）、遗传算法（Genetic Algorithm）、人工神经网络（Artificial Neural Networks），但本章并不准备对这些算法进行介绍。这些著名的算法当然能解决大量的实际应用问题，在理论和实际应用中都得到了较大的发展。然而，启发式算法真正的魅力在于，针对每一个特定的问题，人们都能凭借直观或经验设计出不同的算法来求解问题。下文将介绍的 0-1 背包问题及其启发式算法就能很好地体现这一特点。

0-1 背包问题 设有一个容积为 b 的包，n 个体积分别为 a_i、价值分别为 c_i 的物品，$i=1,2,\cdots,n$，如何以最大的价值装包？

这个问题称为 0-1 背包问题，也可表述为

$$\begin{aligned} & \max \sum_{i=1}^{n} c_i x_i \\ & \text{s.t.} \ \sum_{i=1}^{n} a_i x_i \leqslant b \\ & x_i \in \{0,1\}, i=1,2,\cdots,n \end{aligned} \quad (2\text{-}258)$$

可以看到，若没有 0-1 约束 $x_i \in \{0,1\}$，背包问题退化为线性规划问题。但由于 0-1 约束的存在，背包问题无法直接通过单纯形法进行求解。背包问题的目标是使包内物品的总价值最大。在背包容积确定的情况下，问题其实等效于使背包内单位容积的物品价值最高。根据这个分析，可以为背包问题构造下面的贪婪算法（启发式算法的一类）：

（1）对物品以比值 c_i/a_i 从大到小排序，不妨将排列记为 $\{1,2,\cdots,n\}$，$k:=1$；

（2）若 $\sum_{i=1}^{k-1} a_i \leqslant b$，则 $x_k=1$，否则 $x_k=0$。$k:=k+1$；

（3）当 $k=n+1$ 时，停止；否则，重复（2）。

计算结束时，$(x_1,x_2,\cdots,x_n)$ 即为贪婪算法所得解。这种算法思想是单位体积价值较大的物品先装包，非常直观，也容易操作。

需要再次重申的是，启发式算法的结果一般不是最优解，也并不能保证求出的解与最优解的偏离程度。可以很容易地指出一个通过上述贪婪算法无法求得最优解的背包问题实

例：$(a_1, a_2, a_3) = (4, 8, 3)$，$(c_1, c_2, c_3) = (4, 7, 2)$，$b = 9$。利用上面的贪婪算法求得的解为 $(x_1, x_2, x_3) = (1, 0, 1)$，价值为 6；但问题的最优解是 $(x_1, x_2, x_3) = (0, 1, 0)$，价值为 7。

背包问题很容易转化为通信中的优化问题，只要改变一下各变量的物理意义就可以了：基站总功率为 b，n 个用户要求的发射功率分别为 a_i，传输速率分别为 c_i，优化问题是选择哪些用户进行调度使得基站的总吞吐量最大。

2.3.9 最优化方法在无线通信网络中应用的示例

前面的小节中，我们介绍了最优化方法的一些基本概念和基本算法，也简要地给出了几个最优化方法在通信中的应用例子。为了能让读者进一步体会最优化方法在通信技术研究中的作用，我们将在这节中给出一些具体的研究例子。这些例子涉及通信技术的许多方面，从信号处理到用户调度，乃至通信系统的建设和运营。我们希望本节能启发读者在未来的研究中应用最优化方法来解决问题。

本节的安排：首先我们会较具体地给出一个通信优化问题及其求解方案；然后简要介绍几个不同方面的通信优化问题。

1. 异构蜂窝网络中的用户接入选择和资源分配问题

1）网络场景和系统问题

传统蜂窝网络在接入网部分大体上是同构的，意思是每个蜂窝小区覆盖的区域大小都相差不多，基站的发射功率和处理能力相当。由于布设和维护成本上的约束，这种传统上的宏蜂窝基站的布设密度不能太大。为了适应爆炸性增长的设备接入需求和业务需求，异构蜂窝网络被设计了出来。简单地说，异构蜂窝网络就是在传统的宏蜂窝基站的基础上，布设一些发射功率和覆盖范围都较小的小蜂窝基站。由于设备便宜，维护简单，可以较密集地布设在业务热点地点，有效提高系统容量（图 2-58）。

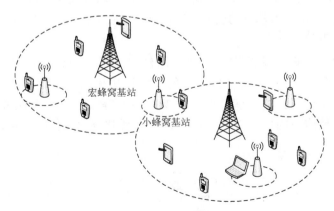

图 2-58 异构蜂窝网络示意图

但是，异构蜂窝网络在使用中遇到了一个问题是负载不均衡。由于宏蜂窝基站和小蜂窝基站的覆盖范围相差巨大，若按照传统的接入选择方案来分配用户接入，绝大多数的用户都将接入宏蜂窝基站。这样宏蜂窝基站就会面临业务拥塞，而小蜂窝基站的资源白白浪费。为解决上述问题，人们提出灵活的用户接入选择方案，根据网络情况具体分配每个用户的接入选择，使得系统负载均衡。那么，很自然的问题是，如何选择合适的用户接入分配呢？而且，每个基站的资源是有限的，每个基站应该如何分配资源给不同的接入用户才能最大化系统的性能呢？

2）优化问题建模

从上述的介绍描述中，我们已经比较清楚地了解所面临的优化问题，下面我们将问题转化为抽象的优化模型。假设系统中有 B 个基站，U 个用户。基站 b 单独服务用户 i 时的传输速率为 $r_{i,b}$（利用用户返回的信道状况估算）。我们希望知道，如何分配用户与基站的接入关系和资源分配比例，能够使得系统的对数效用函数最大。

根据问题，我们先设定几个优化参数。$a_{i,b} \in \{0,1\}$ 指示用户 i 是否接入基站 b，$a_{i,b}=1$ 代表用户 i 接入基站 b，$a_{i,b}=0$ 代表用户 i 不接入基站 b。$x_{i,b}$ 是用户 i 在基站 b 上分配到的（归一化）资源比例。由此，用户 i 在基站 b 上获得的服务速率为 $x_{i,b}r_{i,b}$。整个优化问题可以归结为

$$\begin{aligned}
\max_{\{x_{i,b}, a_{i,b}\}} & \sum_{i \in U} \ln\left(\sum_{b \in B} x_{i,b} r_{i,b}\right) \\
\text{s.t.} \quad & \sum_{i \in U} x_{i,b} \leqslant 1, \forall b \in B \\
& \sum_{b \in B} a_{i,b} = 1, \forall i \in U \\
& 0 \leqslant x_{i,b} \leqslant a_{i,b}, \forall b \in B, \forall i \in U \\
& a_{i,b} \in \{0,1\}, \forall b \in B, \forall i \in U
\end{aligned} \quad (2\text{-}259)$$

其中，目标函数是关于用户速率的对数效用函数。第一个约束要求基站 b 分配给所有用户的资源比例的和不能大于1，第二个约束是每个用户接入且仅能接入一个基站。第三个约束要求用户不能占用未接入基站的资源。最后一个约束是我们常说的0-1变量约束，接入指示变量 $a_{i,b}$ 只能取值0或1。

至此，我们已经把面临的实际系统问题建模成了一个优化问题。可以看到，这个问题是一个包含组合规划（0-1约束）的非线性优化问题。这里我们给出一种较直观的启发式算法（更严谨的求解算法可以参阅 Ye 等（2013）的研究成果）。首先，我们给定一组满足约束的用户接入分配（即一组优化参数 $\{a_{i,b}^{(i)}\}$），可以将上述优化问题转化为

$$\begin{aligned}
\max_{\{x_{i,b}\}} & \sum_{b \in B} \sum_{i \in \{i | a_{i,b}^{(i)}=1\}} \ln(x_{i,b} r_{i,b}) \\
\text{s.t.} \quad & \sum_{i \in U} x_{i,b} \leqslant 1, \forall b \in B \\
& 0 \leqslant x_{i,b} \leqslant 1, \forall i \in U
\end{aligned}$$

这个问题的最优解可以很容易求得 $x_{i,b}^{(i)} = \frac{1}{\sum_{i \in U} a_{i,b}^{(i)}} \triangleq \frac{1}{K_b^{(i)}}$。然后我们将 $x_{i,b}^{(i)}$ 代入原优化问题，可以改写为

$$\max_{\{a_{i,b}\}} \sum_{i \in U}\sum_{b \in B} a_{i,b} \ln\left(\frac{r_{i,b}}{K_b^{(i)}}\right)$$
$$\text{s.t.} \quad \sum_{b \in B} a_{i,b} = 1, \forall i \in U$$
$$a_{i,b} \in \{0,1\}, \forall b \in B, \forall i \in U$$

这其实就是一个类背包问题，有多个背包（多个用户），每个背包只能装一件物品（一个用户只能接入一个基站），每件物品的价值是 $\ln\left(\frac{r_{i,b}}{K_b^{(i)}}\right)$，目标是最大化总的物品价值。因此，完全可以套用背包问题的贪婪算法思想求解 $a_{i,b}^{(i)}$。迭代以上步骤，我们就可以求解到一个可行的次优解了。

2. 最优化方法在学术研究的应用举例

Zhao 等（2014）研究了中继网络中的波束赋形问题，利用近梯度算法（proximal gradient algorithm，PGA）求解了多中继多天线下的波束赋形因子的计算问题。Huang 等（2011）和 Feng 等（2014）研究了跨层多跳网络中的资源优化配置问题，利用优化算法分配路由、信道、速率等参数配置。Han 等（2015）提出了一种利用全双工能力的异构蜂窝网络干扰消除方案，作者通过求解优化模型，得到了最优的波束赋形因子。Ali 等（2016）优化了 NOMA 系统下的用户聚簇和功率分配问题。Zhu 等（2016）研究了物理层安全优化问题，如何在有效抑制自干扰的情况下，保证保密信息的有效传输。Tang（2014）研究了异构蜂窝网络中的用户接入选择，空白子帧比例和子载波联合优化。Tang 等（2016）提出了一种基于接收功率强度的双工选择方式，利用最优化方法研究了功率阈值的选择。实际上，最优化方法已应用于通信技术中的方方面面，读者可以很容易地在自己感兴趣的领域找到大量的文章参考。

2.3.10 最优化方法小结

本章简要地介绍了最优化计算中的基本概念。针对线性规划问题、无约束非线性规划问题和有约束线性规划问题，本章介绍了多种经典的优化算法，如牛顿法、最速下降法和内点法等。在此基础上，本章给出若干个实际的通信优化问题例子，希望读者能从中体会到最优化计算在通信中的应用。

2.4 博弈论基础

2.4.1 博弈论简介

博弈论（Game Theory）又称为对策论，它既是现代数学的一个新分支，也是运筹学的一个重要学科。博弈论主要研究公式化了的激励结构间的相互作用，是研究具有竞争性质现象的数学理论和方法。博弈论考虑博弈中的个体的预测行为和实际行为，并研究它们的优化策略。目前在经济学、军事战略、生物学、通信网络等很多学科和领域都有广泛的应用。

如图 2-59 所示，博弈论按照不同的情况可进行以下分类。

（1）**随机博弈与确定性博弈**：**随机博弈**是一类由一个或多个参与者所进行的、具有状态概率转移的动态博弈，而**确定性博弈**则不具状态转移概率，博弈结果仅和参与人所选策略相关。

（2）**动态博弈与静态博弈**：按照行动先后，可以分为动态博弈与静态博弈，**动态博弈**是指在博弈中，一个参与者先于另一个参与者行动，而**静态博弈**则是参与人同时选择行动，或虽有先后但后行动者并不知道先行动者的选择。

（3）**完全信息博弈与不完全信息博弈**：按照局中人拥有的信息可以分为不完全信息博弈和完全信息博弈，**完全信息博弈**是指每一参与者都拥有所有其他参与者的特征、策略及收益函数等方面的准确信息的博弈，**不完全信息博弈**是指参与人对其他参与人的特征、策略空间及收益函数信息了解得不够准确，或者不是对所有参与人的特征、策略空间及收益函数都准确了解的博弈。

（4）**合作博弈与非合作博弈**：按照参与者之间是否协作，可以分为合作博弈和非合作博弈。**合作博弈**亦称为正和博弈，是指博弈双方的利益都有所增加，或者至少是一方的利益增加，而另一方的利益不受损害，因而整个社会的利益有所增加，合作博弈研究人们达成合作时如何分配合作得到的收益，即收益分配问题。**非合作博弈**是指在策略环境下，非合作的框架把所有的人的行动都当成是个别行动，它主要强调一个人进行自主的决策。

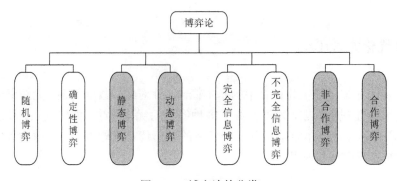

图 2-59 博弈论的分类

本节将介绍博弈论的基本概念与方法，按照参与者是否协作是最通用的一种分类方式，因此本文将对合作博弈和非合作博弈的分类进行介绍，最后给出博弈论在无线通信中应用的一些典型示例。

1. 博弈论前提与基本元素

1) 博弈论的基本前提

在博弈论中有一个最基本的前提，就是博弈的参与者都是"**理性人**"。"理性人"源自经济学术语"理性经济人"，这是西方经济学的一个基本假设，是指参与者都是利己的，在多个策略中他们会选择能给自己带来最大利益的那个决策，该理性人与道德无关。在博弈论中，参与者是理性人是指每一个参与者的基本出发点是为自己争取最大化的利益。

2) 博弈的三个元素

在具备了博弈的前提后，一个博弈中仍需要具备三个基本元素，才能对博弈进行讨论和分析。这三个基本元素如下所述。

（1）**局中人**：在一场竞赛或博弈中，每一个有决策权的参与者成为一个局中人。只有两个局中人的博弈称为"两人博弈"，而多于两个局中人的博弈称为"多人博弈"。

（2）**策略**：一局博弈中，每个局中人都有选择实际可行的完整的行动方案，一个局中人的一个可行的行动方案，称为这个局中人的一个策略。如果在一个博弈中局中人总共有有限个策略，则称为"有限博弈"，否则称为"无限博弈"。

（3）**收益**：一局博弈结束时，局中人获得的结果称为收益。每个局中人在一局博弈结束时的收益，不仅与该局中人自身所选择的策略有关，而且与其他局中人所选择的一组策略有关。所以，一局博弈结束时每个局中人的收益是全体局中人所选定的一组策略的函数，通常称为**支付函数**。

2. 纯策略与混合策略

局中人通常有一系列可选策略，这些策略的集合称为该局中人的策略空间，令局中人 I 的策略空间为 $S = \{1, \cdots, m\}$。局中人 I 的**混合策略**定义是指

$$X = \left\{ \vec{X} = (x_1, \cdots, x_m) \mid x_i \geq 0, i \in \{1, \cdots, m\}, \sum_{i=1}^{m} x_i = 1 \right\} \quad (2\text{-}260)$$

即局中人 I 以概率 x_i 选择了策略 i。**纯策略**则是混合策略的退化，即 x_i 需要满足条件 $x_i = 1, \sum_{j \neq i} x_j = 0$。

2.4.2 非合作博弈

非合作博弈研究的是局中人在利益相互影响的局势中如何选择决策最大化自己的收益，即策略选择问题。非合作的框架把所有局中人的行动都当成是个别行动，它主要强调个人进行自主决策。

1. 非合作博弈简介

为了便于公式化地描述非合作博弈,记博弈局中人集合为 $I=\{1,\cdots,n\}$,每个局中人 $i\in I$ 的策略空间 $S_i=\{s_{i,1},\cdots,s_{i,m_i}\}$,对应于局中人 i 的 m_i 个策略,其收益为 u_{i,m_i},记局中人 i 的收益为 $U_i=\{u_{i,1},\cdots,u_{i,m_i}\}$。据此,一个非合作的策略博弈可以公式化地表述为

$$\Gamma \triangleq [I,\{S_i\},\{U_i\}] \qquad (2\text{-}261)$$

类似地,令局中人 $i\in I$ 的混合策略空间为 X_i,混合策略的非合作博弈也可以公式化地表述为

$$\Gamma \triangleq [I,\{X_i\},\{U_i\}] \qquad (2\text{-}262)$$

在博弈中,局中人 $i\in I$ 在行动过程中,需要选择一个行动策略,记为 $s_i\in S_i$,所有局中人的策略组合 $(s_1,\cdots,s_i,\cdots,s_n)$ 可以称为一个**局势**,为方便表述,对 $\forall i\in I$ 之外的其他局中人策略记为 $s_{-i}=(s_1,\cdots,s_{i-1},s_{i+1},\cdots,s_n)$。

2. 优势策略与纳什均衡

1) 优势策略

在博弈过程中,优势策略为博弈参与者提供了一种决策的解决方案,该策略能简化非合作博弈的求解。在博弈 $\Gamma\triangleq[I,\{S_i\},\{U_i\}]$ 中,对于 $i\in I$,$\exists s_i^*\in S_i$,若有

$$u_i(s_i^*,s_{-i})\geqslant u_i(s_i^o,s_{-i})$$
$$s_i^o\in S_i, s_i^o\neq s_i^*, \forall s_{-i} \qquad (2\text{-}263)$$

则 s_i^* 是该博弈中参与者 i 的**优势策略**,若式(2-263)中">"成立,则 s_i^* 是该博弈中局中人 i 的**严格优势策略**。

2) 纳什均衡

纳什均衡是一种策略组合,又可称为非合作博弈均衡,纳什均衡会使得每个参与人的策略是对其他参与人策略的最优反应。在纯策略非合作博弈 $\Gamma\triangleq[I,\{S_i\},\{U_i\}]$ 中,若对于 $\forall i\in I$,$\exists \Delta^*=(s_i^*,s_{-i}^*)$,满足:

$$u_i(\Delta^*)\geqslant u_i(s_i,s_{-i}^*) \qquad (2\text{-}264)$$

则称 Δ^* 是 Γ 的一个**纳什均衡**。纯策略博弈中可以定义纳什均衡,在混合策略中同样可以如此定义。在纯策略博弈中,纳什均衡点可能不存在,但是一旦达成了纳什均衡,则必定是稳定的局势,而在混合策略博弈中,必定存在纳什均衡点。

通常,博弈中所有参与人在某一时刻选定的策略组合被称为一个局势 $\hat{S}$,即 $\hat{S}=(s_1,\cdots,s_i,\cdots,s_N)$。如果对于一个局势 $\hat{S}$,不存在任何其他局势 S 使得所有参与者 $i\in I$ 满足 $u_i(S)\geqslant u_i(\hat{S})$,并且对于某些参与者 $i'\in I$ 有 $u_{i'}(S)>u_{i'}(\hat{S})$,则称该局势 $\hat{S}$ 是**帕累托最优**的。通俗来说就是指采用某一策略后,无法在不损害其他参与人利益的前提下,提高部分参与人的收益,则说明该策略具有帕累托优势。当参与人选择某一策略组合后,若任何

一个参与人不能在不降低其他参与人收益的前提下,提高自己的收益,则称该博弈取得了帕累托最优。

2.4.3 合作博弈

合作博弈是研究在利益相互影响的局势中如何选择决策使自己的收益最大,与非合作博弈不同,合作博弈常常省略局中人如何做出行动策略的细节,重点关注不同联盟的形成及联盟之间的合作和对抗,其核心研究问题是利益分配。

1. 合作博弈简介

与非合作博弈类似,合作博弈也可以公式化地表达。令局中人的集合为 $N=\{1,\cdots,n\}$,博弈过程中产生的**联盟** S 则是所有局中人集合的子集,即定义联盟 $S\subseteq N$。令 $v(s):S\Rightarrow \mathbf{R}^+$(即从联盟 S 的策略集合到非负实数集合的映射函数)为 S 上的收益,即联盟 S 所创造的价值,$v(s)$ 也可以称之为**价值函数**。此时,若存在

$$v(\Phi)=0,\quad v(N)\geqslant \sum_{i\in N}v(\{i\}) \tag{2-265}$$

则称 $\Gamma\triangleq[N,v]$ 为 n 人合作博弈,$v(s)$ 为合作博弈 Γ 的**特征函数**。式(2-265)所表达的意义是指联盟创造的价值大于或等于联盟中成员非合作独立行动创造的价值的代数和。对于博弈中不相交的联盟,即 $\forall S,T\subseteq N, S\cap T=\varnothing$,若满足:

$$v(S\cup T)\geqslant v(S)+v(T) \tag{2-266}$$

则称 $\Gamma\triangleq[N,v]$ 具有**超可加性**,当公式(2-266)中仅等号成立时,则称 $\Gamma\triangleq[N,v]$ 具有**可加性**。而对于下式情形:

$$v(N)=\sum_{i\in N}v(\{i\}) \tag{2-267}$$

称该博弈 $\Gamma\triangleq[N,v]$ 为**非实质性合作博弈**,实质性合作博弈需满足如下条件:

$$v(N)>\sum_{i\in N}v(\{i\}) \tag{2-268}$$

合作博弈可以根据其效益是否可以被瓜分来分类,若 $\Gamma\triangleq[N,v]$ 的效益可以被瓜分(转移),则称为**效益可转移博弈**(Transferable Utility,TU),否则称为**效益不可转移博弈**(Non-Transferable Utility,NTU)。

2. 效益可转移博弈

对于效益可转移联盟博弈,其核心问题则是利益分配规则,其内容丰富,这里只简单介绍 TU 中的几个核心概念,常用的效益分配规则可以参考**沙普利**和**吉利斯**等的著作。

在一个 TU 联盟 $\Gamma\triangleq[N,v]$ 中,令 x_i 为联盟中局中人 i 分得的收益,联盟的收益向量为 $\boldsymbol{X}=\{x_1,\cdots,x_n\}$,记

$$x(\boldsymbol{X})=\sum_{i\in N}x_i \tag{2-269}$$

若在 TU 的 $\Gamma\triangleq[N,v]$ 中,满足:

$$x(N)=v(N) \tag{2-270}$$

则称该利益分配 $X=\{x_1,\cdots,x_n\}$ 是符合**整体理性**的。类似地，对于 TU 联盟也定义了个体理性的标准，即 $\forall x_i$ 需满足：

$$x_i \geqslant v(\{i\}),\quad \forall i \in N \tag{2-271}$$

符合整体理性[式（2-270）]和个体理性[式（2-271）]的收益向量 X 称为 TU 联盟 $\Gamma \triangleq [N,v]$ 的一个**转归**，也称为**分配**。一个 TU 联盟 $\Gamma \triangleq [N,v]$ 的利益分配可以有无限多种，但是并非每一种分配都是稳定的。只有在组建新的联盟不能增加有关成员的收益的条件下，分配才是稳定的，即需要满足联盟理性的条件。令小联盟 S 中所有成员的收益和为

$$x(S)=\sum_{i \in S} x_i \tag{2-272}$$

若分配 $X=\{x_1,\cdots,x_n\}$ 满足如下条件：

$$x(S) \geqslant v(S),\quad \forall S \subset N \tag{2-273}$$

则称该分配满足联盟理性。一种分配若同时满足整体理性、个体理性和联盟理性，则是一种稳定的收益分配，在合作博弈中，称这种收益分配方案为**核心**，求解核心是 TU 的一种主要解法。

3. 效益不可转移博弈

对于效益不可转移联盟博弈，其典型问题是谈判问题，最著名的解法是**纳什谈判解法**（Nash Bargaining Solution，NBS）。纳什谈判解法适用于多个参与者存在利益冲突，但又希望通过达成一致协定，分享合作成果的博弈。纳什谈判解法避免了讨论复杂的谈判过程，集中于寻找双赢结果。

为简单起见，以 NTU 二人博弈为例，即 $\Gamma \triangleq [N,v], N=\{1,2\}$，令局中人的收益分别为 u_1 和 u_2，则局中人的收益组合为 (u_1,u_2)，令 S 为收益组合的可行集，即 $(u_1,u_2) \in S \subseteq \mathbf{R}_+^2$，谈判破裂的临界收益组合 (u_1^d,u_2^d) 称为**威胁点**，那么该问题就转为对

$$u_1 \geqslant u_1^d, u_2 \geqslant u_2^d,\quad \forall (u_1,u_2) \in S \tag{2-274}$$

寻找最优解 (u_1^*,u_2^*)，并且该最优解满足：

$$(u_1^*,u_2^*)=f\left(S,(u_1^d,u_2^d)\right)=\arg\max_{\forall (u_1,u_2) \in S}(u_1-u_1^d)(u_2-u_2^d) \tag{2-275}$$

最优解 (u_1^*,u_2^*) 存在且唯一。若谈判成功，则最大化目标函数结果大于零，参与者的收益将增加，此时有 $u_1 > u_1^d$，$u_2 > u_2^d$；若谈判破裂，则参与者只能获得威胁点处对应的收益，即 $u_1=u_1^d$，$u_2=u_2^d$。最优解满足纳什五公理，即可行性、对称性、线性变换不变性、无关选择下独立性和帕累托最优等特性。

2.4.4 常用博弈模型介绍

博弈理论在发展过程中，研究人员对其模型做了大量的探索工作，提出了许多经典的博弈模型，包括囚徒博弈（Prisoner's Dilemma）、联盟博弈（Coalition Game）、斯坦伯格

博弈（Stackelberg Game）、演化博弈（Evolutionary Game）、贝叶斯博弈（Bayesian Game）和拍卖博弈（Auction Game）等，本节将介绍几种常见的博弈模型。

1. 斯坦伯格博弈

斯坦伯格博弈是经济学中的一种策略博弈，在这种博弈中，局中人分为**领导者**和**跟随者**，领导者首先行动，跟随者随后决策，该博弈模型是以德国经济学家 Heinrich Freiherr von Stackelberg 的名字命名的，其在 1934 的著作 *Marktform und Gleichgewicht* 中对该模型进行了阐述。

为了简单明了地介绍斯坦伯格博弈，我们用一个简短的例子来说明。如图 2-60 所示，假设市场对某种商品有需求，这种商品有两个生产商，即局中人 $I=\{1,2\}$。生产商之间需要根据对方的商品产量选择自己的产量 s_1 和 s_2，假定商品的市场定价是商品总产量的函数 $P(s_1+s_2)$，每个生产商的成本则是其生产量的函数 $C_i(s_i), i\in I$，则每个生产商的收益为：$u(s_i)=s_i P(s_1+s_2)-C_i(s_i), i\in I$。不妨假定局中人 1 为领导者，即作为先行动的一方，首先选择行动策略 s_1，局中人 2 为跟随者，作为后行动的一方，通过观察领导者的策略 s_1 而选择行动策略 s_2。

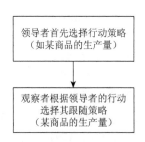

图 2-60　斯坦伯格博弈示意图

上文简要地描述了斯坦伯格模型，若要获得局中人的最优策略，达成斯坦伯格均衡，需要使用**逆向推导**的方法。领导者作为先行动的一方，预测跟随者的理性跟随策略，因此可以根据跟随者的预期最优策略而决定领导者的策略。在本示例中，首先对 $u_2(s_2)$ 求导：

$$\frac{\partial u_2(s_2)}{\partial s_2}=\frac{\partial P(s_1+s_2)}{\partial s_2}s_2+P(s_1+s_2)-\frac{\partial C_2(s_2)}{\partial s_2} \quad (2\text{-}276)$$

令 $\partial u_2(s_2)/\partial s_2=0$，求解跟随者的最优跟随策略 $s_2^*(s_1)$。此后再求 $u_1(s_1)$ 的导数，然后将 $s_2^*(s_1)$ 代入该导数中，令 $\partial u_1(s_1)/\partial s_1=0$，最终求解 s_1^*。

在斯坦伯格博弈中，跟随者将根据观察到的领导者行为来做决策，因此，领导者传递的信息将起到决定性作用。领导者知道自己的行为将影响跟随者的行为，因此，他将传递对自己有利的信息，以最大化自己的收益，这种先手优势在许多动态模型中都存在。

2. 演化博弈

在传统博弈理论中，常常假定局中人是完全理性的，并且局中人在完全信息条件下进行的，但在现实中的局中人，完全理性与完全信息的条件是很难实现的。在企业的合作竞争中，局中人之间是有差别的，经济环境与博弈问题本身的复杂性所导致的信息不完全和局中人的有限理性问题是显而易见的。**有限理性**这一概念最早是由西蒙在研究决策问题时提出的，就是指"意欲合理，但只能有限达到"。

演化博弈论整合了理性经济学与演化生物学的思想，不再将局中人模型化为完全理性的博弈方，认为局中人通常是通过试错的方法达到博弈均衡的，与生物演化具有共性，所选择的是达到均衡的过程函数，因而历史、制度因素及均衡过程的某些细节均会对博弈的均衡产生影响。如今，经济学家们运用演化博弈论分析社会习惯、规范、制度或体制形成的影响因素，以及解释其形成过程，也取得了令人瞩目的成绩，该理论在无线通信网络中也能够有效地描述用户的整体行为。

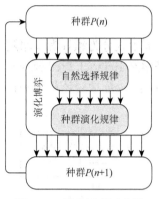

图 2-61 演化博弈示意图

演化博弈论的研究对象是随着时间变化的某一群体，分析群体演化的动态过程，并解释说明为何群体将达到这一状态及如何达到。为更好地理解演化博弈，采用图 2-61 来说明演化博弈中的三个要素。

（1）**种群**：演化博弈的研究对象不是针对具体的每一个局中人，而是对所有局中人的群体行为进行探索。种群就是博弈中局中人的集合，局中人根据其选择的策略，以及自然规律的选择结果，可以进行分组，也就是全体局中人在演化过程中的种群状态，在图中，用 $P(n)$ 来表示种群在时刻 n 的状态。

（2）**自然选择规律**：这里所说的自然选择规律对应于英文术语中的"game rule"，是指针对不同用户行为的收益规则。

（3）**种群演化规律**：种群演化规律是指局中人根据其当前收益、行动策略、其他局中人策略、收益等信息，决定下一行动时刻的行动策略后，所有局中人的种群状态随时间的一个动态过程，在演化博弈论中，通常采用动态复制方程来描述。

演化博弈并不具体地观察和指导单个博弈个体的策略选择，侧重观察每一个种群规模的变化情况，令 $\rho_m(t)$ 表示某一种群在 t 时刻的规模，$r_m(t)$ 为该种群的平均效益，$\overline{r}(t)$ 为所有博弈参与者的平均效益，φ 为演化速率因子，表明了每一个种群演化的快慢程度。此时，可以通过如下动态复制方程来观察用户规模随时间的变化规律，在获得博弈初始阶段的信息后，进而可以分析演化的均衡结果。

$$\frac{\partial \rho_m}{\partial t} = \varphi \rho_m(t)\left(r_m(t) - \overline{r}(t)\right) \tag{2-277}$$

3. 古诺垄断竞争博弈

考虑两个相互竞争的服务提供商作为博弈参与人，参与人 1 和参与人 2 均可从可行集 $[0,\infty)$ 中选择各自提供的服务总量 Q_i，服务的价格由市场上的服务总量所确定，即出售价格是出售总量 $Q_1 + Q_2$ 的函数，为 $P(Q_1 + Q_2)$，参与人的运营成本为 $C_i(Q_i)$，那么参与人的收益为

$$U_i(Q_1, Q_2) = Q_i P(Q_1 + Q_2) - C_i(Q_i) \tag{2-278}$$

在这个场景下，每一个参与人需要根据对手的博弈策略，选择自身的最优的服务总量，即参与人 1 的策略是对参与人 2 策略的所谓**古诺响应函数**：$Q_1 = r_1(Q_2)$，同理 $Q_2 = r_2(Q_1)$。如果收益函数是可微的和严格凸的，而且满足合适的边界条件，我们可以采用一阶条件来求解参与人的最优反应函数。例如，对于参与人 2 而言，其收益为

$$U_2(Q_1 + r_2(Q_1)) = r_2(Q_1)P(Q_1 + r_2(Q_1)) - C_2(r_2(Q_1)) \tag{2-279}$$

若参与人工能够获得最优反应函数,则上式的关于 $r_2(Q_1)$ 的一阶导数将满足

$$P(Q_1+r_2(Q_1))+P'(Q_1+r_2(Q_1))r_2(Q_1)-C_2'(r_2(Q_1))=0 \tag{2-280}$$

同理,可以获得关于参与者 i 获得最优反应函数时的一阶导数条件,而两个响应函数的联合解(如果存在的话)就是古诺博弈的纳什均衡:在给定对手所提供的服务总量的前提下,没有一个参与者能够通过改变自己的策略而获得更大收益。

4. 拍卖博弈

常用的拍卖博弈模型有三种,分别是需求拍卖、供应拍卖及双向拍卖。

1)需求拍卖

需求拍卖是指在一个资源卖方拥有资源,多个买方相互竞价购买资源的拍卖过程中,如图 2-62 所示,买家根据自身需求及条件,可以接受的最高价格参与竞价购买卖方的可用资源,卖方则以最大化其收益的方式,销售其拥有的资源。

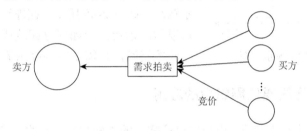

图 2-62 需求拍卖示意图

2)供应拍卖

供应拍卖是指在多个资源卖方拥有资源,一个买方购买资源的拍卖过程中,如图 2-63 所示,卖方之间需要相互竞争,获得买方市场,将自身拥有的资源成功销售。通常,买方会根据其收益函数,制定可接受的最低价格,参与拍卖博弈,买方则根据其可得收益,选择合适的资源购买。

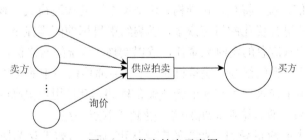

图 2-63 供应拍卖示意图

3)双向拍卖

双向拍卖中包含多个买方与多个卖方,买方与卖方均需要根据其自身条件,制定合理的买卖价格并进行拍卖博弈,如图 2-64 所示。与供应拍卖和需求拍卖不同,双向拍卖不是简单地由一方(买方或卖方)促成博弈,一般需要集中控制中心,保证拍卖的顺利进行,并最大化买卖双方的收益。

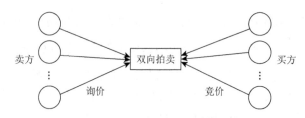

图 2-64 双向拍卖示意图

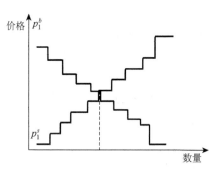

图 2-65 双向拍卖求解示意图

一般地，假定买方集合为 $\{x_1,\cdots,x_i,\cdots,x_N\}$，他们给出的竞价价格可以认为有：$p_1^b \leqslant \cdots \leqslant p_i^b \leqslant \cdots \leqslant p_N^b$，其中 p_i^b 为 x_i 给出的价格。卖方集合为 $\{y_1,\cdots,y_i,\cdots,y_M\}$，他们给出的价格可以假设有：$p_1^s \geqslant \cdots \geqslant p_i^s \geqslant \cdots \geqslant p_M^s$。根据买方需求量及卖方的供应量，我们可以形象绘制双向拍卖求解示意图，如图 2-65 所示，在虚线左侧的买家与卖家可以达成拍卖，而如何分配达成拍卖的买家与卖家之间的资源，则需要中心控制节点进行优化配置。

2.4.5 博弈论在无线通信网络中的应用

随着通信技术的不断发展，用户对通信需求的不断提高，新的技术挑战不断呈现，需要有新的工具和新的架构来重新理解和解决通信中的难题。网络通信实体计算能力和智能化的增强，可以独立地、理性地决定自身行为，这使得博弈论在未来通信系统中的应用有充足的应用基础。同时，现代通信网络越来越趋向于向大规模、分布式、多层次的方向发展，人们对于不确定场景下通信系统的鲁棒性要求，使得博弈论在未来通信系统中有强烈的需求。因此，如何结合博弈论与高效分布式算法，应用于未来通信系统，是一个急需解决的问题。

未来的无线通信系统，将是一种异构、超密集组网的构造模式。形态各异的通信实体量大，通信网络需要进行优化的目标众多，影响约束目标的因素庞杂，特别是随着网络规模越来越大，网络状态信息的实时汇聚往往难以实现，传统的网络优化控制的方法一般很难实现。而博弈论能够提供很好的决策机制，能够为通信网络中的有关实体提供高效的运行算法，有希望适用于未来更加智能的无线通信网络，满足用户更高的、更多样化的通信需求。因此，近年来，博弈论在无线通信中受到了重点关注。

博弈论在通信中的前景受到了业界的广泛认可，研究者普遍认为博弈论将为研究通信网络提供一个全新的视角，也已经开始将博弈论应用到现代通信网络中，并取得了丰硕的成果，本节将对博弈论在通信中的各种研究成果和潜在应用进行简要的归纳概括。

1. 博弈论在无线通信网络中应用的示例

1）博弈论在异构蜂窝网络中的应用

网络场景 在无线蜂窝网络中，通过部署小基站，提高网络的频谱利用率，形成了由宏基站和小基站组成的双层蜂窝网络，如图 2-66 所示。宏基站和小基站共用频谱资源，用户接入能够获得最大信干噪比的基站。

为了提高网络的性能，宏基站通过释放部分子信道（称之为空白子信道），以减少跨层同频干扰，以提高小基站的容量；同时，小基站通过偏置（在用户获得的信干噪比上增加一个偏置因子，使其更倾向于接入小基站），接纳其覆盖边缘的部分宏基站用户，以优化负载均衡，图 2-67 所示。

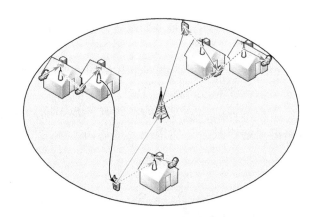

图 2-66　双层异构蜂窝网络示意图

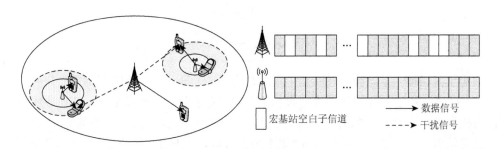

图 2-67　采用空白子信道和偏置的异构蜂窝网络示意图

问题描述　在上述场景中，需要对宏基站和小基站各自用户的信道容量进行优化，优化的变量包括空白子信道集合和所有小基站的偏置选择。对于这个问题，需要在多个优化变量条件下对多目标进行优化，并且由于小基站数量较多，小基站的启闭等具有随机性，相关参数信息的汇聚较难，传统的集中控制的优化方法很难解决该问题。因此可采用博弈论的方法对该问题重新建模，从新的角度求解该问题，分别为宏基站和小基站给出了可行的行动方案。

斯坦伯格博弈建模　将宏基站建模为领导者，为激励小基站接纳其附近的宏基站用户，选择部分子信道作为空白子信道，减少对小基站覆盖范围内的同频干扰。将小基站建模为跟随者，跟随者在受到领导者的激励后，通过设置其偏置而调整覆盖范围，接纳部分附近的宏基站用户。

问题求解　通过采用斯坦伯格博弈建模后，原本的多目标优化的求解问题，转变为对领导者最优策略和跟随者最优策略的求解,正如上文分析,斯坦伯格博弈的最优策略求解可以采用逆向推导方法完成。并且领导者和各个跟随者在求解最优策略时,确定最优策略的标准就是能否提高其负载的信道容量,这样的策略可以分布式地在各个基站中获得,因而也不需要参数信息的汇聚,从而可以有效地解决原本采用传统优化方法难以解决的难题。

2)基于拍卖博弈的动态频谱分配

动态频谱分配是根据用户需求进行频谱资源的分配,能够提高频谱的利用效率和灵活性。动态频谱分配的实施方法之一是采用拍卖的形式,如对传输时间、频谱、功率等进行拍卖竞争。

网络场景 如图 2-68 所示,该网络由一个基站和多个用户组成。频谱资源采用 TDM 的方式,基站每次将一个时隙分配给一个用户使用,而基站需要用户协助完成中继通信等工作。每一个用户的通信需求及无线信道环境均不同,因此能够协助基站通信的能力也不同,基站需要选择最合适的用户完成通信,而用户也需要以合理的代价竞争传输的时隙。

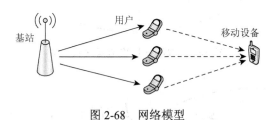

图 2-68 网络模型

拍卖博弈建模 基站作为拍卖者,用户是竞争者。每一个传输时隙均需要进行拍卖分配,用户以协助基站通信的时长作为投标的价格,竞争每一个时隙资源。基站收集到所有用户的投标后,将时隙分配给出价最高的用户,并要收取竞价第二高的竞价。

拍卖示例 如图 2-69 所示,在时隙 1 拍卖阶段,用户 1、用户 2、用户 3 开始竞价,分别愿意将该时隙的 1/3、1/5 和 1/2 用于协助基站通信,基站收集到它们的竞价投标后,将该时隙分配给用户 3,并要求其将该时隙的 1/3 用户协助基站通信。

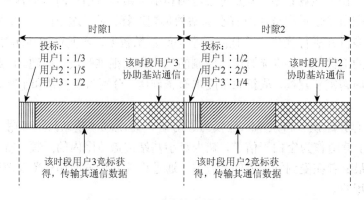

图 2-69 时隙拍卖博弈示意图

2. 博弈论在无线通信网络中的应用

1) 博弈论在网络选择中的应用

随着无线通信技术的发展,无线网络会朝着广义异构蜂窝网络的方向发展,未来无线通信网络可提供多种接入方式,运营商的移动通信网络(2G/3G/4G/5G)、无线局域网(WLAN/Wi-Fi)、蓝牙、无线城域网[全球微波互联网接入(Worldwide Interoperability for Microwave Access,WiMax)]、Zigbee 等,能提供更多样化的通信服务,用户的需求也存在巨大差异,用户终端设备千差万别,用户选择服务时考虑的因素众多,网络环境十分复杂。将博弈论应用于这种异构蜂窝网络下,往往能获得高效的、智能的、分布式的决策机制,满足多样化通信的需求。

针对异构蜂窝网络中的网络选择问题,基于博弈论的解决方法已经获得了大量研究成果,按照博弈参与者分类,可以将这些方法分成三类:用户与用户之间的博弈,用户与网络之间的博弈,以及网络与网络之间的博弈。在本节对这些方法在进行了归纳,如表 2-2～表 2-4 所示,具体的出处可以参考文献。

表 2-2 基于博弈论的网络选择方法(用户与用户之间)

博弈类型	博弈模型	博弈目标	适用网络
非合作博弈	演化博弈	频谱资源共享:研究了理性用户竞争 WLAN 多媒体接入时的行为	WLAN
		网络选择:用户接入的公平性	WLAN
	贝叶斯博弈	网络选择:选择最优的接入网络	通用
	拍卖博弈	频谱资源分配:用户之间的频谱分配	通用
	拥塞博弈	网络选择:最小化网络选择的开销	WLAN
合作博弈	谈判博弈	频谱分配:最优的带宽分配	蜂窝网络

表 2-3 基于博弈论的网络选择方法(用户与网络之间)

博弈类型	博弈模型	博弈目标	适用网络
非合作博弈	拍卖博弈	网络选择:选择能够满足用户需求的网络	HSDPA/WLAN
	古诺模型	功率分配:根据用户优先级分配功率	CDMA
	囚徒博弈	频谱管理:用户接入控制与负载控制	通用
合作博弈	重复博弈	网络选择:联合优化用户和网络满意度	通用

表 2-4 基于博弈论的网络选择方法(网络与网络之间)

博弈类型	博弈模型	博弈目标	适用网络
非合作博弈	策略博弈	网络选择:选择能够满足用户需求的网络	WLAN/WiMAX
		网络选择:选择能够最优地满足用户需求的网络	4G 网络
	非零和博弈	接入控制:最优地分配用户接入请求到各个网络	WLAN
	策略博弈	网络选择:最优接入网络选择	WLAN/WCDMA/WiMAX 等

续表

博弈类型	博弈模型	博弈目标	适用网络
合作博弈	斯坦伯格博弈	频谱分配：通过拆分用户请求而最优地分配带宽	通用
	策略博弈	网络选择：从网络的角度，优化切换与负载均衡	通用
	联盟博弈	频谱分配：接入网络之间通过合作共享频谱	通用
	谈判博弈	频谱分配：频谱资源的公平分配	通用

2）博弈论在网络安全中的应用

传统的网络安全主要是依靠部署防御设施来实现的，如防火墙、杀毒软件等。基于博弈的网络安全则主要通过对应于场景的分析，选择恰当的安全模式，根据这些安全机制的目的，可以将它们分成以下两类。

（1）**基于网络攻击-防御分析的网络安全**：这类方式主要是通过博弈模型来建模网络中的攻击和防御行为，对攻击行为做出预测，并确定防御行为。

（2）**基于网络安全性与可靠性评估的网络安全**：这类方式主要是通过博弈模型，预测攻击方的行动及防御方的策略，从而对网络的安全性进行评估。

同时，这两类应用是可以进行有机结合的，如图 2-70 所示，通过对网络中行为实体的攻防策略分析，能够对网络中的攻防策略进行预测，在此基础上结合其他网络状态信息，可以辅助对网络安全性能的评估。具体的出处可以参考文献。

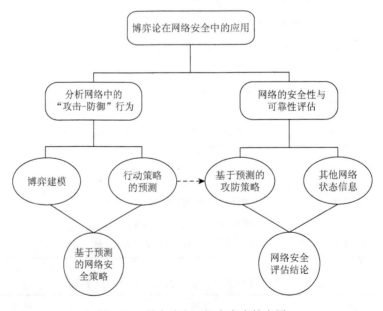

图 2-70 博弈论在网络安全中的应用

3）博弈论在多址接入技术中的应用

在无线通信中，对于信道多址接入分为两大类，在以 Wi-Fi 为代表的非面向连接的无线接入技术中，用户主要通过竞争获得信道资源，采用的方式主要是载波侦听多址访问

（Carrier Sense Multiple Access，CSMA）和阿罗哈（Additive Links Online Hawaii Area，ALOHA）机制。本书主要关注蜂窝通信技术，因此此节主要介绍蜂窝通信中的多址接入技术，主要有三种，即时分多址（Time Division Multiple Access，TDMA）接入，频分多址（Frequency Division Multiple Access，FDMA）接入和 CDMA 接入。在本节对博弈论应用于这三种多址接入方式的研究成果进行了总结，如表 2-5～表 2-7 所示，具体的细节可以参考相关研究成果。

表 2-5 博弈论在 TDMA 中的应用

博弈模型	博弈目标
非合作静态博弈	在给定信道增益条件下，最小化节点的时隙使用率
拍卖博弈	将时隙资源作为中继资源来投标的场景下，优化时隙分配
	在以付费价格作为投标的场景下，优化实习分配
重复博弈	在有约束条件下，节点优化其发射功率，并引入惩罚和诚信机制
动态博弈	在 TDMA 方式下，完成信道分配和速率控制

表 2-6 博弈论在 FDMA 中的应用

博弈模型	博弈目标
非合作博弈	在发射功率受限且满足用户通信速率条件下，完成子信道分配
	完成多射频设备的子信道最优分配
	采用斯坦伯格博弈，在次用户功率受限条件下，完成认知节点的功率分配
拍卖博弈	根据拍卖价格，完成功率分配
合作博弈	通过采用联盟博弈，完成功率和子信道的联合分配

表 2-7 博弈论在 CDMA 中的应用

博弈模型	博弈目标
非合作博弈	在所有子载波上最优化发射功率，从而获得最佳的信干噪比
	在各节点可以调整其处理增益的多速率 CDMA 系统中，完成功率控制
	联合优化上行速率和发射功率
	各个节点通过选择功率分配策略，最小化其目标代价
合作博弈	在满足信干噪比要求下，最小化节点的发射功率

4）博弈论在伺机频谱接入技术中的应用

伺机频谱接入（Opportunistic Spectrum Access，OSA）技术能够提高频谱利用率，增大系统容量。在实际系统中，OSA 技术会面临诸多技术挑战，如不同用户之间的竞争、频谱空洞的动态变化、频谱感知与频谱使用之间的矛盾等。如何在复杂且动态变化的环境中，发挥 OSA 技术的优势，最大化频谱资源的使用，是该领域所面临的技术难题之一。为满足智能化的 OSA 需求，研究人员开始探索博弈论在 OSA 技术中的应用，并取得了丰硕的成果，本节在表 2-8 中总结归纳了相关研究成果，具体细节可以参考相关文献资料。

表 2-8　博弈论在 OSA 中的应用

博弈类别	博弈模型	博弈目标	博弈结果
非合作博弈	静态博弈	干扰消除：选择能够最小化总干扰的子信道	纳什均衡
		最大化吞吐量：通过在不同子信道上分配传输速率，完成总吞吐量最大化	纳什均衡
		全局效益最优：选择最理想的子信道，满足最差用户的需求	相干均衡
	重复博弈	吞吐量最大化：通过信道分配最大化预期吞吐量	纳什均衡
		吞吐量最大化：考虑开销的场景下，通过信道分配最大化预期吞吐量	—
		吞吐量最大化：通过信道选择，最大化预期吞吐量	纳什均衡
	图形博弈	最小化频谱冲突：通过信道选择，最小化频谱冲突等级	纳什均衡
		将最大化吞吐量与最小化总干扰进行联合优化	纳什均衡
		最小化拥塞：通过优化时频资源分配，最小化拥塞等级	纳什均衡
	演化博弈	吞吐量最大化：通过选择子信道，最大化吞吐量	演化稳定策略
合作博弈	联盟博弈	联合优化频谱感知和接入性能	—

注："—"表示研究结果未明确获得博弈均衡结论

2.4.6　博弈论小结

本章简要、系统地介绍了博弈论及其在现代无线通信网络中的应用。首先简要介绍了博弈理论的概念和分类方式；对博弈的前提、基本要素及其他基本概念进行了简要概括。其次，按照博弈局中人是否有协作的分类方式，分别介绍了非合作博弈和合作博弈，对它们的公式化表达进行了定义，对于非合作博弈则介绍了优势策略与纳什均衡的定义，对合作博弈介绍了效益可转移博弈，以及整体理性、联盟理性和个体理性的概念，对效益不可转移博弈则介绍了纳什谈判解法。再次，对常用的博弈模型进行了简单介绍，主要介绍了本书将使用的两种博弈模型：斯坦伯格博弈和演化博弈。最后，分类介绍了博弈论在现代无线通信中的应用，包括网络选择、网络安全、多址接入及 OSA 技术，对现有的博弈方法进行了较为详细的归纳。

思考题与习题

2-1　某信道的容量为 1200bit/s，分组发送时间在 2s 以内的概率为 0.85，求分组的平均长度为多少比特？

2-2　某电影院设有一个售票窗口，若买票者的泊松过程到达，平均每分钟到达 2 人，假定售票时间服从指数分布，平均每分钟可售 3 人。求：（1）平均等待时间；（2）系统效率。

2-3　某电话总机的输入过程服从泊松分布，已知该总机的平均呼叫率为 60 次/小时。计算话务员离开半分钟内，一次呼叫也没有发生的概率。

2-4 某电话交换机为拒绝系统,共有 20 条中继线,假设用户呼叫满足最简单流的条件,平均呼叫率为 400 次/小时,呼叫占用的时间长度服从指数分布,每次呼叫占用 3 分钟,求交换机的中继线的呼损率和利用率。

2-5 设顾客进入某快餐店的到达率为每分钟 5 人,顾客等待他们所需的食品的平均时间为 5 分钟,顾客在店内用餐的概率为 0.5,打包带走的概率为 0.5,在店内用餐的平均时间为 20 分钟,问快餐店内平均的顾客数是多少?

2-6 网络中两节点 1 和 2 向另外一个节点 3 发送文件,文件从 1 和 2 到 3 所需的平均传输时间是 $T13$ 和 $T23$,节点 3 处理节点 1 和 2 文件所需的平均时间为 $P13$ 和 $P23$,在处理完文件后向节点 1 和 2 请求另外一个文件(具体选择节点的规则未定),如果 λ_1 和 λ_2 分别是节点 1 和 2 发送文件的实际速率,试求所有可行的发送速率 λ_1 和 λ_2。

2-7 一个健忘的老师将两个学生会谈的时间安排在相同的时间内,会谈的区间是相互独立的,服从均值为 30 分钟的指数分布。第一个学生准时到达,第二个学生晚 5 分钟到达,问从第一个学生的到达时刻到第二个学生离开的平均间隔是多少?

2-8 一条通信链路被分为两个相同的信道,每个信道服务一个分组流,所有的分组均具有相等的传输时间 T 和相等的到达间隔 D($D>T$)。假定改变信道的使用方式,将两个信道合并为一个信道,将两个业务流统计复接到一起,每个分组的传输时间为 $T/2$,试证明一个分组在系统内的平均时间将会从 T 下降到($T/2 \sim 3T/4$),分组在队列中等待的方差将会从 0 变到 $T^2/16$。

2-9 一条通信链路的传输速率为 50Kbit/s,用于为 10 个连接提供服务,每个连接产生的泊松业务流的速率为 150 分组/分钟,分组长度服从指数分布,其均值为 1000bit。(1)当该链路用下列方式为连接提供服务时:a. 10 个相同容量的独立 TDM 信道;b. 10 个连接统计复用信道;求对每一个连接队列中的平均分组数、在系统中的平均分组数、分组的平均时延。(2)改变条件重新解问题(1):5 个连接发送的速率为 250 分组/分钟,另外 5 个连接的速率为 50 分组/分钟。

2-10 分析一个到达率和服务率与系统状态相关的类似于 M/M/1 的系统,当系统中的顾客数为 n 时,系统的顾客到达率为 λ_n,服务率为 μ_n,其他与普通 M/M/1 系统完全相同,试证明:

$$P_{n+1} = (\rho_0 \rho_1 \rho_2 \cdots \rho_n) P_0, \quad 其中,\quad \rho_k = \lambda_k / \mu_{k+1}, \quad P_0 = \left(1 + \sum_{k=0}^{\infty} (\rho_0 \rho_1 \rho_2 \cdots \rho_k)\right)^{-1}。$$

2-11 对于一个离散型的 M/M/1 系统,到达间隔和服务时间均为整数值,即顾客在整数时刻到达或离开,令 λ 是一个到达发生在任何时刻 k 的概率,并且假定每次最多仅有一个到达。一个顾客在 $k+1$ 时刻被服务结束的概率为 μ。试求以 λ 和 μ 表示的系统状态(顾客数)的概率分布 P_n。

2-12 设有一个 M/M/∞ 队列,其服务员分别标有 $1,2,\cdots$。现增加一个限制,即一个顾客到达时将选择一个空闲的且具有最小编号的服务员,试求每一个服务员忙的时间比例,如果服务员的数目是有限的,结果是否有变化?

2-13 假定在 MM2 系统中,两个服务员具有不同的服务速率,试求系统的稳态分布

（当系统为空时，到达的顾客分配到服务速率较快的服务员）。

2-14 假定有 M 个顾客，m 个服务台，缓冲器的容量为 K 的排队系统，到达速率和服务速率分别为

$$\lambda_k = \begin{cases} \lambda(M-k), & 0 \leq k \leq K-1 \\ 0, & 其他 \end{cases} \quad \mu_k = \begin{cases} k\mu, & 0 \leq k \leq m \\ m\mu, & k > m \end{cases}$$

假设到达过程为泊松过程，服务时间为指数分布，并且 $M \geq K = m$，画出状态转移图。求该排队系统中顾客数的稳态分布、平均时延和阻塞概率。

2-15 试利用平均剩余服务时间的概念证明 M/D/1 的等待时间为：$\rho/(2\mu(1-\rho))$。

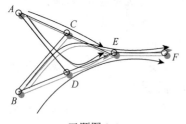

习题图 2-1

2-16 某网络如习题图 2-1 所示，有 4 个连接 ACE、ADE、$BCEF$、$BDEF$，它们以泊松过程发送分组的速率分别为 100、200、500 和 600 分组/分钟，分组的长度是均值为 1000bit 的指数分布，所有传输链路的容量均为 50Kbit/s。每条链路的传输时延为 2ms，利用 Kleinrock 独立性近似。试求解系统中的平均分组数、网络中的平均时延及每个连接中分组的平均时延。

2-17 某计算机系统中一个 CPU 连接到 m 个 I/O 设备，由习题图 2-2 所示，任务进入计算机系统是到达率为 λ 的泊松过程，通过 CPU 处理后分别以概率 q_{ci}, $i = 0, 1, 2, \cdots, m$ 离开系统或进入第 i 个 I/O 设备，任务在 CPU 和第 i 个 I/O 中的服务率分别为 μ_c 和 μ_i, $i = 0, 1, 2, \cdots, m$。假定在所有设备中的服务时间是相互独立的。试求系统的稳态概率分布。

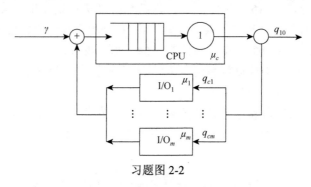

习题图 2-2

2-18 解释图论中路径、回路、简单回路和连通性的含义。

2-19 解释图论中树、树枝、连支和树枝的含义。

2-20 求习题图 2-3 所给出的图 G 的所有支撑树。

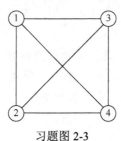

习题图 2-3

2-21 图论中还定义了**邻接矩阵**：$A_{GA} = \begin{bmatrix} p_{ij} \end{bmatrix}_{n \times n}$，其行对应于顶点，其列也对应于顶点。矩阵中的元素取值由顶点间的关系确定：

$$p_{ij} = \begin{cases} 0, & v_i 与 v_j 之间无边相连 \\ 1, & v_i 与 v_j 之间有边相连 \end{cases}$$

假定已知某图的邻接矩阵如下：

$$\begin{bmatrix} 0 & 1 & 1 & 1 & 1 \\ 1 & 0 & 1 & 0 & 0 \\ 1 & 1 & 0 & 1 & 0 \\ 1 & 0 & 1 & 0 & 1 \\ 1 & 0 & 0 & 1 & 0 \end{bmatrix}$$

请画出相应的图。

2-22 求习题图 2-4 给出的无向图和有向图的关联矩阵和权值矩阵。

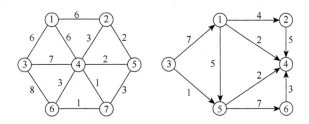

习题图 2-4

2-23 求习题图 2-5 所示的（a）的回路矩阵和（b）的割集矩阵。

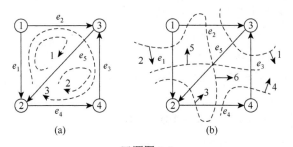

习题图 2-5

2-24 请分别利用 Kruskal 算法和 Prim-Dijkstra 算法求习题图 2-6 所示图的最小生成树。

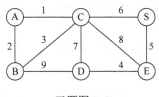

习题图 2-6

2-25 请用 Floyd 算法求习题图 2-6 所示图中各顶点间的最短路径。

2-26 请用 Dijkstra 算法求习题图 2-7 所示图中顶点 1 到其余各顶点的最短路径。

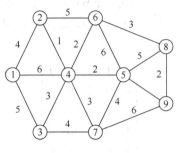

习题图 2-7

2-27 习题图 2-8 所示为某一运输网络，图中已有一个初始的相容流模式，请用极大流标记法求极大流，要求给出每一轮标记过程和增广过程的具体实现步骤图。

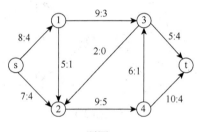

习题图 2-8

2-28 判断下列非线性规划是否为凸规划。

(1) $\min \quad f(x) = x_1^2 + x_2^2 - 2x_1 + x_1 x_2$
    s.t. $\quad g_1(x) = 3x_1 + 5x_2 - 4 \geqslant 0$
    $\quad g_2(x) = 3x_1^2 + x_2^2 - 2x_1 x_2 - 8x_2 + 10 \geqslant 0$
    $\quad x_1, x_2 \geqslant 0$

(2) $\min \quad f(x) = x_1 + 2x_2$
    s.t. $\quad g_1(x) = x_1^2 + x_2^2$
    $\quad g_2(x) = x_2 \geqslant 0$

(3) $\min \quad f(x) = 2x_1^2 + 2x_1 x_2 + x_2^2 - 10x_1 - 10x_2$
    s.t. $\quad g_1(x) = 5 - x_1^2 - x_2^2 \geqslant 0$
    $\quad g_2(x) = 6 - 3x_1 - x_2 \geqslant 0$

2-29 用黄金分割法求解：$\min f(x) = 2x^2 - x - 1$，初始区间为 $[-1,1]$，区间精度 $\delta = 0.06$。

2-30 用牛顿法求 $f(x) = e^x - 5x$ 在区间 $[1,2]$ 上的极小点的近似值（只迭代 3 次），给定初始点 $x_1 = 1$。

2-31 用抛物线法进行一维搜索求 $\min_{x>0} f(x) = x^3 - 2x + 1$ 的近似最优解，设初始搜索区间为 $[0,3]$，初始插值点为 $x_1 = 1$，算法终止条件为 $|x_{k+1} - x_k| < \delta = 0.01$。

2-32 用变量轮换法求解无约束问题 $\min f(x) = x_1^2 + 2x_2^2 - 4x_1 - 2x_1 x_2$，给定初始点为

$\boldsymbol{x}^{(1)} = [1,1]^{\mathrm{T}}$,终止条件为

$$\frac{\left|f\left(\boldsymbol{x}^{(k+1)}\right) - f\left(\boldsymbol{x}^{(k)}\right)\right|}{\left|f\left(\boldsymbol{x}^{(k)}\right)\right|} \leqslant \delta = 0.005$$

2-33 分别用最速下降法(要求迭代两次)和共轭梯度法求解下列问题的近似极小解。

(1) $\min f(\boldsymbol{x}) = 2x_1^2 + x_2^2$,取初始点 $\boldsymbol{x}^{(1)} = [1,1]^{\mathrm{T}}$。

(2) $\min f(\boldsymbol{x}) = x_1^2 + 2x_2^2 + 4x_3^2 - 4x_1 - 2x_1x_2 - 8x_3$,取初始点 $\boldsymbol{x}^{(1)} = [1,1,1]^{\mathrm{T}}$。

2-34 用牛顿法求解 $\min f(\boldsymbol{x}) = 2x_1^2 + (x_2 - 1)^2$,要求 $\boldsymbol{x}^{(1)} = [1,0]^{\mathrm{T}}$,$\varepsilon = 0.2$。

2-35 求下列非线性规划问题的 KKT 点。

(1) $\min\ f(\boldsymbol{x}) = -\ln(x_1 + x_2)$
  s.t. $x_1 + 2x_2 \leqslant 5$
    $x_1 \geqslant 0, x_2 \geqslant 0$

(2) $\min\ f(\boldsymbol{x}) = -x_1$
  s.t. $(x_1 - 3)^2 + (x_2 - 2)^2 = 13$
    $(x_1 - 4)^2 + x_2^2 \leqslant 16$

2-36 试用可行方向法求解下列非线性规划问题。

(1) $\min f(\boldsymbol{x}) = x_1^2 + x_2^2 - 4x_1 - 4x_2 + 8$,初始点为 $\boldsymbol{x}^{(1)} = [0,0]^{\mathrm{T}}$,迭代两步。
  s.t. $g_1(\boldsymbol{x}) = -x_1 - 2x_2 + 4 \geqslant 0$,

(2) $\min\ f(\boldsymbol{x}) = 2x_1^2 + 2x_2^2 - 2x_1x_2 - 4x_1 - 6x_2$
  s.t. $g_1(\boldsymbol{x}) = x_1 + 5x_2 \leqslant 5$
    $g_2(\boldsymbol{x}) = 2x_1^2 - x_2 \leqslant 0$
    $x_1 \geqslant 0, x_2 \geqslant 0$
,初始点为 $\boldsymbol{x}^{(1)} = [0, 0.75]^{\mathrm{T}}$,迭代两步。

2-37 用内点法求解下列非线性规划问题。

(1) $\min\ f(\boldsymbol{x}) = \frac{1}{12}(x_1 + 1)^3 + x_2$
  s.t. $g_1(\boldsymbol{x}) = x_1 - 1 \geqslant 0$
    $g_2(\boldsymbol{x}) = x_2 \geqslant 0$

(2) $\min\ f(\boldsymbol{x}) = x_1^2 - 6x_1 + 2x_2 + 9$
  s.t. $g_1(\boldsymbol{x}) = x_1 - 3 \geqslant 0$
    $g_2(\boldsymbol{x}) = x_2 - 3 \geqslant 0$

2-38 有三个参与人 1,2 和 3,以及三种选项 A,B 和 C。参与人同时选择一种选项投票且不允许弃权。获得最大票数的选项赢得投票;如果没有选项能够获得多数,则选项 A 被选中。收益函数如下:

$$U_1(A) = U_2(B) = U_3(C) = 2,\quad U_1(B) = U_2(C) = U_3(A) = 1,\quad U_1(C) = U_2(A) = U_3(B) = 0$$

(1)请写出参与人的策略空间;(2)请找出所有的纯策略均衡。

2-39 分析如下同时出价博弈:两人参与同时出价选择,出价必须是 1 元的非负整数倍,出价高者获得 10 元,如果出价相同,则两人均没有收益。在每一次博弈过程中,参与人必须支付他自己的出价(无论输赢)。(1)请讨论用户的效用函数;(2)请分析讨论合理的出价策略,包括纯策略和混合策略;(3)请分析是否存在混合策略纳什均衡。

2-40 以文中所提古诺模型为例,假定需求为线性: $P(Q) = \max\{0, 1 - Q\}$,成本为对称的线性成本: $C_i(Q_i) = CQ_i$,其中 $0 < C < 1$。(1)求解纳什均衡策略;(2)假设有 I 个博弈参与者,成本函数均为上述线性函数,计算当 $I \to \infty$ 时,纳什均衡的极限,并加以讨论。

2-41 假设存在 I 个农场主,每一个农场主均有权利在公共牧场上放牧奶牛。一头奶

牛产奶的数量取决于在草地上放牧的奶牛的总量 N，当 $N<N_0$ 时，n_i 头奶牛的收入为 $n_i v(N)$，而当 $N \geqslant N_0$ 时 $v(N)=0$，其中 $v(0)>0, v'<0, v''\leqslant 0$，每头奶牛的成本为 c，奶牛是完全可分的，假定 $v(0)>0$，农场主同时决定购买多少奶牛，所有奶牛均会在公共牧场放牧。(1) 找到纳什均衡；(2) 讨论这一博弈与古诺垄断博弈之间的关系。

参 考 文 献

陈宝林，2005. 最优化理论与算法. 北京：清华大学出版社.

哈拉里 F，1980. 图论. 李慰萱译. 上海：上海科学技术出版社.

蒋金山，何春雄，潘少华，2007. 最优化计算方法. 广州：华南理工大学出版社.

李建东，盛敏，李红艳，2011. 通信网络基础. 2 版. 北京：高等教育出版社.

林闯，2001. 计算机网络和计算机系统的性能评价. 北京：清华大学出版社.

毛京生，董跃武，2013. 现代通信网. 3 版. 北京：北京邮电大学出版社.

丘关源，1978. 网络图论简介. 北京：人民教育出版社.

徐俊明，2010. 图论及其应用. 3 版. 北京：中国科学技术大学出版社.

周雄，2015. 基于博弈的 Femtocell 网络频谱资源管理. 广州：华南理工大学博士学位论文.

周雄，冯穗力，2014. 双层分级蜂窝网最优频谱分配与定价. 信号处理，30（11）：1257-1262.

周雄，冯穗力，2015. 基于 Stackelberg 博弈的最优频谱分配与定价策略. 华南理工大学学报，43（3）：90-97.

周雄，冯穗力，丁跃华，等，2015. Femtocell 网络中博弈式频率复用算法. 通信学报，36（2）：137-143.

（美）华兴，1987. 排队论与随机服务系统. 上海：上海翻译出版公司.

Ali M S, Tabassum H, Hossain E. Dynamic user clustering and power allocation for uplink and downlink non-orthogonal multiple access（NOMA）systems. IEEE Access，4：6325-6343.

Anastasopoulos M P, Arapoglou P D M, Kannan R, et al., 2008. Adaptive routing strategies in IEEE 802.16 multi-hop wireless backhaul networks based on evolutionary game theory. IEEE Journal on Selected Areas in Communications，26（7）：1218-1225.

Basar T, Olsder G J, Clsder G J, et al., 1995. Dynamic Noncooperative Game Theory. London：Academic Press.

Binmore K G, 1980. Nash Bargaining Theory I. Internat Center for Economics and Related Disciplines. No9. London School of Economics.

Boyd S, Vandenberghe L, 2004. Convex Optimization. Cambridge：Cambridge University Press.

Dixit A K, Skeath S, Reiley D, 1999. Games of Strategy. New York：Norton.

Feng W, Feng S L, Ding Y H, et al., 2014. Cross-layer resource allocation in wireless multi-hop networks with outdated channel state information. Frontiers of Information Technology & Electronic Engineering，15（5）：337-350.

Gibbons R, 1992. Game Theory for Applied Economists. Princeton：Princeton University Press.

Gillies D B, 1959. Solutions to general non-zero-sum games. Contributions to the Theory of Games，4（40）：47-85.

Han S, Yang C, Chen P, 2015. Full duplex-assisted intercell interference cancellation in heterogeneous networks. IEEE Transactions on Communications，63（12）：5218-5234.

Huang X, Feng S, Zhuang H, 2011. Jointly optimal congestion control, channel allocation and power control in multi-channel wireless multihop networks. Computer Communications，34（15）：1848-1857.

Jiang C, Chen Y, Gao Y, et al., 2013. Joint spectrum sensing and access evolutionary game in cognitive radio networks. IEEE Transactions on Wireless Communications，12（5）：2470-2483.

Jiang C, Chen Y, Liu K J R, 2013. Distributed adaptive networks：A graphical evolutionary game-theoretic view. IEEE Transactions on Signal Processing，61（22）：5675-5688.

Kim S, 2011. Adaptive online power control scheme based on the evolutionary game theory. IET Communications，5(18)：2648-2655.

Lin J, Xiong N, Vasilakos A V, et al., 2011. Evolutionary game-based data aggregation model for wireless sensor networks. Communications，5（12）：1691-1697.

Loumiotis I V, Adamopoulou E F, Demestichas K P, et al., 2014. Dynamic backhaul resource allocation: An evolutionary game theoretic approach. Communications, IEEE Transactions on, 62 (2): 691-698.

Myerson R B, 2013. Game Theory. Cambridge: Harvard University Press.

Nash J, 1951. Non-cooperative games. Annals of Mathematics, 54 (2): 286-295.

Newell A, Simon H A, 1972. Human Problem Solving. Englewood Cliffs: Prentice-Hall.

Niyato D, Hossain E, 2009. Dynamics of network selection in heterogeneous wireless networks: An evolutionary game approach. IEEE Transactions on Vehicular Technology, 58 (4): 2008-2017.

Semasinghe P, Hossain E, Zhu K, 2015. An evolutionary game for distributed resource allocation in self-organizing small cells. IEEE Transactions on Mobile Computing, 14 (2): 274-287.

Shapley L S, 1953. A value for n-person games. Contributions to the Theory of Games, 1 (2): 307-317.

Shapley L S, 1953. Stochastic games. Proceedings of the National Academy of Sciences, 39 (10): 1095-1100.

Tang W, Feng S, Liu Y, et al., 2016. Hybrid duplex switching in heterogeneous networks. IEEE Transactions on Wireless Communications, 15 (11): 7419-7431.

Tang W, Zhang R, Liu Y, et al., 2014. Joint resource allocation for eICIC in heterogeneous networks. Global Communications Conference. IEEE: 2011-2016.

von Stackelberg H, 1934. Marktform Und Gleichgewicht. Berlin: Springer.

Weibull J W, 1997. Evolutionary Game Theory. Cambridge: MIT Press.

Wu D, Zhou L, Cai Y, et al., 2013. Energy-aware dynamic cooperative strategy selection for relay-assisted cellular networks: An evolutionary game approach. IEEE Transactions on Vehicular Technology, 63 (9): 4659-4669.

Ye Q, Rong B, Chen Y, et al., 2013. User association for load balancing in heterogeneous cellular networks. IEEE Transactions on Wireless Communications, 12 (6): 2706-2716.

Zhang Z, Zhang H, 2013. A variable-population evolutionary game model for resource allocation in cooperative cognitive relay networks. Communications Letters, IEEE, 17 (2): 361-364.

Zhao M, Wang X, Liu Y, et al., 2014. Sparse beamforming in multiple multi-antenna amplify-and-forward relay networks. IEEE Communications Letters, 18 (6): 1023-1026.

Zhou L, 1997. The Nash bargaining theory with non-convex problems. Econometrica, 65 (3): 681-685.

Zhou X, Feng S L, Ding Y H, 2014. Frequency collision elimination method based on negotiation and non-cooperative game in femtocell networks. Journal of Communications, 9 (11): 836-842.

Zhou X, Feng S L, Ding Y H, 2016. Optimal spectrum allocation in the dynamic heterogeneous cellular network. Ieice Transaction Commun, 99 (1): 240-248.

Zhou X, Feng S L, Han Z, et al., 2015. Distributed user association and interference coordination in hetNets using stackelberg game. Communications (ICC), 2015 IEEE International Conference on. IEEE: 6431-6436.

Zhou X, Feng S, Ding Y H, et al., 2013. Game-theoretical frequency reuse method for complex cognitive femto-cell network. Communications and Networking in China (CHINACOM), 2013 8th International ICST Conference on. IEEE, 8: 318-322.

Zhu F, Gao F, Zhang T, et al., 2016. Physical-layer security for full duplex communications with self-interference mitigation. IEEE Transactions on Wireless Communications, 15 (1): 329-340.

第 3 章　网络通信的技术基础

本章介绍网络通信的技术基础,其中所包含的基本概念与技术是实现网络功能和制定网络通信各种规程或协议的基础,是构建各种不同类型的网络的共性技术。本章内容包括以下几个方面:传输信道的特性和有关的概念;各种不同的网络拓扑结构和它们的特点;数据在传输实现差错控制的基本方法;有关路由技术的概念;数据业务流的模型;流量管理与服务质量控制中所需采取的接入控制和分组调度算法;以及用户的移动管理方法等。本章讨论的有关技术或思想,大都已经应用到实际的网络通信系统中。

3.1　传　输　信　道

3.1.1　信道的基本概念

本节所指的信道是一种**狭义的信道**,特指电磁波信号从通信网络的某一发送设备发出到达另一设备的接收端,在此过程中信号经过的传输媒质和相应的路径,如图 3-1 中椭圆部分所示。

对于一个通信系统,还可以定义**广义的信道**。数据从信源到信宿,为了保证传输的可靠性,中间会包含若干**成对出现**的特定信号处理功能模块,如**信源编码器**和**信源解码器**;**信道编码器和信道解码器**;**调制器**与**解调器**,等等。这些成对出现的功能模块通常是传输过程中一种信号**变换和反变换**的关系。从研究其中任何一对特定功能模块的角度来看,数据经过发送端该功能模块的变换处理后发出,经过后续的功能模块和狭义的信道,到达接收端与相应反变换处理后输出,就这一对功能模块来说,在信号输出与输入中间经过的部分,都可以定义某种特定的信道。如图 3-1 所示,在信道编码器和信道解码器之间,数据传输经过的路径可定义为**编码信道**;在调制器和解调器之间,信号经过的路径可定义为**调制信道**,等等。这样定义的信道都属于广义信道。上述的这些信号处理功能模块,都是为了实现数据在狭义信道中传输或克服传输过程中的各种不利因素所加入的。

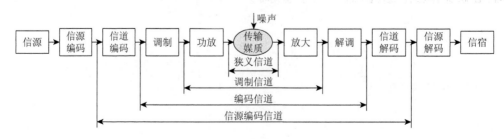

图 3-1　狭义信道与广义信道

狭义的信道有多种不同的类型,如有由有线的电缆或者光纤组成的**有线信道**;有由定向天线构成的无线收发两端定点直线(视距)传输的**微波信道**;有通过大气层中电离层反射传播构造的**短波信道**;还有收发两端相互间可移动和可能包含各类障碍物的**移动通信信道**,等等。通信面对的主要挑战之一,就在于如何克服电磁波信号在传输信道中受到的衰落、畸变和噪声干扰等因素的影响,在接收端有效地恢复出发送端发出的信息。下面介绍传输信道的主要类型和其相应的特点。

3.1.2 恒参信道

恒参信道是指信道的特性参数恒定不变的信道。严格来说,没有特性永远保持不变的信道,在实际通信系统的分析过程中,若信道的参数在一段相对较长的时间内基本保持不变,就可以近似地看作恒参信道。如在有线的传输系统和理想的视距无线传输环境中,信号经过的路径就可以看作恒参信道。下面的传输媒质构成的信道通常被认为是恒参信道。

1. 有线电缆

有线电缆包括:过去电话载波传输系统中常用的架空明线,目前仍然在大量使用的连接电话机到电信运营商端局交换机的双绞线,计算机局域网中广泛使用的各类双绞线;实现传统电话交换机间互连的同轴电缆,有线电视(cable TV,CATV)系统网中使用的射频电缆,等等。

有线电缆通常采用金属作为传输媒质,通常需要一对传输线构成一个传输信道,如架空明线中的一对导线;双绞线中绞合而成的两根铜线,同轴电缆中构成内导体的金属芯线和构成外导体的金属丝编织物。在每一对导线间可采用空气(如架空明线)或者塑料(如双绞线和同轴电缆)进行相互隔离。

在实际应用中主要根据信号传输的要求、经济性和架设的便利性等综合因素,选择合适的传输电缆。例如,双绞线的价格相对低廉,其最好的信号通带在十几到几百千赫兹之间,双绞线特殊的绞合方式使得两根电缆受到的干扰基本相同,因此在传输差分信号时可有效抑制共模干扰;同轴电缆的信号通常为几十千赫兹到几十兆赫兹,通过将其外导体接地,可有效屏蔽外界干扰。不同的电缆虽然传输特性不同,但都有信道的各种参数基本上保持不变的共性。

2. 光纤

光纤以光导纤维作为传输媒质的传输信道,光纤构成传输信道每个传输方向只需要一根光纤。光纤根据其适合传输光源信号类型的不同,可分为**多模光纤**和**单模光纤**。多模光纤适合传输较为廉价的发光二极管发出的光信号,光信号在光纤中以多种不同角度反射向前传播。多模光纤的衰减较大,通常若干千米就必须进行信号的中继再生。单模光纤的光源需要采用较昂贵的半导体激光器,单模光纤对激光来说就像波导一样,光线在其中一直向前传播。单模光纤的衰减较小,通常中继的距离可达数十千米以上。

因为光波的频率在 10^{14}Hz 左右,光纤的信道带宽可达到上万吉赫兹。目前传输速率从一百多兆比特每秒到若干 10 吉比特每秒的光纤已经获得广泛的应用。由于光纤不易受干扰,物理特性稳定,所以是性能良好的恒参信道。除此之外,相比电缆,光纤还具有体积小、重量轻、传输损耗小和不易被窃听等优点。制作光纤的原材料是硅玻璃,几乎取之不尽。光纤可以说是人类迄今为止发现的最有效的有线传输媒质。

3. 无线视距中继

这里所说的无线视距中继特指采用抛物面天线,对电磁波信号实现定向视距传播的方式。无线视距中继系统一般工作在超短波或微波波段。在地面进行直射传播中继时,由于地球表面曲率的影响,中继站(Repeat Station,RS)点的距离一般在 50km 左右。由于利用定向天线使电磁波波束高度集中,射频的信号能量得到高效利用。此外,架设位置的选择可使得两传输站点之间没有障碍物等因素影响,在天气条件稳定的情况下,信道特性基本不变,因此也可以看作一种恒参信道。卫星通信是以人造地球卫星作为中继站的一种通信方式,当人造地球卫星运行在赤道平面上的地球同步轨道上时,卫星的自转与地球的自转同步,24 小时自转一周,地球与卫星是相对静止的,在没有阻挡的环境下,卫星与地面虽然相距上百甚至数千千米,也是一种直射的视距传输,此时信道的特性稳定,同样可近似看作一种恒参信道。

恒参信道的特性可用下面的传递函数表示:

$$H(\omega) = |H(\omega)| e^{j\varphi(\omega)} \tag{3-1}$$

其中,传递函数的幅频特性 $|H(\omega)|$ 和相频特性 $\varphi(\omega)$ 都是与时间无关的函数。

3.1.3 随参信道

无线传输可使人们在通信过程中摆脱电缆或光缆的约束,实现包括在移动等动态复杂环境下的通信。无线信道的频率范围及主要应用如图 3-2 所示,图中左边一列是按照电波波长数量级来进行划分的频带名称,右边一列是对频段范围的形象定义,中间列出的是不同频率范围的主要应用。

在无线信道中,除了上一节讨论的无线视距传输信道外,绝大多数都是信道特性参数在时间域上随机变化的信道,通常称这种信道为**随参信道**。下面列出三种典型的随参信道及其基本特性。

1. 短波和短波电离层反射信道

短波一般是指波长在 10~100m,相应的频率范围在 3~30MHz 的无线电信号。短波信号可以在地球表面传播,也可以通过天空中的电离层反射传播。短波信号在地面传播同样会受到地球表面曲率的影响,一般通信距离在几十千米的范围。而通过**电离层**的反射进行长距离传播是短波信号的重要特点,信号经过电离层的一次反射或与地球表面形成的若干次反射传播,可使通信的距离达到数千千米甚至上万千米。电离层是大气层受到太阳紫外线等宇宙射线照射后产生的一个包围地球的离子层,位于从地球表面上方 60~400km

图 3-2 电磁波信号频率划分及应用

不同高度位置。电离层可多达 4 层（分别被定义为 D、E、F_1 和 F_2 层），电离层的电子密度、高度等特性会随太阳照射条件等环境因素的影响而发生变化。其最明显的特征是其特性随白昼和夜晚的变化。白天太阳照射强烈时，高度位于 60～80km 处的 D 层中电离子浓度增大，能够吸收大量的 2MHz 以下的电磁波，这些频率的信号衰减严重；晚上 D 层电离子浓度降低，几乎完全消失，此时电磁波可到达外层的 F 层，F 层能够有效地反射 3～30MHz 的电磁波信号，信道传输条件明显改善。

短波通信的接收端通常收到的是经过多个不同传播路径到达的信号。特别是当接收经电离层一次或多次反射的短波信号时，信号会同时经历多条复杂的时变路径的传输。通信中使用的无线电信号一般是交变的电磁波矢量，接收端收到的是经过多个不同路径到达的交变矢量信号合成的结果，这种信号称为**多径信号**。由于经历的不同路径的特性是时变的，多个矢量信号在接收端合成时，可能因同相的成分增多使信号增强，也可能因相位抵消的成分增多而使信号衰落。信号的增强或者衰落受多种复杂因素的影响，呈现随时间变化的特性。另外，接收到的多径信号往往还不能仅仅考虑其幅度是增加或者衰落，因为经不同路径到达的信号时延不同，当这种时延的差异与数字通信的码元的周期大小可以比拟时，会出现严重的码间串扰，对接收符号的正确判决造成极大的影响。

2. 散射信道

距离地面高度在 10～12km 的大气层称为**对流层**，大气的湍流运动使得处于这一高度的大气层大气密度不均匀，入射的电磁波信号进入到对流层时会产生散射现象，部分散射信号会回到地面，形成散射传输信道。这种信道称为**对流层散射信道**。另外，太空中大量高速进入大气层的流星也会使得气体产生电离，形成大量散射体，由此也可构成**流星余迹散射信道**。对流层的大气湍流运动受多种因素影响，其本身就是一种复杂的随机运动，因此由此构成的散射信道也是一种典型的时变随参信道。相较于电离层，对流层距离地面较低，散射形成的宏观折射的一跳通信距离在 100～500km。从 40MHz～4GHz 的电波信号都可以通过对流层散射进行远距离传播。

3. 移动通信信道

典型的移动通信信道是指移动通信网中用户到基站之间无线传输路径部分。由于受地形地貌，植被和建筑物等反射、折射和散射等多种因素的影响，加之用户终端通信时可能处在移动的环境中，电波的传播过程会遇到包括路径衰落、多径混叠、时延和移动等综合因素的影响，信号的传输路径可以非常复杂，移动通信信道也是一种典型的随参信道。移动通信系统的工作频率一般从几百兆赫兹到若干吉赫兹。

随参信道形式上可以表示为

$$H(\omega,t) = |H(\omega,t)| e^{j\varphi(\omega,t)} \tag{3-2}$$

注意，此时传递函数的幅频特性 $|H(\omega,t)|$ 与相频特性 $\varphi(\omega,t)$ 是一个时变的**随机过程**。

无论是恒参信道还是随参信道，在满足窄带平坦衰落的假设条件下，根据香农定理，信道的容量 C，即信道可实现无差错传输的最大比特速率，都可以表示为

$$C = W \log_2 \left(1 + \frac{P_T h^2}{W N_o}\right) \tag{3-3}$$

式中，W 是信道**频谱宽度**；N_o 是信道的**噪声功率密度谱**；h 是**信道冲激响应**，它与信道的传递函数 H 构成一个傅里叶变化对；P_T 是**发送功率**。在一个具体的物理实现中，可获得的信息速率 R 总小于等于信道容量 C，具体可获得值的大小与系统所采用的调制编码方式及发送端是否知道信道特性等诸多因素有关。

3.1.4 空-时无线信道

在很长一段时间内，人们对无线通信系统的研究主要集中在时间域和频率域，而将信号在空间域传播时对信号的影响归并到上述的两个域中。随着移动通信技术的发展和普及应用，频谱资源不足的问题日益突出。对无线通信系统的研究进一步扩展到空间域。一方面，无线信号的多径效应与空间域的环境密切相关，信号有效和可靠的接收需要对包括空间域在内的信号传播特性有深刻的理解和认识；另一方面，人们也在努力寻求如何在空间域利用信号的多径传播特性获得更高的频谱效率。在时间域和频率域的基础上，考虑了利用信号在空间域上多径传播特性的信道就是**空-时无线信道**。

无线信号在空间域上传播时会因为能量的扩散而衰减；无线信号的多径传播特性可以加以利用；可以对利用天线阵列对无线信号进行波束赋形；充分利用信号的这些空时特

性，可使通信系统的容量倍增。图 3-3 给出了两种形象地利用空时特性扩大系统容量的方法，其中图 3-3（a）给出的是利用无线信号在空间域上传播时，因为能量的扩散等因素影响而导致信号衰减，从而可实现的不同小区频谱复用的示例。图中频率为 f_2 和 f_3 信号的覆盖区域经过一段的距离，衰减到足够小之后，又可以重复使用。商用的蜂窝移动通信系统正是利用了这种频率的复用特性，使系统有足够的频谱资源保证大量用户的同时接入；图 3-3（b）则通过阵列天线和空时编码技术完成对射频信号的波束赋形实现在小区内同频信号空分复用。

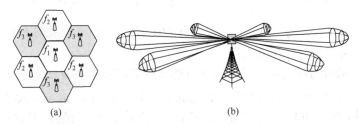

图 3-3 利用无线信号的空时特性实现频谱资源的倍增

引入空时信道的概念后，信道特性可以表示为

$$H(\omega,t,r) = |H(\omega,t,r)| e^{j\varphi(\omega,t,r)} \tag{3-4}$$

式中，r 反映相应的空间位置。

空时无线信道更一般的表示如图 3-4 所示，n_T 个发送天线和 n_R 个接收天线在空间构建了一个 MIMO 的系统。对于 MIMO 系统，信道特性可用矩阵表示为

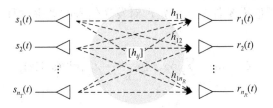

图 3-4 空时信道的一般形式

$$\boldsymbol{H} = \begin{bmatrix} h_{11} & h_{12} & \cdots & h_{1n_R} \\ h_{21} & h_{22} & \cdots & h_{2n_R} \\ \vdots & \vdots & \ddots & \vdots \\ h_{n_T 1} & h_{n_T 2} & \cdots & h_{n_T n_R} \end{bmatrix} \tag{3-5}$$

式中，$h_{ij}(i=1,2,\cdots,n_T, j=1,2,\cdots,n_r)$ 是发送天线 i 与接收天线 j 之间的信道特性。则 MIMO 系统的信道容量为

$$C = \max_{\mathrm{Tr}(\boldsymbol{R}_{ss})=n_T} \log_2 \det\left(\boldsymbol{I}_{n_T} + \frac{E_s}{n_T N_o}\boldsymbol{H}\boldsymbol{R}_{ss}\boldsymbol{H}^H\right)(\mathrm{bit/s\cdot Hz}) \tag{3-6}$$

式中 $s = (s_1, s_2, \cdots, s_{n_T})^T$ 是发送信号,假定信号 s_i 均是均值为零的信号;$R_{ss} = E(ss^T)$ 是信号的协方差矩阵;I_{n_T} 是 $n_T \times n_T$ 单位阵;N_o 是噪声功率密度谱;E_s 是信号在一个符号周期内发送的总的平均能量。

(1) 当发送端无法获取信道特性,即信道矩阵 H 未知时,在发送端无法采用基于信道特性的预编码方法来得到更好的传输效果,一般采用每个天线等功率和各信号独立的发送策略,相应的有 $R_{ss} = I_{n_T}$。此时式(3-6)单位频带的信道容量为

$$C = \log_2 \det \left(I_{n_T} + \frac{E_s}{n_T N_o} HH^H \right) = \sum_{i=1}^{r} \log_2 \left(1 + \frac{E_s}{n_T N_o} \lambda_i \right) [\text{bit}/(\text{s} \cdot \text{Hz})] \quad (3-7)$$

式中 r 是信道矩阵的秩;$\lambda_i, i = 1, 2, \cdots, r$ 是矩阵 HH^H 的正特征值。此时 MIMO 系统的传输能力等效为 r 个独立的并行传输系统。

(2) 当发送端可通过反馈或者互易等方法获得信道特性(H)时,若 $n_R \times n_T$ 信道矩阵 H 的秩为 r,可根据奇异值分解法(Singular Value Decomposition,SVD)将其分解为 $H = U\Sigma V^H$,其中 U 和 V 分别是 $n_R \times r$ 和 $n_T \times r$ 矩阵,并且满足 $U^H U = V^H V = I$,而 $\Sigma = \text{diag}\{\sigma_1, \sigma_2, \cdots, \sigma_r\}$,并且有 $\sigma_i > 0$ 和 $\sigma_i > \sigma_{i+1}$。由此,在发送端可先用 V 对发送信号 s 进行预编码 $V \cdot s$,在接收端用对接收信号 U^H 进行解码,由此可得

$$y = \sqrt{\frac{E_s}{n_T}} U^H HVs + U^H n = \sqrt{\frac{E_s}{n_T}} U^H \left(U\Sigma V^H \right) Vs + U^H n = \sqrt{\frac{E_s}{n_T}} \Sigma s + \tilde{n} \quad (3-8)$$

即接收信号可被分解为 r 个独立并行的信号。其中接收信号中的第 i 个分量为

$$y_i = \sqrt{\frac{E_s}{n_T}} \sigma_i s_i + \tilde{n}_i, \quad i = 1, 2, \cdots, r \quad (3-9)$$

与发送端无法获取信道特性时的情形不同,此时信号的传输可以明确地被分解为 r 个独立的信道,因此可以根据信道条件及注水定理对发送信号的功率进行优化,使信道容量达到最大

$$C = \max_{\sum_{i=1}^{r} \gamma_i = n_T} \sum_{i=1}^{r} \log_2 \left(1 + \frac{E_s \gamma_i}{n_T N_o} \lambda_i \right) [\text{bit}/(\text{s} \cdot \text{Hz})] \quad (3-10)$$

式中 γ_i 是信号 i 所占发送功率的系数,$\sum_{i=1}^{r} \gamma_i = n_T$ 是对归一化后分配系数的约束条件。由注水顶点得到的最佳分配策略为

$$\gamma_i^{\text{opt}} = \left(\mu - \frac{n_T N_o}{E_s \lambda_i} \right)_+, \quad i = 1, 2, \cdots, r \quad (3-11)$$

其中,μ 是一个在优化过程中可以计算的待定常数,$(\cdot)_+$ 表示当式中出现负数时取 0。

发送天线与接收天线间的关系,也可以是**多进单出**(Multiple-Input Single-Output,MISO)或者**单进多出**(Single-Input Multiple-Output,SIMO),利用 MISO 或者 SIMO,可以实现发送分集或者接收分集,提高接收信号的信噪比,从而提高传输的效率或者可靠性。

传统无线通信系统的设计的目标,是达到或接近理论容限而设法克服多径造成的失

真。引入空时信道和编码的概念后,新的通信系统的设计更注重的是如何利用多径来实现比传统带限信道理论极限更高的容量。

3.2 网络的拓扑结构与特点

通信网络拓扑的基本结构主要有**星形**、**环形**、**总线型**、**树形**和**网状形**等 5 种基本类型,如图 3-5 所示。其他类型一般是由这些基本结构组成的混合结构。

1. 星形结构

星形结构形成一种点(接入节点)到多点(终端)互连的工作方式。一般终端之间不能直接通信,只能与通过某个类似基站功能的节点接入网络,实现相互间通信。星形结构通常用于网络系统的接入部分。例如:在电话交换网中,电话机通过双绞线以星形结构方式接入到电话交换网络的端局交换机上;在移动通信网络中,手机通过无线信道在空口上以星形结构的形式接入到服务小区的基站中;在互联网中,用户的个人计算机通常利用双绞线以星形方式接入到 LAN 的交换式集线器上;在无线局域网(WLAN/Wi-Fi)的应用中,在绝大多数场合,无线的终端也是以星形结构的形式,连接到接入点(Access Point,AP)上,因此可以说星形结构是终端接入通信网络最基本的形式。

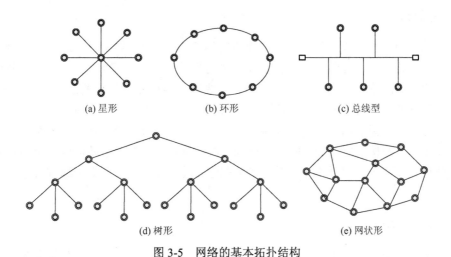

图 3-5 网络的基本拓扑结构

2. 环形结构

在环形结构的通信网络中,节点以环状的形式串接互连而成。环形结构是一种适合在大区域范围实现互联互通的经济便捷方式。环状的网络也曾经是 LAN 的一种重要的形式,但最终因其传输效率方面的局限性、系统的脆弱性和令牌维护的复杂性等,其作为 LAN 上的技术基本上已经被淘汰。但环状结构的形式在建设光缆干线的基础设施时,因其具有良好的经济性,仍是一种常用的方式。例如,在一个区域内构建各个城市间互连的通信系统时,最简单易行的方法是首先通过光缆将这些城市串接成一个环状的物理网络系统，形成基本的通信环境，然后根据城市间通信业务的增长需求，逐步发展成一个网状的系统结构。

3. 总线型结构

总线型结构是构建计算机局域网的基本形式之一，与星形和环状的网络结构工作方式不同，总线型结构网络的特点是节点间共享传输媒质，节点间可以直接通信，但采用总线型结构的系统任一时刻只能有一个节点能够发送信号，多于一个节点同时发送信号时会因为信号间的相互干扰造成"碰撞"，导致传输失败。早期根据以太网协议工作的计算机局域网，就是通过无源的同轴电缆以总线结构的方式互连而成的，各个终端共享作为传输媒质的同轴电缆。在从同轴电缆过渡到以双绞线为传输媒质的有源集线器（Hub）之后，在协议上仍然采用总线结构的工作方式。总线型结构对计算机网络发展的影响是如此深刻，直到现在，在标记一个计算机局域网时，通常依然采用总线形式的图标。随着交换式集线器（Switch Hub）的广泛应用，纯总线型形式工作的傻瓜式集线器基本上已经被淘汰，目前广泛应用的交换式集线器是一种兼有总线特点和交换特点的设备。当未知终端的物理地址［媒体访问控制（Media Access Control，MAC）地址］时和相应的端口位置时，集线器采用传统总线结构的广播方式；当获得终端的物理地址和相应的端口位置时，则采用交换方式，使设备具有更大的吞吐量。

4. 树形结构

树形是一种类似多级星形结构互连而成的结构形式，树形结构特别适用于分级的网络系统。通常应用于一个大型网络系统从接入网到其骨干网的过渡区域。例如，在我国标准的公用电话交换网系统架构中，除最高的第一级通常连接成网状形的结构外，从第二级、第三级、第四级到端局，采用的则是树形结构连接形式。在互联网的体系结构中，各级自治系统通常也是以树形结构的方式构建。比如，学校的校园网络系统中，各个实验室的交换机连接成树形结构的叶节点，向上汇聚到学院的网络中；各个学院的网络再通过路由器向上汇聚到学校主干网络系统中，各个学校的网络系统则进一步向上汇聚到各个区域的主干系统中。

5. 网状形结构

在网状形结构的系统中，节点间一般处于平等的地位，节点间根据传输业务的需求和地理位置等因素和条件确定是否建立链路，节点间可能需要经过多个节点的中继，即"多跳"方可建立通信的连接。网状形结构的应用场景往往处于两个极端情况：其一是在顶层的主干网络系统中，在各种类型的通信网络的骨干网区域中，核心的交换节点通常位于各个中心城市，这些交换节点连接成网状形结构，构成通信系统的枢纽。其二是应用在网络系统中最外缘的部分，此时网络的经济性是要考虑的重要因素。例如，大量由终端的构成的自组织网络，通常终端就是以无线方式，采用网状结构的形式组成互联互通的网络系统；而大量传感器回传所采集数据的网络系统，通常也会采用网状的结构，通过多跳的方式将数据回传到数据采集中心或者互联网上。

6. 混合结构

本书中混合结构是指包含上述基本结构中的两种或两种以上结构的网络系统。混合结构通常应用于大型的网络系统中,不同的结构形式充分利用其各自的特点在网络中发挥作用。图3-6给出了一个混合结构网络的示例,图中在网络的接入系统部分,采用的是星形结构;在网络的外围部分向核心网过渡部分,采用的是树形结构,而在网络的核心骨干部分,采用的是网状形结构。例如,中国教育科研网(CERNET)采用的便是这样一种从学校内的院系等部门的网络,到学校的网络中心,再到各个地区的网络管理中心,最后接入到网状的主干网络的混合结构。图3-7给出了另外一种混合的结构,终端节点采用星形、总线型或网状型等结构接入网络,通过环状的结构实现构成网络的主干。例如,覆盖一个区域的程控交换网络系统往往采用这样的结构,电话用户通过星形结构的接入网连接到程控交换机上,程控交换机则通过**复接/分接器**(Add/Drop Multiplexer,ADM)接入到环状结构的**同步数字体系**(Synchronous Digital Hierarchy,SDH)系统中。

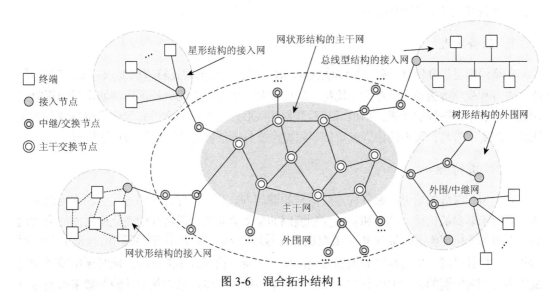

图3-6 混合拓扑结构1

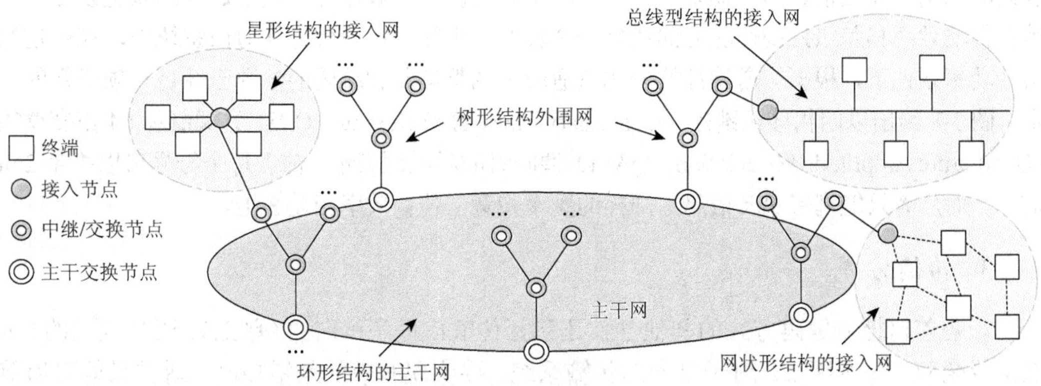

图3-7 混合拓扑结构2

3.3 传输差错控制

如在 3.1 节中介绍的那样，通信网络的传输信道多种多样，对于恒参的信道，通过合理的发送和接收系统的设计，可以获得较好的特性，从而满足大多数业务的传输需求。对于随参的信道，情况变得非常复杂，信道往往呈现复杂的随机变化特性。即便对于恒参信道，数据报文在传输过程中，需要经过多段物理传输链路，中间会包含多个交换节点的转发操作，其间难免出现错误。因此，对于大多数实际的网络，不管采用的是何种类型的信道，要达到满足一般应用的要求，差错控制是必不可少的。

3.3.1 选择差错控制方式的基本因素

差错控制有许多不同的方式，采用何种方式，主要是根据业务类型、信道特性、传输方式及实现的复杂性等因素而定。

1. 业务类型

在绪论中已经介绍过，不同的传输业务，对于传输过程的**误比特率**的要求有很大的差异，通常语音和视频等类型的业务对误比特率的要求相对较低，因为误码的出现通常只会影响某句话或者若干帧图像的质量，播放时前后数据的关联性较小；而文件和程序等数据业务对误比特率的要求较高，很小的错误就可能导致整个文件无法打开或程序无法正常运行。

2. 信道特性

对于恒定参数的信道，通常物理层信号的调制方式和差错控制编码方式也相应地固定不变；而对于随参的信道，调制和差错控制编码的参数会随着信道特性的变化而做出相应的调整。因为每个信道所需的带宽 W 主要取决于符号速率 R_S，信号频谱的主瓣 $W_B \approx R_S$。当信道的传输条件较好时，采用高阶的调制方式，使每个符号携带较多的比特；同时采用差错控制编码能力相对较弱的信道编码方法，以降低码字中的冗余度，从而使得传输的效率得到尽可能高的利用；而当信道的传输条件较差时，则做相反的参数选择。通过这样的调整以尽可能地在传输效率和差错控制性能方面达到一个较好的平衡。在现代无线通信系统中，在一定的信号功率条件下，根据信道特性的变化自适应地调整调制和编码的参数已经是一项成熟的技术，图 3-8 给出以四相移相键控（Quaternary Phase-shift Keying，QPSK）调制和 64 正交调幅（Quadrature Amplitude Modulation，QAM）调制时的星座图表示，前者每个符号可以携带 2bit 信息，而后者只能携带 6bit 信息，同样的频率带宽，传输效率相差 3 倍。

3. 传输方式

影响差错控制编码方式的其他条件还包括传输信道是单向的（单工），还是双向的（半双工或全双工）等因素。对于单向的传输系统，要实现有效的差错控制，通常只能采用**前向纠错**的编码方法，前向纠错的编码方法无须反馈信道支持也能工作，这种方法在一定的

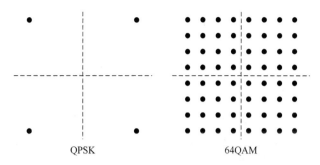

图 3-8 QPSK 与 64QAM 调制的星座图

错误范围内能够检出和纠正错误。当然,如果有反馈信道,可实现前面所说的自适应编码调制。前向纠错的优点是具有较好的实时性,但与检错重传的方式相比,通常**编码效率 η** (编码后信息位长度 k 和码字长度 n 的比值:$\eta = k/n$)较低。对于双向的信道,除可以选择前向纠错的方法外,还可以采用**检错重发**的机制保证所接收数据的正确性。检错重发的机制通常具有较高的编码效率,其缺点是数据的重发会导致较大的时延。

4. 实现的复杂性等因素

差错控制编码已经成为通信理论中的一个重要分支,既有实现简单,但差错控制能力较弱的奇偶校验码、汉明码等;也有较为复杂的 BCH(Bose-Chaudhuri-Hocquenghem)码、RS(Reed-Solomon)码、Turbo 码和低密度奇偶校验(Low Density Parity Check,LDPC)码等。此外,差错控制编码的选择,还与调制方式有关,只有实现了调制编码方式的合理权衡,才能获得好的差错控制效果。

3.3.2 差错控制的基本概念

差错控制的基本思想是在发送的信息码组中根据一定的编码规则加入**监督位**,形成编码后的码字或序列,码字或序列中的这些监督位与信息位间建立了某种特定的关联关系,人们可以根据这些关联关系在传输过程中是否被破坏来判断有无出错。不同的编码方法有不同的效率,相应地也有不同的差错控制能力。一般来说,任何一种差错控制编码的能力都是有一定限制的,超过了其能力范围,错误将无法识别和纠正。下面简要地介绍检错和纠错的基本概念。在本节中,所有的"+"和"·"运算都是指模 2 的运算。

1. 检错重发的基本原理

在通信网络中,最基本的检错方法是**循环冗余检验**(Cyclic Redundancy Check,CRC)。采用 CRC 法进行检错的基本做法是,先定义发送和接收双方都已知的一个 r 阶的**生成多项式**

$$g(X) = X^r + g_{r-1}X^{r-1} + \cdots + g_1 X + 1 \tag{3-12}$$

其中 $g_i \in \{0,1\}$。已经成为国际标准的生成多项式有 CRC-12、CRC-16、CRC-CCITT 和 CRC-32 等,其生成多项式分别为

$$g(X) = X^{12} + X^{11} + X^3 + X^2 + X + 1 \tag{3-13}$$

$$g(X) = X^{16} + X^{15} + X^2 + 1 \tag{3-14}$$

$$g(X) = X^{16} + X^{12} + X^5 + 1 \tag{3-15}$$

$$g(X) = X^{32} + X^{26} + X^{23} + X^{16} + X^{12} + X^{11} + X^{16} + X^{12} + X^{11} + X^{10} \\ + X^{12} + X^8 + X^7 + X^5 + X^4 + X^2 + X + 1 \tag{3-16}$$

给定待保护的 k 位信息码组：$a_{k-1}a_k \cdots a_1 a_0$。定义信息码组多项式：

$$M(X) = a_{k-1}X^{k-1} + a_{k-2}X^{k-2} + \cdots + a_1 X + a_0 \tag{3-17}$$

计算与信息码组关联的监督位的具体步骤如下：

（1）根据生成多项式的阶数 r，构造一个新的多项式 $X^r M(X)$；

（2）计算 $X^r M(X)/g(X)$，得到余式 $R(X) = b_{r-1}X^{r-1} + b_{r-1}X^{r-1} + \cdots + b_1 X + b_0$；其中 $b_i \in \{0,1\}$；

（3）得到相应的带监督位 $R(X)$ 的发送序列多项式：$T(X) = X^r M(X) + R(X)$。

经过信道传输，在接收端收到接收序列对应的多项式可记为 $T'(X)$。如果传输过程中没有错误，显然有 $T'(X) = T(X)$。此时，因为

$$\frac{T(X)}{g(X)} = \frac{X^r M(X) + R(X)}{g(X)} = \frac{X^r M(X)}{g(X)} + \frac{R(X)}{g(X)} = \left(Q(X) + \frac{R(X)}{g(X)} \right) + \frac{R(X)}{g(X)} = Q(X) \tag{3-18}$$

即 $T'(X)$ 一定能够被生成多项式 $g(X)$ 整除。如果传输过程中出现错误，并且错误导致的接收序列 $T'(X)$ 依然能够被 $g(X)$ 整除，则这样的错误不能够被检测出。若生成多项式 $g(X)$ 的阶数为 r，有关 CRC 方法的检错能力，可以归纳如下：

（1）突发长度小于等于 r 的突发错误，即所有长度小于 r 的连续错误；

（2）大部分突发长度等于 $r+1$ 的突发错误，不可检测的这类错误只占 $2^{-(r-1)}$；

（3）大部分突出长度大于 $r+1$ 的错误，不可检测的这类错误只占 2^{-r}；

（4）所有的奇数个随机错误。

CRC 的基本操作如下：发送端发送一个报文时，同时会保留一个相应的备份报文和启动定时器，在相应的报文应答时间门限到达前，如果发送端收到接收端的确认报文，说明发送成功，发送端可以删除备份的报文；如果定时器的时间到达后，还没有收到确认报文，说明传输过程出现错误。此时发送端会重启发送操作，直至发送成功或者达到最大的发送次数而中止。下面给出一个利用 CRC 进行差错控制的示例。

例 3-1 已知某 ATM 网络系统采用生成多项式 $g(X) = X^8 + X^2 + X + 1$ 对信元的首部进行保护，已知该信元的首部的 4 字节的参数为 00001110 10101100 00110011 11100001，求编码输出。

解 因为 $g(X) \Leftrightarrow 100000111$，求监督位的过程就是做二进制的长除运算，结果可得

$$\frac{1110\ 10101100\ 00110011\ 11100001}{100000111} = 111010000101101011 + \frac{10110000}{100000111}$$

由此可得编码输出（带监督位的信元部首）为：00001110 10101100 00110011 11100001 **10110000** 其中最后的 8 位二进制数即为其监督位。

一般认为，CRC 能够检测出绝大多数的传输错误，其也是目前在数据传输中最常用

和最基本的检错方法,但近年来的统计观察表明,未被检测出的错误比先前想象要多很多,因此寻找更为有效的检测方法,可以认为仍是一个开放的研究课题。

2. 纠错的基本方法

在数据传输过程中,如果不仅要发现错误,而且要纠正错误,就要采用纠错编码的方法,在很多文献中,也将纠错编码称为**信道编码**,以区别于主要考虑如何提高传输效率的**信源编码**。基本的纠错编码可分为无记忆的**线性分组码**和有记忆的**卷积码**两大类,其中无记忆是指编码时输入一个信息码组,产生一个输出码字,不同的码字间没有关联关系。而对于有记忆的编码,输出的每个码字不仅与当前输入的信息码组有关,而且与前面的若干个输入的信息码组有关。因为有记忆的卷积码编码在码字间建立了更为复杂的关联关系,所以一般来说有更好的性能。有关纠错编码理论的系统研究,从20世纪的50年代开始,经过60多年的发展,在分组码和卷积码的基础上,有了许多新的成果,更多的内容读者可以参考有关的专著。这里仅介绍有关线性分组码检错和纠错的基本概念。

1)线性分组码检错和纠错的基本概念

线性分组码的编码建立了一种 k 位信息码组 $a_0 a_1 \cdots a_{k-2} a_{k-1}$ 与 n 位的输出码字 $c_0 c_1 \cdots c_{n-2} c_{n-1}$ 的映射关系,通常记为 (n,k),输出码字中的每一位都是输入码组的某种线性组合

$$c_i = m_{i0}a_0 + m_{i1}a_1 + \cdots + m_{i(k-2)}a_{k-2} + m_{i(k-1)}a_{k-1}, \quad i=0,1,\cdots,n-2,n-1 \quad (3\text{-}19)$$

式中 m_{ij} 为方程的加权系数,式中的求和,是模 2 和。对于二元的编码系统,$m_{ij} \in \{0,1\}$。编码关系也可以用 $k \times n$ **生成矩阵** G 来表示

$$(c_0 c_1 \cdots c_{n-2} c_{n-1}) = (a_0 a_1 \cdots a_{k-2} a_{k-1})G, \quad G = \begin{pmatrix} m_{00} & m_{01} & \cdots & m_{0(n-2)} & m_{0(n-1)} \\ m_{10} & m_{11} & \cdots & m_{1(n-2)} & m_{1(n-1)} \\ \vdots & \vdots & \ddots & \vdots & \vdots \\ m_{(k-2)0} & m_{(k-2)1} & \cdots & m_{(k-2)(n-2)} & m_{(k-2)(n-1)} \\ m_{(k-1)0} & m_{(k-1)1} & \cdots & m_{(k-1)(n-2)} & m_{(k-1)(n-1)} \end{pmatrix}$$

(3-20)

在纠错编码理论中,对于码元为二进制数的编码系统,两个码字间不同的位数称为这两个码字间的**汉明距离**。线性分组码的生成矩阵建立了大小为 2^k 的信息码组空间到大小为 2^n 的码字空间的映射关系:$\{a_0 a_1 \cdots a_{k-2} a_{k-1}\}_{2^k} \to \{c_0 c_1 \cdots c_{n-2} c_{n-1}\}_{2^n}$。通常 $2^n \gg 2^k$,在大小为 2^n 的码字空间中,只有由式(3-20)计算得到的 2^k 个码字是**合法码字**,其余的 $2^n - 2^k$ 个码字时是无错时不会出现的码字,因此也称为**非法码字**。编码矩阵 G 的选择就是要使所产生的任意两个合法码字间的距离尽可能地大。

检错 当传输过程中出现错误时,有两种可能性,一种可能是从一个合法码字变为一个非法码字。因为发送端是不会发出非法码字的,所以接收端如果收到非法码字,就可以判定码字在传输过程中出现了错误;另外一种可能是从一个合法码字变为另外一个合法码字,此时,接收端将无法发现传输过程中出现了错误。因此任何一种检错的方法,其检测能力都是有限的。如果合法码字间最小的汉明距离为

$$d_{\min} = e + 1 \quad (3\text{-}21)$$

当出现误码，并且误码的个数少于等于 e 时，因为此时误码不会与另外一个合法码字一样，所以一定能检测出。图 3-9（a）定性地描述了这一情形。

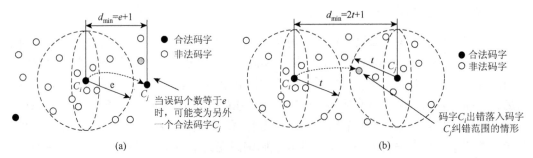

图 3-9 线性分组码纠错示意图

纠错 对于均值为零的高斯噪声干扰信道，噪声幅度取较大值的概率较小，而噪声幅度取较大值的概率较大。因此一般来说通常出错位数较少的概率远大于出错位数较多的概率。因此错误的码字大都出现在合法的码字附近。如果合法码字间最小的汉明距离为

$$d_{\min} = 2t+1 \tag{3-22}$$

在接收到一个码字时，如果该码字与合法码字空间中的某一码字的距离小于等于 t，将接收码字译码为这一合法码字，则所有的小于等于 t 位的误码均可以被纠正。但所有的纠错编码的纠错能力也都是有限的，如图 3-9（b）所示，当合法码字 C_i 出现大于 t 位的误码时，就有可能落入另外一个合法码字 C_j 的纠错范围，接收码字将被译码为 C_j，此时虽然进行了纠错的操作，但并不能得到正确的码字。

通常将比值 k/n 称为**编码效率**，将比值 $(n-k)/n$ 称为**冗余度**。要使一种编码方法有较大的最小汉明距离 $d_{\min}$，以获得较强的纠错能力，一般要求有较大的冗余度，但增大冗余度又会使得编码效率降低。在实际系统中，需要根据信道特性、传输要求等多种因素来权衡选择编码的参数。

2）线性分组码译码和纠错操作

发送端发送码字 $c_0 c_1 \cdots c_{n-2} c_{n-1}$，经信道传输后，接收端接收到码字 $r_0 r_1 \cdots r_{n-2} r_{n-1}$。二者间具有关系：

$$r_0 r_1 \cdots r_{n-2} r_{n-1} = c_0 c_1 \cdots c_{n-2} c_{n-1} + e_0 e_1 \cdots e_{n-2} e_{n-1} \tag{3-23}$$

式中，$e_0 e_1 \cdots e_{n-2} e_{n-1}$，$e_i \in \{0,1\}$ 称为错误图样，如果第 j 位出现错误，则 $e_j = 1$，否则 $e_j = 0$。译码时采用 $n \times (n-k)$ **监督矩阵** H 来判断是否出现错误，监督矩阵 H 与生成矩阵 G 具有如下关系：

$$\boldsymbol{GH}^{\mathrm{T}} = [0]_{k \times (n-k)}, \quad \boldsymbol{HG}^{\mathrm{T}} = [0]_{(n-k) \times k} \tag{3-24}$$

监督矩阵与接收码字相乘运算的结果称为**校正子** S，因为

$$\begin{aligned} \boldsymbol{S} &= \boldsymbol{H}(r_0 r_1 \cdots r_{n-2} r_{n-1})^{\mathrm{T}} = \boldsymbol{H}(c_0 c_1 \cdots c_{n-2} c_{n-1})^{\mathrm{T}} + \boldsymbol{H}(e_0 e_1 \cdots e_{n-2} e_{n-1})^{\mathrm{T}} \\ &= \boldsymbol{H}\left((a_0 a_1 \cdots a_{k-2} a_{k-1})\boldsymbol{G}\right)^{\mathrm{T}} + \boldsymbol{H}(e_0 e_1 \cdots e_{n-2} e_{n-1})^{\mathrm{T}} \\ &= \boldsymbol{H}\boldsymbol{G}^{\mathrm{T}}(a_0 a_1 \cdots a_{k-2} a_{k-1})^{\mathrm{T}} + \boldsymbol{H}(e_0 e_1 \cdots e_{n-2} e_{n-1})^{\mathrm{T}} = \boldsymbol{H}(e_0 e_1 \cdots e_{n-2} e_{n-1})^{\mathrm{T}} \end{aligned} \tag{3-25}$$

式中的最后一个等式利用了式（3-24）的结果。校正子 $\boldsymbol{S}$ 是一个 $n-k$ 维的向量 $\boldsymbol{S}=(s_0 s_1 \cdots s_{n-k-2} s_{n-k-1})$，$s_i \in \{0,1\}$。由式（3-25）可知，$\boldsymbol{S}$ 的取值只与监督矩阵和错误图样有关，当没有错误时，$\boldsymbol{S}=\boldsymbol{H}(e_0 e_1 \cdots e_{n-2} e_{n-1})^T = \boldsymbol{H}(0\ 0\cdots 0\ 0)^T = (0\ 0\cdots 0\ 0)$。因为校正子 $\boldsymbol{S}$ 总共有 2^{n-k} 种不同的组合，除去全零的向量外，最多能够与 $2^{n-k}-1$ 种错误图样建立特定的对应关系，因为不同的错误图样 $(e_0 e_1 \cdots e_{n-2} e_{n-1})$ 总的数目为 2^n-1（除去对应无错全零的组合），所以总共有 2^n-2^{n-k} 种错误不能被发现和纠正。从理论上说，随着冗余度 $(n-k)/n$ 的增大，不可发现和纠正的错误趋于零。

3.4　路　由　技　术

路由问题是通信网络中一个经典的问题，在古代靠人力和畜力通信的时代，通过驿站实现官方文书的上传下达，民间书信的交换就已经有路由的问题，最早的电信网络自然也有路由问题。传统的电信网络是面向连接的网络，整个系统是统一规划设计的，实现通信两端连接传输路径的路由选择通过专门的信令系统来实现，业务类型比较简单，路由没有被人们作为一个特别专门的关键技术来看待。随着分组交换技术的发展，特别是基于 IP 的互联网的广泛普及应用，路由算法成为 IP 网络中的核心技术之一。

现代通信网络，有集中式控制的，传输路径的选择由特定的网络控制器来实现；也有分布式的，传输路径的选择由路由器或者交换机自身来决定。无论是集中式或者分布式，对于通信网络来说，网络的拓扑结构，即连接状况，会随着各种因素的变化而变化。此外，网络中的业务量分布和负载情况等，也有可能随时间改变。因此路由技术主要涉及**网络状态信息的获取与交互**，以及**路由计算**等问题。

3.4.1　网络状态信息

1. 网络状态信息基本情况

网络状态信息可以包括很多因素，其中主要反映的是网络的连接状态（信道特性）和网络的负载情况。

1）网络的连接状态

网络的连接状态主要由网络中的节点与关联的链路所决定。如果网络中某条链路出现故障，与该链路关联的传输路径就会失效；如果网络的节点出现故障，与该节点关联的所有链路相应也失去通信能力。网络的连接状态直接影响网络的拓扑结构和路由选择。

2）网络的负载情况

网络的负载情况主要由网络中承载的业务量决定。一般来说，随着网络的发展，网络的负载会不断地增大而出现拥塞，此时只能够通过网络物理层的扩容来实现。另外一种拥塞则可能是由负载的不平衡造成的。因此，影响路由选择的主要因素包括：路径的长度/跳数，网络中负载平衡。当网络中出现局部拥塞情况或者拥塞的迹象时，对新出现的传输业务，可以通过合理的选路，规避拥塞的节点或者区域，使网络的资源得到充分利用。

2. 网络状态信息的获取与交互

网络状态信息的获取和交互除了直接影响路由的计算之外，还会影响网络的运行效率。

1）网络状态信息的获取

判断网络的连接状态：网络的路由节点通常会定期发布探询相邻路由节点的问候（Hello）报文，以确认链路当前连接和相邻节点的工作情况，如果在若干次 Hello 报文发出后，在预定的时间内都没有收到回应，就可以认为链路出现了故障。

网络的拥塞情况：可根据节点中的缓存报文队列长度来判断，当队列的长度超过某个设定的门限值时，就可以认为该节点进入了拥塞的状态。

此外，在网络中也可以建立某些测试点来对网络的状态进行探测，测试点间定期或不定期地向不同的节点发送探测报文，被测节点在收到测试报文后会立刻记录到达时刻并做出回应，由此可以得到两点间传输的往返时延。往返时延与测试报文所经区域的拥塞状态通常有一定的关联关系，对此也已经有许多研究，由此可以推测该区域或者特定路径上的拥塞状况或可用的传输速率。

2）网络状态信息交换方式

路由器间网络状态信息的交换是路由算法中的重要环节，路由算法需要根据网络状态信息，计算当前不同传输路径的优劣，并由此确定相应的转发路由表。网络状态信息的交换根据不同的条件可以有不同的方式，典型的有以下几种。

（1）**洪泛方式**。对于具有较多网络传输资源的场景，可以采用洪泛的方式。所谓洪泛方式是指，当一个路由节点收到一个报文时，会检查该报文之前是否被收到过：如果是接收过的报文，则将该报文丢弃，如果是新的报文，则根据目的地址判断本节点是否为报文的目的节点；如果不是，则将报文通过除报文到达端口外的所有其他端点进行转发。洪泛方式效率较低，但其具有最高的可靠性，只要达到目的节点的路径是可达的，洪泛方式一定可以将报文送达目的节点。

（2）**组播方式**。对于具有组播功能的网络，可以采用组播的方式，每个路由节点为组播的成员，接收以组播方式发布的网络的状态信息。采用组播方式交换网络状态信息，通常有较高的传输效率，但网络必须有一套维系组播系统工作的机制。

（3）**多点路由方式**。而对于无线的网状网络，传输的资源相对紧俏，需要对包括网络状态信息交互的开销进行控制。通过**多点路由**（Multiple-Point Routing，MPR）方式可以有效提高信息交互的传输效率。

图 3-10 给出了一个经典的洪泛方式与经 MPR 优化后的洪泛方式的工作示意图，图中所示的网络为一无线网状网，每个节点以其自身作为根节点，需要传递路由状态信息时，首先会将信息发送到任何一个相邻的节点，但并非每个相邻节点都会作为二

跳转发节点继续转发路由状态信息，只有那些能够覆盖最多二跳节点的相邻节点才会被节点 A 选择为转发路由信息的二跳节点，这样可以有效地节省节点间路由信息交互的开销。

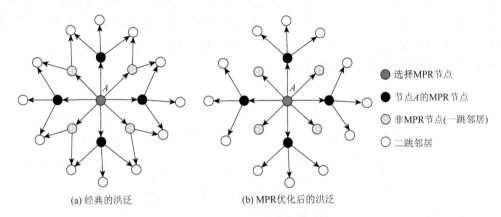

(a) 经典的洪泛　　(b) MPR 优化后的洪泛

图 3-10　MPR 工作原理示意图

3. 网络状态信息交换的频度

有关网络状态信息交换的频度，人们也做过许多研究。一般来说，无论网络的状态是否发生了变化，都要定期交换各节点的状态信息。否则，当网络中的节点没有收到这类反映网络状态情况的报文时，无法确定其原因是因为网络的状态没有变化，还是因为节点出现了故障无法发出报文。各节点通过定期交换网络状态信息，可以确保了解网络中的各个节点和链路是否处于正常的工作状态。除此之外，还可以根据网络状态变化的具体情况，来调整网络状态信息交换的频度。例如，当遇到重大的变化情况，如某条链路发生中断，或者发现某个相邻的节点失效，探测获知这一情况的节点，一般应立刻发布相应的网络状态发生变化的信息，使得网络中的其他节点可以迅速地对路由表进行相应的调整。

对于无线的网状网络，在许多场合，一方面，由于无线链路的带宽较为有限，路由信息的交换本身也要占用网络的传输资源，这种传输的开销需要考虑；另外一方面，无线网络中的信道特性相较于有线网络信道更加不稳定，加上节点的位置可能还会移动，从而导致拓扑结构的变化，需要更加频繁地交换网络的状态信息。因此对于无线网状网络，如何解决上面的这些矛盾也成为需要研究的问题。目前对此也已经有了不少研究成果。下面给出一个比较经典的示例——鱼眼算法。

鱼眼算法是由 Kleinrock 和 Stevens 提出的。鱼眼路由信息分发算法的基本思路是：根据网络的不同的状态变化，控制信息的发布范围，首先重点保证发生状态变化周围的节点能够迅速地了解网络状态变化的信息，同时也使得经过一段时间之后，全网都可以知道网络发生的变化，从而可以在网络对状态变化的反应和传输开销等各种性能间取得一个较好的平衡。图 3-11 给出了鱼眼算法中的一个**鱼眼域**的形象示意图，图中用不同的灰度表示**节点 11** 的 1 跳、2 跳和大于 2 跳的区域。图 3-12 给出了一个网络节点根据其所探测到的状态不同的变化情况,选择发布网络状态信息的频度和扩散范围的示意图,图中的参数 TTL(time to live)用于控制发布跳数范围,TTL=∞ 表示发布到全网各个交换节点。图(a)描述的网络没有发生变化时网络状态信息发布的情况;图(b)描述的是网络有一定变化时网络状态信息发布的情形,图中向下的箭头表示该时刻探测到网络状态发生了变化,一旦出现变化,节点会在最近的发布时刻 $k \cdot t_e$ 告知邻居节点,同时随着时间的推移,会将变化的信息扩散到全网;图(c)是有剧烈变化时网络状态信息发布的场景,图中假定每个时钟周期状态都有变化。

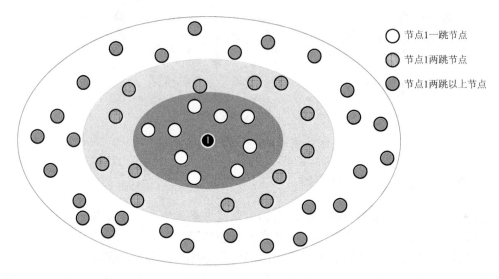

图 3-11　鱼眼域示意图

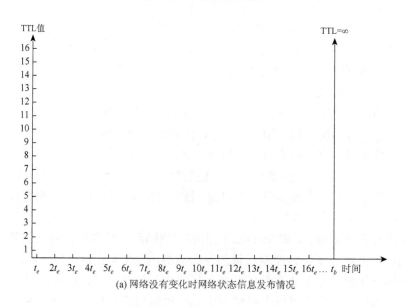

(a) 网络没有变化时网络状态信息发布情况

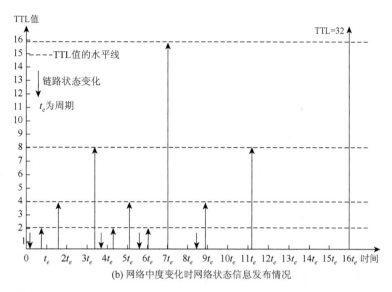

(b) 网络中度变化时网络状态信息发布情况

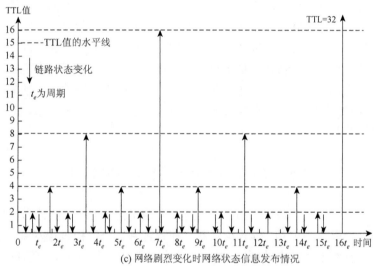

(c) 网络剧烈变化时网络状态信息发布情况

图 3-12 网络节点变化示意图

3.4.2 网络路由计算和选择

在获取网络状态信息之后,可进一步通过路由计算方法来确定传输路径,路由计算的基本思想是选择"**最短**"的传输路径。在选择最短的传输路径时,最短概念是抽象后的,因此最短不一定就是指传输路径的物理距离最小,而通常是指传输路径的权值的和最小。一般来说,当获取了网络的状态信息之后,可以根据需要或特定的度量标准,给网络中的每一条链路设定一个权值。这个权值可以是反映该链路的可用传输速率参数,也可以是反映该链路传输时延、传输质量(如误比特率等)、传输效率、安全性等因素的参数,也可以是综合上述若干因素后的关于该链路的一个评价值。如果链路的某项性能越差,定义相应的权值时其取值越小,那么路径选择就归结为选择**权值和**最小的路径。当然,对于特殊的网络，如无线的网状网，也可以采用其他优化方法，如**跨层优化设计**，来考虑网络资源的配置和选择传输路径。在链路的权值确定之后，路由的计算主要依靠图论中的 **Dijkstra 算法**来实现。

路由选择通常属于网络层的功能。网络层有**面向连接**和**非面向连接**两种不同的服务策略。

（1）**面向连接**。对于面向连接的网络层服务，如采用 ATM 或 MPLS 协议等类型的网络，路由算法会根据用户的传输需求、源与目的地址及特定的业务流或者业务类型，在数据分组流传输之前先根据更加路由算法计算出传输路径，在传输路径从源点到目的节点的每个交换上建立有关该业务流的链接表**表项**，或称为流表的表项，链接表的表项规定了该业务流分组在交换机上的入口和出口，由此定义了如何对该业务流进行交换。业务分组流根据该链接表建立的路径进行传输。该特定的业务传输结束之后，在各个传输节点链接表上相应的表项会被撤销。

（2）**非面向连接**。对于非面向连接的网络层服务，如典型的 **IP 网络**协议，路由算法会在计算路由之后，在路由器或交换机中通过**路由表**的方式，确定到达各个不同网络（或子网）的转发端口，每个到达该路由器或交换机的数据报文，可根据自身携带的网络目的地址，通过路由表确定该报文传输路径中的下一跳，直至到达最终的目的节点。路由表会根据网络的状态变化定期或不定期地刷新，一般来说与网络当前正在传输的业务类型无关。

两种服务策略有不同的特点：非面向连接的路由方式采用的是纯分布的控制方式，易于实现，并且容易扩展，但一般难以在较严格的意义上提供传输的服务质量的保证；而对于面向连接的方式，传输前需要有连接的建立过程，控制操作较为复杂，但可以为业务流的传输提供较好的服务质量保证。

3.5 数据业务流的自相似模型

在前面有关通信网络的数学基础的讨论中，介绍了**排队论**，排队论为分析网络的稳态的统计特性提供了很好的工具。排队论是建立在顾客到达是**泊松过程**基础上的，通信网络中的数据分组可看作排队论中的顾客。数据分组业务流满足**马尔可夫模型**的无后效性的特点，由此为网络的平均时延、平均队列长度等重要参数的统计分析计算提供了极大的便利。

20 世纪 90 年代，是包括计算机局域网、ISDN 和互联网等技术和应用蓬勃发展的时代，人们在进行大量网络分组业务数据的特性统计分析中发现，采用传统排队论分析得到的许多统计值，与实际系统中测量得到的值有较大的差异。例如，在以太网和 ISDN 中，当信道的利用率达到 50% 以上时，实测的时延远较分析得到的时延来得大；在 ATM 交换机采用基于排队论设计的缓冲器时，实测的信元丢失率也远大于预期的结果。进一步的研究表明，许多实际网络中的业务模型，需要用**自相似过程**来描述。

3.5.1 自相似性的基本概念

1. 相同与相似

有关相同，人们的理解一般是比较明确的。比如，对于周期函数 $f(t)$ 来说，

$$f(t) = f(t+nT), \quad n = \pm 1, \pm 2, \pm 3, \cdots \tag{3-26}$$

即 $f(t+nT)$ 与 $f(t)$ 是完全相同的。当然，某一厂商同一型号的两件商品，如果忽略一些无关紧要的细节，也可以认为是相同的。而**相似**，在人们日常生活的感觉中，是一个含有模糊成分的概念。例如，一对孪生兄弟或孪生姐妹长得很相似，非孪生的亲兄弟或亲姐妹也可能长得很相似。但上述的两种相似程度可能会差异很大。本节讨论的自相似是从相似中衍生出来的一个概念，它可以是**严格意义**上的，也可以是**统计意义**上的。

2. 自相似性

自相似性源于在分形、混沌和功率等定义和定律中共性的概念，是指对于规模或大小的变化中呈现的**不变性**，是自然界的许多定律及我们周围世界中许多现象的一个属性。

下面首先通过 Cantor 集来说明这种变化中的不变性。Cantor 集的构造规则如下。设定闭区间[0, 1]作为起始线段：S_0；去掉起始线段中间的 1/3 部分，变为两个线段：S_1；在接下来的每一步，去掉上一步中所产生每个线段中间的 1/3 部分，形成一组新的线段；依次不断的递归操作生成的集：$\{S_i\}$，就是 Cantor 集。Cantor 集的递归过程可用公式表示为

$$\begin{aligned} S_0 &= [0, 1] \\ S_1 &= [0, 1/3] \cup [2/3, 1] \\ S_2 &= [0, 1/9] \cup [2/9, 3] \cup [2/3, 7/9] \cup [8/9, 1] \\ &\cdots \end{aligned} \tag{3-27}$$

Cantor 集中元素 $S_0, S_1, \cdots, S_6$ 的图形表示如图 3-13 所示，虽然在递归过程中 Cantor 集的元素即线段的尺度在不断地变化，但却保持了其结构的不变性，即相似性。

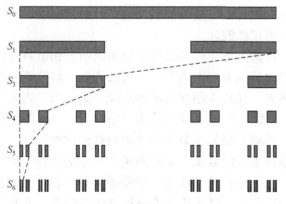

图 3-13　Cantor 集的 $S_0, S_1, \cdots, S_6$

Cantor 集展现给我们的是一种非常有规则变化的自相似性。然而自然界或实际系统中观测到的各种变化过程，通常都是随机过程，因此一般不会有像 Cantor 集这么规则的不变特性。那么是否仍然会有某种自相似性呢？人们检测过一条传输速率为 1Mbit/s 的帧中继（Frame Relay，FR）线路，线路中传输的是 4000 比特长度的数据帧，以第一帧到达作

为起始时刻，各帧依次到达接收端的时刻（ms）为

0 8 24 32 72 80 96 104 216 224 240 248 288 296 312 320 648
656 672 680 720 728 744 752 864 872 888 896 936 944 960 968

显然到达的时间间隔是非均匀的，并且没有什么规律。如果将到达间隔不超过5帧传输时间，即$5×4ms=20ms$的帧归到一个簇中，相应的每个簇的到达时间为

0, 72, 216, 288, 648, 720, 864, 936

仔细分析簇间的到达时间间隔，可以发现其分别为：72ms，144ms，72ms，360ms，72ms，144ms，72ms，呈现：**短，长，短，长，短，长，短**交替变化的特性。进一步地，如果将到达间隔不超过10帧传输时间，即$10×4ms=40ms$的帧归到一个簇中，相应的每个簇的到达时间为

0, 216, 648, 864

簇间的到达时间间隔分别为：216ms，432ms，216ms。显然间隔的尺度发生了变化，但却再度呈现了**短，长，短**交替变化的自相似特性。

3. 随机过程的自相似性

前面我们以线段长度或到达时间间隔的变化为例，讨论了尺度变化过程中包含的不变性这种自相似现象。但对于许多随机过程来说，其所包含的自相似特性并不总是这么直观的，需要从其统计特性的参数上才能描述和定义。图3-14给出了一个**自相似随机过程和一个非自相似随机过程**的示例。对于自相似随机过程，如图（a）所示，该随机过程的统计特征对时间尺度上的变化保持不变，其短期平均行为与其长期平均行为是一样的，具有相似的特性。现实世界的地震分布、海流变化、股市涨跌、通信信道中的数据流量等许多的变化，都具有这样的特性。图（b）给出了一个非自相似随机过程，一个平稳随机过程的变化特性：在小的时间尺度下，其变化起伏不规则；而从较长的时间尺度上看，则呈现出规则的变化特性，也就是说，在不同的尺度下，所表现出来的变化特性是不相似的。

在通信网络中，数据流量在很多时候呈现出来的自相似特性，与人们对网络数据流量特性的传统理解和认识有很大的不同。过去人们一般认为，单一数据流或许会有很大的起伏变化，例如，经过压缩变换的视频流，随着节目内容中场景的变化，视频流的数据率（这里的"数据率"，可考虑改为"中单位时间内所含的数据量"）会相应地有大的起伏变化。但随着汇聚的视频流或其他数据流的增加，整体的特性因为随机的数据流混合后会有削峰平谷的效果，最终表现出平稳的特性。但实际网络的测量结果告诉我们，信道上的数据流特性往往是不平稳的，并且表现出一种自相似的特性。因此在设计网络的有关参数时，经典排队论分析方法需要进一步的完善。

4. 自相似性过程的定义

目前研究成果给出的有关自相似过程的定义，是基于连续时间变量尺度变换意义上的。在该定义中，引入了描述时间尺度变化的系数a，$a>0$，以及描述自相似程度的Hurst系数H。

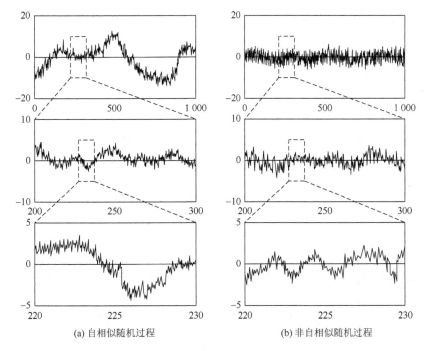

(a) 自相似随机过程　　　　　　　　　(b) 非自相似随机过程

图 3-14　自相似和非自相似随机过程比较

定义 3-1　如果对于任意实数 a，随机过程 $a^{-H}X(at)$ 与随机过程 $X(t)$ 有以下统计特性：

均值：
$$E[X(t)] = E[a^{-H}X(at)] = a^{-H}E[X(at)] \qquad (3\text{-}28)$$

方差：
$$\mathrm{Var}[X(t)] = \mathrm{Var}[a^{-H}X(at)] = a^{-2H}\mathrm{Var}[X(at)] \qquad (3\text{-}29)$$

自相关系数：
$$R_{x(t)}[t,s] = R_{a^{-H}x(at)}[t,s] = a^{-2H}R_{x(t)}[at,as] \qquad (3\text{-}30)$$

则称随机过程是关于 Hurst 系数 H 自相似的。

Hurst 系数的称谓来源于一个毕生研究有关河流涨落和水库蓄水问题的水利专家 Hurst，Hurst 希望通过基于历史上观测到的尼罗河水流量记录，设计一个理想的水库来调节尼罗河的流量，实现恒稳的输出流量，该流量等于平均输入流量，这样的水库应该永不溢出也永不干涸。但他发现尼罗河的水位在 800 年间服从一种自相似的模式。在此之前人们曾认为尼罗河的水位各年之间有涨落，这些涨落趋向于一个平均值。而实际上并非如此，流量记录表明尼罗河水位的变化在任何时间尺度上都不存在持续的周期。

Hurst 系数 H 是随机过程长范围相关的一个度量值，其取值范围为：$0.5 \leqslant H \leqslant 1$。$H = 0.5$ 表示随机过程没有自相似性，H 取值越趋近 1，在长范围内相关程度越大，相应地其自相似的程度就越高。下面通过一个例子对自相似过程和其有关的特性加以说明。

例 3-2　分数布朗运动过程 $B_H(t)$ 定义如下：

$$B_H(t) = X \cdot t^H, \quad t > 0,\ 0.5 \leqslant H < 1$$

其中，X 是均值为 0，方差为 1 的正态分布随机变量。证明分数布朗运动过程满足自相似过程的三个统计特性，并分析参数 H 对该过程统计特性的影响。

解 分数布朗运动过程的概率密度函数为

$$f_{B_H}(x,t) = \left(1/\sqrt{2\pi t^{2H}}\right) e^{-\frac{x^2}{2t^{2H}}}$$

（1）均值：根据分数布朗运动过程的概率密度函数，$E[B_H(t)] = E[X \cdot t^H] = t^H E[X] = 0$。

$$E\left[a^{-H} B_H(at)\right] = E\left[a^{-H} X \cdot (at)^H\right] = a^{-H}(at)^H E[X] = 0$$。满足性质1。

（2）方差：同样地，由分数布朗运动过程的概率密度函数，直接可得：$\mathrm{Var}[B_H(t)] = t^{2H}$。而 $\mathrm{Var}[B_H(at)] = (at)^{2H} = a^{2H} t^{2H} = a^{2H}\mathrm{Var}[B_H(t)]$，由此可见满足性质2。

（3）自相关系数：由 $E\left[(B_H(t) - B_H(t))^2\right] = E\left[B_H^2(t) + B_H^2(s) - 2B_H(t)B_H(s)\right]$ 和 $E[B_H(t)] = 0$ 可得

$$E[B_H(t) \cdot B_H(t)] = \frac{1}{2}\left(E[B_H^2(t)] + E[B_H^2(s)] - E[(B_H(t) - B_H(s))^2]\right)$$

$$= \frac{1}{2}\left(\mathrm{Var}[B_H(t)] + \mathrm{Var}[B_H(s)] - \mathrm{Var}[B_H(t) - B_H(s)]\right)$$

$$= \frac{1}{2}\left(t^{2H} + s^{2H} - |t-s|^{2H}\right)$$

进而，可得

$$R_{B_H}(at, as) = \frac{1}{2}\left((at)^{2H} + (as)^{2H} - |at-as|^{2H}\right)$$

$$= \frac{1}{2} a^{2H}\left(t^{2H} + s^{2H} - |t-s|^{2H}\right) = a^{2H} R_{B_H}(t,s)$$

即满足性质3。

综上，分数布朗运动过程具有自相似性。进一步地，考察分数布朗运动过程在 $(-t, 0)$ 和 $(0, t)$ 前后两个区间增量的相关性，此时有

$$E\left[(B_H(0) - B_H(-t))(B_H(t) - B_H(0))\right] = E[-B_H(-t)B_H(t)]$$

$$= -\frac{1}{2}\left((-t)^{2H} + t^{2H} - |-t-t|^{2H}\right) = \frac{1}{2}(2t)^{2H} - t^{2H}$$

增量的相关性随着 H 的增大和增强。而当 $H = 0.5$ 时，有

$$E\left[(B_H(0) - B_H(-t))(B_H(t) - B_H(0))\right] = 0$$

即增量的相关性消失了，分数布朗运动过程退化为普通的布朗运动过程。 □

分数布朗运动过程在分析数据通信量的自相似性时经常被用到。

3.5.2 自相似性的性质

1. 自相似过程的长程依赖性

对于随机过程，人们更关心的往往是其变化比较剧烈的特性，分析这种变化特性时，

采用减去均值后再做自相关运算的自协方差函数 $\Gamma[t_2,t_1]$ 往往更有代表性,

$$\Gamma[t_2,t_1] = E\big[(X(t_2)-E[X(t_2)])(X(t_1)-E[X(t_1)])\big]$$

根据 $\Gamma[t_2,t_1]$ 的特点,可将随机过程分为**短程依赖性**和**长程依赖性**两种类型。

(1) **短程依赖性**。当随机过程的自协方差函数衰减速度与负指数函数的减小一样快时,即

$$|t_2-t_1|\to\infty, \quad \Gamma[t_2,t_1]\sim a^{|t_2-t_1|}, \quad 0<a<1 \tag{3-31}$$

则称随机过程具有**短程依赖性**。

(2) **长程依赖性**。当随机过程的自协方差函数具有较缓慢的双曲线型衰减时,即

$$|t_2-t_1|\to\infty, \quad \Gamma[t_2,t_1]\sim |t_2-t_1|^{-\beta}, \quad 0<\beta<1 \tag{3-32}$$

则称随机过程具有**长程依赖性**。

自相似过程具有长程依赖性,当随机过程具有突发特性时,这种特性会在所有时间尺度上都存在。图 3-14 很好地展现了自相似的这种长程依赖性。

2. 自相似过程的谱特性

首先我们来看直观的示例,对于平稳随机信号,其自相关函数和功率密度谱之间是一个傅里叶变换对关系;而对于离散时间平稳随机序列,其**功率密度谱**则由以下公式定义:

$$S(\omega) = \sum_{k=-\infty}^{\infty} R(k) e^{-jk\omega} \tag{3-33}$$

由此可知

$$S(0) = \sum_{k=-\infty}^{\infty} R(k) \tag{3-34}$$

若自相关函数 $R(k)$ 呈现长程依赖性,即长时间相关的特性,则 $R(k)$ 随 k 增大衰减较慢,此时其直流功率密度谱 $S(0)$ 将趋于无穷。实际上,包含大量基本不变的直流成分的信号显然是长时间相关的。一般地,自相似信号的功率谱密度在原点附近有以下特性:当

$$\omega\to 0, \quad S(\omega)\sim \frac{1}{|\omega|^\gamma}, \quad 0<\gamma<1 \tag{3-35}$$

可以证明,参数 γ 与 Hurst 系数 H,以及长程依赖性的双曲线型衰减 β 间有以下关系:

$$\gamma = 2H-1 = 1-\beta \tag{3-36}$$

利用式(3-35)和式(3-36)之间的关系,可以通过测量自相关函数 $R(k)$ 或功率密度谱 $S(\omega)$ 估计自相似过程的 Hurst 系数。

3. 自相似过程的重尾分布特性

自相似过程的另外一个特性是**重尾分布**。首先给出重尾分布的定义:记随机变量 X 的**分布函数**为 $F(x)$,若

$$x\to\infty, \quad 1-F(x) = P(X>x) \sim \frac{1}{x^\alpha}, \quad 0<\alpha \tag{3-37}$$

则称随机过程是重尾分布的。具有重尾分布的随机变量一般具有较大甚至无穷大的方差。对这种随机变量进行采样时，虽然得到的结果可能包含很多较小的取值的样值，但有的样值的数值却会较大。

Pareto 分布是有 k 和 α 两个参数的随机变量，其中 $\alpha>0$。其概率密度函数 $f(x)$ 和分布函数 $F(x)$ 分别为

$$f(x)=\begin{cases}0, & x\leqslant k\\ \dfrac{\alpha}{k}\left(\dfrac{k}{x}\right)^{\alpha+1}, & x>k\end{cases}, \quad F(x)=\begin{cases}0, & x\leqslant k\\ 1-\left(\dfrac{k}{x}\right)^{\alpha+1}, & x>k\end{cases} \tag{3-38}$$

当参数 α 的取值满足条件 $\alpha\leqslant 2$ 时，Pareto 分布的随机变量将具有无穷大的方差，呈现重尾分布的特性。Pareto 分布的概率密度函数如图 3-15 所示，为了便于比较，图中还给出了非重尾分布指数概率密度函数，其中（a）是细节的局部放大图；（b）是部分曲线的完整概貌。指数分布的概率密度函数衰减得很快，而 $\alpha=1.25$ 和 $\alpha=0.5$ 的 Pareto 分布，则衰减得很慢，相应地其方差变得很大，呈现重尾分布的特性。

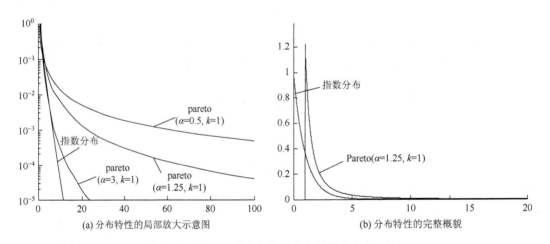

(a) 分布特性的局部放大示意图　　(b) 分布特性的完整概貌

图 3-15　Pareto 分布与指数分布的概率密度函数

3.5.3　数据通信量的自相似性

随着分组数字通信网，特别是互联网技术及其应用在 20 世纪 80～90 年代的迅速发展，人们发现原有的基于传统的泊松过程的通信量模式设计出来的传输和交换设备，在数据分组和报文通信中出现了很多的问题，这促使人们考虑建立新的通信量模型。

1．以太网的通信量

Leland 等在分析 1989～1992 年从 Bellcore 公司的各个以太网上收集的数据，发现以太网上的通信量在分钟甚至小时的大时间尺度上，与在毫秒或秒的小时间尺度上看起来都是相似的，在每一种时间尺度上，通信量突发性都是由突发较大的小区间和突发较小的小区间交替组成。这与传统的泊松模型在小的时间尺度上呈现大的突发变化，而在大的时间

尺度上呈现平整的特性完全不同。特别值得注意的是，以太网网上的负载越高，其自相似的程度越显著，即 Hurst 参数 H 的取值越大。多种统计检测估计表明，以太网通信量的 Hurst 参数 H 的取值可以达到 0.9。以太网上的通信量特性很大程度上反映了互联网链路层和物理层的通信量特性。

2. 互联网的通信量

互联网上通信量的特性可以从多个角度去分析。

（1）从互联网传输的文件类型（信源特性）来看，互联网上有大量的只有几句话的微信或邮件这样的小报文，也有邮件附件上各种大小的文件，特别是随着互联网上传输业务的多媒体化，通信量中还会包含像音视频流这样的超大文件，文件大小的巨大差异意味着其通信量的方差会很大，呈现重尾分布这样的自相似特性。人们特别对视频压缩编码后的视频帧的大小进行过研究，由于各个分组镜头随着不同场景中动作变化快慢的差异，编码后的视频流呈现重尾分布的特性。这说明应用层从信源上得到的传输业务量本身就具有自相似的特性。

（2）从传输层的通信量特性来看，Paxson 等专门研究过传输层的 TCP 承载 Telnet 和文件传输协议（File Transfer Protocal，FTP）等面向连接的通信业务的通信量特性，得到以下结论：对于 Telnet 交互过程或 FTP 会话连接的**到达特性**，就像电话系统的呼叫到达一样，可以用泊松过程很好地描述。但对于**报文数据量**的到达，如果仍采用泊松模型来分析，会严重低估通信数据量变化的突发程度，对于报文中包含的数据量来说，每次突发中所含的字节数呈现重尾分布的特性。此外，Borella 等分析了互联网上传输层用户数据报协议（User Datagram Protocol，UDP）承载的分组的时延特性，表明 UDP 分组的时延特性也是长程依赖的，也就是说同样具有自相似的特性。

3.5.4 通信量的自相似特性对排队系统的影响

传统排队系统假定顾客到达符合泊松过程模型，由此可以得到排队系统的基本参数：顾客的平均时延和平均等待时间，这些参数作为设计系统所需资源的基本依据。在通信系统中，当通信业务量不再符合泊松模型，而具有自相似特性时，人们已经发现若沿用传统的认识来设计系统，会对其性能产生很大的影响。具体如何定量描述这些影响，自然是人们关注的问题。Bellcore 实验室的研究人员 Erramilli 等根据对综合业务数字网（Integrated Services Digital Network，ISDN）上 100 000 个数据所做的统计分析，给出了图 3-16 所示的有关**平均等待时间**的排队分析结果和测量结果的比较，显然二者有很大的差异，对于自相似的业

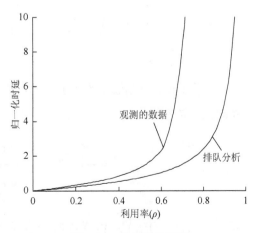

图 3-16　平均等待时间

务流，当信道的利用率达到 0.6 时，平均时延便已经开始显著地增大了。

Norros 等基于分数布朗运动过程和一个具有定长服务时间（分组大小相同）和无穷大缓存条件，提出了一个负载模型，得到了系统平均队列长度和平均利用率之间的关系：

$$N = \frac{\rho^{1/(2(1-H))}}{(1-\rho)^{H/(1-H)}} \quad (3\text{-}39)$$

式中，ρ 是系统的利用率，H 是 Hurst 系数。当 $H = 0.5$ 时，式（3-39）退化为**泊松到达**和**指数服务时间**的 M/M/1 系统的经典排队模型结果，即

$$N = \rho/(1-\rho) \quad (3\text{-}40)$$

图 3-17 给出了不同 Hurst 系数取值的队列长度，M/M/1 系统是当 $H = 0.5$ 时的一个特例。由图可见，对于具有自相似过程特性的通信量，平均队列长度从较低的利用率开始便会急剧上升，因此所需的缓冲空间将比经典排队论分析所得到的结果大得多。

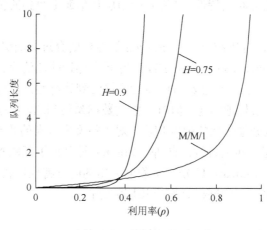

图 3-17　平均队列长度

3.5.5　自相似过程的参数估计

本节介绍几种通过统计分析求自相似过程 Hurst 系数的方法。

1. *R/S* 图法

对于在离散时刻取值的随机过程：$X(k) = \{X_k, k = 0,1,2,\cdots\}$，$X(k)$ 在时间段 N 上的 *R/S* 图定义为

$$\frac{R}{S} = \frac{\max\limits_{1 \leq J \leq N} \sum\limits_{k=1}^{J}(X_k - M(N)) - \min\limits_{1 \leq J \leq N} \sum\limits_{k=1}^{J}(X_k - M(N))}{\sqrt{(1/N)\sum\limits_{k=1}^{N}(X_k - M(N))^2}} \quad (3\text{-}41)$$

其中，$M(N) = (1/N)\sum\limits_{k=1}^{N} X_k$ 是在时间段 N 上的样本均值；式中的分子是对该随机变化范围

的一种度量。对于一个自相似过程，比值 R/S 在 N 很大时有以下特性：

$$\frac{R}{S} \sim \left(\frac{N}{2}\right)^H, \ H > 0.5 \ \left(\text{表示为} \log_2 \frac{R}{S} \sim H \log_2 N - H, \ H > 0.5\right) \tag{3-42}$$

当将该关系特性描绘在一张坐标系为**对数-对数**图上时，所得应为一条斜率等于 H 的直线，由此可得该自相似过程的 Hurst 系数值。

2. 谱特性法

由式（3-35）给出的有关自相似过程谱特性与 Hurst 系数间关系可知，当

$$\omega \to 0, \quad S(\omega) \sim \frac{1}{|\omega|^{2H-1}} \tag{3-43}$$

可见，可以通过自相似过程的谱密度函数：$S(\omega) = \sum_{k=-\infty}^{\infty} R(k) \mathrm{e}^{-jk\omega}$，求其 Hurst 系数值。对于具有遍历性的随机过程，其中的相关函数取值可通过如下时间相关值来估算：

$$\hat{R}_N(k) = \frac{1}{N} \sum_{n=0}^{N-1} X_{n+k} X_n \tag{3-44}$$

3. 方差时间图法

首先定义随机时间序列 $X:\{X_k\}$ 的 m **聚集时间序列** $X^{(m)}: \{X_k^{(m)}\}$，其中 $X_k^{(m)}$ 为其原时间序列大小为 m 非重叠相邻的块求和，即

$$X_k^{(m)} = \frac{1}{m} \sum_{i=km-(m-1)}^{km} X_i \tag{3-45}$$

自相似过程的基本特点是其在不同的时间尺度上均具有类似的突发特性，如果原序列 $\{X_k\}$ 被认为是该随机过程可能有的最高分辨率，则 m 聚集时间序列 $\{X_k^{(m)}\}$ 是将原序列的分辨率减小（压缩）m 倍的结果。如果这种经过压缩的随机过程的统计特性，如均值、方差和自相关等，保持不变，该过程就是一个自相似过程。

如果 m 聚集时间序列对于所有的 $m = 1, 2, 3, \cdots$，其方差和自相关函数均有

$$\operatorname{Var}(X^{(m)}) = \frac{\operatorname{Var}(X)}{m^\beta} \quad \text{和} \quad R_{X^{(m)}}(k) = R_X(k) \tag{3-46}$$

则过程 X 称为参数为 β 的**准确自相似过程**。可以证明，参数 β 与 Hurst 系数的关系为

$$H = 1 - \beta/2 \tag{3-47}$$

相对于准确自相似过程，如果对于所有足够大的 k，其方差和自相关函数有

$$\operatorname{Var}(X^{(m)}) \sim \frac{\operatorname{Var}(X)}{m^\beta} \quad \text{和} \quad R_{X^{(m)}}(k) \xrightarrow{m \to \infty} R_X(k) \tag{3-48}$$

则过程 X 称为参数为 β 的**渐近自相似过程**。

由此可见，对于自相似过程，一般有
$$\log_2\left(X^{(m)}\right) \sim \log_2 \text{Var}(X) - \beta \log_2 m \tag{3-49}$$
如果将 $\log_2\left(X^{(m)}\right)$ 与 $\log_2 m$ 的关系特性描绘在坐标系为**对数-对数**图上时，所得是一条斜率为 $-\beta$ 的直线。进一步地，由式（3-47）可求出该自相似过程的 Hurst 参数。

3.6 流量管理与拥塞控制

3.6.1 流量管理问题

任何网络随着传输业务量的增长，都有流量管理和拥塞控制问题。随着基于统计复用分组交换网络逐步替代基于电路交换的网络，特别是互联网已经成为一个支撑多种业务传输的多媒体网络后，流量与拥塞控制问题受到人们的极大关注。

传统的电话交换网虽然有流量与拥塞控制问题，但因为其采用面向连接的电路交换方式，每个用户所需的传输速率固定（如 64Kbit/s），而且采用的专门带外信令系统建立端到端的传输通道。一旦某个用户获得传输信道，它将独占该信道的传输资源。对某个用户的连接申请，如果从呼叫端到被叫端的所有传输通道均已分配完毕，系统对该新用户来说状态变为"忙"，该用户的连接申请将被拒绝。因此虽然连接建立过程较为复杂，但一般来说控制较为简单，没有拥塞问题。其他可获得固定传输带宽资源的电路交换系统的情况类似。电路交换网络通常功能单一，而且往往效率较低。

基于统计复用的分组交换网络与电路交换网络有很大的区别，虽然也可以采用面向连接的工作方式，但无论是面向连接还是非面向连接的系统，系统的信令或者控制报文均采用带内传输的方式，即信令或者控制信息均与用户的业务分组或报文采用相同的传输通道。此外，当各种不同媒体的业务数据在网络中传输时，不同用户的传输需求呈现极大的差异，如有若干千比特每秒的语音数据，有若干兆比特每秒的视音频数据，也有传输速率没有特定要求的文件数据等；此外，不同的媒体业务的数据，有些具有较强的容错能力，如语音业务数据，有些则不容许出现传输错误，如文件数据；再者，有些业务对传输的时延不敏感，如单向的传输业务，有些则不仅对传输时延，而且对时延的变化也非常敏感，如实时的语音或视频交互式的系统。业务类型和传输要求的多样化、带内的信令和控制信息传输方式等复杂因素导致网络中不可预测的因素很多，因此流量与拥塞控制成为这类网络运行时需要解决的关键技术问题。

3.6.2 流量管理与拥塞控制的基本方式

在基于统计复用的网络中，人们主要考虑的问题是如何通过流量控制的方式，在网络业务量较大时避免网络出现拥塞，同时考虑在出现拥塞时如何缓解拥塞，保证网络的有效运行。流量管理与拥塞控制可以通过分布式控制或集中式控制这两种方式来实现。

1. 分布式控制方式

对于分布式控制方式，网络中流量的管理与控制没有一个专门的系统来统一进行操作，也没有专门的信令，主要通过网络中各个设备根据协议自行调整实现。例如，分布式控制可以通过**窗口**机制来实施。采用窗口机制时，发送报文与接收报文的两端，预先约定一次最多可以发送多大的数据量。发送端在收到接收端**回应**之前，发送的数据量如果达到了预定可发送的最大值，发送的窗口关闭，此时必须暂停发送。正常情况下，接收端如果成功地接收到报文，会作出回应，窗口重新开启，发送端又可以继续发送。

采用窗口机制的流量管理与拥塞控制方式可以在网络两设备间的链路层上实施，也可以在网络层经多跳贯穿整个从源节点和目的节点间的传输路径上实施。采用窗口机制时，如果接收端的缓冲器接近溢出，或因各种原因来不及处理报文，可不发回应到发送端，通过关闭窗口达到控制流量的目的；当网络上某个区域发生拥塞时，数据分组或报文无法到达目的地，发送端自然也就无法收到回应，因此不能够继续发送，从而达到缓解拥塞的目的。窗口机制是一种简单有效的控制方法，窗口机制有若干种不同的改进形式，其中有关的参数也可依据不同的应用场景或网络的拥塞状况调整设定。基于窗口机制的分布式控制方法被大量的网络协议所采用。

2. 集中式控制方式

采用集中式控制方式的系统，在网络中通常设有某种信令机制，网络可以根据用户的传输需求，根据网络在源节点到目的节点各个可达路径上的可用传输资源情况，首先判断是否有足够的资源可提供给该传输业务。如果有相应的资源，则选择允许用户接入，而如果没有足够的资源，则拒绝用户接入。对于接入的业务流，可采用宏观的管理模式，即基于类别来进行管理，在网络每一跳的传输过程中，对于不同类别的业务赋予不同的优先度，因为业务的类别通常只有有限种，所以基于类别的管理模式相对简单。可以基于独立的业务流进行管理，即采用**虚连接**的方式，虚连接是一种面向连接的传输方式，在传输之前一般会建立源节点到目的节点的传输通道，因为带宽是以某种弹性方式提供的，即允许用户的业务流在某个均值上下波动。同时申请了传输资源的用户如果没有业务传输，这些资源可以动态地划拨给其他用户以提高传输效率。

采用集中式的控制方式，可以在网络的接入端对用户的业务流进行管理，对违反进入协议的业务流进行节制，从而达到避免网络进行拥塞状态的目的。在本书中如果没有特别说明，**数据分组**和**报文**这两个词将不加区别地使用。

3.6.3 接入控制

前面我们介绍过网络通信的连接方式主要有两种，即**面向连接方式**和**非面向连接方式**。对于在网络层采用面向连接方式工作的系统，用户的业务流在接入网络之前，通常要得到系统的准许。这样，系统在收到用户的传输要求时，可根据网络当前的工作状况，分析系统是否有可用的资源,支持新增业务的传输,最后确定是否允许用户接入。接入控制是对网络的拥塞防患于未然的有效方法。有关是否允许新的业务控制,有两种基本的判断准则。

1. 基于确定界的接入判断准则

基于**确定界**(Deterministic Bound)的判断准则,一般用于用户需要网络对传输业务提供**保证型服务**(Guaranteed Service,GS)的场合。GS是指用户对传输的时延和丢包率等服务质量参数,具有明确的具体要求。例如,用户会提出端到端报文传输最大传输时延的要求。网络在为这类业务提供服务时,必须提供严格意义上的保证。设用户 k 的端到端的最大传输时延为 $T_k^{(PTP)}$。为保证实现 GS,网络和用户间必须就用户发送数据分组的行为进行协商。例如,需要确定用户 k 的平均速率 ρ_k、峰值速率 $\rho_{k,\max}$、突发性 σ_k 和最大数据分组的尺寸 $L_{k,\max}$ 等。据此,用户 k 在任意的时间区间 (t_1,t_2),发送到网络的数据量 $A_k(t_1,t_2)$ 必须满足以下约束:

$$A_k(t_1,t_2) \leqslant \rho_k \cdot (t_2 - t_1) + \sigma_k \tag{3-50}$$

如果在传输路径的交换节点 i 上数据分组的调度采用 **PGPS**(Packet Generalized Processor Sharing)服务规则,在该节点的输出链路上分配给用户 k 的传输速率 $\gamma_{k,i}$ 满足条件:$\gamma_{k,i} \geqslant \rho_k$,则用户 k 的数据分组在节点上的时延 $D_{k,i}$ 和队列长度 $Q_{k,i}$ 分别为

$$D_{k,i} \leqslant \frac{\sigma_k}{\gamma_{k,i}} + \frac{L_{k,\max}}{\gamma_{k,i}} + \frac{L_{\max}}{\gamma_i}, \quad Q_{k,i} \leqslant \sigma_k + L_{\max} \tag{3-51}$$

式中,γ_i 是节点 i 输出链路的传输速率,$L_{\max}$ 是传输路径上所经节点传输的最大分组的大小。由此,如果传输路径上的每个节点提供的给用户 k 的传输速率 $\gamma_{k,i}$ 和数据缓存空间 $B_{k,i}$ 均满足:$\gamma_{k,i} \geqslant \rho_k$,$B_{k,i} \geqslant Q_{k,i}$,$i=1,2,\cdots,N$,这里 N 是传输路径上经历的中继节点数。则数据分组在传输过程中不会丢失,端到端总时延为

$$D_{k,dtd} \leqslant \frac{\sigma_k}{\rho_k} + \sum_{i=1}^{N}\left(\frac{L_{i,\max}}{\gamma_{k,i}} + \frac{L_{\max}}{\gamma_i}\right) \tag{3-52}$$

由此,在满足 $\gamma_{k,i} \geqslant \rho_k$,$B_{k,i} \geqslant Q_{k,i}$,$i=1,2,\cdots,N$ 的条件下,基于确定界的接入判断准则:

$$D_{k,dtd} \begin{cases} \leqslant T_{k,dtd}, & 允许用户 k \\ > T_{k,dtd}, & 拒绝用户 k \end{cases} \tag{3-53}$$

目前已有许多研究成果提出多种不同的分组调度服务规则(详见 3.7 节),只要这些服务规则能够提供最不利时刻的服务质量参数上限,就可以用类似上述的方法来实现基于确定界的用户接入判断。

2. 基于概率界的接入判断准则

基于**概率界**(Probabilistic Bound)的判断准则一般用于用户只需要对传输业务提供半定性半定量服务保证,即**负载控制型服务**(Controlled-Load Service)的场合。负载控制型服务,是指对用户报文的传输时延和丢包率,并不提供严格意义上的保证,而只在大概率

意义上为用户提供服务质量保证。因为网络会为用户的传输业务提供预留的资源，用户获得负载控制型服务时，通常无论网络处于何种状态，其总是感觉与工作在网络处于轻载时的情况一样。基于概率界的接入判断准则因为无须为用户提供严格意义上的服务质量保证，通常不必为每个业务流建立独立的缓冲队列和进行单独的调度，因此可以简化系统的硬件的结构和降低调度运算的复杂性。下面介绍几种基于概率界的接入判断准则服务规则。

1）基于速率和的接入判断准则

基于**速率和**的判断准则是一种最为简单的判断规则。设传输路径上节点 i 在用户 k 申请接入前已经存在 N_i 个业务流，分配给业务流 j 的传输速率为 $\gamma_{j,i}$，则在该节点上总的已经分配的传输速率为：$\sum_{j=1}^{N_i}\gamma_{j,i}$，若用户 k 申请的带宽为 $\gamma_{N_i+1,i}$，则

$$\gamma_{N_i+1,i}+\sum_{j=1}^{N_i}\gamma_{j,i}<\gamma_i \tag{3-54}$$

式中，γ_i 是节点 i 上输出链路上总的带宽。此时节点 i 将允许用户 k 接入。如果在具有 N 个节点的传输路径上的任一节点 i，$i=1,2,\cdots,N$ 均满足接入的条件，则用户将被允许接入网络。反之，如果有一个节点不满足条件，则需要寻找新的传输路径。如果没有传输路径满足条件，用户 k 的接入请求将被网络拒绝。

2）基于速率和测量值的接入判断准则

基于**速率和测量值**的判断准则与简单速率和的判断准则的思想基本上一样。鉴于目前在接受服务的业务流变化的复杂性，在任一节点 i 上做判断时，判断时用实际的测量值 γ_i^Σ 式（3-54）给出的已分配传输速率值为 $\sum_{j=1}^{N_i}\gamma_{j,i}$。若用户 k 申请的带宽为 $\gamma_{k,i}$，如果

$$\gamma_{k,i}+\gamma_i^\Sigma<\eta\cdot\gamma_i \tag{3-55}$$

式中，γ_i 是节点 i 上输出链路上总的带宽，η 是根据经验设定的带宽可达的利用率。同样地，如果在传输路径上的每个节点 i，$i=1,2,\cdots,N$ 均满足接入的条件，则用户将被允许接入网络。反之，用户 k 的接入请求将被网络拒绝。

基于速率和测量值的方法，需要对已分配带宽的实际使用值进行测量，下面给出两种现有文献中介绍的方法。

（1）**基于时间窗口的测量方法**：基于时间窗口的测量方法在每个节点上将系统的运行时间分为一个个长为 T 的测量**时间段**，在每个时间段 T 内进一步将时间分为长度为 S 的**时间片**，通常取 $T/S\geqslant 10$。在每个 S 时间片内可进行多次采样测量，取其平均值作为在该 S 时间片内的速率测量值。在时间段 T 结束时，取在该时间段内各时间片 S 测量值中的最大者，作为下一个时间段 T 以被使用带宽的**估计值**，即有 $\gamma_i^\Sigma((k+1)T)=\max_{(k-1)T<t\leqslant kT}\{\gamma_{i,k}^\Sigma,k=1,2,\cdots,K\}$，其中 $\gamma_{i,k}^\Sigma$ 是第 k 次测量值，K 是在时间段 T 内总的测量次数。一般地，K 的值越大，所得的估计值会越大，是否允许接入的判断相应地会越保守。保守的估计值会降低网络资源的利用率，但具有较高的可靠性。

（2）**基于递归的测量方法**。前面讨论的基于时间窗口的测量方法所得的估计值，是基于最近的一个测量时间段，该估计值与之前时间段的测量值没有关系。基于递归的测量方法考虑了过去速率的取值与当前速率值之间的关联关系。在 $kT \leq t < (k+1)T$ 期间，已被占用的速率的估计值由下面的递归公式确定：

$$\gamma_i^\Sigma((k+1)T) = (1-\alpha) \cdot \gamma_i^\Sigma(kT) + \alpha \cdot \hat{\gamma}_i^\Sigma \tag{3-56}$$

式中 $\hat{\gamma}_i^\Sigma$ 是在 $(k-1)T \leq t < kT$ 期间得到的测量值。在递归关系式中，参数 α 的取值范围为 $0 < \alpha < 1$，其大小通常由速率的变化程度决定。如果速率变化较大，参数 α 的取值应较大，使得最近测量值有较大的权重，使得估计值能够反映这种变化的特性；反之，如果速率变化较为平稳，则参数 α 取较小的值。

3）等效带宽的接入判断准则

等效带宽（Equivalent Bandwidth）判断准则结合了当前的测量结果和节点 i 上现有已经接入网络的业务流的带宽请求值 $\gamma_{i,j}, j=1,2,\cdots,N_i$，同时考虑了系统设定的**分组丢失率** P_e。根据 Guerin 等（1991）的研究结果，已经被占用的**等效带宽**可以表示为

$$\gamma_i^H = \hat{\gamma}_i^\Sigma + \left(0.5\ln\left(\frac{1}{P_e}\right)\sum_{j=1}^{N_i}\gamma_{i,j}^2\right)^{0.5} \tag{3-57}$$

式中，$\hat{\gamma}_i^\Sigma$ 为当前平均到达率的测量值。这种方法也称为 **Hoeffding 界法**。得到等效带宽值之后，接入的判断可由下式决定：

$$\gamma_i^H + \gamma_{i,k} \begin{cases} < \gamma_i, & \text{允许用户}k \\ \geq \gamma_i, & \text{拒绝用户}k \end{cases} \tag{3-58}$$

与前面的分析一样，如果在所选择的传输路径上的每个节点 i，$i=1,2,\cdots,N$ 均满足接入的条件，则用户将被允许接入网络。反之，用户 k 的接入请求将被网络拒绝。

3.7 交换与分组调度方法

对于用户来说，网络中的节点主要具有路由选择功能和交换功能。路由选择功能主要通过节点中的软件系统实现。交换功能可以由软件和通用的处理器实现，处理器在软件的控制下，从路由器或交换的一个端口读取一个数据分组或报文，根据所选定的端口进行转发，由高速的处理器或处理器群构成交换设备，很可能是未来的一个发展方向。交换功能也可以由专用的硬件交换芯片或由其构成的交换矩阵来实现，本节主要介绍在交换节点内，通过硬件交换芯片及构成的矩阵，实现交换功能的基本方法。

在基于统计复用的交换网络中，每个由数据分组形成的业务流都是一个随机过程，到达交换节点输入端口通常是由多个业务流组成的聚合流。每个端口上当前到达的分组需要切换到哪一个输出端口，具有一定的随机性，此时可能需要解决在切换过程中的冲突问题；此外，即便解决了在切换过程中的冲突问题，到达了输出端口的缓冲队列中，仍然需要解决多个不同用户或类别业务流争夺输出端口的问题，即分组调度的问题。

3.7.1 节点内的分组交换

在一个网络的交换节点内,所采用的基本的交换技术主要有**空分交换**、**总线交换**和**存储交换**等三种方式。

1. 空分交换

空分交换的基本结构如图 3-18(a)所示,交换矩阵主要由入线、出线和入出线之间的切换开关组成,其中开关设置在图中所示的入线和出线的交叉点上。当某根入线希望切换到特定的出线时,相应的交叉点上的开关闭合,入线和出线连通,数据分组便可由某个输入端口切换到特定的输出端口。图 3-18(a)的交换矩阵中 1-2,2-4,3-n,…,n-3 入线与出线间的交叉点处标有"●"的符号,表示相应的端口间需要实现切换。为保证不会出现冲突,每一对入出线间只能有一个开关闭合。这种交换方式在电气系统的硬件结构上呈现空间分布的特点,因此称之为**空分交换**。在图示的空分交换系统中,如果入出端口的个数分别为 n,开关的数目将为 n^2。随着 n 的增大,该数值将迅速增加。

为降低交换矩阵的复杂性,空分交换可设计成多级的方式,如图 3-18(b)所示,交换矩阵由规模较小的矩阵单元组成,矩阵单元得到互连结构需要保证每一个入线都可以通过一个切换传输路径,从每一个入口到达任何一个出口。图 3-18(c)给出了一个通过 2×2 的交换矩阵单元构造的一个 16 进 16 出的交换矩阵。如果用一级的交换方式,一个 16×16 的交换矩阵需要 256 个切换开关,若采用四级的交换方式,每个交换单元需要 4 个切换开关,总共有 32 个交换单元,因此所需开关的个数为 32×4,即 128 个,减

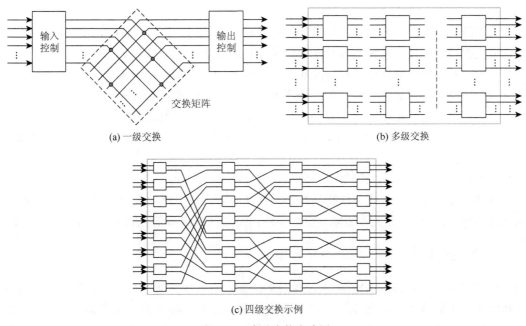

(a) 一级交换   (b) 多级交换

(c) 四级交换示例

图 3-18 空分交换方式图

少为原来的 1/2。如果矩阵的规模进一步扩大，如 32 进 32 出，一级交换 32×32 所需的开关数为 1024 个；用 4 个图 3-18（c）所示的矩阵可以构造一个 8 级的 32 进 32 出的交换矩阵，此时所需的开关数为 128×4，即 512 个，同样减少为原来的 1/2。一般地，用 2×2 的交换矩阵单元构造的 2^n 进 2^n 出的交换矩阵时，需要的级数为 n。

采用多级方式构建交换矩阵的方法，虽然可保证从每个输入端口到输出端口的可达性，同时可以降低交换矩阵实现的复杂性，但如果没有一个良好的选路算法，即使没有出现不同的输入端争夺同一个输出端口的情形，却也可能在交换矩阵的中间出现冲突。图 3-19 给出了一个这类冲突的示例，图中输入端口 5 当前的信元希望输出到端口 7；而输入端口 8 中当前的信元希望输出到端口 5，按照图中设定的传递路径，此时在第二级中的第二个交换单元中将产生冲突，从而导致信元的丢失。

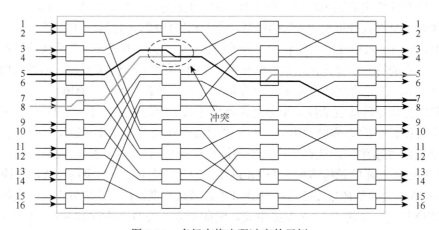

图 3-19 多级交换出现冲突的示例

有关降低冲突的多级交换矩阵和相应的选路算法，已经有大量的相关研究成果。另外，降低在交换矩阵中产生冲突的其他主要措施还包括以下几点。

（1）在基本交换模块中设置缓冲队列，当冲突发生时将某一路先行缓存；
（2）提高其内部的信息交换的处理速率，提高其通过率；
（3）在交换矩阵单元间建立某种反馈控制机制，预报冲突出现的可能性；
（4）在入线与出线之间采用多平面平行交换矩阵，通过成倍提高交换速度来降低冲突的可能性；
（5）在基本交换单元间提供多条通路，该方法与（4）有些类似。

当然在采用上述的改进方法提高系统的性能时，会使电路的复杂性增加。研究表明，通过适当的措施，可将信元在级联的交换矩阵内部因冲突造成的丢失率控制在 10^{-10} 以下。

2. 总线交换

总线交换方式的基本结构如图 3-20（a）所示，总线交换方式交换矩阵的线宽是输入和输出端口线宽的 K 倍，因此可以将每个端口缓存的 K 比特数据在 1 个输入（输出）比特的时钟周期内切换到输出端。总线交换方式是一种利用背板或芯片内的线宽换取切换速度提高的一种方法。显然线宽越大,可实现的切换速度越高。从理论上来说,若线宽为 K,并且切换时钟与端口输入的时钟一致时,可实现 $K\times K$ 无阻塞交换矩阵的切换功能。图 3-20(b)给出了数据并行切换时的情形,由图可见当线宽为 K 时,交换过程中可以一次将 K 比特的数据从输入端口切换到输出端口,每次切换实现一个输入端口到一个输出端口的交换;图 3-20(c)给出了没有处在切换操作的端口,数据串行输入和输出时的情形。

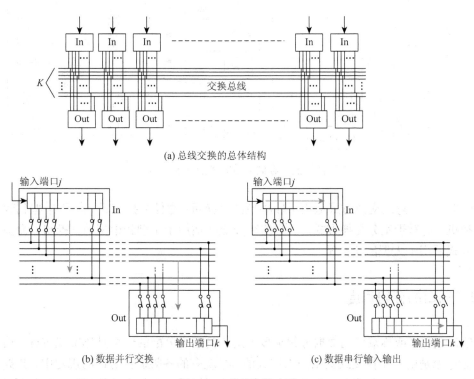

图 3-20 总线交换方式

综合图 3-20(b)和(c),若切换的时钟与串行输入输出的时钟一致,K 位线宽的总线交换系统可以支持 K 个输入端口到 K 个输出端口间的数据交换。用线宽来换取内部处理速度要求降低的思想,可以用到各种高速串行输入输出端口与低速并行的硬件信号处理系统速率适配的设计中。

3. 存储交换

图 3-21 给出了存储交换的基本结构。存储交换在某种程度上可以被想象为一种广义的 TDM 方式。传统的 TDM 是一种电路交换的方式,工作时预先为每个建立连接的用户数据通道分配特定的交换时隙。ATM 技术采用的统计复用的方式,用户发送的信元也有一定的随机性,因此虚连接接入信道的时隙无法预先设定。连接建立过程中需要根据用户传输业务的类别预留资源,相应的交换过程可以通过在数据存储区域内设立若干虚拟缓冲队列,并配以合理的调度策略来实现。缓冲队列的大小可根据业务的类别特性、服务质量

要求和调度算法等因素来决定。

在存储交换系统中,对器件速度的要求与存储器的位数有关,存储器并行输入输出的位数(字宽)越大,相应地对器件速度的要求越低,这与总线交换方式中线宽对切换速度影响的原理是一样的。不难想象,对于存储交换方式,一般需要较为复杂的调度算法才能保证其有效地工作。

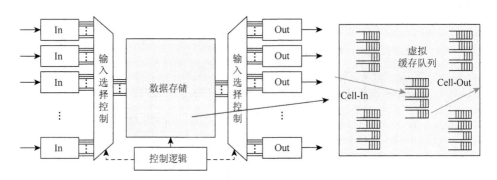

图 3-21　存储交换方式的基本结构

一般来说,总线交换方式适用于较小型的交换机;存储交换方式适用于中型到较大型的交换机;而对于空分交换方式,一级的空分交换适用于小型到中型的交换机,而多级的交换方式适用于大型的交换机。

3.7.2　端口的分组调度

输出链路(或称端口的数据分组调度)是传输带宽分配的一个具体实现过程。用户的数据业务流是由一个报文或数据分组构成的。在现有的各类通信协议的规定中,数据分组小则几十个字节,大则若干千个字节。现代通信网络是一个基于统计复用的时分系统,无论链路的带宽有多大,在传输过程中各个业务流都不能并行地发送,每次只能发送某个业务流中的一个数据分组。在数据通信的初期,传输业务主要是数据文件,对传输时延和时延的变化没有太大的敏感性,所有业务的数据分组,都进入单一的缓冲队列,分组调度可以采用最为简单的**先进先出**(First In First out,FIFO),或称为**先到先服务**(First Come First Service)调度策略。FIFO 调度策略无法为不同的用户或业务提供有区别的服务。随着网络传输业务的多媒体化,除非有足够大的传输带宽,使得网络永远都处于负载很轻的工作状态,否则就无法满足不同用户和不同业务的传输要求。

通过分组调度的方法,可以为不同的用户或不同的业务提供有差别的服务,这里服务的差别,主要体现在传输带宽的分配,或传输的优先级上。乍一看可能会认为分组调度很简单,统计复用系统作为一种动态分配时隙的系统,带宽分配的问题无非是一个时隙分配的**轮询**(Round Robin)问题。问题的关键是,不同的轮询方法,对传输性能的影响很大。例如,假定有三个用户的业务流共享输出链路的带宽,带宽分配的比例是 1∶1∶2,假定三个用户的队列中都有数据分组需要传输,其分组分别用 P_1、P_2 和 P_3 表示,调度顺序可

以是 $P_1P_2P_3P_1P_2P_3P_1P_2P_3P_1P_2P_3\cdots$；也可以是 $P_1P_1P_1P_2P_2P_2P_3P_3P_3P_3\cdots$。前者每个队列等待发送的最大时延较短，而后者切换的操作的次数则可大大降低。由此可见，分组调度方法的优劣，对于传输性能和操作的复杂性等影响很大。所涉及的问题包括**带宽分配**、**公平性**、**隔离度**、**传输时延**、**丢包率**、**缓冲空间资源占用**、**效率**及操作的**复杂性**等。此外，还会对后续传输过程中业务流或聚合后的业务流的形态（突发性）等产生影响。分组调度是路由器或交换机系统设计过程中的一项重要技术。

带宽分配是指用户能够获得接入时预定的带宽；**公平性**是指当网络的状态发生变化时，每个用户受到的影响是依接入时所获得的带宽按比例公平的。也就是说，当网络有多余的传输资源时，这部分资源会按照所设定带宽的比例进行分配；**隔离度**是指业务流之间的相互影响，不能超过用户接入时所预定的最不利的参数的上限。也就是说，如果某个或某些用户违反接入的约定，试图占用更多的传输资源，或者其行为发生变化，如突发性增大时，不会对其他用户的服务质量（如延时的上限等）造成影响；这里**丢包率**是指因为缓冲器溢出造成包丢失的比例；这里的**效率**主要指能否充分利用网络的传输资源和提高缓存空间的利用率；**缓冲空间资源占用**是指对每个特定的业务流来说。所需占用空间的大小；操作的**复杂性**则是指调度过程中所需进行各种计算量的大小。

1. 调度策略研究的业务模型

任何一个用户的业务流都是一个特定的随机过程，对于许多业务流，在完成传输之前，其本身的许多统计特性是不确定的，因此要在数学上严格地描述每一个这样的随机过程是非常困难的。此外，在一个实际系统中，也不可能为每一个特定的随机过程设计一种调度策略。比较现实的方法是对用户发送业务流的行为做某种合理的限定，在有关调度算法的设计和研究中，通常采用以下约束模型。

1）基于平均速率和突发性的约束模型

基于平均速率和突发性的约束模型在 3.6.3 节讨论接入控制时也提及过。对任意的一个业务流，该模型只有描述业务流**平均速率**的参数 ρ 和限定其**突发性**的参数 σ。在任意的时间间隔 (t_1, t_2) 内，该业务流所产生的到达网络数据量 $A(t_1, t_2)$ 应满足如下约束：

$$A(t_1, t_2) \leqslant \rho(t_2 - t_1) + \sigma \tag{3-59}$$

以下将 ρ 和 σ 分别简称为业务流的**平均速率**和**突发性**。网络可以在网络与用户接口上设置缓冲容量为 σ，为漏桶速率不小于 ρ 的控制机制对用户输入到网络的业务量进行限定，对于超出预期发送的违约业务量可因漏桶的溢出被拒绝进入网络。

2）基于分组到达间隔的约束模型

对于某些采用等长数据分组的网络系统，如 ATM 网络，分组到达的间隔也能够很好地描述业务流的平均速率和突发性。这种约束模型可以表示为 $(x_{\min}, x_{\text{ave}}, I, s)$，其中 $x_{\min}$ 表示分组到达的**最小间隔**、x_{ave} 是分组到达的**平均间隔**、I 是业务流出现的**时间段**、s 则是**分组的大小**。在 I 期间到达网络的数据量

$$A(t_1, t_2) \approx \frac{I}{x_{\text{ave}}} s < \frac{I}{x_{\min}} s \tag{3-60}$$

在随后的分组调度方法的讨论中，将主要采用上述的两种约束模型。

人们对分组的调度策略进行了多年的研究之后，提出了具有不同特点的调度算法。这些算法按其是否只要缓冲区内有报文，就会持续不断地工作的工作模式分为两大类：**持续工作型**（Work-Conversing，W-C）和**非持续工作型**（Non-Work-Conversing，N-W-C）。W-C 型调度算法的一个基本的考虑是尽可能提高链路的利用率，只要缓冲区内有报文就会持续不断地发送；N-W-C 型调度算法考虑的则是要避免业务流在传输过程中其突发性的增大变化，因此当不满足所设定的发送条件时，即便当前缓冲区内有报文需要传输，输出链路空闲，也要等到条件满足后才会发送。下面介绍这两类不同算法中，最有代表性的几种方法。

2. W-C 型调度算法

在 W-C 型的调度算法中，最经典的是所谓的**共享通用处理器**（Generalized Processor Sharing，GPS）算法和其分组化实现 PGPS 算法。

1）GPS 算法

假定到达网络节点的业务流 i 的平均速率和突发性分别记为：ρ_i 和 σ_i。在时间区间 (t_1, t_2) 到达网络的业务量应满足 $A_i(t_1, t_2) \leq \rho_i(t_2 - t_1) + \sigma_i$。采用 GPS 算法时，系统首先要同时满足以下条件：

$$(\gamma_i \geq \rho_i) \cap \left(\gamma_i + \sum_{j=1}^{i-1}\gamma_j < \gamma\right) \tag{3-61}$$

式中，γ_i 是分配给业务流 i 的带宽，γ 是输出端口链路的带宽。$\gamma_i \geq \rho_i$ 表示分配给业务流的带宽应大于等于其平均速率；而 $\gamma_i + \sum_{j=1}^{i-1}\gamma_j < \gamma$ 则表示连同分配给用户 i 的带宽在内，所有分配出去的带宽的和，应小于链路的带宽。如果式（3-61）的条件不能满足，则业务流 i 将被拒绝接入到网络中。若记在时间区间 (t_1, t_2) 为业务流 i 发送的业务量为 $W_i(t_1, t_2)$，GPS 算法通过调节各个业务流的发送量，保证如下平衡关系式成立：

$$\frac{W_i(t_1, t_2)}{\gamma_i} = \frac{W_j(t_1, t_2)}{\gamma_j}, \quad i, j = 1, 2, \cdots, N \tag{3-62}$$

来保证为各个业务流服务的**公平性**。假定每个业务流在时间区间 (t_1, t_2) 发送的业务量都由关系式 $A_i(t_1, t_2) \leq \rho_i(t_2 - t_1) + \sigma_i$，$i = 1, 2, \cdots, N$ 限定。可以证明，在调度器上保证业务流 i 上的数据量不会丢失所需的缓冲空间的大小 Q_i 只需满足条件：

$$\sigma_i \leq Q_i \tag{3-63}$$

业务流 i 的数据在该节点上的最大时延：

$$D_{\max, i} \leq \sigma_i / \rho_i \tag{3-64}$$

值得注意的是，采用 GPS 调度策略时，每个业务流需要有自己独立的缓冲队列，假如在时间区间 (t_1, t_2) 内如果有用户没有数据发送，或者总的已经分配的出去的带宽 $\sum_{j=1}^{N}\gamma_j < \gamma$，这些多余的传输资源，会根据式（3-62）所确定的平衡调度规则，公平地分配

到每个有业务需要传输的队列中。因为业务流都有自己独立的缓冲队列,即便有的业务流,如业务流 i 超量发送数据,即出现 $A_i(t_1,t_2) > \rho_i(t_2-t_1)+\sigma_i$ 的情形,导致其缓冲队列溢出或者最大时延超过 σ_i/ρ_i 的情况,也仅会影响到业务流 i 自身,因此 GPS 算法有良好的隔离度。此外,还需要注意是要保证 GPS 算法的性能,每当有业务流在间歇的较长时间的发送停顿之后重新开始发送数据时,各 $W_i(t_1,t_2)$,$i=1,2,\cdots,N$ 都需要重新复位后开始计算,否则新激活的业务流之前放弃传输的数据量就会被累计,因而在后续传输中有更大的优先度,导致其他业务流的服务质量受到影响。简单地说,对任何一个业务流,之前放弃的传输机会是不能在后面得到补偿的。GPS 算法因其较高的传输效率、确定的传输时延、良好的公平性和隔离度等性能被认为是度量其他算法的一个基准。

2)PGPS 算法

GPS 调度算法是基于一种十分理想的条件下的调度方法,但其是在业务流的粒度可连续无限可分的基础上实现的,这样才可能进行多个业务流的"并行"传送。但实际系统中数据分组作为最小的数据单元在传送过程中不可再分,因此度量发送业务量的平衡关系式(3-62)无法在严格意义上实现。为解决这一问题,又进一步提出了基于分组的 PGPS 算法。PGPS 引入一个**虚时间**(Virtual Time)参数 $V(t)$:如果当前所有连接的业务流都等于 0,则设定 $V(t)=0$。如果在任意的时间区间 (t_{j-1},t_j) 内,业务流不为 0 的连接的集合记为 B_j,$V(t)$ 的取值可表示为

$$V(t_{j-1}+\tau) = V(t_{j-1}) + \frac{\gamma \cdot \tau}{\sum_{i\in B_{j-1}} \gamma_i}, \quad V(t_1)=0, \quad \tau \leqslant t_j - t_{j-1}, \quad j=2,3,\cdots \quad (3\text{-}65)$$

在每个时间区间 (t_{j-1},t_j) 内,有一组固定的业务流不为 0 的连接的集合记为 B_{j-1}。如果业务流不为 0 的连接的场景发生变化,如果在某个时刻,有新的连接业务流加入或者现有连接业务流的中止和终结,这个时刻就定义为 $t=t_j$ 时刻,新的工作时间区间变为 (t_j,t_{j+1}),相应地,此时式(3-65)中的求和项变为 $\sum_{i\in B_j} \gamma_i$。在每一个时间区间 (t_{j-1},t_j) 内,任一当前业务流不为 0 的连接,如连接 k 实际获得的传输速率 $\gamma_k^{(R)}$ 为

$$\gamma_k^{(R)} = \gamma_k \cdot \frac{\mathrm{d}V(t_{j-1}+\tau)}{\mathrm{d}\tau} = \frac{\gamma_k}{\sum_{i\in B_{j-1}} \gamma_i} \cdot \gamma \quad (3\text{-}66)$$

上式实际上体现了 PGPG 与 GPS 具有相同的公平性,当链路有剩余的传输资源时,这些资源总是以用户原来所获得带宽资源的合理的比例关系进行再分配。

下面讨论 PGPS 的调度规则,假定连接 k 的第 m 个分组在 $t_{k,m}$ 时刻到达,该分组的大小为 $L_{k,m}$。定义该分组的**虚拟起始时间** $S_{k,m}$ 和**虚拟结束时间** $F_{k,m}$ 分别为

$$S_{k,m} = \max\{F_{k,m-1}, V(t_{k,m})\}, \quad F_{k,m} = S_{k,m} + \frac{L_{k,m}}{\gamma_k} \quad (3\text{-}67)$$

每个连接都有自己的缓冲队列,在各个缓冲队列未被发送的报文中,最先到达的报文总是处在队列的最前面,在调度器比较各个队列中最靠前的数据分组的虚拟结束时间,选择其

中虚拟结束时间取值最小的数据分组进行发送。假定共有 N 个缓冲队列具有待传输的数据分组，位于各个队列中最前面数据分组的虚拟结束时间分别为 $F_{k_1,m_1}, F_{k_2,m_2}, \cdots, F_{k_N,m_N}$，$k_i \in B_{j-1}$，则当前被选定发送的报文由下式决定：

$$F_{k,m} = \min_{k_i \in B_{j-1}} \left\{ F_{k_1,m_1}, F_{k_2,m_2}, \cdots, F_{k_N,m_N} \right\} \tag{3-68}$$

可以证明，对任何一个连接 k 的数据分组，PGPG 传输时延 $D_k^{(\text{PGPS})}$ 与 GPS 传输时延 $D_k^{(\text{GPS})}$ 的差别：

$$D_k^{(\text{PGPS})} - D_k^{(\text{GPS})} \leqslant \frac{L_{\max}}{\gamma_k} + \frac{L_{\max}}{\gamma} \tag{3-69}$$

因此采用 PGPG 调度算法时，业务流的最大传输时延：

$$D_{\max,k}^{(\text{PGPS})} \leqslant \frac{\sigma_k}{\rho_k} + \frac{L_{\max}}{\gamma_k} + \frac{L_{\max}}{\gamma} \tag{3-70}$$

相应地，所发送的数据量的差别：

$$W_k^{(\text{PGPS})}(t_1,t_2) - W_k^{(\text{GPS})}(t_1,t_2) \leqslant L_{\max} \tag{3-71}$$

有研究成果也将 PGPS 算法称为**基于权的公平排队算法**（Weighted Fair Queuing，WFQ）算法。

此外，还有许多其他的 W-C 型的调度算法，这些算法大多是在 GPS 或者 PGPS 基础上的改进算法，研究如何进一步降低调度过程中运算的复杂性或所需的存储开销等。

3. N-W-C 型调度算法

下面讨论两种基于 N-W-C 工作方式的调度算法。

1）Stop-and-Go 调度算法

顾名思义，采用 Stop-and-Go 调度算法时，每个连接的报文到达节点后，都是要有停顿然后转发的，这种停顿无论当前有无其他的业务流正在发送都一定存在。其基本的调度规则如下。

（1）以帧（Frame）作为数据分组的载体，帧的时间大小为 T_F，从任何一个输入链路到达交换节点的连接 j 的报文，都要经过一个固定的时延 θ_j 后，才送往特定的输出队列上。来自不同连接的报文可以取不同的时延值。

（2）所有来自同一帧的，送往某一特定输出链路的报文都必须在同一输出帧上传送。这意味着规定了一个连接在一个帧中传输的比特数，这在报文的整个传输路径上都不会改变。这一特点称为 (ρ_j, T_F) **平滑性**，这里 ρ_j 是连接 j 的平均速率。

（3）当前到达的输入帧上的报文不允许在当前的输出帧上传送，必须等到下一帧才能传送。

Stop-and-Go 调度算法的上述规则保证了任一连接 j 在一帧中的传输的数据量大小总是在 $r_j \cdot T_F$ 左右，因此业务流在传输过程中的突发性不会发生改变，可使网络中的数据传输处于一种较为平稳有序的状态。

在 Stop-and-Go 调度方式中，还可以为不同的传输业务设定不同的传输优先等级，假如设定 P 个不同的优先等级，相应地可设定 P 个不同大小的帧：$T_{F,1} < T_{F,2} < \cdots < T_{F,P}$。

较高等级的业务采用较小的帧承载其数据分组，较小帧中的数据分组具有**非抢占优先权**（Nonpreemptive Priority）。即高优先级的数据分组具有发送优先权，但是这种优先权不能中断正在发送的具有较低等级的数据分组，优先权必须在当前的数据分组发送结束后才能获得。若记级别为 q 的连接的集合为 C_q，分配给等级为 q 的连接 j 的速率为 γ_j^q（$\gamma_j^q \geqslant \rho_j^q$）。所有连接中可能出现的最大数据分组为 $L_{\max}$，输出链路的速率为 γ。在具有等级的 Stop-and-Go 调度算法中规定，在输入链路的 $T_{F,m}$ 中到达的数据分组，能够在输出链路的下一个 $T_{F,m}$ 中发送的条件是如下的不等式成立：

$$T_{F,m} \sum_{q=1}^{m} \sum_{j \in C_q} \gamma_j^q + L_{\max} \leqslant T_{F,m} \cdot \gamma \tag{3-72}$$

式中 $T_{F,m} \cdot \gamma$ 是链路在时间 $T_{F,m}$ 内可能传输的最大数据量，$T_{F,m} \sum_{q=1}^{m} \sum_{j \in C_q} \gamma_j^q$ 是等级大于等于 $T_{F,m}$ 中业务所发送的业务量，前后二者的差值必须大于等于一个最大可能的数据分组，才能允许发送。

假如一个连接的数据分组从源节点到目的节点需要经过 N 个采用 Stop-and-Go 调度规则的交换节点，该连接的数据分组被分配到等级为 $T_{F,m}$ 的帧中传输，若从节点 $i-1$ 到节点 i 间的传输时延为 $T_D^{(i-1,i)}$，在该连接数据分组端到端的**传输延时** $T_D^{(\mathrm{PTP})}$ 满足：

$$T_D^{(\mathrm{PTP})} \leqslant T_D^{(N)} + \sum_{i=2}^{N} T_S^{(i-1,i)} \tag{3-73}$$

式中，$NT_{F,m} \leqslant T_D^{(N)} \leqslant 2NT_{F,m}$。而**延时的抖动** $\Delta T_D^{(\mathrm{PTP})}$ 则满足：$\Delta T_D^{(\mathrm{PTP})} \leqslant T_{F,m}$。

Stop-and-Go 调度算法的最大特点是：在每个帧中数据分组的数目保持不变，保证了分组业务流在传输过程中的平滑性。此外，端到端的传输时延有较紧的确定上限，同时有较小的延时抖动。

2）速率控制-固定优先调度算法

速率控制-固定优先（Rate-Controlled Static Priority，RCSP）调度算法由两个相对独立的部分组成，第一部分实现连接输入业务流的**速率控制**（Rate-Controlled，RC）功能；第二部分实现具有**固定优先**（Static Priority，SP）的调度操作。

（1）RC 部分速率控制。RCSP 中的 RC 部分可采用不同的速率限制策略，以避免业务流随传输交换的次数增多而突发性不断增大。例如，Zhang 和 Ferrari（1993）中提出另一种基于 $(x_{\min}, x_{\mathrm{ave}}, I, s)$ 业务流模型的 **RJ 速率调节**（Rate Jitter Controlling Regulator）算法。记 $A_i^{(k)}$ 为节点 i 上第 k 个报文到达 RJ 调节器的时间，$E_i^{(k)}$ 为节点 i 上第 k 个报文经 RJ 调节器调节后离开调节器的时间，RJ 调节器利用下式确定报文的输出时间：

$$E_i^{(k)} = \begin{cases} -1, & k < 0; \\ A_i^{(k)}, & k = 1; \\ \max\left\{ E_i^{(k-1)} + x_{\min},\ E_i^{\left(k - \left\lfloor \frac{I}{x_{\mathrm{ave}}} \right\rfloor + 1\right)} + 1,\ A_i^{(k)} \right\}, & k > 1 \end{cases} \tag{3-74}$$

式中 [ν] 表示取 ν 中的整数部分。Zhang 和 Ferrari（1993）证明了不管业务流在之前的传输过程中特性发生了什么变化，经过 RJ 调节器后，都可以恢复原来的业务流特性。

（2）**SP 调度控制**。SP 调度控制采用的是**非抢占优先权**调度控制策略。系统可预先设定 P 个不同的优先等级，依次为 $1,2,\cdots,P$，序号越小相应的等级越高。每个不同的优先等级设定相应的缓冲队列和时延上限：$T_D^{(1)} < T_D^{(2)} < \cdots < T_D^{(P)}$。不同优先等级的报文进入不同的缓冲队列。在包的调度过程中，仅当较高优先级队列没有报文时，才从较低优先级队列中输出报文；相同优先度队列中的报文的输出则采用 FIFO 策略。

可以证明，如果输入链路的速率为 γ，对于任意一个传输优先等级为 q 的连接 j，其业务特性为 $(x_{\min,j}^q, x_{\text{ave},j}^q, I_j^q, s)$，如果满足下面的关系式：

$$\sum_{q=1}^{m} \sum_{j \in C_q} \left[\frac{T_D^{(m)}}{x_{\min,j}^q} \right] \cdot s_{\max,j}^q + s_{\max} \leqslant T_D^{(m)} \cdot \gamma \qquad (3\text{-}75)$$

式中，$s_{\max,j}^q$ 和 $s_{\max}$ 分别为连接 j 发送的最大分组的大小和系统中的最大分组的大小。则分组的传输时延 $T_{D,j}$ 满足 $T_{D,j} \leqslant T_D^{(m)}$。由此可以确定经过 N 个节点的传输路径上的时延：

$$T_D^{(\text{PTP})} \leqslant N \cdot T_D^{(m)} \qquad (3\text{-}76)$$

基于 N-W-C 工作方式的调度算法，在调度输出过程中会牺牲一定的传输效率，但通过在每个节点上调整分组业务流特性，可以在很大程度上保证到达各个节点的聚合业务流的突发性不会产生累计效应，这显然有利于避免产生网络拥塞。因此对于网络系统来说，可能会有更好的综合性能。

3.8 用户的移动管理方法

随着互联网技术与移动通信技术的相互融合与发展，当今世界已经进入了移动互联时代。移动用户管理，需要保证无论用户在何时何地，只要有网络存在，都可以基于用户的一个特定的编号，如用户的手机号码或移动终端的 IP 地址，确认用户的身份，确定用户的位置，让用户能够与网络中的其他用户建立连接，实现信息的发送与接收。简单地从功能来说，实现移动用户的信息发送，一般没有特别的困难，因为数据分组的传递主要依赖接收该分组的用户的目的地址，与发送分组的移动用户的位置没有特别的关系。所以，关键的是要解决移动用户在移动过程中的数据接收问题，也就是移动用户的寻址问题。因为在一个大的网络系统中，不可能通过广播的方式寻找用户，否则系统将不能承受这种广播查询用户消息传输的开销。因此，在上述的过程中，根据用户的编号定位用户的位置是最关键的一步。这里的**位置**是一个逻辑的概念，对于互联网来说，是指用户处在哪个网络或子网上；对于移动通信系统来说，则是指用户处在系统的哪个服务小区内。在目前的通信网络中，主要有**移动代理**和**归属地登记**两种确定用户位置的基本方式。

3.8.1 移动代理方式

采用移动代理方式时,在支持移动终端接入的各个网络部分(子网)中都会设立一个移动终端的**代理**,代理可以是接入网络的一个专门设备,也可以是附着在现有网络设备中的一个新增功能模块。代理分为本地网络代理和外地网络代理两类,本地网络和外地网络的概念是相对的。**本地网络**,是指移动终端原始的注册地网络,通常该网络的编号会在移动终端的编号中体现,如 IP 地址中的**网络编号**,所有与移动终端编号中网络编号不同的网络,对该终端来说都是**外地网络**。

当用户移动到一个新的网络位置时,首先向该网络的代理申请注册,如果注册成功,用户就获得接入到当前网络的权利。该网络的代理接着会向用户的本地代理报告用户当前的所在位置,由此可建立本地代理与移动终端当前所在的外地代理之间的连接,实现用户在网络中的定位。

(1)**数据接收**:当有数据要发往移动到外地的移动终端时,数据分组或报文依旧会发往移动用户的本地网络,由本地代理负责接收,然后转发到移动终端的外地代理,再由外地代理转发送到移动终端。

(2)**数据发送**:当移动终端处在外地网络要发送数据时,可直接通过外地代理将数据分组或报文发给目的用户,也可以先通过外地代理将数据分组或报文发给本地代理,再由本地代理转发给目的用户。

采用移动代理的方式工作时,无论移动终端移动到网络的什么位置,由于代理的存在,对于其他用户来说,就好像移动终端依旧在本地网络一样。目前互联网所采用的移动 IP 就是依据移动代理的工作方式,实现移动终端采用单一的 IP 地址编号在整个互联网中的寻址功能。

3.8.2 归属地登记方式

采用归属地登记方式实现移动终端定位的工作原理与移动代理方式大同小异。每个移动终端都会在称为归属地的本地网络中注册,在移动终端的编号中,如手机号码,会有体现移动终端所属的归属地的信息。无论移动终端移动到网络系统的任何一个位置,如移动通信系统的某个小区,发现有可用的网络时,就可以申请接入。在接入过程中,如果当前接入的网络系统发现移动终端的位置不是处在归属地的网络区域内时,会发起与归属地网络的连接,完成各种有关用户认证的操作,由此归属地的网络便可以知道移动终端目前所处的位置。当由其他终端呼叫该移动终端时,系统便可以发起建立两个终端之间的连接,进而实现二者间的信息交互。归属地登记方式是目前移动通信系统采用的工作模式。

3.9 本章小结

本章介绍了网络通信中涉及的许多主要的技术和概念,具体如下所述。

(1) 传输信道的类型。概要分析了现有的各种主要的传输信道及它们的主要特点。

(2) 网络基本的拓扑结构。分析了各种不同的典型网络拓扑结构和相应的特点，以及这些结构在一个大型网络系统中的应用。

(3) 传输过程中的差错控制。形象地介绍了差错控制的基本方法。

(4) 路由的基本概念。讨论了动态地维系一个网络系统寻路机制过程中，主要涉及的各个方面的问题及有关的对策。

(5) 数据业务流的自相似模型。讨论了作为对经典的泊松过程的重要补充和修正的自相似模型，以及自相似特性对网络性能的影响。

(6) 接入控制与分组调度。介绍了有关流量和服务质量控制基本概念，用户接入控制及分组调度的有关策略等。

(7) 用户的移动管理方法。介绍了当用户在一个大型网络系统中漫游或移动时，如何实现移动用户的寻址及移动用户数据的发送与接收。

通过本章的内容，可使得读者对通信网络中基本的关键技术有概貌性的认识，为深入了解通信网络的运行方式和有关的协议建立一定的基础。

思考题与习题

3-1 狭义信道与广义信道有什么不同的含义？在一个通信系统中，通常可以定义哪些广义的信道？

3-2 恒参信道与随参信道有什么主要的区别？在现有实际的通信系统中，哪些信道是典型的恒参信道，哪些是典型的随参信道？

3-3 简述物理信道的容量主要由什么因素决定。

3-4 空时无线信道主要可通过什么措施来提高系统的容量？

3-5 通信网络有哪几种基本的拓扑结构？不同的拓扑结构有什么不同的特点，它们通常会被应用在一个大型网络系统的什么部位？

3-6 为什么在通信的传输过程中能够实现差错控制？检错主要通过什么方法实现？

3-7 简述纠错的基本原理与方法，说明为什么不是所有的传输过程中出现错误都能够被检测出或被纠正。

3-8 路由技术主要涉及哪几个方面？为什么通信网络中的传输路由可以根据网络的状态变化动态地改变？

3-9 交换节点间路由信息的交互有哪几种主要的方法？各有什么特点？

3-10 自相似过程中的自相似主要是指什么？自相似过程与经典的泊松过程有什么主要的区别？

3-11 自相似过程有什么主要的性质？与泊松过程相比，具有自相似过程的业务流对网络的性能会有什么影响？

3-12 流量与拥塞控制主要有什么方法？网络的接入控制主要可以起到什么样的作用？

3-13 接入控制主要有什么方式？要在严格意义上保证传输的带宽和时延等服务质

量，必须采用什么样的接入控制判断准则？

3-14 有哪几种典型的估计带宽的测量方法？这些方法具体如何操作和实现？

3-15 交换节点内的分组交换主要有哪几种不同的方式，这些方式各有哪些不同的特点？

3-16 简述为什么交换芯片内的时钟频率在远低于端口的速率的时钟频率时，在芯片内依然可以实现交换。

3-17 分组调度主要是实现什么功能？分组调度可能会影响到传输系统的什么性能？

3-18 有哪两大类主要的分组调度方式，各有什么不同的特点？

3-19 分组调度算法主要依据什么来确定时延和所需的缓冲空间。

3-20 在网络系统中，如何确定移动用户的位置？移动用户如何实现数据的接收与发送？

参 考 文 献

波尔拉，2007. 空时无线通信导论. 刘威鑫译. 北京：清华大学出版社.

曹志刚，钱亚生，1992. 现代通信原理. 北京：清华大学出版社.

冯穗力，叶梧，柯峰，等，2002. 一种无时间标记的包调度策略. 通信学报，23（7）：26-32.

冯穗力，余翔宇，柯峰，等，2012. 数字通信原理. 2版. 北京：电子工业出版社.

冯维，2014. 基于状态感知和误差补偿的无线Mesh网络跨层优化方法的研究. 广州：华南理工大学博士学位论文.

黄鑫，2011. 多射频多信道无线Mesh网络的资源管理关键技术研究. 广州：华南理工大学博士学位论文.

林闯，单志广，任丰原，2004. 计算机网络的服务质量. 北京：清华大学出版社.

王新梅，肖国镇，1991. 纠错码——原理与方法. 西安：西安电子科技大学出版社.

Chao H J, Guo X L, 2002. Quality of Service Control in High-Speed Networks. New York: John Wiley & Sons, Inc.

Clausen T, Jacquet P. Optimized link state routing protocol（OLSR）. RFC3626-OLSR, October 2003.

Guerin R, Ahmadi H, Naghshineh M, 1991. Equivalent capacity and its application in high speed networks. IEEE Journal of Selected Areas Communication, 9（7）：968-981.

Parekh A K, Gallager R G, 1994. A generalized processor sharing approach to flow control in integrated services networks: The Multiple Node Cases. IEEE/ACM Transactions on Networking, 2（2）：137-150.

Parekh A K, Gallager R G, 1993. A generalized processor sharing approach to flow control in integrated services networks: The single-node case. IEEE/ACM Transactions on Networking, 1（3）：344-357.

Stallings W, 2003. 高速网络与互联网——性能与服务质量.2版. 齐望东，等译. 北京：电子工业出版社.

Tanenbaum A S, 1997. Computer Networks. 3rd. 北京：清华大学出版社.

Zhang H, Ferrari D, 1993. Rate-controlled static priority queuing. Proceeding. Twelfth Annual Joint Conference of the IEEE Computer and Communications Societies. Networking: Foundation for the future, IEEE. IEEE, 1993：227-236.

第4章 通信网络协议的层次模型

现代通信网是一种可支持多种不同传输业务的综合网络。不同的业务对传输要求的差异可能很大，例如，对于需要实时交互的语音业务，对传输的绝对时延有较高的要求，如果两用户间端到端的传输时延超过 200ms，人们就会感受到这时与面对面交流的差别很大，每讲一句话后都有明显等待对方响应时间的不舒服的感觉，但对于话音信号的交互来说，对传输的误比特率的要求却有较高的容忍度，一般来说，10^{-3} 以下的误比特率都是可以接受的；而对于电子邮件类别的业务来说，对传输的时延的容忍度通常较高，因为在多数情况下，电子邮件的发送人并不期待收件人就在计算机旁等待接收邮件，但是邮件中传输的是文本字符，通常在附件中还有文件等，所有的这些数据，通常都不容许出错，所以对误比特率的要求很高，如要达到 10^{-7} 甚至更低。对于支持综合业务传输的网络，对不同的传输业务必须采取不同的传输策略和保护措施。另外，现代通信网络的物理层技术也多种多样，传输信道既有宽带、高可靠性的光纤，也有由移动、非视距的等复杂因素影响而随机变化的无线信道。不同的业务传输需求和多种多样的信道特性等因素的共同影响，使得现代的通信网络变成一个非常复杂的综合系统。因此要求通信网络能够根据不同的情况，提供相应的控制机制，保证通信网络在满足应用需求的情况下高效率地运行。

人们在长期的实践过程中认识到，可以将网络在传输过程中需要实现的各种不同的复杂控制功能进行分类：有些功能模块专门用于解决与物理媒质的适配问题；有些专门用于解决一条链路两个设备间的传输控制问题；有些则专门用于解决网络中的信息发送端与最终接收端间的寻址、差错和流量控制等问题；另外，还需要一些功能模块用于解决不同业务的信息表示、格式封装定义和信息安全等问题。因此需要定义网络的各项功能。

此外，人们还认识到，除了功能的定义外，还需要考虑实现网络各具体功能的各项技术仍在不断地发展和完善过程中，如果每一项新技术的引入都要导致整个网络系统结构的各个环节的变化，将很可能导致开发成果实施和技术升级的巨大开销，甚至一段时间内网络系统运作的停顿，这显然是不可行的。因此网络功能的实现需要建立在层次结构模型的基础上，使得每一层只实现特定的功能，并且各层间需要有一定的相对独立性。这样，当网络中某一层中的某项技术改变时，只需要对该层中的某些需要增强或者改善的功能项进行修改，而不会影响网络中其他层的功能的正常运行。

在定义网络的功能时，我们经常会用到"协议（Protocol）"这个词，凡是由协议来定义或描述的功能，一定是涉及相互分离的设备间需要交互的信息与操作。例如，在现代的分组交换系统中，数据以分组（或称报文）的方式传递，收发双方需要知道数据分组的结构是如何定义的，哪一部分是分组的控制域参数，哪一部分是用户的数据；在数据分组或报文中，采用何种数据格式，数据是如何排列的，是高位在前还是高位在后；在需要进行传输过程的差错控制时，双方需要约定采用何种差错控制编码方式，如采用多少位的 CRC

和约定具体采用哪一个生成多项式；当需要进行流量和顺序控制时，采用何种应答机制，等等，这些都必要在协议中进行规范。而网络中的另外一些处理和操作，是不需要双方协调的，这些功能则一般不必用协议的形式定义，如路由器或者交换机具体是用什么硬件形式实现及如何实现，是采用专用芯片或是采用可编程阵列（Field Programmable Gate Array，FPGA）来完成数据分组的交换过程等，不会在协议中定义；又比如，在无线网络传输的接收端中，具体采用什么算法来对接收信号进行信道的估计与均衡，需要耗费多少计算资源等，都是设备生产商内部需要处理的问题或研究的技术，不会在协议中定义或规范。

根据上述的思想，ISO 提出了 OSI 的七层网络协议模型；而由美国国防部最早资助建设，最后演变成事实上标准的因特网 TCP/IP 协议则采用了较为简单、更容易获得实际应用的五层网络模型，协议与规范保证了网络的互联互通性。实践表明，虽然 30 多年来网络的应用层业务类型和网络的物理层技术产生了巨大的变化。但整个网络的发展却是非常平稳的。层次化的网络协议模型保证了每一项新技术的采用，或新的业务的引入都不会对整个网络的正常运行产生影响，网络功能的增强和性能的提高都是在平滑过渡的情况下实现的。

4.1 ISO 的 OSI 七层网络协议模型

ISO 早在 1978 年就提出构建一个用以协调不同系统互连的框架，并在 1983 年成为网络参考模型的国际标准，后来又经过不断完善演变，成为著名的开放 OSI 的七层网络协议模型。OSI 七层网络协议参考模型如图 4-1 所示。网络系统为用户的各种应用业务提供传输服务，而支撑这种传输和信息交互服务的各种功能可归纳为七大类型，分别包含在七层协议中，这七层协议由上至下依次为**应用层**、**表示层**、**会话层**、**运输层**、**网络层**、**数据链路层**和**物理层**。其中应用层直接为各种应用业务提供服务，相邻的每一个下层为其上层提供服务，这些服务可以是**面向连接**的，也可以是**非面向连接**（**无连接**）的。网络中主要有两大类设备，其中网络的**终端**是数据的发送者和/或接收者，终端的功能通常涉及网络中所有的七层协议，而网络中的**路由或交换设备**，在接收和转发用户数据的过程中，则一般仅涉及其中的网络层、数据链路层和物理层三层协议。

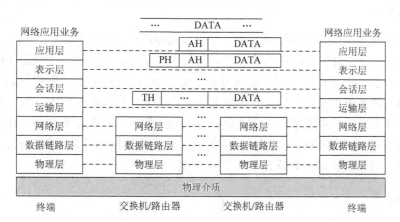

图 4-1　OSI 七层网络协议参考模型

如图 4-1 所示，网络中不同设备间相同层的协议用虚线关联，这表示要实现某一层协议中的功能，需要这两个设备相应层进行某种约定的协调操作，这种协调操作仅与该层的协议有关，与其他层的协议无关。为实现每一层的功能，在分组或报文的发送端，需要在分组或报文的该层的子报文首部（控制域）中加入某些特定参数，而在网络设备中的相应的协议层则利用这些参数执行特定的操作，在分组或报文的接收端，完成相应的操作后，剥离该层的控制域部分，然后送往上一层。在图 4-1 中，"AH""PH"和"TH"分别标识应用层、表示层和传输层的子报头，其中包含的就是该层控制域中的参数。下面简要讨论 OSI 七层网络协议参考模型中每一层的具体功能。

1. 应用层

应用层是面向应用制定相应的协议。在网络中通信的业务多种多样，不同的应用业务对传输的要求和实现的过程不尽相同。应用层针对每一种典型的业务类型，规范其公共的属性。应用层功能可以包括：业务类型标识、使用该业务的用户的身份鉴别机制、业务类型中子类的定义和标识、双方对该类业务可用功能协商机制等。在具体实施过程中，不同的传输的业务，可以包含以上的若干项或全部的功能。例如，对于实时的流媒体业务，需要区分音频、视频或综合的音视频等不同的业务类别；对于音频和视频流业务，需要确定不同的压缩编码格式；另外对于流媒体的业务，传输过程通常是需要根据媒体流的播出进程来控制的，因此需要特定的时序节奏来对传输要求提供保证，这些都依赖应用层的协议进行规范。

2. 表示层

表示层用于规范通信业务中发送和接收双方所交换的信息的表示方法，如特定业务类型所采用的数据语法（如字符集和数据结构等）。这样，即使不同的终端系统本身具有各自的信息表示方法，信息在传输前都可通过表示层的处理，转换为统一的、与具体设备和系统无关的标准形式。接收到该信息后，再由接收端根据自身系统的需求，转变为所要求的特定形式。在通信连接的建立过程中，两端对应进程的实体间可进行协商，就传输的数据语法等达成共识。

3. 会话层

会话层定义了抽象的会话连接，用于组织和同步两个通信实体之间的对话，并管理其中的数据交换。一个会话连接在结构上可以分为若干活动，会话层为这些活动提供了活动管理和控制功能。在会话层中可以定义**数据权标**（Data Token）和数据权标的使用方式。通过通信双方协商好的机制，如某种请求和应答的方式，对数据权标的获取和释放进行管理，实现全双工或者半双工条件下数据的有序交换，保证会话的正常进行。在会话层中还可以根据数据在会话和相应的控制进程中的重要性，将数据划分为常规数据、快速数据、特权数据等，对数据传送的优先度进行管理控制。

4. 运输层

运输层主要为通信的进程提供某种端对端服务。数据分组或报文经过网络多个中继节点的不同环节转发传送后,可能会出现包括误码、报文丢失或者顺序混乱等多种问题。通过运输层的**面向连接**的控制机制,可为分组或报文提供具有可靠保障的传输服务。面向连接的传输服务通常具有连接建立的确认过程,同时在传输过程中可进行流量、顺序和差错等控制,当出现问题时,可以通知对端重新发送特定的分组或报文,因此很大程度上保证了传输的可靠性。面向连接的传输过程需要较为复杂的控制操作,通信的两端也相应地需要付出较大的计算和额外的传输开销。对于某些用户业务,并不需要很高的传输保障,或者其传输质量的保障在更高的层次上实现,因此运输层也可提供**非面向连接**(或称**无连接**)的服务,运输层只为通信的进程提供简单、基本的端对端服务,如仅指示到达的分组或报文应送往上面的哪一个通信的进程,或仅判断到达的分组或报文是否因为出错而需要丢弃等。当采用无连接方式服务时,两端传输层的操作所需计算复杂性和额外的传输开销都会大大降低。

5. 网络层

网络层为用户的通信进程的数据分组或报文提供经网络各个中继节点的路由交换,穿越网络到达对端的服务。网络层主要的一个功能是提供全局性的编址方案,编址方案必须具有足够大的地址空间以支持网络的长期发展。网络层中另一个重要的功能是其路由功能:根据终端的网络地址,将报文从发送端通过多跳的转发传送到接收端。路由功能通过路由协议和相应的路由算法实现,一般需要完成两方面的操作:其一是网络每个交换节点中路由表的自组织构建和动态的刷新;其二是选择分组或报文转发的路径,保证分组或者报文能够快速地从交换节点的入口路由到选定的出口。除此之外,网络层通常还需要兼有保障网络安全的防火墙功能。

6. 数据链路层

数据链路通常是指网络中两个通过有线或无线方式互连的设备间的数据通道。例如,终端到网络接入节点间的数据通道;网络中两**相邻节点**间的数据通道。数据链路层的主要功能是在两设备间进行无差错的数据传输,换句话说,是将有可能出错的物理信道改造成无差错的逻辑信道。数据链路层通常需要执行的操作包括链路的建立、差错检测及纠错或重传恢复,以及实现顺序和流量控制等功能。现有的绝大多数数据链路层的功能和操作方法都是源自 ISO 早期定义的**高级数据链路控制**(High level Data Link Control,HDLC)协议。

7. 物理层

物理层定义与物理传输媒质之间的电气、过程和机械方面的功能。在电气方面,针对特定的物理传输媒质,定义物理信号的信号帧结构和信号形式,具体可以包括基带信号的波形编码,信号的调制解调(在采用光纤的场合,调制解调的概念可以理解为光电信号之间的变换)与同步方式等;在过程方面,可以包括物理介质资源的共享方式,如多址接入的控制方法和有关的机制,如在以太网中随机接入控制过程中采用的载波侦听多址接入/碰撞检测(Carrier Sense Multiple Access/Collision Detection,CSMA/CD)的过程控制方法。

在机械方面,则包括接插件的结构和相应的标准等。物理层对上层协议屏蔽了物理介质特性和信号在其中传输的复杂过程,物理介质、信号波形和机械结构对上层协议来说就像是透明的一样。

4.2 OSI 参考模型的层与层间体系结构

OSI 七层网络协议参考模型定义了网络协议的标准框架,其基本的思想是各层的功能相互独立,下层为上层提供服务,每一层与通信对端的同一层共同构成一个完成某种特定功能的子系统。本节介绍参考模型中的主要元素和其有关的功能。

1. 实体

OSI 参考模型中每一层都包含一个或多个**实体**(Entity)。实体的功能可以用软件实现,称为软件实体;也可以由硬件实现,称为硬件实体。网络中不同设备上同一层的实体称为**对等实体**(Peer Entity)。如图 4-2 所示,在终端的通信过程中,同一层中的对等实体执行相关的操作共同实现某一特定的功能。例如,要在传输层实现差错控制功能时,发送端上的特定实体对数据进行差错控制编码,在接收端的对等层上对应的实体则利用差错控制编码具有的监督功能进行差错校验或纠错,实现预定的差错控制功能。

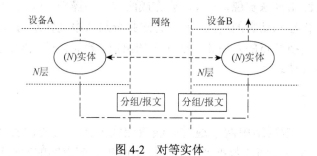

图 4-2 对等实体

2. 服务接入点

如图 4-3 所示,OSI 参考模型中的层与层之间具有相应的接口,称为**服务接入点**(Service Access Point,SAP)。每一层层间的 SAP 都有特定的编号,与相应的实体对应。根据该编号可以确定从某一层进入到另一层的分组或报文需要送往具体哪一个实体,以完成特定的操作。

3. 服务数据单元

由图 4-1 所示的 OSI 七层网络协议参考模型可见,信息流或一个大的数据文件被裁剪成一个个相对较小的分组或数据单元进行传输。这样一方面可以降低分组的转发时延,另一方面也可以使得传输过程中出现错误时,重传的代价较小。**业务数据单元**(Service Data Unit,SDU)是一个与层有关的概念。如图 4-3 所示,从设备 A 的第 $N+1$ 层送往第 N 层,要传输到设备 B 的第 $N+1$ 层的分组或报文,包含第 $N+1$ 层的**协议控制信息**(Protocol

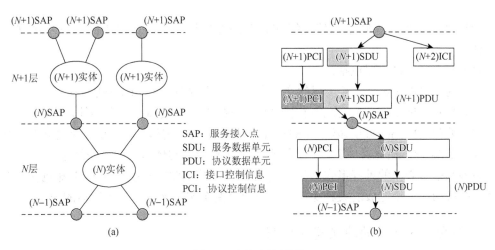

图 4-3 层与层间结构

Control Information，PCI），还可能包含更高层的 PCI（图 4-3 中的阴影区域），对于第 N 层来说，高层 PCI 均被视为服务数据单元部分，第 N 层中的实体并不关心数据单元中具体包含的内容，只是负责执行本层实体所需要完成的功能。

第 N 层的协议控制信息 PCI 中包含完成本层功能所需提供给对等层实体的参数，通常放置在本层 SDU 的前面，作为一个分组的头，构成下一层（第 $N+1$ 层）的 SDU。PCI 中的参数根据本层所需要完成的功能而定，如要进行分组的顺序控制，发送时可在 PCI 中设置分组的编号域，对一个通信进程中的每一个分组进行编号，接收端则可根据接收到的分组及相应的编号情况，对分组的排序进行整理，同时也可以根据编号的连续性判断是否有分组丢失。

4. 协议数据单元

协议数据单元（Protocol Data Unit，PDU）也是一个与层有关的概念。在特定的第 N 层中，以该层的协议控制信息 PCI 作为分组或者报文的头，加上该层的 SDU 就构成了 PDU。PDU 是一个通信进程中的两个对等层之间交换控制参数与数据的独立单元。

5. 接口控制信息

在参考模型的层间体系结构中，通常还设有**接口控制信息**（Interface Control Information，ICI）。ICI 携带第 $N+1$ 层给第 N 层发出服务请求或控制命令，指示第 N 层需要完成的操作或有关该层的参数设置；或者返回第 N 层给第 $N+1$ 层的请求响应，以及有分组或者报文到达的提示等。ICI 仅用于层间交换信息，这些信息不会发送到网络中。

4.3 层与层实体间的服务原语

前文中我们提及的 ICI 用于传递层间的控制信息，层间的控制信息和有关的操作过程可以抽象为**服务原语**（Primitive）和原语间的交互。层间的控制信息虽然作用在相邻的两层之间，但却反映了通信网络的设备间通信进程中经历的不同状态或出现的不同事件。

服务原语的类型主要包括：

（1）**请求**（Request），第 N 层的实体向第 N–1 层的实体请求某种服务；

（2）**指示**（Indication），第 N–1 层的实体向第 N 层的实体指示有事件发生；

（3）**响应**（Response），第 N 层的实体对第 N–1 层的实体所指示的事件作出的反映；

（4）**证实**（Confirm），第 N–1 层的实体向第 N 层的实体返回请求的结果。

服务原语所表示的过程形式上只是发生在相邻两层的实体之间，实际上却包含两个设备之间在通信进程中完成的某种操作。下面通过两个实例来说明服务原语的内涵。

1．面向连接通信的连接建立过程

假定网络中某项传输业务需要通过面向连接的传输过程来实现，而该连接的建立过程是在传输层中实现的，则由服务原语描述的连接建立过程将进行以下操作。

（1）源端会话层向运输层发出建立连接的请求，此时会话层的实体向运输层负责建立连接的实体发出原语 CONNECT.request，在这个请求原语中，可以包含特定的会话对应的连接所需满足的传输参数；此时运输层一般来说并不能直接回应会话层的请求，因为此时到另外一端的传输连接尚未建立。连接请求通过下层提供的服务，发往目的终端的运输层。

（2）假定源端的连接建立请求可顺利到达目的终端的运输层，运输层向终端的会话层发出指示原语 CONNECT.indication，告知有一个源端请求建立连接。指示原语中包含建立该连接的有关参数。

（3）终端的会话层此时可以根据设备的资源条件（通常还会涉及更高层的有关连接的处理过程）判断能否接受该连接请求，然后对运输层作出响应，即向下发送响应原语 CONNECT.response，响应原语中包含接受或者拒绝连接请求的信息。

（4）响应原语中的信息被回传到源端的运输层，运输层则向源端的会话层发送证实原语 CONNECT.confirm，其中包含目的终端源端接受或者拒绝连接请求的信息，会话层（及以上层）由此可知道连接的建立请求是被接受还是被拒绝。由此连接建立过程的原语交互过程结束。

连接建立过程中的原语交互的操作可由图 4-4 描述。

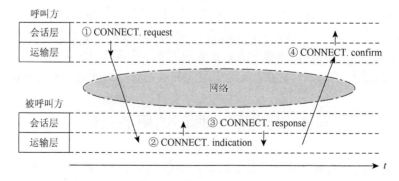

图 4-4 连接建立时原语的交互过程

2. 面向连接通信的分组发送过程

同样地，可以用服务原语描述分组的发送过程。

（1）源端的第 N 层实体向第 $N–1$ 层实体请求发送一个分组，原语 DATArequest 表示一个发送请求，此时的第 N 层向第 $N–1$ 层发送的原语中传递的"参数"就是一个数据分组；

（2）该数据分组经过下层的逐级服务和网络传输到达目的端第 $N–1$ 层相应的实体上，该实体向第 N 层实体发出指示原语 DATA.indication，告知有数据分组到达，同时上传到达的数据分组；

（3）第 N 层实体收到数据分组后，可进一步执行有关的操作，如检测收到的数据分组是否有错误，然后根据检测的结果向第 $N–1$ 层实体发出响应原语 DATA.response，其中可包含反映接收正确或者存在错误的响应；

（4）目的端的响应经过下层的逐级服务和网络传输返回到源端的第 $N–1$ 层实体，再由该层的实体向第 N 层的实体发回确认的原语 DATA.confirm。自此源端的第 N 层实体可以判断分组的传输是否成功，进而可根据预定的工作流程作出向高一层报告或者进行重传的操作。

在实际系统的分组传递过程中，系统内的每两层之间都可能存在类似的操作。

4.4 TCP/IP 的网络结构模型

ISO 定义了完整的 OSI 七层协议模型，TCP/IP 是与 OSI 协议同一时期发展起来网络规程，二者有类似之处，但又有一定的区别。图 4-5（a）给出了二者协议的对比情况，TCP/IP 仅仅定义了网络中的应用层、传输层和互联网层这三层协议，其中互联网层与 OSI 七层协议中的网络层对应，传输层与其运输层对应，完成这两层相应的功能；而 TCP/IP 中的应用层，则"包含"了 OSI 七层协议中会话层、表示层和应用层的功能；但 TCP/IP 应用层的这种"包含"，并非简单地将其应用层变成复杂的多个子层，而是采用了另外一种策略：即根据传输业务的需求，确定是否要加入相应的服务和控制功能。例如，对于需要进行较为复杂控制的实时多媒体业务的传输，可在应用层中增加相应的**实时传输协议/实时传输控制协议**（Realtime Transport Protocol/Realtime Transport Control Protocol，RTP/RTCP），相当于在应用层中增加了实现某种功能的子层，实现相应的表示层和会话层功能。而对于普通的文件传输业务，则不需要经过这些用于支持实时业务传输服务的协议子层。

由图 4-5 还可以注意到，在 TCP/IP 中并没有定义数据链路层和物理层的协议，TCP/IP 的设计者主要考虑的是在网络层中任意两个设备间的寻址和业务传输的问题，而链路层和物理层的功能实现问题则由其他的协议或者网络厂商的设备提供服务来解决。TCP/IP 将为其提供服务的下层协议统一看作**网络接口层**，对其具体如何提供服务没有做任何定义。这一设计思想在其随后几十年的应用实践中证明是非常成功的，从 20 世纪 70 年代以来，随着光纤的广泛应用和数字无线通信技术的巨大发展,通信网络采用的主要的物理介质和传输技术发生了深刻变化,其中相应的链路层和物理层协议标准的制定包括 IEEE、ISO、各种电信运营商的行业协会(如 3GPP),甚至包括 ITU 等,这些组织并不是 TCP/IP 的设计者和其后成长起来的因特网标准化组织 IETF 可以驾驭的。一开始是 TCP/IP 适应现有的链路层和物理层技术,而当 TCP/IP 成为计算机和通信网络的**事实标准**之后,所有伴随新的物理层技术产生的链路层和物理层协议都必须设法支持对 TCP/IP 的服务,否则这些技术和协议都难以获得大规模应用。

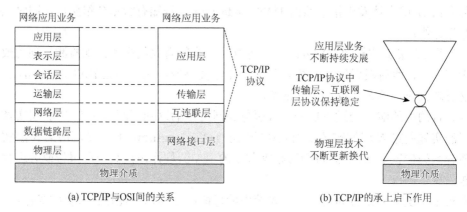

图 4-5　TCP/IP 协议与 OSI 协议的分层对照及稳定特点

TCP/IP 的互联网层和传输层的基本功能在几十年来基本上没有什么变化,这种稳定性在计算机网络和通信网络的发展过程中发挥了至关重要的作用。随着计算机处理能力的提高,各种媒体的信号处理技术的进步和通信系统物理层技术的发展,网络应用层的业务量和业务类型在同步增长;而 TCP/IP 的互联网层和传输层的功能,除了路由算法在无线网状结构(Mesh)网、无线自组织网络和无线传感器网络等特殊的应用场景下因考虑物理层的变化特点而引入跨层设计等新的概念,进行了一定的改进外,基本传输方式和相关的技术没有发生什么显著的变化。传输层和互联网层的这种稳定性发挥了一个在应用层与链路层、物理层之间很好的承上启下的作用。应用层技术和物理层技术的发展,以及 TCP/IP 的互联网层和传输层的支撑作用可以形象地用图 4-5(b)来表示。

TCP/IP 协议族的体系结构可以用图 4-6 来描述。在图中的每一个模块可看作系统中运行的一个软件进程。不同层的进程间的服务接入点,通过 IP 报文中的协议号和 TCP/UDP 报文中得到的端口号等参数来体现,实现进入不同功能实体的辨识和进程间信息的交互。

1. 网络接口层与互联网层间的接口

网络接口层中包含的链路层和物理层协议由其他标准化组织制定的协议来规范,以提供对 TCP/IP 所需服务的支持。最典型的网络接口层协议是 IEEE 定义的 802 系列的链路层和物理层协议族。在网络接口层与互联网层间交互的报文主要有以下两类。

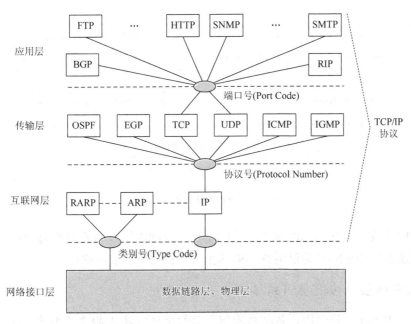

图 4-6　TCP/IP 协议族的体系结构

1）IP 报文

IP 报文的结构如图 4-7 所示。IP 报文主要由 IP 报头与其数据域组成。IP 报文是 IP 网络中携带数据和控制信息的基本单元。

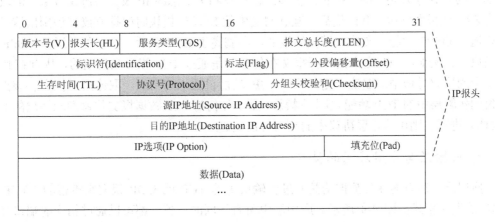

图 4-7　IP 报文的结构

2）ARP/RARP 报文

地址解析协议/反向地址转换协议（Address Resolution Protocol/Reverse Address Resolution Protocol，ARP/RARP）报文主要用于**地址解释**和**反向地址解释**，用于完成 IP 地址与物理地址之间，或者物理地址与 IP 地址之间的转换。ARP/RARP 报文的结构如图 4-8 所示。因为物理地址的作用范围仅限于本地的一个物理网络，ARP/RARP 报文一般只出现在本地的 IP 网络（子网）内部。

0		16	31
硬件类型(Hardware Type)		协议类型(Protocol Type)	
硬件地址长度(HLEN)	协议地址长度(PLEN)	操作码(Operation Code)	
发送端硬件地址(Sender Hardware Address)			
发送端硬件地址(Sender Hardware Address)		发送端IP地址(Sender IP Address)	
发送端IP地址(Sender IP Address)		目的端硬件地址(Target Hardware Address)	
目的端硬件地址(Target Hardware Address)			
目的端IP地址(Sender IP Address)			

图 4-8 ARP/RARP 报文的结构

因为 IP 报文的结构与 ARP/RARP 报文的结构不相同,所以在网络接口层与互联网层之间通常通过不同的 SAP 为这两种不同的报文提供报文交换的通道。

2. 互联网层与传输层间的接口

因为在 IP 网上,携带用户数据与控制信息的报文均以 IP 报文的形式出现,所以在互联网层与传输层间只有一个服务接入点。因为传输层上所有完成的不同协议功能的进程均被赋予不同的协议号,该协议号在 IP 报文中的**协议号域**中标识。因此送往不同协议功能模块的报文都可以依据该标识到达其应传输层实体的位置。

例如,开放式最短路径优先协议(Open Shortest Path First Interior Gateway Protocol, OSPF)的协议号为 89,所有携带维护该路由协议相关信息的 IP 报文在协议号域中的取值均为 89,该报文到达互联网层后,互联网层中的 IP 功能模块将根据协议号识别出这是一个要送往 OSPF 功能(实体)模块的报文,在剥离了 IP 报头后,直接将其送往 OSPF 功能模块。又例如,FTP 定义的数据报文在传输层是通过 TCP 报文来传输的,因此在其 IP 报文中的协议号域中的取值一定是"6",IP 功能模块识别到这一取值后,便会将该报文交付到传输层中的 TCP 功能(实体)模块,至于如何将 FTP 数据报文传输到应用层的 FTP (实体)进程,则由传输层协议中的端口号决定。

3. 传输层与应用层间的接口

应用层上所有的业务数据均是通过传输层中的 TCP 或 UDP 报文来携带的,TCP 与 UDP 的报文格式如图 4-9 所示。应用层中所有不同的业务,都可以通过相应的端口号来进行区分。这些端口号,在特定的业务数据传输之前,一般都必须预先约定,从而保证这些业务报文到达其应该到达的位置。

例如,某一终端要向另外一端发起建立 FTP 的连接时,协议中规定缺省的目的端口号为 21,这样申请建立 FTP 的控制报文就可以正确地到达目的应用层 FTP 的控制模块,启动连接建立的过程。又比如,某一终端希望访问某一远端服务器的 Web 服务,在没有特殊规定的情况下,该终端将采用超文本传送协议(Hyper Text Transfer Protocol,HTTP)规定的缺省目的端口号 80 来发送相应的报文。

一般来说,在 TCP/IP 协议栈中,对于各种常用的服务均定义了缺省的目的端口号,这些端口号又称为**熟知端口**，与特定的应用层协议（业务）对应。而一个报文中的源端口号，则通常在发起通信进程的业务功能模块在熟知端口号之外的端口号中任意选定。源端与目的端的 IP 地址，加上相应源端口号和目的端口号，唯一地确定了互联网中的一个特定的通信进程。

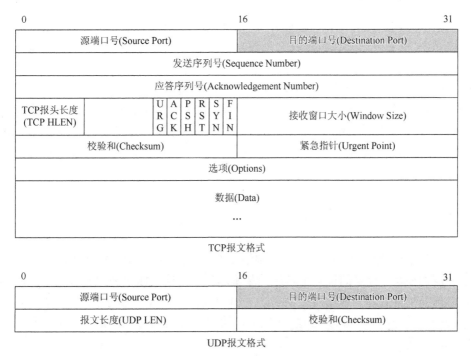

图 4-9　TCP/UDP 报文结构

示例　下面我们通过一个示例来说明 TCP/IP 的一个基本的工作过程。假设某一 IP 地址为 218.192.168.188 的主机要向 IP 地址为 202.112.17.33 的域名服务器申请解析域名"www.scut.edu.cn"，即获取该域名所对应的 IP 地址。218.192.168.188 主机中相应的进程会发出一个 IP@UDP 报文，在该报文中的 IP 源地址（Source Address，SA）为 218.192.168.188，目的地址为 202.112.17.33；源端口号可在熟知端口号的范围（0～1023）外任意选择一个号码，如选择 49888 作为源端口号，目的端口号则为域名服务器缺省的端口号 53。结合图 4-3 所示的 TCP/IP 的层次结构，其具体的工作过程可描述如下。

（1）在应用层生成的域名服务需求信息，在传输层被封装成 UDP 报文，该报文的原端口号为在熟知端口号之外任意选择的、未被其他进程使用的端口号 49888；目的端口号为专门为域名服务器预留的缺省端口号 53。随后该 UDP 报文被下传到互联网层（IP 层）。

（2）在 IP 层内，UDP 报文被进一步封装成一个 IP 报文，其中源地址为 218.192.168.188，目的地址为在配置终端网络功能时设定的域名服务器地址：202.112.17.33。至此，由源 IP 地址和端口号、目的 IP 地址与端口号这两组参数共同定义了互联网上唯一的一个通信进程。

（3）在 IP 报文被进一步传送之前，还需要先进行 IP 地址到物理地址（也称为 MAC

地址）之间的转换。地址转换由网络层中的 ARP 功能模块来完成，ARP 从 IP 报文中获得目的 IP 地址后，首先判断该地址中的目的网络是本地 IP 子网还是外地子网。如果是本地子网，则直接利用该 IP 地址，通过广播在本地的网络对其物理地址发起查询，否则转而查询网关（路由器）的物理地址。因为在本例中的域名服务器在外地子网上，所以，通过地址解析获得的是网关的物理地址。

（4）在获得物理地址之后，上述的 IP 报文被下传到网络接口层，在网络接口层中的链路层内，IP 报文进一步被封装成一个数据帧，帧中包含的物理地址是通过地址解析得到的网关物理地址。

（5）IP 报文经过多个路由器的转发，其中每次转发通常都可能伴随一次新的 IP 地址与物理地址间的解析过程。该最终到达 IP 地址为 202.112.17.33 的主机，通过端口号 53，该报文可顺利地到达应用层的域名服务器，域名服务器将与域名"www.scut.edu.cn"对应的 IP 地址 202.38.193.188 按照源 IP 地址和端口号返回，由此便可完成域名服务的查询。

4.5 本章小结

本章讨论了网络的层次结构模型，围绕 ISO 提出 OSI 七层网络协议结构，介绍了网络协议分层的概念、分层的优点及各层的基本功能，讨论了如何利用服务原语描述协议层间的控制信息交互过程。本章还讨论了 TCP/IP 的层次结构，分析了在根据 TCP/IP 运行的网络系统中，数据报文是如何根据 IP 地址、协议号和端口号，被正确地传递到特定的通信（实体）进程中。

思考题与习题

4-1　网络协议为什么要采用层次化的结构？

4-2　ISO 制定的 OSI 的七层具体包括哪些层次？

4-3　OSI 七层网络协议中的每一层主要实现什么功能？

4-4　为什么协议层中的实体一般以所谓对等实体的形式出现？

4-5　在网络的协议层中，第 N 层的服务数据单元与第 $N+1$ 层的服务数据单元间有什么关系？

4-6　PDU 与服务数据单元是如何区分的？

4-7　网络协议的层与层之间交互时有哪几种服务原语？

4-8　一般情况下，网络协议层间服务原语的交互是否在网络自身设备中即可完成，为什么？

4-9　TCP/IP 协议栈包含哪些网络协议的功能，TCP/IP 与 OSI 的七层网络协议有何种对应关系？

4-10　单纯依靠 TCP/IP 能否定义和实现网络的全部功能，为什么？

4-11　TCP/IP 的哪些参数可以与 OSI 模型中的 SAP 对应？

参 考 文 献

Forouzan B A,Fegan S C,2001. TCP/IP 协议族. 谢希仁等译. 北京:清华大学出版社.
Tanenbaun A S,1997. Computer Networks. 3rd. 北京:清华大学出版社.
Tang A,Scoggins S,1994. 开放式网络和开放式系统互连. 戴浩译. 北京:电子工业出版社.

第 5 章　通信网络仿真概述

在过去的近 30 年中,通信网络发展迅速,规模也日益增大,软件和硬件的复杂度都在不断增加。大量新的网络协议与网络应用接连涌现,使得通信网络和计算机网络已经演变成为非常复杂的大系统。排队论和图论等早期的数学工具已不足以系统完整分析现代的网络通信系统,得益于计算机及各类服务器运算能力的增强,通信网络仿真正逐渐成为网络设计与系统性能分析的基本方法。在本章中网络仿真泛指对各类通信网络和计算机网络运行过程中的行为模拟及相应的特性参数获取。

5.1　网络仿真的基本概念

在通信与计算机网络的研究中,网络仿真是利用专门的软件程序,根据特定网络的协议,通过计算不同的网络实体,如路由器、交换机、节点、接入点和链路等之间的关系来模拟网络行为的。目前网络仿真技术已被广泛地用于网络设计、研究和技术开发的方方面面,包括协议的验证分析、新一代网络技术与架构的性能评估、网络部署、在线维护与优化网络过程的情景分析等。网络仿真的主要用途可以大致分为以下三类。

1. 模拟实际网络的搭建

在实际中搭建网络场景进行实验会受到场地、经费和技术的制约,尤其是对于大型的网络,购买设备、安装软件和配置参数在系统的设计完成之前都存在一定的约束和难度。另外,实际的网络中往往也难以实现分析网络性能所需的极限条件,进行有关观测各种网络指标参数变化的实验,如构建具有各种流量负载复杂变化时的网络拥塞模型。

2. 验证新的网络协议与技术

一般情况下,新的网络协议提出之后,如新的或参数改进后的传输控制协议,或新的网络层或应用层的组播协议等,设计者不仅需要了解所提出协议在网络中运行时的行为,还要与现有的其他协议进行对比。利用网络仿真进行各种验证试验,可以经济有效地完成上述的任务。此外,当需要在网络场景中测试新的设备,同时又需要大的网络环境时,仿真技术还可以提供半实物仿真的环境,即整个测试环境中只包含若干实物设备,大量的同类设备或其他设备则通过软件来模拟,从而大大降低实验的成本。

3. 重现网络场景

在某些情况下,我们可能需要重现实际网络中发生过的某些场景,从而更好地了解某些网络不利的突发情况,同时验证相应的防范措施的可行性。例如,在网络仿真环境中模拟互联网内的蠕虫攻击,以便了解其攻击对网络的危害影响,以便于更有效地制定应对方案。由于此类恶意行为不能在实际的网络中随意开展实验,而用网络仿真技术则可在不影响网络运行的情况下重现这种网络场景。

5.2 常见的网络仿真工具及工作原理

1. 常见的网络仿真工具

目前常用的网络仿真工具有 OPNET、QualNet、NS-2/3、OMNeT++、SSFNet、J-Sim 等,其中有些是需要付费使用的商业软件,也有不少是开源的代码。仿真工具一般具有模块化的组件,仿真动画的演示,能添加新的网络技术来拓展现有的模型,有些仿真工具甚至支持与真实网络互联。一般来说商业的网络仿真软件有很好的用户界面,大量可直接调用的用于模拟现有网络设备行为的网络元素,这些网络元素的参数还可以根据需要进行配置,同时还可以得到较好的技术支持。使用开源代码的仿真工具也有优点,因为代码开源,比较容易在此基础上做进一步的研究和开发。特别是大量高等院校等研究机构的研究人员使用具有开源代码的仿真工具进行有关网络技术的研究,他们往往会把自己开发的模拟网络特定功能的软件共享到互联网上进行交流,成为网络研究和技术开发者的重要资源。因此使用开源的仿真工具,有时可以节省大量的仿真软件的开发时间。

2. 网络仿真的工作原理

典型的网络仿真工具为开发者提供了多线程的控制和线程间通信的机制,网络模型与网络协议一般由有限状态机和底层的编译类语言来描述。仿真工具大都使用离散事件驱动,系统定义的状态变量在离散的时间点发生变化,因此可以计算出各个事件在实际网络中对应的时间,也可以观察与评估各种网络行为。为了描述离散事件调度的机制。我们以仿真工具 QualNet 为例进行介绍,其他仿真工具的工作原理大同小异。

如图 5-1 所示,在使用 QualNet 开始仿真之前,软件会要求先根据外部的配置文件进行网络实体的初始化,接着进入等待事件触发的状态。事件调度器是该机制的关键所在,包含一个或多个事件处理器。当某个事件触发后将从等待状态过渡到相应的事件处理器,待处理器处理事件完毕之后再返回等待事件触发的状态。在到达设定的仿真时间后,等待事件触发状态便转到仿真结束状态,该状态负责收集仿真过程中所出现的协议定义的仿真数据。

3. 常用网络仿真工具对比

随着网络技术的不断发展,研发人员也开发了许多针对不同网络类型的网络仿真工具。各种各样的仿真工具都有独自的优点与缺点,使用者应该根据网络类型、研究目的和

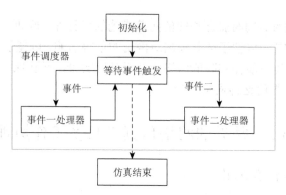

图 5-1　QualNet 的离散事件调度机制

所具有的条件进行选择，包括考虑编程语言的优缺点、使用的复杂程度、运行仿真的速度、可拓展性和经济性等。开源的 NS-2 和 OMNeT++在大多数情况下是很好的选择，特别是 NS-2 是学术界比较受欢迎的仿真工具，常因其复杂的架构而被诟病。在商用仿真器方面，OPNET 和 QualNet 几乎能满足所有主要的需求。本小节主要对比常用的两个商业的和三个开源免费的网络仿真工具，见表 5-1。

表 5-1　不同网络仿真工具对比

仿真工具特性	OPNET	NS-2	OMNeT++	QualNet	J-Sim
支持语言	C/C++	C++/OTcl	C++	C++/PARSEC	Java/Tcl
价格	高	免费	免费	高	免费
仿真速度	快	一般	一般	快	一般
界面友好性	好	差	一般	好	一般
与其他仿真工具互联	能	不能	不能	能	不能
支持的网络类型	几乎所有网络和网络技术	主要面向网络协议研究	有线与无线管理模式	主要面向无线通信网络、无线通信系统	有线网络、无线网络和无线传感器网络

5.3　网络仿真工作流程

通过前文的介绍，我们已经知道进行网络仿真很有意义，尤其适用于现代具有复杂架构和拓扑结构的网络系统。研发人员可以测试他们的新想法并进行性能方面的分析，降低实际系统中难以预测的许多风险。网络仿真工具为网络的设计和性能分析带来了许多便利，但如果在网络仿真工具的程序库中没有特定网络（如无线的网状网络）的仿真软件，要开发该软件，然后在此基础上进行该类网络的性能仿真，依然是一项比较复杂的工作。除了熟悉网络仿真工具的平台本身外，还需要对相应的网络协议有透彻的了解，同时具备良好的编程能力，详情可见本章后所列的参考文献。

下面介绍在进行网络仿真的过程中需要遵循一定流程。本节将网络仿真的过程分为如下几个阶段：网络仿真的前期准备阶段，网络仿真模型的设计阶段、网络的仿真与分析阶段、网络仿真研究结束阶段。

1. 网络仿真的前期准备阶段的工作

（1）明确研究对象与研究的目标：明确所要研究的网络对象与问题，如跨层优化设计在无线通信网中的应用，了解相应的协议，针对不同的性能指标提出具体的要求。网络性能指标一般包括：网络吞吐量、平均端到端时延、丢弃概率和频带利用率等。

（2）制定研究计划：提出多种网络仿真方案进行对比，根据要研究的问题筛选并制定更细致的研究计划。

2. 网络仿真模型设计阶段的工作

（1）建立网络模型：建立网络仿真研究中的概念模型和数学模型，包括网络实体的实现方式、数据分组的模拟原理和传输机制等。

（2）模型代码实现：根据采用的网络仿真工具，使用其底层的编译类语言实现要研究的网络模型，开发过程中，尽量使用仿真工具中标准化的接口和遵循一定的工业标准。

（3）验证开发的网络模型：通过一定的测试方法来验证开发好的网络模型是否符合实际的网络技术、协议与性能。确保网络模型的正确性、可靠性、一致性。

3. 网络的仿真与分析阶段的工作

（1）设计仿真场景：利用仿真工具完成具体网络场景和应用服务的设置，包括设计网络拓扑、输入合适的参数、具体的网络应用服务、仿真的随机种子和明确要收集的网络性能指标。大多数情况下由于影响网络系统性能的因素繁多，需要针对各个因素进行批量的仿真才能更好的说明问题，编写一些批量仿真的脚本也是必要的。

（2）运行仿真并对仿真结果进行统计分析：运行仿真并收集仿真结果，使用科学的数学统计方法，如平均值、方差、最大值和最小值等对批量仿真的实验结果进行筛选与分析。考虑仿真结果是否与实际的网络情况相符，是否达到研究计划中的性能指标要求，有必要可以修改仿真方案和增加仿真次数。

4. 网络仿真结束阶段的工作

在最后的结束阶段的工作主要是检查研究计划的完成情况并完成研究的网络模型或技术的仿真研究报告。

我们将上述的网络仿真研究的 4 个阶段以流程图的形式归纳到图 5-2 中。

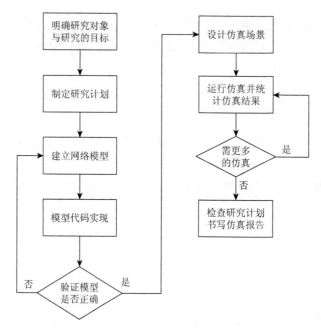

图 5-2 网络仿真研究流程

5.4 本章小结

网络仿真及相应的软件工具在网络设计、网络研究与技术开发中起着很重要的作用，越来越成为一种网络系统性能分析必不可少的手段。本章简要介绍了网络仿真的意义和作用，网络仿真的基本原理和基本工作过程。

思考题与习题

5-1 网络仿真有什么主要的用途？
5-2 网络仿真主要有那几个阶段，各完成什么功能？

参 考 文 献

黄化吉，冯穗力，秦丽姣，等，2010. NS 网络模拟和协议仿真. 北京：人民邮电出版社.
马春光，姚建盛，2014. ns-3 网络模拟器-基础及应用. 北京：人民邮电出版社.
QualNet Network Simulator Software，http://www.qualnet.com/.

第二篇　网络通信的基本技术与协议

本篇讨论网络通信的基本技术与协议。主要介绍已经获得广泛应用的通信网络的基本结构、工作原理、有关的协议，以及未来的一些发展方向。讨论各种成熟的通信系统中涉及网络部分的基本技术，其内容包括公用电话交换网、移动通信网、电信支撑网、计算机接入网和 IP 网等。同时介绍了通信系统的骨干网技术，如异步转移模式、多协议标签交换、软交换及软件定义网络等。

第 6 章 公用电话交换网

公用电话交换网通常又简称为 PSTN（Public Switched Telephone Network），特指传统的有线公用电话交换网。PSTN 经历了模拟通信到数字通信的发展历程，其交换方式也经历了从最早的人工交换、机电制交换、电子布线逻辑控制交换到程序控制交换。**人工交换**是一种完全由呼叫用户与接线员间通过语言交流和手动接插完成的交换；**机电制交换**是由呼叫用户的摘机、挂机和拨号脉冲等信号控制继电器和机械接触器动作实现的交换；**电子布线逻辑控制交换**引入了电子元件作为切换的控制部件，是一种从机电制交换到程序控制交换过渡的交换技术；**程序控制交换**则是进入计算机时代后，由程序控制实现的一种交换。程序控制交换通常包含两方面含义：一是交换过程完全由计算机控制完成；二是交换的部件由集成电路元件实现。用于实现交换的方式，除了小规模的程控交换机仍可能采用空分复用工作方式外，更多的是采用 TDM 的工作方式。

6.1 PSTN 的典型结构

我国典型的 5 个等级的 PSTN 结构如图 6-1 所示，其中第一级到第四级均为长途交换中心，第五级为由端局组成的本地交换中心。电话机就是网络的终端设备，终端设备以

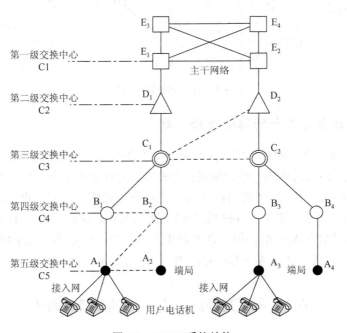

图 6-1 PSTN 系统结构

星形方式连接到端局，端局为网络最低一级的接入节点，其一级交换中心作为网络的核心节点构成了网络的主干传输部分；第二、第三和第四级的中继/交换节点和端局节点间则以**树形结构**的形式逐级汇聚接入到**网状结构**主干网上。在实际的公用电话交换网中，外围节点间有时也不一定保持严格的树形结构，根据区域之间业务量的大小，也可以建立同层之间的直通链路或者不同层之间的非对称链路，如图 6-1 中的虚线所示。

1. PSTN 长途网的二级网络结构

典型的 5 个等级 PSTN 结构虽然与我国早期行政区域的划分相适应，但对于长途话务来说转接段数较多，不仅传输的时延大、效率低，同时也会导致可靠性的降低。在我国 PSTN 后来的发展过程中，逐步由五级向二级的结构过渡，形成如图 6-2 所示的省内和省际二级网络。在省内和省际的二级网络平面上分别构成网状的结构，从而使长途话务的转接次数大大减少。在两省和省内网络平面的节点间，必要时也可以设置直达路由，以进一步提高系统的传输效率。

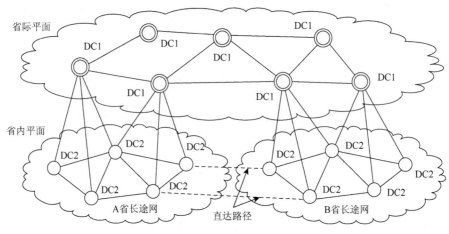

图 6-2　省内和省际二级网络

2. PSTN 话音与信令的路由选择策略

既然 PSTN 是一个多跳的网络，因此无论话音还是信令的传输，都有传输路径（即路由选择）的问题。路由选择的一般原则是：首先选择可直达的路由；当直达路由不可用时，选择优先级最高的第一迂回路由；当第一迂回路由也不可用时，再选择优先级别次高的第二迂回路由；以此类推，直到确定合适的路由为止。例如，参见图 6-1，在端局 A_1 与 A_2 之间直达路由为 $A_1—A_2$；第一迂回路由为 $A_1—B_2—A_2$；第二迂回路由为 $A_1—B_1—B_2—A_2$；第三迂回路由则为 $A_1—B_1—C_1—B_2—A_2$；等等。

6.2　PSTN 的程控交换机基本结构

典型的程控交换设备的基本结构如图 6-3 所示，主要包括用户电路、出入中继器、中央控制系统、交换网络等单元。

1. 用户电路

用户电路用于实现端局的交换机与用户电话机之间的连接，其功能包括：提供用户电话机的馈电、连接线上的过压保护、检测电话的状态（摘机或挂机）和线上的信号（拨号音或脉冲）、向被叫用户发送振铃信号、编解码器（CODEC）以完成模数或数模变换、混合（2/4）以实现用户线上的模拟传输 2 线和数字交换及传输所需的 4 线间的转换等。用户电路可为电话机提供电能，在电话机所在位置市电停电的环境下电话通信仍可进行，此功能在紧急或突发情况下有重要作用。

2. 出入中继器

出中继器与入中继器是交换机与交换机之间的接口，其基本功能包括时钟同步、帧或复帧信号的同步、码型变化、局间信令的插入与提取等。

3. 中央控制系统

中央控制系统和控制电路用于根据用户的拨号信息或中继线上的局间信令，执行程控交换机设定的操作，控制交换网络实现交换功能及系统的各种管理功能。

4. 交换网络

交换网络是由硬件构成的时分交换电路或空分交换电路，或者是时分与空分组合构成的交换电路。交换网络根据控制系统发出的指令完成交换操作，在端局的程控交换机内，将从编码器获得的特定用户音频数据的代码，放置到连接建立时预定的输出帧时隙内，同时将输入帧特定时隙获取的代码送到解码器上进行解码，通过用户电路传输给用户。而在各级中继局的程控交换机内，则进行用户呼叫连接建立时预定的输入帧与输出帧之间的时隙交换。对于小型的用户程控交换机，其交换网络往往是由空分交换电路构成的。

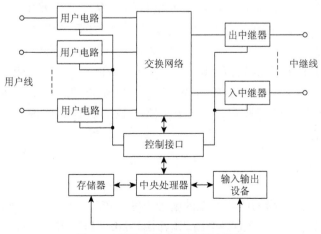

图 6-3 程控交换设备的基本结构

TDM 交换网络的时隙交换原理如图 6-4（a）所示，输入一个帧的各个时隙中的数据首先可以依次写入到缓冲存储单元内，然后根据时隙切换的要求切换到特定帧的特定时隙，图中给出了端口 i 的输入帧中的第 1 个时隙切换到端口 j 的第 8 个时隙，端口 i 的输入帧中的第 2 个时隙切换到端口 k 的第 5 个时隙的一个示例。空分交换网络的切换交换原理如图 6-4（b）所示，通过入线与出线间设定的电子开关闭与合，确定第 i 根入线上的信号是否切换到第 j 根出线上。

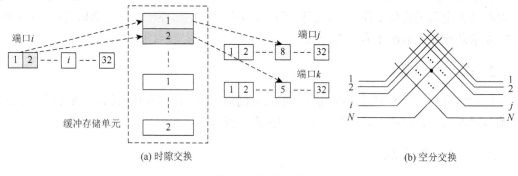

图 6-4　信号交换

6.3　PSTN 的信号及呼叫过程

现代的 PSTN 在接入网之外的部分基本上均采用数字的方式传输。模拟话音信号经过模数变换后，被编码成 A 率或者 u 率压扩特性的 8bit 脉冲编码调制（Pulse Code Modulation，PCM）信号，A 率与 u 率是两种不同的 PCM 编码标准，但二者具有非常相似的特性，特别适合于保证小幅度信号成分比例较大的话音信号量化后有较高的量化信噪比。PCM 信号可进一步根据交换和传输的需要复接为基群、二次群或者更高次群的群路信号。基群信号是在交换过程中最基本的信号，基群信号的复帧/帧结构如图 6-5 所示。一个复信号帧包含了完整的信令周期，其中包括复帧同步信号、帧同步信号、每个话路的话路信号等。话路信号中的话路信号码用于指示特定时隙中对应的话路当前的工作状态。在每一帧中都包含每个话路的一个时隙。一个时隙中可容纳一个 8bit 的抽样量化值，即传输某个话路的一个 PCM 码组。一个基群信号帧的时间长度为 125μs，对应 8kHz 采样信号的采样周期。基于程控交换技术实现的 PSTN 本质上是一种电路交换系统，一个话路传输通道是通过每隔 125μs 提供 8bit 的传输时隙来体现的。

1. PSTN 的编号

PSTN 的编号方式是指网络与终端的编址方法。PSTN 的编号依据 ITU 的 ITU-TE164 建议制定。我国规定国内完整的一个国际电话编号按照以下方式构成：

00+国家（区域）号码+长途区号+局号+用户号

其中，"00"为国际长途的全自动冠号；国家（区域）号码由 2 位数字组成，我国大陆的国家号码为"86"。国内的长途区号由 2 位或 3 位数字组成，其中大城市和直辖市的区号为 2 位数字，省中心和地区中心的区号为 3 位；如北京的长途区号为"10"，广州的区号为"20"，上海的区号为"21"，哈尔滨的区号为"451"，等等。局号可以取 1~4 位。用户号则一般为 4 位。

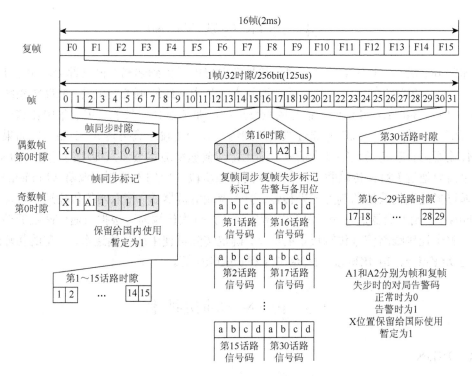

图 6-5　PCM 数字信号复帧/帧结构

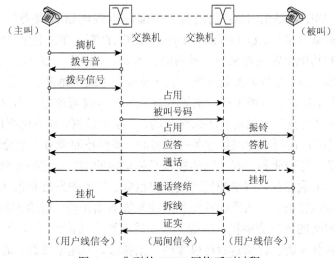

图 6-6　典型的 PSTN 网络呼叫过程

2. PSTN 的呼叫过程

PSTN 的呼叫是一种面向连接的通信过程,一次呼叫中信号的交互和通话的基本流程可以用图 6-6 描述。其中的局间信令如果采用的是共路信令,信令间的交换过程通过信令网来实现。

6.4　PSTN 的数据传输

如图 6-1 所示,PSTN 的接入网通常是指用户电话机到端局的网络部分。由于 PSTN 的发展历史,PSTN 的接入网的传输信道基本上是由双绞线铜缆实现的。PSTN 系统的双绞线在 300～3400Hz 频谱段,信号的衰减最小,非常适合信号能量主要集中在这一频段的语言信号,普通电话机信号通过双绞线到达端局的传输距离可达 3～5km。但如果以这样的传输距离直接传送数字基带信号,则比特传输速率通常最多只能达到若干 Kbit/s,因此如果需要通过 PSTN 传输数据,在接入网传输阶段,应加入**调制解调器**(Modem),将数据通过多进制的载波调制方式来传输。引入调制解调器后,接入网的传输速率可达到几十 Kbit/s。调制解调器通常是一种自适应的设备,每次传输前可根据对通信两端的调制解调器间整个连接线路信号传输质量的测试,确定实际可使用的传输速率,典型的传输速率等级为 9.6Kbit/s、14.4Kbit/s、28.8Kbit/s 和 56Kbit/s 等。

6.5　PSTN 的演进技术

6.5.1　ISDN

1. ISDN 的发展背景

本节讨论的 ISDN 是由 ITU 的前身——**国际电报电话咨询委员会**(Consultation Committee of International Telegraph and Telephone,CCITT),制定的在程控交换技术和分组交换技术标准的基础上发展起来的一种网络技术和协议规范。20 世纪 70 年代,随着程控交换技术的迅速发展,在许多发达国家,电话业务逐步趋于饱和。与此同时,非话业务,如传真(Fax)、电子信件、各类可视图文等数据业务的传输需求却在迅速地增加。在传统的通信系统中,网络是按照不同的业务来构建的,除了电话网,还有电报网、数据传输网、广播电视网等。当用户需要多种通信业务的服务时,需要按照业务类型分别向电信部门申请特定的传输服务,每种业务都有不同的接入线和特定的端口。这种专网专线的方式,除了对用户来说极不便利之外,网络的使用效率也很低。技术的发展和市场的需求,促使人们考虑建立可支持包括语音、图像和其他类型业务等数据传输的综合网络。另外,程控交换系统虽然是在网络的程控交换机互连的主干上采用数字通信的技术,但接入网还是一个模拟的网络,虽然引入调制解调器后可以实现数据传输,但速率较低,最高也只能达到几十千比特每秒的水平。人们迫切希望能够获得具有统一规程、更高服务性能和能够实现端到端全数字化的综合业务传输服务。为此，CCITT 制定了 ISDN 的规程和协议规范。CCITT 对 **ISDN 的定义是**：为了传输数字信号，由数字交换机及数字信道构成的综合数字网，此网可提供电话和各类数据的传输服务。

2. ISDN 系统结构

ISDN 系统的基本结构如图 6-7 所示。图中的综合有两层含义，首先是**业务的综合**：通过一根 nB+D 的数据线连接的网络终端，可以提供包括数字电话、数字传真、可视电话、计算机和其他各类数字终端接入网络的服务；其次是**网络的综合**，通过本地交换机，本地系统可以接入不同的网络系统，包括以程控交换机构成的电话交换网络、专门的电路交换网络及分组交换网络等。

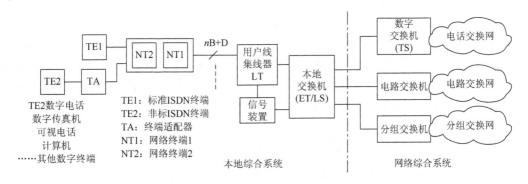

图 6-7 ISDN 系统结构

ISDN 标准定义了两类网络终端，其中 **NT1** 用于 nB+D 的传输线侧，为用户数据和网络信令的传输提供透明的传输通道，实现用户线的物理连接、信号传输、定时、馈电和线路的维护监控等功能；**NT2** 用于用户终端的接入侧，实现符合 ISDN 标准的用户终端数据的集中（复接和分接）等功能。对于非 ISDN 标准的终端，可通过**终端适配器 TA**，将其变换为满足 ISDN 标准的终端。"nB+D"传输线中的"n"是一个整数，"B"通常是一个 64Kbit/s 的数据信道，"D"是 16Kbit/s 或 64Kbit/s 的信令信道，通常传输线最高可提供基群数据速率［E1：2.048Mbit/s（欧洲、中国大陆等国家和地区）/T1：1.544Mbit/s（北美等国家和中国台湾等地区）］。**用户线集线器**是 nB+D 传输线与**本地交换机 LS** 的接口。通过本地交换机接入网络综合系统，用户的数据可以根据不同的类型，分别接入网络综合系统中的**电话交换网络**、专门的**电路交换网络**或者**分组交换网络**。

3. ISDN 系统的协议

在 ISDN 网络技术的发展过程中，特别是在二十世纪的七八十年代，曾经被认为是未来包括二十一世纪通信网络。为此当时的 CCITT 为 ISDN 制定了复杂而完善的协议规范。与现代互联网注重信息获取的理念不同，ISDN 主要是在考虑业务多样性的情况下，如何构建一个面向连接、实现可靠传输的网络。ISDN 系统的协议主要包括以下方面。

1)信令系统

对于一个面向连接的网络,信令系统是其协议的核心部分,CCITT 考虑通信网络数字化和综合化的趋势,制定了适合 ISDN 网络,并且可支持多种业务传输的通用性 Q.700 系列建议,即 **7 号信令方式**。经过对 7 号信令不断地修改完善,使其成为能够以相同的设备及方式,处理包括电话和数据等业务的传输交换,以及进行系统维护和管理的协议规范。通过特定的与业务数字分离的**共路信令网**,实现交换机间呼叫控制消息在业务控制节点间(如交换机)的交换。

2)协议参考模型

对照 ISO 的 OSI 网络层次结构,ISDN 系统的协议主要包含了物理层、数据链路层和网络层的相关协议。如图 6-8 所示,其中:协议 I.450/451(Q.930/931)定义了用户/网路接口的第 3 层的一般特性和规范;协议 I.440/441(Q.920/921)定义了用户/网路接口的第 2 层的一般特性和规范;协议 I.430/431 定义了用户/网路接口的第 1 层的规范。用户–用户间的呼叫控制信令采用的 7 号信令。若在 B 信道或者 D 信道采用分组交换,ISDN 系统并没有在链路层和网络层定义新的协议,而是继续沿用 CCITT 之前为分组交换定义的 X.25 协议;如果在 B 信道采用电路交换或者专线的方式,则可为用户提供透明的传输通道,报文或帧的格式完全由用户自行定义。

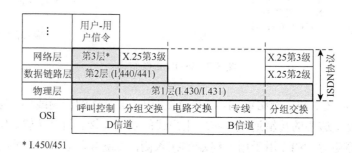

图 6-8 ISDN 协议参考模型

3)ISDN 的综合服务

ISDN 系统为用户提供的服务包括两个特点:其一是端到端的数字通信传输服务,在用户与网络之间,已经完全去除了原来电话机到端局间的模拟信号传输部分,服务性能得到更好的保障;其二是综合的业务服务,用户通过申请一个 nB+D 的端口,可以得到一个($n\times64+16$ 或 $n\times64+64$)Kbit/s 数据率的综合传输信道。例如,如果用户申请的是一个 2B+D 的端口,在端口上可以同时接入多达 8 个包括数字电话、数字传真等不同的设备,其中 2 个 64Kbit/s 的数字终端可以同时独立地工作,另外 16Kbit/s 的信道除了传输有关的控制信令外,还可为用户提供分组交换的传输服务。

4)ISDN 与其他网络的互联互通功能

ISDN 主要是由基于程控交换的数字电话演进而来的,因此 ISDN 与电话网间可自然地实现网间的互联互通,除了可以保证 ISDN 用户与普通电话网的用户互通外,还可以将电话网作为 ISDN 的中继网络。此外,ISDN 在进行分组交换时,链路层和网络层均采用了 CCITTX.25 分组网的协议标准,因此与 CCITT 定义的 X.25 分组交换公共数据网(Packet Switched Public Data Network,PSPDN)的互联互通就自然成为顺理成章的事情,图 6-9 给出了一个 ISDN 数据用户利用 ISDN 网络与 PSPDN 数据用户通信的示例。

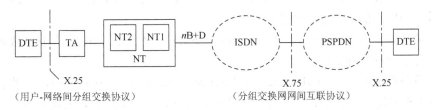

图 6-9 数据用户通过 ISDN 及 PSPDN 网络实现互联的示例

X.25 标准的数据终端设备(Data Terminal Equipment,DTE)通过 ISDN 的适配器 TA 接入 ISDN 网络,ISDN 网络与 PSPDN 间通过 CCITT 制定的数据通信网网间互联的协议 X.75 实现互联,由此可实现 ISDN 与 PSPDN 间 DTE 设备间的通信。

6.5.2 智能网技术

1. 智能网技术的发展背景

在二十世纪的八九十年代,一方面,基于程控交换技术的 PSTN 的迅速发展,电话通信的普及使得传统的话音业务开始趋于饱和;另一方面,随着计算机的普及和应用,人类社会进入信息时代。人们不再满足于人与人之间简单的电话通信,面向信息获取的服务业务越来越受到重视。CCITT 注意到这一发展趋势,制定了一系列相应的协议标准以支持在 PSTN 的网络上开展各种类型的新业务,这就是**智能网**(Intelligent Network,IN)技术。这里讨论的智能网并非一个独立的新网络,而是在 PSTN 网络平台上发展起来的一种新的技术和应用。

2. 智能网技术的典型应用

智能网技术目前已经获得了广泛的应用,例如,大量产品商家为公众提供的商业咨询或在线技术支持的"800 号""400 号"业务等,这些都是一种被叫付费的通信服务;用户个人预付费的呼叫卡"200 号"业务,这种业务为用户在普通的市话服务中拨打本地的或长途的电话带来很大的便利;各种类型的呼叫业务转移业务,这种服务可以使离开家或者办公室的用户方便地接听固话的来电;另外,还有各种声讯的信息查询服务业务,等等。

3. 智能网的基本组成和结构

智能网提供的各种功能是在现有的程控交换网络的平台上实现的,其基本的结构如图 6-10 所示。程控交换网络完成各种信息的传输和接续功能,原有的程控交换机经过升级或者加装新的软件后即可在实现普通电话业务交换的同时,成为智能网业务交换和接续的**业务交换点**（Service Switching Point，SSP）。而将新增的服务功能集中到若干新的功能组件上，这些功能组件通常就是加载了特定软件功能的强大的计算机系统，这些组件通常也称为智能网的**业务控制点**（Service Control Point，SCP）。连接到 SCP 的主要设备包括以下几点。

（1）**智能外设**（Intelligent Peripherals）：智能外设可提供语音合成、语音编解码、语音识别等各种所需的信号处理功能。

（2）**业务管理系统**（Service Management System，SMS）：SMS 提供业务数据、用户数据和业务量管理等功能。

（3）**业务生成环境**（Service Creation Environment，SCE）：SCE 是智能网的后台服务系统，用于根据用户的需求设计各种新的业务，设计调试完成以后，加载到各个相应的功能组件和系统单元中。

（4）**数据库**（Data Base，DB）：DB 用于存放各种备份的数据。

智能网组件控制信令的交互，通过 7 号**信令转接点**（Signalling Transfer Point，STP）实现。注意，图 6-10 给出的是一个抽象的示意图，在实际的系统中各种组件的实际数量可根据需要来设定。智能网中的大多数功能都是在计算机系统中完成的，因此智能网的功能的修改、增加和完善，很容易通过软件升级来实现。

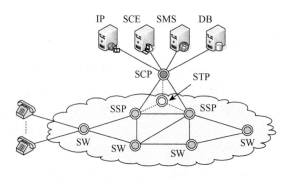

图 6-10 智能网的基本结构

4. 智能网的应用实例

"800 号"服务业务是智能网的一个典型的应用，目前国内外许多大型的商业机构、信用卡公司、银行等都会通过"800 号"业务为用户提供免费的业务咨询、技术支持、报失等各种服务。假定某个商业机构向电信运营商申请了为用户提供咨询服务的"800 号"业务，其号码为 800-112490。当用户向该公司的"800 号"业务发起咨询请求时，其工作流程如下。

（1）电信运营商首先为该商业机构分配"800 号"业务号码，不妨假定该号码为 800-112490。该号码将会与公司特定的人工咨询服务台的电话号码，如 88883333，与其建立关联关系，该关联关系会被记录到智能网的 SMS 和 DB 中。

（2）当用户用 37213721 的电话机拨打该公司的"800 号"业务号码 800-112490 时，呼叫信息通过交换机（SW）经由 SSP 向 SCP 查询该"800 号"所对应的真正的被叫号码；SCP 向 SMS 或 DB 查询 800-112490 所对应的咨询服务台的电话号码，得到对应的号码

88883333 后，向 SSP 返回该号码。

（3）SSP 将得到的该商业机构的真实号码 88883333，通过信令系统实现 37213721 向 88883333 发起呼叫，人工咨询服务台客服人员听到振铃，摘机后便可提供相应的服务。

采用"800 号"业务为用户提供服务时，一个"800 号"业务的号码，可以对应或关联全国范围内不同地区的多个不同的电话号码，从而就近为用户提供服务。当公司为用户提供咨询服务的电话号码改变时，只需要在智能网的 SMS 或数据库中更改相应的对应关系，其"800 号"的业务号码 800-112490 不必改变。

6.6 本章小结

本章主要讨论了 PSTN 的基本组成，简要介绍了程控交换机的结构和 PSTN 的信号方式、编号方式和呼叫过程，同时还分析了 PSTN 上传输数据的方法和特点。在本章的最后，介绍了基于程控交换技术演进发展起来的 ISDN 和智能网技术。

思考题与习题

6-1　PSTN 有哪几个主要的发展阶段？

6-2　典型的 PSTN 有多少个等级？各个等级在拓扑上呈现什么样的结构？

6-3　为什么 PSTN 长途网会出现简化的二极网络结构？

6-4　简述 PSTN 信号的路由选择策略。

6-5　程控交换机包含哪些主要的功能模块？

6-6　程控交换机内的交换网络有哪些主要的结构，不同结构的交换网络交换功能如何实现？

6-7　在一个 PCM 信号帧中，一般可以包含多少个用户的时隙？在一个复帧信号中，包含某一个呼叫（话路）的多少个 PCM 样值？

6-8　一个典型的 PSTN 的呼叫过程是如何实现的？

6-9　为什么在 PSTN 中传输数据时需要加入调制解调器？

6-10　简述 ISDN 的工作原理。

6-11　简述智能网技术的工作原理。

参 考 文 献

乐正友，杨为理．1991．程控数字交换机硬件软件及应用．北京：清华大学出版社．
毛京丽，董跃武．2013．现代通信网．3 版．北京：北京邮电大学出版社．
王鸿生，龚双瑾，等．1993．通信网基本技术．赵宗基，武士雄审校．北京：人民邮电出版社．

第 7 章 移动通信网络

移动通信网络是一个具有很广泛意义的概念，所有由可移动的通信终端和有关的网络设备构建的网络都可以称为移动通信网。如果没有特别的说明，本书中讨论的移动通信网络均是指商用的**蜂窝移动通信网络**。商用的移动通信网络系统的结构可形象地如图 7-1 所示，终端是手机或其他可接入移动通信网络的用户设备，网络的接入节点是移动通信接入网小区中的基站，交换机/路由器则构成了网络的骨干传输部分。

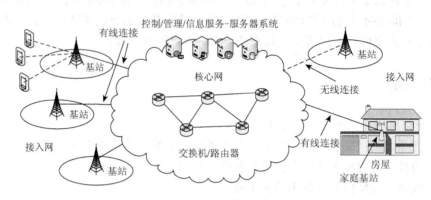

图 7-1 移动通信网络系统结构

移动通信网是一种在平面区域通过空分复用实现频率高效重复使用的通信系统。采用"蜂窝"的称谓主要源于在平面划分的小区形状一般抽象为六边形，多个六边形再组合则构成蜂窝的形态。通常理想的全向天线发射的电磁波覆盖的有效范围是一个圆形的区域。如图 7-2（a）所示，六边形是可实现无缝拼接的多边形中，用圆形区分时，不同区域交叠面积最小的一种多边形。在一个小区内，还可进一步划分若干扇区，以提高小区的用户容量，图 7-2（b）所示为将小区划分为 3 个扇区时的情形。

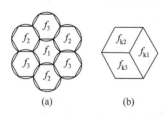

图 7-2 蜂窝系统结构

蜂窝移动通信网络经历了 4 个重要的发展阶段：1G 是模拟的通信系统，主要采用 FDMA 技术，2G 之后的移动通信系统都是数字通信系统；2G 移动通信系统采用 TDMA 或 CDMA 技术；3G 移动通信系统主要基于 CDMA 技术，3G 之后的演进技术（LTE）和 4G 移动通信系统采用的则是正交频分多址（Orthogonal Frequency Division Multiplexing Access，OFDMA）技术。早期的 1G 通信系统基本上是一个终端具有可移动性的电话系统，从 2G 之后的移动通信系统除了具有主要的语音通信功能之外，还引入了数据传输功能，随着传输能力的宽带化，移动通信系统也逐步演变为一个可传输综合业务的网络系统。

由于移动通信接入网是通过无线的链路实现的,终端的位置可以从某一地漫游到另外一处,终端的位置不确定导致移动终端的身份不能像普通固定电话那样根据位置与号码的对应关系来确定其身份。另外,移动通信系统接入网的信道特性也可能是变化的,需要在保证终端高速移动的环境下也能够正常通信。因此,相对于 PSTN,其实现的复杂性大大增加。下面主要讨论 2G 及 2G 之后的数字蜂窝移动通信系统的基本原理和结构。

7.1 2G 移动通信系统

目前仍在广泛应用的 2G 移动通信网也称为**公共陆地移动通信网**（Public Land Mobile Network，PLMN）。基本的 2G 系统以语音业务为主,传输数据业务时其速率可达 14.4Kbit/s。2G 系统除支持电路交换外,也支持**通用分组无线业务**（General Packet Radio Service，GPRS），2G 系统在改进完善的过程中也在不断提高数据传输速率。2G 系统的主要标准有欧洲采用 TDMA 方式的全球移动通信系统（Global System for Mobile Communication，GSM），美国采用 CDMA 方式的 IS-95 系统。

7.1.1 移动通信系统的基本组成

典型的 2G 移动通信系统的基本结构如图 7-3 所示,从结构上,2G 移动通信系统大体上可以看作由无线接入的**基站子系统**（Base Station Subsystem，BSS）和进行移动管理的**网络子系统**（Network Sub-System，NSS）替代 PSTN 中的端局而构成的。**移动终端**（Mobile Station，MS）与 BSS 之间的部分构成系统的**接入网**部分；BSS 与 NSS 之间的光纤/电缆连线或微波专线构成了系统的**回程网**（Backhaul）部分；NSS 接入到系统的**核心网**中的交换网络部分。核心网的交换网络可以由 PSTN 程控交换网络或由基于程控交换网络发展起来的 ISDN 构成；也可以由分组数据网络（Packet Data Network，PDN）构建,基于 IP 的交换网络将是 PDN 核心网的发展方向。

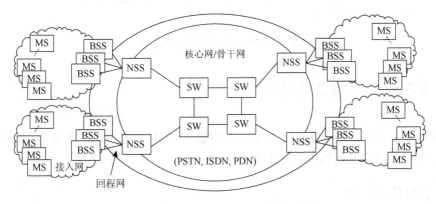

图 7-3　2G 移动通信系统的基本结构

在移动通信网中，MS 的接入和移动管理主要是由 BSS 与 NSS 实现的，BSS 与 NSS 中包含的基本功能模块如图 7-4 所示。

BSS 由**基站收发台**（Base Transceiver Station，BTS）与**基站控制器**（Base Station Controller，BSC）组成，一个 BSC 可以控制多个 BTS。每个 BTS 通常对应小区中的一个扇区，其中包括天线、无线发射机、接收机和有关的接口电路等。BSC 负责小区内无线信道的管理，以完成一个呼叫过程中无线信道的建立、维护和拆除，并控制 MS 在扇区间移动时的切换。

NSS 则由**移动业务交换中心**（Mobile Service Switching Center，MSC）、**归属位置寄存器**（Home Location Register，HLR）、**访问位置寄存器**（Visitor Location Register，VLR）、**设备标识寄存器**（Equipment Identity Register，EIR）和**鉴权中心**（Authentication Center，AC）组成。一个 MSC 可控制若干个小区组成的一个区域，实现 MS 在区域内移动时的切换控制。

HLR 中存储着本地 MS 中的各种信息，如识别卡（Subscriber Identity Module，SIM）内用户号码、移动设备号码；本地 MS 当前的漫游位置信息和业务信息等。VLR 记录 MS 漫游到当前所在小区时的各种信息，知会 HLR 其 MS 当前所在的位置，与 HLR 共同完成 MS 的身份认证，并为 MS 提供临时移动用户识别码等。

另外，在 NSS 还包括一个对基站设备进行监控操作的功能实体：**操作维护中心**（Operation and Maintenance Center，OMC）。OMC 负责维护系统正常工作。为保证系统中不同厂商的模块之间可以互换，各功能模块间都定义了相应的接口标准，如图 7-4 中的空中接口 U_m，BSC 与 MSC 之间的接口 A，MSC 与 VLR 间的接口标准 B，等等。

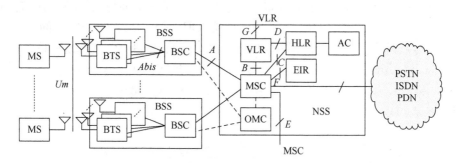

图 7-4　BSS 与 NSS 的基本组成

7.1.2　移动通信的基本工作过程

无论是 2G、3G 或是 LTE/4G 移动通信系统，其空口上基本的工作原理都是类似的。其具体工作过程通常包括以下几个方面。

1. 导频信息广播

在正常工作的移动通信网中，BSS 通过接入网系统中专门的无线控制信道定期地发布下行的广播和公用控制信息，这就是**导频信息**。在特定小区覆盖范围的 MS 可根据这些广播信息判断网络的存在，并且可进行频率校正和同步。

2. MS 位置登记

移动通信系统通常会要求处于工作状态的 MS 利用上行控制信道周期性地进行**登记**操作，登记信息被回传到 HLR/AC 中进行身份认证，认证的结果会返回到接入小区 NSS 中的 VLR，由此系统可判断该 MS 的合法性。无论 MS 漫游到什么地方，HLR 和所在小区的 VLR 中都保存了 MS 所在小区的位置和其身份信息。

图 7-5 描述了一个漫游用户的位置的更新登记过程，当 MS 接收到的广播与公共控制消息或者预定的登记周期到达时，发起位置登记请求，所在区域的 VLR 分析该 MS 是否为新进入的移动用户：如果不是，则简单刷新原来的位置记录；如果是新到达用户，则会向上一 VLR，即图 7-5 中的 P-VLR 查询该用户的身份识别信息，得到确认后，向 MS 的 HLR 报告 MS 新的位置信息，HLR 通知 P-VLR 删除过时的位置记录，并告知 VLR 该 MS 的身份信息，并最后完成位置更新的确认过程。

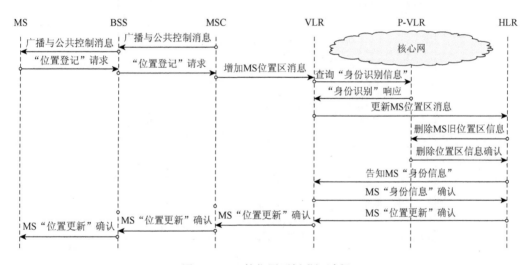

图 7-5 MS 的位置更新登记过程

3. MS 主叫接续过程

某 MS 作为**主叫**呼出时，该 MS 在网络间将经历包括信道请求、业务请求、鉴权、连接建立等一系列过程。假定 MS 通过周期性的登记认证，在所在小区的 VLR 中已经具有了其身份信息，MS 与网络之间的交互过程如图 7-6 所示。其中，**鉴权**过程用于判断 MS 的合法身份；**置密**过程用于设定通信过程的加密方式。在上述过程完成之后，VLR 会重新分配一个**临时移动用户识别码**给 MS，避免 MS 在通信过程中被他人根据其固有的**移动用户识别码**截获其身份信息。

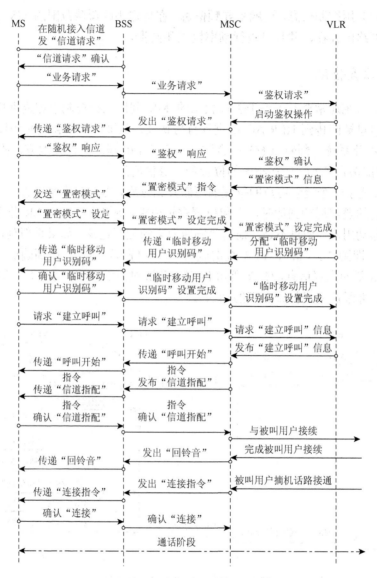

图 7-6 MS 主叫的呼叫建立过程

4. MS 被叫接续过程

假定有其他的移动或固定网络用户对 MS 进行呼叫,则 MS 与网络之间的交互过程如图 7-7 所示。图 7-7 中的 G-MSC 是两个网络之间网关(Gate Way,GW)上的 MSC;V-MSC 与 V-BSS 分别是 MS 所在服务小区的 MSC 和 BSS。MS 作为被叫的呼叫建立过程与 MS 作为主叫的呼叫建立过程有许多类似之处。只要被叫 MS 定期地上传其登记信息,系统通过 VLR 与 HLR 之间的信息交互,总能够确定 MS 所在小区的位置。

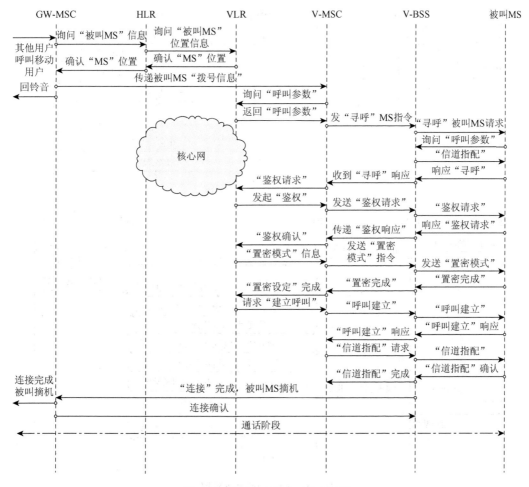

图 7-7 MS 被叫的呼叫建立过程

5. MS 的越区切换过程

移动通信系统不仅支持终端的漫游,而且处在通信进程中的终端还可以在移动过程中保持持续的通信工作状态,这有赖于网络的越区切换功能来保证。**越区切换**,泛指 MS 穿越扇区/小区/区域等不同的无线覆盖管辖范围时所需进行的操作。结合图 7-8 可见,越区切换有三种不同的情形。

(1) 同一 BSC 控制下的不同扇区(BTS)之间的切换 [图 7-8 (a)];
(2) 同一 MSC/VLR (NSS) 控制下的不同小区 (BSC) 之间的切换 [图 7-8 (b)];
(3) 不同 MSC/VLR (NSS) 控制下的不同小区 (BSC) 之间的切换 [图 7-8 (c)]。

MS 在通信过程中会不断地测试服务基站(BTS/BSS)和周围基站的信号强弱,并将结果上报服务基站;系统会根据测量结果,以及周围基站的综合工作情况,包括系统负载的分布状态,做出是否进行切换的判断。如果需要进行切换,则进入预定的切换操作流程。注意在图 7-8 (c) 中,当需要在不同的 MSC 控制小区之间切换时,MS 在核心网上的业务传输路径会发生改变,因此必须对有关的链路进行相应的调整以适应其变化。

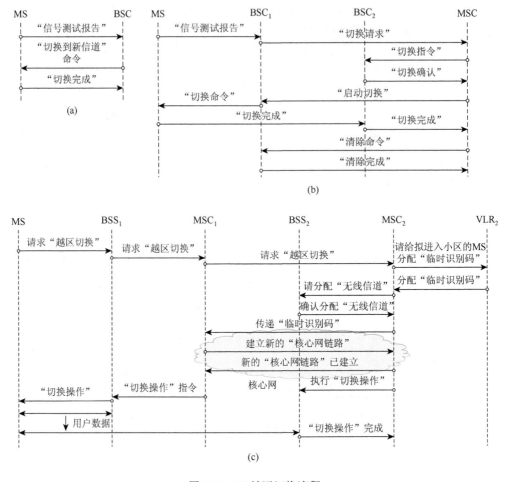

图 7-8 MS 越区切换流程

7.2 3G 移动通信系统

如果说 2G 移动通信系统的设计初衷是以话音业务为主，以电路交换为基础，3G 移动通信系统提供服务的主要目标则是业务的综合化和宽带化，交换方式则向分组化的方向转变。为支持多媒体业务，3G 的基本技术指标要求业务速率在室内至少为 2Mbit/s；室外步行条件下至少为 384Kbit/s；车载运动环境中至少为 144Kbit/s。传输速率可上下行不对称配置和按需分配。ITU-T 将 3G 系统命名为 IMT-2000（International Mobile Communications-2000），其主要的标准包括：欧洲提出的宽带码分多址（Wideband Code-Division Multiple Access，WCDMA）、美国提出的 CDMA2000 和中国提出的时分同步码分多址（Time Division-Synchronous Code Division Multiple Access，TD-SCDMA），三者都基于 CDMA 技术，前两者采用频分双工的上下行方式，后者采用时分双工的上下行方式。MS 接入网络的过程、漫游管理与越区切换控制等基本原理都与 2G 类似，这里不再赘述，本节只讨论其 3G 系统接入网结构和业务上的特点。

7.2.1　3G 接入网系统结构与通用协议模型

1. 3G 接入网系统结构

3G 接入网通常又称为**通用移动通信系统陆地无线接入网**（UMTS-Terrestrial Radio Access Network，UTRAN。其中 UMTS：Universal Mobile Telecommunication System）。UTRAN 的基本结构如图 7-9 所示，在 3GPP 技术规范中，**基站用"Node B"表示**，Node B 负责无线信号的收发，同时也参与无线资源的管理；**无线网络控制器**（Radio Network Controller，RNC）管理某一区域内的若干 Node B；HLR、VLR 和 MSC 的功能与 2G 系统中相应模块的功能相同；MSC 管理传统的**电路交换**（Circuit Switching，CS）业务，而**分组交换业务则由服务型 GPRS 支撑节点**（Serving GPRS Support Node，SGSN）负责。3G 系统力求能够兼顾电路交换和分组交换的功能。

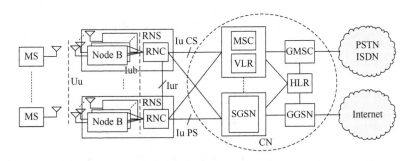

图 7-9　UTRAN 系统结构

2. 接入网（UTRAN）的主要功能和通用协议结构模型

3G 移动通信系统的基本特点体现在 UTRAN 的主要功能和其通用的协议模型上。

UTRAN 的主要功能包括两方面：一是提供 MS 的接入控制、网络同步、广播和多播、资源调度管理和切换控制等；二是提供移动业务服务，如传输用户数据和有关信令、信息加解密、服务 RNS（Serving RNS，SRNS）重定位和用户定位等。

UTRAN 的通用协议结构模型中的"通用"可理解为不同制式的 3G 通信系统统一采用的协议结构模型。如图 7-10 所示，协议结构模型在水平面上可分为**无线网络层**和**传输网络层**，其中，无线网络层主要为 UTRAN 中 RNS 与 MS 间的无线接口及相关协议提供支撑服务；而传输网络层主要为 RNS 与外部模块间各类有线接口，以及 RNS 内 RNC 与 Node B 间接口（Iub）提供适配服务。这些有线接口包括，RNS 与核心网之间接口 Iu，RNS 之间接口 Iur，等等。

协议结构模型在垂直面上可分为**控制平面和用户平面**，其中控制平面的应用协议提供有关空口控制的信令承载；而用户平面则提供用户数据的传输服务。在传输网络层中，还包含一个传输网络控制平面，该平面将上述**控制平面和用户平面**均视为传输网络的用户平面，为其中的信令或数据的传输提供与有线信道接口间的逻辑信道的构建与维护等控制服务。传输网络层使用已有的标准传输技术和协议，并不因用于 3G 系统而做特别的改动，如图 7-10 中的**接入链路控制应用部分**（Access Link Control Application Part，ALCAP）采用的是宽带 7 号信令系统协议 Q.2630.1 和 Q.2150.1 等，这些都是原有 B-ISDN 上的信令标准。

在 UTRAN 的通用协议结构模型中，在垂直面上采用了**控制平面和用户平面相互独立**的模式，实现了控制信令和业务承载的分离，便于用统一的控制信令对各种不同业务的传输进行管理，这是构建高效率现代通信系统的一种基本方法。

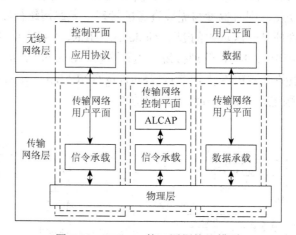

图 7-10　UTRAN 接口通用协议模型

3G 是移动通信系统从电路交换到分组交换过渡过程中的一个重要阶段，这在 UTRAN 接口通用协议模型的 Iu 接口上得到了很好的体现。由图 7-11 可见，在 RNS 与 CN 之间，具有两种类型的接口：用于电路交换的 Iu-CS 接口与用于分组交换的 Iu-PS 接口，这两个接口包含了 UTRAN 接口的典型特征，在此分别做简要的介绍。

1）Iu-CS 接口

Iu-CS 接口提供 RNS 与 CN 之间的电路交换连接的功能。如图 7-11 所示，在 Iu-CS 控制平面上传递的是 **7 号信令系统上层无线接入网应用部分**（Radio Access Network Application Part，RANAP）的信令信息；在传输网络层上可以以面向连接的方式承载该控制信息，此时构成承载功能的模块包括：**信令连接控制部分**（Signalling Connection Control Part，SCCP）；**消息传输部分**（Message Transfer Part level 3-Broadband，MTP3-B）；**网间接口信令 ATM 适配层**（Signalling ATM Adaptive Layer-Network to Network Interface，SAAL-NNI），该适配层由**具体业务协调功能**（Service Specific Co-ordination Function，SSCF）、**特定业务面向连接协议**（Specific Service Connection Oriented Protocol，SSCOP）和 **ATM 适配层 5**（ATM Adaptive Layer Type 5，AAL5）组成。在传输网络层上也可以引入 IP 传输方式，此时承载功能由协议 SCCP、**消息传输部分 3 级用户适配层**（MTP3 User Application Layer，M3UA）、**流控制传输协议**（Stream Control Transmission Protocol，SCTP）和 IP 定义。图 7-11 中的 FFS（for Future Study）是有待未来研究和定义的模块。在用户平面上可以采用 ATM 的适配层 2 的服务，也可以采用基于 UDP/IP 的 RTP/RTCP 实时业务传输服务。

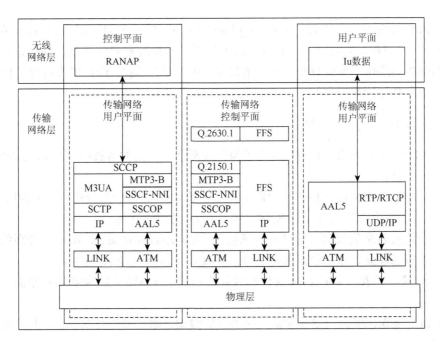

图 7-11 Iu-CS 接口逻辑功能图

2) Iu-PS 接口

Iu-PS 接口提供 RNS 与 CN 之间的分组交换连接的功能。如图 7-12 所示，协议结构依然采用控制与业务承载分离的方式，其中包含的功能模块也类似。前面已经提到**传输网络控制平面**提供与有线信道接口间的逻辑信道的构建与维护等服务功能，在 Iu-PS 接口中，

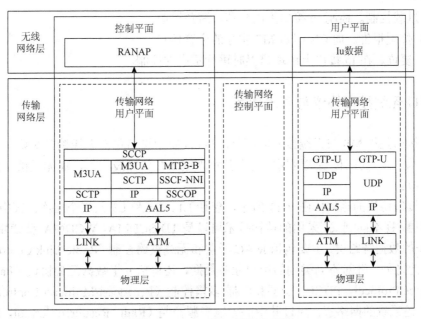

图 7-12 Iu-PS 接口逻辑功能图

是通过 GPRS 隧道协议（GPRS Tunneling Protocol，GTP）来实现控制信令和业务数据的承载，而构建 GTP 只需要隧道（Tunneling）标识、源地址和目的地址，这些信息已经包含在 RANAP 无线接入承载分配的有关消息中。对于业务数据，用户平面自身有构建 GTP 的机制。因此传输网络控制平面的功能在 Iu-PS 接口中被省略。

3. RANAP 的基本功能

RANAP 作为 Iu 的信令协议，定义了为无线网络层规定的各种控制信息。这些控制信息包括以下几种。

（1）**重定位**。重定位是指在不中断用户数据流的情况下，将 MS（UE）的服务 RNS 从一个 RNS 重新定位到另外一个 RNS，实现 RNS 之间的硬切换。

（2）**无线接入承载管理**。无线接入承载（Radio Access Bearer，RAB）管理的功能包括：无线承载的建立、业务排队管理、承载的属性修改和承载的清除等。

（3）**Iu 接口释放**。本书中 Iu 接口释放是指释放某个 MS 在控制和用户平面上的所有资源。

（4）**报告错误**。报告未成功传输到达 MS 的数据，据此可进行其他的操作，如修改计费记录等。

（5）**公共 ID 管理**。实现 MS 永久标识符在 UTRAN 与 CN 之间的交互。

（6）**寻呼**。CN 通过该功能寻呼某个特定的处于空闲状态的 MS。

（7）**MS-CN 信令传输**。提供 MS 与 CN 之间透明的信令传输，此时不需要 UTRAN 对信令做任何解释。

（8）**安全模式控制**。确定是否要对信令和用户数据进行加密和整体校验，以提高通信的安全性。

（9）**过载控制**。控制 Iu 接口上的负荷，避免过载。

（10）**位置报告**。向 CN 报告 MS 实际的位置信息。

（11）**复位**。在 Iu 接口上出现错误时进行重启的控制。

7.2.2　3G 无线接口协议与基本功能

空中接口是指 MS 与无线接入网部分的接口，空中接口包括无线接口协议和物理层无线传输技术，3G 的三种制式区别主要在其物理层无线传输技术上，而无线接口协议部分则非常类似。

空中接口协议的结构如图 7-13 所示，包括 L1、L2 和 L3 共三个层次。其中 L1 是系统的物理层，视不同制式，采用的传输技术可以是 TD-SCDMA、WCDMA 或 CDMA2000。L2 是系统的数据链路层，主要包括 MAC 子层和**无线链路控制**（Radio Link Control，RLC）子层。除此之外，针对不同类别的用户业务数据，还包括**分组数据汇聚协议**（Packet Data Convergence Protocol，PDCP）子层和**广播/多播控制**（Broadcast/Multicast Control，BMC）子层。L3 是系统的网络层，通过其中的无线资源控制（Radio Resource Control，RRC）功能模块，提供空中接口的资源管理，如 L2 中各个子层或实体的参数配置，以及 MS 与

UTRAN 间控制信令的交互。L1 主要涉及物理层的调制解调与时分多址（TDMA）等无线传输技术，这里不做深入的介绍。下面主要讨论与接入网密切相关的 L2 和 L3 层的基本概念。

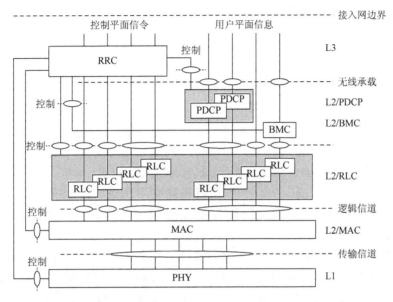

图 7-13 空中接口协议结构

1. L2/MAC 子层的基本功能

MAC 子层的基本功能包括物理层无线资源的分配和调整、数据传输和提供测量报告，其中资源的分配和数据传输通过逻辑信道到传输信道的映射来实现。从控制平面和用户平面下传的各种控制信号和各类业务通过不同的逻辑信道到达 MAC 子层，如图 7-14 所示，MAC 子层建立**逻辑信道、传输信道**与物理信道之间的映射关系。

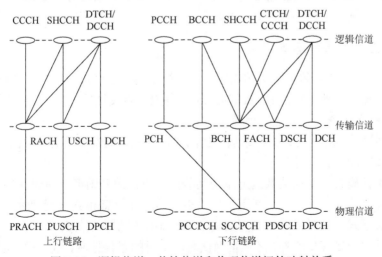

图 7-14 逻辑信道、传输信道和物理信道间的映射关系

逻辑信道分为两类，分别是**控制信道**和**业务信道**。控制信道中包含下行的**广播控制信道**（Broadcast Control Channel，BCCH）和**寻呼信息信道**（Paging Control Channel，PCCH）、双向的**公共控制信道**（Common Control Channel，CCCH）、双向的**专用控制信道**（Dedicated Control Channel，DCCH）和双向的**传输控制信道**（Shared Channel Control Channel，SHCCH）等。业务信道则包括给全部或部分用户发送信息的**公共业务通道**（Common Traffic Channel，CTCH）和专门针对一个用户的点对点**专用业务信道**（Dedicated Traffic Channel，DTCH）等。

传输信道也分为两类，分别是**公共信道**和**专用信道**（Dedicated Channel，DCH）。公共信道上的信息是为所有用户或者一组用户服务的，在某个特定时刻，该信道上的信息可能是针对某一用户的。公共信道有多种类型，包括**广播信道**（Broadcast Channel，BCH）、**寻呼信道**（Paging Channel，PCH）、**前向接入信道**（Forward Access Channel，FACH）、**随机接入信道**（Random Access Channel，RACH）、**上行链路共享信道**（Uplink Shared Channel，USCH）和**下行链路共享信道**（Downlink Shared Channel，DSCH）等。专用信道则通常是分配给具体用户的，用于传输用户的业务数据和有关的控制信息。

传输信道与物理信道间还有进一步的映射关系，参见图 7-14，**物理信道**包括**主公共控制物理信道**（Primary Common Control Physical Channel，PCCPCH）、**辅助公共控制物理信道**（Secondary Common Control Physical Channel，SCCPCH）、**专用物理信道**（Dedicated Physical Channel，DPCH）、**物理下行链路共享信道**（Physical Downlink Shared Channel，PDSCH）、**物理上行链路共享信道**（Physical Uplink Shared Channel，PUSCH）和**物理随机接入信道**（Physical Random Access Channel，PRACH）等。这种映射在物理层实现，物理信道具体由频率、时隙、信道码和无线帧等参数定义。

高层协议可以通过向 MAC 子层发送测量命令设定各种测量的要求和门限比照条件，如 RLC 实体中缓冲器的占用空间大小等，对业务量进行测量并返回测量报告。

在传输过程建立不同类型的逻辑信道、传输信道和物理信道有利于将不同传输要求的信令或业务分门别类，做不同的处理和管理。

2. L2/RLC 子层的基本功能

每个特定的 RLC 实体为上层的相应的某种控制信令或用户业务提供承载，**承载**是指可根据具体传输业务的要求，提供数据的分段与重组、收发缓冲、确认与重传控制等功能。在 RLC 子层中操作主要有以下三种模式。

（1）**透明模式**。对高层数据不添加任何的协议开销，仅做必要的分段操作，透明模式适用于传输实时的语音业务。

（2）**非确认模式**。在高层数据上添加某些控制协议的开销形成新的 PDU，使其具备检错和顺序控制等功能，该模式适用于传输小区的广播信息和 IP 电话业务。

（3）**确认模式**。同样通过在高层数据上添加某些控制协议的开销形成新的 PDU，除具备检错和顺序控制等功能外，还包括确认与出错时的重传控制，该模式适用于文件等非实时但对差错控制要求高的业务。

3. L2 PDCP 子层的基本功能

PDCP 子层作为用户平面上的分组数据汇聚协议功能实体,可提供 RLC 子层之外的一些特殊的数据分组处理功能。例如,数字分组头的压缩功能。当采用 IPv4/IPv6 等报文携带语音业务数据时,报文的净荷通常在 20 字节以下,而报文中应用层/传输层/IP 层的协议 RTP/UDP/IP 报头信息的开销达到 40~60 字节,如果不做压缩处理,将消耗大量宝贵的空口频谱资源,PDCP 子层可根据 IETF 中 RFC3095 规范对其进行压缩处理以提高空口的效率;无损服务 RNC(SRNC)重定位,在 MS 因移动发生 RNC 重定位的过程中,PDCP 可支持将下一个 MS 待收的 PDCP **服务数据单元**正确地从原来 RNC 传输到新的 RNC。

4. L2 BMC 子层的基本功能

BMC 子层也是一个用户平面上的业务子层,提供小区内向 MS 单向广播的服务。BMC 基本的功能包括:小区广播消息的存储、调度和发送等。

5. L3 层及 RRC 协议功能实体

L3 层主要完成控制平面上 RRC 的功能,RRC 是 UTRAN 中高层协议的核心部分,包括 MS 与 UTRAN 之间交互的几乎所有的控制信令。由图 7-13 还可见,RRC 控制着 L2 层和 L1 层的各个功能实体。RRC 的主要功能如下所述。

(1) 广播与接入网相关的信息。这些信息来源于 RNC 和 CN,通过逻辑信道 BCCH 映射到传输信道 BCH 或 FACH 上,周期性地广播发布。

(2) 建立、维持(包括重新配置)和释放 MS 与 UTRAN 之间的 RRC 连接。这一过程可以是网络发起寻呼后的操作,也可以是 MS 主动发起呼叫后的操作。

(3) 分配、维持(包括重新配置)和释放 MS 与 UTRAN 之间的无线资源和相应的承载。通过这一过程可建立为 MS 某种特定业务传输服务的**专用信道**。

(4) 寻呼。寻呼是一种由网络主动向空闲的 MS 发起呼叫或建立信令连接的过程。

(5) 控制 MS 的初始小区选择和移动切换功能。在连接的模式下,UTRAN 会通过各种方法保持对 MS 位置的跟踪,在必要的时候可以发起切换操作。切换通常是小区间的切换,也可以是系统间的切换。系统间的切换通常是指 3G 系统与 2G 系统(GSM)之间的切换。

(6) 控制各种业务所需的**服务质量**(Quality of Service,QoS)。

(7) 控制 MS 进行各种测量,包括同频与不同频的物理链路测量、业务量测量、服务质量测量、MS 发射功率或接收电平的测量,以及定位测量,等等。

(8) 外环功率控制。外环的功率控制主要用于信道初始化发射功率的计算,其基本的依据是发射功率电平值(dBm)应等于接收机期待接收的功率电平加上在传输路径上的损耗的功率电平值。除此之外,3G 移动通信系统主要基于 CDMA 的技术构建,为避免远近效应,还专门设有专用信道,在使用初始值进行功率发射后马上进入闭环的功率控制过程。

（9）安全模式控制和消息的完整性保护。

（10）定时（提前）控制。

7.3 LTE/4G 移动通信系统

移动通信技术的发展是由市场和技术的进步两种因素决定的。一方面，随着互联网业务与移动通信系统的结合，人们期待可随时随地（包括在移动的环境下）像普通有线接入那样的下载速度使用互联网的服务，由此催生了移动互联业务的巨大市场需求。另一方面，数字信号处理（Digital Signal Processing，DSP）技术在宽带无线通信系统信号处理中的应用取得了重大突破，原来复杂的需要多个收发器实现，具有高频谱效率的多路 OFDM "并行"传输系统，通过一个 IFFT（Inverse Fast Fourier Transform）/FFT（Fast Fourier Transform）信号处理模块便可轻而易举地实现，由此解决了原来宽带无线通信系统需要复杂的信道估计与均衡运算的问题。OFDM 技术在**数字电视地面无线广播**、WLAN 和 WMAN 等宽带无线通信领域的成功应用，将 OFDM 技术引入移动通信系统便成为顺理成章的事情。移动通信系统的行业标准化组织 3GPP 把 3G 之后移动通信技术的继续发展描述为其**长期演进**技术过程。由此，基于 OFDM 的移动通信系统也称为 LTE 系统，目前以该项技术为基础的**时分双工 LTE**（Time Division Duplex-LTE，TDD-LTE）、**频分双工 LTE**（Frequency Division Duplex-LTE，FDD-LTE）及 IEEE802.16m 已经成为 ITU 4G 的系列标准。

LTE 的接入网已经由 3G 系统的同时支持电路域与分组域的工作方式过渡为全分组域的系统。在 20MHz 带宽、终端具有 2 根接收天线和 1 根发射天线的应用环境，LTE 系统的下行 2×2 MIMO 和上行 1×2 SIMO 时的峰值传输速率分别为 100M/50Mbit/s，相应的峰值频率效率分别为 5bit/(s·Hz)和 2.5bit/(s·Hz)。

在行业的标准化组织 3GPP 定义的 3G 继续演进的系统中，为了凸显"演进"的概念，在 LTE 网络的许多网元和特定的功能模块的命名过程中，名字或缩写前面都冠以"evolved XXX"或简略为"eXXX"及"EXXX"。另外，移动终端设备通常用 UE（User Equipment）表示，在本书中，除非特别说明，UE 与前面的 MS 表示同样的含义。

7.3.1 LTE/4G 接入网系统结构与演进通用协议模型

1. LTE/4G 接入网网络系统结构

图 7-15 描述了 LTE 接入网与核心网的系统结构关系，以及主要的网元。比较图 7-9 所示的 3G 接入网系统的结构可见，在演进的接入网（Evolved-UTRAN，E-UTRAN）与**演进分组核心网**（Evolved Packet Core，EPC）间，少了网元 RNC，使系统的结构更加简单，业内将这种改变描述为网络结构相较于过去的 2G、3G 等系统更加**扁平化**。同时二者之间没有了电路域，移动通信网络由此过渡成为单一的分组交换系统。

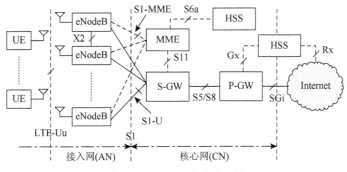

图 7-15 LTE 网络系统结构

E-UTRAN 与 EPC 间的功能划分如图 7-16 所示，原来在 3G 系统中 RNC 的功能被包含在 eNode B 中，在接入网侧，E-UTRAN 负责所有的与无线相关的功能，具体包括：

（1）无线资源管理（Radio Resource Management，RRM）：空口上的无线接入与承载控制，移动性管理；

（2）IP 报头压缩；

（3）安全认证及数据加密；

（4）eNode B 与 EPC 间的信令与数据承载控制。

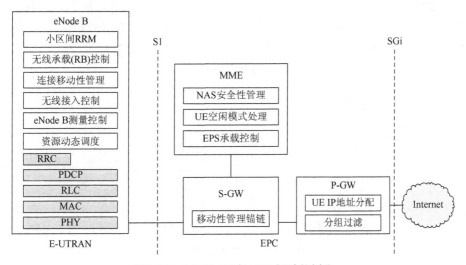

图 7-16 E-UTRAN 与 EPC 间功能划分

在核心网侧，EPC 负责对 UE 和 E-UTRAN 的系统控制、有关信令和数据承载的建立。其中**移动管理实体**（Mobile Management Entity，MME）负责控制平面上的管理功能，主要包括：

（1）**非接入层**（Non-Access Stratum，NAS）信令的加密与完整性保护，信令处理；

（2）UE 的鉴权与接入层的安全控制；

（3）跟踪区列表，（接入/空闲状态）移动性管理，核心网节点间的信令控制；

（4）LTE 系统与 2G 或 3G 系统间切换时的 SGSN 选择与控制。

这里 NAS 信令通常是指核心网与用户间除接入控制之外的信令，主要负责**演进分组**

系统（Evolved Packet System，EPS）数据包传输的承载管理、空闲 UE 的管理与寻呼、安全控制等。**服务网关**（Serving-Gateway，S-GW）负责用户平面上的功能，主要包括：

（1）分组数据的路由与转发；

（2）UE 移动时的用户平面切换控制；

（3）合法监听；

（4）用户计费、运营商间计费的数据统计等。

分组数字网网关（PDN-Gateway，P-GW）则主要负责：

（1）用户 IP 地址的分配和 QoS 保证；

（2）按照**策略控制与计费规则功能**（Policy Control and Charging Rule Function，PCRF）进行流量的计费。

2. E-UTRAN 协议架构

与 3G 系统中的 UTRAN 类似，协议架构中包含控制平面和用户平面，该控制平面和用户平面的层次结构分别如图 7-17 和图 7-18 所示。图 7-17 中 RRC、PDCP、RLC 和 MAC 等模块的功能与 3G 系统中相应模块的功能基本相同。在 E-UTRAN 的协议架构中，在连接上已经取消了电路域的交换方式，所有数据和信令的传递全部通过分组方式实现，整个协议架构显得更加简洁明了。图 7-18 中接入网侧用的部分用灰色底纹表示。在用户平面的层次结构上有两个 IP（地址），应用层下的 IP 是用户传输业务用的互联网上合法的 IP。而在 GTP-U 下的 UDP/IP 则是构建承载用户业务数据隧道使用的内部 IP，用户的 IP 报文业务通过该隧道穿越移动通信系统的核心网连接到互联网上。

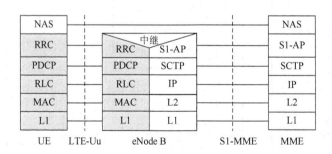

图 7-17 控制平面层次结构

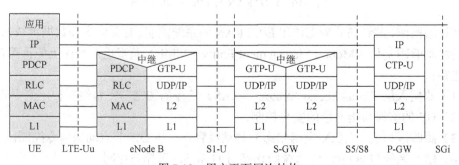

图 7-18 用户平面层次结构

在 E-UTRAN 协议架构中，最重要的接口有以下两个。

1）S1 接口

由图 7-17 和图 7-18 可见，eNode B 通过 S1 接口连接到核心网（EPC）。S1 接口又分为两类：S1-MME 和 S1-U，分别用于控制平面和用户平面。

控制平面上的 **S1 应用协议**（S1-Application Protocol，S1-AP）负责 eNode B 与 MME 之间**接入层**（Access Stratum，AS）信令的交互，以及 NAS 信令的承载。控制平面上的信令在 S1 接口的传输层和网络层上均通过 SCTP 和 IP 进行传输，采用 SCTP 的好处是在该传输层协议与 TCP 一样可保证流的可靠传输，同时在 SCTP 的每个流中可以实现多个单独连接的信令流的多路复用。

用户平面上的 S1 接口继承了 3GPP 定义的 2G/3G 通用移动通信网络（Universal Mobile Telecommunication System，UMTS）网络系统中分组域采用的 GTP/UDP 协议栈，基于 IP 在核心网上为用户应用层的 IP 报文提供一条数据传输隧道。采用 GTP 可以与原有 3G 的核心网系统保持较好的一致性，很好地支持 3GPP 内部的移动性。

2）X2 接口

由图 7-19 可见，在 E-UTRAN 系统的 eNode B 之间，定义了一个被称为 X2 的接口。X2 接口除了无线网络层有一定差异，用 X2-AP 替代了 S1 接口中的 S1-AP 之外，其控制平面的和用户平面的协议栈与 S1 接口的相同。X2 在 E-UTRAN 系统的功能原则上也可以由 S1 完成，但在系统引入了 X2 之后，UE 移动时传输业务在 eNode B 之间的切换将更加直接和便捷，更有利于实现**自优化网络**（Self-Optimizing Networks，SON）的功能。

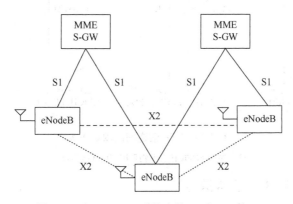

图 7-19　E-UTRAN 系统中的 S1 与 X2 接口

7.3.2　LTE/4G 无线接口协议及其基本功能

1. LTE/4G 无线接口协议

LTE/4G 与 3G 的差别主要体现在传输速率的性能上，其无线接口协议与相应的控制作用基本相同，其中的 PDCP、RLC 与 MAC 层的模块完成与 3G 系统中相应的模块类似的功能。在 LTE/4G 中，信道也有与 3G 类似的层次划分。

图 7-20 给出了 LTE 系统中上下行逻辑信道、传输信道和物理信道间的映射关系，对

比 3G 系统中相应部分，可发现其中相当多与 3G 系统中定义的信道相同，这反映了两个系统间的传承关系，另外 LTE 也整合且新定义了部分新的信道，例如：逻辑信道中的**多播控制信道**（Multicast Control Channel，MCCH）用于支持**多媒体多播广播业务**（Multimedia Broadcast/Multicast Service，MBMS）传输，**多播业务信道**（Multicast Traffic Channel，MTCH）用于承载多媒体的多播广播业务；传输信道中的**下行共享信道**（Down Link Shared Channel，DL-SCH）和**上行共享信道**（Up Link Shared Channel，UL-SCH）分别用于承载下行或上行的用户数据或控制消息。传输信道最后被映射到相应的物理信道上，如 MCH 被映射到物理多播信道（Physical MCH，PMCH），RACH 被映射到 PRACH，以及 UL-SCH 被映射到 PUSCH 等，另外还包括一个用于差错控制的**物理 HARQ 指示信道**（Physical Hybrid-ARQ Indicator Channel，PHICH）。物理信道的传输功能最终用一个或者多个特定位置的**物理资源块**（Physical Resource Block，PRB）实现，图 7-21 给出了 PRB 的示意图，在我国主导制定的 TD-LTE 标准中，一个 PRB 由 OFDM 信号中 12 个子载波和 7 个符号周期组成，其可携带的比特数具体由调制编码的阶数决定。

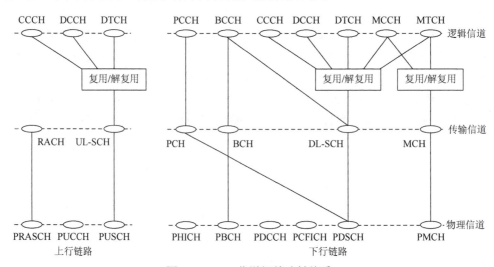

图 7-20　LTE 信道间的映射关系

注：图中 PCFICH 表示物理控制格式指示值。

2. E-UTRAN 空口的基本操作

LTE 的主要功能特性很大程度上体现在其空中接口的基本操作上，其中包括：系统信息广播、随机接入、寻呼、移动越区切换、无线资源管理、同步及空口安全机制保障等问题，下面分别进行简要的介绍。

1）系统信息广播

LTE 空口上的系统广播主要由**主信息块**（Master Information Block，MIB）和其他**系统信息块**（System Information Block，SIB）携带提供给 UE 的系统消息，其中：MIB 包含 UE 呼叫时接入网络所需的系统时间信息、下行系统带宽和 PHICH 配置信息等；多个不同类别的 SIB 包含：空闲 UE 小区选择驻留、公共信道参数、同频/异频小区重选、家庭基站及公共事件告警等信息。系统信息一般在小区中周期性地广播。

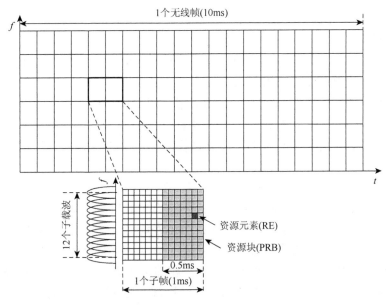

图 7-21　PRB 的示意图

2）随机接入

随机接入是驻留在小区的 UE 申请接入网络的过程。UE 随机接入取得与 eNode B 间的上行同步，申请空口上的无线传输资源。随机接入有竞争随机接入和非竞争随机接入两种类型：**竞争随机接入**是由 UE 随机选择某个 eNode B 发布的小区前导码（Preamble）主动发起的接入操作，UE 与 UE 之间、UE 与 eNode B 之间均没有协调，发送冲突时由协议规定的竞争机制解决；**非竞争接入**是 UE 根据 eNode B 的指示发起的随机接入，通常用于某 UE 需要进行小区切换、UE 定位或某 UE 有下行数据到达需要接收的场合，非竞争接入一般有较高的优先度。eNode B 通过发送随机接入响应确定竞争成功的 UE。

3）寻呼

寻呼（Paging）是由网络向某个特定空闲 UE 发起的呼叫建立请求，通知 UE 接收系统更新信息或公共安全告警信息的操作。

4）移动性管理

移动性管理是移动通信网络必须具备的基本功能。移动性管理包括对空闲状态下和移动状态下的 UE 的管理两个方面。对 UE 空闲状态下的移动性管理保证了 UE 在整个移动通信网络系统覆盖范围内的漫游时，可随时发起呼叫或者接受其他 UE 对其发起的呼叫。空闲状态下的管理主要包括确定 UE 在漫游过程中驻留小区的选择和重选的测试准则，以及具体的操作方法。对 UE 连接状态下的移动性管理主要确定如何根据 UE 移动过程中位置的变化、所在小区和邻近小区负载状况等综合因素进行小区间的切换。

5）无线资源管理

在移动通信系统中，一般来说最宝贵的就是空口上的无线资源，这些资源主要通过频率、时间和功率来体现。**无线资源管理**，就是通过接纳控制、资源动态分配和小区间的负载均衡等措施来实现。**接纳控制**可看作一种静态资源分配的方法，当有新的

UE 请求接入网络时，eNode B 根据接纳控制算法，判断是否能够在保证现有连接 UE 的 QoS 的基础上，满足新 UE 的服务要求，以最大限度地利用网络的资源。**资源动态分配**通过特定的调度算法来实现，每个信号帧内的物理资源块分配可根据已经接入的 UE 的 QoS 要求及其信道质量和缓冲区的状态等因素来决定。另外，在进行物理资源块分配时通常也要考虑小区间的干扰协调问题，尽可能地避免相邻小区边缘用户间使用相同的物理资源块。**负载均衡**主要是在小区间进行协调，将负载较重小区内的 UE 切换转移到负载较轻的相邻小区上，通过这样的措施改善系统中 UE 的分布，以充分利用系统的无线资源。

6）同步

LTE 有**频分双工**（Frequency Division Duplex，FDD）和**时分双工**（Time Division Duplex，TDD）两种方式。其中 TDD 方式具有频谱易于配置和易于实现上下行不对称传输等特点。但对于 TDD 的系统，无论是小区间或小区内，为避免上下行信号间的相互干扰，对同步有严格的要求。如对于半径小于 3km 的小区，相邻小区间的同步精度要求偏差小于 3μs。实现同步主要有如下几种方法：室外基于卫星（GPS）的绝对时间同步法，室内基于 IEEE1588 协议的网络同步法，基站间空中接口自同步法，等等。

7）安全机制保障

LTE 系统采用了两层的安全保护机制：第一层为接入安全层，由 E-UTRAN 中的 RRC 模块实现；第二层为非接入安全层，由 EPC 负责实现。

通过比较不难发现，LTE 系统的基本操作在很多方面都继承了原来 2G 和 3G 系统中的方法。

7.4　5G 移动通信系统展望

商用的移动通信系统已经经历了 4 代的发展进程，1G 的移动通信系统，以其全新蜂窝结构概念奠定了其后移动通信系统实现的基础；2G 移动通信系统以**数字**通信的方式取代了 1G **模拟**移动通信系统；3G 移动通信采用 CDMA 技术，实现了系统容量的大幅度提升；4G 移动通信系统则通过具有更高频谱效率的 OFDM 技术，使系统的容量进一步得到数量级的提高。上述的每一种技术的应用，都基于学术界长期的技术积累，是一个厚积薄发的体现。当 4G 商用之后，就目前来看，无线通信领域尚未有类似 1G 到 4G 发展过程中的基础性突破技术出现。那么 5G 的发展何去何从呢？如何才能实现用户的体验速率达到 100Mbit/s～1Gbit/s，小区的系统容量达到 10～20Gbit/s，频谱效率在 4G 的基础上提高 3～5 倍，能效提高达到 100 倍的目标呢？下面简要介绍 5G 的路线图和有关文献上提及的 5G 的核心技术。

7.4.1　5G 移动通信系统研发路线图

ITU 和业界提出的 5G 研究和发展路线图如图 7-22 所示。

图 7-22 5G 研究和发展路线图

目前已经进入了 5G 标准制定的阶段，ITU 5G 的国际移动通信（International Mobile Telecommunications，IMT）规范预计在 2018~2019 年制定。业界的 5G 标准相应地也将在此期间完成，在 2020 年后，将步入产品开发和系统实施阶段。

7.4.2 5G 核心技术

5G 核心技术预计在现有无线通信接入技术的继续演进，是将各种技术综合化和智能化的结果。什么是 5G 核心技术？是一个值得探讨的问题。根据现有的研究分析，5G 核心技术可能包括以下几个方面：大规模天线系统的动态波束赋形技术，毫米波技术，高密度小小区部署技术，异构网技术，无线接入网的虚拟化技术，新的频谱共享技术，回传链路技术，高能效技术，机器类通信技术，等等。

1. 大规模天线系统及动态波束赋形技术

大规模天线系统可以分为两大类，分别是**集中式**的大规模天线系统（Massive MIMO）和分布式的大规模天线系统（Large Scale Distributed Antennas，LSDA）。前者利用大规模的天线阵列形成三维的波束赋形，实现信道的密集空分复用，可以大幅度地提升小区的容量，此外通过波束赋形结合动态跟踪技术，有望提高系统能效。后者利用小区内大规模的分布式天线阵列，一方面可以大大缩短用户与基站天线之间的距离，减少大尺度衰落的影响，提高信噪比，另一方面可通过虚拟波束赋形技术，更有效地实施多用户 MIMO（Multiple Users-MIMO，MU-MIMO）技术，通过频谱复用提高频谱效率。大规模天线系统将是 5G 的关键技术之一。

2. 毫米波技术

毫米波是指工作在几十兆赫兹频段的无线电信号，在毫米波频段，尚有大量未被使用的频谱。如在 60GHz 频段，就有 9GHz 的非授权可用频谱。目前全球分配给蜂窝移动通信的频谱约为 780MHz，可见在毫米波频段还有巨大的可利用频谱空间。但使用毫米波频段过程中仍有许多技术问题有待解决，除了元器件方面的问题，应用毫米波的主要障碍在于以下几个方面：建筑物引起的穿透损耗很高，对物体或行人遮挡的影响很敏感，通常只适用于视距方向上的应用，另外雨致衰减也很大，这些因素对于移动通信的影响都是非常严重的。除了巨大的潜在频谱资源外，毫米波的特点还在于：在很小的面积上，就可构造数十乃至数百根天线的阵列，结合智能相控阵天线技术，理论上很容易获得很高的波束赋形增益。毫米波技术与传统 3GHz 以下的频段技术的结合，在不同的工作环境下使用不同的频段，将是 5G 系统需要突破的重要技术。

3. 高密度小小区部署技术

高密度小小区部署技术带来的好处是显然的：小区裂变为小小区可增大空间的频谱的重复利用率，研究表明小小区数量的增加与系统容量的增加呈近似**线性关系**，此外小小区大大缩减了用户到基站天线的距离，系统的能效也有望通过该项技术得到进一步的提高。高密度小小区部署的主要技术问题是如何有效地实现小区间的干扰协调。小小区的实施方式可以是微蜂窝、微微蜂窝，也可以是家庭基站（Femtocell），大量用户自行布设的家庭基站的引入很可能使基站管理和相互间的干扰成为问题。此时需要高智能化的自组织组网技术来支撑其运行，**博弈论**的方法或许是解决高密度小小区部署时自组织组网的有效手段。

4. 异构网技术

异构网有两种形式，一种是利用同属蜂窝技术的宏小区、微小区、微微小区的重叠覆盖，这种异构网称为**多层异构网**；另外一种是利用包括蜂窝网、无线局域网（Wi-Fi）和个域网（如蓝牙）等不同类型的网络的重叠覆盖，这种异构网称为**多接入异构网**。从目前无线网络技术的应用情况来看，智能终端包含各种不同类型网络的接入功能，不同的接入方式各有优劣，目前看来不可能用一种接入形式来概之。因此如何实现多层异构网中的干扰协调，以及在两种类型的异构网中灵活的按需切换，达到资源利用率和用户效益的最大化，也是 5G 系统中需要解决的问题。

5. 无线接入网的虚拟化技术

无线接入网的虚拟化可以有两个方面的含义：其一是多个运营商可以**共享基站**等无线接入网基础设施，按需分配资源，降低系统建设和运营维护的开销，提供设备的利用效率；其二是基站的**软件化**和**云化**，利用通用的服务器和网络云中的计算资源，实现接入网基站除了天线和射频功放的各种功能，大幅度降低基站专用硬件设备的费用，同时易于实现系统的升级换代。

6. 频谱共享技术

目前 3GHz 以下技术成熟，穿透能力强的频谱资源大都已经分配完毕，但统计表明，在许多频段上频谱的利用率并不高。有些分配给特定用户的频谱资源，如雷达系统，在许多区域并没有特定的用户在使用。另外，即使有特定的用户在使用，使用方式也可能是间歇式的。一方面，可以考虑如何重新规划和利用这些频谱资源；另一方面，如何利用**认知无线通信**的方法，动态协调**授权用户**与**非授权用户**行为，通过这些频谱的共享，实现这些资源的更好利用，也是 5G 技术需要研究的一个方面。

7. 回程网与回传链路技术

回程网或称**回传链路**，是指移动通信系统基站到核心网之间的连接部分，随着高密度小小区的大量部署，回程网成为运营商需要解决的最大问题之一。对于运营商直接管理的基站系统，需要进一步考虑如何充分利用各种通信的媒介，包括光纤、微波和毫米波的技术，扩大回程网的容量。而对于用户自行部署的家庭基站，则需深入研究如何利用用户宽带接入互联网的传输资源，以及在使用这些资源时，如何保证各种实时业务的传输服务质量。

8. 高能效技术

有研究表明，通信与信息领域消耗了全球5%的电能，温室气体的排放量达到约2%。因此**绿色通信**成为5G需要面对的问题。能效的提高是一个综合的问题。比如，通过大量小小区的部署，大大地缩短了用户与基站天线的距离，用户与基站射频功放能耗可以得到降低，但大量小型基站的运行需要能量，基站信号的回传也需要能量，如何综合提高整个移动通信系统的能效，也是5G需要研究解决的问题。

9. 机器类通信技术

5G技术一定是与互联网的发展紧密相连的，**移动互联**作为通信技术发展的一个主要方向，已经成为业界的共识。移动互联的一个重要方面，就是要使所有通过接入互联网能够获得效益的物体或设备都接入网络。根据爱立信的预测，未来将有500亿台设备需要接入到网络，显然相当一部分设备会通过移动通信网络接入到互联网中，可见5G系统需要面对的设备接入的数量巨大。如何有效地将适应不同带宽、不同时延服务需求的设备接入到网络中，也会是5G面临的重大挑战。

7.5 本章小结

本章主要讨论2G、3G和继续演进的4G移动通信网络系统的基本组成结构和工作原理，其中从系统组成和协议结构的变化可以看到移动通信系统从电路交换到电话与分组交换并存，再到完全的分组交换的演变过程。但从移动管理与切换控制的基本原理来说，2G、3G和LTE/4G有很多类似之处，其演变过程是一种继承和发展进步的过程。本章最后还介绍了5G移动通信系统的发展愿景和有关的核心技术。

思考题与习题

7-1 移动通信网无线覆盖的区域为什么用六边形的蜂窝结构形象地表示？

7-2 移动通信网的基本结构可以看作主要由3种什么类型的网络组合而成？

7-3 2G移动通信系统的BSS和NSS各主要由什么模块组成，这些模块主要实现什么功能？

7-4 移动通信网络主要通过什么方法确定移动终端（MS）所在小区的位置？

7-5 请简要讨论有哪几种移动终端（MS）越区切换的类型和具体的工作过程。

7-6 针对不同的工作场景，3G主要有哪些传输速率的技术指标？

7-7 3G 系统的协议结构模型的控制平面和用户平面各主要完成什么功能？

7-8 3G 系统的 Iu-CS 接口与 Iu-PS 接口各有什么不同的特点，分别在 RNS 与 CN 之间提供了何种不同的连接的功能？

7-9 3G 的空中接口协议的结构主要由多少个不同的层次组成？每个层主要实现什么功能？

7-10 相比于 3G，LTE 在接入网的物理层技术、结构和交换方式上有何不同，这些区别带来什么好处？

7-11 LTE 的用户平面上采用了 2 层的 IP 结构，这 2 层的 IP 各起到什么作用？

7-12 在 LTE 的 E-UTRAN 协议架构中，定义了 S1 和 X2 两个接口，它们分别用作什么连接，这样做有什么好处？

7-13 LTE 的 E-UTRAN 空口的主要有什么操作？

7-14 LTE 的无线资源管理主要包括哪几个方面？

7-15 在 3G 和 LTE 的 MAC 层中，为什么要划分出不同的逻辑信道、传输信道和物理信道？

7-16 预计 5G 有什么样的核心技术？

参 考 文 献

王映民，孙韶辉，等，2010. TD-LTE 技术原理与系统设计. 北京：人民邮电出版社.

周雄，2015. 基于博弈的 Femtocell 网络频谱资源管理. 广州：华南理工大学博士学位论文.

Rodriguez J，2016. 5G：开启移动网络新时代. 江甲沫，韩秉群，沈霞，等译. 北京：电子工业出版社.

Sesia S，Toufik I，Baker M，2009. LTE——UMTS 长期演进理论与实践. 马霓，邬钢，张晓博，等译. 北京：人民邮电出版社.

第 8 章　电信支撑网

前面我们简要讨论了 PSTN 和移动通信网，这是两种目前应用最广泛的、由电信运营商管理的通信系统。虽然通信网络很大程度上已经 IP 化，但在现有 PSTN 和 2G/3G 移动通信网络的主干网络中，原有的程控交换系统仍在大量使用，并且还会长期存在。程控交换系统是一种面向连接的电路交换网络，其正常的运行离不开由其信令系统、同步系统和管理系统等构成的电信支撑网的支持，本章将扼要分析电信支撑网中信令系统和同步系统的基本结构和原理，有关网络管理系统的内容，将在本书的第三篇中介绍。

8.1　信令系统和信令网

传统的电信网中的业务主要是面向连接的业务，最典型的是电话业务，一个呼叫必须在传输通路建立之后，才可能通信。因此对于这类通信系统，需要有对建立、维护和释放传输通道进行控制的信令系统。早期的接续控制过程采用**随路信令**的方式，"随路"是一种话路与控制该话路信令均通过同一信道传输的一种信令方式。随路信令也称为**记发器信令**，是一种采用双音多频（Dual Tone Multiple Frequency，DTMF）形式的模拟信号，在数字网络中传输 DTMF 信号时，传递的实际上是该信号的采样值。采用随路信令的方式时，无论最终通信过程是否实现，在呼叫的通道建立时都需要占据一个话音信道。随路信号操作的时间长、效率低。在现代程控交换系统中一般已经不再使用。现在广泛使用的共路信令是 7 号**信令系统**，该称谓源于 ITU 有关共路信令的 Q.700 系列建议书。共路信令不再用 DTMF 这样的模拟信号来表示，而采用一种数字信令。相比过去用一段模拟信号或一组模拟信号的采样值来表示一个数字或操作符号，用特定的代码来表示显然效率大大提高了。共路信令的传输不像随路信令那样，在每个用户的呼叫建立的接续时需要一个占用一个话路通道，而是通过专门的分组网络进行信令的交互，该专用的网络就称为**信令网**。如图 8-1 所示，从逻辑上说，信令网是独立于承载用户业务数据的交换网络。当然从物理上说，信令网与业务交换网通常同时构建在一个基础网络之上，信令网节点间一般通过速率为 64Kbit/s 的双向数字链路和有关的信令设备单元组成。

1. 7 号信令系统的基本功能

7 号信令系统的基本功能包括：传输 PSTN 的局间信令，传输 ISDN 的局间信令，传输移动通信网电路域交换的信令，传输上述网络系统管理与运行维护的信令，等等。

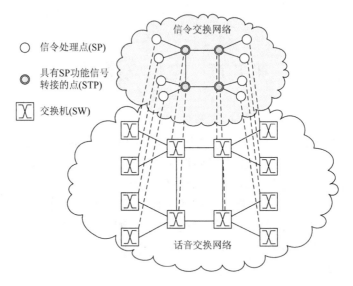

图 8-1　语音与信令交换网络

2. 7号信令网的基本单元与组成

网络的基本单元有主要两种。**信令处理点**（Signalling Point，SP），SP 是发布信令消息的源点和处理信令消息的目的节点；STP：STP 除了具有 SP 功能外，还具备信令消息的交换转发功能；SP 和 STP 可以是内嵌在交换机中的专用模块，也可以是具备分组交换功能的独立单元，SP 和 STP 通过数字链路互连构成信令网。如图 8-2（a）所示，对于简单的系统，信令网可以采用全互联的网状结构，此时信令的传输路径最短，系统也最为强壮。但对于较复杂的系统，除了考虑信令传递的便捷和系统的强壮性外，成本和效率也是需要考虑的因素，因此一般采用一定冗余的分级结构。图 8-2（b）和（c）分别给出了具有两级和三级系统结构，注意到其中的每个 SP 或 STP 都有两条或两条以上的链路，从而保证某条链路出现故障时信令网还能够继续工作。图 8-2（c）中的 LSTP 和 HSTP 分别表示低级的信令转接点（Low level STP）和高级的信令转接点（High level STP）。

在我国的五级 PSTN 结构系统中，HSTP 通常设在 C1 和 C2 级交换中心，LSTP 设在 C3 级交换中心，SP 则设在 C4 级交换中心和 C5 级的端局上。

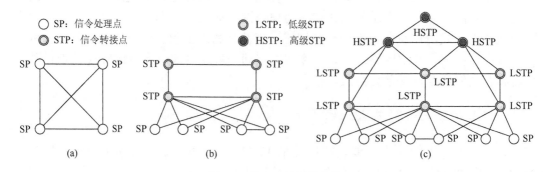

图 8-2　信令网的拓扑结构

3. 7号信令系统的层次结构

7号信令系统通常被划分为四级的层次结构，如图 8-3 所示，其包括三层**消息传递部分**（Message Transfer Part，MTP）。其中：第一级 MTP1 为数据链路功能级，完成 ISO 定义的 OSI 模型中的物理层功能，定义了信道的物理、电气和功能特性；第二级 MTP2 完成 OSI 模型中的链路层功能，为上一级提供一条可靠的逻辑信道；第三级 MTP3 完成 OSI 模型中的网络层功能，提供系统的路由和网络层上的异常情况处理等功能；第四级为用户级，相当于 OSI 中的应用层，针对不同的网络，有不同的具体内容，如支撑 PSTN 运行的**电话用户部分**（Telephone User Part，TUP）、支撑 ISDN 运行的 **ISDN 网络用户部分**（ISDN User Part，ISUP）、支持移动通信网工作的**移动应用部分**（Mobile Application Part，MAP）、**操作维护应用部分**（Operation and Maintenance Application Part，OMAP），以及**基站子系统应用部分**（Base Station Subsystem Application Part，BSSAP）等。在第四级中还可根据传送或信息处理的需要加入特定的子层，如图 8-3 中的 SCCP，SCCP 可在 MTP1～MTP3 的基础上，进一步根据需要提供其他的控制服务，如无连接与面向连接、顺序和流量控制等。另外**事务处理能力应用部分**（Transaction Capabilities Application Part，TCAP）则可对网络中消息交互和操作进行监管和控制。

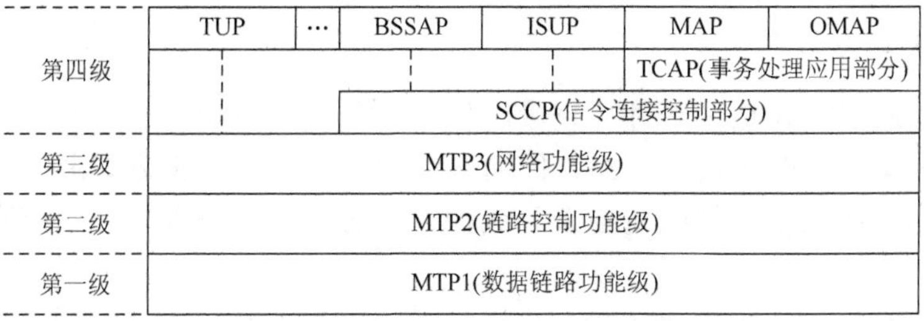

第四级	TUP	...	BSSAP	ISUP	MAP	OMAP
				TCAP(事务处理应用部分)		
			SCCP(信令连接控制部分)			
第三级	MTP3(网络功能级)					
第二级	MTP2(链路控制功能级)					
第一级	MTP1(数据链路功能级)					

图 8-3 7号信令系统的层次结构

8.2 同步系统和数字同步网

同步是数字通信系统实现正常符号传输的基本要素。对于一段连接两个节点设备的数字链路来说，正常的通信要求保持两端的**位/符号同步**和**帧同步**，这些基本知识在通信原理中已经有详细的介绍。而对于包含多个节点设备和多段链路的数字通信网来说，实现位同步和帧同步的基础是网络同步。**网络同步**是指网络中各个节点设备的时钟之间的同步。时钟的同步不仅要求时钟的标称频率一致，而且要求相互间有稳定不变的相位。保证网络同步的控制系统就是同步系统，同步的控制主要通过数字同步网来实现。**数字同步网**可以想象成一个传递时钟同步信息的网络，同步信息传递可以通过有线的方式实现，也可以通过无线的方式实现。同步信息既可以通过互控的机制来生成和提供给节点设备，也可以通过某种缓冲隔离的方式来解决网络间不同步造成的影响，对于后者，可以将数字同步网想象成一个**虚拟**的网络系统。数字同步网对于电信网络系统是如此的重要，因而是电信支撑网的重要组成部分。

1. 主从同步方式

主从同步方式在网络系统中设置一个高精度的**主时钟**源,向网络中其他节点提供同步时钟信息,其他节点上的时钟均作为**从时钟**,通过锁相环锁定在主时钟的频率上,锁定后的从时钟,不仅与主时钟有相同的频率,而且有恒定的相位关系。主时钟的信息,既可以通过专门的物理时钟链路提供,也可以通过 TDM 系统中特定周期的时隙提供。如图 8-4 所示,主从同步方式还可进一步细分为图 8-4(a)所示的直接主从同步方式和图 8-4(b)所示的等级主从同步方式。

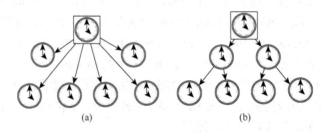

图 8-4 主从同步方式

1) 直接主从同步

直接主从同步方式是主时钟源直接向从时钟源提供同步信息的方式,因为需要为每个从节点配备同步时钟传输链路,因而有线的直接主从同步方式通常仅适合在节点间分布在较小距离范围内的应用场景。这种方式简单,其缺点是应用范围受限且不易扩展。

另外,随卫星全球定位授时系统的广泛应用,通过直接主从同步方式实现时钟的定时同步已经成为电信网络定时的一种基本方式,这种方式可以视为主时钟源在卫星系统中的一种无线直接主从同步方式。利用卫星进行授时同步的特点是方式简单且易于实现,缺点是在室内无法接收卫星信号时定时无法实现。

2) 等级主从同步

等级主从同步方式通过树状的网络由主时钟所在的根节点逐级向下提供基准时钟。等级主从同步方式在大型的网络系统中实现起来较为经济,扩展容易。等级主从方式的主要缺点是强壮性较差,一旦某个节点出现失步,从该节点往下的所有节点都将失去同步。

2. 互同步方式

互同步方式的基本原理如图 8-5 所示,提供网络节点时钟的锁相环可从与其相连的节点的时钟信号中提取"基准时钟",将这些时钟与本地时钟相位差的加权和所对应的信号,经环路滤波滤除高频的抖动和干扰后,对锁相环的频率和相位进行调整,在本地产生一个"全网统一"的时钟频率,从而实现网络的时钟同步。其中相位差的加权值 α_k, $k=1,2,\cdots,K$ 可根据该权值所对应的时钟信号的质量进行调整。采用互同步方式的好处是,网络的时钟不会因为某些节点的故障而导致网络的失步；其缺点是锁相环电路相对复杂，有可能引起自激。

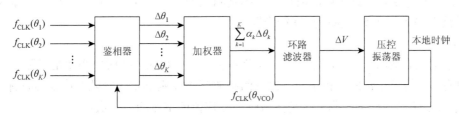

图 8-5 互同步方式

3. 准同步方式

在某些应用场合，不同的网络之间有各自的时钟，这些时钟间只是它们的标称值一致，整个系统可能因为各种原因不能采用上述统一时钟的方式。此时可以采用**准同步方式**。准同步方式可以用"水库法"的原理来实现。如图 8-6 所示，网络 N1 和网络 N2 有各自的时钟 CLK1 和 CLK2。CLK1 和 CLK2 的标称值一致，分别源自各自网络的高精度时钟源。连接两网络之间的信道通过缓冲器隔离。在两网络间开始工作时，先让缓冲器中的数据处于半满状态，这样当两个网络的时钟源的差异很小时，缓冲器在长时间内都不会被取空或者溢出，传输的数据便不会因为两网络间没有实现同步而发生错误。但随着时间的推移，由于时钟间的差异难以避免，总会出现缓冲器溢出或者取空问题。如果 CLK1＜CLK2，最终缓冲器会被取空，造成网络 N2 错误地读取数据；如果 CLK1＞CLK2，最终缓冲器会溢出，造成数据的丢失。因此必须对缓冲器中保持的数据量进行定期的调整，使其恢复到半满的状态。调整的时刻可选择在对网络的数据传输影响最小的时间段。

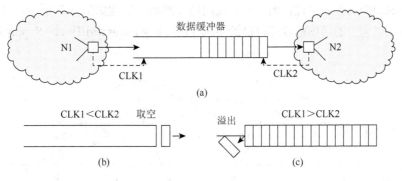

图 8-6 准同步方式

4. 同步时钟源

高精度时钟源是通过卫星授时系统向网络提供稳定时钟的条件，是保证网络同步系统可靠工作的基础。高精度时钟源主要通过**原子钟**来提供。原子钟有若干种，它们的工作原理类似。根据量子物理学原理，围绕在原子核周围的不同电子层有能量差，当电子吸收或释放能量时，会在不同的层间发生跃迁。当电子从一个"能量态"跃迁至低的"能量态"时，便会释放电磁波。这种电磁波特征频率是固定的。因此可将其作为一种节拍器来校准电子振荡器的工作频率，保持高度精确性。

1）铯原子钟

顾名思义，铯原子钟是利用铯原子构造的原子钟。我国的授时中心就是以铯原子钟作为时钟源的，将多个铯原子钟组成的时钟组按照择多原则确定振荡频率构成的时钟源，其稳定度可达 10^{-14}，这里的稳定度是指与时钟标称值的偏差的相对值。

2）氢原子钟

氢原子钟是原子钟研究领域 2001 年才获得的最新成果，有资料显示，氢原子钟的精确度比铯原子钟提高了 100～1000 倍，其稳定度达到 10^{-16}。

3）铷原子钟

铷原子钟是利用铷原子内部的电子在能级间跃迁时辐射出来的电磁波作为基准来校准电子振荡器实现的原子钟。铷原子钟的稳定度可达 10^{-12}。虽然其性能不如铯原子钟，但它相对简单，成本低且易于实现，因此获得了广泛的应用。

5. 我国的电信网时钟系统

我国在北京和武汉各设置了一个铯原子钟组作为国家的**基准参考时钟**（Primary Reference Clock，PRC），作为国内电信同步网的标准的时钟源。各省则设置了**区域基准时钟**（Local Primary Reference，LPR），LPR 以卫星授时系统的时钟信号为基准，并辅之以铷原子钟。当卫星信号出现故障时，转为通过地面链路跟踪 PRC。卫星授时信号有美国的 GPS、欧洲的伽利略系统、俄罗斯的格洛纳斯和我国的北斗卫星导航系统，从国家信息网络安全的角度，我国电信网时钟系统的 LPR 最终将以北斗卫星导航系统为主要的参考源。从本质上说，卫星提供的授时信号本身也源自 PRC，直接从卫星信号中获取同步时钟的好处是可以避开基准时钟信号受复杂的地面链路传输过程的影响。我国同步网系统结构如图 8-7 所示，图中的 BITS 表示网络系统机房中的**通信综合定时供给系统**（Building Integrated Timing Supply）。

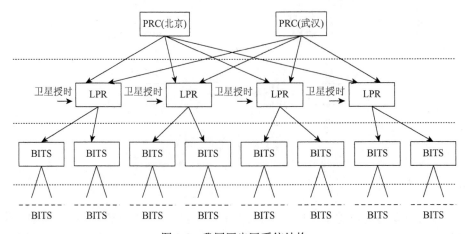

图 8-7 我国同步网系统结构

8.3 本章小结

本章主要讨论电信支撑网的类型和基本组成。电信支撑网包括信令网、数字同步网和将在第三篇介绍的电信管理网等三大部分，分别为网络提供了呼叫接续控制、系统同步和网络运行维护的基本功能。电信支撑网是保障物理基础网络和传统电信网络系统工作的基础。

思考题与习题

8-1 电信支撑网主要由什么组成和实现什么基本功能？

8-2 信令网在物理上通常是如何实现的，信令网上一般在运行何种信令系统？

8-3 7号信令系统主要包括什么基本单元，这些基本单元可用哪几种拓扑结构互连？7号信令系统主要实现什么基本功能？

8-4 数字同步网主要实现哪些同步功能？

8-5 数字同步网主要有哪些同步方式？

8-6 当各自的网络有独立的时钟时，如何消除两系统间同步时钟差异的影响，保证数据的正确传输？

8-7 有哪几种主要的原子钟，不同类型的原子钟精度如何排序？

8-8 我国电信网的同步系统是如何组成的？

参 考 文 献

乐正友，杨为理，1991. 程控数字交换机硬件软件及应用. 北京：清华大学出版社.
毛京丽，董跃武，2013. 现代通信网. 3版. 北京：北京邮电大学出版社.
王鸿生，龚双瑾，等，1993. 通信网基本技术. 赵宗基，武士雄审校. 北京：人民邮电出版社.
王晓军，毛京丽，1999. 计算机通信网基础. 北京：人民邮电出版社.

第 9 章　计算机接入网

通信网络的接入网在不同通信系统中有不同定义。在本章中我们定义计算机接入网为用户终端接入互联网的本地网部分。对于接入网中的通过集线器、交换机等设备互连的终端来说，一般均通过链路层一跳可达，从这个意义上来说，设备都是在本地的，因此在接入网中通常没有路由的概念。现有的计算机接入网的协议标准主要由 IEEE 制定，从 ISO 定义的 OSI 的层次模型的角度，计算机接入网的运行规程，主要依赖协议模型中最下两层：物理层和链路层的协议。

9.1　计算机接入网的主要类型

IEEE 根据网络覆盖范围的大小，将计算机（接入）网络划分为**个域网**（Personal Area Network，PAN）、LAN、WMAN 等不同的类型。如图 9-1 所示，接入网络通常通过路由器，在 IP 的支持下，接入到网络互连的骨干网系统中。

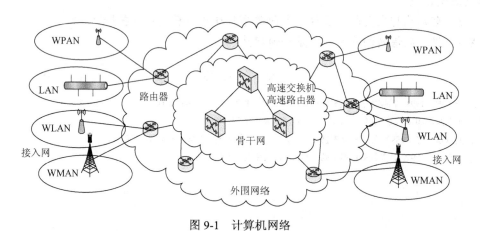

图 9-1　计算机网络

1. 个域网

个域网通常以无线网络的形式存在，因此通常也称为**无线个域网**（Wireless Personal Area Network，WPAN）。WPAN 的作用距离通常在几米到十数米的范围，一般不会超过几十米，WPAN 构成的系统通常用于个人身体周围设备的互联互通。例如，人身边的手机与其无线耳机之间的互联；个人计算机与其周围的办公或日常生活设备，如与打印机、扫描仪和照相机等的互联；若干短距离不同人之间所持设备的互联；等等。未来的 WPAN，还可能包括连接植入到体内的各种医疗设备。因为在 WPAN 内，所使用的频带可从若干兆赫兹到若干百兆赫兹，因为通信的设备间距离很近，虽然发射信号的功率仅有若干毫瓦或若干十毫瓦,依然可以实现从几百千比特每秒到几百兆比特每秒的传输速率。同时,也正因为信号的作用范围很小,所需互联的设备有限,因此结合扩频、跳频等技术,只需很少的几个频点,就可以很好地通过综合的频谱复用的方式实现无线频谱资源的共享。图9-2 给出了一个 WPAN 应用示例,图9-2(a)是用户身旁设备的互联;图9-2(b)是两个用户设备近距离的互通。

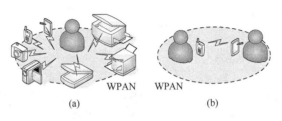

图 9-2 WPAN 应用示例

WPAN 的标准主要由 IEEE 的 802.15 系列协议规范,射频主要工作在 2.4GHz 频段。其中,802.15.1 定义了俗称"蓝牙(Bluetooth)"的物理层和 MAC 层协议;802.15.2 规范了无线局域网与 WPAN 的共存方式;802.15.3 定义了以**超宽带**(Ultra-Wide Bandwidth,UWB)方式实现 WPAN 的有关协议;802.15.4 规范了俗称 **Zigbee** 技术,一种适用于低速率、低功耗、低复杂度等环境应用的标准。

2. LAN

LAN 是计算机互连和接入互联网的主要形式之一。随着无线技术的广泛应用,WLAN 也成为计算机接入网络的基本形式。WLAN 接口现在已经是笔记本式计算机和智能手机等便携设备的标准配置。常用于用户设备接入到 LAN 集线器或交换机的 5 类双绞线的长度在 100m 左右,所能支持的传输速率有 10Mbit/s、100Mbit/s 和 1Gbit/s 等,当端口的速率达到 1Gbit/s 时,通常需要通过光纤的方式接入网络;WLAN 端口射频功率一般在几十到几百兆瓦,在室外 WLAN 覆盖区域的半径可达 100~200m,作为宽带无线通信系统的一种重要的形式,其物理层工作在一种速率对环境自适应的状态,其峰值速率一般可达几十兆比特每秒,若无线空中接口采用 MIMO 的技术,峰值速率则可达几百兆比特每秒甚至更高。数字化城市,很大程度上要依靠 LAN/WLAN 的全面布设,特别是通过大量的 WLAN 对城市主要区域的覆盖来实现。从广义的角度来说,局域网也可以看作 MAN 和广域网的接入网部分。

LAN 和 WLAN 的典型应用模式如图 9-3 所示,其中图 9-3(a)是室内办公场所或家居的应用方式,图中的无线局域网的每个 AP 可支持若干个 WLAN 终端通过无线的方式同时接入网络;图 9-3(b)是大型公共场所的无线覆盖方式,集中控制的 AP 群中每个 AP 覆盖一个区域,从而可以实现更多的 WLAN 终端的同时接入;图 9-3(a)和图 9-3(b)中 WLAN 采用的是点(AP)到多点(终端)的 PMP(Point to Multi-Point)的工作模式。而图 9-3(c)则是组网成 Mesh 工作模式时的情形,Mesh 网中的 WLAN 终端可以通过一跳或多跳的方式实现互联互通,并可以通过某一网关节点接入互联网。

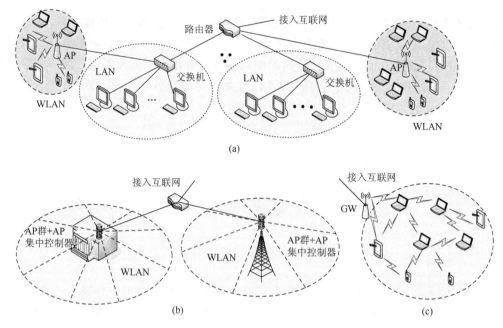

图 9-3 LAN 与 WLAN 的典型应用模式

在 LAN 的发展历史中出现过多种不同的技术，IEEE 制定了相应的多个标准。其中，802.3 协议规范了以 CSMA/CD 工作方式的以太网；802.4 协议规范了以总线方式互连，采用令牌方式工作的令牌总线网；802.5 协议规范了以环形网方式互连，采用令牌方式工作的令牌环网。随着时间的推移，令牌总线和令牌环结构的 LAN 基本上已被淘汰，最终获得大量应用的是配置简单、强壮可靠的基于 CSMA/CD 方式工作的 LAN。

WLAN 的标准主要由 IEEE 的 802.11 系列协议规范，目前还在继续发展完善。WLAN 的射频主要工作在 2.4GHz 和 5.8GHz 两个频段。WLAN 的峰值传输速率主要包括 2Mbit/s、11Mbit/s、54Mbit/s 和 100Mbit/s 等。组网形式包括基于 AP 的点到多点和 Mesh 两种模式。

在 IEEE 定义的 LAN 和 WLAN 中，虽然物理层和媒体访问层的工作原理和机制有很大的区别，但数据链路层的上半部分子层均采用由 IEEE 802.2 协议定义的**逻辑链路控制**（Logical Link Control，LLC）标准。另外，描述 LAN 与 WLAN 逻辑接口工作过程的**接口原语**则均由 IEEE 802.1 协议来定义。

3. 城域网

从覆盖区域大小的角度来说，城域网是指能够覆盖几千米到几十千米半径范围的网络。对于有线的网络来说，一般来说总是可以通过树状的方式，汇聚成一个大型的网络。更大规模的网络则可由树状汇聚成的根节点通过网状的结构互连而成。因为由局域网的物理层和链路层协议，结合网络层的 IP 可以构建各种包括城域网大小范围的网络，原有的有关有线城域网的网络协议已很少应用。与在有线链路中电磁波信号局限在电缆附近或光纤纤芯中不同，无线网络的电磁波信号需要在开放的空间环境中传输，在大区域范围内使用频谱资源必须有严格的规范,否则会造成严重的相互干扰。WMAN 是由无线的链路构成的覆盖半径可达几十千米范围内的网络系统。WMAN 在敷设光纤或电缆成本很高的空旷乡镇区域,或者在城市敷设缆线管道很困难区域,可显示出其优点。与 WLAN 的组网方式一样,WMAN 也有点到多点的星形结构和 Mesh 结构。图 9-4 给出了 WMAN 的两种典型应用模式,其中图 9-4(a)描述的是采用点到多点的结构实现计算机接入网的扩展;图 9-4(b)描述的是采用 Mesh 结构的无线网络实现电信运营商移动接入网的回程网功能。

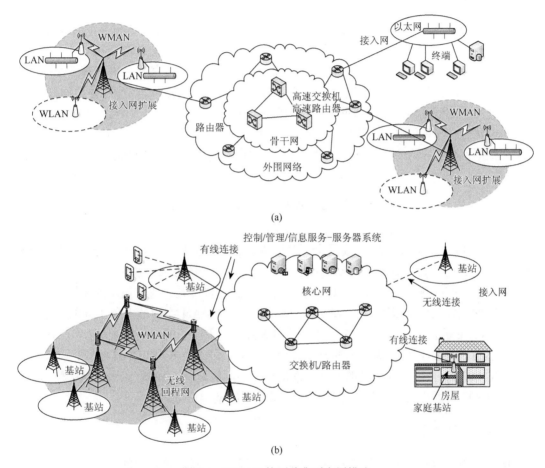

图 9-4 WMAN 的两种典型应用模式

WMAN 的协议标准主要由 IEEE 的 802.16 系列协议规范。2001 年 12 月 IEEE 发布了载波频率在 10～66 GHz 的授权频谱区域的第一个 WMAN 标准 802.16a;2003 年 1 月 IEEE 又批准了工作频谱在 2～11GHz,可支持包括非视距传输的 WMAN 标准 802.16b;2004 年 6 月对之前的版本进行了修订,形成了比较成熟的标准 802.16d;2005 年 10 月 IEEE 又推出了功能得到进一步增强,可支持终端移动和小区切换的 802.16e 协议。在 802.16 的协议族中还包括定义 WMAN 其他一些功能的协议,如定义其 MAC 层和物理层的管理信息库(Management Information Base,MIB)及相关的管理流程的 802.16f,定义网络中继功能的 802.16j 等。802.16 协议是宽带无线通信网络发展历程中具有重大影响的标准,正是受到 802.16 协议发展的强有力的冲击，才促使国际上传统的电信标准化行业机构和组织，如 3GPP，在完成 3G 标准的制定之后，迅速推进 LTE 和 4G 的标准的研究和相关技术的发展。802.16 协议的标准的巨大市场前景使得 Intel 和 Nokia 等一批在国际上具有较大影响力的企业，早在 2001 年 4 月便发起成立了称为 **WiMAX 论坛**（World-wide Interoperability for Microwave Access Forum，WiMAXForum）的组织，以推广该项技术的实施应用。

4. 广域网

一般认为，比 WMAN 覆盖范围更大的网络系统就是广域网（Wide Area Network，WAN），在广域网中的两个节点之间，通常不再一跳可达。例如，传统的公共电话网是一种广域网；沿着 1G/2G/3G/4G（LTE）路径逐步发展起来的，由无线的接入网和基于光纤的骨干网混合组成的移动通信网是广域网；由无数各种类型，如 B 类、C 类和不分类的 IP 网/IP 子网互联而成的互联网也是广域网。就目前实际应用的情况来看，广域网并不像前面讨论过的个域网、局域网和城域网那样，由 IEEE 的某个 802 系列的协议来规范，它是在不同的层面上根据不同的应用，由多个不同的标准化组织或机构的多种协议构成的异构混合系统。

9.2　IEEE 802 系列协议规范

成立于 1980 年的 IEEE802 委员会，专门负责综合各企业和研究机构提交的与计算机接入网有关的技术规范提案，在此基础上研究和制定相应的标准和协议。IEEE 前期的标准主要集中在有线接入的局域网（LAN）范围内，随着宽带无线通信技术的发展，有关的技术标准的制定逐步扩展到包括 WPAN、WLAN 和 WMAN 在内的多种不同的应用的网络领域。IEEE 的标准通过 802.16WLAN 的协议开始进入传统的电信网领域，802.16 系列的协议已经成为 LTE 技术规范中的一个重要的分支。虽然有些 IEEE802 协议，如有关令牌总线的 802.4、有关令牌环网的 802.5 等 MAC 子层协议，已经鲜有应用。但从整体上来说，IEEE802 系列协议仍然是互联网接入网最重要的基础协议。

1. IEEE802 系列协议

IEEE802 系列协议是一个庞大的协议族，几乎涉及互联网接入网的各个方面，我们可以从中了解人们研究过的有关问题和技术。

802.1：IEEE802 协议标准的概述，描述了如何与高层协议的交互、网络的桥接与互联、网络管理和性能测量等。

802.2：定义数据链路层中的 LLC 子层的功能和协议规范。LLC 是 802 系列中与传输媒体无关的子层，是 IEEE802 系列中各种协议的公共子层。

802.3：定义了**以太网**（Ethernet）物理层和数据链路层中 MAC 的技术规范。以太网的 MAC 子层采用 CSMA/CD 的工作方式，其在所有的局域网技术中操作维护最为简单，因而系统强壮，是目前应用最广泛的计算机网络接入方式。

802.4：定义了**令牌总线网**（Token Bus）接入方式的物理层和 MAC 子层的技术规范。

802.5：定义了**令牌环网**（Token Ring）接入方式的物理层和 MAC 子层的技术规范。从理论上说，采用令牌机制的系统容易实现资源的公平分配，并且无竞争造成的资源损失，因而有比以太网更高的效率。但这类系统令牌的维护相对复杂，使得系统的强壮性变差。令牌方式在局域网中基本上已不再使用。

802.6：定义了 MAN 接入方式的物理层和 MAC 子层的技术规范。在物理层中采用了一种**分布式队列双总线**（Distributed Queue Dual Bus，DQDB）的方式。MAN 没有交换单元，所有用户均接入到两条不同传输方向的总线构成的网络。使用共享总线的方式显然已经不再适应现在城域网范围内宽带通信的要求。

802.7：定义了**宽带局域网**（Broadband-LAN，B-LAN）接入方式的物理层和 MAC 子层的技术规范。

802.8：定义了基于**光纤分布式数据接口**（Fiber Distributed Data Interface，FDDI）技术的局域网接入方式的物理层和 MAC 子层的技术规范。FDDI 由以光纤构建的数据分组正向传输的主环和逆向传输的备用环构成，采用令牌环的工作模式。FDDI 的传输速率可达 100Mbit/s，是在 20 世纪 80～90 年代曾在许多校园网内作为传输网络的主干所采用的技术。

802.9：定义了**话音数据综合局域网**的接入方式的物理层和 MAC 子层的技术规范。

802.10：定义了可互操作的局域网安全协议，以及虚拟局域网（Virtual LAN，VLAN）的标准。

802.11：定义了 WLAN 的接入方式的物理层和 MAC 子层的技术规范，是应用广泛的重要协议标准。

802.12：定义了 100Mbit/s 以太网中一种按需优先的媒体访问协议。

802.13：因为在西方，"13" 是一个不吉利的数字，没有 802 系列协议愿意用其作为有关标准的编号，故 802.13 不存在。

802.14：定义了基于**线缆调制解调器**（Cable Modem）的交互式电视物理层及 MAC 协议及有关技术规范，可用作 CATV 的接入标准。

802.15：定义了 WPAN 的物理层和 MAC 层的技术规范。现在大量使用的短距无线通信技术，诸如**蓝牙**、Zigbee 和 UWB 等，均是 802.15 协议的一部分。

802.16：定义了 WMAN 的物理层和 MAC 层的技术规范。802.16 是目前**全球微波接入互操作**（WiMAX）组织推介的无线接入标准，WiMAX 目前已经成为 LTE/4G 系统中的一个与 FDD-LTE、TDD-LTE 并列的重要技术分支标准。

802.17：定义了**弹性分组环**（Resilient Packet Ring，RPR）网 MAC 层协议及有关标准。这里的 RPR，是一种用于 MAN 的高速双向环路系统，每个环路的速率可达 1.25Gbit/s，其中的 "弹性"，主要体现在业务可分级和可进行服务质量（Quality of Service，QoS）控制方面。RPR 适合应用于城域间通过环状结构实现互联的物理基础网络等场合。

802.18：拟制定 IEEE 定义的无线网络的无线管理协议规范。涉及的无线网络包括 WPAN、WLAN、WMAN 和无线区域网（Wireless Regional Area Network，WRAN）等。

802.19：拟制定 IEEE 定义的多重无线网络**共存**的技术标准，这里多重的无线网络可能存在频谱重叠的情况，涉及的无线网络包括 WPAN、WLAN、WMAN 和 WRAN 等。

802.20：定义**移动宽带无线接入**（Mobile Broadband Wireless Access，MBWA）的

有关协议。

802.21：拟定义一种可实现异构网间**媒体独立切换**（Media Independent Handover，MIH）的协议规范，如 MAN 与 LAN 间的切换技术。

802.22：定义一种基于**认知无线电技术的**，工作在原有 TV 频带的 47～910MHz 高频段/超高频段、可识别与避开 TV 频段信号的 WRAN 无线接入标准。WRAN 的工作范围可达 40～100km。

802.23：拟制定与**应急服务**（Emergency Service）有关的网络协议规范。

综上可见，IEEE802 系列协议是一个涉及技术非常广泛，主要包括通信系统物理层与 MAC 层的标准体系。在本章中，将主要讨论公共的 LLC 子层协议，以及应用最为普遍的以太网 802.3、无线局域网 802.11 和无线城域网 802.16 等协议及相关技术。

2. 802 LLC 子层协议

接入到互联网时可以通过有线或无线、铜缆或光纤、星形或环状等各种类型或结构的媒介，因此有上述的多种不同的物理层和 MAC 子层的协议标准。尽管采用的物理传输媒介和访问物理媒介的方式不同，但其为上层协议提供的服务类型基本上是相同的，主要包括三类，分别对应三种 LLC：LLC1-**无连接服务**、LLC2-**面向连接服务**和 LLC3-**带确认的无连接服务**。其中 LLC2 具有流量和顺序控制的功能；LLC3 因为有确认的机制，确认机制的采用实际上也蕴含了流量控制的功能。LLC1 提供的是一种无连接的服务，流量和报文顺序的控制需要依赖高层的协议来保证。

LLC 的 PDU 基本上继承了经典的**高级数据链路控制**协议 PDU 的结构，其工作原理也完全一样，详细分析可参阅经典的有关数据通信的文献。LLC 的 PDU 的结构与控制域格式如图 9-5 所示，其中的**控制域**有三种不同的类型，分别对应**信息**（Information，I）帧、**监督**（Supervisory，S）帧和**无编号**（Unnumbered，U）帧三种，其有关参数的定义也与 HDLC 一样。在 LLC 的 PDU 中前面的两个地址域中分别放置了**目标访问点地址**（Destination Service Access Point，DSAP）和**源访问点地址**（Source Service Access Point，SSAP），据此可在链路的两端构建多个并发通信的虚连接。其中的 U 帧，可用于 LLC1 无连接数据业务的传输；I 帧和 S 帧可用于面向连接的业务的传输；而 U 帧与 S 帧则可用于带确认的无连接业务的传输。

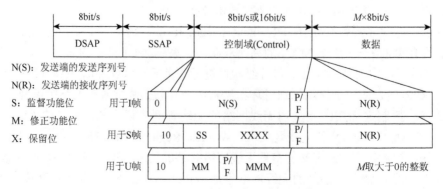

图 9-5 LLC 的 PDU 结构与控制域格式

9.3　802.3 协议规范与局域网

802.3 定义的以太网工作方式与 802.4 定义的令牌总线方式,以及 802.5 定义的令牌环网方式是在计算机局域网发展历史中并列的三种主要技术。这三种方式一度均获得广泛应用,并可通过链路层上的网桥设备内实现的帧转换功能实现互联互通。最终以太网凭借其简单和强壮性等方面的优势,淘汰了另外两种方式,以至现在以太网几乎就是局域网的代名词。802.3 的协议规范仍在不断地发展,从 IEEE Std 802.3-1985 到 IEEE Std 802.3-2012,定义了峰值速率从 10Mbit/s、100Mbit/s、1Gbit/s、10Gbit/s、40Gbit/s 到 100Gbit/s,包括同轴电缆、双绞线和光纤等传输媒质的 MAC 子层和物理层的一系列协议,这些规范最后都归并到 IEEE Std 802.3-2012 之中,原来的协议分支标准不再被单独升级维护。

不同速率和传输媒质的 802.3 协议参考模型的物理层部分有一定的差异,图 9-6 给出了 10Mbit/s、100Mbit/s 和 1Gbit/s 速率下的 802.3 协议参考模型,其他速率标准的有关其细节可参考标准文献 IEEE Std 802.3-2012。

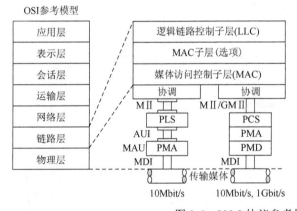

图 9-6　802.3 协议参考模型

802.3MAC 子层的功能主要包括如下两个方面。

1. 802.3MAC 子层帧结构

802.3MAC 子层的帧结构如图 9-7 所示。寻址与差错控制通过 MAC 子层帧内特定的控制域来实现。

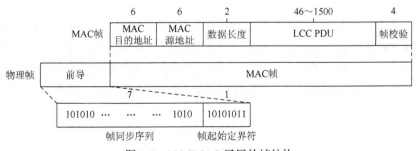

图 9-7　802.3MAC 子层的帧结构

一个 MAC 帧内包含长度为 6 字节的 **MAC 源地址**与 **MAC 目的地址**，这也就是人们常说的**硬件地址**。该地址定义了帧的发送端和接收端编号。工作时，在包含有多个设备的局域网内，只有与目的节点对应的设备才会将接收到的报文送往上一层。因为数据域中包含的字节数可变，所以用**数据长度**予以标识，数据报文长度的取值范围为 46～1500 字节，最后还有 4 个用于帧校验的字节，可用作放置 CRC 的监督位，对 MAC 帧进行差错控制。

需要注意的是，当以太网的上一层即网络层协议是 IP 时，帧结构没有完全采用 IEEE 的 802.2LLC+802.3MAC 的协议标准，而是采用了结构相对简单的 DIX Ethernet V2 标准（Digital equipment corporation，Intel，Xerox，DIX），该标准是由美国的数字设备（Digital Equipment）公司、英特尔（Intel）公司和施乐（Xerox）公司共同提出的。DIX Ethernet V2 MAC 层的帧结构如图 9-8 所示，该帧的结构与 802.3 的基本相同，只是去掉了 802.2 定义的 LLC 子层各控制功能域，直接将 IP 的数据报文映射到 MAC 层的数据域，同时将**数据长度**的域改为**类型**，用于标识上一层使用的协议。这种改变简化了数据链路层的操作，取消了链路层 LLC 子层上的顺序和流量等控制功能，这些功能由原来的每段链路两端实现改变为由 IP 的源节点和目的节点这两端来完成。

图 9-8　DIX Ethernet V2 MAC 层的帧结构

2. 802.3 传输媒介访问管理

802.3 采用的是多用户信道复用共享的以太网技术，其本质上是一种随机的分布式控制方式，是在 ALOHA 技术基础上发展起来的 CSMA/CD 的工作方式。CSMA/CD 是通过一种有序竞争获取传输媒体的资源的方法，其算法的基本原理可用图 9-9 所示的流程图来描述。当某一站点有数字帧待发送时，首先监听信道状况，看有无其他站点正在发送数据，如果信道忙，则继续监听信道；如果信道空闲，则可开始发送数据。在整个发送数据的过程中，保持对信道的监测，如果发现有冲突，即有其他站点也在发送，则马上停止发送数据，同时发送一组较发送数据更强的强化冲突的信号，通知各个站点出现了冲突，在此之后，延时一个长度随机设定的时间段，然后监听信道以寻求下一个发送机会；如果没有发现冲突，则数据正常发送完毕。

从上面的讨论可见，802.3 采用的传输媒介访问管理方法，系统中没有集中控制器，完全是一种带有某种随机特性的纯分布式工作模式，各个工作站无须做任何配置，只要各自遵守相同的规则，就能够从统计上公平地获得传输资源的机会。简单强壮是 802.3 的主要特点。但其工作方式也有不足，只有纯分布式的随机控制机制，仍不可完全避免由于冲突造成的损失。

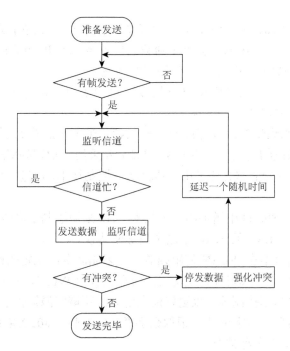

图 9-9 CSMA/CD 传输媒质访问算法

9.4　802.11 协议规范与无线局域网

9.4.1　802.11 协议系列规范

随着数字宽带无线通信技术的成熟,无线接入成为与 802.3 协议定义的像以太网一样获得最广泛应用的计算机入网的一种基本方式。基于 802.11 的 WLAN 接口已经成为**笔记本式计算机、平板式计算式和智能手机**,甚至**电子书**等手持和非手持电子设备的一种标准配置。802.11 协议规范的影响是如此之大,由此派生出一个庞大的标准系列。

802.11:最早提出的 WLAN 的物理层和 MAC 层协议,工作在 2.4GHz 频率,采用**高斯频移键控**(Frequency Shift Keying,GFSK)调制技术,传输速率可达 2Mbit/s。

802.11a:WLAN 的物理层和 MAC 层协议,工作在 5GHz 频率,采用 OFDM 调制技术,最高的传输速率可达 54Mbit/s。

802.11b:WLAN 的物理层和 MAC 层协议,工作在 2.4GHz 频率,采用**补码键控**(Complementary Keying,CCK)调制技术,最高的传输速率可达 11Mbit/s。

802.11c:拟用于实现**无线桥接**功能,现将该协议合并归入包括有线和无线局域网的桥接协议 802.1 中,并由此扩展为 802.1d-2004。无线桥接,是指利用具有级联功能的无线路由器,通过多跳实现 WLAN 覆盖区域的扩展。

802.11d:根据一些国家对 2.4GHz 频率的限制,对 802.11b 物理层参数进行调整后的协议标准。

802.11e:针对 WLAN 中的多媒体业务对传输 QoS 的要求,定义了一种**混合协调功能**

（Hybrid Coordination Function，HCF），以降低优先级业务的传输时延。

802.11f：定义了一种 AP 接入点间的协议（Inter-Access Point Protocol，IAPP），使得用户可在一个 AP 登录后，在一组 AP 间漫游的功能。

802.11g：WLAN 的物理层和 MAC 层协议，工作在 2.4GHz 频率，采用 OFDM 调制技术，最高的传输速率可达 54Mbit/s。

802.11h：参照欧洲的 WLAN 标准 HiperLAN2，在 5GHz 频段进行修订的标准，以减少对同处于 5GHz 频段的雷达信号的干扰。802.11h 采用了**动态频率选择**技术，通过改变频率以避免对雷达的干扰；同时还采用了**传输功率控制**技术，以进一步降低对其他信号的影响。

802.11i：定义了在 802.11 中增加的安全加密功能。采用了基于**高级加密标准**（Advanced Encryption Standard，AES）的 MAC 子层全新加密协议。

802.11j：为适合日本在 WLAN 使用频谱上的限制而专门制定的标准。

802.11k：WLAN 的无线资源管理协议，为存在多个 WLAN 的环境中，AP 间应如何进行信道选择和传输功率控制等，以更好地利用无线频谱资源提供了标准。

802.11l：因为英文小写字母"l"很像数字"1"，为避免 802.XX 系列协议序号"XX"上出现混乱，"802.11l"名称被弃用。

802.11m：主要是对 802.11 系列的规范进行维护、修正和改进等提供解释和规范文件。采用"m"也是因为"m"是英文"维护"这一单词"Maintenance"的首字母。

802.11n：为大幅度提高 WLAN 的性能，通过采用包括 MIMO/OFDM 等技术使 WLAN 的传输速率在现有基础上提高一个数量级，达到有线 LAN 速率水平而制定的技术规范。

802.11o：制定便于话音信号在 WLAN 上传输的标准 VoWLAN（Voice over WLAN），以实现快速的无线越区切换，使语音信号比普通数据有更高的传输优先权。

802.11p：为支持 WLAN 在汽车间通信中的应用而制定的标准物理层和 MAC 层标准，工作频率为 5.9GHz，在移动环境下在 300m 的传输范围内可达到 6Mbit/s 的数据速率。该标准还考虑 WLAN 在收费站自动交费、汽车安全等方面的应用。

802.11q：制定了 WLAN 环境下的 VLAN 的有关标准。

802.11r：制定了一种用户在 WLAN 的 AP 之间运动时的切换接续机制，用户可在两个 AP 间切换之前，与新 AP 先建立起新的安全且具备 QoS 链接，以保证通信过程的连续性。

802.11s：制定了 WLAN 中的 Mesh 网的技术规范，以构建拓扑发现、路径选择等自组织组网的机制，实现多个 WLAN 之间的互联互通。

802.11t：定义了 WLAN 统一的测试规范和性能指标的衡量标准。

802.11u：制定了 WLAN 与其他的外部网络，如电信运营商的移动广域网互通和适配的有关规范。

802.11v：在原有的无线网络管理标准 802.11k 的基础上，针对如何使运营商提供更好的 WLAN 接入服务而制定的标准。

802.11w：修订了对无线管理帧的安全保护。

802.11y：制定了应用于美国的 3650～3700MHz 工作频率的 WLAN 的修正标准。

802.11z：制定了在 WLAN 与 WMAN 间建立直接链路的标准。

需要提及的是，随着 IEEE Std 802.11™-2012 标准的发布，已经将上述标准中的 802.11k/n/p/r/s/u/v/y/z/w 的内容包括在其中，相应的这些标准作为一个独立的 802.11 子协议也已退出历史舞台，不再被升级维护，其发展将由 IEEE Std™802.11-2012 标准之后的协议继承。

9.4.2　802.11 协议参考模型及功能

802.11 协议参考模型如图 9-10 所示。其中 **LLC 子层**协议与普通局域网的协议相同，下面主要讨论 MAC 层和物理层的功能。

1. MAC 层模型

802.11 的 MAC 层由下列的子层和实体组成。

（1）**MAC**（Media Access Control）子层。MAC 子层负责无线媒体访问机制的实现及分组数据的拆分和重组。通过 MAC 服务接入点（SAP）为上层协议提供服务；

（2）**物理层会聚协议**（Physical Layer Convergence Protocol，PLCP）：负责将 MAC 帧映射到媒体上，主要负责进行载波侦听的分析及针对不同的物理层形成相应格式的数据分组，通过物理层服务接入点（PHY_SAP）为 MAC 层提供服务；

（3）**物理媒质相关子层**（Physical Medium Dependent Sublayer，PMD Sub Layer）：用于根据相关媒体传输信号所使用的调制编码技术，通过媒体发送与接收数据帧，并经物理媒体依赖子层服务接入点（PMD_SAP）为 PLCP 子层提供服务。

（4）**MAC 层管理实体**（MAC Layer Management Entity，MLME）。MLME 负责站点的漫游管理与电源管理，以及通信过程中的连接、解除连接、重新连接等过程的管理。

（5）**物理层管理实体**（Physical Layer Management Entity，PLME）。PLME 主要为物理层进行信道选择和协调。

（6）**站点管理实体**（Station Management Entity）：主要负责 MAC 层和物理层的交互协调。

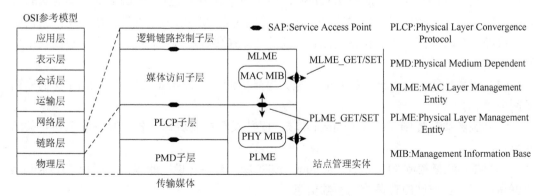

图 9-10　802.11 协议参考模型

2. 802.11 MAC 帧结构

随着 802.11 协议的发展及其功能的不断增加和完善，定义了很多特定功能的帧，这里仅介绍其中最基本的三种。一般的帧结构如图 9-11 所示，包含**帧头**（Frame Head）、**帧信息承载部分**（Frame Body）和 CRC 位，其中的地址 2、地址 3、序号控制、地址 4、服务质量控制、高吞吐量控制及承载数据部分等域并不是在所有的帧中均出现，而是根据特定帧的需要而选择设定。在一般的帧结构中，包含如图 9-11 所示的域。

图 9-11　802.11 一般的帧结构

（1）**帧控制**（Frame Control）**域**。如图 9-12 所示，在帧控制域中，包含版本号、类型和子类型（2bit 的类型和 4bit 的子类型的组合理论上可以表示 2^6 种不同的控制消息）、帧传输方向、分段、重传、功率管理、缓冲器数据状态、是否进行安全保护及与 QoS 有关的控制信息等。

图 9-12　Frame Control 域的结构

（2）**持续时间**（Duration/ID）**域**。用于指示本次发送将占用媒体的时间（以 ms 为单位），并携带与其发送该帧的工作站**关联的标识**（Association Identifier，AID）。

（3）**地址域**。地址域可以根据需要包括多个地址，如源地址（SA）、目的地址（DA）、发送工作站地址（Transmitting STA Address，TA）、接收工作站地址（Receiving STA Address，RA）等；在一个帧中可以包含多于两个地址是因为在 Mesh 网的工作情形下，数据帧有可能要经过多跳才能从源工作站到达目标工作站，在传输过程中，发送工作站和接收工作站可能是中继的节点。

（4）**序号控制**（Sequence Control）**域**。序号控制域包含 4bit 的分段号和 12bit 的序列号两个子域。

（5）**服务质量控制**（QoS Control）**域**。服务质量控制域标识各种服务要求和有关的参数。

（6）**高吞吐量控制**（High-Throughput，HT）**域**。高吞吐量控制域携带高速（100Mbit/s 或更高速率）工作站的有关控制参数信息。

（7）**帧信息承载部分**。帧信息承载部分用于承载用户数据或管理控制命令等。

（8）**帧校验序列**（Frame Check Sequence，FCS）。在 FCS 上放置 MAC Head 与 Frame Body 部分被生成多项式 $G(x)=x^{32}+x^{26}+x^{23}+x^{22}+x^{16}+x^{12}+x^{11}+x^{10}+x^8+x^7+x^5+x^4+x^2+x+1$ 整除后的余式。

802.11 的帧结构在许多情况下可以大大简化。例如，图 9-13 给出了**请求发送帧**（Request to Send，RTS）、**清除**（Clear to Send，CTS）**帧**和应答（Acknowledgement，ACK）帧的帧结构，没有必要出现的域被省略，地址域也减少到只有 RA 地址和 TA 地址，甚至只有 RA 地址。

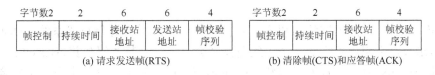

图 9-13　一些特殊的控制帧

3. 物理层（PHY）帧结构

在 802.11 庞大的物理层结构体系中，存在**跳频扩频**（Frequency Hopping Spread Spectrum，FHSS）、**直接序列扩频**（Direct Sequence Spread Spectrum，DSSS）、**红外**（Infrared）和 OFDM 等多种调制方式，在其 PLCP 上产生的 PHY 帧结构因标准而异。图 9-14 给出了几种典型的 PLCP 帧结构，其中：图 9-14（a）为 FHSS 的帧结构，图 9-14（b）为 DSSS，图 9-14（c）为 OFDM。PLCP 的帧结构主要由三部分组成：用于同步和帧定位的帧**前导序列**、包含有关帧控制信息的**帧头**和携带用户数据的**协议服务数据单元**。

在帧头中，对于 FHSS 系统，**域 PLW**（PSDU Length Word）指示 PSDU 中包含的字节数，**PLCP 信令域 PSF**（PLCP Signaling Field）用于指示数据传输速率（1～4.5Mbit/s，级差 $\Delta=0.5\text{Mbit/s}$）；而在 DSSS 和 OFDM 系统的帧中，**信令**（Signal）域用于携带指示数据域调制编码方式；**服务类别**（Service）保留未来使用；**长度**（Length）域指示传输数据所占用的时间长度（以 ms 为单位）；CRC 用生成多项式 $G(x)=x^{16}+x^{12}+x^5+1$ 保护 Signal、Service 和 Length 域的信息。每个域的详细定义可参见协议标准：IEEE Std 802.11™-2012 或后续的标准。

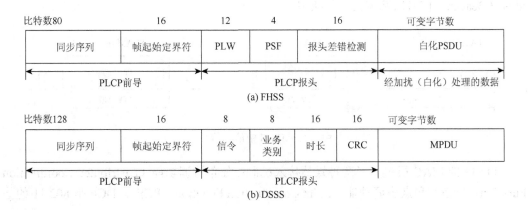

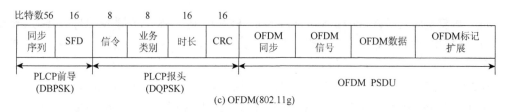

图 9-14 典型的 802.11 物理层帧结构

9.4.3 802.11 的基本工作模式

依照 802.11 构建的网络可以看作由图 9-15（a）所示的分布式系统（Distribution System，DS），每个相对独立的一个无线覆盖区域称为一个**基本服务集**（Basic Service Set，BSS），每个 BSS 中具有若干工作站（Station，STA），其中包含一个充当 DS 接入点的 STA。DS 可以看作系统的基础设施，是一种可由有线或无线方式实现互联互通的系统。进出一个 BSS 的数据帧必须经由 AP，在某个 BSS 内的 STA 间一般来说也不能直接通信，必须通过 AP 来交换数据。STA 发送和接收数据帧的过程由 MAC 层的媒体接入机制完成。

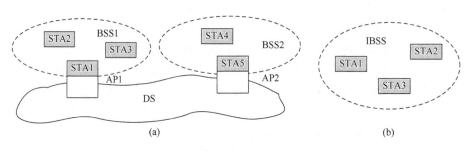

图 9-15 DS、BSS 和 IBSS

除了上述的 BSS 模式外，如图 9-16 所示，还有一种**独立基本服务集**（Independent BSS，IBSS）的工作模式，在一个 IBSS 内，一跳范围内的两个 STA 相互间可以独立地进行通信，而不需要经过 AP 的转接。如图 9-16 所示，加入到一个 IBSS 的 STA 会在其激活期间发送信标（Beacon）信号以标识其工作状态。

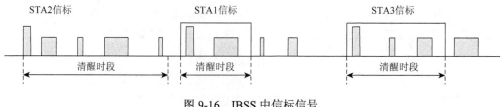

图 9-16 IBSS 中信标信号

802.11 的 MAC 层定义了两种媒体接入机制：**分布协调功能**（Distributed Coordination Function，DCF）和**点协调功能**（Point Coordination Function，PCF）。DCF 是 802.11 的基

本接入机制,采用 CSMA/CD 算法;PCF 是 802.11 的一种可选的接入方式,只能工作于 AP 具有点协调器(Point Coordinator,PC)或称集中协调器的 WLAN 中,由 PC 确定 BSS 中具体哪一个站点可以进行发送,是一种无冲突的接入机制。

1. 分布协调(DCF)方式工作原理

分布协调方式是 802.11 的一种最基本的工作方式。在一个基于 DCF 方式工作 BSS 系统中,作为 AP 的 STA 会根据人工设定的或者扫描信道的状况,确定当前的一个合适的工作信道。

当一个 STA 希望加入一个 BSS 时,其 **MAC 层管理实体**(MAC Layer Management Entity,MLME)会发送扫描信号:MLME-SCAN.request,探测周围是否存在 BSS 的请求信息,以寻求获得周围存在的 BSS 的类别(BSS Type)、BSS 标识符(BSS ID)、可能提供的服务集标识符(Service Set Identifier,SSID)和信道列表(Channel List)等信息。该 STA 周围的 BSS 中的 AP 收到该查询请求后,会返回确认信息:MLME-SCAN.confirm,提供 STA 接入所需的有关参数。STA 根据所获得的周围 BSS 的信息,选择加入合适的 BSS。在后续的接入过程中,通常还可能包括人工或自动的认证等操作。

当有用户工作站需要发送数据时,首先要监测信道看是否有其他站点正在发送数据,只有当检测到信道不忙时才可以进行发送。DCF 包括两种接入方式:一种是直接发送数据的方式,其过程如图 9-17 所示,图中 DIFS(DCF Inter Frame Space)表示 DCF 帧间间隔,SIFS(Short Inter Frame Space)则表示短帧间间隔;另一种是在发送数据之前先发送 RTS(RTS 中的持续时间域说明将要发送的数据或管理帧的持续时间),并等待目的节点的清除帧(CTS 帧),以申请预留资源的方式,其过程如图 9-18 所示。由于使用 RTS、CTS 帧会增加信令的开销,所以通常不是在发送所有数据时均会发送 RTS、CTS 帧,而是当数据帧超过一定长度时,才会采用使用发送 RTS、CTS 帧申请资源预留的工作方式。

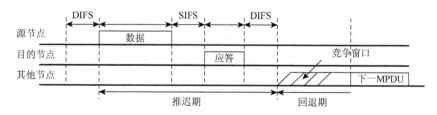

图 9-17 直接发送数据方式

为避免当某个节点发送完数据之后,其他节点立刻同时接入信道导致严重竞争,可采用**回退**(Backoff)机制。某个节点需要接入信道时,即使检测到前一个站点传输结束,并且经过 DIFS 时间间隔后信道仍然是空闲的,该节点也不会马上接入信道,而是在一个**回退窗口**中等待一个随机的时间,如果这段时间过后信道仍然是空闲的,才开始接入信道。而如果检测到信道是忙的,则必须**推迟**(Defer)到当前的发送结束之后才可以尝试发送,即在下一个竞争窗口内重新开始竞争。

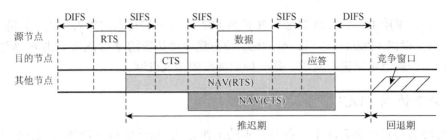

图 9-18 利用 RTS 和 CTS 帧申请预留资源的发送方式

2. 点协调（PCF）方式工作原理

点协调通常也称为**集中协调**，集中协调功能由驻留在一个 BSS 中的 AP 内的 PC 来实现。PC 在一个**免竞争期间**（Contention Free Period，CFP）会不断地发出轮询信息，在一个 BSS 中能响应轮询信息的站点称为**免竞争可轮询**（Contention Free Pollable，CF_Pollable）站点，在 AP 中存储了免竞争可轮询站点的列表。被轮询到的免竞争可轮询站点相当于获得了发送的授权，此时可以发送一个 MAC 层协议数据单元 MPDU。这个 MPDU 不一定是发送给 AP 的，也可以发送给 BSS 中的任何其他站点（包括竞争可轮询和非竞争可轮询站点）。

在每个免竞争阶段，AP 中的点**协调器** PC 都要侦测媒体。如果媒体在 PCF 帧间间隔（PCF Interframe Space，PIFS）内一直空闲，PC 就会发送一个包含 CF 参数集及投递传输指示信息（Delivery Traffic Indication Message，DTIM）的**信标帧 B**。然后等待至少一个 SIFS 后，PC 开始发送下列帧之一：DATA 帧、CF_Poll 帧、DATA+CF_Poll 帧或者免竞争结束（Contention Free End，CF_End）帧。如果发送完信标帧之后缓冲区中无数据需要发送，则 PC 会立即发送 CF_End 帧以结束免竞争阶段。一个基本的传输过程示意图如图 9-19 所示。其中 Dx 表示 PC 发送给站点 x 的数据，Ux 表示站点 x 发送的数据。当被轮询到的站点有数据需要发送时，就在 SIFS 后发送数据；如果被轮询的站点没有响应，则依次轮询下一站点，直到轮询完毕开始新的轮询周期。

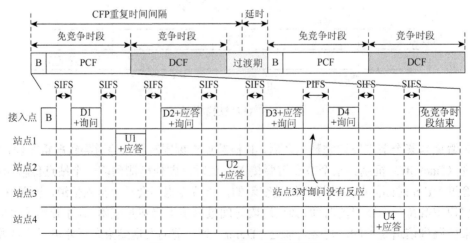

图 9-19 DCF 与 PCF 共存示意图

PCF 工作方式可以在多用户的系统中建立一种无竞争的接入方法，但系统需要有对媒体资源进行统一集中控制的协调器 PC 维护 BSS 的有序工作，相对较为复杂。但由于可以避免竞争造成的资源浪费，在系统的负载较重时可获得更高的资源利用率。

一个拟加入某个点协调方式的工作的 BSS 的 STA 可以通过扫描信道获取有关的信标等信息，发现该 BSS 的及相应的 AP 的存在。进一步地，该 STA 可在免竞争阶段结束后的竞争期内，申请加入该 BSS 中。当获得准许加入该 BSS 之后，即可向其他 BSS 内的 STA 一样获得轮询的占用传输媒体的机会。

3. DCF 与 PCF 共存的工作方式

DCF 与 PCF 可以同时存在于一个系统中，如图 9-19 所示，此时**免竞争阶段**与**竞争阶段**（Contention Period，CP）是交替出现的，其中免竞争阶段以信标 B 帧为开始，CF_End 为结束。

802.11 的载波侦听机制包括 MAC 层的虚拟载波侦听和物理层的载波侦听两种。

1）MAC 层的虚拟载波侦听

MAC 的虚拟载波侦听是依赖 MAC 层的一个**网络分配向量**（Network Allocation Vector，NAV）实现的，NAV 实际上是本地的一个计数器，它通过 RTS/CTS/DATA 等帧的 MAC 帧头的持续**时间域**的值，记录它的邻居将会持续占用信道的时间。站点可根据获得的值来设置 NAV，然后开始递减计数，当 NAV 值大于零时，说明其当前发送的邻居还没传输完，可认为此时信道仍在忙，不能发送数据，而当其 NAV 值减小到零时，说明其邻居已经传输完毕，信道将变空闲。其工作示意图可参见图 9-16 中 NAV 非零取值的持续过程，因为在此过程中站点实际并没有在监听信道，所以称之为**虚拟载波监听**。

2）物理层的载波侦听

802.11 的物理层载波侦听是在 PLCP 进行的，在 PLCP 子层中有一个专门进行信道检测的模块，叫**载波侦听及空闲信道检测**（Carrier Sense/Clear Channel Assessment，CS/CCA）模块，该模块主要是通过检测信道的能量来判断信道是否空闲，当检测到信道的能量超过某个门限时，则认为信道忙；反之则认为信道空闲。

MAC 层的虚拟载波侦听与物理层的载波侦听的结合，构成了 802.11 带冲突避免的 CSMA/CA 的工作机制。

9.4.4 802.11 的 Mesh 工作模式

早期的 802.11 只定义了基于 AP 的一跳的无线传输模式，由于 802.11 网络设备的射频功率通常只有几十到几百毫瓦，传输距离非常有限，要利用 WLAN 实现较大范围的覆盖，就需要通过有线的方式扩大 AP 的布设范围。除了网络的建设和维护的成本外，有线的布设扩展方式往往还会受到其他环境和条件的限制。因此在 802.11 中还提出了另外一种 WLAN 组网方式，Mesh 网的工作模式，在一个 Mesh 网系统中，多个无线网状网的工作站（Mesh STA）以**自组织**（Ad hoc）网络的方式工作。

如图 9-20 所示，在无线 Mesh 网的站点 Mesh STA 间，可以通过多跳来实现互连互通。

图中的虚线表示 Mesh STA 间无线链路，浅灰的路径确立的一条由 Mesh STA2 经 Mesh STA3、Mesh STA4 和 Mesh STA7 连通 Mesh STA9 的传输路径。

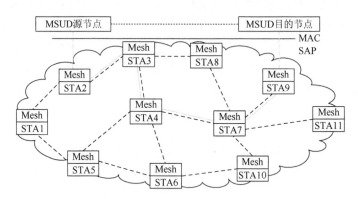

图 9-20　WLAN 无线 Mesh 网的工作模式

在 802.11 中定义了 **Mesh 的基本服务集**（Mesh Basic Service Set，MBSS），MBSS 构成了一个**自治系统**（Autonomous System，AS），在一个特定的 MBSS 中，定义了内部的 STA 之间如何实现通信，以及相应的管理机制。使得 MBSS 中任意两个 STA 在相互间通信时，逻辑上二者就像工作在一跳相邻的状态一样。802.11 中定义了一系列 Mesh 特定的工作机制，下面分别进行简要的介绍。

1. Mesh 发现（Mesh Discovery）

一个正在工作的 WLAN Mesh 网中的 STA 会定期地发送包含该 Mesh 网 ID、信道频率等关于该 MBSS 的配置信息的信标。因此任一 Mesh STA 在激活后可通过主动地或被动地扫描媒介方式判断附近是否存在 Mesh 网，以及当存在多个 MBSS 时，各 Mesh 网的相关参数，由此可以判定自身是否适合于加入到某个特定的 MBSS。

2. Mesh 对等互连管理

两个 Peer STA 是指 MBSS 中两个相邻（一跳可达）的 STA。Mesh 的对等互连管理提供了两个相邻的 STA 间建立和释放链路的机制。在 MBSS 中，一个 STA 可通过该机制与多个相邻的 STA 建立或关闭链接。MBSS 的对等互连管理（Mesh Peering Management）是 Mesh 中实现 MAC 帧多跳传输的基础。

3. Mesh 安全

Mesh 安全（Mesh Security）定义了在 Mesh 网中两个对等的 STA 间，如何通过共享的一对密钥构建链接认证的安全机制。

4. Mesh 信标与同步

Mesh 信标与同步（Mesh Beaconing and Synchronization）规范了每个 Mesh STA 如何

定期地发送信标帧，信标帧中包含了所在 MBSS 的标识（ID）、信道配置等有关的信息，以支持 Mesh 网的发现，STA 的功率管理及同步等操作。信标的同步功能可以减少 Mesh STA 设法获取传输媒体时的冲突，提高信道的使用效率，信标中还可包含有关需传输业务的示意信息（Traffic Indication Map，TIM）等。

5. Mesh 协调功能

Mesh 协调功能（Mesh Coordination Function，MCF）定义了 Mesh STA 访问物理媒介的两种机制。一种机制是基于**竞争**的方式（Contention-based Channel Access），这种方式与前面 AP 模式下的 DCF 方式类似，可通过 RTS/CTS 等控制帧的发布，降低竞争时碰撞的机会，以提高信道的利用率；另一种机制是 MCF 基于控制的信道接入（MCF Controlled-based Channel Access，MCCA）方式，Mesh STA 根据协议中规定的规则，发出 MCCA 信道预留请求，其中包含对信道占用需求的有关参数，如果其他 Mesh STA 同意该请求，这些 STA 会做出响应，同时会进一步告知其相邻的 STA，申请信道资源的 STA（MCCA Owner）在获得访问无线媒体（Wireless Medium，WM）机会（MCCA Opportunity，MCCAOP）的确认之后，方可进行传输。图 9-21 给出了 MCCA 的 Owner 在成功实现对信道的预留之后，进行传输的一种情形。图中的 DTIM（Delivery Traffic Indication Message，译为投递传输指示信息）Interval 表示 MCCA 的拥有者（Owner）拥有特定信道资源（DTIM 持续时间域）的所在时间段。

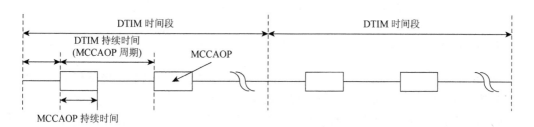

图 9-21 MCCA 方式访问信道的示意图

6. Mesh 功率管理

Mesh 功率管理（Mesh Power Management）定义了 STA 的三种状态以实现 STA 高能效工作，分别为：**活跃模式**（Active Mode），活跃状态的 Mesh STA 一直处于**清醒状态**（Awake State）；**浅休眠模式**（Light Sleep Mode），该模式下的 Mesh STA 将交替地处在清醒与**睡眠状态**（Doze State），此状态下的 STA 会调整好自身的清醒时段，保持监听对等 STA 发出的信标；**深休眠模式**（Deep Sleep Mode），该模式下的 Mesh STA 也将交替地处在清醒与睡眠状态，与浅休眠模式不同之处在于此时 STA 可以选择不监听对等 STA 发出的信标。一个要改变自身工作模式 Mesh STA 会向对等的 STA 发出相应的通告信息，因此 STA 点可通过跟踪这些模式变更信息来跟踪相邻 STA 的状态。何种因素触发 STA 改变工作模式则不在 802.11 标准中规定。

处于休眠模式下 STA 在交替出现的清醒时间段称为**清醒窗口**（Awake Window），清醒窗口内的 STA 工作在活跃状态。其他 STA 只能在休眠模式 STA 的清醒窗口内向其发送信息。图 9-22 给出了在三种不同模式下工作的 STA 的工作形态，其中：STA_A 处于活跃状态；STA_B 处于浅休眠状态；而 STA_C 处于深休眠状态。由图 9-22 可见，STA_B 虽然在休眠状态，但还会保持对对等（相邻）STA 的信标期间的监听，而 STA_C 则不再监听对等 STA 的信标，其活跃程度显然低于浅休眠的 STA_B。处于休眠状态的 STA 依然会维持信标的发布，提供有关 DTIM 的信息。浅休眠状态下的 STA_B 可受到内部其他因素的触发，适时地申请接收或发送数据。

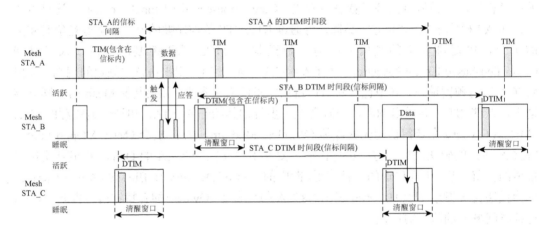

图 9-22　三种不同模式下 Mesh STA 的工作情形示例

7. Mesh 频道切换

Mesh 频道切换（Mesh Channel Switching）可用于规避某些其他系统无线信号，如雷达信号的干扰，802.11 标准中，并没有规定根据什么条件作出切换的决定，以及如何选择新的信道，而将这项工作留给了设备厂商或者用户。对于有 AP 的基础设施支撑工作方式的 IBSS（Infrastructure BSS）系统，频道工作性能的测量和切换操作的命令一般由特定的 DFS Owner（Dynamic Frequency Selection Owner）作出，并在信道空闲的时刻向 BSS 中的所有 STA 发布有关切换的公告。在 MBSS 系统中没有明确定义负责信道测量和发布切换通告的 DFS Owner，在 **Mesh 频道切换**中主要定义了如何在 Mesh 环境下进行频道切换信息的发布和传递，以及 Mesh STA 在接收到切换信息时应如何根据自身的条件做出反应，使得 MBSS 中的 STA 能够转移到新的频道上。当一个 Mesh STA 要切换到新的频道上时，应该通知对等（Peer）的所有 Mesh STA，包括处于休眠状态下的 Mesh STA。Mesh STA 在接收到 MBSS 内的其他 STA 发来的频道切换通告时，根据自身的状况和条件等，既可以选择切换或者不进行切换，也可以选择加入到其他的 MBSS 系统中。

8. 多地址帧格式

为实现在 Mesh 网中定义的工作复杂的信息传递过程，在 MAC 层的帧中引入了除原来源地址和目的地址之外的多地址帧结构的方式，包括：Three address、Four address 及

Extended address frame 等地址方式。

9. Mesh 路径选择与帧转发（Mesh Path Selection and Forwarding）

传统的 LAN，各个 STA 间或者是像在以太网方式下一跳可达的链路；或者是像令牌环状链接循环的方式，在网络中都没有路由问题。但在 Mesh 模式下的 WLAN，STA 间存在需要经多跳方可达到目的节点的情况，并且此时多跳的路径往往不是唯一的，因此需要定义帧在传输过程中的路径选择机制和转发方式。**混合无线 Mesh 网协议**（Hybrid Wireless Mesh Protocol，HWMP）定义了在 Mesh 网中如何实现**反应式**（Reactive）的和**先应式**（Proactive）的路径（Path）选择机制。

1）反应式路径选择

反应式路径选择是一种按需的模式（on Demand Mode），它借鉴了 Adhoc 按需距离向量路由（Ad hoc On-demand Distance Vector routing，AODV）协议的工作原理。当一个源（Source）Mesh STA（Originator）希望找到一条到达目的（Destination）Mesh STA 的路径时，首先广播一个包含目标信息和初始路径度量（Metric）值的**路径请求**（Path Request，PREQ）**帧**，当一个 Mesh STA 收到 PREQ 时，将生成或更新一个路径信息报文返回给源 Mesh STA，同时向其相邻的对等 Mesh STA 转发 PREQ，在转发 PREQ 时将更新路径度量值，新的路径度量值反映当前 Mesh STA 到源 Mesh STA 路径度量的累加值，每个 Mesh STA 可根据 PREQ 中的协议序列号（HWMP SN）的新旧来判断是否进行转发，以避免循环的重复发送。通过这样的不断转发，最终可找到目的 Mesh STA，收到 PREQ 的目的 Mesh STA 会专门回送一个**路径响应**（Path Reply，PREP）给源 Mesh STA，由此便可建立一套按需产生的传输路径。

2）先应式路径选择

先应式路径选择提供了一种以任何一个 Mesh STA 为**根**（Root）节点，建立一棵到达其他 Mesh STA 的树状传播路径的机制，每条传播路径可包含相应路径度量值。需要建立先应式路径的 Mesh STA，首先向相邻的对等 Mesh STA 发布 Proactive PREQ，每个收到 Proactive PREQ 的 Mesh STA 都会向根 Mesh STA 发送新生成或更新一个路径信息报文，其中包含有关到根 Mesh STA 的路径度量值和跳数，同时转发更新后的 Proactive PREQ 到相邻的 Mesh STA，最终 Proactive PREQ 可传遍特定 MBSS 中的每个 Mesh STA，形成一个树状的传播路径。同样，Mesh STA 可以通过 Proactive PREQ 中的 HWMP SN 的新旧确定是否对其进行转发，以防止循环重复发送。另外，根 Mesh STA 通过周期性地发布 Proactive PREQ 对该路径树进行刷新，以保持路径树的有效性。先应式路径选择是在反应式路径选择机制基础上的一个选项，显然维护**先应式**路径选择需要一定的系统控制信息传输和处理开销，它的好处是因为传播路径是常备的，因此不必在每次发送数据前启动选择路径的操作，对于需要频繁发送和接收数据的 Mesh STA，不仅可使发送接收的延时较小，而且可以提高系统资源的利用效率。

10. Mesh 与外部网络间的互联（Interworking with External Networks）

一个孤立的 Mesh 网显然没有太大的应用价值，因此需要定义如何将其与其他网络实现互联互通。在一个 MBSS 中，可以具有一个或多个与外部网络或外部**分布式系统**（Distribution System，DS）连接的 Mesh **网关**（Mesh Gate）。Mesh 网关可以在 MBSS 内通过发布**网关公告**（Gate Announcement）帧使 MBSS 中的 Mesh STA 了解 Mesh 网关的存在，同时 Mesh 网关可利用先应式路径选择方式建立一个以网关为根（Root）节点的最佳传输路径树。这里的**分布系统**是一种可实现多个 BSS 互联互通的抽象组件。图 9-23 给出了一个 MBSS 通过一个 Mesh Gate 和 DS 与 IBSS 实现互联的示意图，图中的粗实线表示由 Mesh Gate 作为根节点形成的一个传输路径树。在此图中，实现 IBSS 与 MBSS 互连的 DS 组件功能，是通过 MBSS 中的 Mesh Gate 作为 IBSS 内的一个 STA 来实现的。值得一提的是，两个 IBSS 之间的互联，也可以通过由 MBSS 构建的一个多跳的无线通道来实现。

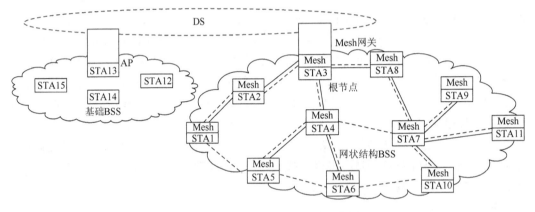

图 9-23 MBSS 与 IBSS 互联示意图

11. Mesh 内的拥塞控制

Mesh 内的拥塞控制（Intra-mesh Congestion Control）规范了在 Mesh 网这种较为复杂的工作环境下，如何解决的拥塞控制问题。

12. Mesh BSS 内对应急服务的支持

Mesh BSS 内对应急服务的支持（Emergency Service Support in Mesh BSS）定义了在一个 Mesh 的基本服务集内如何实现对应急服务的支持。

9.4.5 802.11 中的隐藏节点和暴露节点问题及解决方法

无线局域网中的各个工作站在一个开放的无线空间中工作，因此需要解决相互间的干扰的协调问题。下面通过一个示例说明其中的**隐藏节点问题**和**暴露节点问题**。如图 9-24 所示，假定在一个无线 Mesh 网系统中分布着 5 个工作站点：STA1，STA2，…，STA5。图中的 R_E 和 R_I 分别表示工作站可正常传输数据的工作半径与可对其他工作站造成影响的干扰半径。

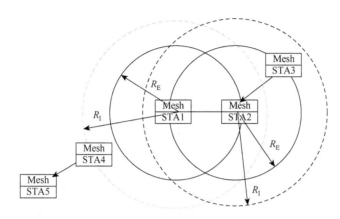

图 9-24 隐藏节点问题和暴露节点问题示例

当 STA1 向 STA2 发送数据时，STA4 因处在 STA1 的干扰范围内，可以侦测到 STA1 在发送数据，此时因 STA4 暴露在 STA1 的干扰范围内，称为 STA1 的暴露节点。STA4 虽然可向 STA5 发送数据但不会影响 STA2 接收 STA1 发来的数据，但因 STA4 无法判断其如果发送数据是否会对 STA1 的发送造成影响，因此 STA4 不会发送数据，这显然降低了系统的频谱利用率，该问题称为**暴露节点问题**。如果没有其他的辅助手段，暴露节点问题通常无法解决。

另外，当 STA1 向 STA2 发送数据时，STA3 处在 STA1 的干扰范围之外，因此 STA3 探测不到 STA1 正在向 STA2 发送数据，此时称 STA3 为 STA1 的**隐藏节点**。如果 STA3 也向 STA2 发送数据，势必会在 STA2 上造成冲突。冲突显然会降低系统的频谱利用率。该问题称为**隐藏节点问题**。利用前面讨论过的 RTS 与 CTS 控制帧，可以解决隐藏节点问题。例如，当 STA1 需要向 STA2 发送数据时，可先向 STA2 发送 RTS 帧，若 STA2 可以接收数据，再向 STA1 返回应答的 CTS 帧，当 CTS 帧的作用范围可同时达到 STA3 时，STA3 可从 CTS 帧中获取 STA2 接收其他站点数据的持续时间，因此在该时间段内，STA3 会保持静默，由此可解决隐藏节点问题。

9.4.6 802.11 物理层特性

802.11 的物理层技术在其发展过程中，在 2.4GHz 和 5GHz 两个频段制定过多种不同的无线空中接口的技术规范。包括基于 FHSS、DSSS、**高速**直接序列扩频（High Rate Direct Sequence Spread Spectrum，HR/DSSS）、**红外**（Infrared，IR）**脉位调制**（Pulse Position Modulation，PPM）和 OFDM 等。这些规范开始均有不同的字母序号，但后来被统一到综合的升级编号中，如 802.11-2007 和 802.11-2012 等。其基本的技术特征如表 9-1 所示。当采用 OFDM 技术时，可选择不同的工作频谱带宽，实现不同等级的传输速率，另外结合 MIMO 与 OFDM 技术，在 4 个流（Streams）同时并行传输的情况下，其空口上的速率可到达 600Mbit/s。

表 9-1　802.11 的物理层技术特征

工作频段	调制技术	传输速率/（Mbit/s）	带宽
2.4GHz	FHSS	1，1.5，2，2.5，3，3.5，4，4.5	1MHz/信道
IR	PPM	1，2	850～950nm
2.4GHz	DSSS	1，2	22MHz（主瓣）
2.4GHz	HR/DSSS	1，2，5.5，11	22MHz（主瓣）
2.4GHz，5GHz	OFDM	6，9，12，18，24，36，48，54	20MHz
2.4GHz，5GHz	OFDM	3，4.5，6，9，12，18，24，27	10MHz
2.4GHz，5GHz	OFDM	1.5，2.25，3，4.5，6，9，12，13.5	5MHz
2.4GHz，5GHz	MIMO-OFDM（HT）	≤600	4×40MHz

不同国家和地区规定的 WLAN 的工作频段可能会有所不同，中国、北美大陆和欧洲大部分地区在 2.4GHz 频段的工作区域在 2.400～2.4835GHz。5GHz 频段的工作区域在 5.85～5.925GHz。因为 802.11 中包括 FH、DSSS 和 OFDM 等多种不同的调制方式，信道的划分相应地也不同。在 2.4GHz 频段当以跳频方式工作时，约有 79 个不同的跳频工作频点；当以 DSSS 方式工作时，信道被划分为 14 个有 1/2 交叠的信道；而以 OFDM 方式工作时，信道则被划分为 5MHz、10MHz、20MHz 或 40MHz 等不同带宽的信道等。详细的参数可参见 IEEE802.11-2012 标准或后续的升级版本。

9.5　802.16 协议规范与无线城域网

基于 802.11 的 WLAN 通常的覆盖范围在百米半径范围内，主要使用的是免授权的工业-科学-医疗（Industrial Scientific Medical，ISM）2.4GHz 工作频道。在广阔的乡村和小的城镇，并不总是有光纤覆盖的基础设施；即使在大城市中的许多特定位置，也并非总是有光纤可达。因此需要一种能够覆盖几千米甚至几十千米范围无线网络，由此提出**无线城域网**（MAN）的概念。IEEE802.16 协议，就是针对 MAN 的应用需求提出的规范。802.16 的首个协议规范 IEEE802.16Std-2001 在 2001 年制定，802.16 协议的提出在宽带无线通信技术的发展过程中具有某种里程碑的意义。因为该协议定义的 MAN 的覆盖范围，与 2G/3G 网络的小区相当，由于 802.16 协议的物理层采用了 OFDM/OFDMA 技术，其传输速率相较于 3G 及其各种增强技术提高了一个数量级，特别是 802.16e 作为在 802.16d 协议基础上扩充至支持终端移动的性能，直接威胁到传统移动通信网络技术的继续发展和生存，由此极大地推进了移动通信系统的有关行业和标准化组织，在 3G 之后迅速地转向了 LTE/4G 标准的制定和相关技术的研究开发。从这个意义上说，802.16 对 LTE/4G 技术的发展有很大的促进作用，与此同时，802.16 也被接纳为 LTE/4G 标准的一个系列。

9.5.1　802.16 协议系列规范

因为 802.16 协议定义的 MAN 的覆盖范围可达几千米甚至几十千米，一般来说，在如此大的工作区域的无线通信系统中使用无线频率需要得到授权。因此,802.16 定义的主要是频率使用需得到授权宽带无线通信系统,但也包含部分免授权的频率区域。802.16 基本协议的制定过程主要经历了 IEEE Std 802.16-2001、IEEE Std 802.16-2003 和 IEEE Std 802.16-2004 这 3 个阶段,2005 年进一步提出了支持终端移动和越区切换的 IEEE Std 802.16e 补充草案,2009 年推出支持中继的 IEEE Std 802.16j 协议草案。

802.16 典型的应用场景如图 9-25 所示,在一个**基站**(Base Station,BS)的覆盖区域内,BS 通过全向或扇形天线实现某一小区的无线覆盖,**用户站**(Subscriber Station,SS)通过定向天线接入到 BS;在部分 BS 信号较弱的区域,可以通过**中继站**(RS)改善信号质量,RS 本身可通过有线(光纤或铜缆)或微波专线连接到 BS。BS 通常通过有线的方式接入到核心网(Core Network),在一个核心网内可以包含多个 BS 覆盖的小区。核心网进一步通过路由器接入到互联网或者其他主干网络上。

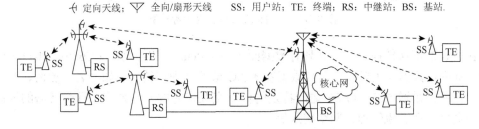

图 9-25　802.16 WMAN 典型的应用场景

除了覆盖范围远大于 WLAN 外,WMAN 中 SS 接入网络的方式与 WLAN 也有很大的区别。在大多数情况下,WLAN 采用的是纯随机的控制方式,STA 通常通过 CSMA/CA 方式竞争信道资源,这对信道负载较轻的 WLAN 是一种简单易行的方法。而在一个大的覆盖区域内频谱资源更为宝贵和紧俏,随机竞争信道网络的工作方式一方面会降低频谱的利用率,另一方面许多业务的传输的服务质量无法得到保证,因此在 802.16 协议中定义的 WMAN 采用的是基于面向连接的接入工作方式,SS 一般只有获得信道资源的分配后,才能够发送或接收数据。

9.5.2　802.16 协议参考模型及功能

1. 802.16 协议分层结构

802.16 协议的层次结构模型如图 9-26 所示,协议自下而上制定了**物理层和 MAC 层**的技术规范。其中物理层定义了上下行的双工方式、帧结构、空口的调制编码方式等内容。MAC 层则定义了上层数据的分类映射、业务封装、无线资源的调度管理等。MAC 层又可以进一步细分为三个子层:与传输业务有关的**业务特定汇聚子层**(Service Specific Convergence Sublayer,SSCS)、**公共部分子层**(Common Part Sublayer,CPS)和**安全子层**(Security Sublayer,SS)等,其中安全子层是可选的。层与层之间通过不同的 SAP 进行控制原语的交互和数据的传输。

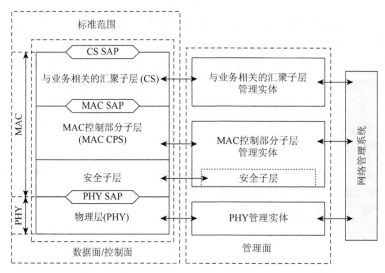

图 9-26 802.16 协议的层次参考模型

在协议的层次结构中同时并列有数据面（Data Plane）和控制面（Control Plane）两个平面。其中，数据面主要负责用户数据在 MAC 层的处理和转发，如封装、加密、解封装等；而控制面是通过 BS 与 SS 之间特定的信令交互来完成一些系统运行所必需的控制功能，如调度、业务流管理、网络接入等。

1）汇聚子层

汇聚子层（Convergence Sublayer，CS）的主要功能是负责将从网络层发送来的数据按照一定的映射规则进行分类，最终完成上层数据流与连接建立后得到的**连接标识符**（Connection Identifier，CID）与 MAC 层数据流的关联；或做相反的工作：通过 MAC SAP 从 CPS 中取出对端传来的数据，进行重组后交给上层。连接关联着一系列的业务流参数，这些参数都是和特定业务的 QoS 和带宽分配相关的，最后体现在数据包的调度和发送过程中。

2）CPS

CPS 是 MAC 层的核心部分，其主要功能包括服务流的管理、帧的组成和分解、业务调度、带宽分配、连接建立和连接维护、PDU 的生成和分解、与物理层的交互等。它通过 MAC SAP 接收来自 CS 层的各种数据并分类传输到特定的 MAC 连接，同时对物理层上传输和调度的数据实施服务质量 QoS 控制。

3）安全子层

安全子层是一个单独可选的用来提供认证、密钥交换和加解密处理子层，主要定义了加密封装协议和密钥管理（Privacy Key Management，PKM）协议。

4）物理层

802.16 协议的物理层定义的频段范围很广，包括 10～66GHz 频段、小于 11GHz 许可频段和小于 11GHz 免许可频段。不同频段下的物理特性各不相同，主要有以下几种物理特性。

（1）在 10～66GHz 许可频段中，由于波长较短，只能实现视距传播。典型的信道带宽为 25MHz 或 28MHz，当采用高阶调制方式时，数据速率可超过 120Mbit/s；

（2）11GHz 以下许可频段和免许可频段由于波长较长，可支持非视距传播，但可能会产生较强的多径效应，需要采用一些增强的物理层技术，如功率控制、智能天线、自动请求重发（Automatic Repeat Request，ARQ）、空时编码技术等综合的信号处理方法。免许可频段还可能由于频率的使用没有管制而造成较大的干扰，需要采用**动态频率选择**（Dynamic Frequency Selection，DFS）等技术来解决干扰问题。

另外，对于某个特定 802.16 系统的工作带宽，802.16 协议定义的带宽在 1.25～20MHz，规定了几个系列：1.25MHz 系列包括 1.25/2.5/5/10/20MHz 等；1.75MHz 系列包括：1.75/3.5/7/14MHz 等。对于 10～66GHz 的固定无线接入系统，还可以采用 25MHz 或 28MHz 频率带宽，以提供更高的接入速率。

对于调制方式，802.16 定义了三种不同的物理层调制技术，分别是：

（1）**单载波**（Single Carrier，SC）方式：QPSK、16QAM、64QAM、256QAM 调制技术；

（2）OFDM 方式：基于 256FFT 的 OFDM 调制技术；

（3）OFDMA：2048FFT 的 OFDM 调制技术。

OFDM 和 OFDMA 因具有较高的频谱利用率，是 802.16 中最典型的物理层方式，可使 802.16 系统在同样的载波带宽下提供更高的传输速率，而单载波调制主要应用在 10～66GHz 频段。

2. 802.16 协议帧结构

802.16 协议帧结构在很大程度上反映了其物理层空口上的行为特性。802.16 系统下行和上行有 FDD 和 TDD 两种不同的方式，802.16 的帧结构与其下行和上行的双工方式有关。

1）FDD 系统的帧结构

FDD 系统的帧结构如图 9-27 所示，FDD 的下行子帧与上行子帧在时间上是重叠的，上下行信号在不同频率的信道上传输。

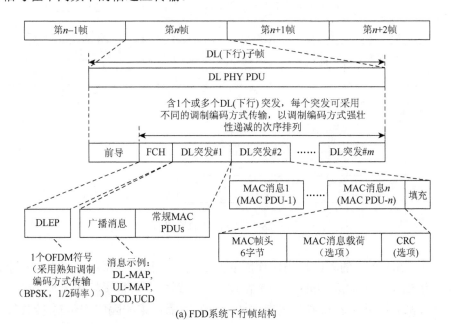

(a) FDD 系统下行帧结构

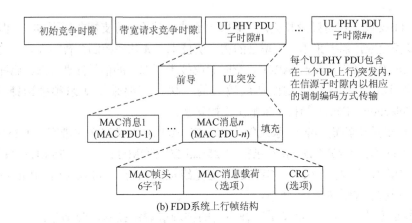

(b) FDD系统上行帧结构

图 9-27　FDD 系统的帧结构

2）TDD 系统的帧结构

TDD 系统的帧结构如图 9-28 所示，TDD 的下行和上行子帧在同一频率的信道上传输，通过在一帧内划分出不同时间片分别进行传输。

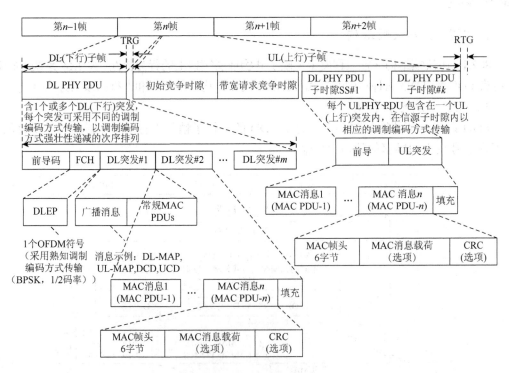

图 9-28　TDD 系统的帧结构

这里以 TDD 系统的帧结构为例作简要的说明，在具体的系统实现中，一个帧的长度可以定为 5ms、10ms 或 20ms。一个帧被进一步划分为下行子帧和上行子帧。每个帧的下行子帧和上行子帧之间需有适当的转换时间间隔，该间隔叫作**传输/接收转换间隔**

(Tx/Rx Gap，TRG)，上行子帧与下一个帧的下行子帧之间的保护时隙叫作**接收/传输转换间隔**（Rx/Tx Gap，RTG）。这两个参数的设定需要考虑小区大小对应不同的无线信号的传播时延。

每个下行子帧都由**前导码**（Preamble）开始，用于物理层同步。在前导码之后是**帧控制报头**（Frame Control Header，FCH），FCH 携带当前帧的控制信息，如**下行图案**（Downlink Map，DL-MAP）和**上行图案**（Uplink Map，UL-MAP）消息的长度、编码方案和使用的子信道等。FCH 占一个 OFDM 符号长度，必须采用效率最低但最强壮的 1/2 码率的二进制移相键控（Binary Phase Shift Keying，BPSK）调制编码方式。在前导字和 FCH 之后，下行子帧的第一个突发（Burst）时隙存放的是 BS 周期性的广播消息，包括 DL-MAP、UL-MAP、**下行信道描述符**（Downlink Channel Descriptor，DCD）、**上行信道描述符**（Uplink Channel Descriptor，UCD）等。

（1）**DCD/UCD**。802.16 物理层空口的参数是可以根据信道的特性动态调整的，DCD 和 UCD 是 BS 按照协议规定的时间长度周期性地向所有 SS 发送的广播控制信息，分别用于描述下行链路和上行链路使用的物理层参数配置。通过 DCD 和 UCD，BS 和 SS 都保存了当前物理层的参数配置组合，从而保证 BS 和 SS 选择用于发送或接收的物理层配置参数的相互匹配。

（2）**DL-MAP/UL-MAP**。DL-MAP 和 UL-MAP 是 MAC 的控制信息，分别描述了下行子帧和上行子帧中时隙的分配使用情况。每个接入的 SS 可根据 DL-MAP 和 UL-MAP 消息，正确地接收下行子帧中属于自己的数据；同时根据上行子帧中时隙的分配方案，在适当的突发时隙内发送上行子帧数据。

上行子帧的开头包含**初始化测距**（Initial Ranging）和**带宽请求**（BW Request）两个竞争时隙。后面紧跟的则是分配给各特定 SS 的上行突发时隙。

9.5.3　802.16 传输媒介的访问管理

1. SS 初始化与接入网络过程

SS 的初始化与接入网络的基本过程可如图 9-29 所示，其中主要包括同步、上行参数获取、初始化测距、基本能力协商、注册和管理模式设置等阶段。

2. 测距

在初始化测距之前，SS 应该已经建立了下行同步，通过接收 UCD 获取上行信道特性，并由 UL-MAP 中提供的信息，得到初始化测距时隙位置。SS 可在这个时隙向 BS 发送初始测距请求信息（Ranging Request，RNG-REQ），如果 BS 成功地收到此消息，会返回测距请求应答消息（RNG-RSP），其中包含分配给这个 SS 的有关的**连接标识**（Basic CID/Primary CID），以及用于自动调整上行传输的参数，如功率、频率校正信息等。如果 SS 没有收到 RNG-RSP，则可在下一帧尝试重新进行测距。SS 的初始化测距流程如图 9-30 所示。测距过程有时候不是一次就能够完成的，当 SS 收到 RNG-RSP

而测距过程还需要继续进行时，BS 将为 SS 分配轮询（即邀请）方式的初始化测距机会，SS 使用已经获得的 Basic CID 继续进行 RNG-REQ/RNG-RSP 的测距过程直到测距完成。

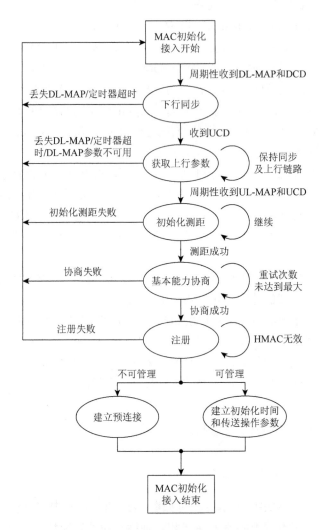

图 9-29　初始化与接入网络的基本过程

3. 基本能力协商

SS 完成初始化测距之后，会向 BS 发送一个描述 SS 基本能力请求信息（SS Basic Capability Request Message，SBC-REQ），通知 BS 其具备的基本功能，BS 从 SS 支持的功能中选择自己也支持的设置，协商一致后，发送 SS 基本能力响应信息（SS Basic Capability Response Message，SBC-RSP）给 SS。协商的内容主要有 SS 能支持的调制和解调方式（如 QPSK、16QAM、64QAM）、物理层上下行链路的转发等价类（Forwarding Equivalence Class，FEC）编码方式、SS 的运行模式、SS 是全双工还是半双工等。

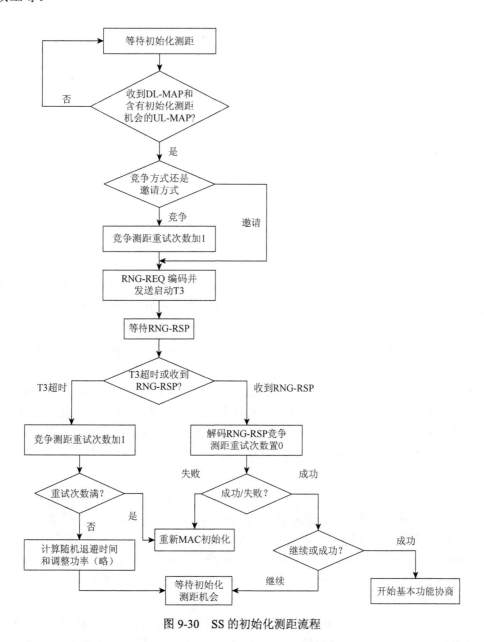

图 9-30 SS 的初始化测距流程

4. 注册

完成了基本能力协商后，接入过程进入注册阶段。注册是 SS 获得允许进入网络的过程。SS 向 BS 发送**注册请求信息**（Register Request Message，REG-REQ），BS 回应 SS 注册响应信息（Register Response Message，REG-RSP）。其中包括入网的认证、SS 最多能支持的上行连接的数目、用于消息完整性检查的 Hash 消息摘要、SS 处理并发事物的能力、是否支持 MAC 层的 CRC、IP 版本号等。

5. 管理模式设置

注册结束后，如果 SS 是可管理的，就继续与 BS 交互管理消息建立初始化时间和传送操作参数；如果 SS 是不可管理的，就可与 BS 通过服务流管理器建立预连接以开始传输业务数据。

至此，MAC 初始化接入的过程完成。

9.5.4　802.16 业务类型和服务管理

1. 802.16 的业务类型

802.16 协议采用了面向连接的接入方式，因为提供了对业务进行分类和提供特定服务质量保证的控制机制。802.16 定义了以下 4 种业务类型。

1）主动授权业务

主动授权业务（Unsolicited Grant Service，UGS）设计用于传输实时固定速率的数据业务，如 T1/E1 等传统的电路交换业务。BS 以实时周期性的方式为 SS 提供传输服务的时隙。BS 基于业务流的最大连续业务速率为 SS 提供固定时间长度的服务资源授权，从而避免频繁带宽请求引入的开销和时延，以满足实时业务的时延和时延抖动要求。

2）实时轮询业务

实时轮询业务（Real-time Polling Service，rtPS）设计用于支持实时的、可变速率的数据业务传输服务。例如，MPEG 视音频业务的传输。BS 将为 rtPS 业务提供实时的、周期性的单播轮询，使得该业务连接能够周期性地通知 BS 其变化的带宽需求，以便 BS 为其动态地分配传输带宽资源，在满足传输要求的同时保证带宽的高效率利用。这种业务因为需要轮询所以请求开销较大，并且有一定的延时。

3）非实时轮询业务

非实时轮询业务（Non-real-time Polling Service，nrtPS）设计用于支持非周期性的、数据包大小可变的、非实时的数据业务，例如，有保证最小速率要求的因特网接入服务。BS 为 nrtPS 提供的是比 rtPS 更长的周期或不定期的单播请求机会。这种请求方式可以通过使用竞争请求的方式获得传输的授权机会，也可以通过 BS 主动授权的方式实现。

4）尽力而为业务

尽力而为（Best Effort，BE）业务设计用于支持非实时的、无特定速率和时延抖动要求的分组数据业务，如互联网浏览、E-mail 和短信传输等。传输该类业务时，BS 通常不需要提供吞吐量和时延保证。

2. 802.16 的服务管理

802.16 的服务管理主要是指对服务流的管理，以动态的方式进行。一个流是指单向的一组具有特殊传输 QoS 要求的数据，可以是 BS 传输给 SS 的下行数据流或 SS 传输给 BS 的上行数据流。服务流的 QoS 参数包括时延、时延抖动和吞吐量等。服务流在传输过程中与特定的 CID 关联，有关该服务流的数据包的服务类型和相应参数都包含在该 CID 中。IEEE 802.16 MAC 协议对 QoS 的支持分为三部分：首先，创建最初的服务流并对服务流的 QoS 参数进行配置；其次，通过管理消息对服务流进行动态管理；最后，在传输过程中，调度器对分组数据单元进行分类并依据服务流的类别区分优先级进行调度。

服务流动态管理指的是流的传输可以动态创建、服务流的参数可以修改或删除。这些操作可以在 SS 与 BS 的通信过程中进行，不仅限于在流的传输建立前。MAC 的动态管理消息包括：**动态服务添加请求**（Dynamic Service Addition Request，DSA-REQ）/**动态服务添加响应**（Dynamic Service Addition Response message，DSA-RSP），用于创建一个新的服务流；**动态服务修改请求**（Dynamic Service Change Request，DSC-REQ）/**动态服务修改响应**（Dynamic Service Change Response，DSC-RSP），用于修改已存在的服务流的属性；**动态服务删除请求**（Dynamic Service Deletion Request，DSD-REQ）/**动态服务删除响应**（Dynamic Service Deletion Response，DSD-RSP），用于删除当前系统中存在的一个服务流。每组服务流管理消息都包括请求（REQ）与响应（RSP）。动态服务流的创建/修改/删除可由 BS 或者 SS 发起。

3. 802.16 的带宽请求与分配机制

802.16 的带宽请求与分配机制具体如下。

1）带宽请求

IEEE 802.16d 的上行链路接入是基于**按需分配多址接入**（Demand Assigned Multiple Access，DAMA）的，由需要传送数据的 SS 先进行带宽请求，再由 BS 对带宽资源进行统一的分配和调度。因为 UGS 类型的连接可以定期获得带宽分配，所以对于有 UGS 连接的 SS 无须通过竞争方式发送带宽请求信息，除 UGS 类型的连接外，任何连接在发送数据前都必须向基站 BS 发送带宽请求信息。

IEEE 802.16d 协议中定义了两种带宽请求的类型：**增量**（Incremental）请求方式和**合计**（Aggregate）请求方式。增量请求方式用于表明需要在原有基础上增加若干字节的传输请求；合计请求方式用于表明总共有多少字节的传输请求。为避免传送差错和由差错积累所引起的带宽分配错误，提升系统的鲁棒性，标准中规定了要定期使用合计请求方式来发送请求。

2）带宽分配

IEEE 802.16d 协议所定义的点到多点拓扑结构中，资源由 BS 进行统一调度，带宽请求信息的发送也必须由 BS 进行严格调度。协议规定了两种带宽分配模式：Grant 和轮询（Polling）。

（1）**授权**。授权有每连接授权（Grant per Connection，GPC）和每站点授权（Grant per Subsoriber Station，GPSS）两种模式。GPC 的授权对象是某个连接，而 GPSS 的授权对象则是某个 SS。后者是 BS 把分配给一个 SS 所有连接的带宽集合成一个整体分配给该 SS，再由 SS 在它的各个连接之间进行再分配。GPSS 模式的优点是更加智能化，但要实现带宽在 SS 中的再分配，要求在 SS 中具备较为复杂的调度算法。

（2）**轮询**。轮询是一种 BS 获取 SS 上各个连接的当前状态和带宽请求信息的重要机制。轮询可进一步分为**单播轮询**（Unicast Polling）、**组播轮询**（Multicast Polling）和**广播轮询**（Broadcast Polling）。单播轮询是针对某一单播地址的。BS 在上行链路上分配一定的带宽，让被问询的连接可以发送带宽请求信息。单播轮询是无竞争的。组播轮询和广播轮询分别对一组连接或所有的连接进行问询。在 IEEE 802.16d 定义的 4 种调度服务中，UGS 类型的连接无须被问询即可周期性地获得带宽分配；rtPS 类型的连接会周期性地受到问询，以得到传送带宽请求的机会；而 nrtPS 类型的连接则会受到非周期性地单播问询、组播问询或广播问询，以竞争或非竞争的方式发送带宽请求信息；而 BE 类型的连接则可以通过竞争或非竞争的方式发送请求信息。

4. 802.16 系统的移动性管理

从 802.16 的首个协议规范 IEEE802.16Std-2001 在 2001 年提出，到其升级版 IEEE802.16Std-2004（802.16d）的制定，如图 9-25 所示的面向固定接入点的无线城域网架构的协议规范已经比较完整。随后 IEEE 又继续推进协议对支持移动节点接入网络的规范的制定，并在 2005 年推出相应的协议草案 IEEE P802.16e/D12，大有主导 3G 之后移动通信系统的标准发展之势。由此推动了 3GPP 在 2005 年启动 LTE/4G 的协议研究和制定，802.16 协议最终成为 LTE/4G 协议的主要分支之一。在本节我们将看到，802.16 协议对移动节点接入网络的支持与前面介绍的 3GPP 其他 LTE/4G 协议有许多类似之处。

1）IEEE802.16e 网络系统结构

IEEE802.16e 网络系统结构如图 9-31 所示，每个基站（BS）覆盖一个小区，小区内可进一步划分为若干扇区；若干 BS 可构成一个 BS 的子网络系统（BSSN）；BSSN 接入系统的核心网。移动性管理很大程度上就是对移动终端在系统内漫游时切换的控制。这种切换可以发生在一个小区的扇区之间；可以发生在不同的小区之间；也可以发生在不同的 BSSN 之间；甚至可以发生在不同类型的系统之间，如 802.16 系统与 802.11 的异构网之间的切换，802.16 系统与其他协议标准的移动通信系统之间的切换。另外 IEEE802.16 的物理层技术还需要考虑车载移动速度下的平滑切换问题，以及在网络层上对互联网**移动 IP**（Mobile IP，MIP）协议的支持，等等。

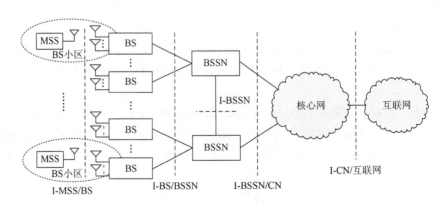

图 9-31　IEEE802.16e 网络系统结构

2) 802.16 网络系统的切换类型

切换（Handover），是指移动终端（Mobile Subscriber Station，MSS）接入网络的接口从一个基站（BS）提供的空中接口转换到本 BS 另一扇区的空中接口或另外一个 BS 提供的空中接口的过程。IEEE802.16e 协议中定义了以下三种切换操作。

（1）**硬切换**（Hard Handover，HHO）。HHO 是一种系统必选的最基本的切换。

（2）**宏分集切换**（Macro Diversity Handover，MDHO）。MDHO 是指 MSS 的空中接口从一个或一组可支持分集发送和接收的 BS，切换到另外一个或一组可支持分集发送和接收的 BS 操作的过程。MDHO 是一个系统的选项。

（3）**快速基站切换**（Fast Base Station Switching，FBSS）。FBSS 是一种用于改善空中链路传输质量的切换方式。在这种工作模式中，MSS 与一组 BS 建立关联关系，在任意收发帧的时刻 MSS 只与其中的一个称为**锚 BS**（Anchor BS）的基站进行实际的发送接收操作。可以根据链路的质量选择组内的一个 BS 作为锚 BS，不同锚 BS 之间的切换可以快速地以帧为单位进行。FBSS 也是系统的一个选项。

在本节中，主要介绍 802.16 系统的硬切换过程。

3) 802.16 网络系统的硬切换

切换的发起方原则上可以是 MSS，也可以是 BS。无论是哪一方发起，主要依据 MSS 当前接收信号的**载干噪比**（Carrier to Interference-plus-Noise Ratio，CINR）来判断是否需要切换。

（1）**MSS 发起的切换**。当 MSS 检测到当前正在服务的 BS 信号的 CINR 低于某个门限值时，可自动开始启动邻区扫描，测量邻区 BS 的 CINR。若发现邻区 BS 的信号的 CINR 取值大于服务区 BS 的信号的 CINR，达到某个门限值时，则可发起切换请求。

（2）**BS 发起的切换**。服务区的 BS 也可以因为某些原因，如小区间的负载均衡需求等，主动要求 MSS 对邻区 BS 的 CINR 进行扫描，当发现邻区 BS 信号的 CINR 可以满足 MSS 的接入要求时，由 BS 发起切换请求。

图 9-32 给出了一个由 MSS 发起的扫描相邻 BS 的操作过程。服务小区的 BS 会定期广播有关相邻基站的信息，当 MSS 需要发起扫描时，会与服务小区 BS 协商有关的测试扫描参数，然后开始扫描测量。在扫描测量过程中，如果与 BS 有正常的业务数据发收，扫描测量与数据的发收会交替进行，直到预定的 T 次测量结束为止。

图 9-33 给出了一个由 MSS 发起的 BS 切换操作过程的示意图。在完成扫描相邻 BS 操作，上报有关的扫描结果后，MSS 可以向服务区的 BS 发起切换请求。BS 在接到切换请求后，向相邻的 BS 交流切换的信息，因为每个相邻的 BS 的负载情况不一定相同，所以可提供的服务质量也可能各异，服务区 BS 可跟踪 MSS 扫描相邻 BS 获得的信道信息和相邻基站可提供的接入参数等综合情况，选择目标 BS。确定目标 BS 之后，服务区 BS 回应 MSS 的切换请求，收到 MSS 的确认信息后，服务区 BS 可开始释放与 MSS 的连接。MSS 进而开始进行快速的到目标 BS 的初始接入过程，最终完成切换操作。

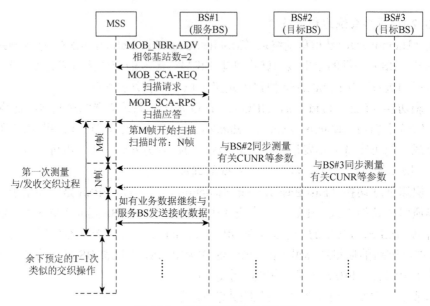

图 9-32 扫描相邻 BS 操作过程

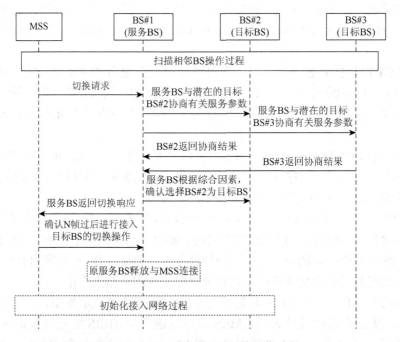

图 9-33 MSS 发起的 BS 切换操作过程

9.5.5 802.16 的 Mesh 工作模式

前面讨论的 802.16 协议都是其工作在点到多点模式下的情形。与 802.11 协议类似，除了点到多点模式外，在 802.16 协议发展过程中也定义了 Mesh 网环境下的工作模式，用以支持无线城域网在没有有线基础设施的场景下工作。与 802.11 的无线网状网不同的是，

802.16 的无线 Mesh 网更多的是要考虑如何发挥某种在无线覆盖区域内主干网络的作用，因此该协议定义的 Mesh 网采用的是一种面向连接的工作方式。

1. 802.16 Mesh 网调度方式

802.16 Mesh 网采用的是面向连接的 TDD 传输机制，任何一个节点都要通过某种方式得到授权后才能够使用传输信道。在一个网状结构的无线网络中如何高效地分配传输资源是一个十分复杂的问题。802.16 Mesh 网制定了两种传输资源的分配控制机制：集中式调度和分布式调度。

1）集中式调度方式

采用集中式调度的 802.16 Mesh 网呈现一种**树状**的结构，每个具有业务要传输的 SS 节点首先需要向作为控制中心的 **Mesh BS** 节点申请传输的资源，由该 BS 统一对传输资源进行调度管理，只有获得传输授权的节点，才能在特定的时间段内发送数据。所实现的工作情形：每个 SS 的通信过程不是通过 BS 向外部网络发送数据，就是通过 BS 接收外部网络的数据。就 Mesh 网范围来说，"源节点—目的节点"总是"BS→SS"，或者"SS→BS"，SS 可作中继，但 SS 与 SS 之间不能够直接通信。因为集中式调度方式可以根据整个网络的情况来对资源的分配进行综合的考虑，统一地安排传输信道和时隙的分配。因此从理论上说，集中式的调度可达到此结构下资源分配的全局最优。

集中式的资源调度一般是一个周期性的循环过程，每个周期通常包含两个阶段：第一个阶段各个节点上报传输的需求，由 Mesh BS 对传输的需求和资源分析计算后，进行下达分配；第二个阶段各个 SS 节点按照分配的信道和传输时隙开始发送或者接收数据。每个周期完成一次资源的调度分配和数据收发，然后重新开始下一个循环周期，由此保证系统周而复始地有序工作。

2）分布式调度方式

当网络的规模较小时，集中式调度是一种有效的方法。但在实际的网络中，需要考虑对各 SS 传输需求的采集和调度控制命令的发布都会有一定的时延和额外的传输开销，特别是当网络的规模较大时，整个系统的效率较低。另外，网络的工作完全依赖 Mesh BS，系统的强壮性难以保证。因此，802.16 Mesh 网除了具备集中式的调度功能外，还必须具备分布式调度的能力。采用分布式调度的 802.16 Mesh 网呈现一种**网状**的结构，传输资源的调度可以由 BS 集中进行控制，也可以由 SS 间通过协商进行分布式控制。无论采用何种方式，每个 SS 也是需要得到 BS 的传输授权或者通过协商得到传输机会之后，才能够发送数据。在采用分布式调度方式时，网络中的各个节点的地位都是平等的，SS 节点之间可以直接通信。某个节点传输权限的获得通过与相邻的节点协商来实现，分布式调度可以规避因为某个节点（如 Mesh BS）的失效导致整个网络崩溃的风险。分布式调度的具体实现在后面专门的"**分布式调度的协调方法**"小节中介绍。

在 802.16 Mesh 网中，同样定义了两类节点：**基站**（BS）和**用户站**（SS），BS 起到 Mesh 网网关的作用，BS 在一个网络中，根据不同的应用需求，可以有一个，也可以设置多个。图 9-34（a）和（b）给出了 802.16 无线 Mesh 网的两种基本结构的示例，其中图（a）

对应集中式调度时的系统结构,图(b)对应分布式调度时的系统结构。

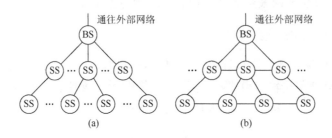

图 9-34　802.16 Mesh 网结构形式

2. 802.16 Mesh 网的帧结构

要实现 Mesh 网的集中式调度与分布式调度功能,在 Mesh 的帧结构中,需要包含相应的调度控制信息。802.16 Mesh 网的帧结构如图 9-35 所示。

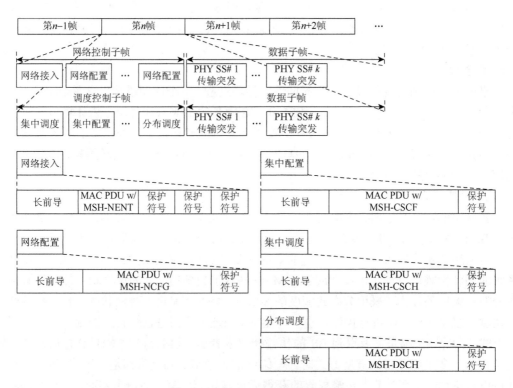

图 9-35　802.16 Mesh 网的帧结构

3. 控制子帧的类型

每个帧均以一个控制子帧开始,**控制子帧**有两类,分别为**网络控制子帧**或者**调度控制子帧**,紧跟其后的是**数据子帧**。控制子帧中包含实现网络控制和资源调度的各种**消息**,具体包括以下几种。

1) 网状网络接入消息

网状网络接入（Mesh Network Entry，MSH-NENT）消息为新节点获得同步和初始化接入 Mesh 网络提供所需信息。它由期望加入网络的新节点产生，在网络控制子帧的第一个微时隙中发送。该消息包括节点的入网请求、请求节点的 MAC 地址、期望协助新节点接入网络的支撑节点的 ID、发射的功率、选用的天线的方向等。在发送 MSH-NENT 消息时，因节点尚未分配网络提供的节点 ID，所以此时使用全 0 的临时节点 ID 作为本节点的 ID。新节点之间必须通过竞争获取某个网络接入时隙，多个新节点若同时发送 MSH-NENT 消息则会发生碰撞，此时可采用回退算法来避免下次申请接入时再次发生碰撞。

2) 网状网络配置消息

Mesh 网络中的所有节点都会发送网状网络配置（Mesh Network Configuration，MSH-NCFG）消息，该消息包括：节点的邻居数目、联系的基站数目、发射功率、使用的天线的方向、所在网络使用的基本信道、发送 MSH-NCFG 消息的数目、当前帧的帧号、网络控制时隙号、同步跳数、MSH-NCFG 本身的调度信息（即该节点何时可以再发送该消息）、基站的 ID、距离基站的跳数、邻居节点的 ID、邻居节点的物理描述和网络其他描述信息等。各个节点发送 MSH-NCFG 消息的时刻是需要通过时隙的协商调度获得的，具体的调度算法稍后介绍。

3) 网状网集中式调度配置消息

在网状网集中式调度配置（Mesh Centralized Schedule Configuration，MSH-CSCF）消息中，包含以 Mesh BS 为根节点的调度树结构信息。在传输具体的传输资源分配信息之前，Mesh BS 会发送调度配置信息 MSH-CSCF，BS 首先向它的所有邻居节点（一级子节点）广播 MSH-CSCF 消息，邻居节点再向其子节点转发此消息。由此所有节点可获得调度树的结构，以便于集中式调度消息 MSH-CSCH 的发布。

4) 网状网集中式调度消息

Mesh BS 会定期收集各节点上报的进出 Mesh 网的传输需求，当获得所有节点的带宽请求后，根据特定的算法计算传输资源的配置。然后发送相应的网状网集中式调度（Mesh Centralized Schedule，MSH-CSCH）消息，当整个网络的所有节点都收到该消息后，集中式调度配置完成，节点可以开始传输数据。传输资源的具体配置方法，一般由设备生产商设计，在协议中并没有规定。发送调度信息的周期由发送调度消息和收集带宽请求的时间共同决定。

5) 网状网分布式调度消息

在 802.16 定义的 Mesh 网中，除了支持由 BS 决定的集中调度控制外，还支持由非 BS 节点间的分布式调度。在分布式调度中，节点可通过发送网状网分布式调度（Mesh distributed Schedule，MSH-DSCH）消息向邻居节点广播希望与特定节点建立的连接和获得的传输资源。与特定相邻节点申请建立连接的分布式调度过程采用**三次握手**的方式来实现，具体包括：请求节点发出**申请**、特定节点回应**授权**、申请节点返回**确认授权**。与发送 MSH-NCFG 消息的过程相同，每个节点都按照一定的算法确定其具体传输的时刻以避免碰撞。Mesh 的分布式调度又可分为**协调式**和**非协调式**两种调度方式：协调式调度是在控制子帧中传输其调度分组，而非协调式调度在数据子帧的微时隙中发送其调度分组。

网络控制子帧按一定周期出现，其间隔由**网络描述符**（Network Descriptor）中的调度帧（Scheduling Frames）参数决定，两个网络控制子帧之间的调度控制子帧的个数一般为 4 的倍数。控制子帧和数据子帧都可以进一步划分为更小微时隙，控制子帧中微时隙的数量由网络描述符中的**参数 MSH-CTRL-LEN** 决定，每个微时隙的长度为 7 个 OFDM 符号。而数据子帧被划分为 256 个微时隙，数据子帧中每个微时隙的长度可以根据下面的关系计算：

$$(一帧中总的 OFDM 符号数 - 控制子帧中包含的 OFDM 符号数)/256$$
$$=(一帧中 OFDM 符号数 - 7\times(MSH-CTRL-LEN))/256$$

4. Mesh 网的同步

整个 Mesh 网在一种同步的时序方式中工作，每个新加入网络的节点都可以通过相邻节点中提供的网络配置消息 NCFG 获取同步信息，NCFG 中的**时间戳参数**（Timestamp）中包含三个信息：当前帧号、每帧的网络控制时隙数、同步跳数〔发布 NCFG 消息节点距离可与外部实现时间（如通过 GPS 获得基准时钟）同步节点间的跳数〕。由此可获得网络时序。通常，在网络中只有作为网关节点的 Mesh BS 总是处于工作状态，如果 Mesh BS 具备获取基准时钟的功能，则其最有利于提供全网同步的基准时钟。

5. 新 SS 接入 Mesh 网的初始化过程

在 802.16 Mesh 网的工作模式下，新 SS 节点的接入过程与点到多点模式下的接入过程不同，一般地，新 SS 进行接入认证一般在 BS 节点实现，而 SS 到 BS 往往有多跳的距离。因此新 SS 的接入一般需要其他已经接入网络的 SS 节点的协助才能够完成。网络中能够协助一个新的 SS 接入网络的 SS 节点称为**支撑节点**，支撑节点提供的由新接入节点到接入认证节点的信道称为**支撑信道**。

新 SS 接入 Mesh 网络过程主要包括如下步骤：扫描网络，获得粗同步，获得网络参数，开放支撑信道，节点认证，节点注册，建立 IP 连接，传输工作参数等。图 9-36 详细描述了新节点接入网络的初始化流程。

（1）**网络扫描**。网络的节点每隔一定时间都会发布 MSH-NCFG 消息，消息中携带着有关网络的配置信息。新节点可通过网络扫描获得 MSH-NCFG 消息，由此可从其一跳邻居节点中选择合适的节点作为加入网络的支撑节点。

（2）**请求入网**。新节点选定一个邻居节点作为其支撑节点后，在网络接入时隙中通过竞争发送 MSH-NENT 消息到支撑节点，请求加入网络。支撑节点收到 MSH-NENT 消息后，可根据自身的情况决定拒绝或同意作为新节点的支撑节点的请求。若同意作为支撑节点，则开放支撑信道并在下一次 MSH-NCFG 消息中广播通知该新节点。新节点收到支撑节点发送的这一特定的 MSH-NCFG 消息后，发送相应的 MSH-NENT 消息作为确认应答。

（3）**基本能力协商**。获得支撑节点的入网支持后，新节点进一步发送 SS 基本能力请求信息（SS Basic Capability Request Message，SBC-REQ），与支撑节点协商基本的交互能力，如调制方式、发送功率和天线的参数等。支撑节点收到 SBC-REQ 消息后，对消息中的各项基本能力作出回应，指明哪些能力被采纳，并通过 SS 基本能力回复消息（SS Basic Capability Response Message，SBC-RSP）告知新节点。

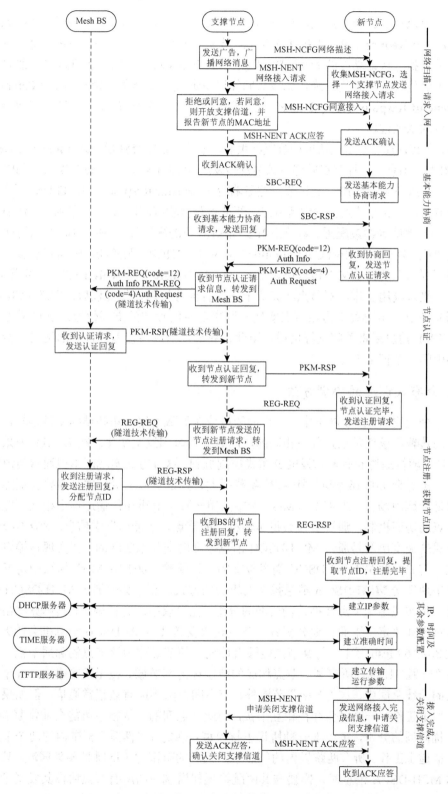

图 9-36　新节点接入网络的初始化流程

（4）节点认证。新节点在收到 SBC-RSP 消息后，发送**秘钥管理请求（Privacy Key Management Request，PKM-REQ）**消息，支撑节点将收到的 PKM-RSP 消息，通过隧道技术转发给执行认证功能的 Mesh BS 节点。Mesh BS 对 PKM-REQ 消息中携带的与网络安全相关的信息进行确认，确认完成后同样以隧道技术返回**秘钥管理回复（Privacy Key Management Response，PKM-RSP）**消息到支撑节点，支撑节点将该消息转发到新节点，完成节点的认证过程。

（5）节点注册。新节点认证的阶段结束后，继续发送**节点注册请求（Register Request，REG-REQ）**消息，支撑节点同样将该消息转发给 Mesh BS 节点。Mesh BS 收到 REG-REQ 后，为新节点分配网络 ID，通过**节点注册响应（Register Response，REG-RSP）**消息返回到支撑节点，由支撑节点转发到新节点，新节点获得相应的网络 ID，完成节点注册过程。

（6）**IP 地址等参数配置**。新节点 IP 地址等参数的配置经由 Mesh BS 节点访问动态主机配置协议（Dynamic Host Configuration Protocal，DHCP）服务器、时间基准服务器及包含网络配置信息的简单文件传输协议（Trivial File Transfer Protocol，TFTP）服务器来实现。

（7）接入收尾工作。新节点在完成上述的各部分接入操作过程后，发送 MSH-NENT 消息到支撑节点申请关闭为该节点实现入网申请专门设定的支撑信道。支撑节点收到该 MSH-NENT 消息后将关闭支撑信道，至此，新节点的网络接入过程全部结束，新节点成为网络中的一个正常节点。

6. 分布式调度的协调方法

在一个无线的 Mesh 网络中，节点的随机分布导致网络的拓扑结构多种多样，另外每个节点的传输需求通常也是各不相同的，同时会随时间发生变化。在 802.11 中采用的是信道监听、随机退避和碰撞重发的分布式控制机制，这种方式实现简单但通常信道的利用率较低，不适合 802.16 城域网这种覆盖范围大、频谱资源宝贵，并且需要有更加确定的 QoS 保证的应用场合。在 802.16 Mesh 网中采用一种可解决在传输过程中相互可能产生干扰的节点间协商机制，通过协商获得传输机会的节点，才能够发送信息。802.16 Mesh 网中分布式的调度协商是通过 MSH-DSCH 消息报文的交互来实现的，要实现传输资源的协商分配，首先要解决 MSH-DSCH 消息报文的可靠传输。802.16 Mesh 协议中定义了各个节点公平地发送 **MSH-DSCH 消息报文**的机会的方式。至于如何通过 MSH-DSCH 携带的信息进一步实现各个节点数据传输资源的分配，在协议中没有做规定，具体算法由设备生产商自行设计决定。下面主要分析各个节点获取发送其 MSH-DSCH 消息机会的方法。

在 802.16 Mesh 网中，与某节点能够直接通信的节点称为该节点的**邻居节点**，相应的间隔为"一跳"距离，所有邻居节点构成的范围称为**邻居域**。在无线网络中，各个节点处在开放的无线空间中，在"一跳"范围外，节点间虽然不能有效正常通信，但如果同时在同一信道上工作，一般仍会存在相互干扰，因此节点间的干扰模型可能会非常复杂。为简化对干扰问题的分析，可引入一种**协议干扰模型**：规定在"两跳"范围内的两个节点不能在同一信道上工作。所有两跳以内的邻居节点构成的范围称为**两跳扩展邻居域**。某个节点在发送 MSH-DSCH 消息时，需要与其两跳扩展邻居域内的所有节点协商其发送的机会。

为实现分布式调度的协调，802.16 协议中定义了两个节点参数：*Next_Xmt_Mx* 和

Xmt_Holdoff_Exponent，分别作为下一次传输时间系数和传输退避指数，作为计算发送时机的依据。为便于表述，这里将其分别记为：T_{NXM} 和 E_{XHE}。同时在每个节点中都保留着一个**物理邻居列表**，其中包含两跳扩展邻居域内所有节点的如下参数：MAC 地址、网络的 ID、该节点与本节点间的距离（跳数）、该节点的 T_{NXM} 和 E_{XHE} 参数等。

每个参与竞争发送 MSH-DSCH 消息报文的节点，以当前发送 MSH-DSCH 消息报文的时刻为基准，可判断下一次发送 MSH-DSCH 消息报文的时间 T_{NXT}（协议中的 *Next_Xmt_Time*）的取值范围为

$$2^{E_{XHE}} \cdot T_{NXM} < T_{NXT} < 2^{E_{XHE}} \cdot (T_{NXM} + 1) \tag{9-1}$$

为避免这类携带管理消息的报文的频繁发送，在每个节点发送完一次 MSH-DSCH 消息报文之后，还需要静默一段时间，才能再次竞争 MSH-DSCH 消息报文的发送机会。**静默时间**（协议中的 *Xmt_Holdoff_Time*）T_{XHT} 由下式决定

$$T_{XHT} = 2^{E_{XHE}+4} \tag{9-2}$$

综上，每个节点在发送完一次 MSH-DSCH 消息报文后，可获得下一次传输机会的最早时间 T_{ESXT}：

$$T_{ESXT} = T_{NXT} + T_{XHT} \tag{9-3}$$

每个节点发送的 MSH-DSCH 消息报文可直达一跳邻居域内的所有节点，参见图 9-37，节点 B 是节点 A 的一跳邻居，节点 C 是节点 A 的两跳邻居。节点 B 向节点 A 发送 MSH-DSCH 消息报文时，其报文内携带了节点 C 的有关参数，因此每个节点通过与一跳邻居域内的所有节点交互 MSH-DSCH 消息报文，实际上可以获得两跳邻居域内所有节点的有关参数。

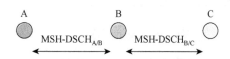

图 9-37 MSH-DSCH 消息报文发布范围示意图

每个节点在发送当前获得发送 MSH-DSCH 消息报文机会后，需要进一步考虑下一发送的时刻，具体可通过如下步骤进行计算。

（1）对物理邻居列表中的所有节点的下一发送时刻 T_{NXT}（即参数 *Next_Xmt_Time*）进行排序，首先根据这些节点的 T_{NXM}（参数：*Next_Xmt_Mx*）和 E_{XHE}（参数：*Xmt_Holdoff_Exponent*）参数计算其 T_{ESXT}（最早发送时间：*Earliest_Subsequent_Xmt_Time*），若记本节点当前的发送时间为 T_{CXT}（协议中的参数：*Current_Xmt_Time*），记协议中的**竞争发送时间** *Temp_Xmt_Time* 为 T_{TXT}

$$T_{TXT} = T_{CXT} + T_{XHT} \tag{9-4}$$

物理邻居列表中所有满足关系式：

$$T_{ESXT}|_i \leqslant T_{TXT} \tag{9-5}$$

的节点 i，就是与本节点可能会在下一发送 MSH-DSCH 消息报文机会中产生冲突的竞争节点。

（2）调用 802.16d 协议中提供的 **MeshElection 算法**，确定当前节点是否赢得下一个 MSH-DSCH 消息报文发送时间。竞争节点集与当前节点之间进行 MeshElection 算法选择，算法输入的参数是当前节点 **ID**、竞争节点集中的节点 **ID** 及竞争发送时间 T_{TXT}。如果根据

算法得到当前节点获胜的结果,则将 T_{TXT} 设定为节点的 T_{NXT};如果竞争失败,则令 $T_{TXT} \leftarrow T_{TXT}+1$,继续调用选择算法进行计算,直至获胜。得到本节点的下一次发送时间 T_{NXT} 后,相关的信息通过当前的 MSH-DSCH 消息报文发送出去。

因为在可能发生竞争的节点集内所有节点计算自身下一发送时间所用的参数都是一样的,所以每个节点调用选举算法计算的结果都一样,可以避免冲突。在 802.16 Mesh 网中其他需要进行发送时间协调的分布式管理消息,都可以采用上述的冲突避免机制。

9.5.6 802.16 的物理层特性

802.16 协议在物理层中采用了与 LTE/4G 几乎相同的新一代高频谱效率的 OFDM/OFDMA 宽带无线通信技术,同时也保留了部分单载波调制解调技术。其中主要的物理层类型和特性如下。

1. WirelessMAN-SC

11～66GHz 许可频段物理层空口规范,主要用于视距传输(line-of-sight,LOS)的场合。其基本特点包括:TDD 或 FDD 方式工作;上行 TDMA,和按需时分多址接入方式;下行 TDM 接入方式;上行和下行支持不同的调制技术(QPSK/16QAM/64QAM)、前向编码纠错(FEC)技术;等等。

2. WirelessMAN-SCa

11GHz 以下许可频段物理层空口规范,其基本特点包括:TDD 或 FDD 方式工作;上行 TDMA,下行 TDM 或 TDMA;上行和下行均支持自适应调制技术(BPSK/QPSK/16QAM/64QAM/256QAM)、前向纠错编码(FEC)和出错重传(ARQ);信号的帧结构支持非视距(Non Light of Sight,NLOS)传输环境下的信道估计与均衡;支持低载干噪比(CINR)下的鲁棒性操作;等等。

3. Wireless MAN-OFDM

11GHz 以下许可频段物理层空口规范,其基本特点包括:采用 256 子载波的 OFDM 调制方式;TDD 或 FDD 方式工作;上行 TDMA,下行 TDM 或 TDMA;上行和下行均支持自适应调制技术(BPSK/QPSK/16QAM/64QAM)、前向编码纠错技术(FEC-RS/TCM 码)和出错重传(ARQ);信号的帧结构支持非视距(NLOG)传输环境下的信道估计与均衡;支持无线 Mesh 网结构;等等。

4. Wireless MAN-OFDMA

11GHz 以下许可频段和免许可物理层空口规范,其基本特点包括:采用 2048 子载波的 OFDM 调制方式;许可频段以 TDD 或 FDD 方式工作;免许可频段仅采用时分(TDD)双工方式工作;采用 OFDMA 方式;上行和下行均支持自适应调制技术(BPSK/QPSK/16QAM/64QAM)、前向编码纠错技术(FEC-RS/TCM 码)和出错重传(ARQ);信号的帧结构支持非视距（NLOG）传输环境下的信道估计与均衡；等等。

5. Wireless HU MAN

5～6GHz 免许可物理层空口规范，其基本特点包括：采用 SCa、OFDM 和 OFDMA 调制方式；以 TDD 方式工作；支持 DFS；等等。

802.16 的物理层技术的基本特征，可以归纳到表 9-2 中。

表 9-2 802.16 的物理层技术的基本特征

物理层类型	工作频段	调制技术	传输速率/Mbit/s	带宽/MHz
WirelessMAN-SC	10～66GHz（许可频段）	QPSK/16QAM/64QAM	≤100Mbit/s	20/25/28MHz
WirelessMAN-SCa	<11GHz（许可频段）	BPSK/QPSK/16QAM/64QAM/256QAM	≤100Mbit/s	20MHz
WirelessMAN-OFDM	<11GHz（许可频段）	OFDM：BPSK/QPSK/16QAM/64QAM	≤75Mbit/s	1.75/3.5/73/5.5
WirelessMAN-OFDMA	<11GHz（许可频段）	OFDMA：BPSK/QPSK/16QAM/64QAM	≤75Mbit/s	1.25/3.5/7/8.75/10/14/17.5/20/28
WirelessHUMAN	<11GHz（免许可频段）	SCa/OFDM/OFDMA	—	1.75/3.5/73/5.5 10/20

9.6 本章小结

本章介绍了目前各种典型的计算机接入网类型，协议规范和有关的网络特性。主要包括目前应用广泛的接入网技术：IEEE802.3 协议定义的基于以太网技术的计算机局域网（LAN）；IEEE802.11 协议定义的 WLAN；IEEE802.16 协议定义的无线城域网。对上述网络的应用范围、物理层特点、链路层结构、典型的工作模式和关键技术的等扼要地进行了分析和讨论。

思考题与习题

9-1 计算机接入网的运行主要依赖哪些层次的协议，为什么？

9-2 计算机接入网主要有哪几种类型，它们主要是依据什么来划分的？

9-3 IEEE802 系列协议主要包含了哪些内容？

9-4 一个典型的 LLC 的 PDU 包含哪几个域，这些域各有什么功能？

9-5 802.3 传输媒介访问管理采用什么样的方法来解决多用户争用信道时的冲突问题，这种方法一般可使得信道的利用率达到多少？

9-6 802.11 协议参考模型主要包含 OSI 网络层次模型中哪些层的功能？

9-7 802.11 一般的帧包含了哪些域，这些域分别起到什么作用？

9-8 当采用以太网作为 IP 网的接入网时，一般链路层的两端是否还有流量与顺序控制功能，这些功能在哪里实现？

9-9 CSMA/CD 是在什么算法的基础上实现的，主要做了什么改进，其信道的利用效率可以达到多少？

9-10 802.11 有哪些主要的调制方式？

9-11 802.11 的 MAC 层定义哪两种媒体接入机制，它们的协调方式有何不同的特点？

9-12 802.11 的载波侦听机制中的虚拟载波侦听是指什么，为什么称为"虚拟"？

9-13 工作在 802.11Mesh 工作模式下的一个 MBSS 构成了一个可实现多跳互连的子系统，该子系统如何实现寻址功能和路径的选择？

9-14 要实现节能，802.11Mesh 工作模式下的 STA 有哪几种管理管理模式，处于睡眠中的 STA 是否还有可能接收外部需要发给它的信息？

9-15 802.11 中的隐藏节点和暴露节点问题具体是指什么，这些问题一般能否解决？

9-16 802.16 协议与 802.11 协议定义的网络在应用场景上有什么不同？

9-17 简述点到多点模式下工作的 802.16 网络用户接入网络的流程。

9-18 简述 Mesh 模式下工作的 802.16 网络用户接入网络的流程。

9-19 802.16 协议中定义了什么业务类别，为这些业务提供服务时一般各要满足什么条件？

9-20 802.16 Mesh 网主要有什么调度方式，各有什么特点？

9-21 802.16 Mesh 网工作在分布式调度方式时如何解决调度管理等信息在发布时的可能出现的冲突问题？

参 考 文 献

龚向阳，金跃辉，王文东，等，2006. 宽带通信网原理. 程时端审校. 北京：北京邮电大学出版社.

郭峰，曾兴雯，刘乃安，等，1997. 无线局域网. 北京：电子工业出版社.

乐正友，杨为理，1991. 程控数字交换机硬件软件及应用. 北京：清华大学出版社.

刘宴兵，唐红，2008. 宽带无线移动通信网络技术. 北京：科学出版社.

王晓军，毛京丽，1999. 计算机通信网基础. 北京：人民邮电出版社.

谢希仁，1999. 计算机网络. 2 版. 北京：电子工业出版社.

Mustafa Ergen，2011. 移动宽带系统——包括 WiMAX 和 LTE. 欧阳恩山译. 北京：电子工业出版社.

第 10 章　IP 网技术

　　由早期美国国防部资助研究的基于 TCP/IP 发展起来的计算机网络已经演变成遍布世界范围各个区域的**互联网**。互联网在整个发展过程中一直遵循便捷的通信和信息共享的宗旨。互联网远不只是实现一般意义上的通信功能，它既是一个跨越各大洲的通信网络，也是一个巨大无比的信息资源库。互联网可以看作由通信网络和资源网络两大部分**云**构成的系统，前者提供通信功能，后者提供信息和计算等服务功能。

　　对于一个终端用户来说，互联网的一般概念可以如图 10-1 描述的系统来理解，终端通过**园区网**接入网络系统，园区网通过由不同网络运营商的自治网络系统组合成的**外围网络**，连接到互联网的**骨干网**上。在互联网上，连接有大量的服务器，其中包括由网络媒体业务服务提供商、网购服务提供商、各种公益非营利组织和学术机构及政府部门提供的大量数据和信息。进一步通过用户终端内的浏览器和网络上的各种搜索引擎，将这些信息虚拟为一个包罗万象的**信息资源库**。从用户的角度来说，互联网不仅仅是一个通信网络，还是由通信网络和信息资源库构成的大系统。从另外一个角度，随着各种类型的专用网络，如公用电话交换网和移动通信网等，接入互联网，互联网与其他网络的界线已经越来越模糊，所有的通信与信息网络最后很可能融合为一个由各类异构网组合而成的综合系统。

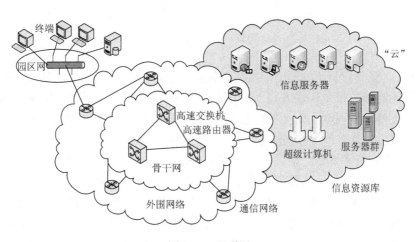

图 10-1　互联网

　　与电信网络主要是由 ITU 和国际的行业组织主导发展起来的情况不同，互联网最早是在美国国内发展起来的。支撑互联网运行的有两大体系标准，一个是由**美国国防部和美国国家自然科学基金委员会**支持发展起来的 TCP/IP 协议；另外一个则是由 IEEE 主持制定的 IEEE802 系列计算机网络的链路层和物理层协议。TCP/IP 协议栈和 IEEE802 标准系列共同组成了互联网的基本协议体系。本章主要讨论 TCP/IP 和 IP 网的基本技术。

10.1 TCP/IP

IP 网，是指基于 TCP/IP 协议和有关技术构建的网络。TCP/IP 协议主要定义了网络的**网络层**、**传输层**和**应用层**的协议规范。TCP/IP 协议与 ISO 定义 OSI 的七层协议模型的对应关系如图 10-2 所示，TCP/IP 功能实际上包括 OSI 模型中的高 5 层协议。OSI 模型中的链路层和物理层被归结为**网络接口层**，网络接口层的协议在 TCP/IP 中并没有定义，而由其他的协议标准，如 IEEE802.XX、ATM 和现有的电信网的数据传输标准规范等，为其提供链路层和物理层的功能。经过从 20 世纪 70 年代到现在几十年的发展，TCP/IP 已经取代或正在取代几乎原有通信网络中网络层和传输层的各种技术规范。

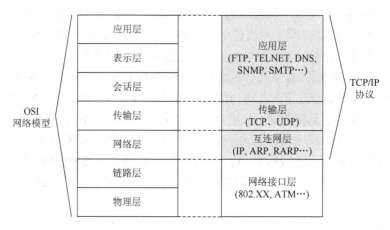

图 10-2　OSI 协议模型与 TCP/IP 协议对应关系

TCP/IP 能够成为公认的网络事实协议标准，有两个重要的原因，其一是该协议在网络层采用了无连接的报文传输方式，因为没有网络中复杂的信令系统，网络中承担传输与交换功能的设备很大程度上为一种松散耦合的机制，设备在工作过程中呈现出一种纯分布式控制的方式，相对简单，容易进行扩展，同时有很好的强壮性。其二是在实际获得大规模应用的 IPv4 的版本确定之后，其网络层和传输层的基本架构可保持长期的稳定，虽然一方面 TCP/IP 应用层的协议随着各种新的业务发展，特别是多媒体业务的进入，应用层的功能在不断地扩大与完善；另一方面通信网络以光纤和宽带无线通信为代表的物理层技术与链路层技术取得前所未有的巨大进步，TCP/IP 的网络层与传输层都能够很好地适应其变化，其稳定的结构在整个通信领域各项技术发展中起到了一种承上启下的关键作用。

另外，对比 OSI 的七层网络模型，TCP/IP 没有明确划分其中的**表示层**和**会话层**。实际上这些功能包含在 TCP/IP 协议的应用层中，对不同的应用层协议，可根据需要加入特定的子层来实现 OSI 系统中表示层和会话层的功能。例如，对于实时的流媒体信号传输，可根据传输的需要加入 RTP/RTCP 来实现会话层的功能，而表示层的功能，如视频音频等信号的编码格式，可在应用层的媒体编/解码器中设定特定的控制代码实现相应格式信息的交互，保证编码和相应解码方法一致性的协调。

10.1.1 TCP/IP 的网络层

TCP/IP 协议的网络层功能主要包括地址的编址方法、网络（子网）的定义、报文格式、地址解析方法与寻址方式、网络的控制消息协议与网络组播的管理方法等。本节主要讨论 IPv4 版本协议，有关 IPv6 协议稍后专门介绍。

1. IP 网编址方式

IP 网与其他网络一样，要实现网络中任何两个节点间的信息交互，需要为每个节点设定特定的标识，或者叫作节点的编号或者地址。因此典型的 IP 网地址的结构由两部分组成，如图 10-3 所示，这两部分分别称为**网络标识**（NetID）和**主机标识**（HostID）。在报文的寻址过程中，首先找到网络标识对应的网络，进一步找到该网络中主机标识对应的特定主机。

特别值得注意的是，TCP/IP 只定义了网络层、传输层和应用层的协议，链路层和物理层由其他协议提供支持，由此保证 IP 网络不会因为物理层

| 网络标识 | 主机标识 |

图 10-3 典型的 IP 地址结构

各种新的技术的快速发展而影响其生存，恰恰相反，网络协议底层各种新的技术要获得应用，都必须向上为已经获得广泛应用和有大量资源的互联网提供相应的支持。网络中的两个节点在通信时，除了网络的 IP 地址外，还必须包括物理地址。物理地址的编址方式与底层网络采用的技术有关。若底层网络是一个以太网，则该物理地址是一个 48 位的 MAC 地址；若底层网络是一个 ATM 网络，则该物理地址就是 ATM 地址；若底层的网络是一个电话网，则该物理地址就是一个电话号码，等等。稍后我们还可以发现，在很多情况下，物理地址在全球范围内可以不是唯一的，只需要在本地网络中具有唯一性即可。

IP 地址的长度视不同版本的 IP 而定，IPv4 的地址长度是 32 位二进制数，新一代 IPv6 的地址长度是 128 位二进制数。在设计 IPv4 的初期，考虑不同应用场合网络规模大小的差异，定义了 A、B 和 C 三类不同的主机地址，这三类都可分配给特定主机的地址也称为**单播地址**；考虑网络中组播业务应用的需要，定义了 D 类地址作为**组播地址**，D 类地址是一个特定广播或多播组的标识，不会分配给一个特定的主机；另外，还保留一种称为 E 类的地址给潜在的未知新业务使用。不同种类 IP 地址的格式和特征如图 10-4 所示。根据地址左边高位比特 1 到比特 4 的特征，很容易对地址的类别进行区分。

在 A、B 和 C 这三类主机地址中，HostID 的长度分别为 24 位、16 位和 8 位二进制数，其中全"0"的 HostID 用于代表该网络本身，而全"1"的 HostID 用于该网络的广播地址，这两个地址都不会分配给特定的主机。因此 A、B 和 C 这三类地址所对应的网络可容纳的主机数分别为 $2^{24}-2=16777214$、$2^{16}-2=65534$ 和 $2^8-2=254$。相应地，在 A、B 和 C 这三类网络的个数则分别为 $2^7=128$、$2^{14}=16384$ 和 $2^{21}=2097152$。在 A 类地址中，NetID 为全"0"的 IP 地址，用作本网的广播地址，NetID 为 127 的 IP 地址用作环回地址，用于主机向自身发送测试报文，因此这两个 A 类地址实际上都不会作为网络的标识，实际上 A 类地址

的个数为 126 个。

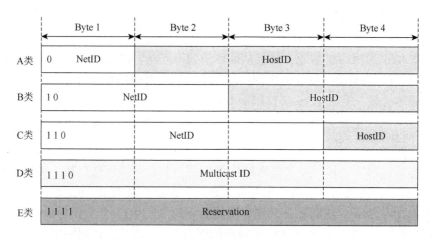

图 10-4　不同种类 IP 地址的格式和特征

2. IP 的子网与超网

对于上述的 A 类或 B 类网络，每个网络中有若干万个以上的地址，通常难以对其进行管理，需要对其进行进一步的划分。即使对于 C 类这样的地址，对于只有若干人的一个部门，使用一个 C 类地址也会对地址空间造成极大的浪费，此时也需要对其进行划分。通过对 A、B 和 C 类网络进行划分得到的规模较原来小的网络，就称其为**子网**。子网的划分一般不能随意，只能够以 2 的倍数减小。为标识一个子网的 ID，引入"**掩码**"的概念，掩码是一个 32 位的代码，其中含"1"的位对应子网的标识（SubNetID），剩下的含"0"的位对应主机的标识。图 10-5 给出了一个将原来的一个 C 类的网络划分为 4 个子网的一个示例。从原则上说，掩码中"1"的位置可以是连续的，也可以是非连续的，为避免复杂化，通常采用连续的方式。同样，在子网中全"0"的 HostID 和全"1"的 HostID 都不会用作一个特定主机的 HostID，因此每次划分，都会使得绝对的 IP 地址数有损失。尽管如此，IP 地址总的使用效率还是会得到显著的提高。

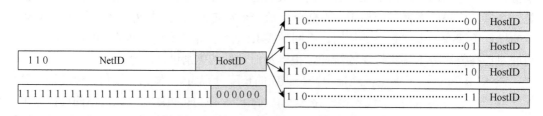

图 10-5　C 类地址划分子网的示例

需要说明的是，在划分子网的时候，并非每个子网的规模都必须是一样的。例如，对图 10-5 中划分得到的某个子网，引入新的掩码后，还可进一步划分，假如将某个子网进一步划分为 2 个子网，最终我们可以得到包含 3 个具有 6 位 HostID 的子网和 2 个具有 5

位 HostID 的子网。

超网的概念与子网的概念恰好相反，**超网**（Super Net），是将几个网络组合构成一个更大的网络。通常 A 类和 B 类网络都是超大型或者大型的网络，一般不可能再组合。因此超网一般是指将若干 C 类的网络合并构成一个具有更大地址空间的网络。通常在构建一个超网时，要求 C 类网的个数是 2 的整数次方，如 2^n，n 是整数。同时要求地址块 NetID 的最低位以 2^{n-1} 个 "0" 开始。下面我们通过一个实例来说明超网的构建，如图 10-6，假如我们申请获得了具有连续 NetID 编号的 8 个 C 类地址，其 NetID 分别为 202.112.8、202.112.9、202.112.10、…、202.112.14 和 202.112.15，相应的超网掩码则变为 255.255.248.000，由此可以构成一个约有 $2^8 \times 8 = 2048$ 个 HostID 的较大规模的网络。当有报文经过该网络的路由器时，若其 IP 地址与超网掩码 255.255.248.000 按位进行 "与" 运算后，得到的 NetID 为这 8 个 C 类地址中的最小值：202.112.8，则可判定接收报文的主机在该超网内。

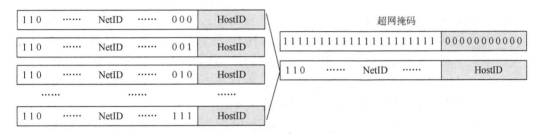

图 10-6　8 个 C 类地址构建一个超网示例

3. IP 的报文格式

IP 的报文的结构如图 10-7 所示，IP 报文主要由基本报头、扩展的选项报头和数据域组成，其中基本的报头中总共包含 12 个控制信息域。

版本号(Version)	报头长度(HLEN)	服务类型(TOS)	总长度(Total Length)	
标识(Identification)			标志(Flag)	分片偏移量(Fragmentation Offset)
生存时间(TTL)		协议号(Protocol)	校验和(Checksum)	
源IP地址(Source IP Address)				
目的IP地址(Destination IP Address)				
报头选项(Option)				
数据(Data)				

图 10-7　IP 报文的结构

（1）**版本号**（Version）。版本号域长 4 个比特，直接用二进制数值标识 IP 报文所遵循的 IP 版本，例如，IPv4 报文中的版本号取值为 0100，对应十进制数的 4。

（2）**报头长度**（HLEN，Head Length）。因为 IP 报文的报头可能包含选项，所以报头的长度是可变的，报头长度的取值确定了以 4 字节为 1 个长度单位的报头长度。基本的报头具有 5 个单位长度即 20 字节，包含选项的报头理论上最长可达 15×4=60 字节。

（3）**服务类型**。服务类型共有 8 个比特，包含两个字段：3bits 长的**优先级子字段**和 4bits 长的**业务类型子字段**（Type of Service，TOS），另外还有一个未使用的比特。服务类型中这两个字段的组合可以用于定义不同业务类型的报文，使这些报文在传输过程中具有不同的优先等级。

（4）**总长度**（Total Length）。总长度值确定了 IP 报文报头加数据域的总长度，其单位为字节，总长度域共有 16bits，因此 IP 报文的最大长度为 $2^{16}-1=65535$。

（5）**标识**（Identification）。标识是一个长度为 16bits 的标记，当主机发送一个报文时，IP 中专门定义的标识计数器会将其当前值复制到 IP 报文的标识域中，计数器自动加 1，为发送下一个报文做准备。IP 报文中的标识值与 IP 地址共同定义了当前 IP 网中唯一的一个报文。IP 报文在传输过程中可能会被分片，在分片后的子报文中标识域中的值保持不变，从而在接收端可对分片后的报文进行重组。

（6）**标志**（Flag）。标志是一个 3bits 的标记 IP 报文分片关系的域。其中第一个比特保留未定义；第二个比特标识该报文在传输途中是否可进行分片操作，"0"表示可被分片，"1"表示不可分片。当一个 IP 报文中经过的网络中规定所允许通过的报文尺寸小于该报文时，若该标志比特被置为"1"，则丢弃该报文，同时通过 ICMP 报文通知源端该 IP 报文不能成功传输的原因。第三个比特用于标识当前分片的子报文是否分片报文中的最后一个。如果该比特值为"0"，表示是分片子报文中的最后一个；反之，如果为"1"，则表示后面还有其他的分片子报文。该比特的取值可为接收端判断是否可开始恢复一个完整的 IP 报文提供依据。

（7）**分片偏移量**（Fragmentation Offset）。分片偏移量是一个 13bits 的参数，用于标识当前的分片子报文的第一个字节在原来 IP 报文中的位置，分片偏移量的一个单位代表 8 字节的长度。

（8）**生存时间**（Time to Live，TTL）。生存时间是一个限定 IP 报文在路由器中转发次数的参数。IP 报文在网络中传输时每经过一个路由器，生存时间的取值被减去 1。当该其值减 1 后，即等于 0 时，报文被丢弃，不再进行转发。该参数在网络中可用于限定 IP 报文的传播范围，同时可以避免在传输过程中出错时报文在网络中无休止地被转发传输。

（9）**协议号**（Protocol）。该参数用于标识 IP 报文所携带的数据报在 IP 的上一层属于哪一种协议的数据报。表 10-1 给出了一些常用的协议号示例，例如，协议号取值为 1 时，表示上一层是一个 ICMP 的数据报；而取值为 6 时，则表示上一层是一个 TCP 的数据报。

表 10-1　常用的协议号示例

协议号	协议名	说明
1	ICMP	网间控制报文协议
2	IGMP	IP 组播管理协议
6	TCP	传输控制协议
8	EGP	外部网关协议
9	IGP	专用内部网关协议
17	UDP	用户数据报协议

（10）**校验和**（Checksum）。校验和用于 IP 报文传输过载中的差错保护，在发送时，将 IP 报文以每 16 比特划分为一个个小组，将这些码组用反码进行累加运算，溢出 16bits 的进位值被自动丢弃，将运算得到的累加和结果按位取反后即为相应的效益和。目的节点接收到一个 IP 报文后，进行相同的累加运算，得到累加和的结果后再与校验和进行按位相加。相加后的结果如果为全"1"，取反后则全为"0"，此时表示传输过程中没有出错，反之若不为全"0"，则表示报文在传输过程中出现错误。通过这样简单的校验保护操作，可以检查出大多数的错误。

（11）**源地址**（Source Address）。源主机发送端口的 32 为 IP 地址。

（12）**目的地址**（Destination Address）。目的主机接收端口的 32 位 IP 地址。

4. IP 的 ARP

IP 地址是 IP 定义的 IP 网上主机的标识，是一种逻辑地址。IP 将数据链路层与物理层简单地统称为网络接口层，网络接口层依照不同的物理层技术，可以差异很大。IP 报文在传递过程中被封装在数字帧或者信元中传输，采用不同物理层技术的网络只认识其自身协议定义的物理地址，因此 IP 报文在传输过程中需要进行 IP 地址与物理地址的映射，或称其为转换。IP 报文在传输过程中还可能经历多个不同类型的物理网络，相应地在此期间会出现多次的地址映射。图 10-8 给出了一个 IP 报文经历两类不同的网络传输的示例，其中源与目的主机两端的接入网是采用以太网工作方式的局域网，中间的骨干网是 ATM 网络，在传输 IP 报文的过程中，先后需要经历两次 IP 地址到局域网的 MAC 地址、中间一次 IP 地址与 ATM 地址间的转换。**地址解析**，就是 IP 地址与物理地址间映射的过程。这里仅简要介绍底层网络是以太网时的情形，其他地址映射的情形将在其他特定网络的相关章节中讨论。

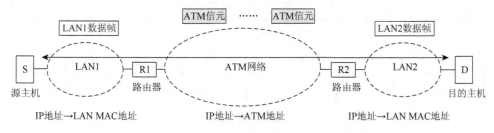

图 10-8　IP 报文经历不同类型网络传输示例

1）ARP

ARP 主要解决在局域网内如何根据目的主机的 IP 地址，获取当前报文传输的下一跳节点的物理地址（MAC 地址）的问题。假定在局域网内，所有的主机或者路由器都通过某种方式获得了其相应的 IP 地址,此外源主机也已经知道了目的主机的 IP 地址。如图 10-9 所示，当源主机在局域网内需要发送 IP 报文给目的主机，但又不知道下一跳的节点的物理地址时，会首先通过 LAN 的 MAC 广播地址（$FFFFFFFFFFFF_{16}$）发送一个 ARP 的请求帧，请求帧的结构如图 10-10 所示，其中包含源和目的主机的 IP 地址、源主机的 MAC 地址等。因为请求帧采用 LAN 广播的方式，其中的每个主机都会接收到该帧的信息，同时请求帧内的 IP 地址比对检查自身是否被查询的主机。此时将出现如下两种可能的情况。

（1）如果目的主机与源主机在同一 IP 子网内，目的主机会发现自己就是正在被查询的主机，此时该主机将做出响应，根据请求帧内提供的源主机的 MAC 地址和 IP 地址，返回包含自身 MAC 地址与 IP 地址的应答帧，根据该应答帧，源主机即可直接获得目的主机的 MAC 地址。

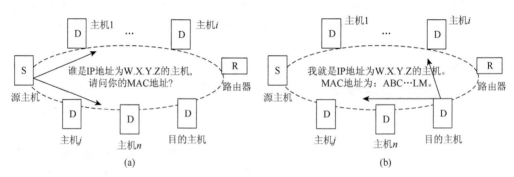

图 10-9 ARP 地址解析过程

(局域网)硬件类型(HTYPE)		协议类型(PTYPE)
硬件(地址)长度(HLEN)	协议(地址)长度(PLEN)	操作(OPER)：请求-"1"/应答-"2"
源主机MAC地址(Source MAC Address)		
源主机IP地址(Source IP Address)		
目的主机MAC地址(Source MAC Address)：对请求报文,该字段置0。		
目的主机IP地址(Destination IP Address)		

(a) ARP报文结构

同步字符	广播/目的MAC地址	源MAC地址	类型	ARP报文	CRC
8字节	6字节	6字节	2字节		4字节

(b) ARP帧结构

图 10-10 ARP 报文结构与相应的帧结构

（2）如果目的主机与源主机在不在同一 IP 子网内，此时目的 IP 地址的网络编号（NetID）与本子网的 NetID 将不相同，此时发送报文的源主机可以根据自己 NetID 与报文的目的主机 NetID 的差异，直接向缺省的网关（路由器）发送 ARP 请求，以获取所要找的网关（路由器）的 MAC 地址。

图 10-10 中 ARP 报文结构内，包含目的主机的 MAC 地址域，在 ARP 的请求帧中，该域被设置为全"0"；在 ARP 的应答帧中，则放置了源主机所要找的目的主机的 MAC 地址。由此，就可解决源主机获取报文传输过程中下一跳节点 MAC 地址的问题。如果 IP 报文需要经过多个网络/子网才能到达目的主机，则每个上一跳的节点都可以通过相同的方法获得下跳节点的 MAC 地址。一旦某个节点获得下一跳节点的 MAC 地址，可将该地址存放到其 MAC 地址的缓存列表中，在一个特定的时间段内，都可以根据该 MAC 发送去往同一 IP 地址或者非本子网目的节点的 IP 报文。

与此同时，在每个子网中的其他主机，都可在此过程中获得子网内相应的特定 IP 地址及与其对应的 MAC 地址相关信息，并且这些信息存放在自身的地址缓存列表内，在需要发送 IP 报文时，若发现已经具有其 IP 与 MAC 地址的映射关系，则可直接加以利用，从而可减少子网内重复发送查询帧的次数，使系统传输资源的利用率得到提高。地址缓存列表内的地址信息会定期地更新，过时没有被刷新的信息将被丢弃。

2）RARP

在网络中有时会遇到这样的应用需求，主机需要根据其 MAC 地址，查询其 IP 地址。典型的情形是网络中的无盘工作站，无盘工作站是一种没有硬盘的网络设备，它只在设备的只读存储器（Read Only Memory，ROM）中设置了简单的启动和入网的引导程序。无盘工作站的 IP 地址存放在反向地址解析协议（Reverse Address Resolution Protocol，RARP）服务器内，服务器中预先配置好了无盘工作站 MAC 地址与网络管理员预先为其分配的 IP 地址的映射表。如图 10-11 所示，当工作站启动时，在 LAN 内利用 MAC 广播地址发送 RARP 请求报文，网中的 RARP 服务区会做出响应，将 IP 地址等工作站入网所需的信息返回给该工作站，工作站利用这些信息即可实现上网功能。图 10-12 给出了 RARP 报文结构与相应的 RARP 帧结构，其中灰色的地址域在 RARP 的请求报文中没有意义，在应答报文中这些域中则包含工作站的 IP 地址、RARP 服务器的 MAC 地址和 IP 地址等信息。

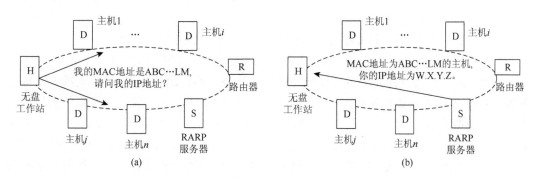

图 10-11　RARP 地址解析过程

图 10-12　RARP 报文结构与相应的 RARP 帧结构

5. IP 的报文传输与路由选择

TCP/IP 是整个互联网的工作规程，该协议保证了 IP 报文在由大量网络组成的网络系统中，从报文发出的源端主机正确地传递到目的主机。IP 报文在传输过程中，通常要穿越多个网络或网络系统，这些网络或网络系统还可能属于不同的管辖机构。此外，IP 网还有别于传输的电信网络，IP 网在其网络层的意义上是一种非面向连接的网络，网络本身并没有一个负责建立固定传输通道的信令系统，每个 IP 报文在网络中是独立传输的，从源端发往同一目的地的不同报文，有可能经历不同的传输路径。因此，要保证报文的正确传输，需要解决最基本的两个问题：其一是 IP 报文的寻址问题，IP 报文如何才能够找到一条从源主机到目的主机的传输路径；其二是系统的维护问题，对于像互联网这样的由成千上万个网络组成的网络系统，网络中的不同部分每时每刻都可能出现一些网络状态的变化，如何才能使得网络的这些变化对 IP 报文传输的影响达到最小。

1）IP 网的基本结构

图 10-2 所示的互联网是一个简要的结构，实际的互联网是由许许多多的**自治系统**组成的一个复杂的网络系统。一个 AS 通常是某个机构管理下的一个园区网或者运营商经营的一个网络。一个典型的园区网 AS 系统的结构示意图如图 10-13（a）所示，由一个或者若干个交换机构建的局域网组成一个 IP 子网的物理网络，实现物理层和链路层的功能；每个子网通过路由器连接到具有性能更好的交换机或交换机组构成局域网，支撑起结构上更高一级的 IP 网络；如此不断地汇聚，形成一个相对独立的 AS 系统。AS 系统的结构通常呈现一个树状的结构。不同的 AS 之间，可以继续通过路由器与交换机以星形的结构互连，也可以通过其各自的边界路由器连接成一个网状的结构，在网络结构上的顶层区域，一般都是一个网状的结构。当然在实际组网的过程中，每个 AS 并非一定要按照严格的星形结构来构建，可以根据地理位置或者业务量的情况来构造网络。严格来说，各种不同形

态的网络结构都可看作网状结构的一个特例。因此，在讨论报文的传输路径或各种路由算法时，如图10-13（b）所示，习惯上总是把网络抽象为一个网状结构的系统。自治系统进一步地通过边界路由器连接到更高一级的骨干网上，图10-13（c）给出了一个自治系统互联的示例。

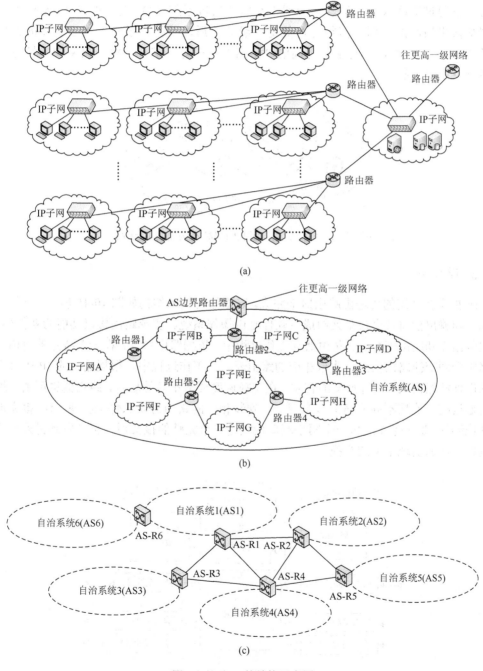

图 10-13　AS 的结构示意图

2）传输路径与路由选择

从图 10-13（a）可见，IP 的子网通常是由通过交换机或者集线器提供的包含物理层和链路层功能的局域网构建的，从 IP 的角度，网络内所有的设备间均为一跳可达，因此可以直接通过 MAC 地址找到对方，因此无须选路，也没有路由的概念。一般来说，一个交换机或者集线器通常只有几个到几十个端口，若要构建规模更大的网络，通常可以通过级联来实现扩容，但通常级联的层数不超过 3 层，图 10-14 给出了一个两层交换机级联的示例。值得注意的是，级联之后，数据帧虽然经过了更多的设备，但是从 IP 的角度来说，两主机之间的"距离"仍视为一跳。一跳内报文的寻址过程均可通过 ARP 完成。

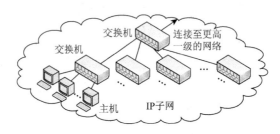

图 10-14 两级交换机级联的局域网构建的 IP 子网

6. 路由器

IP 报文在网间的传递由路由器来完成。路由器的基本结构如图 10-15 所示，硬件主要由输入和输出接口及交换单元组成，软件则由操作系统、实现路由协议功能的软件模块、路由数据库和路由表组成。路由器在工作过程中，依据路由协议，在一个特定的自治系统的路由器间交换路由信息，生成相应的路由表。在工作过程中，根据输入的 IP 报文中的目的地址和路由表，进行报文的转发。在交换速度要求不高的场合，路由器也可由普通计算机通过配置连接不同网络的多个网卡、安装相应的路由协议软件来实现，IP 报文通过软件控制的 CPU 操作，从一个网络端口接收完一个完整的报文后，再转发到另外一个网络端口，从而实现报文的交换。

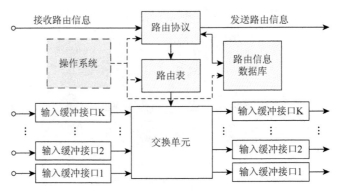

图 10-15 路由器的基本结构

7. 路由表

IP 报文在网间传输路径通过路由表来决定，**路由表**是一张根据到达 IP 报文中的地址确定该报文应通过路由器的哪一个端口转发的查找表。不同路由协议的路由表中包含的内容可能会有一定的差异，但通常都包括目的地址和下一跳出口的端口 IP 地址（或端口编号）或者下一跳路由器的 IP 地址。表 10-2 给出了一个路由表的示例，表中**目的网络**是 IP 报文期待到达的网络编号；**代价**是到达该目的网络开销的某种度量值，如跳数；**下一跳**是到达目的网络本路由器的下一个路由器的 IP 地址。通常在目的网络栏中还会包含一个**缺省项**（Default）。因为在路由表中一般不可能列举互联网中所有的目的网络，引入缺省项，可使得所有到达路由器的 IP 报文在没有找到确切的目的网络选项时，也可获得下一跳的转发地址，由该转发地址的路由器去确定传输路径。通常缺省项指向的是网络结构上更高一级的路由器地址。一个 IP 报文在网络传输过程中经历的每一个"下一跳"路由器，由此可得到该报文从源主机到目的主机的整个传输路径。

路由表的生成或者改变由路由选择算法决定，路由算法一般可以分为以下两种类型。

（1）**静态路由法**。静态路由法通过人工在路由器中设定报文转发的路由表来实现。静态路由法最大的特点是简单，其没有额外的路由信息交互的开销。但静态路由法不会根据网络状态的变化调整路由表，一旦网络的拓扑发生改变，路由表就可能失效，此时需要人工介入来对其进行修改。

（2）**动态路由法**。动态路由法是路由器间通过定期或者不定期地交换网络的状态信息，在此基础上根据特定的算法来自动修改路由表以适应网络的变化，动态路由表法可使网络中报文的选路机制具有更好的强壮性。

表 10-2 路由表示例

目的网络	代价（开销）	下一跳
166.8.0.0	8	196.33.234.254
112.0.0.0	5	198.310.44.68
113.0.0.0	6	198.310.44.68
199.36.0.0	9	202.112.18.199
Default	—	218.97.133.231

8. 路由协议

根据不同网络的特点和应用需求，人们对网络的路由算法进行了大量的研究。在这里仅介绍应用广泛，已经成为路由选择标准协议的两种典型的算法：**路由选择信息协议**（Routing Information Protocol，RIP）和**开放式最短路径优先协议**（Open Shortest Path First Interior Gateway Protocol，OSPF）。

1）RIP

RIP 采用**距离向量路由选择策略**，这里的距离是指跳数，到不同目的网络的信息构成一组向量。RIP 一般只适合应用在规模较小的网络系统，因此距离的最大值为 15，当超过 15 时则认为不可达。在该路由协议中，每个路由器动态地维护一个自身的路由表，该路由表记录从自己到整个网络系统中每一个网络的**最小跳数**，以及到达不同网络的下一跳应该选择的出口端口。由此可实现在整个网络系统中的网络节点间的互联互通。

RIP 运行的关键在于其可自动地构建每个路由器中的路由表，以及当网络的拓扑状况发生变化时，路由表可作出相应地调整。上述的这些功能都可以通过 RIP 的**更新算法**来实现。更新算法的要点可以概括如下。

（1）每个路由节点定期地将其路由表中的信息发送给邻居路由节点，这些信息主要包括其所知的目的网络、到达这些网络的跳数及下一跳路由器的地址；如果某个节点在规定的时间段内没有收到邻居节点的信息，则将该路由器标记为不可达。

（2）当收到邻居路由器 K 的一个 RIP 报文（路由器 K 的路由表）后，先对该表进行以下改动：将所有下一跳的地址均改为路由器 K 的地址，将到达其他目的网络的跳数加 1。

（3）如果更改后的来自路由器 K 表项中包含新的原来未知的网络，则将有关该网络的表项加入到自身路由表的表项中。

（4）检查来自修改后的路由器 K 的到达其他目的网络的表项，如果当前路由器中到达某一目的网络的下一跳路由器为路由器 K，则将路由器 K 中的该表项替代当前路由器中的表项，因为到达该网络原来也是依赖路由器 K 的，因此应该以路由器 K 中的表项为准；如果当前路由器中到达某一目的网络的下一跳路由器不是路由器 K，其跳数为 d_i，而路由器 K 表项中到达该目的网络的跳数为 d_j，若 $d_j < d_i$，则将路由器 K 中表项替代当前路由器中的表项，反之则不作任何改动。

通过上述的 RIP 更新算法，自治系统中的每一个路由器，都可以自动地建立可到达整个系统中任何一个网络的路由表，而且当网络的拓扑状态发生变化时，路由表可以自适应地进行调整。对于图 10-13（b）中的自治系统网络，运用 RIP 的更新算法可得到如图 10-16 所示的路由器 1 和路由器 2 的路由表。

路由器1路由表			路由器2路由表		
目的网络	跳数	下一跳	目的网络	跳数	下一跳
子网A	1	直接交付	子网A	2	路由器1
子网B	1	直接交付	子网B	1	直接交付
子网C	2	路由器2	子网C	1	直接交付
子网D	3	路由器2	子网D	2	路由器3
子网E	2	路由器5	子网E	1	直接交付
子网F	1	直接交付	子网F	2	路由器5
子网G	2	路由器5	子网G	2	路由器4
子网H	3	路由器5	子网H	2	路由器3
外部网络	2	路由器2	外部网络	1	边界路由器

图 10-16　路由器 1 与路由器 2 中的路由表

每个路由器在与相邻的路由器交换路由信息时，采用统一的 RIP 规定的报文格式，目前采用的是如图 10-17 所示的 RIP 版本 2 的格式。RIP 的报文封装在传输层 UDP 的报文中，使用数值为 520 端口号进行标识，再通过网络层的 IP 报文传输。每个 RIP 报文包括**首部**和**路由信息**两部分。首部包含**命令**和**版本号**等字段，其中命令说明报文的类型：如取值 "1" 表示请求路由信息，"2" 则表示对请求的响应或者主动发送的更新报文；版本号说明当前报文使用的 RIP 的版本。每个路由信息单元可包含多达 25 组的路由信息单元。

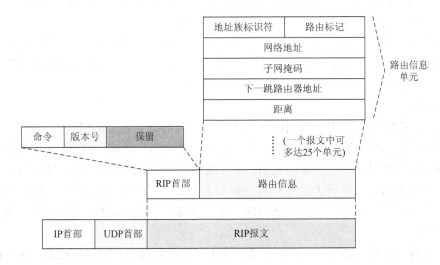

图 10-17 RIP 报文格式

RIP 简单，维护其工作的开销小，从跳数最小的意义上来说，它是一个最佳的路由协议。该路由协议也有一个较大的缺陷，就是当网络出现故障，如某个网络的链路中断时，要使整个自治系统中的所有路由器均知道此情况，可能会经历较长的时间。仍以图 10-13 (b) 所示的 AS 系统为例，当其中的子网 A 与路由器 1 间的链路断开时，实际上子网 A 已经与系统隔离，对所有其他的网络来说均已不可达。但路由器 2 和路由器 5 会告诉路由器 1，对它们来说，子网 A 是两跳可达的，路由器 1 会误认为经路由器 2 和路由器 5 还有其他的路径可以到达子网 A，它并不知道路由器 2 和路由器 5 是要经过路由器 1 方能到达子网 A 的。因此路由器 1 会把其路由表改为经路由器 2 或者路由器 5，子网 A 是 3 跳可达的。此时，要经过整个 AS 系统中路由器间 RIP 路由信息的多次交互，方能使得路由器 1 中路由表到达子网 A 的跳数超过 15（RIP 意义上的跳数"**无穷大**"），最终网络中所有路由器才意识到子网 A 已经不可达。这种网络一旦出现故障，要经过很长的时间才能使得所有路由器认识到出现问题的现象，称为"**计数到无穷问题**（Count-to-Infinity）"。反之，如果 AS 中出现了新的更短的路径，一般可以很快地传遍整个系统。因此上述现象也通常归纳为：**好消息传播得快，坏消息传播得慢**。

为克服计数到无穷问题，人们提出了许多改进的方法，主要有以下几种。

（1）**横向隔离**（Split Horizon）法。如果一个路由器 i 仅从相邻的路由器 j 获得关于网络 k 可达的信息，则路由器 i 不应向路由器 j 反向传送有关网络 k 可达的信息。

（2）**具有毒性逆转的横向隔离**（Split Horizon with Poison Reverse）法。这是一种增强型的横向隔离法，如果一个路由器 i 仅从相邻的路由器 j 获得关于网络 k 可达的信息，则路由器 i 不仅不向路由器 j 反向传送有关网络 k 可达的信息，而且直接告知路由器 j 不可经由它达到网络 k，或者说通过它到达网络 k 的跳数为无穷大，也就是说在这种情况下，信息的反向传送没有意义，这就是"毒性逆转"。

（3）**触发更新**（Triggered Updates）。系统中的路由器一旦发现路由表状态发生变化，立刻发送更新的报文，使得系统中所有的路由器均迅速地做出一系列相应的调整，使各个路由器中的路由表很快地刷新到一个新的正确的状态。

RIP 出现计数到无穷问题的根本原因是 RIP 仅仅关注网络间的"跳数"，每个路由器无法掌握整个 AS 系统的拓扑结构即网络间的关联关系，下面介绍的 OSPF 路由协议较好地解决了这一问题。

2）OSPF

OSPF 是另外一种典型的路由协议，与 RIP 简单地保持到各目的网络的距离向量不同，采用 OSPF 协议的路由器均维护着整个自治系统网络的拓扑结构信息。这里的拓扑结构信息包括各个网络通过路由器互连的关系，以及连接路由器链路的**度量值**，度量值的大小可视为经过该链路时的某种代价或者开销。在一个 IP 网（子网）内，所有主机或者路由器间都是一跳可达的，因此一个网络就对应一条"链路"。对于 OSPF 协议来说，链路有如下几种类型。

（1）**点对点链路**。图 10-13 中路由器 2 与边界路由器两设备间直接连接，这种链路就是点对点链路。

（2）**过渡链路**。一个连接两个或者两个以上其他网络的子网就是一个过渡链路，在图 10-13（b）中，除了网络 A 与网络 D 以外，其他网络都是过渡链路。

（3）**残桩链路**。只有一个出口的网络就是残桩链路，例如，图 10-13（b）中网络 A 与网络 D 就是残桩链路。

图 10-13（b）中的对应自治系统可以抽象为图 10-18 所示的拓扑图，其中的网络均用一个椭圆的点表示。图中每条边上的 x_i 表示对应该链路的度量值。

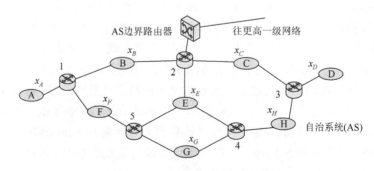

图 10-18 OSPF 协议网络拓扑图

OSPF 协议采用的链路状态法算法的主要工作原理可以归纳如下。

每个路由器定期地以洪泛的方式向自治系统中的所有路由器发布其**状态信息**，状态信息中包含该路由器与其相邻的所有路由器连接链路的情况;当一个路由器获得了自治系统中所有其他路由器发出的状态信息后,即可根据这些信息构建自治系统完整的拓扑图。另外,每当路由器发现其连接的链路的状态发生变化,也会即时地采用洪泛法告知其他的路由器,使所有的路由器可及时修改发生变化的拓扑图。OSPF 协议还要求所有的路由器每隔一段时间,通过交换各自有关系统拓扑图的数据库信息,保证系统所有路由器的网络拓扑结构图的一致性。

自治系统中的路由器一旦得到系统的拓扑图,即可以其自身为**根节点**,采用 **Dijkstra 算法**,建立可达系统中每个网络的**最短路径树**。这里的最短路径,是指到达该网络的链路度量值的和达到最小。Dijkstra 算法在前面图论基础一节中讨论过。该算法的基本思想是:以根节点为基础作为一个初始的树枝,每次选择一个具有最小度量值的链路作为扩展的树枝,由此不断地扩展就可获得关于该根节点的最短路径数。一般来说,对于系统中不同的路由器,其最短路径树也不相同,假定图 10-18 各个链路的度量值为:$x_A=2$、$x_B=3$、$x_C=2$、$x_D=1$、$x_E=4$、$x_F=3$、$x_G=1$ 和 $x_H=2$,则对路由器 1 和路由器 2,以其为根的各自最短路径树分别如图 10-19 中的图(a)和图(b)所示,其他路由器的最短路径树留给读者自行分析。此时,路由器 1 和路由器 2 中相应的路由表如图 10-20 所示。

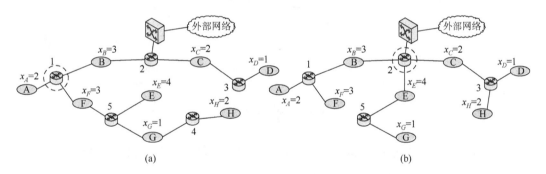

图 10-19 路由器 1 和路由器 2 的最短路径树

路由器1路由表		
目的网络	度量	下一跳
子网A	2	直接交付
子网B	3	直接交付
子网C	5	路由器2
子网D	6	路由器2
子网E	7	路由器5
子网F	3	直接交付
子网G	4	路由器5
子网H	6	路由器5
外部网络	3	路由器2

路由器2路由表		
目的网络	度量	下一跳
子网A	5	路由器1
子网B	3	直接交付
子网C	2	直接交付
子网D	3	路由器3
子网E	4	直接交付
子网F	6	路由器1
子网G	5	路由器5
子网H	4	路由器3
外部网络	1	边界路由器

图 10-20 路由器 1 和路由器 2 中的路由表

OSPF 在交换路由信息时,也有专门定义的报文格式,如图 10-21 所示,OSPF 的报文直接封装在 IP 报文中传输。OSPF 定义了以下 5 种不同类型的报文。

类型 1：**问候**（Hello），用于探测邻居路由器及维护其可达性，该类报文会每 5 秒钟向邻居路由器发送 1 次。

类型 2：**数据库描述**（Data Description），用于向邻居路由器发送自身链路状态数据库中的摘要信息。

类型 3：**链路状态请求**（Link State Request），用于向路由器请求发送链路状态数据库中某些链路状态项目的详细信息。

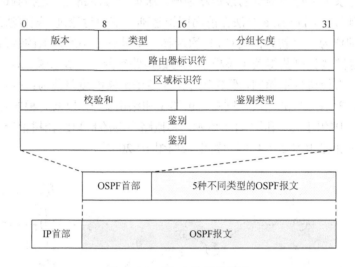

图 10-21　OSPF 的报文格式

类型 4：**链路状态更新**（Link State Update），用于以洪泛方式向自治系统内所有的路由器发送更新链路状态的信息。

类型 5：**链路状态确认**（Link State Acknowledgment），用于对链路更新报文的确认。

OSPF 中没有 RIP 中的计数到无穷导致网络状态的坏消息传播慢的问题，度量值也可根据不同的要求进行定义，因此有很大的灵活性，是目前应用最广泛的一种路由协议。

3）BGP

为了在不同的 AS 之间寻址，还需要解决不同的 AS 之间路由信息交换的问题，**边界网关协议**（Border Gateway Protocol，BGP）就是一种**路径向量选择协议**，用于实现描述 AS 之间的连接关系，交换网络可达性信息的功能。一般来说，某个 AS 是由某一机构管理的，在 AS 内选路的准则或者路径最短，或是某种其他意义上的度量值（开销）最小。而不同的 AS 往往分属不同的机构管理，因此在路径的选择过程中，除了参照 AS 内选路的一般规则外，还需要考虑经济和安全等多方面的复杂因素。因此 BGP 中采用的路径向量路由选择算法通常是在网络管理者设定的路由选择策略基础上的最小跳数或者其他形式的最小代价，这种人为设定的路由选择策略可以规定不选择某些传输路径，以及不同的传输路径的选择优先度，等等。有关人为设定的具体的路由选择策略可根据网络的拓扑、对网络的业务流的统计值和安全因素等条件来设定，这里不再进一步讨论。

在 AS 系统运行 BGP 的边界路由器中,一方面,可对外发布有关本 AS 系统中所包含的 IP 网络(子网)的信息。因为 BGP 支持**无类域内路由选择**(Classless Inter-Domain Routing,CIDR),所以在边界路由器发布这些信息时,通常只需公告该 AS 内所包含的 IP 地址段范围,并不需要提供详细的 AS 内部的结构信息,为自身尽可能多地提供安全保障。另一方面,也会向内部其他路由器公告各相邻 AS 边界路由器的可达性。参照图 10-13(c),若将图中的各个自治系统抽象为一个"网络",这些"网络"按图中的编号可分别记为 N1、N2、N3、N4、N5 和 N6,图 10-22 给出了边界路由器 AS-R1 和 AS-R2 中路径向量路由选择表的示例。

AS-R1的路径向量路由选择表		
目的网络	下一跳	路径
N1	直接交付	—
N2	AS-R2	—
N3	AS-R3	—
N4	AS-R4	—
N5	AS-R2	—
N6	AS-R6	AS1

(a)

AS-R2的路径向量路由选择表		
目的网络	下一跳	路径
N1	AS-R1	—
N2	直接交付	—
N3	AS-R4	—
N4	AS-R4	—
N5	AS-R5	—
N6	AS-R1	AS1

(b)

图 10-22 路径向量路由选择表示例

BGP 的报文格式如图 10-23 所示,图中灰色背景部分包含的区域是报文的首部,首部中包含标记字段、长度字段和类型字段。其中**标记字段**用于鉴别 BGP 报文;**长度字段**用于确定包括首部在内的 BGP 报文总的长度;**类型字段**则用于定义 BGP 报文的类型。BGP 总共定义了以下 4 种报文的类型。

(1)**打开报文**:打开报文用于创建邻居边界路由器间的关系,若邻居边界路由器同意建立关系,则通过返回"保活报文"来响应建立请求。

(2)**更新报文**:路由器可使用更新报文来撤销以前路由和/或公告一个新的路由。

(3)**保活报文**:保活报文用于响应"打开报文"的关系建立请求,同时用于已经建立关系的路由器间定期地进行相互通告的交互,告知对方自己仍然处于正常的工作状态。

(4)**通知报文**:通知报文用于路由器间通告检测出的错误,当某个路由器因故要中断连接时,也采用通知报文告知其他的路由器。

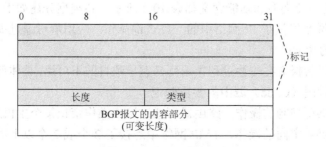

图 10-23 BGP 的报文格式

9. IP 网的 ICMP

利用 TCP/IP 构建的网络互连的系统是一个庞大但却松散耦合的网络系统。早期 TCP/IP 的设计者的一个基本的出发点就是，网络总是不可靠的，最终要靠源与目的两端的主机来保证报文的可靠传输，报文在传输过程中经历的网络对报文的控制越简单越好。因此 IP 网被设计成一个没有信令系统、非面向连接的网络互联系统，每个报文在穿越源与目的两端的互联网络系统时，独立地寻址和选择路径。差错控制、分组顺序的重组等复杂功能，均由报文的源和与目的两端的主机来完成。TCP/IP 的这种设计理念，为 IP 网络的互联与扩展带来极大的便利。但正因为网络层通信协议简单，使得网络对于报文传输可进行的控制非常有限，以致互联网上对各种传输流的 QoS 控制成为很长一段时间内困扰人们开展各种新的、特别是实时业务传输的问题。尽管经过长期的研究，人们提出了各种各样的改善方法和解决方案，但均难以真正有效地实施应用。

在 TCP/IP 的网络层中，简单的控制功能主要由 ICMP 来完成。ICMP 主要实现的功能是在报文的传输过程中出错时向源端发送差错报告，并且定义了网络内和网际间有关查询和应答的机制等。ICMP 报文的格式如图 10-24 所示，其中 ICMP 的首部包含 2 个域，其中**类型**和**代码**域可以确定 ICMP 报文的类型和具体功能；**校验和**用于对 ICMP 报文的首部进行差错保护；**标识**和**序列号**用于答复请求报文时与请求报文相匹配，避免在存在多种请求和应答时造成混乱。

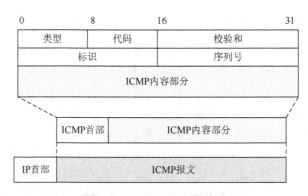

图 10-24 ICMP 报文的格式

1）ICMP 报文的种类

ICMP 报文的主要类型和功能含义如表 10-3 所示，各类型分述如下。

类型 0 和类型 8 提供了 IP 网络中的一种查询操作，应用层可通过调用这种操作，实现"Ping"命令的功能；

类型 3 用于报告报文在传输过程中遇到问题导致目的不可达，具体何种原因导致不可达，可进一步由代码（Code）域中的参数确定；

类型 4 可提供源抑制的操作，路由器可通过该项操作禁止某个主机发送报文；

类型 5 可提供重定向的操作，若 IP 网络中连接了 2 个或 2 个以上的路由器，一般主机在做地址设置时，只设置一个缺省的出口网关，当该网关发现有更合理的路由器转发报文时，可利用该项功能通知主机将发往处的报文通过其他的路由器转发；

类型 11 可提供报文超时的告知功能。当 IP 报文中 TTL 域的取值在某个路由器中减计数到 0 时，该报文将被丢弃，此时路由器会返回一个类型为 11 的 ICMP 报文到源主机，告知报文超时，传输失败；

类型 12 可提供报文参数出错的告知功能，收到该报文的网络节点可知道报文中的参数出错；

类型 13 和类型 14 提供了主机获取其他主机上时间信息的功能，由此可实现某种定时或同步等功能；

类型 17 和类型 18 提供了向某个网关节点请求子网掩码的功能，由此可了解确定子网规模大小等信息。

此外还有一些类型在表中没有列出，这些类型因为在实际系统中很少应用，如类型 15 和类型 16 定义的信息请求和应答等操作，在实际应用中很大程度上已经被废弃。

表 10-3 常用的 ICMP 报文类型

类型（Type）	功能
0	响应应答（Echo Reply）
3	目的不可达（Destination Unreachable）
4	源端抑制（Source Quench）
5	重定向（Redirect/Change a Route）
8	响应请求（Echo Request）
11	报文超时（Time Exceeded for a Packet）
12	报文参数错误（Parameter Problem on A Packet）
13	时间戳请求（Timestamp Request）
14	时间戳应答（Timestamp Reply）
17	子网掩码请求（Address Mask Request）
18	子网掩码应答（Address Mask Reply）

2）ICMP 报文的代码含义

ICMP 类型编号与代码的结合可以定义许多 ICMP 不同的功能，实际上目前 ICMP 报文中的代码主要用于向源节点报告 IP 报文目的不可达，表 10-4 列举了各种可能的原因。表中所列举的原因许多都可以直接从字面上理解，有些则需要根据协议的定义来认识。其中，**协议不可达**是指 IP 报文希望送达的特定传输层功能模块在目的主机中不存在或者没有开启，例如，OSPF 是在传输层的路由协议模块，其协议号为 89，如果一个 OSPF 路由信息交换的报文到达某个路由器，而该路由器没有运行 OSPF 协议，则源端会收到协议不可达的 ICMP 报文；**端口不可达**通常是指报文已经到达目的主机，但主机在 TCP/IP 的应用层中却没有或没有开启相关的服务或者应用，应用层中所有的服务都是通过端口号来定义的，例如，源主机希望通过 FTP（端口号为 21）从目的主机中下载文件，但目的主机却没有启动其中的 FTP 服务器就会出现端口号不可达的出错提示报文；而**源端路由有误**，是指在源主机中指定了必须经过特定的路由器构建的传输路径,而传输路径不存在或者不可行,等等。

表 10-4　IP 报文目的不可达的代码和原因

代码（Code）	原因
0	网络不可达（Network Unreachable）
1	主机不可达（Host Unreachable）
2	协议不可达（Protocol Unreachable）
3	端口不可达（Port Unreachable）
4	需要分段传输但报文设置了不可分段（Fragmentation Needed and DF Set）
5	源端路由有误（Source Route Failed）
6	目的网络未知（Destination Network Unknown）
7	目的主机未知（Destination Host Unknown）
8	源主机被隔离（Source Host Isolated）
9	目的网络被禁止访问（Communication with Destination Network Administratively Prohibited）
10	目的主机被禁止访问（Communication with Destination Host Administratively Prohibited）
11	目的网络不支持所要求的服务类别（Network Unreachable for Type of Service）
12	主机不支持所要求的服务类别（Host Unreachable for Type of Service）

10. IP 网的组播与组播协议

网络的通信模式主要可分为以下三类。

一对一的**单播**（Unicast）方式：一对一的单播是网络中最基本的通信方式,网络中绝大多数的通信进程采用的都是单播的模式；

一对所有其他的**广播**（Broadcast）方式：广播是网络中的某一主机向所有的其他主机发送报文,这种方式通常应用在一个 IP 的子网中,ARP 中采用的就是局域网的广播工作模式；

一对多的**组播**（Multicast）方式,与上述的两种模式不同,组播是一种一对多的通信方式。图 10-25 给出了一个在网络系统中组播的示例,组播的实现必须依赖支持组播的路

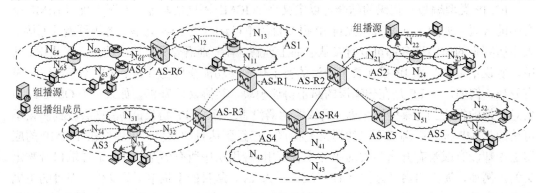

图 10-25　IP 网组播示例

由器。原则上,组播的信息传递可以通过单播来实现,但采用组播的方式时,到达不同目的网络的组播报文如经过相同的传输路径,只需传输一遍,因此可以大大提高信道的传输效率,同时降低路由器转发处理的报文的开销。

IP 组播有如下特点。

(1)组播发布的信息只限于组播组的成员接收,组播报文中没有目的地址,只有组播组的编号,因此组播组的成员可以任意多。而组播的信源发布者可以不是该组播组的成员。

(2)组播组的成员可以位于网络系统的任何位置。可以把连接不同网络(子网)的组播组成员的传输路径想象为一个虚拟的广播网络,由组播源向各个成员进行广播。

(3)组播组中的成员可以随时加入或者退出,成员的进出变化不会影响其他成员正常接收组播信息,组播组的规模可以动态地变化。

(4)网络中的一个节点可以同时加入不同的组播组,接收不同的组播信息。

IP 网上的组播协议定义了在网络系统中如何实现组播。从理论上说,IP 网的组播协议可以支持组播的功能在整个互联网的范围内实现。但互联网是一个相对松散组合的系统,从互联网的顶层主干到用户接入的具体子网可能经历多级的 AS,每个 AS 通常由不同的机构管理,组播需要得到各级路由器管理机构的允许和进行相应的配置。从避免广播报文泛滥和网络安全稳定运行的角度,一般不可能出现在整个互联网 **IP 层意义上**的组播。在下面的讨论中,我们假定组播是在得到授权的某个网络系统中进行的,可以看作一个具有一般性的包含多个 AS 的网络系统。

IP 网上的组播采用 D 类地址,D 类地址实际上并非一个目的地址,而仅仅是一个组播组的编号。整个 D 类地址空间为:224.0.0.0 到 239.255.255.255,其中地址范围 224.0.0.0 到 224.0.0.255 为保留地址。组播的地址可以固定分配给某些特定的应用,如某个 AS 内的路由器组用于路由器间的路由信息发布,其中所有的路由器可以看作一个组播组;某个系统内移动代理间或者 DHCP 服务器间的信息交互。组播地址也可动态地分配使用,在一个 AS 内由网络管理机构根据要求在某个时间段内分配给特定的组播组使用,使用完毕后收回。

IP 网的组播功能主要依赖组播路由器来完成,组播路由器可以在普通的路由器上增加组播功能来实现。IP 网的组播路由器上运行两个基本的协议:**组播管理协议**(Internet Group Management Protocol,IGMP)与**组播路由协议**(Multicast Routing Protocol,MRP),这两个协议应用的范围如图 10-26 所示,IGMP 用于组播路由器与主机之间的信息交互,而 MRP 则用于构成组播路由器之间的信息交互。

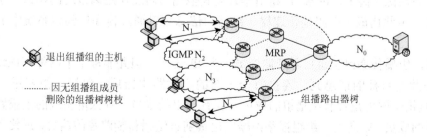

图 10-26 IGMP 与 MRP 的应用范围

1）IGMP

IGMP 定义了 IP 子网的组播路由器与该子网上的用户建立与维系一个组播组的机制。简单地说，IGMP 规范了子网上用户加入某个特定的组播组的方法，以及组播路由器如何确定是否需要开启或结束某个组播。IGMP 中包含两个基本的消息：查询消息和报告消息。

（1）**查询消息**。当子网中的组播路由器收到组播树上高一级组播路由器发布的组播信息时，会在子网内发送查询消息，检查子网中是否有组播组的成员。此后在组播报文的传输期间，会继续定期发布查询消息，避免因组播组成员采用非规范的方法推出组播组后，组播路由器仍在转发组播报文，造成网络资源的浪费。

（2）**报告消息**。报告消息有几个方面的作用，一个是用于对组播路由器发送的查询消息的响应，每当发现组播路由器发送查询消息，某个组播组至少有一个成员返回报告消息，通知该组播信息应该继续转发；某个组播组的成员也可以主动发送报告消息，要求组播路由器转发某个特定组播组的信息。

当组播路由器发送查询消息时，子网中的组播组成员会启动某种延时机制，确定什么时刻返回报告消息，在等待期间，若发现已经有其他同组的成员发送报告消息响应路由器的查询，则自动中止报告消息的发送，以尽可能地节省带宽资源。此外，某个特定的组播组成员要退出该组播组时，会发送相应的报告告知组播路由器。组播路由器如果检测到已经没有该组播组成员时，会停止该组播组的组播，并利用下一节将要介绍的 MRP 向上一级组播路由器发送裁剪组播树树枝的请求。

2）MRP

组播组的成员可位于互联网络的任何位置，同时任一网络中的用户可随时加入或者退出组播组，因此 MRP 需要同时解决组播时组播信息传输的可靠性和效率的问题。单从可靠性的角度来说，可采用洪泛法：某个端口若是第一次收到某个组播报文，则向所有的其他端口转发。洪泛法最为可靠，但效率也最低。MRP 解决传输效率的方法是先建立没有冗余的组播传递树，然后进行组播信息的转发。建立组播传递树的主要方法主要有**反向通路转发**（Reverse Path Forwarding，RPF）算法与**核心基础树**（Core Based Tree，CBT）算法。

（1）反向通路转发算法。反向通路转发算法可以看作加了某种约束条件的洪泛法。组播报文中虽然没有目的 IP 地址，只有组播组的编号，但仍保留着发送报文的源 IP 地址。采用反向通路转发算法的包括如下几个方面。

首先，组播路由器在收到一个组播报文后，可根据报文的源地址和所采用的路由算法，判断距离组播源距离最近的端口，路由器只向其他端口转发从距离最近的端口上接收到的组播报文，由此构成一个组播传递树。组播的信息可以通过传递树到达系统中的每一个 IP 子网。

其次，组播传递树从组播源延伸到每一个 IP 子网，但并非每个子网都有该组播组的成员。因此当组播的信息到达连接每个子网的组播路由器后，组播路由器进一步通过 IGMP，查询子网内是否有组播组的成员。若有该组的成员，则保留相应的组播路径；若没有该组的成员，则向上一级组播路由器发出裁剪该组播传输路径的信息，最终可以得到一个没有传输冗余的组播树。在组播过程中，如果某个子网上所有的成员均已退出，可以采用同样的方法对组播树进行修整。图 10-27 中同时给出了修整组播树的示例。

最后，因为组播组的成员可能是动态变化的，原来没有特定组播组成员的子网可能会出现需要加入的该组成员，需要加入特定组播组的成员可以通过 IGMP 的报告消息，向子网上的组播路由器申请接收该组播信息。组播路由器通过查阅最近到达的组播信息，获得该组播树的上一级组播路由器的地址，然后发送重新嫁接到该组播树的请求，每一级被裁剪的组播树树枝都可以采用这一方法逐级嫁接，最终回溯到一个该组播组当前有效的路由节点，实现组播树在该传输路径上的恢复。

（2）核心基础树算法。反向通路转发算法构建的组播树是针对特定组播组的，即不同的组播组有各自的组播树，组播树的管理较为复杂分散。顾名思义，核心基础树法在整个系统中定义一个组播的核心路由器作为一个基础树，所有组播源的组播信息均首先汇聚到该核心路由器。当某个子网上有特定的组播组成员时，通过 IGMP 向子网内的组播路由器发起建立连接树的请求，由此可建立一条从组播核心路由器到子网组播路由器的组播传输路径。图 10-27 给出了核心基础树的一个示例。

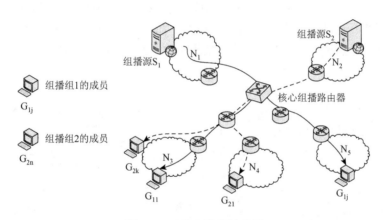

图 10-27 核心基础树示例

核心基础树算法的优点每个组播源都知道组播报文应首先发往的位置；每个组播路由器都知道应该从核心组播路由器上获得组播信息；因此组播系统易于管理，扩展性好；缺点是组播数据流的过于集中可能会造成拥塞，同时受限于组播核心路由器的位置，组播树可能不是最优的。

11. IP 的专用网和与虚拟专用网

专用网和虚拟专用网都是互联网中专门的术语。正是因为互联网中采用了专用网的技术，才使其在网络地址空间非常有限的情况下仍得以正常运行。

1）专用地址与专用网

RFC1918 协议规范中定义了如下所示的 IP 地址空间中的三个地址块，作为**专用地址**（Private Address）：

10.0.0.0～10.255.255.255（24 位的地址空间）；

172.16.0.0～172.31.255.255（20 位的地址空间）；

192.168.0.0～192.168.255.255（16 位的地址空间）。

专用地址没有被分配，专门供内部的网络使用。利用这些地址构成的网络，就称为**专用网**（Private Network）。因为这些地址在不同的机构中可以重复使用，所以也称这些地址为可**重用地址**（Resuable address）。专用地址在互联网中没有唯一性，因此不能作为普通地址使用。对于互联网上的路由器，规定遇到目的地址是专用地址的报文一概不予转发。在本书中，将地址空间中除了专用地址以外的地址统称为**合法地址**，合法地址在互联网中具有唯一性，对应网上的某台主机或路由器的某个端口。

2）虚拟专用网

某个机构可能在地理上的不同区域构建了若干专用网，这些专用网可以通过互联网连接在一起，构成更大的一个内部的网络。图 10-28 给出了某个机构的几个专用网通过互联网实现互联的一个示例，在该例子中专用网通过路由器接入互联网，路由器接入到互联网一侧的端口的 IP 地址必须是一个具有唯一性的普通 IP 地址。在两个专用网之间，通过两个路由器端口上的合法 IP 地址，可以建立一条"隧道"，实现两个专用网络之间的互联。通过这种**隧道技术**，可以将在全球不同的地域上的多个不同专用网，组合扩展为一个更大规模的专用网络。这种组合而成的网络，利用了互联网的传输功能构建网络的虚拟通道，已经不是原来简单意义上的专用网，因此赋予特定的名称，叫作**虚拟专用网**（Virtual Private Network，VPN）。

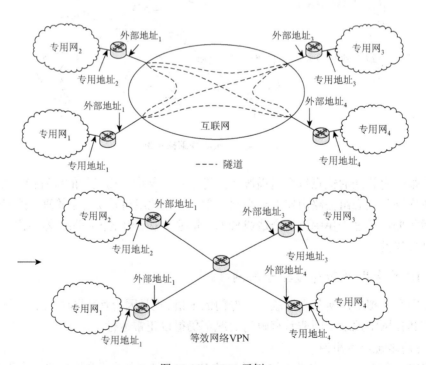

图 10-28 VPN 示例

3）隧道

在互联网中，如将穿越某一区域 IP 报文，封装在另一 IP 报文的数据域中传输，后一

IP 报文的源地址是该区域的入口地址，目的地址是该区域的出口地址，则称构建了一套穿越该区域的隧道。相应的技术称为隧道技术。一般来说，只要入口地址和出口地址是互联网的合法地址，就可以构建隧道，因此所穿越区域的大小在互联网中没有什么限制。

构建隧道可以是各种不同的原因，如前面提到的要通过互联网，实现分布在不同地域、采用内部地址的专用网之间的互联互通，需要采用隧道技术；在后面将要介绍的移动 IP 的家乡代理与外地代理之间的移动节点报文的传递，需要采用隧道技术；另外，出于安全的原因，对需要将穿越某一区域的 IP 报文，连同源与目的地址在内整个加密后再进行传输，也需要采用隧道技术。图 10-29 给出了采用隧道技术时 IP 报文封装到另一 IP 报文时的情形，以及通过隧道传输的示例。

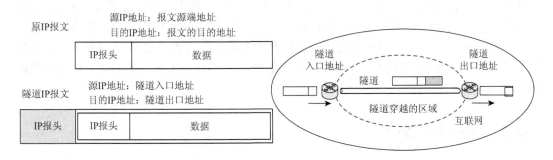

图 10-29　隧道技术示例

4）网络地址转换技术

网络地址转换（Network Address Translation，NAT）是在互联网中被广泛应用的一种技术。基于 TCP/IP 的互联网从 20 世纪 70 年代发展到现在，其中已经出现的比较明显的缺陷就是地址的耗尽问题。地址耗尽有两方面的原因：其中主要的原因是总数为 2^{32} 的地址空间太小；另外一个原因是地址分配不均匀。解决 IP 地址不足的方法主要有两种：一种是采用更新版本的 IPv6 协议；另一种就是采用 NAT 技术。

上文已经提到，IP 地址空间中划分出的专用地址是一种内部的地址，在不同的部门或者机构间可以无限制地重复使用，利用 NAT 技术，将专用地址和合法地址结合使用，可以有效地"扩大"地址的空间，使得互联网上容纳更多的主机。我们可以通过下面的例子来说明这一方法。假定一个有约 200 台主机的 IP 子网，我们可以用一个 C 类规模的网络来构建一个专用网，如在每个时间段内一般只有 10%的主机需要访问外部的网络，则只要约 20 个合法的 IP 地址就可以满足要求。当某个主机需要访问外部的互联网时，可分配一个合法的 IP 地址给该主机，使其在网关内临时建立起与它的专用地址的对应关系，就可以使该主机具备接入互联网的功能。因为在互联网中，是由 IP 地址与传输层的端口号唯一地确定一个通信进程，所以如果需要访问互联网的主机数超过可用的合法地址数，也可以让一个合法的 IP 地址同时给多个内部的主机共享，通过不同的端口号对不同主机上的通信进程加以区分。图 10-30 给出了一个 NAT 技术应用的示例，一个专用网内部的主机通过地址转换访问外部互联网的 FTP 服务器。

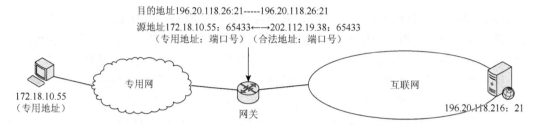

图 10-30　专用网内的主机访问外部互联网 FTP 服务器

值得注意的是，采用 NAT 技术虽然可以很大程度上解决专用网中主机访问互联网的问题，但这与每个主机拥有一个独立的合法 IP 地址还是有差异的。采用 NAT 技术，通常是当内部的主机激活时，或者是当其需要访问互联网时分配其一个合法的 IP 地址，这样每台主机在不同时段获得的 IP 地址就具有不确定性，因此这样的主机对外作为一个服务器时，就需要动态地修改相应的域名服务器上服务器域名与其 IP 地址的对应关系，这显然会带来极大的不便。因此，要从根本上解决 IP 网上地址空间不足的问题，还是要依赖 IPv6 协议的推广应用。

10.1.2　TCP/IP 的传输层

TCP/IP 的互联网层（IP 层）解决了报文在互联网中从源节点到目的节点的传输问题，但还没有解决传输过程中的端到端的差错、流量和报文的顺序等控制问题。此外，在互联网的主机和服务器中，可能同时并发多个通信服务进程，因此还要解决如何将每个到达的 IP 报文正确地送到特定的服务进程。如图 10-31 所示，上述的这些源与目的节点端到端的控制功能，可以由传输层来完成。

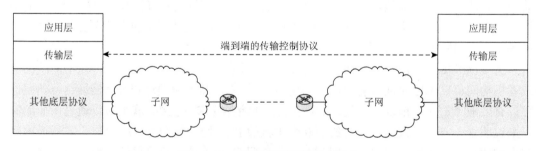

图 10-31　传输层的端到端控制功能

TCP/IP 的传输层主要定义了两种工作方式，分别是**非面向连接**的 UDP 方式和**面向连接**的 TCP 方式。UDP 和 TCP 这两种协议各有不同的特点，适合用于传输不同类型的业务。

1. UDP

UDP 是传输层非面向连接的服务方式，传输层的每个报文是一个独立的单元，只有简单的报文检错的保护机制，一旦出现错误，报文将被丢弃。因为没有出错重传、流量和顺序控制等较为复杂的功能，许多文献把 UDP 简单地归纳为一种不可靠传输协议，实际上这样的说法具有很大的片面性。正是因为 UDP 的控制简单，所以其报头的开销很小，相应的报文的传输效率较高。此外，对于需要进行特殊的端到端控制的传输业务，可以在应用层采用专门为其设计的控制协议，此时往往希望传输层的功能尽可能地简单高效，UDP 就是最合适的传输方式。在实际系统中，UDP 经常用于传输数据量大，对少量的错误不敏感的实时流媒体等业务。

UDP 的报文结构如图 10-32 所示，报头只有简单的源、目的端口号，UDP 报文总长度和校验和 4 个控制域。**源与目的端口号**用于与 IP 地址共同确定互联网内唯一的通信进程及应用层的服务类别；**UDP 报文总长度**用于确定报文的大小；**校验和**用于对报文是否出现差错进行检验。TCP/IP 的传输层在进行校验和的计算时比较特别，除了报头中源、目的端口和 UDP 报文总长度这三个域的数值外，还加入了 IP 报头中的源 IP 地址与目的 IP 地址这两个 IP 层的参数，构成**伪首部**。校验和的计算步骤如下：

（1）将包括伪首部的 UDP 报文以 16 位进行划分，不足 16 位填"0"；
（2）校验和字段先填"0"，所有的 16 位字使用反码算术运算相加；
（3）将所得的结果取反码（0→1，1→0），结果插入校验和字段。

这里之所以引入伪首部的称谓，是因为这个伪首部仅用于校验和的计算，计算完毕后不再存在。在目的节点收到一个 UDP 报文后，首先按照相同的方法计算校验和，看其结果是否与校验和域中的取值一致，若一致，则认为传输过程没有出错，进一步地将数据送往报文中端口号对应的应用层功能模块；反之若校验结果不正确，则将报文丢弃。

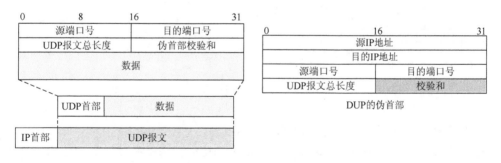

图 10-32　UDP 的报文结构

2. TCP

TCP 是一种在传输层面向连接的传输控制协议，采用该协议的通信进程，在数据传输前首先要建立连接，在传输过程中具有出错重传、报文的传输顺序和端到端的流量和速率的自适应适配等较完善的控制机制。从而在原来 IP 层无连接的数据报传输的基础上，构建了一种可靠的逻辑通道。TCP 特别适用于传输对差错控制要求较高、但对时延不敏感的文件数据业务。

同样，在 TCP 的报头中，**源与目的端口号**用于与 IP 地址共同确定互联网内唯一的通信进程及应用层的服务类别；**报头长度**用于确定报文中报头的长度，因为报文中可能包含有辅助的报头选项，因此报文头的大小是一个可变的量，长度是 **32bits** 的整数倍；**校验和**

的计算方法与 UDP 报头中的校验和一样，需要考虑 IP 层中的源与目的 IP 地址；**传输序号**用于标识当前的报文在数据流中的相对位置；**确认序号**用于标识接送报文应接收的下一个字节的序号；**接收窗口大小**用于告知源端，目的节点当前缓冲空间的容量；**紧急指针**用于标记紧急数据在当前传输序号下的偏移量；**控制位**包含 5 个专门的比特标识，其中 URG=1 表示紧急指针有效；当 ACK=1 时表示报文中的确认序列号有效；当 PSH=1 时在发送端表示要尽快地发送当前的报文，在接收端收到当前报文后应尽快送往应用层的相应功能模块；RST=1 表示对当前的通信进程出现错误，需要进行复位；SYN 与 ACK 一起标识连接的建立过程，当需要建立一个 TCP 连接时，在连接建立的请求报文中设置 SYN=1 和 ACK=0，在相应的接受连接应答的报文中，则相应地设置 SYN=1 和 ACK=1；FIN=1 表示当前相应的 TCP 通信进程结束。

TCP 的报文结构如图 10-33 所示。

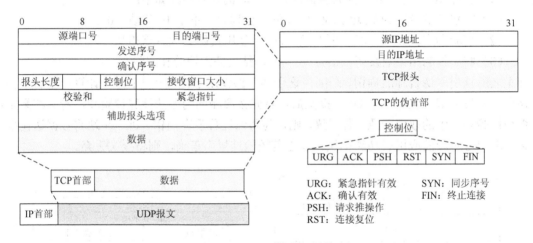

图 10-33　TCP 的报文结构

在 TCP 报头的选项中，确定了以下几个选项。

最大报文段长度（Maximum Segment Size，MSS），用于在发送和接收双方协商报文的最大长度，当未加该选项时，缺省的报文最大长度为 20 字节（报头）+536 字节（数据）；

窗口扩大选项，在该选项中，定义了一个字节的**偏移值 S**，使得窗口的最大值由原来的 $2^{16}-1$ 增大为 $2^{16+S}-1$；

选择确认（Selected ASK，SACK），采用选择确认可以减少报文不必要的重传；

时间戳，引入时间戳选项后，发送方在发送报文时将发送该报文的时刻加入时间戳，接收端在收到报文后，将接收到报文的时刻返回发送端。这样，只要发送和接收双方都有可同步的时钟或同步机制，就可以确定报文的传输时间和**往返时间**（Round-Trip Time，RTT）。

人们之所以将 TCP 方式称为可靠传输，是因为 TCP 定义的通信进程包括如下完善的控制方式。

1）TCP 的连接建立与释放过程

TCP 采用面向连接的通信机制，因此在传输数据之前必须先建立连接。建立连接采用如图 10-34（a）所示的"三次握手"的方式：发起连接的主机进程首先发送连接请求，在连接请求报文中选择一个本地**随机数** x 作为起始的发送序号（S-Seq），设定控制位 SYN=1 和 ACK=0。报文到达目的节点后，若该节点同意建立连接，则返回响应报文，在响应报文中选择自己的本地**随机数** y 作为发送序号，接收的确认序号（R-Seq）则取 $x+1$，同时设定控制位 SYN=1 和 ACK=1。发起端在收到响应报文后，返回确认报文，确认报文中确认序号取值 $y+1$，同时控制位设定 ACK=1。如果上述往返的共三次过程均能够顺利完成，则建立起相应的 TCP 连接。如果在预定的时间内未能完成上述过程的任何一步，则连接建立失败，需要重新开始一轮新的建立操作过程。在建立和响应过程要分别选择一个本地随机数的主要原因，是要使每次连接建立时，这些参数都是不同的，由此双方可明确当前收到的请求、响应和确认信息，不会与其他的连接建立信息发生混淆。

TCP 连接建立与释放的过程如图 10-34（b）所示，当节点的某个采用 TCP 通信的应用程序结束时，发出控制位 FIN=1 的释放请求；另外一个节点收到释放请求后，首先发送应答，然后关闭应用程序，再进一步发送释放连接的确认报文。

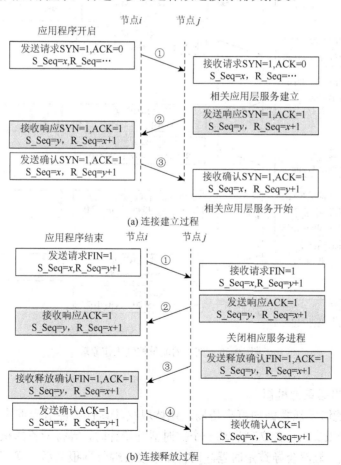

图 10-34 TCP 连接建立与释放过程

2）TCP 的流量和顺序控制

在互联网中，各种设备的网络端口速率和处理器的处理速度千差万别，典型的如一个低速的手持终端访问一个大型高性能服务器时的情形，此时终端的空口速率和处理能力都比较低，而服务器的网络端口速率可以达到 Gbit/s。此外，对于一个大的数据文件通常需要分段传输，而 IP 报文是独立传输的，传输过程中有可能出现报文后发先到的情况，因此需要对到达报文的顺序进行重组。TCP 采用早期由 IBM 公司提出的，经典的**高级数据链路协议**（High-level Data Link Control，HDLC）的窗口控制机制解决流量和顺序控制问题。图 10-35 给出了 TCP 的流量控制的工作原理，HDLC 的窗口大小变化控制着源端的发送量，而报文中的发送序号则标记了特定报文的数据在整个文件中的位置。为分析简单起见，假定数据从节点 i 发送到节点 j，开始时发送的起始序号从 0 开始，并已知接收端的窗口大小为 4KB，同时只列出了 TCP 报头中有关发送、接收序号及窗口大小的变化。

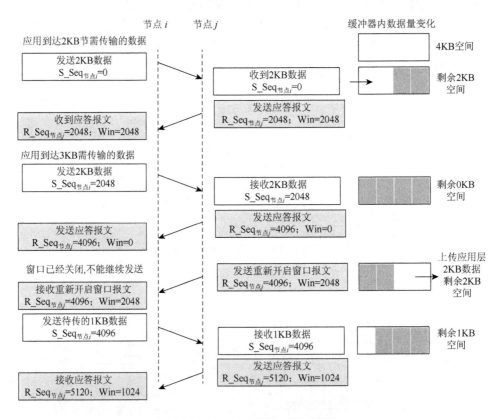

图 10-35　TCP 的流量控制工作原理

3）TCP 的出错重传机制

TCP 方式能够实现数据的可靠传输，还体现在其具有一种出错重传的机制。通常传输层在发出一个报文后，会立刻启动一个定时器开始计时，等待应答的报文。如果报文在传输过程中丢失，显然会导致定时器超时；如果接收端收到报文后发现有错，对该报文不会发回应答的信息，也会导致定时器超时。这将促使发送端重新发送该报文，直至报文发送成功或者到达设定的发送次数而停止发送。图 10-36 给出了报文在传输过程中丢失，导致出错重传的示意图。

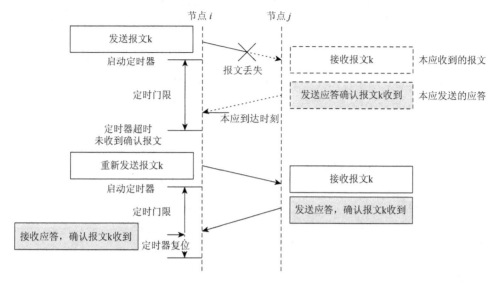

图 10-36　TCP 出错重传示意图

4）TCP 的拥塞控制方法

上一小节我们讨论了 TCP 的出错重传机制，显然当报文在传输过程中遇到拥塞的网络或路由节点时，虽然报文并未丢失，也会导致发送端的定时器超时，超时触发报文重发，使得更多的报文发往产生拥塞的传输路径，如此恶性循环，将导致部分网络系统崩溃。因此，TCP 除了需要端到端的流量和差错控制外，还需要一种端到端的拥塞控制的机制。在 TCP 协议中，引入了一个"**发送窗口**"的概念，传输层中当前允许的发送数据量由下面的发送窗口值来确定：

$$发送窗口 = \min(滑动窗口，拥塞窗口) \tag{10-1}$$

式中，**滑动窗口**的大小就是应答报文中接收窗口的大小；而**拥塞窗口**则由"**慢启动**"算法来确定。报文在网络中传输的过程中，有可能经过非常复杂的传输路径，TCP 作为源与目的节点间端到端的传输层控制协议，无法知道在传输路径中的什么位置、因为何种原因导致拥塞的产生，一般地只能通过应答报文的到达时间来估计传输的时延，当时延大于某个阈值时，则认为发生了拥塞。慢启动的基本思想是，一旦发生了拥塞，迅速将拥塞窗口减小至一个很小的值，慢启动主要是指其初始的值很小。由式（10-1）可见，此时的发送窗口基本上由拥塞窗口决定。因为拥塞窗口的初始值很小，其取值首先按照指数增长，每次若正常收到应答窗口值增加一倍，当拥塞窗口值增大到上一次拥塞发生前窗口值的 1/2 时，则改为线性增长，直至下一次拥塞的发生再次下降或者到达某个限定的最大值。显然，当拥塞窗口值增大至或者超过滑动窗口值时，发送窗口再次由滑动窗口决定。慢启动算法调整拥塞窗口的原理如图 10-37 所示。

需要注意的是，随着网络技术的发展和物理层技术的改进，针对不同的传输环境和应用场景，学者们对有关流量和拥塞控制的算法已有大量的研究，并且提出了许多不同的算法，具体可参考有关的文献。

比较 UDP 和 TCP 这两种传输层的协议，可以发现最大的差异是后者有较完善的端到端数据流的自适应控制机制，因此有文献将 TCP 对应的传输流称为**适应流**，而将 UDP 对应的传输流称为**非适应流**。对这种非适应流的所有调节控制依赖于应用层的协议。如果不考虑应用层对非适应流的管理控制，非适应流因为不会在网络出现拥塞时自动地降低速率，因此对网络传输资源的占用表现较为强势，因此在网络中如果需要对传输流进行有效的管理，需要对这两种传输流应采用不同的调节控制策略。

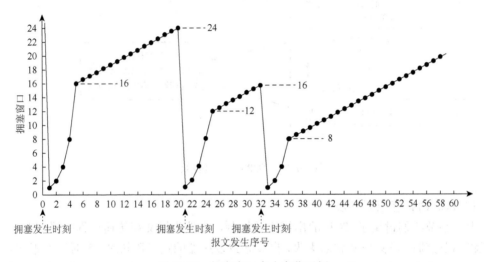

图 10-37 拥塞窗口大小变化示例

10.1.3 IP 网中实时业务传输控制协议

1. TCP/IP 中 OSI 模型的会话与表示层功能

相对 ISO 提出的 OSI 七层协议模型，从表面上看 TCP/IP 层次模型较为简单，省略了其中的会话层与表示层的功能。在实际的网络通信系统中，对于许多传输业务，典型的如各种实时的多媒体业务、特别是实时的**交互式**的音视频业务，会话层与传输层的功能一般来说是不可缺少的。TCP/IP 采用的策略是，在应用层中根据需要，采用增加子层结构的方式，实现会话层与表示层的功能。下面分别介绍 IP 网中实时多媒体业务的特点和支撑这些业务传输的应用层协议的功能。

2. 实时多媒体业务

IP 网中的实时多媒体业务主要包括 IP 电话、实时音视频节目点播和广播业务、电话会议业务和电视会议业务等。IP 电话主要是在 IP 网中实现传统的电话业务功能；音频节目点播主要是在互联网中提供音乐和歌曲的点播功能，音频广播业务则是将传统的电台播音节目通过互联网传播；视音频节目点播主要是通过网络提供个性化的电影电视剧节目观看服务;视音频节目实时广播业务则是将传统的电视台节目通过互联网传播;电话会议业务和电视会议业务则是一种交互式的实时传输业务,在网络的交互式会议业务中,也可能会同时包含文本文件传输的服务需求。这里我们说的实时多媒体业务具有**边传输边播放**的特点,这与将网络中的视音频节目完整下载后再播放是不同的,下载完再播放的方式本质上与普通的文件传输并没有区别。一般文献上将边传输边播放的传输业务称为**流媒体**业务,流媒体业务的特点包括如下几个方面。

(1) 业务从源点流出,通过网络传输到目的节点,在目的节点播放后就像水流经过某处一样自动消失,一般不会保留在终端内。

(2) 一般这类业务即使传输前都经过了压缩,仍然具有海量的数据。例如:一个1小时的标准清晰度的 MPEG4/H.264 的视频节目,其数据量可达 1Mbit/s×3600s。

(3) 这类业务在传输过程中对延时,特别是延时的抖动变化非常敏感,传输过程中需要保持特定的播放节奏。对于非交互类的节目类业务,可以通过加大接收端的缓冲空间来吸收传输时延的抖动。一般地,只要缓冲器中多媒体数据量播放的时间大于网络源节点到目的节点端到端的最大时延,就可以保证节目稳定连续地播出。但对于电话或会议类型的交互式业务,对于绝对时延的大小有较高的要求,不能依靠缓冲器来改善人的感受。例如,对于 IP 电话,当端到端的时延超过 200ms 时,会话双方会有明显的不舒适感,增大缓冲空间并不能改变这种不舒服的感受。

(4) 这类业务对于传输的错误有较高的容忍度,其 10^{-4} 误比特率要求远较文件传输的要求要低。

传输未经压缩的一路标准清晰度的电视节目需要 200 多兆比特每秒的传输速率,而视音频信号本身具有很大的数据冗余,实时的多媒体业务的原始采样数据通常都要先经过压缩才适合在网络中传输,因此需要表示层的功能来标识传输的业务类别及压缩编码方式。另外,流媒体业务的传输一般需要先在应用层建立连接,同时也需要对传输的节奏等状态进行端到端的交互控制,这些都是会话层的控制功能。因此实时多媒体业务的传输在应用层需要下面列举的特定的协议或控制协议支持其传输。

1) 实时流式协议

实时流式协议(Real-Time Streaming Protocol,RTSP)是一种流式媒体传输与播放的控制协议。流媒体的下载和播放过程,可进一步细分为**建立**(Setup)、**播放**(Play)和**关闭**(Teardown)三个阶段。在流媒体在播放过程中,可实现暂停、继续、快进和快退等功能。RTSP 是一个可以记录流媒体播放过程中各种状态,实现各种状态间功能转换的控制协议。而支撑应用层流媒体数据本身的传输,通常还需要利用其他的协议,如下面将要介绍的 RTP 等协议,支持其工作。

2) RTP

RTP 是一种为应用层的实时多媒体数据提供端到端间传输支持的协议,RTP 根据实时多媒体业务传输的要求专门设定了一些特殊的控制域,如媒体的类别、编码方式和时间戳等,以完成 OSI 模型中会话层与表示层的功能。这些控制域的功能在一般文件的数据传输中是不需要的。因为 RTP 是为实时的多媒体业务的传输要求专门进行定制设计的,在传输层希望用尽可能简单的协议,所以 RTP 的报文总是封装在传输层 UDP 的报文中传输。

RTP 报文的格式如图 10-38 所示。其中：**版本**标识当前报文使用的 RTP 的版本号，当前的版本为 2；"**P 标记**"标识报文是否有填充位，当 P=1 时表示有填充，此时报文中的最后一个字节中的数值标记填充的字节数。填充的功能可用于对报文中的数据进行特定的处理（如加密）时需增加的字节数；"**K 标记**"标识 RTP 报文的首部是否包含扩展域；**参与源数**给出参与源标识符的数目；特殊"**M 标记**"标识当前的 RTP 报文有特殊性，如在传输视频流时若 K=1 标识这是一个视频帧数据的开始；**载荷类型**标识了当前的 RTP 报文中包含的数据类别的代码，不同的代码表示数据的媒体类型和采用的编码方式，表 10-5 给出了若干种音频视频载荷类型的编号示例；**序号**表示报文的顺序号，可用于数据顺序的重组和判断是否有报文丢失；**时间戳**可用于控制媒体解压播放时节奏的控制，以及多种媒体（如音频和视频）同时播放时相互间的同步等；**同步源标识符**用于多个不同的且具有相同时间关联关系媒体源的 RTP 报文复接在同一个 IP 地址和 UDP 端口号的报文传输流时，对媒体源进行区分标识，典型的同步源的示例是多个摄像机从不同角度同时拍摄某个场景时的情形。此时可为不同的媒体源分配不同的标识符；**参与源标识符**用于没有关联关系的多个 RTP 报文流复接在一个 UDP 流中传输时对这些流进行区分。

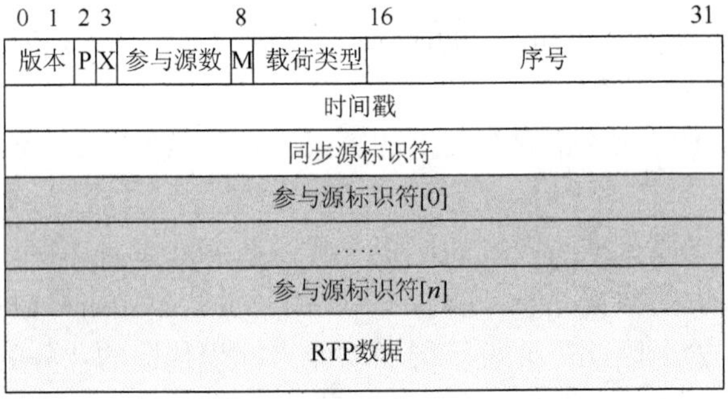

0 1 2 3	8	16	31
版本 P X 参与源数 M	载荷类型	序号	
时间戳			
同步源标识符			
参与源标识符[0]			
……			
参与源标识符[n]			
RTP 数据			

图 10-38 RTP 报文的格式

RTP 通常与下面将要介绍的 RTCP 配合用于实时多媒体信息的传输，5004 与 5005 分别是 RTP 与 RTCP 工作时传输层 UDP 使用的默认端口号，这是两个已注册的端口号。在运用 RTP 与 RTCP 功能时，使用的端口号也可以在熟知端口号的取值范围外（1025～65535）自行选择一对未被使用的值，此时一般 RTP 的 UDP 端口号取一偶数值，RTCP 的 UDP 端口号则取顺延的下一个奇数值。

表 10-5 载荷类型编号示例

	载荷类型	类型编号
音频	u 率 PCM	0
	A 率 PCM	8
	G.722	9
	G.728	15
	G.729	18
	GSM 话音编码	3

续表

	载荷类型	类型编号
视频	JPEG	26
	MPEG1	32
	MPEG2	33
	H.261	31
	H.263	34

3）RTCP

RTCP 通过周期性地发送 RTCP 报文可用于对传输 RTP 报文流时的监控，具体包括 4 个方面的功能。

（1）**服务质量和拥塞控制**。RTCP 可以提供数据传输的前向和反馈信息，发送方提供的报告可使接收方估测数据率和传输质量；接收方提供的报告则可使发送方了解传输过程中出现的问题，如分组丢失等，使发送方必要时可以调整发送速率。

（2）**媒体间的同步**。可提供比 RTP 分组中的同步源标识符更多的信息，使用户可将不同会话的多个流联系起来，实现媒体间的同步。

（3）**RTCP 控制信息调节**。在具有多个用户的会话过程中，因为每个用户都会周期性地发送 RTCP 报文，需要将 RTCP 分组的通信量限制在不超过会话总量的 5%，通常需要根据参与者数量的增加按比例减少 RTCP 发送的分组数。

（4）**会话控制**。管理会话参与者，提供参与者的身份信息等。

RTCP 定义了 5 种不同功能的分组类型，包括：**发送方报告**（Sender Report，SR）、**接收方报告**（Receiver Report，RR）、**源点描述**（Source Description，SDES）、**结束**（GoodBYE，BYE）和**特殊应用**。

RTCP 报文的结构如图 10-39（a）所示，其中：**版本**标识当前报文使用的 RTCP 的版本号，当前的版本为 2；"**P 标记**"标识报文是否有填充位，当 $P=1$ 时表示有填充，此时报文中的最后一个字节中的数值标记填充的字节数；**报告计数**（Report Count，RC）；**分组类型**（Packet Type，PT）表示 RTCP 的类型；**长度**，以 32bits 为单位的 RTCP 报文长度（RTCP 的首部除外）。

RTCP 与 RTP 和 IP 网其他协议层之间的关系如图 10-39（b）所示。

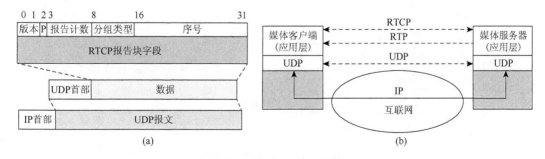

图 10-39　RTCP 报文的结构及 RTP/RTCP 与 IP 网其他协议层间的关系

3. 会话发起协议

随着互联网应用在各个领域的日益广泛和深入，TCP/IP 呈现出某种一统网络天下的趋势，传统电信网络上的各种交互式的会话业务也逐步被搬移到 IP 网上，相应地，需要有一种支撑这种会话类型业务连接建立的信令系统和用户管理系统。**会话发起协议**（Session Initiation Protocol，SIP）正是根据这样的需求发展起来的一种类似信令系统的应用层协议。SIP 不仅可以支持 IP 电话连接，而且可以构建包括多方参加的可视电话会议系统等复杂的多媒体信息交互系统。SIP 的主要功能如下所述。

（1）**用户名字解释和定位**。SIP 充分考虑标识一个会话用户名字方法的多样性，这种标识可以是传统的电话号码、IP 地址或者电子邮件地址等。例如，用户周雄的标识可以分别表示为：sip：ZhouXiong@8620-87112490、sip：ZhouXiong@201.112.38.186 和 sip：ZhouXiong@mail.scut.edu.cn 等。用户的名字解释和定位通过 SIP 中定义的 SIP 代理服务器和 SIP 登记服务器来完成。

（2）**用户能力协商**。互联网中用户设备的能力千差万别，例如，在电话用户中，有些具有视频的功能，有些则不具备这些功能；在支持视频功能的用户中，视频编解码的能力和方式也可能有差异，如有些可能具有 H.261/H.263/MPEG2/MPEG4 等多种编码的能力，而有些则可能只具有 H.263/MPEG4 功能。只有通过协商，用户间采用协调一致的工作方式，才能真正实现信息涵义可理解意义上的互联互通。

（3）**会话建立与管理**。通常一个会话的建立与管理包括会话连接建立、会话的维护与会话连接的释放等过程。图 10-40 给出了一个包括两个不同区域的 SIP 的工作过程，发起

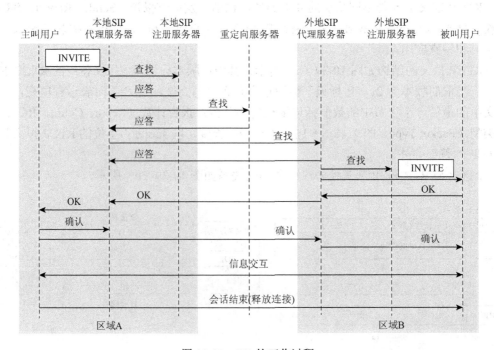

图 10-40　SIP 的工作过程

连接的主叫用户把包含被叫用户标识、业务类型和能力等信息的呼叫请求报文 INVITE 发给本地 **SIP 代理服务器**，SIP 代理服务器随后将被叫用户标识的查找请求发给本地 **SIP 注册服务器/重定向服务器**请求解释。通过本地与外地的 SIP 代理服务器、注册服务器/重定向服务器间的信息交互，实现与被叫用户的能力协商与连接的建立。显然，主叫用户与被叫用户的标识信息与其 IP 地址的对应关系等注册登记信息，应该在用户申请该项服务前通过某种初始化的操作，在注册服务器中完成特定的登记备案工作。

SIP 的主要作用是实现信令系统和用户管理系统的功能，SIP 充分体现了现代通信网络控制与传输分离的思想和原则，在会话建立之后，具体的每个媒体流的传输控制，主要依赖前面介绍的 RTP 和 RTCP 等协议来实现。

4. H.323 协议

IP 网的应用已经渗透到信息网络的各个应用领域，包括传统的通信网络上的各种业务。为适应实时的交互式（会话方式）多媒体传输业务的广泛应用，特别是涉及解决包括 IP 网与传统基于电路交换的电信网，如公用电话交换网，不同网络之间的互联互通等问题，ITU-T 制定了 H.323 协议。

H.323 协议是一个具有综合功能的协议系列，包含支持在 IP 网内实现会话过程的呼叫连接建立、能力协商、计费和网络安全等各种管理功能，同时也规范了 IP 网与传统的电信网间业务的转换的协议规范。H.323 定义了如下网络中的几个基本的实体，这些实体的在网络中的位置如图 10-41 所示，具体如下所述。

（1）**H.323 终端**。网络中的多媒体终端设备，该设备支持 H.245、Q.931 和 RAS 等 ITU-T 等信令功能，也支持一种或者多种音频和视频的编解码协议。

（2）**网关**。网关是实现运行不同协议的网络之间协议转换的设备。运行不同协议的网络称为异构网，网关可以完成异构网之间信令网关和媒体网关的功能，实现包括信令方式和数据编码方式等方面信息格式和操作方式的转换功能。

（3）**网守**（Gatekeeper）。网守是系统中对会话管理的设备，网守的功能包括：用户的鉴权、用户的标识或地址解析、带宽资源分配、计费和其他的管理功能，如协调与异构网上的终端建立连接时网关的选择等。

（4）**多点控制单元**（Multipoint Control Unit，MCU）。MCU 提供在网络中构建多方的音频或视音频会议系统的控制功能，如用户的接入控制、编解码方式的协调、会议信息数据的分发等。

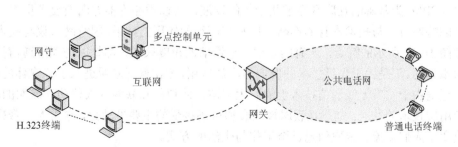

图 10-41　H.323 网络的功能实体

H.323 协议族的体系结构如图 10-42 所示。H.323 协议大量沿用了 ITU-T 之前定义的信号编解码和呼叫控制协议,包括信令与控制信息、音频视频信号传输和数据传输等方面,其中:

音频信号:规定采用 ITU-T 定义的 G.7 系列的编解码协议,如 G.711/723/729 等;

视频信号:规定采用 ITU-T 定义的 H.26X 系列的编解码协议,如 H.261、H.263 和 H.264 等;

数据:规定采用 ITU-T 定义的 T.120 系列,如 T.122、T.123、T.124、T.126 和 T.127 系列等,用于在两个 H.323 终端之间传输除视音频信号以外的其他数据。

音频、视频信号		信令和控制信息			数据
音频编解码 G.7系列	视频编解码 H.26X系列	RTCP	Reg.Adm. Status(RAS)	H.225.0 呼叫信令	H.245 控制信令	T.120数据
RTP					
UDP			TCP		
IP					

图 10-42　H.232 协议族的体系结构

在 H.323 协议的应用过程中,通常还需要与其他的协议配合工作,其中包括以下几点。

(1)**注册、许可和状态**(Registration,Adminssion and Status,RAS)**协议**:定义了 H.323 终端向网守申请服务的有关操作,这些服务包括地址翻译、授权许可、带宽控制和有关区域管理等;

(2)**H.225.0 协议**:用于实现两个 H.323 终端之间的呼叫控制,建立通信双方的连接;

(3)**H.245 协议**:规范控制报文及传输方式,用于实现对 H.323 终端间的媒体传输信道的控制。

在 H.232 协议的体系中,对于音视频等实时多媒体业务的传输,在 RTP 的支撑下,采用了传输效率较高的"UDP+IP"的方式;而对于呼叫和控制信令、数据等业务,则采用了可靠性较高的"TCP+IP"的方式。

10.1.4　TCP/IP 的发展

以 TCP/IP 为基础的互联网经过几十年的发展,可以说在许多方面改变了世界,这本身也是因特网协议与技术本身的不断发展和其广泛的应用的结果。因特网协议与技术发展呈现如图 10-43 所示的特点,所有的发展,从通信的角度来说,都是以物理层通信技术的发展为基础的。正是由于光纤技术的发展与广泛应用,才使得互联网进入了多媒体的时代;同时也正是由于宽带无线通信技术上的巨大突破,才使得互联网进入移动互联网的时代。同时应用层技术的发展,则是互联网被社会和市场接受的主要推动力,它为人们带来的便利,改变了人们交流、获取信息甚至工作与生活的方式。

值得注意的是,在基于 TCP/IP 的整个互联网体系结构中,虽然应用层的服务业务类别和服务质量发生了巨大的变化，从过去简单的数据文件业务发展到了包括多种类型、包括实时业务在内的多种媒体的传输服务，物理层的技术也发生了过去人们从未想象到的巨大变化。而作为承上启下的网络层（IP层）和传输层，基本上是稳定的，网络层与传输层协议，基本上没有任何大的变化。所有的应用层协议，只需向下面对 UDP 和 TCP 的接口，所有的网络接口层（链路层与物理层）技术，只需要向上面对 IP 的接口。正是由于网络层与传输层的这种稳定的以不变应万变的方式，保证了互联网技术与应用的顺利发展。

目前有关下一代互联网——IPv6 的技术已经研究开发多年，一场网络层深刻的变革一直在酝酿过程中，但其发展和替代 IPv4 的变化趋势远非人们想象得那么快和那么顺利，其中主要的原因之一是 IPv4 地址的不足对于许多应用来说很大程度上都可以通过前面讨论过的 NAT 等技术来弥补。另外 IPv6 改变的也主要是针对网络层的协议，网络协议的层次化结构保证了虽然 IP 的网络层有可能发生巨大的改变，但传输层协议的稳定性保证了绝大多数现有的应用层协议都可以平滑地过度下一代互联网。

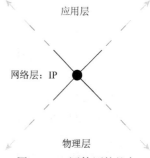

图 10-43　因特网协议与技术发展的特点

10.2　IP 网的 QoS 技术

10.2.1　IP 网的 QoS 概念

传统的通信网络是按照业务来分类的，如公用电话交换网用于话音通信，广播电视网络用于传输视音频信号，而 X.25 数据网用于传输数据文件。这些按照业务类别构建的网络，在设计时已经充分考虑了传输特定业务的需要，在传输过程中的系统的各项特性参数通常都不能改变，例如，对于一个电话通话过程，通信双方通过呼叫建立操作实现连接后，网络系统将为其提供一条恒定的 64Kbit/s 的信道。在整个通信过程中，一旦连接建立，信道的参数就不会改变，不会遇到拥塞的问题，合理地配置用户数与话路的个数通常就能够使系统呼叫的接通率达到满意的程度。而对于数据传输的系统，因为人们通常是在接收到一个完整的文件后才开始阅读，一般对传输的时延和时延的抖动等变化并不敏感。因此虽然网络系统也有传输质量的问题，但人们往往需要面对的一般只是简单的增容问题，并不会将其作为一个专门的复杂技术问题来对待。

基于 TCP/IP 的互联网应用的迅速发展，使在互联网上传输的业务类型已经远远超出了人们原来设计该网络时的初衷或设想。TCP/IP 的网络层采用的无连接的数据报传输方式，同时采用的简单无连接的每个报文独立选路方式构建网络，报文的传输获得了极大的自由度，网络规模的扩展也非常容易实现。但这种传输方式源节点与目的节点之间没有固定的传输路径，难以对传输过程进行有效的管理。

此外，现代的数据通信基本上都采用了分组交换的方式，分组交换的特点一是**存储转发**，二是信道的**统计复用**。在网络的交换节点中，所进行的存储转发操作通常是收到一个完整的报文后,检查无误后才将其通过内部的交换电路送到特定的输出端口中,因为报文一般会有大小不同的区别,因此数据的接收与发送的时延会受到报文大小的影响;信道的统计复用意味着传输过程中不会为任何业务都设定特定的时隙,为避免多个同时到达的分组可能出现的争夺同一输出端口的情况,通常需要设定缓冲器对随机突发到达的分组进行缓冲,数据分组在缓冲队列中的时延通常具有不确定性。存储转发与信道统计复用的这些影响对传统的数据文件来说一般是可以忽略的。因此原来作为主要为数据文件传输服务而设计的 TCP/IP,采用的是一种"尽力而为(BE)"的服务策略。简单地说就是网络会努力尽快将报文从源点传输到目的节点,但并不承诺任何确切定量的传输性能指标。

但是对于具有实时性要求的视音频业务,特别是会话型的电话业务或者网络会议系统的业务来说,没有任何保障的传输服务则可能对应用造成严重的影响,因为音频信号或者视频信号是有严格时效性的。如果播放过程中经常因时延出现断续现象的话,显然这是难以让人接受的,也就是说某个分组中的媒体数据若因时延过大超过了其应播出的时机,即使其正确无误的地传输到了目的地,也失去了任何意义。随着人类社会进入计算机时代,信号处理的能力不断提高,各种类型的智能终端已经成为普通家电的一部分,高质量的多媒体信号的传输成为一种巨大的商业需求。这些都促使人们关注 IP 网的各种业务传输的服务质量。

有关通信的 QoS,不同的组织、机构或者行业协会的论坛,都会有不同的定义,涵盖的内容不仅包括信道的基本特性如传输速率(带宽)、时延和差错概率,还可能包括呼叫接通率、接入和释放的时延等系统特性,甚至可能包括对业务特性的有关描述和要求等。本节主要介绍 IETF 制定的基于资源预留的综合服务和区分服务(Differentiate Services,DS)这两种 IP 网上的 QoS 的控制机制,其他的方式或者更一般的分析将在后面的有关章节中进一步讨论。

10.2.2 资源预留协议与综合服务

通过前面的分析可知,IP 网传输服务质量难以保证的主要原因在于每个 IP 报文是独立选路的,因此一个数据流或者大的文档传输过程经历的路径和时延等通常是不可控的,而在传统的基于面向连接的电路交换网络系统中,传输信道的带宽是预先设定的,因此不存在这样的问题。由此人们自然会想到采用类似的思路,在数据传输之前,在 IP 网络中构建一条可预留带宽资源的虚拟通道,以保证特定的数据流在传输过程中的服务质量。这一方法最早是由麻省理工学院(MIT)的研究人员提出来的,这种基于资源预留的方法也称为**综合服务**(Integrated Service,IntServ)。这里的综合服务的"综合"可以这样来理解,在传输过程中享受的服务质量与用户具体的业务类型无关,只取决于申请服务时所要求预定的传输特性参数。

IntServ 现已成为 IETF 的系列标准,其中 RFC1633 定义了其体系结构;RFC2210/2211/2212 定义了服务类型;RFC2205 则定义了相应的**资源预留协议**(Resource Reservation Protocol,RSVP)。在本书中我们把这一系列标准统称为 **RSVP**,依据该协议所建立的系统可提供的服务称为 **IntServ**。

1. 流的概念

在 IntServ 系统中，为用户提供预定的服务是以**流**为基础的，形象地说，就是为用户的传输业务设定一条固定的具有一定服务质量保证的路径，使用户的数据在传输过程中在网络中形成一个特定的"流"。在网络中同时传输的流可能有成千上万个，需要对不同的业务流进行标识。前面在讨论 TCP/IP 传输层和应用层协议时已经提到，在 TCP/IP 中每项传输业务都与特定的源与目的 IP 地址和端口号关联，这 4 个参数唯一地确定了互联网的一个**通信进程**。在 IntServ 中，一般采用源与目的 IP 地址和端口号来对业务流进行标识。此外，需要注意的是，在 IntServ 服务流的传输过程中，并不关注用户传输的是什么类型的业务，即并不关注其是视音频的信号还是文件数据，而只关心用户申请服务的类型和具体的服务质量参数。

2. RSVP 的特点和服务类型

RSVP 定义的机制是以流为基础提供资源预留服务的，这与面向连接的基于电路交换的电话系统的工作过程非常类似。在提供传输服务之前，必须为每个需要提供服务质量保证的业务流沿传输路径上的每个节点建立定制的服务关系，在这些节点上预留服务的资源，相当于在原来非面向连接的 IP 网上构建了一种可提供面向连接服务的机制，以保证传输服务质量的可控性。在支持 RSVP 的 IP 网中，主要包括如下三种服务类型。

1）尽力而为服务型

尽力而为服务（Best Effort Service）型就是原来 IP 网络在没有引入 RSVP 时的基本服务类型。也就是说在具有 RSVP 功能的 IP 网络中，仍然保留了这种基本的服务，如果用户没有申请资源预留服务，网络就默认为其提供尽力而为型的服务。

2）质量保证服务型

质量保证服务（Guaranteed Service）型是一种理想的服务类型，若网络承诺了相应的服务质量指标，如传输速率、最大时延和差错概率等定量的指标参数，则必须保证在该特定流的传输过程中，在任何时候都满足服务质量的指标。在分组交换的网络中，因信道的统计复用和报文大小的不确定性，使得质量保证型的服务要求对网络来说非常的苛刻，可能需要很高的资源开销的代价，如必须以业务流的峰值速率来提供传输信道的带宽，才能满足这样的要求。这种效率显然是很低的，由此提出了下面的可控负载型服务。

3）可控负载服务型

可控负载服务（Controlled-load Service）型本质上是一种**半定性半定量**的服务类型。人们在使用数据通信网是很容易体会到，尽管没有服务质量保证机制，如果用户传输业务是工作在网络处在负载很轻的环境下时，虽然偶然也会有传输错误，但各种业务，包括实时的或非实时的业务，都可以得到比较满意的服务质量。由此提出了可控负载型的服务，这里可控负载是指网络的某些节点虽然有可能发生拥塞，但通过预留带宽，对于申请了资源预留服务的传输业务，交换节点会保证这些业务流永远都工作**在像网络处于轻载时的情形一样**。也就是说，网络虽然没有提供严格意义上的服务质量保证，但可以在很大程度（在大概率的意义）上提供这种保证。这为在基于统计复用的网络系统中实现传输服务质量保证，提供了一种较为实际可行的方法。

3. IntServ 的服务模型

要在 IP 网中实现 IntServ 的资源预留服务，要求源主机节点、目的主机节点和传输路径上的每个路由器都具备 RSVP 定义的功能。IntServ 的服务模型如图 10-44 所示，图中给出了主机节点和路由器之间，以及路由器与路由器之间的连接关系。具体描述如下。

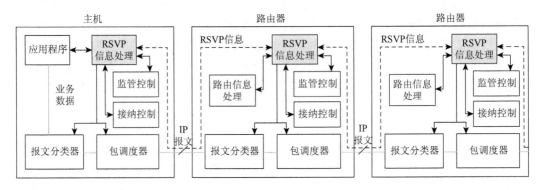

图 10-44 IntServ 的服务模型

1）RSVP 信息处理

RSVP 信息处理（RSVP Process）单元负责处理在流传输路径上的节点间交换 RSVP 信息，并将这些信息发布到主机或路由器中特定处理单元。

2）监管控制

监管控制（Policy Control）单元负责判断发出申请资源预留的主机是否有权限进行资源申请的操作，同时还要负载检测流的行为，判断其流量的大小是否按照约定的速率发送数据，对于超出限定速率门限的报文采用预定的节制措施。如将部分报文丢弃，或者放入"尽力而为"类别业务的队列中。

3）接纳控制

接纳控制（Admission Control）单元负责根据路由节点当前的负载情况决定是否还有足够的资源为新提出资源预留申请的主机提供所需要的服务，一般只有在不影响当前已经申请资源预留服务用户的服务质量的前提下，才会允许新业务流的接入。

4）报文分类器

报文分离器（Packet Classifier）用于识别接收到的报文，若是 RSVP 的信息报文，则将其送到 RSVP 信息处理单元；若是数据业务报文，则根据其是否是受资源预留服务保护的流而送到不同的缓冲队列。判断的依据通常是前面提到过的流的唯一标识：源与目的主机的 IP 地址与端口号。

5）包调度器

包调度器（Packet Scheduler）用于在主机和路由器中根据不同类别的业务的服务要求，采取一定的队列管理和输出控制策略，转发数据报文。包调度器的输出控制策略的优劣很大程度上决定了系统的性能和效率。包分类器与包调度器的协调工作起到了隔离不同流之间相互影响的作用。同时还有一定的"业务流成形（Shaping）"的功能，即对突发性很强的业务流提供某种"平滑"的功能。

图 10-44 中所示的主机中的应用程序是发送或接收业务数据的单元，RSVP 并不关心应用程序所产生或接收数据的具体业务类型，也就是说用户可以对任何的业务传输申请有保障的资源预留服务，最终制约用户占用资源行为的可以是各种经济的手段，如申请资源预留服务用户所需支付的费用。在路由器中包含路由信息处理模块，稍后可以看到 RSVP 在运行过程中，需要不断地维系传输路径的状态，该路径是在其建立过程由路由器确定的。RSVP 并没有自己特定的路由选择机制，路由的计算与选择仍然依赖当前网络中采用的路由协议。

需要注意的是，RSVP 只定义了要实现资源预留的功能、所需交换的信息类别及这些信息的格式。至于如何实现监管和接纳控制，例如：如何判断当前的路由器是否有足够的带宽、缓冲和处理资源；如何进行报文分类和报文调度的具体操作；等等，所有的这些算法和具体的实现技术，都不在协议规范的范围内，而是交由设备生产商自行决定。

4. RSVP 的消息类型与结构

为了实现 RSVP 的功能，总共定义了 7 种主要的消息类型。

1) 路径消息（Path Message）

路径消息负责传递某个特定需要资源预留服务业务流的传输路径状态需求信息，路径消息是业务流的源节点发出的，其中包含对传输路径服务质量的具体指标要求，以及整个传输路径的链接信息。目的节点根据路径消息提供的信息，可以知道传输该业务流对信道的要求，传输路径上的路由器根据路径消息所建立的**状态**，可以从目的节点沿流传输的反向路径一直回溯到源节点。路径消息是与特定业务流相关的，主要用于传递建立与维护该业务流传输路径所需的信息。

2) 预留消息（Resv.Message）

预留消息是一种用户向网络发出的申请资源预留的消息。当用户收到 Path Message 后，可得知要保证该特定业务传输质量的具体要求。此时，如果用户需要在有资源预留的保障条件下接收该项业务的数据，则可通过预留消息向网络发起资源预留的请求。通常享受资源预留服务的用户要承担相应的资源使用费，因此发起资源预留请求的操作权限放在用户这一侧，所希望网络提供的服务性能指标也由用户在预留消息中决定。RSVP 中并没有规定 Resv.Message 对传输信道提出的性能指标必须与 Path Message 中对相关业务的特性描述要保持一致。

3) 拆除消息（Tear Message）

拆除消息主要用于取消已经建立的预留资源路径或者状态，释放网络的资源。拆除消息又细分为两类，分别是**路径拆除消息**（Path Tear Message）和**预留拆除消息**（Resv.Tear Message），前者由源节点发起的拆除操作，后者用于由接收节点发起的拆除操作。

4) 差错消息（Err. Message）

差错消息用于网络中的路由节点向源节点和目的节点发送有关路径的出错的信息。差错消息也分为两类,分别是**路径错误消息**(Path Err. Message)和**预留错误消息**(Resv.Err. Message),前者用于报告预留的传输路径出错的问题,后者用于报告用户预留申请过程中出错的原因。

5)预留确认消息(Resv.Conf. Message)

确认消息是用户在申请预留操作过程中的一个选项,用户可以通过预留确认消息了解到申请预留过程中,在那些路由器上已经得到资源预留成功的确认。

图 10-45 给出了 RSVP 消息报文的一般结构,RSVP 消息报文由消息的**公共首部**(Common Header)和随后的若干**实体**(Object)单元组成。公共首部包含如下几个域。

(1)**版本**:目前的版本编号为 1;

(2)**标志**:标志的功能还没有定义;

(3)**消息类型**:信息类型标识前面讨论过的 Path Message、Resv. Message、Path Tear Message、Resv.Tear Message、Path Err Message、Resv.Err. Message 和 Resv.Conf. Message 共 7 种消息;

(4)**校验和**:校验和用于保护整个 RSVP 消息;

(5)**TTL**(Time to Live):包含当前 IP 报文的 TTL 值;

(6)**消息长度**:以字节为单位标记包含首部在内的整个消息报文的长度;

(7)**保留位**:保留位尚未被使用,可以用于自行定义的功能。

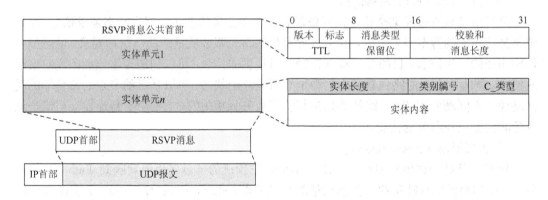

图 10-45　RSVP 消息报文的一般结构

RSVP 消息可以封装在 UDP 报文中传输(图 10-45 的情形),也可以直接封装在 IP 报文中传输。

每个 RSVP 的消息通常由包含多个承载 RSVP 消息内容的实体组成,每个实体单元又可进一步分为实体首部(Object Header)和具体的实体内容。实体的首部包含如下的域。

(1)**长度**:以字节为单位标识实体的长度。

(2)**类别编号**(Class Number):标识实体参数的类别,这些参数定义了各种资源预留的指标值。

(3)**C_类型**(C_Type):与类别编号共同定义实体的类型。如 IPv4 与 IPv6 就采用不同的实体类型。

实体的内容中包含各种与服务质量相关的参数,每个实体的内容最大的长度为 65 528 字节。下面简要介绍有哪些主要的实体类别。

(1) **会话标识**(Session):其中包含目的 IP 地址、IP 报文中的协议号和目的端口号等,这是一个定义业务流所需的参数,是每个消息报文中都必须包含的实体,其他实体的参数都是针对该标识定义的业务流而言的。

(2) **源端标识**(Sender_Template):其中包含源端的 IP 地址和分接参数(业务流可以是来自多个源端的发出的数据的复合流)等识别源端的信息。Sender_Template 一般会包含在 Path Message 中。

(3) **流指标**(Flowspec)参数:流指标参数确定了申请传输该业务流的服务质量的资源预留的具体指标值,Flowspec 一般会包含在 Resv.Message 中。

(4) **筛选**(Filterspec)参数:该参数标识哪些数据报文(流)可获得流指标参数中定义的传输服务质量。

(5) **式样**(Style)参数:Style 确定资源预留的式样,包括提供一些其他的在 Flowspec 和 Filterspec 中没有定义的指标参数。资源预留的式样,将在介绍 RSVP 操作过程的小节中作简要的讨论。

(6) **源端业务流特征**(Sender_Tspec):这一参数描述了源端发出的业务流的特征,该参数包含在 Path Message 中,接收端可根据这一参数决定所需的 Flowspec 参数值。

(7) **公告参数**(AdSpec):该参数可用于为沿 RSVP 传输路径上的每个节点上的业务控制模块提供公告消息。

(8) **RSVP 路径上/下站点标识**(RSVP_HOP):在 RSVP 的消息中有下行(如 Path Message)和上行(如 Resv.Message)之分,在下行的消息中,RSVP_HOP 中包含的是当前发送该消息节点的 IP 地址;而在上行的消息中,RSVP_HOP 中包含的是当前接收该消息的下一个节点的 IP 地址。因此在 RSVP 消息传递的过程中,这一参数在消息每一跳的传输过程中都会被改变。

(9) **定时值**(Time_Values):特定的 RSVP 资源预留路径是必须动态维护的,该参数规定了在多长的时间内 Path Message 和 Resv.Message 至少必须在路径中出现一次,以表明需求依然存在。

(10) **监管资料**(Policy_Data):该参数中包含的信息可告知传输路径上的节点,哪些相关的预留(请求)是得到授权的,由此可以控制某个资源预留操作的合法性和可持续的时间。

(11) **预留确认**(Resv_Confirm):在该参数域中包含希望得到确认消息的申请资源预留的接收端的 IP 地址。

(12) **完整性**(Integrity)**认证信息**:该参数域中包含加密信息,用于确认当前的 RSVP 消息的可靠性,以避免消息在传输过程中被他人篡改。

(13) **范围**(Scope):在该参数域中包含所有应接收该 RSVP 消息的流发送端的 IP 地址列表。

图 10-46 给出了两个典型的 RSVP 消息的组成,其中带括号的部分是可选的实体选项。其中规定若消息中包含 Integrity,该实体应该紧跟在消息的公共首部之后;另外,有关描

述流特性或服务质量指标的参数的实体，一般处在消息的后半部。

公共首部Common Header
（完整性Integrity）
会话标识Session
RSVP路径上/下站点标识RSVP_HOP
定时值Time_Value
（监管资料Policy_Data）
源端标识Sender_Template
源端业务流特征Sender_Tspec
（公告参数AdSpec）

Path Message

公共首部Common Header
（完整性Integrity）
会话标识Session
RSVP路径上/下站点标识RSVP_HOP
定时值Time_Value
（预留确认Resv_Confirm）
（范围Scope）
（监管资料Policy_Data）
式样Style
流指标FlowSpec
（筛选参数FilterSpec）

Resv.Message

图 10-46　RSVP 消息组成示例

5. RSVP 的操作过程

在 IP 网络上引入 RSVP 的主要目的，就是要在原来基于非面向连接的网络上，建立起其一种面向连接的机制，以便为特定业务流提供传输服务质量的保证。从本质上说，RSVP 定义了一种类似传统电信网的信令系统，用于交换控制信息，实现传输资源可预订和分配的功能。如图 10-47 所示，假定网络中所有的路由器均支持 RSVP，与所有的面向连接的通信系统的呼叫过程一样，RSVP 的基本操作可以分为以下几个阶段。

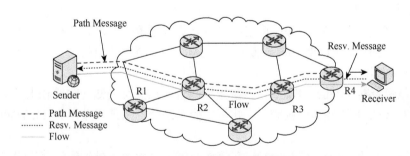

图 10-47　RSVP 的基本操作过程

1）RSVP 路径的建立

首先，流的发送端会向接收端发布资源预留的路径消息（Path Message）。触发流的发送端发布 Path Message 可以有许多不同的方式，我们可以设想这样的一种场景，流的发送端是一个存储视频节目的服务器，接收端用户在浏览某个视频点播节目的节目单网页时，点击了某个视频节目，相应地，超媒体中的"元文件"会引导本地的视频播放器指向该存储视频节目的服务器。假定视频节目流的传输是具有构建 RSVP 的服务质量保证机制选项的,视频媒体服务器就会向该特定已知 IP 地址的接收端发送 Path Message 消息。传输 Path Message 时的路由选择由路由器按照其运行的路由协议和算法确定。当某个路由器收到 Path Message 后,首先进行完整性(如 Integrity)和权限等有关的判断操作,这些检查通过后,会在路由器中建立与该消息相关联的状态记录,在该记录中包含上一个发送该 Path Message 的路由器地址。然后,将 Path Message 中 RSVP_HOP 实体内的 IP 地址换成自身的转发该消息网络接口的 IP 地址,将修改后的 Path Message 消息转发给下一跳的路由节点。通过这样的逐级转发,Path Message 最终可到达接收端。由于传输路径上的每一个路由器均留下了与此 Path Message 有关的状态记录,相当于保留了一条可沿着该路径从接收端回溯到发送端的路由信息。

接收端在收到 Path Message 后,如果确定要发起资源预留,可根据其中的业务流特性参数(Sender_Tspec),确定所需的带宽、时延和差错率等服务质量要求,在 Resv.Message 中设定相应的**流指标**(Flowspec)等参数,并向网络发出资源预留的申请。发送端发出的 Resv.Message 将沿着 Path Message 传输路径反向返回到发送端。在 Resv.Message 到达的每个路由器,同样会进行安全性和权限等有关的操作。与此同时会根据路由器当前的负载情况,确定是否有足够的资源能够满足用户的需求。只有当上述的这些条件都满足时,才会将该 Resv.Message 发往下一跳的路由器。若沿传输路径的每个路由器都满足该业务流传输资源预留的要求,则最终可建立一条有相应服务质量保证的传输路径。由 RSVP 路由建立的过程可见,资源预留的发起是由接收端来决定的,因为获得服务的是接收端,显然如果在其中会发生费用开销,通常将由发出服务要求请求的接收端来承担。

2) RSVP 路径的维护

一旦沿某个业务流的传输路径建立了这种类似面向连接的传输路径,在各个相关的路由器中就会为该业务流预留相应的报文交换和转发处理能力。在路由器中为该业务流保持的特定处理资源,需要在发送端和接收端定期地发送 Path Message 和 Resv.Message 来维护。如果在预定的时间内没有收到这些消息,路由器就会发送出错的信息并释放相应的资源,取消该 RSVP 路径。RSVP 的各种消息一般是通过 UDP+IP 来承载的,因此在传输过程中可能会丢失,通常需要设定较为宽松的接收这些消息失败次数和时延的门限,因此也称这种方式为维护一种"**软状态**(Soft State)"。

3) RSVP 路径的撤销

当特定的业务流传输完毕之后,应在相关的路由器中撤销该 RSVP 路径,释放所预留的资源,为其他业务的传输腾出转发处理能力。此时,源端或接收端可以发送 Path Tear Message 或 Resv.Tear Message 来达到撤销该 RSVP 路径的目的。

需要注意的是,RSVP 路径总是由接收端发起的,每个需要接收特定的业务流且希望得到资源预留保证的用户,都必须独立地为其所接收的业务流发出资源预留的申请。在网络组播流的传输场景中,如图 10-48 所示,如果需送达多个不同用户的某个组播业务流,并且用户申请的建立的 RSVP 路径会重叠或部分重叠,则在重叠区域的路由器上,会对各类的 RSVP 消息按照最高的服务质量指标进行融合,同时只会保留一条 RSVP 路径,以使网络的资源得到充分的利用。在图 10-48 中,路由器 R3 会对消息和相应的 RSVP 路径进行融合,上行的两个 Resv.Message1 和 Resv.Message2 消息被融合为 Resv.Message1-2,发给

Receiver1 和 Receiver2 的业务流在 R2 和 R3 间只会传输一遍。同样地，在 R2 中，Resv.Message 1-2 和 Resv.Message3 消息被再度融合为 Resv.Message1-2-3，而发给 Receiver1、Receiver2 和 Receiver3 的业务流在 R1 和 R2 间也只会传输一遍。从而在消息和业务流的传输这两个方面都可以提高信道的利用效率。

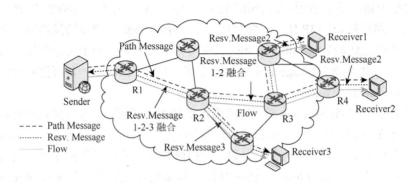

图 10-48　RSVP 消息与信道的融合

6. RSVP 路径资源预留的式样

网络中业务传输的多种不同的应用场景，例如，有一对一的传输方式，也有一对多或多对一的传输方式，等等。除了前面提到的 RSVP 的消息和数据传输的融合措施，RSVP 协议也考虑如何高效率地为不同的传输方式提供资源预留的服务，还设计了多种不同的资源预留**式样**（Style）。

1）显式模式

显式模式（Explicit Styles）是在预留资源时，会以明确的方式说明具体对那些业务流提出资源预留的服务。显式模式又可细分为**固定模式**（Fixed-Filter Style，FF Style）和**共享模式**（Shared-Explicit Style，SE Style）。

（1）FF Style。前面讨论过的 RSVP 的基本操作过程就是一种一对一的固定模式。类似地，如果某个接收端采用固定模式可以同时接收来自多个不同发送端的业务流，即多对一时，必须为每个业务流独立地建立 RSVP 路径。固定模式的好处是每个 RSVP 路径是独立的，业务流间不会产生干扰，通过这种方式构建的 RSVP 路径具有较好的强壮性。显然当每个接收端同时接收的业务流个数较多时，对接收端和路由交换节点都会有较大的 RSVP 消息处理和软状态维护的计算开销。

（2）SE Style。与固定模式不同，对于同样需要接受来自多个不同发送端的业务流的多对一的情形，若采用共享模式，接收端可只建立会话（Session），将所有业务流的资源预留需求均包含在内，在 Resv.Message 的 Filterspec 中包含一个给出所有发送端和相应业务流的列表。采用共享模式，可以大大降低接收端和路由交换节点 RSVP 消息处理和软状态维护的计算开销。

2）通配符模式（Wide-card-Filter Style，WF Style）

在共享模式中，通过一个会话，可实现为多个业务流预留传输路径的资源。但在实际的应用系统中，常常会出现这样的情形，接收端虽然需要为多个发送端的业务流同时预留资源，但这些业务流在每个小的时间片内却不总是同时出现的。例如，在一个有 K 个用户参加的网络会议系统中，一般来说每个时刻，只会有一个或者最多两个用户在说话，其他的用户此时都处在倾听的状态。如果采用上一小节中的 SE Style，显然会造成预留资源的浪费。WF Style 提供了这一种机制，可同时为多个业务流预留传输路径的资源，并且预留资源的大小可以是其中最大的业务流传输的服务要求，或者是一个业务流传输资源需求的某个倍数等，从而避免资源的浪费。此外，为使加入某个 WF Style 预留进程的用户数的大小可以自由地伸缩，无须在 WF Style 的 Session 中指定具体的发送端及个数，每个发送端可将其业务流汇聚到某个节点的端口上，再由该节点发送到接收端，该特定的节点同时负责将 WF Style 的 Resv.Message 发布到各个加入到该系统的发送节点。WF Style 特别适合于网络会议系统的应用场合，该特定的节点可以是某个网络会议管理单元。图 10-49 给出了一个 WF Style 的工作场景示例。需要注意的是，在一个会议系统中，每个发送端往往同时是一个需要接收其他方信息的接收端，根据 RSVP 资源预留路径（Session）由接收端发起的机制，每个用户都要发起构建自身的 Session。

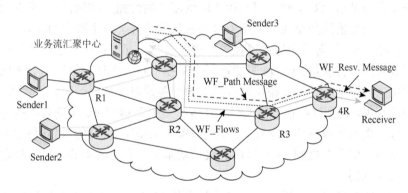

图 10-49　WF Style 的工作场景示例

10.2.3　区分服务

1. 区分服务（DS）的基本概念

RSVP 资源预留协议提出了一种完整的 IP 网上业务流传输服务质量的解决方案，该方案很大程度上是将传统电信网上面向连接的机制平移到了 IP 网上。因为 PSVP 协议可以在源与目的的端到端基于特定的业务流保证传输的服务质量，所以它看似很完善。但从某种意义上来说，在 IP 网上运行 RSVP 很大程度上背离了 TCP/IP 设计使网络功能简单化，将通信过程中各种复杂的处理按照需要在源节点与目的节点实现的理念，把通信过程的各种复杂处理的过程重新设置在网络的交换节点上。随着实时多媒体业务的传输在网络上有越来越广泛的应用，如果这些业务流的传输都采用 RSVP，在网络主干上的路由器将不得不管理大量的 RSVP 的"软状态"和处理 RSVP 的各种消息，同时在需保证服务质量的硬件交换系统的设计上也将变得非常复杂。因此 RSVP 很难获得大规模的应用。为此，人们开始寻找新的解决方案。区分服务（DS）的概念就是在这样的背景下提出来的。与基于

RSVP 的综合服务专门的术语 **IntServ** 对应，DS 服务也引用了一个专门的术语：**DiffServ**，来表示 DS。

IETF 有关 DiffServ 的建议也已经成为一个协议规范系列，其中 RFC 2474/2465 定义了有关的体系结构；RFC 2597/2598 定义了如何在路由节点上对不同类别业务进行资源预留的操作方式；而 RFC 2697/2698 则定义了有关标记方法，等等。

DS 服务与前面讨论过的资源预留服务的基本区别体现在如下几个方面。

（1）资源预留服务是基于**单个流**来提供服务质量保证的，流是由用户创建的，对于同一类型的业务，可以有成千上万个流；DS 是根据业务类型来提供服务质量保证的，是基于同一类型的**聚集流**来提供服务的。按照目前的协议规范，业务类型的种类理论上可以多达 $2^6=64$ 个，实际应用过程中的业务类别一般远小于该值。通过聚集流的方式可大大降低在交换节点中管理业务流的复杂性。

（2）资源预留服务是为每个流提供端到端的资源预留服务，需要在该流传输路径的交换节点上为其流预留消息处理、缓冲空间、分组交换和端口速率等各方面的能力；DS 通常只是在每个交换节点上对不同类别的业务提供服务的**优先度控制**，同一类别的业务可进入为该类业务设定的缓冲空间，无须为每个具体的流维护一个特定的状态。

（3）从形式来看，资源预留服务可在较严格的意义上保证每个特定业务流从源节点到目的节点端到端的服务质量；而 DS 只能在每个交换节点上保证高级别的业务比低级别的业务提供更优先的服务，是一种在相对意义上的服务质量保证。一般来说，DS 可根据网络运行的统计结果，得到网络在不同的时刻在各种负载的情况下，预测各类业务可获得的传输时延、包丢失率等服务质量参数。DS 没有资源预留服务那样的建立与维护每个流的传输路径的复杂"信令"机制，DS 提供的服务质量是一种为各类业务预先设定好优先度的"静态"长效机制。

DS 方法的基本思路是在用户的业务流进入网络时对具体用户的行为进行有效的节制，以保证所有网络对所有进入网络的业务流都能够有效地承载，一旦需传输的业务流经过网络的入口监管进入网络后，在网络内部只对其进行宏观的分类调度管理。应该说区分服务（DS）更好地秉承了 TCP/IP 的基本理念，该方法将较为复杂的处理过程放在网络的边缘，而让网络核心的交换节点上所需进行的各种处理尽可能地简单化，以保证交换的速度和效率，这是一种现代通信网络技术的发展趋势。

2. 区分服务（DS）系统的参数与结构

DS 主要是根据不同的业务类别提供不同优先度的传输服务，同时通过在用户与网络接口的位置控制进入网络的业务量，从而达到一种在宏观的意义上保证用户业务流服务质量的目的。另外，考虑不同区域的网络服务提供商（Internet Service Provider，ISP）对业务的分类方法和处理方式的不同，DS 系统中引入了网络内部节点与网络的边界节点等一些新的概念。

1）DS 业务类别标识

如图 10-50 所示，IETF 在有关 DS 的协议中，一方面继承了原来 IP 报文首部中的**业务类型**（Type of Service，TOS）**标识域**的定义，直接利用其作为业务分类的依据。在 TOS

中，用 P_0、P_1、P_2 这 3 个比特表示业务的优先级，T_3、T_2、T_1、T_0 这 4 个比特分别表示该业务在选路时分别以最小时延、最大吞吐量、最高可靠性和最小费用为主要的依据；同时又另外对其进行了新的定义，将这个 8 比特中的 6 比特作为业务的类别标识，称为 **DS 码点**（Differentiated Services Code-Point，DSCP），也有文献将其称为 **DS 字节**（DS Byte）。另外有 2 比特作为未用的保留部分（Currently Unused，CU）。6 比特的 DSCP 原则上可以将业务划分为 64 种不同的类别。

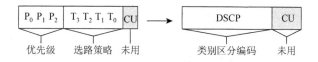

图 10-50 DS 业务类别标识

2）逐跳行为

逐跳行为（Per-Hop Behavior，PHB）是一个具有 DS 服务的路由交换节点调度转发特定的聚集流的外部特性描述参数，用以说明该路由交换节点为特定聚集流分配资源的方式；PHB 可以用调度转发聚集流时的为这些流提供服务的行为方式等特性来描述。PHB 针对具体的聚集流，聚集流用 IP 报文首部中 TOS 的参数或者新定义的 DSCP 参数来标识。

多种 PHB 可共存于一个路由交换节点，不同的 PHB 有不同的相对优先等级。此外，在不同的 DS 服务的网络管理区域内，可能有不同的具体操作方式。例如，若将 DS 服务类型分为 8 个不同的等级，则可以在每个输出端口上构建 8 个具有不同优先级的缓冲队列，仅当更高级的缓冲队列中的报文被取空后，较低服务等级缓冲队列中的报文方有获得传输的机会；也可以仅设置一条队列，但报文在队列中被标以不同的丢弃优先度，当网络没有拥塞时，所有的报文都获得良好的服务，当有拥塞迹象时，服务优先级别低的报文将先于优先级别高的报文被丢弃，从而使优先级别高的报文得到更好的服务；也可以是设置 4 个优先级队列，每个队列中有两种不同的报文丢弃优先度，等等。具体采用的方式取决于不同的 DS 服务的网络管理区域和路由交换节点的处理能力。

IETF 已经定义的 PHB 主要包括：类选择型 PHB（Class Selector PHB，CS_PHB）、缺省型 PHB（Default PHB）、加速转发型 PHB（Expedited forwarding PHB，EF_PHB）和确保转发型 PHB（Assured Forwarding PHB，AF_PHB）等。

(1) CS_PHB。CS_PHB 完全继承了原来 IPv4 报文中 TOS 类别的定义，依据 TOS 字节的前 3 位作为优先级队列调度的选择标志；

(2) Default PHB。Default PHB 就是传统的"尽力而为"调度转发行为方式，属于缺省型的 IP 报文仅在带宽空闲未被其他聚集流使用时方被发送。Default PHB 的 DSCP=000000；

(3) EF_PHB。对于 EF_PHB，路由交换节点一般保证在任何时候接受此服务的流的转发速率总是大于等于设定速率，这类服务的优先级最高，不受其他类别流的影响。在加速转发型服务内，优先度可进一步细分出若干不同的等级。EF_PHB 的 DSCP=101ØØØ，其中的 Ø 依据不同的等级取 "0" 或 "1"；

（4）AF_PHB。对于 AF_PHB，路由器无论是否拥塞，保证为用户提供预约时的最低限量的带宽，其特点是确保一定的带宽和丢失率，但一般不涉及严格的延迟和抖动具体指标。在确保型服务内，优先度也可进一步细分出许多不同的等级。AF_PHB 的 DSCP=001000，010000 和 011000 等。

3）DS 区域（DS Domains）

具有 DiffServ 功能的区域就称为 DS 区域。如图 10-51 所示，在互联网中，会有许多不同的网络运营商或服务提供商，在各自管辖的区域内一般实行不同的 DS 服务策略和采用不同的 PHB 类型。在不同的 DS 区域间，需要在边界节点中，对不同的 PHB 类型或服务等级，进行必要的转换。因此在**区域边界节点**（DS Boundary Node）和**区域内节点**（Interior Node）中，分别具有以下两类不同的 DS 功能部件。

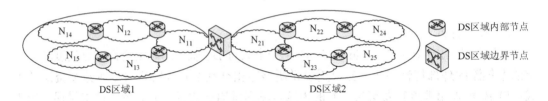

图 10-51　DS 区域内的不同节点

（1）DS 业务调节器（DS Traffic Conditioner）。DS 业务调节器通常位于 DS 区域的边界节点上，如图 10-52（a）所示，DS 业务调节器主要由 4 个功能模块：分类器（Classifier）、检测器（Meter）、标记器（Maker）和业务流成形器（Shaper/Dropper）组成。**分类器**主要根据 DSCP 的取值来对业务进行分类处理，例如，可将不同类型的业务送入具有不同服务优先级的缓冲队列。对于工作在用户与网络接口上的 DS 业务调节器，在分类时除了 DSCP 的取值外，还可根据 IP 报文中的 IP 地址与端口号等，判断特定的业务流是否是网络与用户间的**服务水平约定**（Service Level Agreement，SLA）中有享受某种类别服务的业务流。**检测器**（Meter）主要比较进来的业务流分类方式与当前 DS 区域的 PHB 及业务分类方式是否一致，如果不一致可对其 DSCP 的值进行适当的修改，使其进入到新的 DS 区域后，享受到同等的或接近的类别水平的服务，图 10-52 给出了一个业务分类重新标记（Re-mark）的一个形象示例，在 DS 区域 1 内只有三种服务等级，在 DS 区域 2 内有 6 种服务等级，假定等级数越大优先级越高，当原来在 DS 区域 1 中一个等级为 3 的报文进入 DS 区域 2 时，将可能被提升到等级 5 或等级 6，具体提升到哪一个等级，还要考虑其他的因素，如根据其是 UDP 报文或者 TCP 报文（详见后面的分析）。**标记器**是根据检测器的输出结果，必要时执行 DSCP 值修改操作的功能模块。**成形器**可实现对业务流特性进行某种改变其形态（Shaping）的功能，如可通过报文输出的调度算法，将突发性较大的业务流改变为较为平滑的业务流，必要时也可以对违反 SLA 的业务流进行终止（Dropping）其传输的操作。

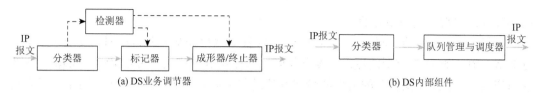

图 10-52　DS 业务调节器与内部组件

（2）DS 内部组件（DS Interior Components）。DS 内部组件位于 DS 区域内的路由交换节点内，如图 10-53（b）所示，该组件的功能相对简单，在 DS 的服务体系中，一般认为已经进入某个 DS 区域的业务流都是满足 SLA 的报文。因此在 DS 内部组件中，主要根据 DSCP 的取值对聚合的业务流进行分类和输出的调度管理控制操作。

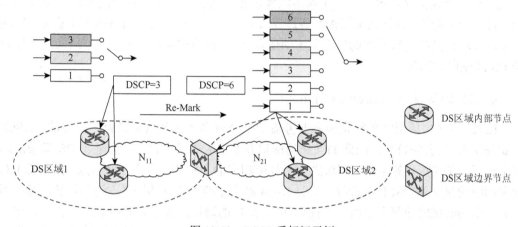

图 10-53　DSCP 重标记示例

3. DiffServ 的公平性问题

前面讨论的 IntServ 系统，是基于单个的流来提供资源预留服务的，网络必须为每个独立的流分别提供特定的服务质量保证。而在 DiffServ 系统中，在路由交换节点上不同类别的业务是以聚合后的流来提供服务的，公平性问题是指对于聚合流中各单个的流之间，是否能够享受同样的待遇。其具体的问题是：网络资源充足时，各单流能否保证得到预约的资源；有额外资源并允许竞争时，各单流能否按比例分配得到这些额外的资源；当资源总量不足时，各单流服务质量下降的比例是否与预约资源时的比例是一样的。

在 DiffServ 系统中，存在许多影响上述公平性的因素。在同一服务等级的流中，流的速率可能差异很大；即使流的平均速率相同，流的突发性也不尽相同；各个流经历的传输路径可能不同，因而回路的响应时间也不相同；此外，有些流在源与目的节点间有端到端的流量控制机制，有些则没有这种机制。典型的如采用 TCP 工作方式的流与 UDP 工作方式的流，前者在传输层有流量控制机制，而后者则没有。实验统计表明：一般情况下，突发程度大、两端有拥塞控制机制、流量大、回路响应时间长及连接时间短的流在聚合后的流内竞争传输带宽过程中处于弱势地位。因此尽管处于同样的服务等级，获得的服务质量的实际效果也很可能是不同的。

一般地,把端到端之间具有流拥塞控制,能根据网络拥塞情况自动调节发送速率的流称为**适应流**,如 TCP 类型的流;把没有任何拥塞控制机制的流,如 UDP 类型的流,称为**非适应流**。适应流在聚合后的流内的带宽竞争过程中会处于弱势地位的原因是,一旦发现网络有拥塞的迹象,适应的窗口控制机制会自动地降低发送的速率,而非适应的窗口往往仍以固有的方式发送报文,这样无形中就抢占了更多的网络传输的资源。

解决公平性问题的措施也有多种,其一是在对业务的同一服务等级业务的细分类时,有意地降低非适应流业务的优先度,以削弱其争夺网络资源的能力;其二是在用户与网络的接口上对每个流按照服务等级约定(SLA),严格控制每个流进入网络的数据总量,以保证同等级别流获得的服务是一致的。此外,还有一种综合解决问题的思路是在 DS 区域内加入动态反馈机制,内部节点不断地收集汇聚周边的及网络中各个局部区域负载的情况,将 DS 区域内在整体状况通报给各边界节点,边界节点可根据网络的工作状态,判断从本输入端口到特定目的地的特定单流的适宜速率,调节控制每个流进入网络的流量以避免 DS 区域内的拥塞。

4. DS 的源域(Source Domains)

IETF 将产生接受某种特定服务业务流的一个或多个源节点定义为一个源域。DSCP 标识处在 IP 报文的首部,因此 DSCP 的标记并非在应用层中设置,而是在 DS 源域的边界上设置。在这些业务流离开源域之前必须由相应的主机或者某个入网节点(路由器)对流中相应的报文的 DSCP 进行标记。图 10-54 给出了两种不同的源域的边界位置,其中图(a)给出的源域的边界在主机上;而图(b)给出的源域的边界在路由器上。作为特定服务级别的业务流,在进入 DS 区域之前,通常可由 DSCP 值、IP 地址和源端口号等参数对该业务流进行标识,DS 区域的入口节点据此对其是否满足 SLA 进行判断,对于违约的业务流部分可进行某种节制,如降低服务等级或者中止其传输等处理。当该业务流进入 DS 区域之后,所有的服务均针对聚集流而非单个的流,此时一般来说 IP 地址和源端口号这两个参数不再起作用。

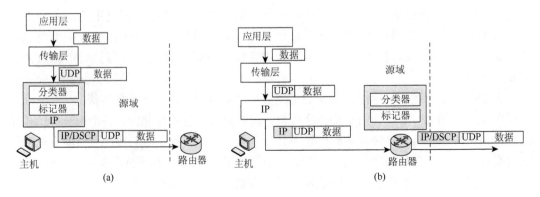

图 10-54 DS 的源域

5. DS 系统的配置与管理

DS 系统基本上保持了原来 IP 网络在网络层非面向连接的工作方式，没有类似 RSVP 这样为端到端建立连接而在 IP 层中设定的"信令"机制。DS 系统的配置与管理，包括对各用户单独的业务流在网络接口处的管理和对各类聚合流在网络内的管理两个方面。

1）用户业务流的管理

对于每个独立用户的业务流的管理通过用户与网络间协商后达成的 SLA 进行具体的管理操作，在 SLA 中可以约定为用户提供的带宽和服务类别等参数。在用户与网络接口的网络侧根据 SLA 来对用户进行监管，对正常的业务流按照预定的 DSCP 值对报文进行标记后进入网络；对违反约定的超出部分，可禁止其进入网络或者将其降级为缺省的 BE 类型的业务，只提供尽力而为的传输服务。

2）聚合业务流的管理

对聚合业务流在网络中的管理通常依据在每个特定 DS 区域内所自行选定的 PHB 策略，对流进行分类和提供设定的优先级区分服务。

显然，为实现在某个 DS 区域内对业务流的有效管理，需要对整个系统，包括网络边缘上的节点和网络内的每个路由交换节点中的 DS 功能模块单元进行统一的配置和管理。例如，需要规定一致的 PHB，以及提供网络的拥塞情况等状态信息到各个边缘的接入控制节点，才能保证 DS 系统可靠地工作。为此在 DS 系统中引入**轻量级目录访问协议**（Lightweight Directory Access Protocol，LDAP）及相应的机制，用于在 DS 区域内发布该系统内关于 DS 的管理信息。LDAP 是 IETF 在其制定的 RFC2251~2256 等协议中定义的一种树状目录服务方式。利用 LDAP 的方式，可在一个 DS 区域内设立一个专门保存和提供 DS 管理信息的服务器，DS 系统中的每个节点，可根据 LDAP 的规则（包括数据模式、操作方式和认证机制等），通过访问该服务器获得有关 DS 的管理信息，从而使整个 DS 系统的服务质量管理工作协调一致地进行。

10.2.4 综合服务与区分服务的整合问题

通过前面的有关对 IntServ 和 DiffServ 的讨论可知，这两种方法各有优劣：IntServ 一般是基于单个的流来提供服务质量保证的，通过基于特定流传输路径的资源预留方式实现较为可靠的端到端的服务质量保证。IntServ 的系统在网络中有较大的 RSVP 的信令传输开销，而且在主干的路由交换节点上为维护具体每个流的软状态可能需要巨大的计算能力。反之，DiffServ 的系统基于业务的聚合流进行控制，不需要对具体的单个流服务的信令开销，在每个路由交换节点上所需花费的计算处理能力主要与业务的类别有关，因此简单且易于维护和扩展。但 DiffServ 无法提供端到端的传输质量的严格保证，每类服务中的流与流之间存在公平性问题。从总体上来说，一般认为 DiffServ 因其在网络内简单易用实现，更加符合 IP 网络既有的传统风格和特点。

另外，鉴于 IntServ 和 DiffServ 服务的两种机制各有不同的优点，人们也曾考虑能否将这两种方法进行整合，发挥两种机制各自的优势，形成一个更加有效的网络业务传输的服务质量控制机制。下面给出的是两种可能的整合方式。

1. 重叠方式

本书所指的重叠方式，是指两种系统同时工作。一般来说，IntServ 需要在沿传输路径上的每个路由器上申请资源预留，整个操作过程复杂，通常比较适合应用在某个部门统一管理下的一个网络规模和覆盖范围较小的自治系统（AS）内，如在某个内部网（Intranet）内实现 RSVP 的功能。此时，需要 RSVP 服务的用户可向网管系统申请沿特定路径传输的资源预留的授权，网管对系统内的路由器进行允许特定用户进行 RSVP 申请的配置后，这些用户即可根据需要构建特定传输业务的 RSVP 路径。

在一个大型的网络系统中，例如，互联网上进行上述操作显然是不可能的。如图 10-55 所示，假如一个大型的网络系统是由若干自治系统构成的，则可考虑在自治系统内各自采用内部管理的 IntServ 的服务模式，而在实现自治系统互联的骨干网内采用易于扩展 DiffServ 的服务模式，从而实现整个系统的服务质量保证功能。在这种工作方式中，连接 Intranet 与 Internet 间路由器 R1~R4 必须可同时工作在 IntServ 和 DiffServ 两种模式下，在 Intranet 一侧工作在 IntServ 模式下，而在 Internet 另一侧则工作在 DiffServ 模式下。同时可将需要穿越 Intranet 和 Internet 的业务流的服务类别进行必要的转换，例如，将 Intranet 中申请了 RSVP 服务的业务流转变为 Internet 中较高等级的服务，而对原来 BE 类别的业务则保持不变。

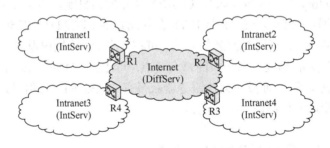

图 10-55 IntServ 和 DiffServ 服务重叠工作方式

2. 融合方式

前面我们在讨论 DiffServ 系统时曾经提到，要保证 DS 区域内的服务质量，既需要在用户与网络的接口位置对用户进入网络的业务流进行必要的控制，也要根据网络的负载分布情况决定是否接纳用户的服务请求，或者说要拒绝用户请求的话，要明确具体是拒绝从哪里来到哪里去的业务流。融合方式的思路是在网络中的每个路由交换节点，采用 DiffServ 系统中对聚合流进行区分服务的工作模式，而利用 IntServ 中的信令机制，在网络的各个交换节点间传递有关网络的状态信息，网络边缘上的节点可根据这些状态信息，确定是否允许新的业务流进入网络。从而使网络总是处于无拥塞的工作状态，使网络的传输服务质量得到有效的保证。要实施融合方式，网络中或许还要设置若干网络状态信息的汇聚点，在这些点上根据对网络负载分布状态的分析，向网络的边缘节点发布有关的控制信息。有关融合具体实现方案，目前还是开放的研究问题。

10.2.5 本节小结

在本节中我们分别讨论了 IP 网中目前 IETF 已经提出的 IntServ 和 DiffServ 两种传输服务质量控制方案的基本原理。值得深思的是，虽然对这两种方案进行了大量的理论研究，也不乏进行了各种各样的相关实验，但是在互联网中，却鲜有其得到实际有效应用的报道。这里可能有两个原因：其主要原因是光纤的广泛应用和性能的不断提高，使物理层的可用带宽对许多网络来说已经很大程度上保证了用户的需求，用户即使没有使用这些服务质量控制的措施，依然能够得到较为满意的服务；另一个原因是，要实现无论是 IntServ 还是 DiffServ 的功能，在用户和网络侧都要进行大量额外的控制操作，给网络的使用和管理带来了诸多不便。因此或许保持 IP 网运作的简单化，通过不断地提高物理层的带宽资源，使网络总是处于相对轻载的工作状态，才是最有效的解决传输服务质量的途径。目前全球的网络运营商大都采用轻载的建网和运行的策略，通常当峰值速率达到带宽的 70%左右时即开始扩容，因此网络的平均利用率一般只有 30%～40%。尽管如此，在统计复用的网络系统中提出的这些服务质量控制的思路和方法，在研究未来新一代的网络系统时，仍然会有很好的参考借鉴意义。

10.3 移动 IP

10.3.1 移动 IP 的基本概念

随着集成电路集成度的不断提高、无线通信特别是移动通信技术的迅速发展，笔记本式计算机和智能手机等各种便携的智能终端设备的应用越来越普遍，已经成为人们日常生活和工作不可缺少的基本工具，同时也催生出移动 IP 的概念和相关的技术。人们希望在任何时间、任何地点和任何条件下，都能够方便地接入互联网。在移动 IP 的概念提出之前，人们若使用 IP 终端在通信过程中从某个 IP 子网覆盖的区域漫游到另外一个 IP 子网覆盖的区域，传输层或应用层所有已经建立的连接都会被中断。必须重新通过人工或某种自动获取 IP 地址的方式，配置新的 IP 地址等网络参数，才能够重新恢复通信。在移动互联时代，这显然不是一种理想的工作方式。这里 IP 子网泛指无须经路由器转发，节点间一跳可达的网络。

主机在跨越网络时不能保持通信进程持续工作的原因，是因为互联网是有多个 IP 子网互联而成的网络系统，在互联网中几乎所有的通信进程，都是与 IP 地址和端口号绑定的。在经典的 TCP/IP 中，IP 报文在寻址时总是首先根据地址段的**网络编号**，找到所在的目的网络，然后才能够在目的网络的路由器中进一步根据 IP 地址中的**主机编号**，将报文送达到特定的主机。因此在提出移动 IP 的概念之前，设置了特定网络编号 IP 地址的主机，一旦离开该网络，通信进程便不可能持续。人们提出移动 IP 的概念，就是希望获得一种方法，能够使主机只配置一个固定的 IP 地址，在保证各种通信活动持续进行的基础上，在互联网上自由地移动。

1. 移动 IP 需要解决的主要问题

针对上述移动 IP 的应用要求，移动 IP 需要解决的关键技术问题主要包括以下几点。

（1）**位置问题**：移动 IP 节点需要能够判断，自身当前是处在什么位置，是处在本地网络还是处在外地网络，如果是移动到了外地网络，具体又是在哪一个网络；

（2）**寻址问题**：移动 IP 节点如何用一个固定不变的 IP 地址，既可在本地网络也可在外地网络中接收和发送报文；

（3）**切换问题**：移动 IP 节点移动至某两个或两个以上的网络的交界处时，如何解决切换和通信的连续性问题；

（4）**兼容性问题**：在世界范围运行的互联网不可能同时进行升级改造，因此有如何保证移动 IP 与现有的 IP 共存和互通的问题；

（5）**安全问题**：移动 IP 节点可以在整个互联网范围内漫游，如何保证移动 IP 节点受到的安全威胁不会比现有普通的 IP 节点更大；

（6）**效率问题**：如何设计移动 IP 方能保证不会因为移动 IP 的引入，导致增加大量的附加控制信息的传输和处理开销。

为解决上述问题，IETF 制定了一系列的相关协议标准，例如：RFC3344 规范如何在 IPv4 的环境下支持移动 IP；RFC3775 规范如何在 IPv6 的环境下支持移动 IP；RFC2005 规范了移动 IP 的应用；RFC2006 定义了移动 IP 的管理信息库（MIB）；等等。

2. 有关移动 IP 的术语

移动 IP 需要实现一个主机用一个固定 IP 地址在整个互联网中的漫游的功能，一个原来只能在特定网络中工作的节点，现在可以孤悬在互联网中的任何一个位置，同时保持正常的工作状态。移动节点可以是处于静止的状态，也可以是处于运动的状态。为解决这样的复杂问题，在移动 IP 中引入了许多具有特定含义的新名词术语，对这些术语涵义的理解有助于后面分析移动 IP 的工作原理。下面分别对其进行介绍。

（1）**移动性**（Mobility）：在移动 IP 中，移动性特指一个节点可从一个 IP 网络（子网）移动到另一 IP 网络（子网）而保持其原有的所有通信进程（TCP/IP 意义上）连续性的能力。注意移动 IP 的移动性具有两层涵义：其一是移动节点可以使用一个固定的 IP 地址在互联网上任何一个位置收发报文；其二是在移动过程中可保持正在工作的通信进程的持续性。

（2）**移动节点**（Mobile Node）：可用固定的 IP 地址实现移动性的主机或路由器。

（3）**家乡地址**（Home Address）：分配给移动节点的永久地址，该地址不随节点在互联网中的移动而改变。

（4）**家乡网络**（Home Network）：移动节点的归属网络，家乡网络的网络编号与移动节点家乡（IP）地址中的网络编号相同。

（5）**家乡代理**（Home Agent）：当移动节点离开家乡网络时，在家乡网络中负责截获发给该移动节点的 IP 报文，并根据移动 IP 转发给移动节点的特定主机或路由器。

(6) **外地网络**（Foreign Network）：移动节点离开家乡网络后到达的当前所在网络；从 TCP/IP 的基本工作原理我们知道，互联网是一个通过路由器互连而成的网络系统，离开了原来 IP 地址中网络编号所限定范围之外的部分都称为外地网络。

(7) **外地代理**（Foreign Agent）：移动节点所在的外地网络中，负责接收和转发移动节点 IP 报文的特定主机或路由器。

(8) **移动代理**（Mobile Agent）：家乡代理和外地代理的统称。在支持移动 IP 的网络中，一个代理通常既是家乡代理也是外地代理。对于归属网络内的移动节点来说，它是家乡代理；对于其他网络的移动节点来说，它是外地代理。

(9) **隧道**。一个 IP 报文被封装在另一 IP 报文的净荷中进行传输时所经过的路径。隧道的概念在前面已经介绍过，在移动 IP 中隧道起着至关重要的作用。

(10) **转交地址**（Care of Address）：移动节点在外地网络中用于向家乡代理标识自己当前所在位置而使用的一个临时的 IP 地址。转交地址是一个归属于当前所在子网的一个普通的 IP 地址。移动节点从一个外地子网移动到另外一个外地子网时，该移动节点的转交地址也将发生相应的变化。

移动 IP 仍然是一种网络层的协议，移动 IP 主要关注的是如何使得主机移动到其他的位置后，还能够使用原来的 IP 地址继续工作。移动 IP 只是解决在移动过程中在网络层面上的寻址问题。与原来经典的 IP 一样，对网络层下面的链路层和物理层的具体技术没有做任何限定。如何支持移动 IP 有效地运行，例如：怎样才能保证移动的主机在穿越不同的 IP 网络时，在链路层和物理层所需各种操作的切换时间足够短，以使 TCP/IP 的网络层及网络层以上的各层的通信进程不会因时延过大导致通信中断，需要由相应的底层协议和网络接口设备的性能指标来保证。

10.3.2 移动 IP 的工作原理

移动 IP 的基本工作原理可以简要地归纳如下：当移动节点移动到外地网络时，首先需要设法找到一个外地代理，进行注册登记，并获得一个属于当前网络的转交地址，然后设法将转交地址等信息报告给家乡代理。家乡代理由此可以知道某个本地的节点已经离开本地网络，移动到转交地址所对应的外地网络，成为一个移动节点。此后在该移动节点不在本地网络的期间，家乡代理都会在本地网络中设法截获所有发给移动节点的 IP 报文，并将这些 IP 报文发到转发地址对应的位置。转发地址所在的节点通常是一个外地代理，外地代理在收到家乡代理转发过来的报文后，再设法转交给移动节点。移动节点每到一个新的外地网络，都要重复上述的操作，使得本地代理总是知道当前移动节点的所在位置，以保证报文的成功转发。当移动节点在外地网络中要发送报文时，通常可将外地网络上的路由器作为缺省的网关进行报文的中转，也可将报文发给外地代理由其进行转发。要实现上述的功能，移动 IP 的工作过程通常包括移动代理的**搜索与发现**、**注册**和**报文收发**的三个阶段。

1. 移动代理的搜索与发现

移动代理（家乡或外地代理）是移动 IP 新定义的一个网络功能，该功能通常既可以在网络的路由器中实现,也可以在普通非移动的主机中实现。在一个网络中,移动代理可以只有一个,也可以有多个。此外,一个网络中的家乡代理和外地代理的功能,可以在一个主机或者路由器中实现。下面介绍移动代理的搜索与发现的过程。

(1) 移动 IP 中规定,作为移动代理的节点,必须周期性地广播**代理广告消息**(Agent Advertisement)。移动代理广告消息(Agent Discovery Message)中包含当前网络的编号、移动代理的 MAC 地址及广告消息发布的周期等信息。

(2) 移动节点总是在不断地监听移动代理发出的代理广告消息,一旦收到代理广告消息,移动节点即可判断自己是处在家乡网络还是处在外地网络;如果是处在外地网络,则还可以进一步判断自己是处在先前移动到达的外地网络,还是已经移动到了一个新的外地网络。

(3) 如果移动节点在规定的时间内没有收到移动代理理应发出的广告消息,则可怀疑自己是否已经移动到了一个新的网络。此时既可以选择在一段预定的时间内继续等待代理广告消息,也可以选择主动发送**查询代理消息**(Agent Solicitation Message)。查询代理消息是一种在子网内的广播报文,在报文的发送过程中无须特定的 IP 地址和 MAC 地址。移动 IP 规定移动代理收到查询消息后,应立即做出发送广告消息的响应。

通过上述方法,如果移动节点当前所在的网络有移动代理存在,移动节点总是可以在较短的时间内完成移动代理的搜索和发现。另外,如果通过查询也无法得到移动代理的回应,一般说明所在的网络尚不支持移动 IP。此时移动节点通过截取当前网络中他人的报文,既可以分析报文首部的地址等信息,也可以判断当前自己所在的位置。

2. 注册

每当移动节点发现自己已经移动到一个新的网络,都需要重新进行注册,方能开始进行有关通信的其他工作。移动 IP 的规范定义了两种不同的转交地址,以适应所在网络可用的 IP 地址空间大小不同的应用场合。不同的转交地址对应的注册方式有所不同,下面首先介绍这两种不同的转交地址。

(1) **外地代理转交地址**(Foreign Agent Care-of-Address)。外地代理转交地址是移动节点所在的网络外地代理(路由器或者特定主机)的网络端口的 IP 地址。稍后可知,外地代理转交地址是连接家乡代理和外地代理间的一条隧道的出口地址。外地转交地址可同时被多个移动节点所共用,外地转交地址的工作方式较为节省地址空间,因此适合在地址数较匮乏的 IPv4 的网络中使用。

(2) **配置转交地址**(Collocated Care-of-Address)。配置转交地址也是外地网络的某个 IP 地址。配置转交地址是外地网络通过某种方式临时指定给某移动节点使用的,因此一个配置转交地址在某个时刻只能由一个移动节点使用。使用配置转交地址时,移动节点在没有外地代理的网络环境中,也能够实现移动 IP 的功能。当使用配置转交地址时,可建立一条从家乡代理直接到移动节点的传输隧道。因为每个移动节点在外地网络中要独占一个 IP 地址,所以配置转交地址较适合在地址空间较大的 IPv6 中使用。

下面我们讨论移动 IP 的注册过程。

1）使用外地代理转交地址的注册过程

移动节点通过移动代理的搜索，在收到移动代理的广告消息后，可得到外地代理 IP 地址（转交地址）和 MAC 地址的信息。据此可直接向该代理发出**注册请求**（Registration Request）。外地代理首先对注册请求做有效性检查，判断该移动节点是否具有该项服务的权限等。若这些检查都没有问题，则对该申请进行备案后，根据移动节点在注册请求中提供的有关该移动节点家乡代理的信息，进一步向其家乡代理发送在家乡代理中的注册请求。

同样，家乡代理也会对注册申请进行有效性的检查，然后将**注册应答**（Registration Reply）返回到外地代理。外地代理在收到家乡代理的注册应答后，无论应答中标识的是注册成功还是失败，都将转发给移动节点。注意此时移动节点自身的 IP 地址在外地网络中还是不能接收报文的，但由于移动节点在向外地代理申请注册的过程中已经提供了其 MAC 地址的信息，外地代理可直接利用该 MAC 地址将返回的注册应答报文发送给移动节点。

在注册应答中包含注册成功与否的信息。如果注册成功，此时就建立了一条起点在家乡代理，终端在外地代理的传输隧道；如果注册失败，通常在注册应答中，会包含注册失败的原因，移动节点可根据这些原因，判断能否通过修改其中的有关参数使其满足注册的条件，然后再进行新的注册尝试，直到成功或者最终放弃注册。

2）使用配置转交地址的注册过程

前面已经介绍，移动节点可以通过截取当前网络中他人的报文中的地址信息，判断当前自己所处的网络。因此即使移动节点没有收到任何有关移动代理的广告消息，或者因为某种原因不希望通过移动代理转发报文，都可以尝试使用配置转交地址进行注册。在使用配置转交地址进行注册之前，首先要通过某种方法获得一个所在网络当地的一个 IP 地址。获取地址的方式可以有多种，如向 DHCP 服务器申请当地网络的 IP 地址；如果是在 IPv6 的网络环境中，可根据 IPv6 协议，通过侦测到的 IPv6 的网络地址前缀，加上自身是 MAC 地址，生成一个"网络前缀+MAC 地址"形式的 IPv6 地址；另外，也不排除用其他方式获得当地网络的 IP 地址。

一旦节点获得一个当地的 IP 地址，即可将所在网络的路由器作为缺省网关，向家乡代理发送注册请求。同样，家乡代理收到注册请求后，先做注册申请的有效性检查，如果注册成功，家乡代理会将移动节点的家乡地址与配置转交地址绑定，并回送注册成功的应答消息；如果注册失败，在注册应答中告知注册失败的原因，使移动节点可修改注册参数继续尝试新的申请，直至注册成功或者最终放弃。使用配置转交地址注册成功后，将建立一条直接由家乡代理到达移动节点的传输隧道。

3）注册过程中家乡代理的查询方法

当移动节点离开家乡网络一段时间后，家乡代理的情况可能发生了变化，如更换了 IP 地址或者作为移动代理的主机，此时移动节点无法完成在家乡代理中的注册操作。移动 IP 提供了一种家乡代理的查询方法，移动节点可以通过外地代理或者直接（当获得配置转交地址时）向家乡网络发送查询移动代理的广播消息。家乡网络中的移动代理在收到广播消息后，会做出响应，返回有关家乡代理的告知消息。如果家乡网络中有多个移动代理，移动节点最终会收到多条这样的信息，此时移动节点可选择其中的一个进行注册。

无论采用哪一种转交地址，一旦注册成功完成，在家乡代理就会将移动节点的家乡地址与转交地址绑定，并由此就建立起了一条由家乡网络到移动节点的通信管道，所有发给该移动节点的报文，都可以通过这条管道送达移动节点，实现移动节点的异地接收功能。

3. 报文收发

在移动节点完成注册的操作之后，移动 IP 节点就可以在异地网络进行报文接收与发送的操作。

1) 报文的接收

网络中的其他节点需要向移动节点发送报文时，并不需要知道移动节点是否已经发生移动。事实上，移动节点本身通常也不希望他人知道自己移动的行踪。此时将依旧采用移动节点的家乡 IP 地址向其发送报文。发送给移动节点的报文按照正常路由方式寻址该节点，报文发往移动节点家乡网络。当发给移动节点的 IP 报文按照通常的方式到达移动节点的家乡网络时，若移动节点没有移动即仍在家乡网络，则按照普通节点接收报文的方式接收该报文；若移动节点在外地网络，并且已经完成了前述的注册过程，则会出现如下的两种情形中的一种。

(1) 如果家乡代理是路由器，那么在向本地网络转发该报文前，会发现移动节点的注册信息，因此不会再将该移动节点的 IP 报文发往本地网络，而是通过已经构建的隧道将报文进行转发。

(2) 如果家乡代理不是路由器，那么这种情形可出现在路由器不能升级为可支持移动 IP 的情况下，此时一定有一台本地的主机被指定为移动节点的家乡代理。该家乡代理会通过响应路由器发出的查询移动节点 MAC 地址的请求 ARP 消息，然后接收（截获）移动节点的 IP 报文；最后通过隧道方式对报文进行转发。

当发给移动节点的报文到达转交地址的端口，即隧道的出口时，也会出现下面两种情形中的一种。

(1) 如果移动节点使用的是外地代理转交地址的转交方式，那么外地代理作为隧道的出口对作为隧道外层 IP 报文的进行拆封，同时移动 IP 报文中的 IP 目的地址，对照移动节点在注册时建立的访问列表，找到对应的移动节点进行报文转交。在进行报文的转交时，外地代理通过移动节点注册时提供的 MAC 地址（物理地址）直接完成交付。

(2) 如果移动节点使用的是配置转交地址的转交方式，那么此时隧道出口就在移动节点内，移动节点可直接对构建隧道而嵌套的 IP 报文进行拆封，获取家乡代理转发过来的报文。

下面通过两个具体的示例来说明移动节点接收一个报文的完整过程。

示例 1 移动节点报文的截获与转发。假定家乡代理和外地代理均在家乡网络和外地网络的路由器上，同时处在外地网络上的移动节点已经完成了注册过程，建立了一条从家乡代理到外地代理的传输隧道。移动节点的家乡地址为 202.8.8.8，家乡路由器（家乡代理）的两个端口地址分别为 202.8.8.254 和 201.6.6.8，外地代理转交地址为 101.9.9.254。图 10-56 给出了家乡路由器（家乡代理）中的软件层次结构和路由表。

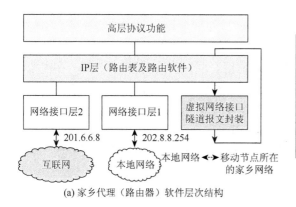

图 10-56　路由器（家乡代理）中的软件层次结构和路由表

当有发给移动节点的报文到达路由器时，已经完成注册过程的移动节点的 IP 地址及与其关联的转交地址会在路由表项中出现，路由器根据目的网络中最长前缀优先的规则，会发现移动节点家乡地址 202.8.8.8 与转交地址 101.9.9.254 的绑定关系，将移动节点的报文发送到虚拟的网络接口。在虚拟的网络接口中，报文为通过隧道传输而进行二次封装，封装时报文的目的地址为转交地址 101.9.9.254，源地址为移动节点的家乡地址 202.8.8.8。完成二次封装后的新报文被重新送到 IP 层重新进行寻址。此时，因为目的地址已经指向转交地址 101.9.9.254，根据路由表，此时报文将转向缺省的网络接口 2，发往 IP 地址为 201.6.6.254 的下一跳的节点，通过互联网传输到转交地址为 101.9.9.254 的隧道出口。

示例 2　外地代理接收移动节点报文与报文转交。同样，假定移动节点已经完成注册并建立与家乡代理的隧道。与示例 1 对应，移动节点的家乡地址为 202.8.8.8，移动节点的外地代理转交地址为 101.9.9.254，该地址也是外地网络路由器面向其本地网络的端口地址，路由器另外一个面向互联网的端口地址为 196.5.5.10。图 10-57 给出了外地网络路由器（外地代理）中的软件层次结构和路由表。

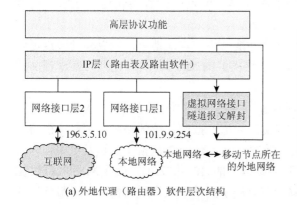

图 10-57　外地网络路由器（外地代理）中的软件层次结构和路由表

通过家乡代理用隧道转发的移动节点的 IP 报文从 IP 地址为 196.5.5.10 的端口进入路由器的网络层后，此时移动节点报文的地址是转交地址，该地址是路由器的一个端口地址，路由软件发现这是一个应该由路由器自身接收的报文，按照规则该报文被送往更高层的协议功能模块。因为该报文是一个按照隧道规则进行二次封装的嵌套报文，该报文中的协议号标识处理该报文的功能模块为虚拟网络接口，因此报文被送往虚拟网络接口，在虚拟网络接口功能模块中，报文被解去第一层的隧道封装，然后被重新送往 IP 层。路由表中因为已经在移动节点注册后建立了相应的目的网络表项（表中的最后一行），所以可确认该报文应该转交给当前驻留在本地网络中移动节点。因为移动节点在注册过程中同时提供了自身的 MAC 地址，所以路由器可直接利用该 MAC 地址将该报文转交给移动节点。至此就完成了整个移动节点报文的传递与接收过程。

2）报文的发送

当移动节点位于家乡网络时，相当于本地的一个普通节点，因此可按普通节点发送报文的方式工作。当移动节点在外地网络时，按照原来传统的 IP（RFC2002），路由器只是简单地根据 IP 的目的地址进行报文的转发。因此，问题的关键在于移动节点能否将需要发送的报文送到外地网络的路由器上。移动节点报文的发送，依不同的情况有如下几种方式。

（1）当移动节点使用的是外地代理转交地址时，移动节点有两种方式可将报文送达路由器：其一是通过外地代理来转发，因为移动节点已知外地代理的 MAC 地址，所以总是可以将要发送的报文发给外地代理，此时是将外地代理看作缺省网关；其二是如果移动节点可以收到外地网络上的路由器通过 ICMP 报文发布的**路由广告**（Router Advertisement）**消息**时，移动节点在收到路由器的 IP 地址的同时，可以得到路由器的 MAC 地址，因此可以通过路由器的 MAC 地址直接将报文发送给路由器。因为移动节点并非一定能够得到路由广告消息，所以即使移动节点能够通过某种方式得到路由器的 IP 地址，也不能在外地网络中用家乡地址发起**地址解析查询**（ARP）。因此以移动代理作为移动节点的缺省网关是首选，移动代理作为本地的一个节点，一定是知道路由器（网关）的 IP 地址和 MAC 地址的，而且许多情况下，移动代理本身就是本地的路由器。

（2）当移动节点使用的是配置转交地址时，移动节点的配置转交地址通常是通过 DHCP 服务器提供的，在提供配置转交地址的同时，一般来说移动节点同时也得到了缺省的网关 IP 地址。因为配置转交地址本身是一个外地网络的本地地址，所以移动节点可以利用配置地址发起地址解析查询，获得路由器（网关）的 MAC 地址，由此可实现报文的发送。

（3）移动 IP 的反向隧道传送功能。前面在讨论移动 IP 的隧道时，所指的隧道是从家乡代理到转发地址的一条传输移动 IP 接收报文的管道。按照传统的路由规则，路由器只是负责根据 IP 报文中的目的地址进行报文的转发。但后来 IAB 从报文的转发更为合理有序的角度出发，建议路由器不转发来自不合理地方的 IP 报文，这就是**网络入口过滤**（Network Ingress Filtering）的措施。如当移动节点漫游到某个从系统结构上处于最低层的网络时，在这种网络的出口网关路由器上，在移动 IP 出现之前，只会有来自本网络的 IP 报文需要向外转发。如果网络中的路由器采取了网络入口过滤的措施，显然移动节点利用家乡地址作为 IP 报文的源地址时，这些报文都会被路由器认为是不合理出现的报文而被过滤掉。在设计移动 IP 时，人们已经认识到这种可能性。在移动节点的注册过程中，可以选择反向隧道传送（Reverse Tunneling）的选项功能。当该功能被激活时，所有从移动节点发出的报文一律经接收报文隧道向相反的方向传输，首先传送到家乡代理中，然后由家乡代理代为从家乡网络中发出，由此即可避免外地网络中可能出现的网络入口过滤功能的影响。

4. 注册的撤销

当移动节点从一个外地网络移动到另外一个外地网络时，需要进行新的注册，以便让家乡代理知道移动节点新的位置，在注册列表中记录移动节点家乡地址与新的转交地址的绑定关系，并构建新的传输隧道。与此同时，家乡代理会在注册列表中撤销移动节点在上一个外地网络中的注册信息，相应地解除地址间的绑定关系。另外，当移动节点返回到家乡网络时，同样需要对过往在外地网络停留时的注册进行撤销（注销）。移动节点可以通过家乡代理周期性发布的广告消息判断是否已经回到家乡网络，此时注销的操作可通过移动节点向家乡代理发送**注销**（De-registration Request）报文来实现。

综上，我们已经完整地讨论了移动 IP 的基本工作原理，图 10-58 给出了上述各个过程的一个完整示例，可直观形象地理解移动 IP 的工作过程。

除了上面讨论的移动 IP 的基本工作原理以外，还可能出现一些特殊的情况，下面对此做进一步的分析。

5. 移动节点的多重注册

移动节点通常是以无线的方式接入网络，当移动节点停留在某两个或者更多的网络之

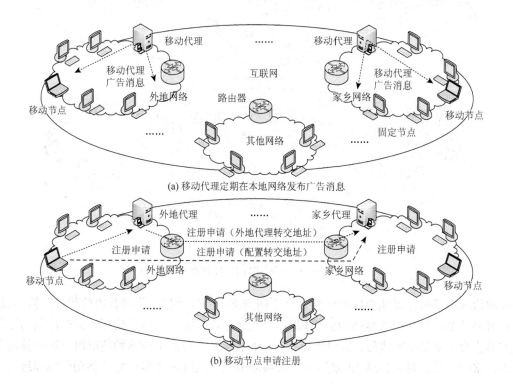

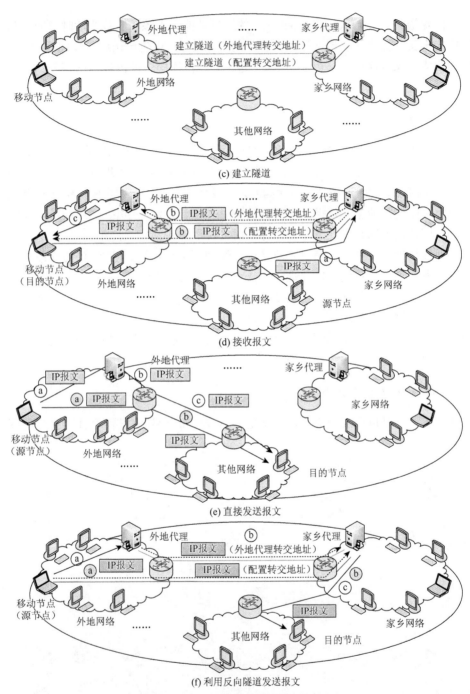

图 10-58 移动 IP 的工作过程示例

间的边缘地带时,可能会同时收到多个不同网络中的外地移动代理发出的代理广告信息。此时移动节点往往很难准确地做出判断,究竟应该选择哪一个移动代理?此时注册与注销的操作会频繁地交替进行,出现"乒乓"的振荡效应。显然出现这种情况时会影响移动节点正常的工作。对此移动 IP 采用了一种移动节点可同时选择多个外地移动代理和进行多重注册的策略，通过这种方法，移动节点同时通过多个外地代理在家乡代理中注册，在家乡代理中相应地将移动节点的家乡地址与多个外地网络的转交地址进行绑定。当家乡代理收到移动节点的报文之后，会同时发往这些转交地址，此时移动节点会同时收到多个相同的报文，需要自行进行重复报文的删除处理。移动 IP 中的多重注册的策略是用冗余传输的代价，来保证移动节点接收报文的可靠性的。图 10-59 给出了一个处于两个网络重叠地区的移动节点的双重注册与双重隧道的构建的示例。

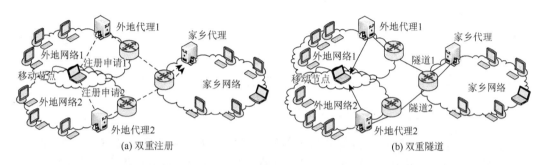

图 10-59　处于两个网络重叠地区的移动节点的双重注册与双重隧道的构建

6. 移动节点广播信息接收与发送

移动节点移动到外地网络后，接收和发送原来在家乡网络中的报文与其在家乡网络时有所不同，下面分别进行简要介绍。

1）广播报文的接收

移动节点移动到外地网络后，一般默认不再接收家乡网络中的广播报文，因为通常在这些广播报文中，有大量的家乡网络中有关 ARP 地址查询与解释的报文，这些报文对于移动节点来说一般没有多大的意义。但是如果移动节点由于某种原因希望接收有关家乡网络的广播信息，那么可以在注册请求时令专门设置的一个比特位 $B=1$ 来实现接收家乡广播信息的要求。依据采用不同的转交地址，接收方式也可能有所不同。

（1）如果移动节点采用的是配置转交地址，因为隧道的出口在移动节点上，因此接收广播的报文的方式与接收单播的报文时一样，没有什么区别；

（2）如果移动节点采用的是外地代理转交地址，因为广播报文中没有移动 IP 的地址信息，当广播报文离开隧道出口后，外地代理不知道应将报文转发给哪一个移动节点。要解决这一问题，家乡代理要对广播报文采用特殊的嵌套封装方式。首先将原来完整的广播报文进行第一层的封装，其源 IP 地址是家乡代理的地址，而目的 IP 地址是移动节点的家乡地址。然后进行第二层的封装，其源 IP 地址是家乡代理的地址，而目的 IP 地址是外地代理转交地址。通过这种方法构造了一个两层的隧道，第一层隧道出口在外地代理中，外地代理收到报文后可根据移动节点的 IP 地址进行转发。而第二层的隧道出口在移动节点中，由移动节点对广播的报文进行解封。

家乡代理是根据注册请求中区分转交地址类型的 D 比特位来确定是否要对广播报文进行两层的封装。

2）广播报文的发送

移动节点发送广播报文的方式与转交地址的类别没有关系，而主要取决于广播的类型。

（1）如果移动节点是在外地网络对当前所在的网络进行广播，那么直接利用本地广播的 IP 地址 255.255.255.255 进行广播即可；

（2）如果移动节点是在外地网络对家乡网络进行广播，则以源 IP 地址等于移动节点的家乡地址，目的 IP 地址等于移动节点的家乡代理对报文进行封装，将报文发给家乡代理后由其代为广播；

（3）如果移动节点是在外地网络对特定的某个网络进行广播，则以源 IP 地址等于移动节点的家乡地址，目的 IP 地址等于"特定网络的编号+111…1"的广播地址对报文进行封装，将报文发给家乡代理后再由其按照一般的方式发往该特定的网络。

7. 移动节点组播信息接收与发送

在前面讨论 TCP/IP 时已经介绍过一般组播组成员非移动情况下的 IP 组播的工作原理。下面进一步讨论移动 IP 节点处在外地网络时作为组播组成员和作为组播源时的工作过程。

1）组播报文接收方法

当移动节点在外地网络时，有以下两种成为组播组成员的方法。

（1）移动节点通过反向的隧道向家乡代理发送申请加入某个组播组的 IGMP 报文，由家乡代理进一步申请将移动节点加入该组播组的组播树。因为组播报文与广播报文一样没有特定的接收节点的 IP 地址信息。此时，移动节点依据不同的转交地址的工作方式，采用与接收家乡节点广播报文完全相同的方式来接收组播报文。

（2）如果外地网络也有组播路由器，移动节点可在外地网络中直接发送加入某个组播组的 IGMP 报文，因为组播路由器对组播组成员的身份的合法性并不做辨识（组播信息必要时可通过加密等方法来保护），所以移动节点可用自己的家乡地址或者转交地址在外地网络申请加入组播组。这种方式对组播报文通常有较高的传输效率。

2）组播报文发送方法

IP 的组播协议规定，组播的报文的发送主机 IP 地址的网络编号必须与其所在网络的网络编号一致。当移动节点在外地网络时作为组播源的主要方式有两种。

（1）将发出的组播报文通过反向隧道传送回家乡代理，由家乡代理代为发布，此时要求家乡代理是可具有组播功能的路由器。当移动节点依赖的是外地代理转交地址时，只能用这种方式实现组播源的功能。

（2）若移动节点可获得配置转交地址，因为配置转交地址是由移动节点独占使用的，此时移动节点可直接用其作为组播的源 IP 地址，在外地网络中实现组播功能。此时与普通的组播过程一样，要求当地的网络至少具有一个组播的路由器。

综上，我们较为完整地分析了移动 IP 的工作原理。移动 IP 不仅解决了移动节点在整个互联网中漫游时的移动性问题，其精妙之处还在于移动 IP 的路由和寻址过程，可完全利用现有的路由机制和方法，无须改变已有的路由协议和寻址的工作方式。

此外，如使用外地代理转交地址的方式，只要在家乡网络和外地网络这两个局部的区域支持移动 IP（具有移动代理）；而如使用配置转交地址，甚至只需要在家乡网络中支持移动 IP，就可以在这两处实现移动 IP 的功能。移动节点在发送与接收报文的过程中，传输的报文中间可能经过许多并不支持移动 IP 的网络，但这些都不妨碍移动 IP 的应用，这为整个互联网逐步平滑地升级到全面支持移动 IP 的功能提供了巨大的便利。

10.3.3 移动 IP 的主要控制消息

1. 移动代理的发现与查询消息

本节对移动 IP 的主要消息报文进行简要的讨论，通过对报文中一些参数域的设置，可以了解到移动 IP 中许多功能具体是如何实现的。

1）移动代理广告消息（Agent Advertisement Message）

前面已经介绍过，移动 IP 代理的广告消息是由移动代理周期性发布的。图 10-60 给出了移动代理广告消息的报文结构，假定移动代理是一个路由器，图中特意给出了包括 IP 报文首部在内的一个完整的结构。

IP 报文首部中，发布信息的是路由器（移动代理），因此**源地址**是路由器的地址；因为是以广播方式发布的，**目的地址**设定为本地的广播地址 255.255.255.255；因为报文的传播范围仅限于本地网络，所以 **TTL** 的取值为 1；报文是通过 ICMP 报文的消息结构来发布信息的，因此**协议号**取 ICMP 的协议号（=1）。

当移动代理本身又是路由器时，广告消息中通常同时包含有关当前本地网络中的路由器消息。**类型**域取值 9，**代码**域取值 0，标识这是一个路由广告；**校验和**对消息进行保护；Lifetime 是**发布周期**，告知路由消息的发布时间间隔；**地址数**告知当前网络的路由器条目的个数；每个地址条目包含一个 **IP 地址**和一个**参考值**，参考值标识选择该路由器的优先度；**地址条目大小**标识每个地址条目要占多少个字节，对于 IPv4 来说，需要 8（4+4）字节。

移动代理广告消息作为一个扩展消息紧跟在路由器消息之后。**类型**域取值 16，代码域取值 0，标识这是一个移动代理广告；Lifetime 是**发布周期**，告知代理广告消息的发布时间间隔；**序列号**是代理广告消息的发布序号，每个新的广告序号自动增加 1；在 7 个 1 比特的标识位中，**R**=1 表示发布广告的是可进行注册申请的代理；**M**=1 表示可以接收最小化的报文封装方式（Minimal Encapsulation[RFC 2004]）；**G**=1 表示可使用通用路由封装方式（Generic Routing Encapsulation[RFC 1701]）；**F**=1 表示移动代理是一个外地代理，**H**=1 表示移动代理是一个家乡代理，如果 F 与 H 同时设为 1，则标识该移动代理同时是家乡代理和外地代理；**B**=1 表示当前代理太忙，无法接收新的外地移动节点的注册申请；转交地址集中给出了当前网络中的所有移动代理的转交地址。**V**=1 表示移动代理可支持 VJHC（Van Jacobson Header Compression[RFC 1144]）的报文首部压缩方式。

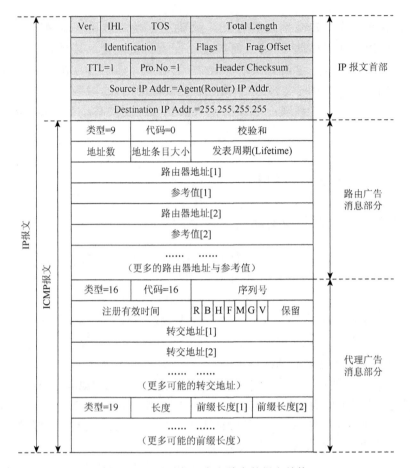

图 10-60　移动代理广告消息的报文结构

在移动代理广告消息之后还会包含一个类型值=19 的**网络前缀扩展域**（Prefix-Length Extension Fields），这里的**网络前缀**就是网络 IP 地址中的**网络编号字段**，移动节点只有知道了网络前缀的长度，才能够在收到广告消息后，判断当前是否已经移动到了一个新的网络（子网）。例如，当移动节点前后两次收到广告消息，若分别得到两个不同的转交地址：202.112.18.32 和 202.112.18.160，移动节点无法判断这是一个 C 类网络内的两个移动代理的转交地址，还是由一个 C 类网络划分出的不同子网内移动代理的转交地址。如果收到的网络前缀的长度为 16，则应该是前者；若收到的网络前缀的长度为 17，则应该是后者。显然在一个网络（子网）内，所有转交地址的网络前缀的长度都必须一致。

2）查询代理消息（Agent Solicitations Message）

查询代理消息也是一个 ICMP 格式的报文，图 10-61 给出了该消息报文的结构。IP 报文首部各个域取值的涵义与移动代理的广告消息类似，其中目的地址除了可以选择本地的广播地址 255.255.255.255 外，还可以选择专门针对路由器组的组播地址 224.0.0.2；**类型**域取值 10 和**代码**取值 0 标识这是一个查询路由器（移动代理）消息报文。

图 10-61　查询代理消息的报文结构

2. 移动节点注册消息（Registration Message）

有关注册的消息主要有两种，分别是注册申请消息和注册应答消息。当注册过程是通过外地代理进行时，移动节点和外地代理间可通过前面分析过的相互间可获得的 MAC 地址之间进行，不用借助 ARP 功能的支持。

1）注册申请消息

注册申请消息（Registration Request Message）如图 10-62 所示。在 IP 报文首部，若移动代理是外地代理，注册消息的 IP 报文首部的目的地址指向选定的外地代理，源地址是移动节点的家乡地址，TTL 取值 1；若是通过配置转交地址直接向家乡代理发送注册申请，目的地址指向选定的家乡代理，源地址是移动节点的配置转交地址，TTL 取值 255。

注册申请是通过 UDP 报文封装的，因此协议号为 UDP 的协议号。目的端口号规定为 434，而源端口号可以在熟知端口号之外选择。

在注册消息域部分，**类型**域的取值 1，表示这是一个注册申请消息单元；有 6 位特定的标志位，其中：**S** 用于多重绑定关系，**S=1** 表示在建立或删除某个移动节点的家乡地址与转交地址的绑定关系时，不影响其他仍然存在的绑定关系；**B=1** 表示请求转发家乡网络的广播消息；**D** 告知家乡代理转交地址的类型，**D=0** 表示采用外地代理转交地址，**D=1** 表示采用配置转交地址；**M=1** 表示请求家乡代理对转发的报文采用最小的封装方式；**G=1** 表示请求家乡代理使用一般路由封装方式；**V=1** 表示移动节点和外地代理均支持 VJHC 报文首部压缩方式；注册申请中，**Lifetime** 域的取值表示移动节点希望本次注册时间的有效期，特别地 **Lifetime=0** 表示**注销**移动节点的家乡地址与特定转交地址的绑定关系，**Lifetime=FFFF（hex）**表示希望注册的有效时间无限长；**Identification** 用于表示在每次注册请求与注册应答的对应关系，每次注册申请时特定的 Identification 取值与注册请求中的安全认证部分有关联关系，以防止在网络中受到他人利用过时的注册信息进行攻击。另外，注册消息部分还包括移动节点的家乡地址、家乡代理地址和转交地址等基本信息。

注册消息中包含强制选择的安全认证部分，其中**类型**域的取值 32，表示这是一个安全认证单元，以对移动节点的注册过程进行安全保护。

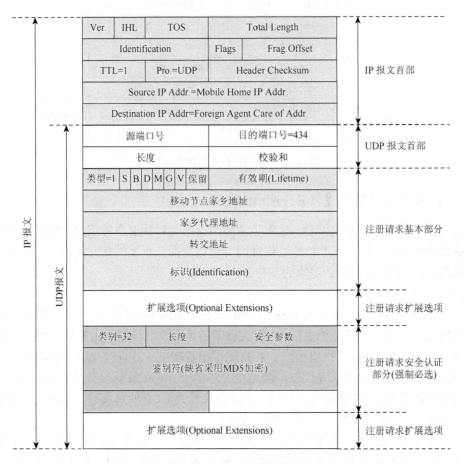

图 10-62　注册消息结构

2）注册应答消息

注册应答消息（Registration Reply Message）结构如图 10-63 所示。这里的注册应答消息是指家乡代理或外地代理返回的给移动节点的应答，对于前者是指移动代理的隧道出口的报文。IP 报文首部的目的地址是移动节点的家乡地址，源地址视应答是由家乡代理发出或外地代理发出，分别是家乡代理地址或外地代理地址。注册应答的信息主要包含在应答单元部分的**代码**域中。不同的代码取值除了标识注册的成功或者失败外，还标识了各种注册失败的原因。表 10-6 给出了注册应答消息中部分代码取值及相应的含义。

注册失败的原因有很多种，例如：身份认证失败、网管禁止注册、移动节点提供的家乡代理不可达、移动节点要求的注册有效期太长、移动节点在注册时提出的某些要求在代理中不能实现等。移动节点可根据注册失败的原因，判断是否可以修改某些注册参数重新尝试注册，直到成功或者最终放弃注册。

注册应答报文中通常包含的基本信息有移动节点的家乡地址、家乡代理的地址、标识及安全认证单元部分等。

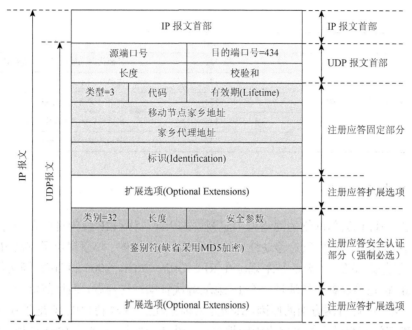

图 10-63 注册应答消息结构

表 10-6 注册应答消息中部分代码取值及相应的含义

注册结果	代码值	代码含义
注册成功	0	注册被家乡代理接受
	1	注册被家乡代理接受，但不支持多重绑定
注册申请被外地代理拒绝	64	原因未指定
	65	被外地网络管理禁止
	66	外地代理资源不足
	67	移动节点未能通过外地代理认证
	68	移动节点未能通过家乡代理认证
	69	移动节点的注册请求的要求的有效期太长
	70	注册请求报文的格式不正确
	71	家乡代理的应答报文格式不正确
	72	不支持注册请求中要求的封装格式
	77	注册申请报文中的转交不合法
	78	注册时间超过有效期
	80	家乡网络不可达
	81	家乡代理主机不可达
	82	家乡代理端口不可达
注册申请被家乡代理拒绝	128	原因未指定
	129	被家乡网络管理禁止
	130	家乡代理资源不足
	131	移动节点未能通过家乡代理认证

注册结果	代码值	代码含义
注册申请被家乡代理拒绝	132	外地代理未能通过家乡代理认证
	133	注册标识不匹配
	134	请求报文格式不正确
	135	多重绑定的数目超过了限度
	136	未知的家乡代理地址

10.3.4 移动 IP 小结

随着 IP 在现代通信网络的网络层中逐渐一统天下，移动 IP 成为目前唯一可以用一个号码/地址在全球范围内提供对**移动性**支持的协议。早在 1992 年就提出了移动 IP 的草案，1996 年成为建议标准，主要的技术规范在 RFC2002、2003、2005 和 2006 等文件中制定。虽然移动 IP 较完善地解决了通过一个 IP 地址解决移动性的问题，但目前仍鲜见其实际的规模应用。这里或许有两方面的原因，其一是目前主流的 IPv4 协议的 IP 地址还比较稀缺，许多单位和部门都难以给每个用户固定地分配一个 IP 地址。为解决 IPv4 地址空间有限的问题，大多数情况下还在采用动态分配使用 IP 地址的一种状况，因此估计要在 IPv6 广泛应用之后，才能广泛地解决用户地址的唯一性问题；其二用户希望在移动过程中保持通信过程的连续性需求主要还是在话音通信过程中，目前主要支出移动通信系统话音通信业务的 2G/3G 等技术基本上还是采用传统的电路交换方式，不需要移动 IP 的支持。移动用户在移动过程中浏览互联网的应用在大多数情况下对跨越网络时导致的连接中断产生的影响并不特别的敏感。随着基于 IPv6 的下一代互联网技术和 4G 应用的推广及未来 5G 技术的发展，移动 IP 或将有其充分施展其技术优势的一天。

10.4 IPv6 协议

10.4.1 IPv6 协议概述

以 IPv4 为基础网络协议经历了互联网主要发展和应用的各个阶段，TCP/IP 从美国国防部资助的研究项目，到事实上的标准，取得了巨大成功，其发展和影响完全出乎人们的预料。从理论上来说，协议中原来设计的 32 位二进制数的地址空间，共有 $2^{32}=4294967296$ 个不同的组合，即约有 42.95 亿个地址编号。即使包括组播地址、内部地址和特殊编号，在世界范围内地址数也达不到人均 1 个。图 10-64 给出了截至 2014 年 2 月 IP 地址数排在前 10 位的国家的地址拥有情况。作为 TCP/IP 和互联网诞生地的美国占据了约 15.65 亿的 IP 地址，我国虽然地址的总数达到了 3.3 亿，处于第二位，但人均的地址数仍明显少于世界上其他的发达国家。

IETF 中的有关机构早在 1994 年就预计 IPv4 协议定义的地址空间会在 2005~2011 年的某个年份中被全部耗尽。虽然通过 NAT 协议，采用动态 IP 地址的分配使用方式，可以一定程度地缓解址空间不足的问题，但正如前面分析过的，通过 NAT 扩展的地址，其功能并不能完全等同于一个独立的 IP 地址。IP 地址空间的不足，加上地址空间分配不均衡，使地址匮乏问题日渐凸显,已经开始影响到互联网应用的发展。特别是随着物联网(the Internet of Things)概念的提出,IP 地址空间的需求陡然变大,解决 IP 地址不足的问题越来越迫切。

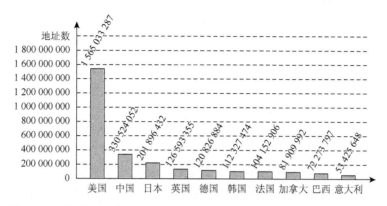

图 10-64 截至 2014 年 2 月 IP 地址数排在前 10 位的国家的地址拥有情况

事实上,人们很早就意识到 IPv4 协议需要作进一步改进,特别是要解决制约其发展的地址空间不足的问题。早在 1992 年 IETF 就着手启动有关下一代互联网协议(IP Next Generation,IPng)的研究,到 1998 年已形成基本的协议规范。目前一般认为 IPng 就等同于 IPv6,下一代互联网,就是指基于 IPv6 协议构建的互联网。

IPv6 协议最主要的目标,就是要解决 IPv4 协议地址不足的问题。在研究制定 IPv6 协议的过程中,曾经有过多种提案,其中包括可以一劳永逸地解决 IP 地址空间不足问题的设想,即设计一种通过设置长度扩展标志位的方法,使地址空间可根据需要而无限扩大。但考虑路由器寻址方式需要秉承已经获得巨大成功的 IPv4 协议简单化的理念,避免报文在传输过程的路由器中需要进行多重复杂的地址判断,最终还是选择了固定长度的地址方案。与此同时,考虑互联网中传输业务的多媒体化,以及越来越多的实时业务传输对时延更高的需求,IPv6 对报文首部中地址外的结构部分也进行了修订,去掉了一些不是非常必要的参数域,引入了一些新的参数域。虽然地址长度的增加导致新的报文首部比原来更大,使基本的报文首部长度由 IPv4 时的 20 字节增加到 40 字节,但总的结构得到了简化。这使报文在路由交换过程中需要进行的判断操作减少,从而可进一步提高报文交换的速度。下面简要地归纳 IPv6 的主要新特性。

1. 显著增大地址空间

IPv6 仍然保持了固定地址长度的方式,但地址的长度由原来的 32 位二进制数增大至 128 位二进制数,地址空间增大了

$$2^{128}/2^{32}=2^{96}=79228162514264337593543950336$$

即 IPv6 的地址数量较之 IPv4 增大了约 792 281 625 142 643 37935 亿倍。如此巨大的地址空间,以致地球表面的每平方米面积上可平摊到 6×10^{23} 个 IPv6 的地址。人们由此可大胆地预测,在未来 30 年内,地址空间不会被耗尽。

2. 简化 IP 报文的首部基本部分

IP 网中的路由器通常是根据每个独立的 IP 报文进行转发操作的，IP 报文首部控制域的多少直接影响路由器在报文转发过程中处理判断运算的复杂度。IPv6 报文首部的基本部分参数域的个数由原来 IPv4 时的 12 个减少为 8 个，降低为原来的 2/3。

3. 增设流标号参数域

尽管 IPv6 为简化报文的结构删除了许多非必要的参数域，但却增设了一个新的称为**流标号**（Flow Lable）的参数。之前我们介绍过，源与目的 IP 地址与端口号确定了在互联网中唯一的通信进程。用网络层和传输层两层的报文首部参数来定义一个网络层的通信进程，显然有些不合理。引入流标号后，由 IP 地址和流标号即可唯一地定义一个通信进程。流标号还可以用于在 IP 网中构建某种面向连接的机制，为实时业务流按照标记构建交换和传输路径提供了便利，这也是流标号的称谓的来历。在为某种业务建立虚连接时，IP 地址与特定的流标号的组合，可代表其对带宽、时延及其他的服务质量参数的要求。

4. 增设附加内嵌的安全机制

考虑网络安全在现代通信系统中不断凸显的重要性，IPv6 在其报文首部的选项部分，增设了报文的认证和加密机制，以此作为报文首部的附加扩展选项。使得在必要时可直接在网络层对传输报文的完整性和机密性进行保护，从而提升整个网络的安全性能。

10.4.2 IPv6 报文结构

IPv6 报文的结构如图 10-65 所示，包括了报文首部的基本部分和扩展部分，以及数据部分，其中首部的扩展部分是可选的，报文的首部和其选项部分的长度一般均是 8 字节的整数倍。下面分别进行介绍。

图 10-65　IPv6 报文的基本结构

1. IPv6 首部的基本部分

IPv6 报文首部基本部分的结构如图 10-66 所示，共包含 8 个域。

（1）版本号（Version）：IPv6 的版本号为 6。

（2）优先度（Priority）：4bits 的优先度控制域定义了 16 种不同的优先度等级，其中

0~7 为拥塞时受控的业务，这类业务通常是数据业务；8~15 为拥塞时非受控的业务，这类业务通常是实时性较强的视频或者音频等业务。这里的受控与非受控是指拥塞时流量受节制的相对先后次序。

（3）**流标号**：24bits 的流标号与 IP 地址可以唯一确定互联网上特定的通信进程和相应的业务流，一个业务流在传输过程中其所有报文的流标号保持不变。

（4）**下一个扩展首部**（Next Header）：该参数用于说明紧接着当前报文首部或扩展首部的下一个扩展首部的类型。如果没有扩展的首部，通常该控制域中的值则标识当前的报文是 TCP 报文还是 UDP 报文。

（5）**载荷长度**（Payload Length）：载荷长度用于标识以字节为单位的数据域的大小。

（6）**跳数限制**（Hop Limit）：用于标识报文当前还允许传输的跳数。每经过一个路由器，该参数值会被减1，当该值为0时，报文将被路由器丢弃。跳数限制可用于限定报文的传输范围，当将该值取为1时，该报文将被限于仅在当前的子网中传输。该值同时可用于避免因为网络的故障，可能导致的报文在网络中被无休止地转发的情况。

（7）**源地址**（Source Address）：发送报文主机的 IP 地址，IPv6 地址被扩展到了 128bits。

（8）**目的地址**（Destination Address）：接收报文主机的 IP 地址，同样，目的地址也有 128bits。

图 10-66　IPv6 报文首部基本部分的结构

相比于 IPv4 的报文首部，在 IPv6 报文首部的基本部分中，删除了部分不太重要或者其功能可被其他方式替代的域。其中包括以下几种。

（1）**服务类别**（Type of Service）。服务类别的功能可以被优先度，或流标号，或优先度与流标号结合的功能所替代。

（2）**标志符**（Identification）、**分段标记**（Fragmentation Flags）和**分段偏移量**（Fragment Offset）。这三个参数是用于报文分段处理的。在 IPv6 中，为简化路由节点的处理复杂度，以便于加快交换速度，不建议在传输过程中再对报文进行分段处理。传输路径上对报文大小的限定信息可通过某种方式在一项业务传输开始的过程中获取，从而在报文的源节点对报文的大小进行合理的设定，在传输过程中无须再进行分段。考虑未来网络发展中的未知因素，为保险起见，将报文的分段控制功能保留在 IPv6 报文首部的扩展部分中。

（3）**报文首部的校验和**（Header Checksum）。在报文首部扩展选项的认证功能中，报文的完整性验证可提供比校验和更强大的保护功能。

（4）协议号（Protocol）。协议号的功能可由下一个（扩展）首部域的功能所包含和替代。

2. IPv6 首部的扩展部分

如表 10-7 所示，IPv6 协议定义的报文首部扩展部分包括逐跳、目的选项-1、路由选择、报文分段、认证、加密的安全载荷等。每个扩展首部的最开头的两个域总是这样设置：第一个为**下一个扩展首部的标识**，用于标记下一个首部的类型，如果没有了扩展首部，通常就采用标记"59"，以说明下面已经没有扩展首部；第二个为当前**扩展首部的长度**。下面分别给予简要的介绍。

表 10-7　IPv6 的扩展首部

扩展部首	下一扩展首部标识	扩展部首说明
逐跳选项	0	携带给路由器的各种信息
目的选项-1	60	提供给第一个目的节点的信息
路由选择	43	部分或全部需要遵循的路由
报文分段	44	用于报文的分段管理
认证	51	用于对报文发送者的身份认证
安全封装载荷	50	有关对内容加密的信息
ICMPv6	58	下一首部为 ICMPv6 报文的首部
TCP	6	下一首部为 TCP 的报文的首部
UDP	17	下一首部为 UDP 的报文的首部
没有下一扩展首部	59	上层头通常是指传输层协议的报文首部

1）逐跳选项（Hop-by-hop Options）

逐跳选项中包含让报文经过的每一跳的路由节点中，需要让路由节点了解的对报文做何种特定处理的信息。该选项的扩展首部标识为 0。若在 IPv6 的报文中，有多个报文首部的选项，则逐跳选项应紧跟在报文的基本首部之后。逐跳选项扩展首部的结构如图 10-67 所示，前面的两个域分别是**下一扩展首部标识**和**扩展首部长度**，这是每个扩展首部均包含的部分。其中的扩展首部长度是以节点为单位来标识该选项的长度。在选项域中可以包含**多个不同的信息选项单元**，每个选项单元均采用 TLV（Type-Length-Value）编码格式。

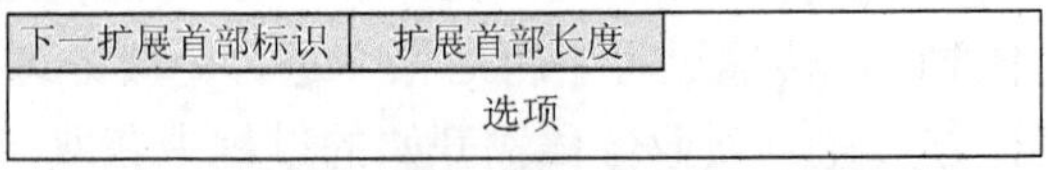

下一扩展首部标识	扩展首部长度
选项	

图 10-67　逐跳选项扩展首部结构

TLV 格式的选项单元由**单元类型标识、单元的数据长度和单元数据**组成。其中单元**类型标识**的长度为 8bits，可分为 xx-y-zzzzz 三部分。第一部分"xx"定义了如果接收报文的节点不能识别该单元的类型时，应做何种反应：若 xx 取值为 00，则跳过该单元继续处理其余的部分；若 xx 取值为 10，则向报文的发送端（源端）发送 ICMP 报文，报告不能识别此项类型；若 xx 取值为 11，则当报文不是组播报文时，向源端发送 ICMP 报文；若 xx 取值为 01，则丢弃报文，不发送 ICMP 报文。第二部分：若 y 取值为 0，则该项内容中的数据不允许改变；若 y 取值为 1，则该项内容中的数据可以在路由报文的过程中改变，此时该选项不应被包含在报文安全保护的完整性认证的计算范围内。第三部分：zzzzz 用于定义该选项单元的功能。例如：zzzzz 取值为 0，Pad1 方式填充；zzzzz 取值为 1，PadN 方式填充；zzzzz 取值为 5，给路由器的告警信息；zzzzz 取值为 194，巨型有效载荷说明；等等。**单元的数据长度**指示选项中数据的长度；**单元数据**的具体内容由单元的类型决定。

上面提到的 Pad1 和 PadN 两种报文填充的类型，用于保证逐跳选项和目的选项扩展报文首部的选项的排列的对齐，保证其长度是 8 字节的整数倍。从而在路由器中对这些扩展的选项进行处理时，很方便地用硬件来高速地实现有关的判断和运算。采用 Pad1 类型时，只填充一个 8 位的全 "0" 字节；采用 PadN 类型时，填充的字节数是由单元的数据长度域中的值决定的。例如，假定在一个逐跳选项扩展首部中有若干选项单元，当这些选项单元排列完毕后，要使得整个扩展首部的长度达到 8 字节的整数倍还相差 5 字节，此时可增加如图 10-68 所示的一个 PadN 的 TLV 单元，以使得整扩展首部的长度是 8 字节的整数倍。

下一扩展首部标识	扩展首部		
其他TLV单元			
			xx-y-zzzzz 10-0-00001
长度=3	0000 0000	0000 0000	0000 0000

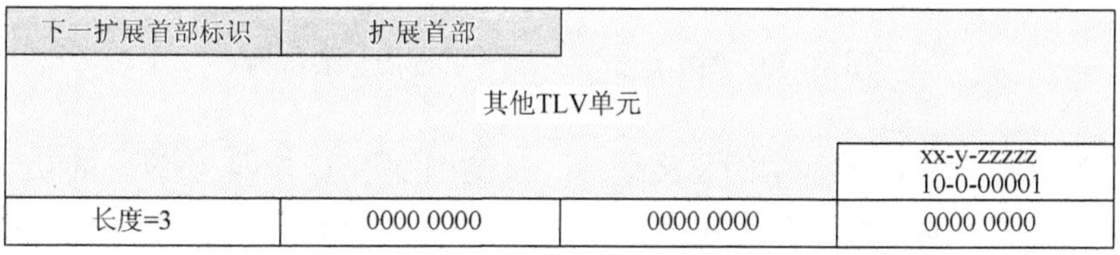

图 10-68 PadN 应用示例

下面给出两个已经定义的逐跳选项的示例：一个是向路由器发送的告警选项单元，另一个是巨型有效载荷说明单元。

（1）**路由告警选项单元**：路由告警选项单元的结构如图 10-69（a）所示，该单元携带需要给路由器的告警信息，其中告警的内容由两字节的单元数据的代码值表示，16bits 的代码总共可以定义 65 536 种不同的告警信息。

（2）**巨型有效载荷说明单元**：普通的 IP 报文数据域的长度不超过 65 536，随着未来网络物理层技术的发展，IP 报文的长度或许可以大大地增加，巨型有效载荷说明单元可将报文的最大长度扩展到 2^{32}=4294967296 字节，具体长度由该单元数据域中数据取值来确定。图 10-69（b）给出了巨型有效载荷说明单元的结构。

2）目的选项（扩展）首部 1（Destination Option Header-1）

在 IPv6 的目的地址域中，可以包含一个具有多个目的地址的列表。该选项携带内容是要交付给其中第一个目的节点的信息。该信息通常也会被路由选择扩展首部中列举的地址的节点所获取。目的选项-1（扩展）首部的结构与图 10-66 所示的结构完全相同。

下一扩展首部标识	扩展首部	类型(Type)=5	长度(Length)=2
路由器告警信息(代码): 0~65535			

(a) 路由告警信息

下一扩展首部标识	扩展首部	类型(Type)=194	长度(Length)=4
巨型载荷长度(字节): 0~4294967296			

(b) 巨型有效载荷说明

图 10-69 逐跳选项示例

3）目的选项（扩展）首部 2（Destination Option Header-2）

该选项的功能与结构与目的选项-1 类似，但此选项携带的内容是要交付给最后一个目的节点的信息。

4）路由选择（扩展）首部

图 10-70 给出了路由选择（扩展）首部（Routing Header）的一般结构，其中**路由选择类型**（Routing Type）表示对路由选择的不同要求或策略，**剩余段数**（Segments Left）表示剩余路由路段，即在到达目的节点剩余的路径中，报文所必须经过的节点数。当报文每到达一个预先设定要经过的节点时，该剩余段数的参数值相应减 1。

下一扩展首部标识	扩展首部	路由选择类型	剩余段数
与类型相关的数据			

图 10-70 路由选择（扩展）首部的一般结构

在路由选择类型中，最基本的是类型 0，该类型继承了 IPv4 协议中的功能。路由选择（类型 0）扩展首部的结构如图 10-71 所示，在"与类型相关的数值中"包括**严格/宽松**（Strict/Loose）**控制**域和**地址列表**两部分，如果 strict/loose=1，那么报文必须严格按照地址列表中给定的顺序传输；如果 strict/loose=2，那么报文在途经地址列表中规定的节点时，中间可经过其他的节点。

下一扩展首部标识	扩展首部	路由选择类型	剩余段数
保留		严格/宽松控制	
IP地址[0]			
IP地址[1]			
⋮			
IP地址[n-1]			

图 10-71 路由选择（类型 0）扩展首部结构

5）报文分段（扩展）首部（Fragmentation Header）

前面已经提到过，在 IP 报文的传输过程中，如果要对报文进行分段，做比较复杂的操作，一般不建议这样做，而是通过在传输数据前的"路径最大传输单元（Maximum Transmission Unit，MTU）发现"的操作来获取传输路径上的 MTU 信息，以避免在报文的传输过程中被分段。但 IPv6 新定义了巨型有效载荷的报文，考虑并非所有的网络均支持这类报文的传输，同时也考虑功能与 IPv4 的兼容性，因此仍然保留了对报文进行分段的处理功能。图 10-72 给出了用于报文分段指示的扩展首部的一般结构。报文分段扩展首部参数中，若 M=1，则表示该分段还不是当前被分段的报文的最后一段；若 M=0，则表示该分段是当前被分段报文的最后一段。其余参数的含义与 IPv4 报文首部中的分段参数的含义一样。

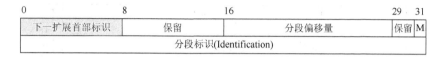

图 10-72 报文分段（扩展）首部结构

6）认证（扩展）首部

认证（扩展）首部（Authentication Header）提供对报文完整性保护，以确保报文在传输过程中未被修改。认证（扩展)首部的结构如图 10-73 所示，其中，**安全参数索引**（Security Parameter Index，SPI）为 32 位数，可用于标识认证的方式；**序列号**是随发送报文单调递增的计数值；**鉴别数据**用作防篡改的完整性检查。

图 10-73 认证（扩展）首部结构

7）安全封装载荷（扩展）首部

安全封装载荷（扩展）首部（Encapsulated Security Payload Header，ESP）与认证（扩展）首部类似，包含安全参数索引和序列号，其后就是经过加密的数据。IPv6 提供了以下两种安全封装载荷的模式。

（1）**传输模式 ESP**。传输模式 ESP 的报文结构如图 10-74（a）所示，其中加密部分仅限于 IP 报文的载荷部分。

（2）**隧道模式 ESP**。隧道模式 ESP 的报文结构如图 10-74（b）所示，其中加密部分包括 IP 报文首部、扩展首部在内的整个 IP 报文。此时外层的 IP 报文的目的地址是隧道的出口，因此采用隧道模式可以包括目的地址在内的报文首部信息，使报文得到更完整的保护。

IPv6 的报文把 ICMPv6 和上一层协议 TCP 和 UDP 报文的首部也看作一种形式上的扩展首部，其中并没有什么特别的涵义。图 10-75 给出了一个包含多个扩展首部的 IP 报文示例。

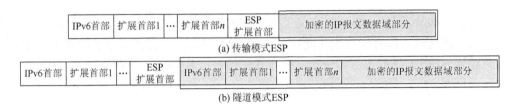

图 10-74 安全封装载荷（扩展）首部

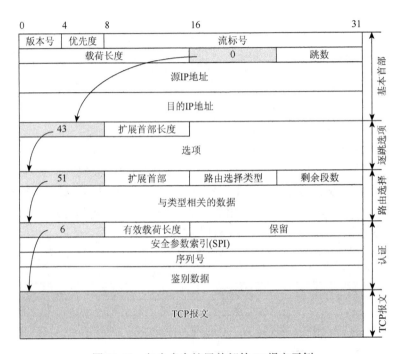

图 10-75 包含多个扩展首部的 IP 报文示例

10.4.3 IPv6 编址方式

1. IPv6 地址的记法

IPv6 定义了长度为 128 位二进制数的地址，为使地址的表达形式更为简洁，采用分段的 16 进制数的记法。新的记法将地址中的每 16 位二进制数分为一段，用 4 位十六进制数表示，128 位的地址总共被分为 8 段，段与段间用冒号（Colon）":"隔开。一个完整的 IPv6 的地址如下所示：

69DC：7803：FFFF：0000：0000：8504：1972：1055

在 IPv6 地址中，可能会包括连续多位的二进制数 0，为进一步简化 IPv6 地址的记法，如果在地址中出现全"0"的地址段，则可将该段中的 4 个十六进制数的 0 用一个 0 表示，下面给出一个同一地址不同的表示形式

69DC：7803：FFFF：0000：0000：8504：1972：1055 ←→ 69DC：7803：FFFF：0：0：8504：1972：1055

这里我们用"←→"表示等价的意思。因为在两个冒号":"间，一定有 4 位的十六进制数，所以虽然形式上将 0000 用一个 0 表示，也不会引起歧义。注意到在上面的地址中，包含连续两段的连"0"：…：0000：0000：…，协议中对类似的这种多段连"0"的情况定义了进一步简化记法的方法。协议中规定，对于地址中出现连续多段连"0"的场景时，可将这些连"0"的部分用连续两个冒号"::"来简化替代，如

69DC：7803：FFFF：0000：0000：8504：1972：1055←→69DC：7803：FFFF::8504：1972：1055

需要注意的是，连续两个冒号"::"的缩简记法只能使用一次，例如，下面的记法是正确的：

69DC：0000：0000：0000：8504：0000：0000：1055←→69DC::8504：0：0：1055

而如果将 69DC：0000：0000：0000：8504：0000：0000：1055 记为 69DC::8504::1055 则是错误的，因为在这个例子中，我们无法从这样的缩简记法中确定，究竟哪一个"::"应该对应"0000：0000：0000"，而另外一个"::"对应"0000：0000"。

2. IPv6 地址的类型

IPv6 定义了单播、组播和任播（Anycast）三类地址。下面分别进行简要介绍。

1）特殊单播地址

单播地址是一个设备的网络接口标识，通常就是网络中某台主机的 IP 地址或路由器某个端口的地址。与 IPv4 协议类似，在 IPv6 的单播地址中，也有一部分是有特殊的用途，不会分配给某台主机使用。下面首先分析具有一定特殊性的单播地址。

（1）**环回地址**（Loopback Address）。环回地址是一个特殊的地址，可以看作一个虚拟的接口地址，主要用于主机自身协议功能的测试，任何发往环回地址的报文都会自动地返回原来的发送端口。IPv6 的环回地址定义为

0000：0000：0000：0000：0000：0000：0000：0001←→::1

IPv6 的"::1"相当于 IPv4 的"127.0.0.1"。

（2）**未指定地址**（Unspecified Address）。未指定地址也是一个特殊的 IP 地址，主要用于 IPv6 主机在尚未获得 IP 地址的自动配置过程中，作为临时源地址。未指定地址的形式为

0000：0000：0000：0000：0000：0000：0000：0000←→::

IPv6 的"::"相当于 IPv4 的"0.0.0.0"。

（3）**IPv4 兼容地址**（IPv4-Compatible Address）。IPv4 兼容地址是一个普通的 IPv6 地址，这里"兼容"是指这类地址采用以下方式构成：

0000：0000：0000：0000：0000：0000：<IPv4-address>←→::<IPv4-address>

即原来的 IPv4 地址构成一个特定的 IPv6 地址中非 0 取值部分的低 32 位。IPv4 兼容地址在互联网由 IPv4 到 IPv6 的过渡过程中，可以非常便利地在两个网络中进行地址的互换，使得 IPv6 网络的报文很容易穿越 IPv4 的网络区域。

（4）**IPv4 映射地址**（IPv4-Mapped Address）。IPv4 映射地址也是一个普通的 IPv6 地址，这里"映射"是指这类地址采用如下方式构成：

0000：0000：0000：0000：0000：FFFF：<IPv4-address>←→::FFFF：<IPv4-address>
IPv4 映射地址可以很方便地实现同一网络中的 IPv6 的主机与 IPv4 的主机之间的通信。

（5）**本地网络地址**（Link-Local Address）。本地网络地址是一种特殊的可自动生成的地址，这种地址仅限于在本地网络（子网）中使用，IPv6 设置这种地址可以使一个主机在无法获得一个普通的全网地址时，至少可以在本地的网络（子网）中与本地的主机通信。

（6）**本地局部地址**（Site-Local Address）。本地局部的地址类似 IPv4 中的**内部地址**（Private Address），该地址可以在不同的区域或部门中复用，在互联网中不具备唯一性，因此不能在互联网中使用。本地局部地址通常比本地网络地址的规模要大，本地网络地址的作用范围仅限于一个子网内，而本地局部地址可以应用在由若干子网组成的网络系统中。

2）全局单播地址

以上讨论的 6 种单播地址都有一定的特殊性，有些用于测试；有些仅限于内部使用；有些则是为考虑 IPv4 过渡到 IPv6 的便利性而设计的。更为一般的是**全局单播地址**（Global Uincast Address）的，这类地址将是 IPv6 地址格式的主要形式。以下将全局单播地址简称为**单播地址**。如图 10-76 所示，单播地址一般由以下三部分组成。

（1）**公共拓扑**（Public Topology）。公共拓扑部分有 48bits，提供互联网接入服务提供商的标识。公共拓扑又可以进一步分为 4 段，第一段是**格式前缀**（Format Prefix）（3bits），用于定义网络地址组成的格式，图 10-70 所示的是前缀代码为 001 时的地址格式；第二段是**顶层聚合标识**（Top-Level Aggregation Identifier）（13bits），是最高一级的地址划分字段；第三段是**保留字段**（8bits）；第四段是**第二层聚合标识**（Second-Level Aggregation Identifier）（24bits），提供次一级的地址划分字段。

（2）**站点集标识**（Site-Level Aggregation Identifier）。站点集标识有 16bits，是设计来用作互联网接入服务提供商对其本地网络系统内部作进一步层次划分的字段。

（3）**接口标识**（Interface Identifiers）。接口标识有 64bits，可用作网内对用户的主机的编号。

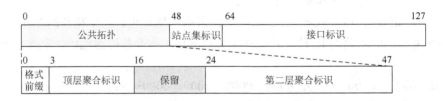

图 10-76　单播地址的一般结构

3）组播地址

组播地址的功能与 IPv4 时类似，是一个组播组的标识。相对于 IPv4，IPv6 对组播的模式进行了更细的划分。组播地址的结构如图 10-77 所示，其主要由以下 4 部分组成。

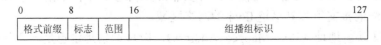

图 10-77　组播地址的结构

（1）**格式前缀**（Format Prefix）。目前已经定义的格式编码为：11111111。

（2）**标志位**（Flags）。标志位有 4 位，目前定义的标志有两种：若 Flags=0000，则该组播地址是由组播权威编号机构设定的永久组播地址（Permanent Address）；若 Flags=0001，则该组播地址是一个短时间内有效的组播地址（Transient Address）。

（3）**范围**（Scope）。该参数定义了组播地址的有效范围，目前已经定义的范围参数主要包括：若 Scope=0/F，则保留；若 Scope=1，则组播限于当前的某个节点接口；若 Scope=2，则组播限于当前的某个网络（子网）；若 Scope=5，则组播限于本地区域（若干子网构成的区域网络系统）；若 Scope=8，则组播限于某个组织/机构范围；若 Scope=E，则组播范围可包括整个互联网。

（4）**组播组标识**（Group Identification）。用于定义一个特定的组播组。

表 10-8 列举了一些特殊的组播地址，这些组播地址的标志均为 0000，因此是由组播权威机构设定的永久组播地址，这些地址的范围具体也体现在 Scope 参数中。利用这些地址，很容易实现对主机内的各个接口、本地子网或者本地区域范围内的广播或组播，实现在特定区域内的查询等功能。

表 10-8 特殊的组播地址

组播地址	组播范围说明
FF01∷1	组播源主机自身的所有网络接口
FF02∷1	组播源主机所在本地子网内的所有主机
FF01∷2	组播源主机所连接的所有路由器接口
FF02∷2	组播源主机所在本地子网内的所有路由器
FF05∷2	组播源主机所在的本地区域内的所有路由器
FF02∷B	组播源主机所在本地子网内的所有移动代理
FF02∷1∷2	组播源主机所在本地子网内的所有 DHCP 代理
FF05∷1∷3	组播源主机所在的本地区域内的所有 DHCP 服务器
FF02∷1∷FFxx∷xxxx	用于 ICMPv6 的邻居发现，xx∷xxxx 是组播源主机的低 24 位地址

4）任播地址

任播地址是一种 IPv6 新定义的另一种特殊的单播 IP 地址，这些地址可以分配给多个不同节点的网络接口，以这类地址为目的地址的 IP 报文会被发往距离最近的一个节点的网络接口。任播地址有如下特点和限定：它是一种单播地址形式的 IP 地址；不能用作源 IP 地址；只能指派给作为路由器的网络节点。图 10-78（a）给出了一个任播地址的一个示例，目的地址为任播地址的报文，被发往离源主机最近的路由器，因此其实际的目的地与报文发送的地点有关。

在任播地址中，有一种称为 Sub-router 的地址，该类地址由一个对应特定子网的前缀部分和后面连串的"0"组成。这种地址可用于寻找或连接某个子网中任意的一个路由器。图 10-78（b）则给出了一个 Sub-router 任播地址的示例，发往同一 Sub-router 任播地址的报文，被送往连接该网络（子网）最近的一个路由器。

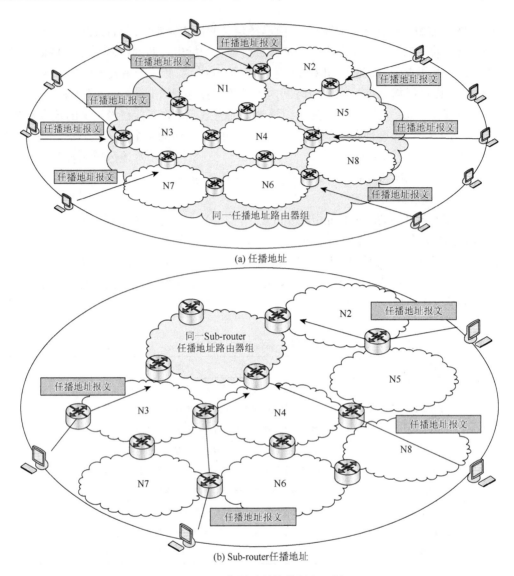

图 10-78 任播地址接收报文示例

10.4.4 IPv6 的网络管理消息协议

1. IPv6 的网络管理消息协议（ICMPv6）的基本功能

IPv6 重新定义了新的网络管理消息（ICMPv6）的功能，在 ICMPv6 中，除了原来 ICMPv4 的功能外，还将 IPv4 中组播管理协议（IGMP）的功能和 ARP 的功能也集成到了 ICMPv6 之中。由此，ICMPv6 基本的功能包括如下 5 个方面：报告网络中的错误（ICMPv4）；路由发现（ICMPv4）；网络检测与诊断（ICMPv4）；组播信息交互（ICMPv4）与组播管理（IGMP）；地址解析（ARP）。其与原来 IPv4 中相关协议的功能标注在括号中。

2. ICMPv6 报文格式

ICMPv6 报文的格式如图 10-79 所示，报文由**类型**、**代码**、**校验和**及 ICMP 的**消息内容** 4 部分组成。

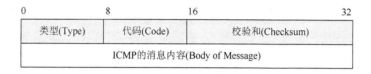

图 10-79　ICMPv6 报文格式

1）类型

根据 ICMP 的功能，类型（Type）又可以进一步划分为以下两类。

（1）**错误报告消息**（Error Messages）。错误报告消息的类型取值为 0～127。例如：Type=1，表示目的节点不可达；Type=2，表示报文尺寸太大；Type=3，表示在报文达到目的节点之前跳数值已经到达 0；Type=4，表示报文的参数有问题；等等。

（2）**网络测试与管理的消息**（Information Messages）。这类消息类型的取值为 128～255。典型的消息包括，Type=128：回应请求（Echo Request）；Type=129：回应应答（Echo Reply），Type=130：组播成员查询（Group Membership Query）；Type=132：组播成员退出（Group Membership Reduction）；Type=133：路由器查询（Router Solicitation）；Type=134：路由广告（Router Advertisement）；Type=135：邻居查询（Neighbor Solicitation）；Type=136：邻居广告（Neighbor Advertisement）；Type=137：重定向消息（Redirect Message）；等等。

2）代码

代码（Code）值可为不同类型的消息提供进一步的信息。

3）校验和（Checksum）

用于保护 ICMPv6 消息中的数据和部分 IPv6 的报文首部。

4）ICMP 的消息内容（Body of Message）

包含 ICMPv6 消息中的数据，具体取决于消息的内容。

3. ICMPv6 的部分消息功能

本小节讨论 ICMPv6 中新增加的或之前在 ICMPv4 中没有介绍的功能，主要有**邻居发现**（Neighbor Discovery）、**组播成员管理**（Multicast Listener Management）及**无状态地址自动配置**（Stateless Address Auto-configuration）等消息的格式、功能和有关的操作过程。

1）邻居发现

邻居发现在 IPv6 网络中可用于地址解析、路由器与网络前缀的发现、重定向及邻居可达性检测等多项操作。

（1）**地址解析**。地址解析用于根据某主机的 IP 地址获取其 MAC 地址，当一个主机根据某主机的 IP 地址发出请求地址解析的报文时，被查询的主机必须返回广告形式的响应的报文。地址解析的 ICMP 查询报文和应答（广告）报文的结构分别如图 10-80（a）和（b）所示。

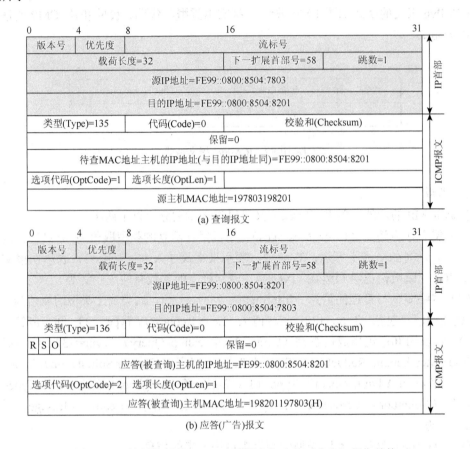

图 10-80 地址解析的 ICMP 查询报文与应答（广告）报文结构

在应答（广告）报文中，设有 R、S 和 O 三个标志位，若 R=1，则表示应答的主机是一个路由器；若 S=1，则表示本报文是对一个查询的应答；若 O=1，则表示是一个广告报文，通知子网中各个（相邻的）节点更新缓冲器（Cache）中相关条目的信息。

（2）**路由器与网络前缀的发现**。本地的路由器是网络节点报文向外发送的出口节点，本地的节点需要定期地获取本地路由器的有关信息；网络前缀是节点所在网络的编号，获取网络前缀可使节点了解当前所在网络的规模范围等信息。路由器与网络前缀的信息一般通过路由器定期发送的组播格式的广告消息来发布，这类广告信息的发布频度可通过对路由器的配置来改变。路由器广告信息的典型报文的基本结构如图 10-81（a）所示，注意到广告报文采用了组播地址的方式，**类型 Type=134** 表示这是一个路由器的广告消息；**M** 是一个被管理地址设置标志位；**O** 是一个其他安全配置方式的标志；**路由器存活时间**是一个主机在收到路由器新的广告信息前，可以认为该路由器仍可有效工作的持续时间；**可达时间**是一个主机向邻居发出一个查询报文，收到应答后，在下一次查询或者收到广告信息前，该邻居可保持可达性的时间。**重传时间**是在没有收到应答时两次查询报文直接的间隔时间。

路由器的广告消息中可以包含可选的扩展部分，图 10-81（b）给出了路由器广告消息的选项部分的示例。其中选项 1（OptCode=1）提供了路由器的 MAC 地址，需要往外部网络发送报文时不用再进行专门获取路由器的 MAC 地址的操作；选项 3（OptCode=3）可以提供有关网络前缀的信息；选项 5（OptCode=5）可以提供当前的网络可支持的最大传输报文（MTU）的大小。

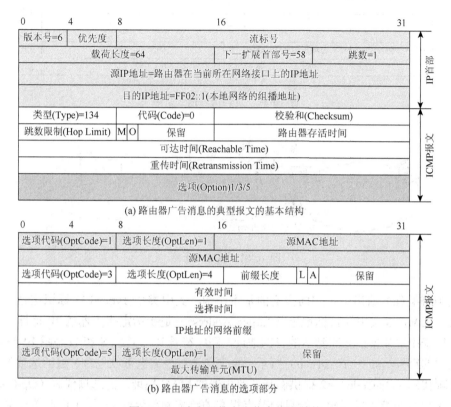

图 10-81 路由器的广告信息报文结构

网络中的一个主机若希望得到有关路由器和网络前缀等信息，而又没有收到路由器的广告消息时，可以主动地向路由器发送查询消息报文，查询消息的报文也是通过本地组播的方式发送，其结构如图 10-82 所示。其中的类型代码为 133 标识这是一个查询路由器的报文，在查询报文的选项中提供了主机的（源）MAC 地址，路由器可根据此地址返回响应报文。

（3）重定向。主机在配置网络参数的过程中通常会确定一个缺省路由器作为报文到外部网络的出口网关，在一个网络中可能存在不止一个路由器。当主机在发送目的节点在外部网络的报文时，缺省路由器如果发现网络中的其他路由器更适合路由转发到该目的节点的报文时，可通过向主机发送重定向消息报文，让主机选择更适合的路由器作为转发报文的出口，图 10-83 给出了一个重定向示例，图中 R1 是缺省路由器，当目的节点在网络 N3 时，R1 会发送重定向消息给源主机，将报文导向路由器 R2，再转发到目的节点。

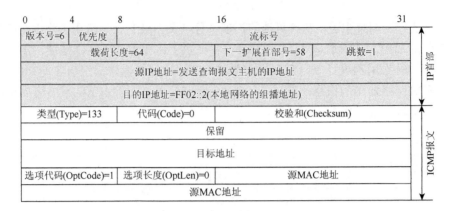

图 10-82　查询消息报文结构

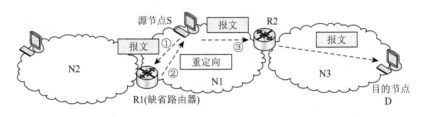

图 10-83　重定向示例

图 10-84（a）给出了重定向报文的基本结构，其中类型 Type=137 标识这是一个重定向报文，ICMP 报文中的目标地址（Target Address）是新指定路由器的 IP 地址，目的地址则是原来用户数据报文应到达的目的地址，图中符号 R1、R2、S 和 D 是图 10-83 中重定向示例中的符号。如图 10-84（b）所示，重定向消息报文也可以包含扩展的选项部分，其中的选项代码（OptCode）=2 提供新指定路由器的 MAC 地址；而选项代码（OptCode）=4 则携带了原来源节点发送报文给目的节点报文的首部和部分数据，用于向源节点提示应将发往该目的节点报文进行重定向。

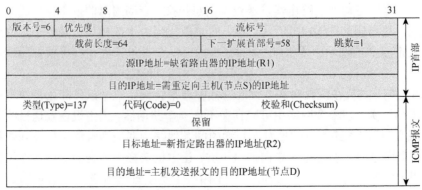

(a) 重定向消息报文的基本结构

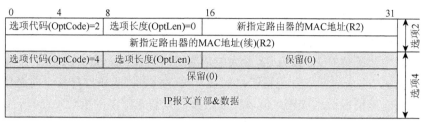

(b)重定向消息报文的选项示例

图 10-84　重定向消息报文结构

（4）**邻居可达性检测**。除了前面提到的可以发送查询消息报文查询路由器之外，同样可以通过发送图 10-80 所示的类型号为 135 的查询消息报文，通过特定主机的 IP 地址查询网络中任意一个邻居的可达性。被查询的主机应作出相应的应答，通过查询可获得相应的 MAC 地址，实现类似 IPv4 ARP 的功能。

2）组播成员管理

组播成员管理是指某个网络（子网）中组播路由器与组播组成员间的接口管理关系。在 IPv6 协议族中，取消了 IPv4 协议中的 IGMP，将网络 IGMP 的功能集成到了 ICMPv6 中，并将这一部分协议称为**组播听众发现**（Multicast Listener Discovery）协议。

IPv6 的组播听众管理的操作过程与 IPv4 的组播过程类似，主要由以下步骤组成：

（1）路由器周期性地在本地网络中以 FF02∷1 为目的地址发布一般的查询（General Query）消息；

（2）每个组播听众节点收到该查询消息后，为其接收的每个组播组设定一个响应的延迟时间；

（3）当设定的延迟时间到达时，该组播听众向路由器发出一个包含相关组播组地址的响应报告消息；

（4）若一个组播听众节点在为某个组播组设定的延迟时间尚未到达前，发现其他的听众节点已经就该组播组地址发送相应的报告消息，则关闭该时钟和取消拟发送的有关该组播组的报告消息；

（5）若一个组播听众要结束收听某个组播，在向路由器发送结束收听该组播的消息前，没有收到其他听众发送的有关结束收听该组播的消息，则会向路由器发送一个结束收听该组播的消息；

（6）当收到有组播听众发送结束收听某个组播的消息时，路由器都会重新发送有关该组播听众的查询消息，以保证正常的组播不会中断。

组播听众管理消息主要有以下三类。这些消息报文的基本结构如图 10-85 所示。

（1）**组播组听众查询**（Multicast Listener Query）。消息报文的目的地址为 FF02：1（本网络的所有主机），类型值 Type=130。有两种询问主机的方式：一种是一般性的询问，查询有无任何一个组播组的听众，此时 ICMP 报文中的组播地址值设为 0；另外一种是专门针对某个特定组播组听众的查询，此时 ICMP 报文中组播地址为某个特定的组播地址。

（2）**组播组听众（应答）报告**（Multicast Listener Report）。消息报文的目的地址为 FF02：2（本网络的所有路由器），类型值 Type=131，组播地址是指向特定的组播组。

（3）组播听众退出（Multicast Listener Done）。消息报文的目的地址为 FF02：2，类型值 Type=132，组播地址是指向特定的组播组。

组播消息中**代码值 Code** 设为 0；**最大响应时延**（Max Response Delay）参数用于规定组播听众发送报告的最大时延，组播听众可在 0 与该值之间随机选择一个时延值，对于较为繁忙的网络，该值应适当取较大值以保证组播听众有足够多的机会发送报告消息。

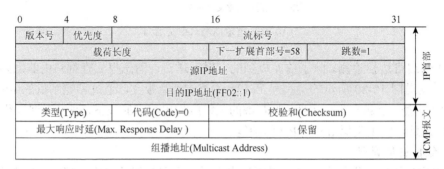

图 10-85　组播听众管理消息格式

10.4.5　IPv6 的地址配置

从 IPv4 的 32 比特地址到 IPv6 的 128 比特地址，地址的长度增大为原来的 4 倍。通常主机在进行入网的地址配置时，需要设置本机的 IP 地址、缺省网关的 IP 地址和子网掩码、域名服务器的 IP 地址等。地址的增大使配置过程中出现错误的可能性大大增加。为此，IPv6 更加重视地址的自动配置操作，设计了有状态地址自动配置（Stateful Address Auto-congfiguration）和无状态地址自动配置两种方式。

1. 有状态地址自动配置

有状态地址自动配置实际上就是前面介绍过的 DHCP 定义的方法，IPv6 将 IPv4 的 DHCP 升级为 DHCPv6，增强了在安全鉴权等方面的功能。"有状态"，是指主机必须通过 DHCP 服务器获取包括 IP 地址在内的各种入网信息，相应的 DHCP 服务器会在其数据库中维护一个特定主机与 IP 地址等参数的状态，确定哪些 IP 地址已经被"租借"使用，已经使用的时间长度，等等。

1）DHCPv6 的消息类型

DHCPv6 中的消息类型，包括中继消息在内，主要有如下 12 种。

（1）**查询**（DHCP Solicit）。用户可以用 DHCP 查询消息，通过一个特定的组播地址 FF05：：1：2，寻址 DHCP 服务器或 DHCP 的中继代理。如果 DHCP 服务器不在当前的网络，那么中继代理会自动地将查询消息通过特定的查找 DHCP 服务的组播地址 FF05：：1：3，将查询消息进一步转发给 DHCP 服务器。

（2）**通告**（DHCP Advertise）。对用户发出的请求消息，DHCP 服务器可以用单播方式进行回应，将通告消息返回给发出查询消息的用户或者中继代理。

（3）**请求**（DHCP Request）。用户收到通告消息后，可以通过单播方式，向 DHCP 服务器或者中继代理，发送请求消息，向 DHCP 服务器申请入网的配置地址和其他相关的参数。

（4）应答（DHCP Reply）。DHCP 服务器可以通过单播方式，用应答消息向请求用户发送与请求有关的信息。

（5）续借请求（DHCP Renew）。在用户在获得的参数的有效时间到达之前，可发送续借请求，申请延长这些参数的使用时间。

（6）再绑定（DHCP ReBind）。DHCP 服务器在收到续借请求后，若同意其申请，则可进行用户与这些参数的再绑定操作，并用单播方式予以回应。

（7）拒绝消息（DHCP Decline）。DHCP 服务器可以通过单播方式，用拒绝消息拒绝用户的各类请求。

（8）重配置（DHCP ReConfiguration）。如果网络的某些参数发生了变化，那么 DHCP 服务器可以通过单播或者组播的方式，用重配置消息告知用户新的入网参数。

（9）释放信息（DHCP Release）。用户在退出网络时，可以通过单播方式向 DHCP 服务器或者中继代理发送释放消息，告知 DHCP 服务器解除原有的绑定状态关系，释放相应的参数资源。

（10）确认（DHCP Confirm）。DHCP 服务器可以通过单播方式，用确认消息告知用户其释放操作已经完成。

（11）中继请求（DHCP Relay Forward）。查询中继代理服务器，通过中继向 DHCP 服务器发送请求。

（12）中继应答（DHCP Relay Replay）。中继代理服务器对中继请求的应答。

2）DHCPv6 的消息格式

图 10-86 给出了 DHCPv6 消息报文的格式，其中用户的源 IP 地址采用主机启动时自动生成的本地网络地址。目的地址视不同的情况，分别选择单播地址或组播地址。其中的消息类型、事务 ID 和选项码等具体参数的取值根据具体的消息而定。

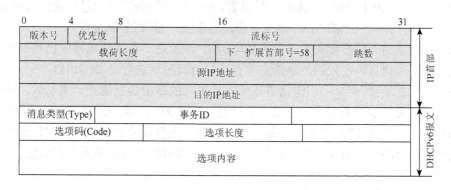

图 10-86 DHCPv6 消息报文格式

3）DHCPv6 与 DHCPv4 的主要区别

DHCPv6 与 DHCPv4 的不同之处主要包括如下几个方面。

（1）当用户启动时,可自动获得一个本地有效的 IP 地址,该地址可用于与本地的 DHCP

服务器或者中继代理进行通信;

(2) 用户采用组播方式,而不是广播方式与 DHCP 服务器或者中继代理联系;

(3) DHCPv6 允许为用户提供多于一个 IP 地址;

(4) DHCPv6 不再需要与之前的引导协议 BOOTP(boot protocol)兼容;

(5) DHCPv6 提供了参数的重配置功能,用户在获得配置参数之后,还需要不断地监听 DHCP 服务器发布的重配置信息,适时进行必要的改变,以进行适应网络参数的变化。

2. 无状态地址自动配置

IPv6 提供了一种无状态地址自动配置方式,这种配置方式的特点可使用户在获得其 IP 地址和其他网络参数的过程中无须 DHCP 服务器的支持。下面通过无状态地址自动配置的操作步骤来说明其工作原理。

(1) 在主机启动后,可从网络接口卡的硬件中读取其 MAC 地址的值。

(2) 主机将获取的自身 MAC 地址与 IPv6 专门定义的本地网络前缀结合,将 MAC 地址作为地址的低 48 位部分的取值,可生成一个可在本地网络中使用的临时地址。

(3) 主机利用该地址作为目的地址,通过在本地网络中发送前面介绍过的邻居查询消息,可以验证所生成的临时地址是否在本地网络中具有唯一性。

① 如果没有收到邻居发出响应的通告消息,说明地址具有唯一性;

② 如果收到响应消息,说明本地网络中已经有用户在使用该地址。此时用户可通过修改自身的 MAC 地址,重新回到步骤(2),直到获得一个唯一的本地地址。

(4) 用户获得本地网络唯一的地址之后,可通过组播方式向本地所有的路由器发送查询消息。

(5) 本地路由器发出的响应(广告)消息将告知用户如何进行下一步的地址自动配置。

① 若广告消息中的 M/O 标志位已被设置,则用户可通过上一小节中介绍的 DHCP 方式获取互联网中独立的 IP 地址;

② 若广告消息中的 M/O 标志位未被设置,则用户可根据广告消息中提供的网络前缀,加上自身的网络接口卡上的 MAC 地址,形成互联网中独立的 IP 地址。

(6) 用户采用无状态配置方式获得独立的 IP 地址后,在工作过程中仍需不断关注路由器发布的广告消息,在发现网络的参数有变化时及时地进行必要的调整。

(7) 如果在步骤(4)中用组播方式向本地所有的路由器发送查询消息后,没有收到任何的回应,可以尝试采用上一小节中介绍的 DHCP 方式获取互联网中独立的 IP 地址。

(8) 如果在步骤(7)中也没有得到任何 DHCP 服务器或者中继代理的任何响应,则用户只能利用自动生成的本地唯一地址,限于在本地网络中与本地的节点通信。

10.4.6 互联网从 IPv4 到 IPv6 的演进

互联网技术在其发展过程中通常都必须考虑向后兼容性和渐进性的改变,如前面介绍过的服务质量控制、移动 IP 等,不可能期待在某天的某个时刻,全球的整个互联网会同时"升级"。IPv6 协议的引入,是网络层协议的一次很大的改变,人们在现有 IPv4 网络路由和交换设备上的巨大投入，不可能会轻易地放弃。因此互联网从 IPv4 到 IPv6 的演进，将是一个漫长的过程。图 10-87 给出了从 IPv4 过渡到 IPv6 的各个不同的阶段，首先是出现 IPv6 网络的一个个孤岛，这些孤岛不断地增多和扩大及连接成片，逐步过渡到成为互联网的主要协议，而 IPv4 的网络则不断地相对萎缩，最后全部过渡到全 IPv6 的互联网。IETF 已经充分意识到这一过程的复杂性，设计定义了一系列的协议和方法，其中包括**双栈**（Dual-stack）技术、**隧道**技术和**报头转换**（Header Translation）技术等，以适应在 IPv4 演进到 IPv6 的不同发展阶段中运用。

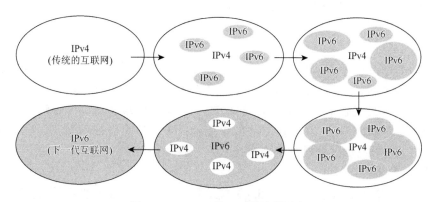

图 10-87 IPv4 到 IPv6 的演进过程

1. 双栈技术

双栈技术是指网络中的主机或路由器的网络层同时配备 IPv4 和 IPv6 协议栈，具备双栈协议的主机或者路由器称为 IPv6/IPv4 主机或路由器。IPv6/IPv4 主机或路由器既可以与 IPv4 的主机或路由器通信，也可以与 IPv6 的主机或路由器通信，当然也可以在 IPv6/IPv4 主机或路由器之间通信。

图 10-88 给出了一个具备 IPv6/IPv4 主机与 IPv4 主机和 IPv6 主机通信的示例，当 IPv6/IPv4 主机与 IPv4 主机通信时，启用网络层中的 IPv4 协议栈；当与 IPv6 主机通信时，则启用 IPv6 协议栈。采用双栈技术，IPv6/IPv4 主机关键是要确定所需通信的主机采用的是 IPv4 协议还是 IPv6 协议。在互联网中，一般很少有人会通过服务器的 IP 地址去寻求服务，而是通过其域名与其联系。因此需要解决的是两种协议下的域名系统（DNS）服务问题。IETF 专门为 IPv6 制定了 DNS 标准，定义了"AAAA"记录类型，建立主机域名与 IPv6 地址的映射关系。IPv6/IPv4 主机具有获取 IPv4 和 IPv6 两种标准下的域名服务的

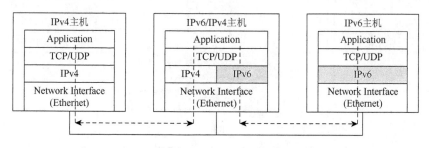

图 10-88 IPv6/IPv4 主机与 IPv4 主机和 IPv6 主机通信示例

能力，因此可以通过得到的 IP 地址类型来判断特定域名对应的主机，是运行 IPv4 协议的主机还是 IPv6 协议的主机，由此启动相应的协议栈与相应联系。

双栈技术可以实现 IPv6 主机与 IPv4 主机的互联互通，但 IPv6/IPv4 主机本身也还需要 IPv4 的地址，因此难以解决地址 IPv4 地址空间不足的问题。此外，无论是 IPv4 或 IPv6，虽然都采用相同的传输层和应用层协议，但要使其适合在两种协议栈中工作，还需要对传输层进行某种必要的改变。双栈技术可以在 IPv6 网络建设的初期应用，特别是可为实现过渡阶段最重要的隧道技术建立必要的基础。

2. 隧道技术

如图 10-87 所示，在从 IPv4 到 IPv6 的演进过程的相当长的阶段，IPv6 网络系统或者 IPv6/IPv4 网络系统均以孤岛的形式出现，要实现这些系统间的相互通信，需要穿越其中的 IPv4 网络，在此过程中，要将 IPv6 的报文，封装在 IPv4 的报文中传输，所采用的就是前面介绍过的隧道技术。为识别 IPv4 的报文载荷中携带的是 IPv6 报文，规定其协议号的取值为 41。主要有如下两种使用隧道技术。

1）自动隧道技术

采用自动隧道（Automatic Tunneling）技术时，假定 IPv6 主机使用的是前面介绍过的 IPv4 的兼容地址（IPv4-Compatible Address），地址的格式为"::＜IPv4-address＞"。因为使用兼容地址的主机实际上同时具有 IPv4 和 IPv6 两种地址，所以此时主机可以确定何时使用何种地址。简单地说，如果目的节点是一个 IPv4 的节点，此时主机自动地使用 IPv4 地址，如果目的节点是一个 IPv6 的节点，此时主机自动地使用 IPv6 的地址。当两个 IPv6 的子网被 IPv4 的网络分隔时，则可使用隧道技术。自动隧道技术有很大的灵活性，图 10-89 分别给出了两种不同的方式实现报文传递，其中的图（a）和（b）是通过路由器来实现隧道功能，前者隧道的出口在目的子网的路由器接口，而后者则在目的主机上；图（c）则是主机自身来完成端到端的隧道功能。

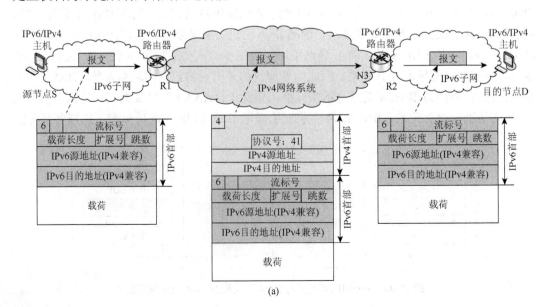

(a)

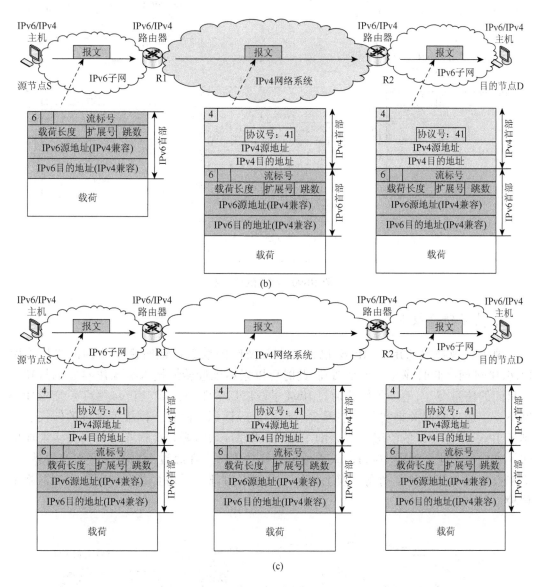

图 10-89 自动隧道技术

2）配置隧道技术

配置隧道（Configured Tunneling）技术不需要依赖 IPv6 兼容地址的支持，如图 10-90 所示，只要连接到 IPv4 网络系统一侧的路由器具有双栈协议的功能，就可以构建一条穿越 IPv4 网络系统的隧道，隧道的入口和出口分别在源与目的网络的路由器接口上。此外，若源或目的主机是 IPv6/IPv4 主机，则隧道的两端可以是源主机–路由器，或者路由器与目的主机。而若源与目的主机均是 IPv6/IPv4 主机，则回到前面所述的双栈技术的情形。

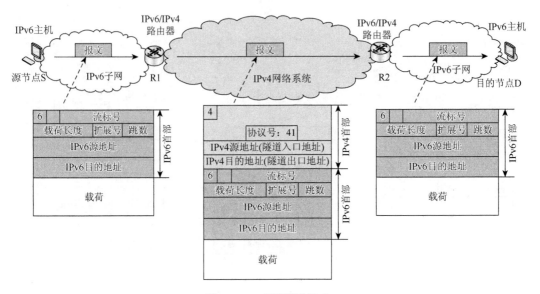

图 10-90 配置隧道技术

3. 地址转换技术

地址转换技术适用于 IPv6 已经极大普及时的场景，此时新配置的网络均采用 IPv6，IPv4 网络此时成为一个个孤岛。此时可以采用地址转换技术实现 IPv4 主机与 IPv6 主机间的信息交互。地址的转换通过 IPv4 子网出口的路由器或者 IPv4 网络系统与 IPv6 网络系统边界的网关来实现，在网关节点上，应该配备两种不同类型地址的转换表。到了 IPv6 广泛普及的阶段，剩余的 IPv4 网络已经很有限，此时在边界网关实现地址转换就成为可能。如图 10-91，采用地址转换技术时，在经过不同类型网络的边界时，原来报文的首部被整个剥离，换上另外一种报文首部，以适合其在不同类型的网络中传输。

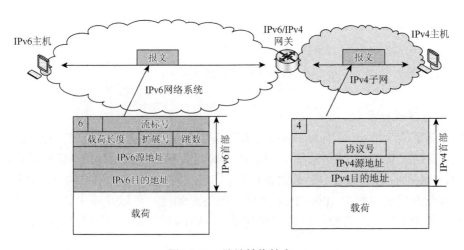

图 10-91 地址转换技术

10.5 本章小结

本章较为系统地介绍了 IP 网络的基本协议和各种主要的技术，包括 TCP/IP、IP 网络的 QoS 控制、移动 IP 及 IPv6 技术等。在讨论这些协议和技术的过程中，不仅介绍了 IP 网络系统的基本工作原理，还对报文首部中各种主要控制域功能和参数的作用进行了详细的分析。由此可使读者对包括下一代互联网在内的 IP 网络系统有比较全面的了解和认识。通信系统实现某种功能，可能会有各种替代的方法，因此本章中的有些较新的技术，现在只有有限的应用，即使在未来的网络中，也不一定会得到广泛的应用，但通过学习这些原理和方法，我们可以了解在人们在处理通信系统中的各种不同问题时，采用过什么具体可行的方法，这对于启发我们解决新问题的灵感和能力，是非常有意义的。

思考题与习题

10-1 TCP/IP 协议族包含网络协议中的哪几层的协议功能？

10-2 在 TCP/IP 中，哪些层的协议是在节点间起作用的，哪些层的协议是在源与目的节点间起作用的？

10-3 IPv4 的地址采用何种结构，主要由什么部分组成？

10-4 传统的 IPv4 地址分成几类，这些类型如何区分？

10-5 IPv4 有哪些特殊的地址，这些地址有什么作用？

10-6 子网掩码有什么作用，子网掩码中 "0" 和 "1" 的位用于标识什么？

10-7 ARP 有什么作用？试简述地址解析的工作原理。

10-8 路由器是一种什么设备，主要由什么功能模块组成？

10-9 路由表中的缺省项有什么含义和作用？

10-10 路由器的交换矩阵主要有什么结构？不同的结构主要应用在哪些不同的场合？

10-11 采用可变长度的子网掩码有什么好处？

10-12 什么是超网，引用超网的概念之后有什么好处？

10-13 IP 报文的首部主要有些什么控制域，这些控制域主要有什么作用？

10-14 试简述 RIP 的工作原理与特点？

10-15 基本的 PIP 中 "计数到无穷大" 指什么？如何解决计数到无穷大的问题？

10-16 试简述 OSPF 路由协议的工作原理与特点？

10-17 边界路由协议有什么作用？

10-18 ICMP 主要有什么功能？

10-19 源节点发送的报文不可达主要有哪几种类型，具体表示什么意思？

10-20 IP 网中的单播、组播和广播各有什么特点？

10-21 用于 IP 网组播的 MRP 和 IGMP 各起什么作用？

10-22 简述在 IP 网中实现组播的过程。

10-23 什么是虚拟专用网，虚拟专用网主要有什么用途？

10-24 IP 网中的隧道是指什么？如何实现隧道的功能？

10-25 NAT 技术主要用于解决什么问题？

10-26 传输层的 UDP 和 TCP 各有什么特点？它们分别主要用于传输何种类型的业务？

10-27 简述 TCP 建立连接的过程，分析在此过程中有关参数如何选择和变化。

10-28 TCP 如何实现对流量和拥塞的控制，实现拥塞控制的三个窗口之间有什么关系？

10-29 为什么在 TCP/IP 应用层中常采用所谓的客户-服务器（Client-Senver，C-S）模型，这种模型是如何工作的？

10-30 简述主机通过 DHCP 获取 IP 地址等网络参数的工作流程。

10-31 简述万维网（World Wide Web，WWW）协议的作用和工作原理。

10-32 TCP/IP 的应用层如何实现 OSI 网络模型中的会话层与表示层的功能？

10-33 RTP 和 RTCP 可以提供什么控制功能？

10-34 SIP 和 H.232 协议在互联网中主要实现什么功能？

10-35 TCP/IP 中的协议号和端口号主要有什么作用？

10-36 为什么以 TCP/IP 构建的互联网经历了物理层和应用层技术的巨大变化，该协议仍能有效地工作？

10-37 什么原因促使人们关注 IP 网中的 QoS 问题？

10-38 IETF 主要制定了什么协议来规范 IP 网上的服务质量控制，这些协议各有什么特点？

10-39 在资源预留协议中，流是一个什么概念，主要是由什么参数来描述？

10-40 在资源预留协议中，负载可控型是一种什么服务类型，具体有什么特点？

10-41 IntServ 系统中主要有什么功能模块，各个功能模块各起什么作用？

10-42 简述利用资源预留协议建立资源预留传输通道的工作过程。

10-43 资源预留协议中定义的不同的资源预留式样各有什么特点？

10-44 区分服务的业务调节器包含什么功能模块，这些功能模块分别各起什么作用？

10-45 区分服务系统有什么措施避免网络产生拥塞？

10-46 在区分服务系统中什么是"适应流"，什么是"非适应流"？有什么措施可以降低在传输"适应流"与"非适应流"时的不公平性？

10-47 区分服务系统的配置与管理是如何实现的？

10-48 有什么可以在 IP 网中整合综合服务和区分服务这两种服务质量控制机制优点的方法？

10-49 移动 IP 中的移动性的确切含义是指什么？

10-50 移动代理有哪几种，他们在网络中主要实现什么功能？移动代理的功能一定要在路由器中实现吗？

10-51 转交地址有哪几种类型？他们的工作方式有何异同？隧道的入口和出口各在什么位置？

10-52 移动节点如何发现自身已经移动到一个新的网络？移动节点到达一个新的网

络时，要能够在该网络收发数据，一般要经历几个阶段，每个阶段完成什么功能？

10-53 如果在互联网中，只有家乡网络和移动节点当前所在的网络支持移动 IP，移动节点能否正常接收和发送报文？

10-54 在什么场合移动节点需要进行多重注册？对于进行多重注册的节点，家乡代理转发报文时有何不同？

10-55 作为组播组成员，移动 IP 节点在什么条件下可以不依赖移动代理而正常工作？

10-56 移动 IP 有哪几种控制消息？这些消息的发送范围有多大？

10-57 在家乡网络中，除了移动代理外，是否还有其他节点知道移动节点离开家乡网络？

10-58 IPv6 主要需要解决什么问题？IPv6 协议主要在哪一层协议中有比较大的变化？IPv6 报文的首部与 IPv4 报文的首部相比，有何异同？

10-59 IPv6 的报文可以通过扩展首部来进行分段，IPv6 的分段方式与 IPv4 的分段方式有无不同？

10-60 IPv6 的报文安全封装载荷（扩展）首部来进行保护，其中有哪几种不同的保护方式，各有什么特点？

10-61 IPv6 有几大地址类型，各有什么特点？

10-62 IPv6 的单播地址一般具有何种结构？IPv6 的组播地址与 IPv4 的组播地址有何异同？

10-63 ICMPv6 主要有什么功能，其中哪些是原来 IPv4 的 ICMP 以外的功能？

10-64 重定向是什么意思？在什么情况下需要进行重定向操作？

10-65 IPv6 的地址配置主要有什么方式？

10-66 互联网从 IPv4 到 IPv6 的演进有什么主要的方案，这些方案各有什么特点？

参 考 文 献

龚向阳, 金跃辉, 王文东, 等, 2006. 宽带通信网原理. 北京：北京邮电大学出版社.

李正茂, 2016. 通信 4.0：重新发明通信网. 北京：中信出版集团.

林闯, 单志广, 任丰原, 2004. 计算机网络的服务质量. 北京：清华大学出版社.

毛京丽, 董跃武, 2013. 现代通信网. 3 版. 北京：北京邮电大学出版社.

王晓军, 毛京丽, 1999. 计算机通信网基础. 北京：人民邮电出版社.

谢希仁, 1999. 计算机网络. 2 版. 北京：电子工业出版社.

张云勇, 刘韵洁, 张智江, 2004. 基于 IPv6 的下一代互联网. 北京：电子工业出版社.

周贤伟, 杨军, 薛楠, 等, 2006. IP 组播与安全. 北京：国防工业出版社.

Chao H J, Guo X L, 2002. Quality of Service Control in High-Speed Networks. New York：John Wiley & Sons, Inc.

Forouzan B A, Fegan S C, 2001. TCP/IP 协议族. 谢希仁等译. 北京：清华大学出版社.

Tanenbaum A S, 1997. 计算机网络. 3 版. 北京：清华大学出版社.

第 11 章　通信系统的骨干网技术

本章讨论通信系统的骨干网技术，这里之所以称其为骨干网技术，是因为这些技术一般不会应用在接入网上，即不会用在用户的主机或服务器与网络的接口上，而主要应用在网络骨干网上。本章主要讨论 ATM 技术和 MPLS 技术，同时也简要介绍软交换及 SDN 技术等。

11.1　ATM 技术

11.1.1　ATM 技术的产生背景和主要协议规范

1. ATM 技术的产生背景

ATM 技术诞生于 20 世纪 80 年代，是几乎与 IP 技术同时发展起来的一种技术。ATM 的基本协议是由 **ITU** 制定的，随后的发展过程得到了行业协会组织 **ATM 论坛**的大力推动而得到了快速的发展。

在 ATM 技术出现之前，由 ITU 的前身 **CCITT** 制定的基本的通信技术标准主要有以下两类。一类是为话音通信服务的，在交换系统进入数字通信和程控交换时代后，帧格式和各种群路均是以话音信号的 8 比特量化和 8KHz 的采样间隔为基础，基本的传输速率单位是 64Kbit/s。虽然这些技术后来继续向综合业务数字网的方向发展，但底层整个技术的核心主要仍然是基于电路交换的 SDH，其带宽资源的灵活分配受到了很大的限制。另外一类是为数据通信制定的 X.25/X.75 标准，这些标准可为数据传输提供很高的可靠性，但一般不适合传输实时的业务，并且随着光纤的大规模应用，这些协议也暴露出逐段链路传输控制过程复杂、效率较低的缺陷。

一方面，光纤技术的成熟和推广应用的良好经济性，使得传输信道带宽资源的提升得到了革命性的变化；另一方面，计算机的普及应用，使包括各种实时视音频业务在内的大数据量多媒体传输成为巨大的需求。上述原有的各类通信协议与系统已经不能再适应这种要求，基于程控交换系统构建的 N-ISDN 的局限性越来越突出。这促使 ITU 考虑在全新的技术平台上制定 B-ISDN 的协议规范。由此产生的 B-ISDN 的传输技术标准，就是 ATM 技术。本书中的 B-ISDN 和 ATM，均泛指采用 ATM 技术构建的 B-ISDN 系统，本书中不再加以区分。

2. ATM 技术的主要发展历程

ATM 技术的发展充分体现了现代技术快速从理论研究成果转变为实际应用的特点，1983 年，第一篇有关 ATM 技术的学术论文发表；1987 年，ITU-T 确定 ATM 技术为 B-ISDN

的技术基础；1990 年，ITU-T 发表了 13 个有关 B-ISDN/ATM 的基础性规范标准；1992 年，建立了第一个基于 ATM 的局域网；1993 年，建立了第一个基于 ATM 的广域网。虽然最早的 ATM 网络是应用在局域网环境，但最终使其获得广泛的应用是在骨干网的传输领域。

3. ATM 网络的主要协议规范

ITU-T 制定的有关 B-ISDN/ATM 网络框架性协议主要包括以下标准规范。

I.113：B-ISDN 的有关术语（B-ISDN Vocabulary）；
I.121：B-ISDN 的有关的定义与概貌（Broadband Aspects of ISDN）；
I.150：B-ISDN 的 ATM 技术特性（B-ISDN ATM Characteristics）；
I.211：B-ISDN 的业务特性（B-ISDN Service Characteristics）；
I.311：B-ISDN 网络特性（B-ISDN Network Aspects）；
I.321：B-ISDN 协议参考模型（B-ISDN Protocol Reference Model）；
I.327：B-ISDN 的功能结构（B-ISDN Functional Architecture）；
I.361：B-ISDN 网络的 ATM 层技术规范（B-ISDN ATM Layer Specification）；
I.362：B-ISDN 的适配层特性（B-ISDN ATM Adaption Layer）；
I.413：B-ISDN 的用户与网络接口（B-ISDN User-Network Interface，B-ISDN UNI）；
I.432：B-ISDN 用户与网络接口的物理层特性（B-ISDN UNI Physical Layer Specification）；
I.610：B-ISDN 接入操作、管理与维护规则［OAM（Operation Aclministration and Maintenance）Principles of B-ISDN Access］；
Q.2931：B-ISDN 的接入控制信令（B-ISDN Access Signalling）。

11.1.2 ATM 的基本工作原理和主要特性

1. ATM 网络的设计目标

ATM 的技术规范是为满足包括语音、视频和数据等各类综合业务传输需求而提出来的。在 ATM 技术出现之前，已经有以下两类不同的网络。

1）基于电路交换的网络

典型的基于电路交换的网络，如为传输传统的话音和视频信号设计的公用电话交换网、广播电视网等。这些网络的特点是传输时延小且没有时延的抖动问题，适合于传输固定速率的语音和视频等实时性要求很高的信号。

2）基于分组交换的网络

典型的基于分组交换的网络，如为传输数据业务而设计的 X.25/X.75 分组交换网和 TCP/IP 网络等。这些网络的特点是采用统计复用的工作方式，易于实现资源共享，信道带宽的利用率高，并且一般具有差错控制机制，但传输的时延抖动大且一般难以预测，适合于传输没有严格时延要求、突发性很高的数据业务。

ATM 网络的**设计目标**，是希望能够构建一种包含电路交换和分组交换两种网络优点的网络系统，即既能够满足传输实时业务所需的时延和时延抖动小的要求，又能够在传输具有突发性很高的数据业务时仍有较高带宽利用率。

ATM 网络主要是建立在宽带和高可靠性的光纤传输系统上的，光纤传输系统保证了 Gbit/s 的传输带宽和 $10^{-12} \sim 10^{-9}$ 的误比特率。没有这样的基础条件，ATM 网络的设计的目标是很难实现的，所以从某种意义上可以说，ATM 网络是光纤时代的产物。

2. 传输模式

ATM 网络要融合电路交换和分组交换两类网络的优点，需要首先分析电路交换与分组交换传输方式的不同特点，这两种传输方式的最大区别体现在它们的传输模式上。

1）同步传输模式

同步传输模式是一种数字通信时代最典型的电路交换工作方式。如图 11-1 所示，在同步传输模式中，通信的双方一般采用面向连接的工作方式，先建立一条物理传输通道，然后才进行通信。时间被划分为等长的时间段，时间段的长度主要根据电话系统中语音信号的采样间隔决定，语音信号的采用频率为 8KHz，因此同一话路两样点之间的时间间隔为 125μs，125μs 是一个基本的时间段单位。在 2.048Mbits/s 的基群速率中，每个时间段内构成一个包含多个时隙的信号帧。每个电话话路在每一帧内分配一个时隙，各个用户的话路 U_i 在每一帧中获得的时隙位置在每一段链路上总是固定的，因此呈现出某种"同步"的形态，固定的时隙就是用户获得特定速率的物理传输通道的具体体现。如图 11-2 所示，在信号帧的传输过程中，为适应不同传输速率的信道，可能会经历多次复接和分接，但每个话路相邻时隙间 125μs 的间隔不会改变。同步传输方式的特点是信道的传输速率和时延是恒定不变的，用户独占特定的传输信道。

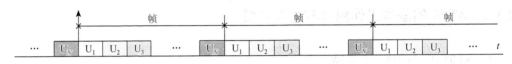

图 11-1　SDH 示例

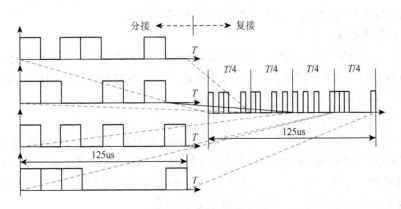

图 11-2　复接和分接

2) ATM

与同步传输模式不同,ATM 并没有为通信的双方分配固定的时隙。各种基于统计复用的数据分组交换系统本质上采用的都是广义的 ATM,这些系统在网络层既可以采用无连接的方式,如 IP 网;也可以采用面向连接的方式,如 X.25/X.75 网。尽管采用了面向连接的方式,此时建立的传输通道也并不像同步传输模式那样,每个业务流在传输时有固定的时隙、恒定的时延和传输速率。因此这类通道通常也称为**虚通道**。图 11-3 给出了用户的数据分组传输过程中使用"时隙"时的情景。在传统的分组交换网络中,用户可获得的传输带宽、每个分组的传输时延,与用户的传输需求及特定时段的网络的拥塞情况有关。分组交换模式的最大特点是信道统计复用,传输资源共享,对传输速率需求具有不确定性的数据业务具有较高的信道利用率。传统分组交换模式的传输时延和可用的带宽资源都具有不确定性,虽然具有较高的资源利用率,但除非网络总是处于轻载的状态,否则显然是难以满足实时业务传输需求的。因此在 ATM 技术出现之前的数据通信网难以满足传输实时业务服务质量要求,同时存在保持高信道利用率的矛盾。

图 11-3 ATM 示例

3. ATM 技术的特点

ATM 技术综合了电路交换与分组交换两种工作方式的优点:采用了面向连接的方式以较好地实现对用户业务流的控制;采用了统计复用的方式以提高信道利用效率;采用了小的数据分组单元以降低存储转发过程中时延。此外,早期的分组交换机是基于计算机来实现的,在进行数据转发时,CPU 通过软件操作的方式,从一个网络端口读取一个分组或者报文,然后转发到另外一个网络端口。而 ATM 交换机从一开始就将技术建立在类似电路交换时的硬件交换的方式上,数据分组通过硬件实现的交换矩阵,实现快速的分组转发。

11.1.3 ATM 协议的参考模型

ATM 协议的参考模型如图 11-4 所示,其中左侧是 ATM 协议的层次结构;右侧是在不同的层/子层中数据流被分为业务数据单元、在数据单元上添加有关的控制域、最后封装为信元的基本情形。与互联网的定位不同,ATM 网络是一个纯粹的通信网络,因此 ATM 协议虽然形式上包含应用层,但并没有定义具体的内容。ATM 协议的参考模型中主要包括 **ATM 适配层**(ATM Adaptive Layer,AAL)、**ATM 层**和 **ATM 物理层**,其中 ATM 的适配层中又包含多个子层,其中有些子层的功能在有需要时才加入,用于高效率地解决传输不同类型业务时的各种问题。

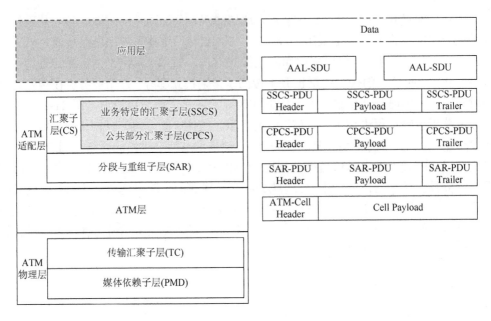

图 11-4 ATM 协议参考模型

1. ATM 物理层

ATM 的物理层定义了承载 ATM 信元的物理媒介接口的结构标准、信号方式及同步和差错控制等方法。ATM 的物理层包括以下两个子层。

1) 媒体相关子层

媒体相关子层（Physical Medium Dependent，PMD）是指该子层的具体标准是与特定的传输媒质和链路的速率等级有关的。该子层的功能包括：物理连接器的结构；物理信号的线路波形编码和特征；比特定时和信元同步；等等。不同的传输媒质主要包括光纤和铜缆等。在 ATM 的概念提出之前，已经建设了大量的光纤和铜缆的物理基础网络，例如：**SDH 网**；**同步光纤网**（Synchronous Optical Network，SONET）；**准同步序列**（Pseudo-synchronous Digital，PDH）**网**；**FDDI 网**；等等。这些物理基础网络，还往往有多种不同的速率等级标准。ATM 网络的 PMD 子层，规范了如何利用现有的这些传输网络实现交换机之间的互联。在利用上述的物理网络实现 ATM 交换机的互联时，ATM 信元被封装到这些网络提供的承载信元的**数据帧**之中。

图 11-5 所示为一个 ATM 交换机通过 SDH 网络实现互联的结构，图中的虚线表示 ATM 交换机之间的互联的逻辑拓扑结构，而物理上是通过底层的 SDH 的光纤环状网实现连接的。光纤环状网一般由双向的光缆串联 ADM 构成，如果两个 ADM 之间的距离较大，中间可以增加一些信号**中继器**（Repeater），以实现光信号的再生。

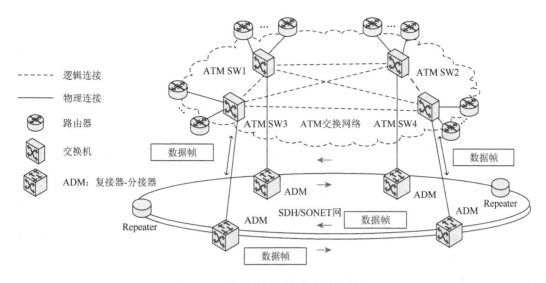

图 11-5　ATM 的逻辑连接与物理连接

图 11-6 描述了交换机之间通过 SDH 提供的帧承载 ATM 信元的方式。在一个数据帧的帧头中包含 4 个控制域，用于传递 SDH/SONET 网络的控制信息，其中**中继器字段**（Repeater Section）用于传递给链路上中继器（Repeater）的控制信息；**指针字段**（Pointer）用于标识帧中净荷的起始位置；**复接/分接字段**（Multiplexer Section）用于传递给 ADM 的信息；**通道字段**（Path）用于标识每个帧的入口和出口，以保证每个帧从一个交换机到另外一个交换机的正确传递。ATM 信元沿着数据帧的载荷域顺序的排列，若一个帧没有足够多的用户信元，则用空白的信元对其进行填充。在一个帧中并不要求有完整的信元个数，有些信元可能被分开，分别放置在 ATM 交换机发出的相邻两个数据帧内。

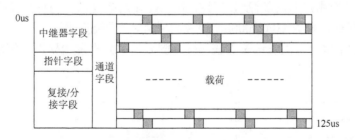

图 11-6　SDH/SONET 数据帧承载 ATM 信元

此外，ITU-T 与 ATM 论坛，还定义了 ATM 交换机之间之间实现互联的**直接信元传输接口**。

2）传输汇聚（Transmission Convergence，TC）子层

TC 子层的功能是与媒体无关的，或者说对各种物理层传输媒介来说，这些功能都是相同的。TC 子层的主要功能包括：信元加扰与解扰；信元的识别与定界；信元（Header Error Check，HEC）域中监督位的生成与接收校验；等等。

2. ATM 层

1）ATM 层的功能

ATM 层的主要功能包括：定义 ATM 的信元结构；确定如何建立、维护和释放虚电路；实现端到端虚连接的选路、信元交换和信道复用；QoS 控制和流量控制；等等。

2）ATM 的信元结构

相对于现有的分组报文传输系统，ATM 采用了很小的且具有统一长度的数据分组，整个分组的长度只有 53 字节，其中首部 5 字节，载荷部分 48 字节。由于这样的一个分组很小，所以专门为其起了一个特殊的名字，叫作**信元**。

人们或许会感觉非常奇怪，在目前以二元状态为基础的数字集成电路时代，通常采用 2 的某次幂作为长度的取值，以便于系统的处理。而这里无论是分组的载荷，或者整个分组的长度，都不是 2 的某次幂的取值。一种比较可信的说法是，在制定 ATM 信元的标准时，美国人认为信元的长度应该稍大，这样可以提高载荷尺寸与整个信元尺寸的比值，以提高传输效率，因此建议载荷的大小为 64 字节；信元尺寸大，意味着传输时延相应地也较大。此时在传输电话的语音信号时，回声的影响较大。因为美国是一个地域广袤的国度。在电话系统中已经广泛地使用回声消除电路，而欧洲的每个国家相对都较小，在电话系统中都没有回声消除电路，因为信元长度一旦增大，有可能产生回声问题，所以建议信元载荷的大小为 32 字节。最后选择了一个折中的方案，报文的载荷大小取值为（32+64）/2=48。

如图 11-7 所示，ATM 信元的结构有两种：一种如图（a）所示，用于**用户与网络间的接口**（User to Network Interface，UNI）；另一种如图（b）所示，用于**网络与网络间的接口**（Network to Network Interface，NNI），NNI 接口实际上就是 ATM 交换机之间的接口。信元 5 字节的首部包含以下标识或控制域。

（1）一般流量控制（General Flow Control，GFC）。在 ATM 的 UNI 的信元包含 GFC 域，GFC 可用于对用户入网的流量进行控制。ATM 网络提供了两种接口的工作模式：

①**非受控模式**：此时 GFC=0000，该控制域实际上不起作用；

②**受控模式**：用户每次发送时需获得网络侧预定的允许发送标识（两侧间设定的 GFC 取值）方可发送。

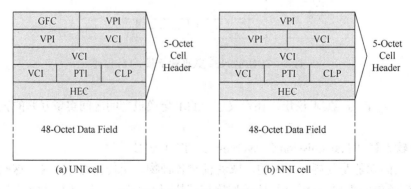

图 11-7　ATM 信元结构

（2）虚通道标识（Virtual Path Identifier，VPI）/虚信道标识（Virtual Channel Identifier，VCI）。ATM 网络允许在用户与网络间、网络与网络间（交换机间）建立多条并行工作的虚连接。为更好地管理虚连接，实现高速的信元交换，定义了 VPI 和 VCI 两层的标识。如图 11-8 所示，通过 VPI 与 VCI，可以将一个物理信道划分为多个逻辑信道（虚连接数）。其中的每个逻辑信道的参数（速率、时延和可靠性等）可在每个特定的逻辑信道建立时定义。在 UNI 上，VPI 共有 8bits；VCI 共有 16bits，因此理论上最多可建立

$$N_{UNI}=2^8 \times 2^{16}=2^{24}=16777216 \quad (11-1)$$

个虚连接。而在 NNI 上，VPI 共有 12bits；VCI 共有 16bits，因此理论上最多可建立

$$N_{NNI}=2^{12} \times 2^{16}=2^{28}=268435456 \quad (11-2)$$

个虚连接。在实际的 ATM 网络中，最大可支持的虚连接数，可根据具体的情况和设备的能力来确定。

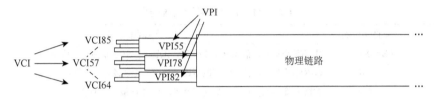

图 11-8 VPI 与 VCI

在 ATM 网络中，所有的数据和信息都是通过信元携带的，ITU-T 的 ATM 协议标准中定义了专门的 VPI 与 VCI 号，用于标记特定的信元携带的是信令或者网络管理消息。另外，ATM 论坛在制定自己的行业规范时，也另外划出了一部分专门的 VPI 与 VCI 号，用于定义其特定的信令或者网络管理消息。表 11-1 列出了这些特殊的 VPI 和 VCI 号的示例。

表 11-1 特殊的 VPI 和 VCI 号的示例

序号	VPI	VCI	备注
1	0	0～15	ITU-T 信令
2	0	16～31	ATM 论坛附加信令
3	所有 VPI 号	1～5	保留用于特殊用途

需要特别注意的是，VPI 与 VCI 这些标识，与大多数面向连接的系统分组的标识一样，都是本地的参数。也就是说，某个特定的 VPI 与 VCI，是在端到端的虚连接建立时，标识用户与交换机之间，或者交换机与交换机之间的链路中与该连接关联的虚通道与虚信道；在一个从源端到目的端由多段链路构成的虚连接中，这些每段链路上 VPI 与 VCI 编号取值一般来说是不一样的。

（3）载荷类型标识（Payload Type Indicator，PTI）。PTI 是一个 3bits 的控制域，用于标识信元载荷的类型和其他的一些性质。其中：

①**PTI 比特 1**：该比特用于标识本信元是否是承载 ATM 适配层中 AAL5 服务数据单元（SDU）的最后一个信元。若本信元并非某业务数据单元（SDU）的最后一个信元，则该比特取值"0"；若是 SDU 的最后一个信元，则该比特取值"1"。该标识可用于在网络出现拥塞时优化信元的丢弃控制策略。

②**PTI 比特 2**：该比特用于标识本信元在传输过程中是否经历有拥塞的交换机，无拥塞时，该比特保持为状态"0"；有拥塞时，该比特被设置为"1"。接收端可通过该比特的取值判断网络的拥塞状况。必要时还可通过某种方式将情况通告给发送端。该比特也被称为**显式前向拥塞指示**（Explicit Forward Congestion Indicator，EFCI）比特。

③**PTI 比特 3**：该比特用于标识当前的信元是用户/信令信元，此时该比特被设置为"0"；或用作管理功能的信元，此时该比特被设置为"1"。

表 11-2 列出了 PTI 不同取值所代表的含义。

表 11-2 PTI 不同取值所代表的含义

序号	PTI 编码值	PTI 所代表的含义
1	(H) 000 (L)	数据/信令信元，信元没有经历拥塞节点，非 SDU 最后一个信元
2	001	数据/信令信元，信元没有经历拥塞节点，SDU 最后一个信元
3	010	数据/信令信元，信元经历拥塞节点，非 SDU 最后一个信元
4	011	数据/信令信元，信元经历拥塞节点，SDU 最后一个信元
5	100	流 F5 分段操作管理（OAM）信元
6	101	流 F5 端到端操作管理（OAM）信元
7	110	资源管理信元
8	111	保留

（4）**信元拥塞丢弃丢等级**（Cell Lost Priority，CLP）标识。当信元的这个 1 比特的控制域被设置时，表明该信元的等级较低。如果遇到拥塞需要丢弃信元，CLP=1 的信元将首先被丢弃。当 ATM 网络对用户采用比较宽松的控制策略时，在用户与网络的接口上，对于偶尔突发的小量违约信元，可让其进入网络，不过要在这些 CLP 域上打上标记，以标识其较低的优先等级。如果网络有剩余的传输资源，可以让其传输；而一旦这些信元经历的网络区域发生拥塞，则首先将其丢弃，以减轻网络的负载。

（5）**首部差错校验**（Header Error Check，HEC）。信元的 HEC 有两个首部的差错控制和信元定界功能，具体如下。

①**差错控制功能**。ATM 信元的 HEC 域共有 8bits，用于对信元的首部进行差错的保护，差错的保护形式有两种：一种是用于循环冗余校验（Cycle Redundancy Check，CRC）检错保护，此时的校验多项式为

$$g(x) = x^8 + x^2 + x + 1 \tag{11-3}$$

CRC 是必须强制具备的功能；另外一种是纠错功能，8bits 的监督位从理论上来说可以定位 2^8=256 种错误，信元的首部只有 5×8=40bits，因此 8bits 的监督位可用于纠正所有的 1 比特错误。通过组合公式容易验证，8bits 的监督位不足以纠正任意两比特的错误。纠错功能是 ATM 网络系统中的一个选项。

②信元定界功能。ATM 信元在网络中传输时，信元与信元间是没有特定的分界标识的。当 HEC 用于差错控制时，信元首部的 4 字节与 HEC 建立了特定的监督关联关系。一般来说，信元其他位置的任意 5 字节间没有这种关系。因此，利用这一性质，可以对信元进行定界。信元的定界算法如图 11-9 所示，所采用的方法与 E1 链路中帧头的搜索算法完全一样，所不同的是，这里省去了专门的**帧定界符**（1101011），使得系统的链路带宽的利用率更高。定界搜索算法主要包括搜索态、预同步态和同步态三种状态。

①**搜索态**：字节间的同步由物理层的信号帧保证。在没有同步前处在搜索态，此时以 5 字节为一组，以字节为单位滑动进行检测判断，观测当前的 5 字节间是否满足差错控制的关联关系，若当前的 5 字节并非信元首部，则丢弃第一个字节，继续检测顺延后的 5 字节，直到找到满足关系的信元首部。一旦找到一个符合规则的"首部"，则进入预同步状态。

②**预同步态**：找到一个符合规则的"首部"还不能保证已经实现定界，如果在预同步态中连续 K 次检测到信元的首部，此时有理由认为进入了同步状态，已经实现正确的定界。

③**同步态**：在进入同步之后，系统依然持续对首部进行检测，偶尔的检测失败可能是由随机的干扰所致，因此一次或者两次没有定界成功还不能认为失去同步，但如果连续的 M 次均定界失败，则应回到搜索态，重新搜索信元的首部。

在定界搜索算法中，参数 K 与 M 可以根据情况来设定。

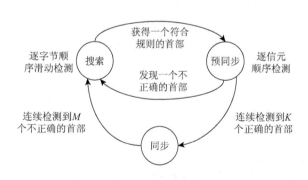

图 11-9　信元的定界算法

（6）ATM 信元的效率。ATM 信元的大小是固定的，效率 η 由信元的总长与载荷部分的长度比例确定：$\eta = 48/53 = 90.57\%$。

3）ATM 网络的虚连接

ATM 网络的虚连接是指通过沿传输路径节点的中继转发构建的端到端的传输通道。如图 11-10 所示，ATM 网络提供两种虚连接的方式：一种是永久虚连接；另一种是交换式虚连接。

（1）永久虚连接（Permanent Virtual Connection，PVC）。对于 PVC，传输与交换的路径是固定的，主要应用于某个公司或者单位租用电信运营商传输信道以连接其内部的不同部门，这种信道一段较长的时间内不会改变，信道一旦构建，可随时传输数据，不用每次发送呼叫申请和建立连接。对于永久的虚连接，传输通道上的每段链接中的 VPI 与 VCI 值一般固定不变。

（2）交换式虚连接（Switch Virtual Connection，SVC）。对于 SVC，每次传输信息之前需要发送呼叫申请和建立连接，在通信结束后释放信道。这种方式需要信令系统的支持，主要应用于一般的具有短时间传输需求的场合。对于交换式的虚连接，每段链接中的 VPI 与 VCI 值是在连接建立时设定的，一旦该通信过程结束，沿传输路径上的各段链路上的 VPI 与 VCI 值将被释放。

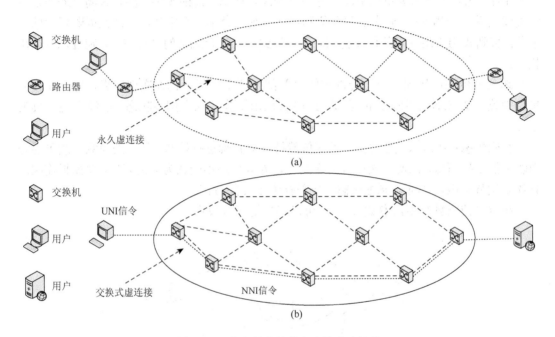

图 11-10　永久的虚连接与交换式虚连接

4）ATM 交换的基本概念

ATM 协议定义了两种交换模式：VP 交换与 VC 交换，分别适用于 ATM 系统的骨干网络和外围的网络部分。这两种交换方式可以用图 11-11 形象地表示。由图可见，对于 **VP 交换**，在交换机的入口端和出口端，VPI 的取值一般会发生变化，如图中由 VPI3 改变为 VPI4，但"包裹"在这个通道中的 VCI 值不会改变，仍然保持为原来的值：VCI a 和 VCI b。对于 **VC 交换**，在交换机的入口端和出口端，VPI 与 VCI 的取值一般均会发生变化，如图中的 VPI1/VCI 1 和 VPI1/VCI 2，被分别改变为 VPI5/VCI 4 和 VPI2/VCI 3。

（1）**VP 交换**。ATM 交换机的交换矩阵一般是由硬件来实现的，一个交换机在对数据分组或信元的转发过程中，需要进行的判断操作越少，电路就越简单，相应地就越容易达到高的交换转发速率。在 VP 交换过程中，只需要对 VPI 的值进行判断，而无须关注 VPI 域中的值，就可进行输入输出端口间的切换，显然对于实现高速的交换更有利。图 11-12

给出了一个 VP 交换应用的示例，外围的网络使用 VP/VC 交换，而在中间的主干网络则采用高速的 VP 交换。例如，从外围网络 i 到外围网络 j 的虚连接，在节点 i 处开始采用相同 VPI 的通道，这些在穿越主干网络各个节点的过程中只进行 VP 交换，从而可提高系统的工作效率。

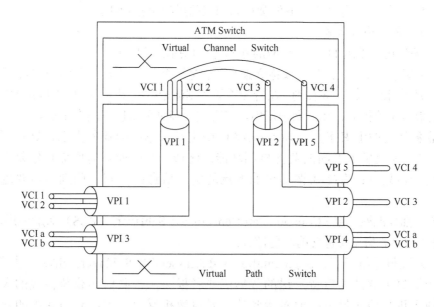

图 11-11　VP 交换与 VC 交换

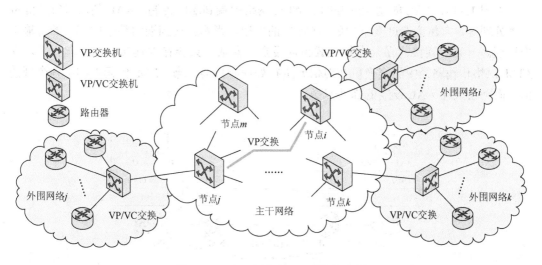

图 11-12　主干网络上 VP 交换的应用

（2）**VC 交换**。在主干网络上，可以通过对业务流进行整合处理后，以汇聚流的方式传输。但在包括用户接入网在内的主干网络的外围部分，每个用户建立虚连接的目的地是很分散的，在一个较小的区域内难以出现多个相同源与目的节点虚连接，因此仍然必须以更为一般的 VC 交换的方式工作。

有关 ATM 的服务质量和流量控制等 ATM 层的其他功能,将在后面的内容中介绍。

3. AAL

在 AAL 的协议中定义了业务的类型和相应的适配服务功能。

1) AAL 的结构与功能

AAL 的结构参见图 11-13,相应的基本功能包括以下几种。

(1) 汇聚子层功能:汇聚(或称会聚)子层是一个英文直译的术语,其具体要实现的操作是根据不同的传输业务类别,在待传输的数据流或数据报文中,插入特定的控制字段以保证高效可靠的传输。在汇聚子层中,又可进一步划分出以下两个子层。

①**业务特定的汇聚子层**。功能:AAL 中定义了不同的业务类别,针对不同的业务类别,SSCS 提供了不同的业务控制功能。例如,有些业务需要提供较复杂的保护或流的进一步划分;有些需要提供业务流的定时信息;还有一些则不需要进行任何操作。

②**公共部分汇聚子层**(Common Part Convergence Sublayer,CPCS)。功能:顾名思义,CPCS 是各种业务均需要包含的功能部分。

(2) 分段与重组子层(Segmentation and Reassembly Sublayer,SAR)功能:SAR 子层将经汇聚子层处理后待发送的数据流或者报文,按照信元载荷格式的大小进行分段以便于进行信元封装;而对接收的信元再做相反的处理,对信元中的数据进行重组。

如图 11-13,AAL 的功能涉及的是 ATM 网络中端到端的控制,AAL 的所进行的业务分类处理等,自然会通过其下面的 ATM 层的作用,影响到端到端的整个虚连接的传输工作过程。一旦虚连接建立,在信元载荷内设定的参数,只会在虚连接的两端起作用,在ATM 网络传输路径中的交换机在对信元进行处理时只会考虑 ATM 信元首部中各个域的值,而不会关注 AAL 设定的那些参数。

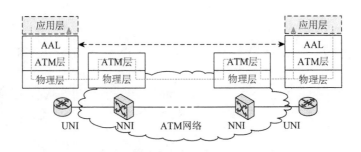

图 11-13 AAL 的端到端控制功能

2) ATM 的业务类别

ITU-T 定义了宽带综合数字业务网的 A、B、C 和 D 共 4 种类别的业务。这些类别是对实际系统中出现的各种业务类型的抽象,主要是根据其业务的特性和对传输的要求来区分。这些特性和传输要求可以用以下三个特征来描述。

(1) **源与目的之间的时序特性**。实际系统中存在大量的传输业务,在源与目的节点之间是有较高时序要求的,如各种实时性的音频和视频的业务,对语速或帧频的传输播放时序有严格的要求,避免造成不可接受的信号失真;特别是对于具有交互性的会话和会议系统等传输业务,绝对的时延和抖动也必须足够的小,才可能保证这种交互过程顺利实现。此外,在工业系统中,许多测控数据的传输对时延也可能会有苛刻的要求。

(2) **恒定速率或变速率**。恒定速率与变速率是实际系统中许多业务的重要特性。传统的话音和视频业务是恒定速率的;但这些业务如果经过压缩等变化处理后,通常又变成变速率的,这两类业务目前都大量存在。目前各种互联网应用业务传输的需求量越来越大,这些业务大多是变速率的。

(3) **面向连接与非面向连接**。大多数会话型的传输业务都需要面向连接的机制来支持,但也有许多独立的数据报业务可用较为简单的非面向连接的方式传输;或者将具有特殊要求的面向连接的控制功能移到应用层的协议中,而在网络层中采用简单的非面向连接的方式。

ATM 网络(B-ISDN)的业务类别与上述的这些特征间的关系可用表 11-3 来归纳。针对不同的业务类型,AAL 分别制定了相应的协议规范以支持这些业务的传输。

表 11-3　ATM 业务类别的传输要求

	A 类(Class A)	B 类(Class B)	C 类(Class C)	D 类(Class D)
源与目的间时序	有关联要求	有关联要求	无关联要求	无关联要求
比特速率	恒定	变化	变化	变化
连接模式	面向连接	面向连接	面向连接	非面向连接
适配层类型	AAL1	AAL2	AAL3/4	AAL3/4
			AAL5	AAL5

A 类、B 类、C 类和 D 类的划分方法还不能从字面上了解其含义,对此在 ATM 网络中还定义了下面更为形象的划分**业务类别**(Service Catagories)的方法。

(1) 恒定位速率(Constant Bit Rate,CBR)业务。CBR 定义的是一种比特速率固定、面向连接、源与目的需保持同步关系的传输服务类型。典型的示例就是为传统电话业务提供的**电路交换仿真**(Circuit Switch Emulation)的服务。

(2) 实时可变位速率(Variable Bit Rate-Real Time,VBR-RT)业务。VBR-RT 定义的是一种比特速率可变的、面向连接、源与目的需保持同步关系的传输服务类型。典型的业务类别就是经过压缩编码的视频信号数据。对视频信号进行逐帧编码时,编码器产生的数据量通常与视频画面内容的复杂程度有关,不同的视频场景产生的数据量不同,对应的传输业务就是 VBR-RT 类型的业务。

(3) 非实时可变位速率(Variable Bit Rate-None Real Time,VBR-NRT)业务。VBR-NRT

定义的是一种比特速率可变的、面向连接、源与目的不需保持特定同步关系的传输服务类型。例如，现在大多数浏览互联网或文件下载的传输服务对应的都是 VBR-NRT 类型的业务，此时所需的速率因人而异，具有很大的不确定性，但这种服务一般对时延和抖动不会太敏感。

（4）可用位速率（Available Bit Rate，ABR）业务。ABR 是一种用户与网络间对传输流量具有反馈控制机制的一种传输服务类型。这种传输模式适合用户对网络的传输带宽的变化具有较大容忍度的场合。网络利用这种带控制的服务方式，当网络有充足的资源时，通知用户可以较高的速率发送数据；反之网络有拥塞迹象时，抑制用户的速率。ABR 采用的是一种根据网络资源提供服务的方式，因而可使网络的资源得到更为充分的利用。

（5）不定位速率（Unspecified Bit Rate，UBR）业务。UBR 一般来说是一种无须提供服务质量保证的传输服务，是传统 IP 网中的"尽力而为"服务。这种类别的业务在 ATM 网络中是一种服务等级最低的业务。通常只有网络中没有其他业务的传输需求时，才为这类业务提供传输服务。没有特别时间要求的非重要数据备份的传输可采用这种服务。

（6）有保证的帧速率（Guaranteed Frame Rate，GFR）业务：某些业务在应用层可能必须是以帧为单位的，当在一个帧内如果有一个信元出现错误，整个帧的数据可能就失效了。因此对这类业务的传输服务，必须以帧的正确率来度量传输的服务质量。因此 ATM 网络中也定义了这种新的业务类型。

3）AAL 类型

适配层的类型原来被拟划分为 4 种：AAL1、AAL2、AAL3 和 AAL4，分别用于支持 A 类、B 类、C 类和 D 类业务的传输。ITU-T 的相关专家组在分别制定这 4 种标准的过程中发现，AAL3 和 AAL4 虽然面对的业务特征有所不同，但得到的协议规范要求基本一样，因此最后将 AAL3 和 AAL4 合并为一个规范，形成 AAL3/4。在其后应用实践中进一步发现，原来力图尽善尽美打造的 AAL3/4 过于复杂、效率较低。因此又进一步制定了简单、高效率的 AAL5，AAL5 在大多数场合可以取代 AAL3/4。

（1）**AAL1**。AAL1 主要设计服务于恒定速率业务的传输，这类业务的特点是信元间有较严格的固定时钟间隔的要求，AAL1 的基本功能包括：**信元时延和抖动变化的处理**，用于实现固定时钟的恢复；**信元顺序计数的处理**，用于检测发现信元的丢失情况。因此，如图 11-14 所示，AAL1 在 ATM 信元的载荷域中划出了一个字节的空间来传递有关的控制信息。AAL1 的这个控制域被划分为以下 4 部分。

①汇聚子层指示位（Convergence Sublayer Indicator，CSI）。1bit 的 CSI，若干该指示位的组合可用于指示时钟同步的方式。已定义的三种时钟同步方式包括：自适应时钟法、网络同步时钟和同步剩余时间标记法等。有关同步的方法将在后面的"ATM 网络的电路交换仿真"相关章节中介绍。

②信元顺序计数（Sequence Numbering，SN）控制。3bits 的 SN 域可实现信元的顺序计数控制，用于发现是否有信元的丢失或者在传输过程中错误地插入其他的信元。

③CRC。这里的 CRC 用于对 CSI 和 SN 域中的信息进行保护，所采用的生成多项式为

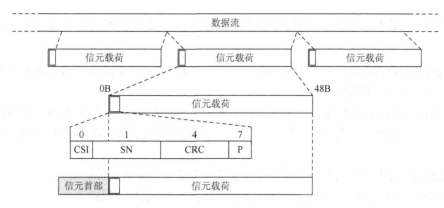

图 11-14 AAL1 服务类型信元结构

$$g(x)=x^3+x+1。$$

④**奇偶校验位**(Parity,P)。控制字节 P 用于对 CSI、SN 和 CRC 中的值进行保护。

AAL1 适合于传输 A 类(或 CBR 类型)的业务。A 类业务最基本的特点就是需要恒定速率,上述的 AAL1 中汇聚子层的功能对所有的 A 类业务都一样,因此属于 CPCS 的功能。AAL1 中没有定义 SSCS 的功能。在一个采用 AAL1 适配的端到端的虚连接中,通常认为应用层只包含一个业务流的数据。

(2)**AAL2**。AAL2 适配层定义了支持 B 类业务的传输功能,B 类业务就是前面讨论过的 VBR-RT 类型的业务,典型如经过压缩编码的语音或视频信号。这种业务对时序的要求是敏感的,但通常没有 A 类业务这么苛刻的定时要求。此外在 AAL2 的工作模式中,一个端到端的虚连接中,可以复接多个不同的业务流的数据。

一个典型的 AAL2 服务类型的分组载荷结构如图 11-15 所示,在该示例中,假定有三个 VBR-RT 的业务流:数据流 1、数据流 2 和数据流 3,这三个业务流复接在一个端到端的虚连接中传输。复接时每个流被分为一个个数据分组,每个数据分组加上 3 字节的 SSCS-PDU 首部后成为一个 SSCS-PDU 数据单元,然后放置到 48 字节的 ATM 信元载荷中。在复接时,每个信元要留下一个字节作为 CPS-PDU 的首部。在复接过程中,每个业务流的 SSCS-PDU 数据单元依次排列在信元的载荷中,当一个信元的载荷装满后,按顺序接着装下一个信元。每个 SSCS-PDU 不一定要求等长,并且每个业务流传输的 SSCS-PDU 个数也不一定相同。图 11-16 给出了 SSCS-PDU 首部(第一个首部)的结构和 CPS-PDU 首部(第二个首部)的结构。SSCS-PDU 首部的结构中包含**信道标识**(Channel Identifier,CID)域、**长度标识**(Length Identifier,LI)域、**用户间的信息**(User to User Information,UUI)域和**首部差错校验**(Header Error Check,HEC)域 4 个域。

①CID:用于标识不同的业务流,AAL2 可支持多达 248 个独立业务流复接到一个虚连接中;

②LI:用于标识不同业务流每个数据分组的载荷长度,每个分组的长度可变,以适应 VBR-RT 业务数据的传输;

③UUI:用于端到端不同业务流间的协商功能,如用于协商应用层最大的 MTU 的大小等;

④HEC：用于对上述各个域的差错控制和保护，采用的校验多项式为 $g(x)=x^5+x^2+1$。

CPS-PDU 首部的结构中则包含以下的位置控制（Offset）域、顺序计数域和奇偶校验（Parity，P）域三个控制域：

①Offset 域：标识从第二个首部之后的下一字节到净荷中的下一个 CPS 分组的起始位置之间的字节数。也就是说在这些字节中可以插入空的字节，以适应 VBR-TR 业务的传输；

②SN 域：SN 只有 1bit，在正常传输过程中该计数值应该交替地变化。

③P 域：对 CPS-PDU 首部的这个控制字节进行奇偶校验的保护。

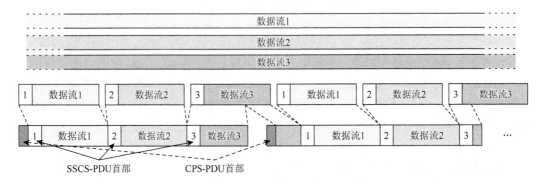

图 11-15　AAL2 信元载荷的结构

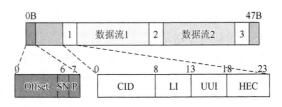

图 11-16　AAL2 信元 SSCS-PD 首部与 CPS-PDU 首部的结构

（3）**AAL3/4**。适配层 AAL3/4 主要用于支持非时序敏感的数据业务的传输。如图 11-17 所示，为了保证数据传输的可靠性，AAL3/4 设计了功能较完善的 SSCS 子层和 CPS 子层结构。在应用层的报文 SSCS 子层中被加上报文的首部和尾部。在报文首部，包含以下三个控制域：

①类型（Type）：说明缓冲分配（Buffer Assignment，BA）和报文长度采用的单位；

②报文起始标志（Begin Tag，BTag）：BTag 与尾部的报文结束标志的取值相同；

③缓冲分配大小的长度（BA Size Length）：说明汇聚子层（CS）载荷中用户信息子域的大小，即本报文的长度。

在报文的数据域后面，包含一个填充项（Pad），以保证报文的长度是 32bits 的整数倍，以便于对报文进行处理。另外在报文的尾部，包含以下三个控制域：

①控制（Control）：提供报文的其他必要的控制信息；

②报文的结束标志（End Tag，ETag）；
③长度（Length，Len）：说明填充项（Pad）的长度。
在 AAL3/4 适配层的 CPS 中，同样定义了首部和尾部，其首部包含以下三个控制域：
①分段类型（Segment Type，Seg）：说明当前的信元承载的内容是 SSCS 消息报文的开始部分，还是中间部分，或者是最后的部分；
②顺序（Sequence，Seq）：用以说明当前的信元的顺序，据此可发现信元在传输过程中是否有丢失或者错误插入的信元；
③复接标记（Multiplexing ID，MID）：AAL3/4 适配层也支持若干业务流复接到一个虚连接中。当需要进行复接操作时，该域上的标记可用于标识不同的业务流。
尾部则定义了以下两个控制域：
①长度（Length，Len）：若当前的信元是消息报文中的最后一个信元，此时信元的载荷未必恰好充满一个信元，Len 用于标识在该信元中实际有效载荷的长度；
②循环冗余校验（CRC）：在该差错控制域中对整个 SAR PDU 的校验和。

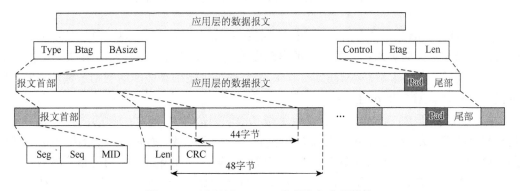

图 11-17　适配层 AAL3/4 的报文与分组结构

除了在 SSCS 子层的报文结构控制域上有一定的开销外，在 CPS 子层上还有较大的开销，该子层控制域在每个信元的 48 字节的载荷上要占用 4 字节。连同在 SSCS 上的花费，每个信元实际用户的有效载荷小于 44 字节，使得 AAL3/4 的传输效率较低。

（4）**AAL5**。从前面的讨论可见，为实现数据的可靠传输，适配层 AAL3/4 定义了复杂的机制，虽然这使得传输的可靠性很高，但处理的复杂性相应地也很高且效率较低。ATM 技术主要用于基于光纤为传输媒介的通信网络，光纤本身传输的可靠性很高。为此，ITU-T 又定义了一种很大程度上可替代 AAL3/4 的适配层协议 AAL5。AAL5 一般要求从应用层下传报文不大于 64K 个字节，在 AAL5 中只有公共汇聚子层的功能。AAL5 适配层报文封装和分组载荷结构如图 11-18 所示，应用层的数据报文在被传输之前加上具有 4 个控制域长度为 8 字节的尾部。尾部中的这 4 个控制域如下：
①UUI：1 字节长度的 UUI 可用于端到端用户之间交换信息；
②公共部分标识（Common Part Indicator，CPI）：1 字节长度的 CPI 用于保留公共汇聚子层的其他功能；
③长度（Length）：2 字节的长度标识用于指示报文除了填充（Pad）部分和尾部之外

的数据部分长度；

④**循环冗余校验**（CRC）：4 字节长度的 CRC 可为报文提供较强有力的差错控制保护。

AAL5 的报文中也包含一个**填充域**（Pad），以保证填充后连同尾部在内的报文长度是信元载荷域大小，即 48 字节的整数倍。

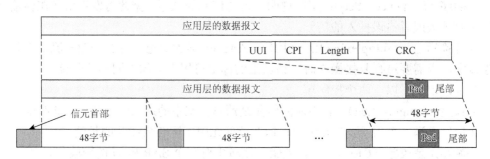

图 11-18　AAL5 适配层报文封装和分组载荷结构

在实际的 ATM 网络中获得广泛应用的主要是 AAL1 和 AAL5 这两种适配层协议。一般来说，除了对定时要求很高的传统的电路交换的 A 类业务外，其他的 B 类、C 类和 D 类业务的传输，在要求不是很高的场合，基本上都可以采用高效率的 AAL5 适配方式，以替代过于复杂 AAL2 和 AAL3/4。

在 AAL3/4 适配方式中，设有分段类型（Seg）标记，以说明当前的信元承载的内容是报文中的哪一部分。在 AAL5 适配层中没有这一控制字段，而是将报文的结构信息传递到 ATM 层，利用 ATM 信元首部中 PTI 字段内的第一个比特标识本信元是否承载 AAL5 服务数据单元（SDU）的最后一个信元，若不是报文的最后一个信元，则该标志位取值"0"；若是最后一个信元，则取值"1"。图 11-19 给出了描述该标志位取值变化的示例。

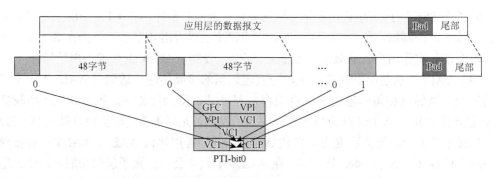

图 11-19　AAL5 报文的分界标识

利用 AAL5 的报文分界标识，当网络出现拥塞时，ATM 交换机可以根据报文的这个分界标识，选择丢弃某一整个的报文，而不是丢弃每个报文的某一部分，从而可保护大多数的报文避免因失去部分内容而导致报文失效需要重传，这样可有效提高系统的传输效率。

11.1.4 ATM 交换技术

ATM 技术希望能够综合传统的电路交换和现代的分组交换两种工作方式的特点，达到既能够支持包括实时业务在内的综合业务传输，又具有较高的网络传输效率的目的。ATM 技术的这些思想的实现，除了采用了小的分组报文结构和适配层的技术外，很大程度上还体现在 ATM 网络的交换技术上。

1. ATM 交换

与 IP 网不同，ATM 网络在网络层采用了面向连接的工作方式，而这种面向连接又是基于统计复用和分组交换的**虚连接**基础上的。因此，ATM 交换是作为数据分组的信元从一条 ATM 逻辑信道到一条或多条 ATM 逻辑信道的信息交换。

ATM 网络中的逻辑信道，是呼叫建立过程时构建的，通过在选定传输路径上为每段物理链路设定 VPI/VCI 标识实现虚信道的建立。在虚信道上，虽然没有明确规定每个用户的具体传输时隙，但实际上隐含了交换机以某种形式分配给该用户的传输带宽和交换资源。用户通过某个虚连接发送的信元，在经过特定的物理链路时，信元首部中的 VPI/VCI 标识，必须与该链路上为此虚连接设定的 VPI/VCI 标识保持一致。因此当某段链路上的信元被交换到另外一段链路上时，信元首部上的 VPI/VCI 标识同时发生变化。

图 11-20 给出了一个 ATM 交换时 VPI/VCI 标识在各节点的交换机内变化的一个示例。当 ATM 网络中端到端的两用户间的呼叫连接建立后，在相应的传输路径的交换节点上，都会建立起相应的入口和出口的 VPI/VCI 标识交换的链接表，以标记该特定的虚连接。图中，由端口 In_1 进入的 VPI/VCI=a 的信元经过预先建立的链接表，被交换到输出端口 Out_2，VPI/VCI 被更换为该段链路上的 VPI/VCI=m。

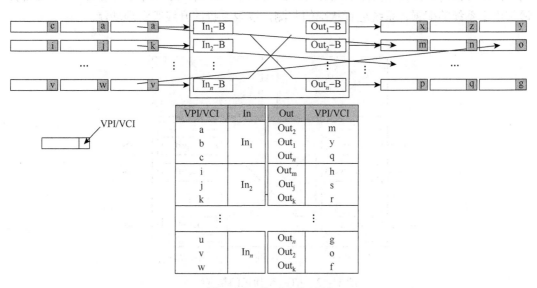

图 11-20 信元交换示例

图 11-21 给出了通过交换链接表在一个 ATM 网络上构建端到端虚连接的完整概貌。虚连接一旦建立，ATM 信元即可通过该虚连接实现端到端的传输，而无须在每个中间交换节点中再为每个信元单独寻路。

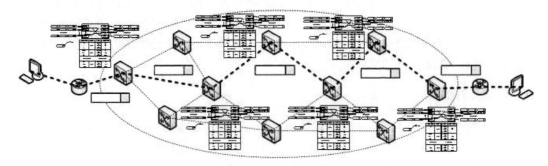

图 11-21　通过链接交换表构建的 ATM 网络虚连接

2. ATM 交换机的基本结构

ATM 交换机的基本组成结构如图 11-22 所示，主要包括硬件系统部分和软件系统部分。

1）硬件系统

硬件系统主要由输入接口、输出接口和交换矩阵等组成，其中输入接口和输出接口通常包含缓冲存储器，以解决交换矩阵和输出端口上的冲突。另外，在输出接口上还可能包含调度器，以实现不同服务类别信元输出的优先级控制。

2）软件系统

软件系统主要包括两部分：其一是信令系统部分，信令系统负责建立、维护和释放端到端的虚连接，以实现对硬件系统的资源调度和分配控制；其二是管理系统部分，这部分通常用于系统的配置、系统运行状况的监测，以及系统的升级等管理功能。

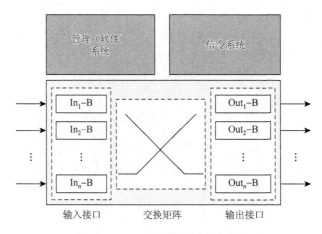

图 11-22　ATM 交换机的基本结构

3. ATM 交换机的信元缓冲与排队方式

缓冲器是所有基于统计复用的交换系统的必要的部件。缓冲器可以解决多个输入的数据流或数据分组争夺交换矩阵的资源或者一个输出端口时因冲突造成的分组丢失的问题。在 ATM 交换机中，根据缓冲器与交换矩阵的相对位置，可以有多种不同的排队策略，可能包括输入排队、输出排队、中间排队、输入/输出排队和综合排队等多种不同的方式。

1）输入排队缓冲系统

输入排队缓冲系统的结构如图 11-23 所示，排队系统由输入的缓冲队列和仲裁器组成。当多于一个缓冲队列的信元希望交换到同一输出端口时，就可能在交换矩阵中和输出端口上发生冲突；即使能够解决交换过程中的冲突问题，输出端口也不可能同时输出两个信元，此时就需要仲裁器确定哪一个缓冲队列的信元，线性进入到交换矩阵中。人们对不同的输入排队的仲裁策略进行了大量的研究，典型的算法可以包括以下几点。

（1）**轮询服务**：轮询服务，是指当出现竞争需要仲裁的时候，将轮流为缓冲队列服务，轮询服务的特点是保证服务的公平性。

（2）**优先级服务**：在 ATM 网络中，不同的业务是有不同的传输优先级的，简单的轮询不同实现差别服务。采用优先级服务时，可以给高级别的业务设定较高的优先度。当出现相同的优先级别的信元时，则可在不同队列同等级的信元中进行轮询服务。

（3）**其他策略的服务**：在设计仲裁策略时，还可以根据不同的情况选择其他的仲裁策略。例如，当发现某些缓冲队列将近出现溢出情况时，可以优先传输这些队列中的信元，以免出现信元的丢失的情况。

在实际的系统中，通常会同时采用多种综合的方法，以使得获得合理的仲裁效果。

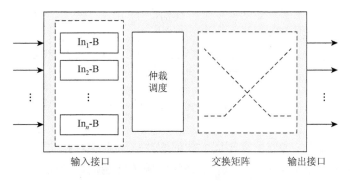

图 11-23 输入排队缓存系统结构

2）输出排队缓冲系统

输出排队缓冲系统如图 11-24 所示。假定交换机的交换速度足够的快，如交换速度是端口速率的 n 倍以上，这里 n 是交换机的输入输出端口数。此时即便 n 个输入端口达到的信元同时需要交换到某个特定的端口，在交换机内也不会产生冲突，因此在输入端口上可以不设置缓冲队列（当然任何时候每个输入端口至少能够缓存一个信元）。但是，输出端的速率依然会出现瓶颈问题，因为输出端口的速率一般不可能是输入端口速率的 n 倍，所以在输出端设置缓冲队列依然是必需的。

为了保证 ATM 交换机具有不同的服务优先级，在每个输出端口上通常会有若干并行的缓冲队列，因此实际上在每个输出端口上依然会有一个类似仲裁功能的调度器，在每一信元发送时刻，选择其中一个队列中的信元发送到输出链路上。

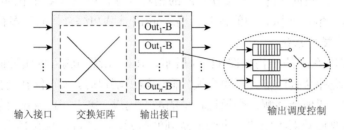

图 11-24　输出排队缓存系统结构

3）中间排队缓冲系统

中间排队缓冲系统的结构如图 11-25 所示，中间排队缓冲系统在交换单元中设置缓冲器，缓冲器可供输入输出端口共享。中间缓冲方式可节省缓冲器的总容量，具有较高的缓冲器的利用效率。前面介绍的缓冲器基本上都是采用 FIFO 的工作方式，在中间排队缓冲系统中，除了 FIFO 方式外，还可以采用随机存储器（Random Access Memory，RAM）的工作方式，使得缓冲的方式更加灵活。相应地一般来说中间排队缓冲系统的缓冲控制通常需要采用更为复杂的机制。

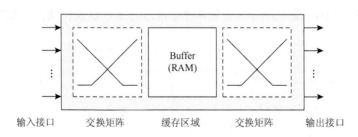

图 11-25　中间排队系统结构

马丁·德·普瑞克（1995）将不同方式的缓冲排队系统对存储器件速度的要求、对缓存空间大小的要求、控制逻辑的复杂性、系统的服务性能进行了比较，其定性的结果可以归纳到表 11-4 中。图 11-26 通过仿真过程获得的在溢出造成的 10^{-3} 信元丢失率的条件下，负荷与缓存空间大小的关系。由图可见，对同样的丢失率，输入排队缓冲方式所需的缓存空间最大，输出排队缓冲方式次之，而中间排队方式所需的空间最小。

表 11-4　不同缓冲排队系统的特性比较

	输入排队缓冲	中间排队缓冲	输出排队缓冲
对存储器件速度的要求	较低	较高	较高
对缓存空间大小的要求	较大	较小	中等

续表

	输入排队缓冲	中间排队缓冲	输出排队缓冲
控制逻辑的复杂性	简单（FIFO）	复杂（RAM）	简单（FIFO）
系统的服务性能	较低	较高	较高

综上可见，对于输入排队缓存系统，最大可承担的负荷为 56.6%，当超过此值时所需缓存空间会迅速飙升，相应的信元的时延也会显著增大；对于输出排队，当负荷小于 0.8 时，所需的缓冲空间相对较小，信元的平均等待时间也较小；而对于中间排队缓冲系统，当负荷小于 0.8 时，信元的平均等待时间、所需的缓冲空间相对于前二者均较小。

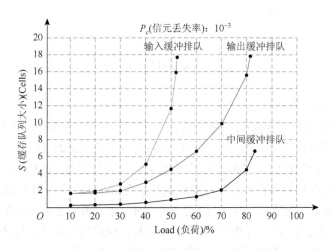

图 11-26　负荷与缓冲空间大小的关系

4. ATM 交换机的硬件交换的基本方式

为实现高速的信元交换，在 ATM 交换机中交换过程主要通过硬件方式实现。ATM 的硬件交换很大程度上是在继承了传统的电路交换方式的基础上发展起来的，这些基本的交换方式主要包括：空分交换、总线交换和存储交换等。有关硬件交换的各种具体的实现方式，可参见本书第 3 章中的相关内容。

5. ATM 交换机时序恢复（电路交换仿真）实现方法

在基于统计复用的网络系统中，数据流之间不能隔离，相互之间有影响，因此分组的时序恢复通常比较困难。ATM 交换机需要支持原有的电路交换的业务传输，因此在交换机中也考虑了如何实现时序的恢复，其中包括同步余差标记法和自适应同步法。

1）同步余差标记法

同步余差标记法（Synchronous Residual Time Stamp，SRTS）需要在包括源与目的收发两端的交换设备（或 ATM 终端）在内的网络硬件系统中均采用相同的同步时钟系统。前面已经介绍过，当应用层的业务流数据到达适配层 AAL1 时，在会聚子层加入控制字节。承载信元的分组之间的时间关系与到达的实际业务流数据之间的时间偏差，可记录到控制字节的 CSI 中，因为 CSI 只有 1bit，而研究表明达到实际系统要求的时间偏差值需要 4 比特精度。因此约定在每 1、3、5 和 7 奇数的信元中的 4 个 CSI 比特组成一个偏差值，该偏差值作为一个时间标记记录了到达与发送间的时间差异。在接收端可根据这一时间差值调整控制接收端的一个数字锁相环，或软件实现的虚拟锁相环，以恢复原来的数据流的时序。采用 SRTS 在接收端恢复时序的原理可形象地如图 11-27 所示，时间标签的提取、锁相环和缓冲输出的调整可在 AAL 实现。

图 11-27　同步余差标记法的 CER 业务时序恢复

2）自适应时钟恢复法

自适应时钟恢复法（Adaptive Clock Recovery）是一种较为简单、易于在适配层 AAL1 恢复时序的方法。我们知道，CBR 业务最大的特点是业务流数据的输出是均匀的。如图 11-28 所示，当采用自适应时钟恢复法时，接收业务数据时先让到达 AAL1 的 SDU 分组进入缓冲队列，并让队列处于半满的状态后才开始输出，在输出的过程中不断地监管缓冲器中的队列长度状态，如果发现队列长度小于缓冲空间的一半，输出速率调整单元适当降低数据输出的速率；而当队列长度大于缓冲空间的一半时，则适当提高数据输出的速率。通过这种简单的自适应调节，使在接收端恢复的 CBR 业务流处于尽可能均匀的状态中。

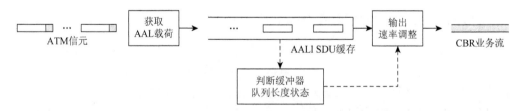

图 11-28　自适应时钟恢复法的 CER 业务时序恢复

6. ATM 网络端口地址的编址方法

ATM 网络中设备的端口地址采用 20 字节的地址编号，其中高 13 字节用于标识地址类别和网络编号；6 字节用于标识网络设备和终端的 MAC 地址（物理地址）；最低位的 1 字节可用于网络或终端设备的内部标识。

ATM 论坛为端口地址定义了三种地址编址的格式，分别称为：**数据国家码格式、国际码指定符格式和 E.164 格式**，这个域中的值均被称为**初始域标识**（Initial Domain Identifier，IDI）。这三种格式的基本结构如图 11-29 所示。在地址中不同的授权格式指示符（Authority Format Indicator，AFI）取值，标识不同的格式。地址的主体部分也称为**域**

特定部分（Domain Specific Part，DSP），其结构与地址的格式有关，其中主要包含：DSP 的高阶部分，这部分是**网络编号/终端系统标识**（End System/Station Identifier，ESI），即设备的物理地址；设备内部的**模块选择标识**（Selector，Sel），使得必要时寻址可以精细到设备内部的模块。

（1）**数据国家码**（Data County Code，DCC）**格式**：其 AFI 取值为 39。这种地址中包含注册地址的国家代码信息。

（2）**国际码指定符**（International Code Designator，ICD）**格式**：其 AFI 取值为 47。这种地址指定了维护注册地址的国际组织。

（3）**E.164 格式**：其 AFI 取值为 45。这种地址采用了 ITU 建议的 B-ISDN 的编号方式。

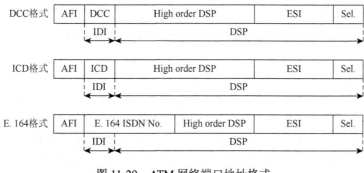

图 11-29　ATM 网络端口地址格式

11.1.5　ATM 网络的业务量管理与拥塞控制

ATM 技术力图整合传统的电路交换和现代的分组交换技术的优点，打造一种能够适应各类业务传输、使用便捷、同时具有很高传输效率的网络系统。为此 ATM 系统中，对业务量的特性参数进行了详细的分类定义；制定了系统的 UNI 和 NNI 和有关的信令；同时也设计了多种业务流管理和拥塞控制的机制。在这些技术中，既有传统电路交换中很深的烙印，也具有显著的分组交换的特点，同时还包含综合这二者基础上发展起来的新概念和新技术。

1. ATM 网络的业务量（服务）特性参数

为了描述各种业务的特性，ATM 技术中定义了峰值信元速率、持续信元速率、最小信元速率和最大突发量等参数。这些参数，通常是用户申请在 ATM 网络中建立端到端的链接时用户与网络约定的特性参数。当用户按照这些特性参数发送信元时，网络必须保证用户的服务质量。

（1）**峰值信元速率**（Peak Cell Rate，PCR）：PCR 是 ATM 网络可以接收用户发送信元的最高速率。任何时候，用户发送信元的速率若超过了 PCR，网络不保证其可被正确地传递。

（2）**持续信元速率**（Sustainable Cell Rate，SCR）：SCR 是用户可持续发送信元的速

率。SCR 也可理解为平均速率。

（3）最小信元速率（Minimum Cell Rate，MCR）：MCR 通常是用户对网络提出的最低的服务要求。一般来说，当服务要求中有这项参数时，网络在任何时候，都应保证可为用户提供至少达到 MCR 速率的传输资源保证。

（4）最大突发量（Maximum Burst Size，MBS）：MBS 是在建立连接时网络对用户行为的一个约束参数。对于许多的业务，用户可以用峰值速率 MCR 发送信元，但最大的突发量不能超过设定的 MBR 值，否则就可能造成输入端缓冲器的溢出，信元被丢弃。

（5）信元延时（Cell Delay，CD）：CD 是源与目的间的端到端的传输延时。通常是用户在建立连接时对网络的要求，对于许多实时的流媒体业务，当 CD 大于某个值时，即便信元被正确地传送到目的地，因为播放内容的连续性被破坏，信元已经失去意义。

（6）信元时延的变化（Cell Delay Variation Tolerance，CDVT）：CDVT 是端到端时延的最大值与最小值的差值。对于许多实时性没有严格要求的传输业务，信元的时延可以用平均时延来定义。但对于实时性要求很高的业务，特别是具有交互性的会话或者视频会议系统这样的业务，CDVT 参数变得非常重要，因为即便平均延时较小，如果不时会出现某些较大的时延，也会影响人们已经习惯的会话交流习惯，使得感觉上通话质量大大下降。

前面我们定义过 CBR、VBR-RT、VBR-NRT、ABR、GFR 和 UBR 等主要的业务类型。不同的业务类型与上述的这些业务参数之间的关系可由表 11-5 进行描述，其中的"√"表示对应的业务类型与该项特性参数有关联。表 11-5 中所列举的关系是一种相对的关系，如 GFR 和 UBR 业务虽然一般没有规定其对信元的时延（CD）有要求，显然并不意味着对这些业务信元的时延可以无限大。

表 11-5　业务类型与业务特性参数之间的关联关系

特性参数 业务类型	PCR	SCR	MCR	CD	CDVT
CBR	√			√	√
VBT-RT	√	√		√	√
VBR-NRT	√	√		√	
ABR	√		√	√	
GFR	√		√		
UBR	√				

CBR 是一种恒定速率的业务，因此只有 PCR 一种速率特性参数，CBR 显然对 CD 和 CDVT 都是敏感的。**VBT-RT** 是一种实时的变速率业务，需要对其 PCR 进行约束，通常对于某种特定算法，如 MPEG2、H264 等，在编码参数取定后，一般具有某个确定的平均速率，因此需要 SCR 这一参数。VBT-RT 也是一种对 CD 和 CDVT 较为敏感的业务。**VBT-RT** 是一种非实时的变速率业务，人们上网浏览网页，上传下载文件等可视为这种业务的典型示例。同样需要对其 PCR 进行约束，另外要保证对用户的使用感受，平均速率通常也是需要保证的。使用这类传输业务的用户一般对 CDVT 不敏感，但一般来说，对时延的上

限还是有要求的。例如，下载一个文件时，从敲下键盘到网络有响应，秒级的时延往往是可以容忍的，但一般不能忍受分钟级的时延。**ABR** 作为一种网络有反馈提示的变速率业务，有峰值速率的约束，特别地也有最小速率的要求。在许多应用场景中，需要网络保证提供 MCR 的服务来确保已经建立的虚连接依然是工作的。当然，如果将 MCR 设定为 0，那么就相当于不提供最小传输速率的保证了。通常，ABR 对 CD 也会有一定的要求。**GFR** 的类型的应用场景与 ABR 类似，通常用于较大的数据报文传输，如进行数据备份等。一般对 CD 和 CDVT 都不敏感。**UBR** 一般是等级最低的服务，只是设定了对其 PCR 限制的要求。

在上面提到的各种业务类型中，PCR 对于每种业务来说都是不可缺少的特性参数，这是因为如果用户以比 PCR 更高的速率传输时，网络的接口可能无法承受，使得传输无法进行。

ATM 网络作为一种统计复用的系统，虽然通过接入控制，可为各类业务预留传输带宽资源，但因为一般不会按照业务的 PCR 来分配带宽资源，否则系统的效率很低，失去统计复用的意义。受多种因素的影响，时延和抖动是较难预测的随机变量。这些因素主要包括：

（1）物理介质的传播延时，这是 CD 的下限；

（2）缓冲队列的存在，可以缓冲队列可以削峰填谷，平缓瞬时的突发拥塞造成信元的丢失，但同时也增加了信元时延和时延的抖动变化；

（3）网络或网络中局部链路过载，过载显然会使得延时和延时抖动变化的加剧；

（4）用于操作管理与维护（Operation Administration and Maintenance，OAM）信元的传输，OAM 信元的传输穿插在用户的业务信元中，自然会对用户的业务信元传输过程中的时延和抖动产生一定的影响，但 OAM 信元的这种影响一般来说相对较小。

CD、时延变化（Cell Delay Variation，CDV）等，在统计复用的网络系统中一般都是随机变化的量，因此人们主要关注其最大值，假定在第 j 个交换节点或第 j 段链路上的传输最大信元时延和时延的变化分别为 $CD_{max,j}$ 和 $CDV_{max,j}$，则在最不利的情况下，端到端的最大时延 CD_{max} 和时延变化 CDV_{max} 将分别为

$$CD_{max} = \sum_j CD_{max,j} \tag{11-4}$$

$$CDV_{max} = \sum_j CDV_{max,j} \tag{11-5}$$

CD 作为一个随机变量，其均值主要取决于传输距离和经过的节点数，其分布特性大致可以用图 11-30 所示的曲线表示。

除了 CD 和 CDV 外，在比较重要 QoS 参数中，还有**信元差错率**（Cell Error Rate，CER）、**信元丢失率**（Cell Lost Rate，CLR）和**信元误插率**（Cell Mis-insertion Rate，CMR），它们的定义分别如下：

$$CER = \frac{出错的信元数}{总发送信元数} \tag{11-6}$$

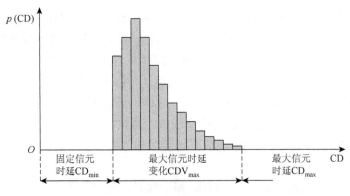

图 11-30 CD 的分布特性

$$CLR = \frac{丢失的信元数}{总发送信元数} \quad (11\text{-}7)$$

$$CMR = \frac{错误插入的信元数}{总发送信元数} \quad (11\text{-}8)$$

错误插入的信元数是指本来不是这个虚连接上的信元，因出错导致插入到了这些虚连接上。在以光纤为基础的 ATM 网络中，传输的差错率一般很小，通常网络建设好后也很难进一步提高其性能，所以有文献把 CER、CLR 和 CMR 参数称为**不可协商参数**（Non-negotiable QoS Parameters）。

影响信元传输服务性能指标参数如 CD、CDV、CER、CLR 和 CMR 的因素有很多，其主要因素与参数间的关联关系可以归结到表 11-6 中。

表 11-6 影响服务性能参数的主要因素间的关联关系

	CD	CDV	CER	CLR	CMR
信号传播时延	√				
传输媒介错误			√	√	√
交换机设计问题	√	√		√	
交换机缓存能力	√	√		√	
网络业务量负载	√	√		√	
传输路径节点数		√	√	√	√
网络（其他）错误			√	√	√

2. ATM 网络的业务量管理的基本概念

对于任何一种通信网络，总是希望其资源可以得到高效的利用。网络的吞吐量是其重要的指标，如图 11-31 所示，使得网络吞吐能力得到理想利用的特性曲线如其中的曲线①所示。但如果对网络的业务量没有有效的管理手段，很可能出现图中曲线②所示的特性，此时虽然远没有达到网络的理想吞吐能力，但网络的吞吐性能却随着负载的增加而显著下降；一般来说，要达到曲线①所示的特性是困难的，通常人们希望通过合理的网络业务量的管理来实现图中曲线③所示的特性。ATM 网络的业务量管理主要包括业务量控制和拥塞控制两个方面。

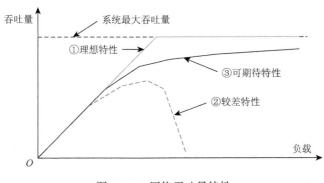

图 11-31　网络吞吐量特性

1）业务量控制

业务量控制是指对输入网络的流量进行管理，避免网络进入拥塞状态而采取的措施。业务量控制贯穿用户接入控制、传输阶段中对用户行为的监管和网络业务量管理等多个环节的整个过程。

（1）**用户接入控制**：接入控制，是指通过连接建立前，网络与用户间的协商确定服务质量参数。其中包括用户向网络提出服务要求，同时承诺输出业务源的特性，如比特速率和突发性等。如果网络有足够的资源为用户提供服务，则应通过这种协商形成有关的服务合约（Traffic Contract），向用户保证用户的 QoS 要求，如带宽、延时和差错率等。

在用户的接入控制过程中，网络通常会运行**连接接纳控制**（Connection Admission Control，CAC）算法。该算法会根据用户的请求判断网络是否有足够的资源支持相应的 QoS。新业务被允许接入网络的前提通常是，满足新用户 QoS 需求，同时不影响原有服务的 QoS。CAC 的具体实现不会在标准中规定，具体由设备厂商设计。

（2）**用户传输行为监管**：在传输过程中，通常采用**用户参数控制**（User Parameter Control，UPC）的方法来监管用户的发送信元的行为。简单地说，就是根据合约中的参数对用户的业务流进行判断，若用户的业务源特性满足合约规定，网络应保证承诺的 QoS；若用户违反业务合约，则网络对违反合约的业务量部分可不予传输，或者打上可丢弃的标记，当拥塞发生时首先将其丢弃。

（3）**网络业务量管理**：网络业务量管理，泛指网络的调配资源和流量控制。一般来说，所有新用户业务的接入，都必须在不影响原有正在传输业务的服务质量的前提下进行。因为信道的统计复用，通常如果不同的业务流在传输时通过相同或者部分相同的传输路径，相互之间一定会有干扰。不影响，是指约定的最不利的门限值不能被突破。

因为 ATM 网络在设计时考虑其可能需要构建一个世界范围的大型网络，此时不同区域的网络部分可能管理的归属各不相同，因此网络的业务量管理还必须考虑交换机与交换机之间业务量的监管，为此在网络中还定义了**网络参数控制**（Network Parameter

Control，NPC）的方法，用于监管上游交换机发送信元的行为，必要时也可采取节制的措施。

2）拥塞控制

拥塞控制通常是指在拥塞发生时采用的告警、定位拥塞出现的位置，节制业务流和防止拥塞范围的扩大，实现拥塞的缓解和最终消除拥塞所采取的措施。拥塞控制可以看作广义流量控制的一部分。

（1）**拥塞告警**：主要通过判断缓冲队列的长度是否超过某一设定的门限来确定，当该缓冲队列门限被超越时，通常预示着可能发生大量信元丢失的溢出。

（2）**拥塞位置定位**：主要根据何处出现拥塞告警来判断。

（3）**用户业务流的节制**：在出现拥塞时通过丢弃被打上标记的信元，通常就可以节制业务流以缓解和消除拥塞。在做丢弃操作时，为避免因部分信元丢失导致大量报文重传引起的恶性循环，可采用前面提及的选择丢弃某一整个报文的策略。若采用这些措施仍无法缓解拥塞，则说明接入控制或者资源调度分配的算法存在问题。

其他业务量管理和拥塞控制的措施还包括突发业务流的整形和平滑，高效的信元调度控制算法，等等。如果发现某些区域长期处于高强负载工作状态和经常出现拥塞的现象，此时应通过增加网络的资源，如增大缓冲空间、升级或更换有关的设备来从根本上消除塞的原因。

3. 网络端口业务量输入的控制调节算法

网络端口业务量输入的控制调节算法主要用于 ATM 网络接口速率的控制。前面已经提到，在网络接入控制过程中，如果允许用户接入，在其后的传输过程中还需要对用户输入的业务量进行不断的监控，必要时对用户的业务流进行节制，才能保证网络的有序工作，以尽可能地避免拥塞的出现。对输入业务量的监管，可以用漏桶模型算法描述；也可以用流程图表示的通用信元速率算法（Generic Cell Rate Algorithm，GCRA）等。

1）漏桶模型算法

漏桶模型的工作原理可用图 11-32 表示，令牌模型中包含令牌桶、信元缓冲器和信元入网的开关等单元，令牌桶就是"漏桶"。当用户与网络协商接入服务之后，通常至少会确定两个最主要的参数：信元的传输速率和信元到达的突发性。前者一般规定了用户的平均速率，可以用令牌达到的速率 r 来约定，每个令牌可代表一个或若干个信元入网的权限；后者则在允许用户的业务流有一定的不均匀性的同时，限定了业务流的最大突发性，具体可以通过设定模型中令牌桶的高度 L 来实现。

正常工作的情形如图 11-32（a）所示，令牌以速率 r 均匀到达令牌桶，若缓冲器中没有信元，则令牌积聚在令牌桶中；若有信元在数据缓冲器中，则令牌从桶中漏出，每个令牌允许特定数量的信元进入网络。在此过程中，可通过令牌的下落节奏控制信元进入网络的方式，以此对业务流进行整形。

图 11-32（b）描述了大量信元突发地到达网络的情形，此时若漏桶中的令牌已经耗尽，信元只能暂时停留在数据缓冲器中，若新的信元继续涌入，则数据缓冲器溢出，新到的信元被丢弃。因为漏桶的高度是按照约定的到达突发性来设置的，这种溢出的现象一般只会

出现在用户的业务流违反约定的情况下。

图 11-32（c）给出的是另外一种比较极端的情况，如果用户长时间没有信元发送到网络，此时在漏桶中堆积的令牌数就会不断地增加，最后导致令牌的溢出。前面已经说过，有限长度的漏桶是用于限定用户业务流突发性的。另外，也说明网络为用户提供的传输服务是不能积攒的，若网络当前提供的服务用户不去使用，则认为用户自动地放弃这部分权利。

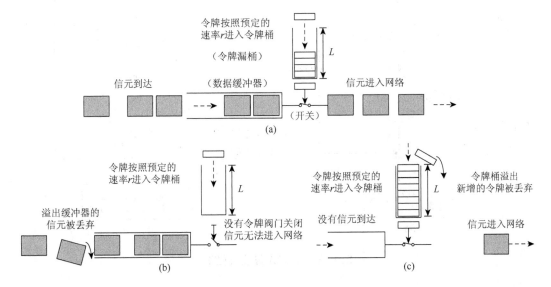

图 11-32 漏桶模型的工作原理

漏桶（Leaky Bucket）算法还有许多的改进或增强的方式，例如，当缓冲器队列长度超过某一门限时，将继续到达的信元被判为非一致，打上优先丢弃的标记，等等。漏桶模型较好地描述了网络接口对用户业务流进行合理的管理控制，以及对业务流进行整形的方法，描述形象且具有工程实际意义。

2）GCRA

在**通用信元算法**中定义了以下几个变量：第 k 个信元的到达时间 $t_A(k)$；当前信元的**理论到达时间** T_{TAT}（下标含义 TAT：Theoretical Arrival Time，即理论到达时间）；该连接约定的 PCR 下的到达时间间隔 T_{PCR}；该连接约定的**持续信元速率（平均速率）**下的达到时间间隔 T_{SCR}。符合接入时约定要求的信元称为**一致性信元**。

典型的 **CGRA** 算法流程图可由图 11-33（a）描述，当一个信元在 $t_A(k)$ 时刻到达时，首先会与当前信元的理论达到时间 T_{TAT} 相比：如果 $t_A(k)$ 比 T_{TAT} 大，就说明用户发送信元的速率小于预期的速率，显然没有违反与网络的约定，此后进入正常的调整下一信元的理论达到时间 T_{TAT} 的进程，用 $t_A(k)$ 替代 T_{TAT}，然后加上 T_{SCR} 后形成新的 T_{TAT}。然后按照正常的一致性信元来发送；如果 $t_A(k)$ 比 T_{TAT} 小，就进一步判断其是否超过峰值速率 T_{PCR}，若没有超过峰值速率，即满足 $t_A(k) \geq T_{TAT} - \Delta T_{min}$，其中 $\Delta T_{min} = T_{SCR} - T_{PCR}$，则依然认为是合理的，依然按照正常的一致性信元来处理。反之，则认为信元是非一种性信元，需另外打上特定标记。

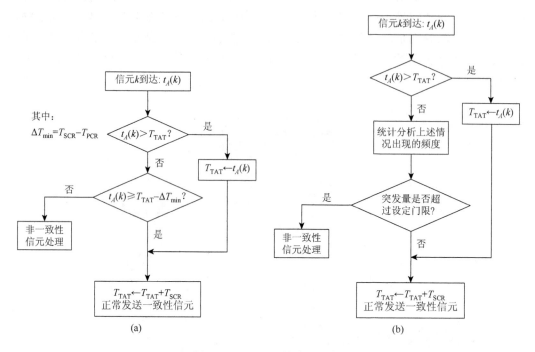

图 11-33 CGRA 算法流程图

在实际系统中，信元的到达的突发性变化可能非常复杂，信元的到达间隔或许很难严格控制，相应地可以采用其他在 CGRA 算法基础上经过某种调整的算法，如图 11-33（b）所示，当不满足 $t_A(k) \geqslant T_{TAT} - \Delta T_{min}$ 条件时，可统计分析连续出现这种情况的次数，如果在一个规定的统计周期内，不满足条件的信元个数少于一个规定门限，仍认为信元是一致性信元。而超过该门限时，则可认为其突发性大于约定的突发量，这时的信元才被认为是非一致性信元，相应地可对信元做丢弃处理或者打上优先丢弃的标记。

4. ATM 网络的信令

ATM 网络是由 ITU 定义的 B-ISDN，设计了完善的用户设备接入的控制系统，即 UNI 信令系统。ATM 论坛作为一个行业组织，为加速 ATM 技术的发展，在 ITU 迟迟未制定出支持交换机间互连的 NNI 的情况下，组织制定了具有该功能的接口规范，称之为专用网络与网络间接口（Private Network-Network Interface，PNNI）。

5. UNI 信令

ATM 网络的 UNI 信令主要用于发起、建立、维护和释放一个通信的虚连接。ATM 网络的 UNI 信令遵循 ITU 制定的标准：ITU-T Q.2931 signalling standard。UNI 信令通过 AAL5 适配层，以 VPI=0/VCI=5 标识的虚信道传输。UNI 信令所包含的主要消息类别可以由表 11-7 进行归纳。

表 11-7 UNI 信令的消息类别

信令功能	消息类别（Message Types）	说明
Call Establishment（呼叫建立）	SETUP	呼叫建立申请
	CALL PROCEEDING	呼叫应答：处理过程中
	CONNECT	连接告知
	CONNECT ACKNOWLEDGE	连接告知应答
Miscellaneous（连接状态维护）	STATUS ENQUIRY	状态查询
	STATUS	回应状态查询
Call Clearing（呼叫释放/清除）	RELEASE	释放连接
	RELEASE COMPLETE	释放连接结束
Call ReStarting（呼叫重建）	RESTART	重建呼叫
	RESTART ACKNOWLEDGE	重建呼叫应答
Point-to-Multipoint（点到多点接入）	ADD PARTY	请求一方加入
	ADD PARTY ACKNOWLEDGE	请求一方加入应答
	ADD PARTY REJECT	拒绝请求
	DROP PARTY	释放一方
	DROP PARTY ACKNOWLEDGE	释放一方应答

6. 虚连接的建立与释放

ATM 网络的虚连接的建立与释放过程与电话交换网络的呼叫建立与释放的过程基本一致。

1）虚连接建立过程

结合表 11-7 的 ATM 网络的 UNI 信令消息，虚连接的建立过程可如图 11-34 所示。在网络的交换机之间，须采用 ATM 网络的内部的 PNNI 信令，为简单起见，在图中假设仅有两台交换机。在虚连接的建立过程中，也可能遇到下游的交换机没有资源支持连接建立、或者被叫方因各种原因拒绝接入的情况。此时会通过发送释放连接 RELEARSE 的消息来取消连接的建立。

2）虚连接释放过程

虚连接的释放过程比较简单，可以由主叫一侧发起，也可以由被叫一侧发起，图 11-35 所示的是由主叫发起时的情形。

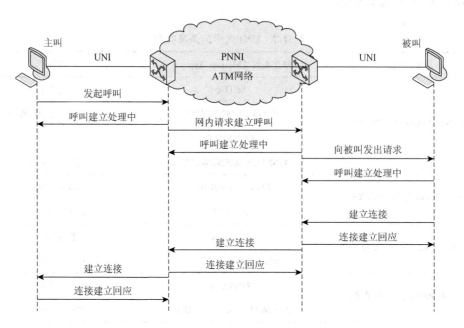

图 11-34 虚连接的建立过程

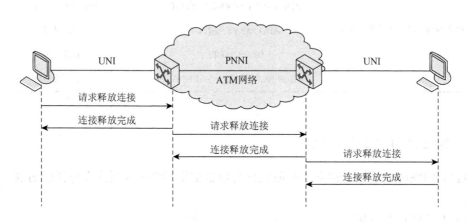

图 11-35 虚连接的释放过程

3）点到多点（多点到多点）虚连接建立与释放过程

点到多点或者多点到多点也是通信的一种重要的形式。图 11-36（a）所示的是点到多点虚连接建立过程的示意图，在建立了点到点连接的基础上，通过一个一个地不断增加新的被叫方来实现。类似地，在释放过程中，可以通过逐个释放已建立连接的点来实现。每个用户端，都进行点到多点的连接操作，就可以实现多点到多点的连接。图 11-36（b）给出的是点到多点连接释放过程的示意图。

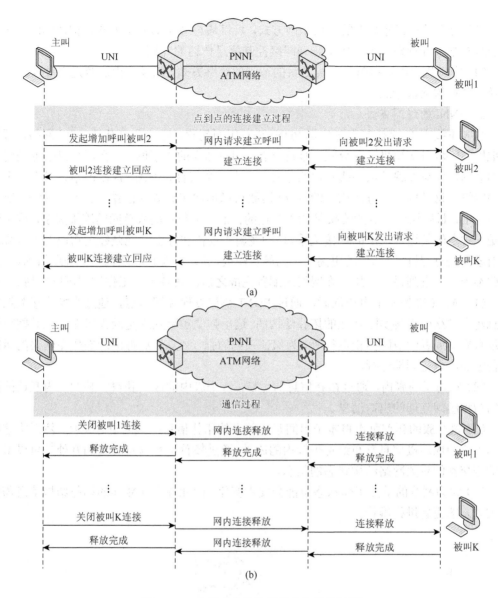

图 11-36 点到多点的连接建立与释放过程

7. ATM 网络的 PNNI 接口与信令

ATM 网络的 PNNI 接口，实际上就是 NNI，即网络交换设备（交换机）间的接口。因为 ITU 没有颁布 NNI 的接口协议规范，现有的 NNI 由 ATM 论坛定义，所以称其为 PNNI。PNNI 定义了交换机间接口的基本功能及具体的互操作过程。

1）PNNI 的基本功能

PNNI 的基本功能包括以下几个方面。

（1）定义了交换机激活时，邻居节点的发现方法；

（2）定义了网络内交换机间拓扑等组网信息的交互的方式；

(3)定义了具有伸缩性的分层组网方式,可以通过多层的分组方式来构建网络,从而易于对网络进行管理,大大压缩管理网络控制信息传输的开销;

(4)定义建立虚连接时源节点到目的节点的寻路方式,以及在虚连接建立过程中传输路径上节点的确认方法。

2)PNNI 的组网方式

ATM 网络中的交换节点可依据 PNNI 进行组网配置,对一个复杂的 ATM 网络,可根据地址和区域对交换机进行分簇,形成一个个相对独立的"子网"。在每个组中可采用一定的规则,如地址编号顺序或其他的方式,设定一个簇首。如图 11-37 所示,对于一个复杂的网络,这种以分簇方式构造的 ATM 网络可以形成多达 6 层的结构。在图 11-37 所示的结构中,最底层的节点的连接是物理互连的;第二层是底层簇首间的连接关系,这实际上是一种逻辑信道意义上的连接关系,这种逻辑的连接实际上可能是经过物理上的多跳链接而成;第三层是由第二层的更高一级的簇首组成,其连接关系当然也是一种逻辑的连接,如此类推,一直到最高一层。在网络的配置完成之后,其基本的工作过程可以归纳如下。

(1)ATM 交换机上电激活时,通过 PNNI 协议发现邻居节点,通过交换连接关系的信息建立网络中设备实际互连的拓扑结构图,这里强调实际互连是因为可能存在某些交换机没有启动或者因故障停止运行等。为保证系统的强壮性,邻居探测的操作在网络的运行过程中还需要定期地进行。

(2)在每层的簇内,通过拓扑信息的交换,每个簇内的成员获得完整的组内互连的拓扑结构和组间互连的出口信息。

(3)每个簇的簇首负责将本子组间互连关系的拓扑信息在簇间进行交互,然后将这种簇间可达的虚连接信息发布给每个簇内的成员。通过簇首进行信息交互的好处是可以节省总的需交互的有关网络结构状态的信息。

(4)因为网络的节点工作状态可能会发生变化,因此簇内和簇间的拓扑结构信息需要通过动态的更新进行维护。

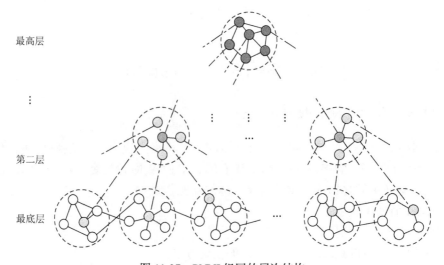

图 11-37 PNNI 组网的层次结构

3）基于 PNNI 的连接建立过程

PNNI 为 ATM 网络的 SVC 提供了交换机间的信令机制，基于 PNNI 的连接建立过程可以归纳如下。

（1）用户通过 UNI 信令发起一个连接请求，连接请求中包含终端的 ATM 地址、业务类别、所需传输速率及其他的 QoS 参数；

（2）连接该用户的交换机根据 PNNI 信令，逐级采用 CAC 算法确定本级交换机是否有足够的资源接纳新的连接进入，并选择相应的传输路径；

（3）连接用户的交换机可根据簇内的拓扑和资源信息，簇间的拓扑和资源等信息确定簇内区域的物理传输路径和簇间的虚路径。这里之所以称为簇间的虚路径是因为在其他簇内的实际传输路径需由该簇内的交换机来决定；

（4）当 CAC 请求信息到达相邻簇所辖区域的第一个交换机后，由该交换机选定簇间的虚路径，同时确定从本簇到达下一个簇的边界节点的最佳物理传输路径；

（5）重复（4）的选路机制，直至到达目的节点所在的簇，最后由该簇内的交换机确定到目的节点的传输路径；

（6）如果在连接建立过程中遇到原定路径不能满足传输要求的情况，相应节点可启动路由变更算法另外寻找合适的路径。

图 11-38 给出了一个在两层结构的 ATM 网络建立虚连接过程的示例。为讨论简单起见，假定地址只有 5 位数字，其中前面 3 位是网络编号，后面 2 为是设备编号。如图（a）所示，网络中的交换节点被划分为 8 个簇，在每个簇中选择地址编号值最小的节点为簇首节点。图（b）给出了由簇首构成的第二层的结构，簇首间通过特定的虚连接通道，可交换各自所在簇的结构和状态信息。

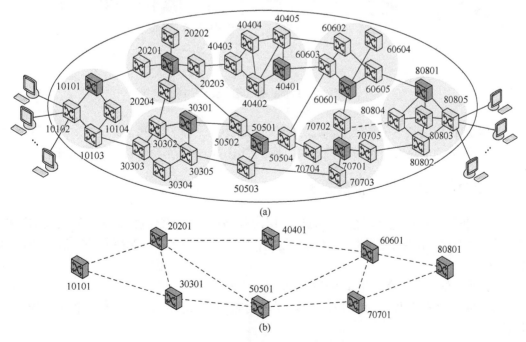

图 11-38　两层的 ATM 网络结构

假定在簇 101 中的节点 1010A 希望与簇 808 中的一个节点 8080B 建立虚连接，1010A 向所连接的编号为 10102 的交换机发起建立连接的请求。该交换机根据其所在簇的簇首 10101 提供的网络的拓扑和状态等信息，可知通过中间的哪些簇可以到达簇 808。例如，如图 11-39（a）所示，交换机 10102 选择了经过簇 303、簇 505 和簇 606，最终到达到簇内 808。交换机 10102 可以根据其簇内的最佳路由选择一个最佳的到达簇 303 的出口，连接申请将沿着选定的大致路径逐跳向目的节点延伸。每到达一个新的簇，由该簇的边界节点选择最佳的到达下一个簇的路径。如此在每个选定路径的簇中做相同的操作，直到连接申请抵达目的地，图 11-39（b）给出了最终建立的传输路径。

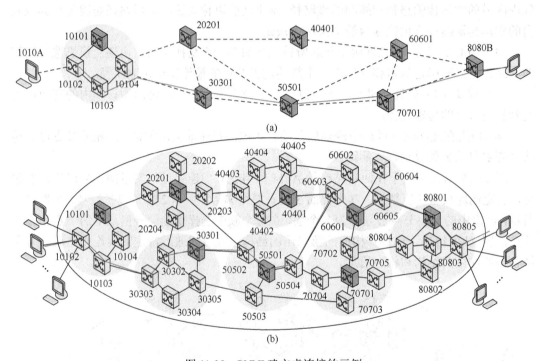

图 11-39　PNNI 建立虚连接的示例

如果连接申请到达某个簇后，该簇内的节点发现下一个簇不可达，可以另外选择一个新的可达目的地的路径；也可以告知源交换机 10102，由其重新选择所经簇的路径。

8. ATM 网络的拥塞控制方法

前面我们已经讨论过，在基于统计复用的网络中，由于分组数据业务的突发的随机性，使得网络中出现拥塞的情况难以避免。在 ATM 网络中，拥塞控制的方法主要包括以下几种。

1）基于信元中丢弃优先级参数的控制

这种方法也有两种不同的策略：一种是相对较为严格和保守的；另外一种则是较为宽松的。

（1）策略 1：在网络的入口处设立监测机制，一旦发现违约的非"一致性"的信元，一概丢弃。同时按照不同的业务类别对输入的信元按照高低两级进行标记，对低优先级的信元标记 CLP=1，当发生拥塞时首先丢弃 CLP=1 的信元。

（2）**策略 2**：对输入的信元也按照高低两级进行标记，对低优先级的信元标记 CLP=1。另外，在网络入口处如发现违反"一致性"的高级别信元，若网络未发生拥塞，对其加以标记（CLP=1），将这部分信元变为低级别信元。发生拥塞时首先丢弃 CLP=1 的信元。

2）业务流整形

业务流整形（Traffic Shaping，TS）是一种拥塞预防措施，用于降低业务流的突发性。前面讨论过的漏桶模型方法就是一种典型的业务流整形方法，通过调整信元间隔，可以降低峰值速率，平滑业务流的突发性。

3）基于 EFCI 的控制

在源端发送信元时，信元首部上的 EFCI 标志被设定为 0。若信元经过路径上的某交换机上发生拥塞，该交换机则将该标志位置为 1。目的端检测到接收的信元中标志位 EFCI=1 时，在发往源端的后向信元中也设置 EFCI=1。源端若收到标志位 EFCI=1 的后向信元，知道网络发生拥塞，则降低发送速率以缓解拥塞。

9. ATM 网络业务流的反馈控制

ATM 网络的反馈控制是通过引入 ABR 业务的工作方式来实现的。ABS 的基本概念时用户根据网络的负载状况调整其传输速率。在不影响具有较高服务类别要求的 CBR/VBR 连接的条件下，根据网络反馈的可用带宽的信息来控制发送速率，可以更有效地利用网络的传输资源资源。

1）ABR 业务的主要参数

ABR 业务的主要参数包括 PCR，该参数用于限定最大的可发送的速率；MCR：保证连接的最小速率，为连接的最低服务质量保证。若 MCR 设定为 0，则相当于不提供服务质量保证。

2）ABR 的流量控制机制

ABR 的流量控制是通过反馈来实现的，其基本的工作原理如图 11-40 所示。在 ABR 的流量控制系统中，引入了一种专门携带**资源管理**（Resource Management，RM）信息的信元，这种信元也称为 RM 信元。在用户采用 ABR 业务方式传输数据时，每隔若干数据信元，插入一个 RM 信元。在传输过程中，对 RM 的具体操作可以归纳如下。

（1）源端系统（Source Equipment System，SES）在数据信元流中按一定的比例插入 RM 信元，这种信元首部的特定标记为：CLP=0，PTI=110。

（2）将 SES 发出的 RM 信元被目的端系统（Destination Equipment System，DES）返回给 SES，形成 SES 与 DES 之间 RM 信元的一个循环。

（3）因为通信的双方都可能发送数据，所以需要区分收到的 RM 信元是前向的还是后向的，前向的信元是指对方发送数据信元时插入的 RM 信元；而后向的信元则是自己发出后经对方反馈回来的信元，前向或后向的具体方向可由 RM 信元中的方向标志位（Direction，DIR）来区分：DIR=0 表示是前向的；DIR=1 表示是后向的。

（4）返回到 SES 的 RM 信元含有网络交换设备加入的反馈控制信息，反映传输路径上的拥塞状况，在 RM 信元中通常标明了当前传输路径上网络的可用带宽。

（5）当网络发生拥塞时，RM 信元本身的传递可能也成为问题。在设计 ABR 工作机制时，考虑到了各种不利的情况。SES 根据反馈的情况进行以下操作：若 SES 收到的 RM 信元中有可用带宽增加的（正向）指示，则提高发送速率；若 SES 收到可用带宽较少的（负向）指示，则降低发送速率；若 SES 没有收到后向 RM 信元，则可能出现拥塞导致 RM 信元无法到达，或者因为某种原因导致 RM 信元丢失，此时每次在预定的间隔内没有收到 RM 信元，就自动将发送数据信元的速率减小一个等级。由此可以保证在没有收到 RM 信元情况下，ABS 的控制操作也可继续进行。

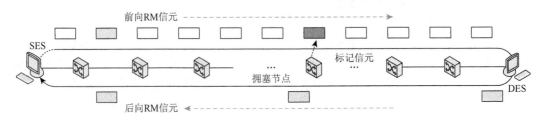

图 11-40　ABR 流量控制示意图

ABR 业务的引入，使 ATM 系统中的源端设备能够依据网络拥塞的具体情况来调整发送信元的速率，使流量的控制具有更好的针对性，网络的传输资源可以得到更加有效的利用。

11.1.6　ATM 网络的应用

ATM 网络技术在其应用过程中，曾经设想作为 B-ISDN 的标准形式，能够以其优良的性能，在有线传输的包括主干网络和接入网络等应用领域取代所有的网络。但 ATM 网络与 IP 网络不同，它没有定义应用层的有关协议，因此只是纯粹的一个传输网络。因此要使 ATM 网络技术灵活应用，不仅需要考虑与现有的基于 TCP/IP 网络的互联互通，还要考虑与已经获得广泛应用的局域网协议的兼容问题。由此衍生出一系列复杂的网络系统结构和协议。虽然其中的许多技术已经淡出人们的视野，但了解其采用的技术和有关方法，对于深刻地理解通信网络的发展历程，特别是在通信系统有关原理和处理问题方法等认识方面，还是很有意义的。本节主要介绍 ATM 网络在主干网络系统中的基本结构、ATM 网络的局域网仿真及在 ATM 网络上运行 IP 等有关的技术。

1. ATM 网络的基本结构

在 ATM 网络诞生之初，许多人曾经认为其在整个有线通信的传输领域可以替代其他的技术，后来人们发现，在局域网领域想要撼动廉价、简单可靠且已经得到广泛应用的局域网技术是很困难的，因此要实现端到端的 ATM 网络通信，似乎也不可能。但在很长的一段时间内，人们还是认为，ATM 技术在骨干网上可以大显身手，形成如图 11-41 所示的综合体系结构：其中以基于 VP 高速交换的 ATM 交换机构成网络核心的主干部分，以普通的 VP/VC 交换的 ATM 交换机构成接入网；其他的网络设备，包括用户程控交换机和路由器等，连接到接入网的 ATM 交换机上。用户的终端设备如电话机、计算机和服务器等，则分别通过用户程控交换机和路由器接入网络。ATM 网络的 CBR 业务，提供对电话业务的支持，而 VBR、ABR 和 UBR 等则用于支持包括各种媒体业务传输的服务。当时人们的口号是：骨干网上的高速交换功能由 ATM 网络完成，路由器回到它应处的网络边缘的网关位置。

上述的这一网络的结构形态，确实也曾经一度在电信网络系统中得到一定范围的应用，特别是在 3G 移动通信系统的核心网上有较为广泛的应用。但是在 ATM 网络发展的同时，百兆、千兆的以太网技术也在发展，同时高速的路由器同样也到达了 ATM 交换机的交换速率水平。IP 网以其良好的经济性和可扩展性，使得通信网络 IP 化成为一种趋势。ATM 网络虽然很精细和完美，但因为技术的复杂性等原因，ATM 网络技术仍将继续面临被彻底淘汰的窘境。

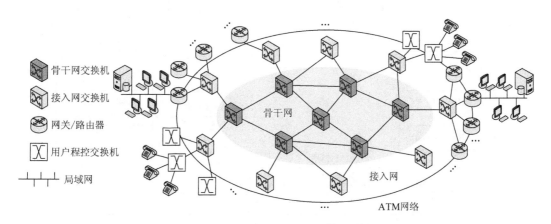

图 11-41　典型的 ATM 网络系统结构

2. ATM 网络的局域网仿真技术

ATM 技术虽然更适合应用在网络的主干区域部分中，但却是在局域网中首先得到实际应用。最早的 ATM 局域网采用的是一种全新的技术，与原有的基于以太网技术或令牌环方式工作的局域网技术完全无关。但这种纯 ATM 技术的实现方案价格较为昂贵，并且当时应用层或网络层协议主要支持以以太网和令牌环网为基础的两种局域网技术，因此采用纯 ATM 技术的局域网并没有得到大规模的应用。后来人们又提出了一种基于 ATM 技术的局域网仿真方案。这里所说的局域网仿真，是指在 ATM 网络的基础上增加一些适配的辅助协议，使得已有的网络层协议及以上的各层协议，运行在这种 ATM 网络上时，就像运行在原有的局域网上那样，从而实现"局域网仿真"。

ATM 的局域网仿真技术简记为 LANE（LAN Emulation）**技术**，有关 LANE 的协议是 ATM 论坛制定的，主要用于实现对 IEEE802.3 以太网和 IEEE802.5 令牌环网的仿真。LANE 协议在系统中的位置及 LANE 的系统结构如图 11-42 所示，此时底层协议和硬件系统虽然采用的是 ATM 技术，但对于上层协议来说，就像运行在原来 LAN 时的情形一样。

图 11-43 给出了采用 LANE 的终端与普通的 LAN 终端在网络中通过 ATM 与 LAN 之间的转换器,实现互通时的工作方式。下面进一步介绍 LANE 系统的基本配置和工作原理。

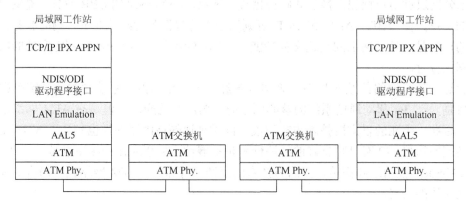

图 11-42　采用 ATM 网络实现局域网仿真示意图

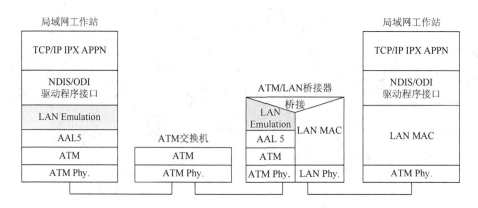

图 11-43　ATM LANE 终端与 LAN 终端的互通示意图

1) ATM 的局域网仿真系统的基本结构

在 LAN 中,原有的局域网工作站只可能获得目的端的 MAC 地址。因此,ATM 网络要实现 LANE 的功能,首先要解决地址的解释问题,即假定已知对方的 MAC 地址,配置了 ATM 网络接口卡的局域网工作站在仿真的局域网中如何根据对方的 MAC 地址,获得相应的 ATM 地址。ATM 实现 LANE 功能的基本网络组成和结构如图 11-44 所示,其中定义了以下网络基本元素。

(1) **LANE 客户机** (LANE Client,LEC)。LEC 就是 LANE 系统中的用户的工作站。

(2) **LANE 服务器** (LANE Service,LES)。每个 LANE 系统都会指定一个 LES,在 LES 中存放了 LANE 系统中的 MAC 地址与相应的 ATM 地址的对应关系表,用于实现 LANE 系统的地址解释功能。

(3) **广播和未知服务器** (Broadcast and Unknown Server,BUS)。广播功能是局域网的基本功能,BUS 可以仿真这一过程。此外,BUS 可用于在未能获取目的工作站的 ATM 地址前,或者特别地,在不能获得对方 ATM 地址的情况下,以广播方式在特定的局域网内发送报文。

（4）**LANE 配置服务器**（LANE Configuration Server，LECS）。LECS 通常是一个众所周知的服务器地址，任何一个 LANE 客户机可通过 LECS 获取有关 LES 和 BUS 的有关信息，以实现对这两个服务器的访问。

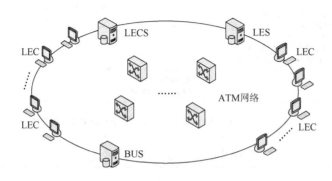

图 11-44 LANE 的系统结构

2）ATM 的局域网仿真系统的工作原理与流程

LANE 协议的基本功能就是实现地址解释和寻址。通常在工作前，假设每个 LEC 已经通过 LECS 与 LES 建立起**交换式的虚连接**（Switch Virtual Connection，SVC）连接，并将其自身的 MAC 地址与 ATM 地址上报 LES 备查。假定工作站 LEC_A 需要与工作站 LEC_B 通信，通信发起主要过程可以归纳如下。

（1）LEC_A 首先会在其自身的地址缓冲区上寻找 LEC_B 的 ATM 地址。如果找到，可直接用其通过 UNI 信令发起与 LEC_B 通信；若没有找到，则进行下一步（2）的操作。

（2）LEC_A 向 LES 发出查询请求，在查询请求中包含 LEC_B 的 MAC 的地址，请求获得相应的 ATM 地址。与此同时，LEC_A 可将需要发送给 LEC_B 的数据报文通过 BUS 以广播方式发送给局域网中的的各个 LEC，虽然 BUS 的这种操作效率较低，但既可以大大减少信息发送的时延，又可以在 LEC_B 的 ATM 地址没有在 LES 中备案的情况下，将报文送达 LEC_B。

（3）一旦 LEC_A 获得 LEC_B 的 ATM 地址，即可发起与 LEC_B 建立 SVC 连接，以实现专有的、更高效率的传输。

相比下一小节要介绍的 IPOA 协议，LANE 协议最大的优点是：只要原来的局域网协议在上层支持某些协议，则 LANE 局域网络依旧支持那些协议。这些协议包括常见的网络协议如 TCP/IP、Novell 公司提出的 IPX 协议、IBM 公司主推的高级对等网（Advanced peer-to-peer Networking，APPN）等。下面如图 11-45 所示，通过一个 LANE 与 TCP/IP 配合使用的示例，说明 LANE 协议如何与高层的网络协议配合工作。其中，特别需要注意的是源端如何首先得到对方的 MAC 地址。

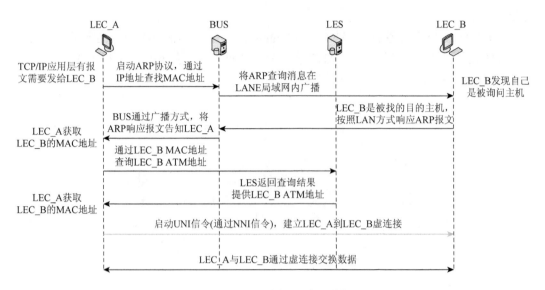

图 11-45　LANE 支持 IP 的工作流程

3. IPOA 协议与技术

另外一个使 ATM 技术得以较广泛应用的重要技术是在 ATM 网络上运行 IP 的技术，该技术简称为基于 ATM 的 IP 技术（IP Over ATM，IPOA），相应的协议称为 IPOA 协议，也有许多文献将其称为 CLIP（Classical IP over ATM）协议。IPOA 是由互联网的标准制定组织 IETF 制定的，自然只会考虑 IP 如何在 ATM 网络上运行。

IPOA 的基本思想是将 IP 网建立在 ATM 网络上运行，把 ATM 网络看作层次结构中的**网络接口层**，而在网络层保持其 IP 网络的路由机制不改变。IP 地址一般来说是在整个互联网上有效的全局地址，局域网中的 MAC 地址则是仅在局域网内有效的。IP 地址通常只会在某个子网中与该子网中某个设备的 MAC 地址绑定；而 ATM 网络的地址一般也是全局性的，因此需要考虑如何将一个 IP 地址与一个 ATM 网络的地址进行绑定。

1）IPOA 协议

IPOA 主要通过 IETF 的协议 RFC1483 和 RFC1577 来定义和规范，其中 RFC1483 规定了如何在 AAL 用 AAL5 来对上层的 IP 报文进行封装；RFC1577 则确定了如何进行 IP 地址与 ATM 地址之间的映射，映射操作的具体实现需要通过引入一个称为 ATMARP Server 的地址解析服务器来完成。在 ATMARP Server 中，保存了各个工作站的 IP 地址与 ATM 地址之间的对应关系。TCP/IP 与 IPOA 协议间的关联关系，设备间的连接关系等可如图 11-46 所示。

2）IPOA 系统的基本工作原理

图 11-47 给出了一个典型的基于 IPOA 的 IP 网的网络系统结构。在底层中实现通信功能的是 ATM 网络。ATM 网络上可进一步构建多个不同的 IP "子网"，这些子网中的主机实际上是通过 SVC 连接实现互联互通的，并且一个子网内的各个主机可以散布在不同的

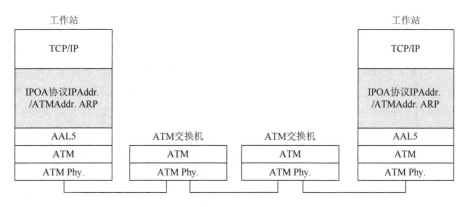

图 11-46 IPOA 系统的协议层次结构

物理位置,所以这些子网又称为**逻辑 IP 子网**(Logical IP Subnet,LIS)。实现子网内互连的网关/路由器和普通的主机一样,连接到 ATM 网络上。

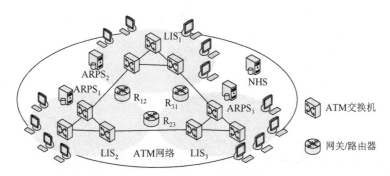

图 11-47 基于 IPOA 的 IP 网的网络系统结构

在 IPOA 系统中,主机和路由器中 IP 地址的配置与普通的 IP 网络完全一致,只不过底层实际上是通过 ATM 网络的 SVC 连接实现互联互通的。在经典的 IPOA 协议中,IP 报文在不同的 LIS 之间传输时,依然要经过相应的路由器转发。例如,LIS_1 中的主机与 LIS_2 中的主机通信时,要通过路由器 R_{12} 转发。

3) IPOA 系统的基本工作流程

每一个接入系统的主机首先都通过配置好的固定 SVC 连接,再将其自身的 IP 地址与 ATM 地址上传到 ATMARP 服务器,因此在 ATMARP 中保存了两种地址间的映射关系。当某个 LIS 内的 IP 主机需要发起一个到其他 IP 主机的通信时,其具体的工作过程如下。

(1)主机检查自身的地址缓存区(Cache),是否有最近(如 20min 内)使用过的相同的映射关系。如有直接利用已知的 ATM 地址发起建立 SVC 连接的操作;

(2)若缓中没有相应的 ATM 地址,则向本 LIS 内的 ATMARP 服务器发出通过 IP 地址查询 ATM 地址的申请,若需要查找的是本 LIS 内的主机,则 ATMARP 服务器直接返回被查主机的 ATM 地址,获得 ATM 地址后,发起建立 SVC 连接;

(3)若 Cache 中没有相应的 ATM 地址,并且查询的是本 LIS 之外其他 LIS 上的主机,则 ATMARP 服务器返回缺省网关的 ATM 地址,主机必须先建立与路由器间的 SVC 连接,将报文发给路由器,再由路由器执行相应的报文转发操作,转发操作所需进行的地址查询和建立 SVC 连接的过程与主机的进行的操作过程类似。

IP 报文通过上述的传输操作,通过一跳或者多跳的传输,最终达到目的地节点。不同 LIS 间报文经过网关/路由器的转发,可以完全仿真传统 IP 网报文路由的工作过程。IPOA 为 IP 网在 ATM 系统的平台上的构建提供了很大的灵活性,所建立的系统更大程度上是逻辑性的,同一 LIS 上的主机和路由器在地理上可以分布在不同的区域。路由器也不必像传统的路由器那样必须具备连接多个不同网络的物理端口,因为在一个物理端口上可同时建立到达多个不同 LIS 的 SVC 连接。利用这样的思想构建的 IP 网的一种比较极端的情况如图 11-48 所示,图中 H_{ij} 表示第 i 个 LIS 中的第 j 台主机,R_{mn} 是连接子网 LIS_m 与子网 LIS_n 的路由器。这里逻辑子网的概念与 IP 网络中虚拟网络的概念有类似之处。

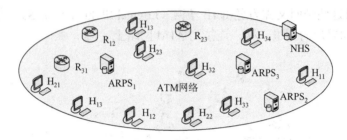

图 11-48 逻辑子网 LIS 的分布

4)下一跳地址解析协议

一般来说,IP 报文往往需通过网关/路由器的反复的转发,显然这会大大地降低传输的效率,不利于发挥 ATM 网络高速传输的优势。对此也有改进的协议,例如,由 RFC2332 标准定义的下一跳地址解析协议(Next Hop address Resolution Protocol,NHRP),NHRP 提出了建立直通 SVC 连接的概念。当某个主机想向在不同的 LIS 中的主机发送报文时,首先向下一跳地址解析服务器(Next Hop address resolution Server,NHS)查询其 ATM 地址,在获得地址后,可不通过路由器而直接在两主机间建立 SVC 连接进行传输。这种方法可以有效提高传输的工作效率,但网关/路由器中的各种防火墙等防护的功能,相应地也无法实施。

4. MPOA 协议与技术

前面我们分别讨论了 LANE 和 IPOA 两种协议,前者是应用于小区域范围的局域网技术,后者也仅仅适用于中小规模的网络,二者都不适合在大型网络中应用。为此 ATM 论坛在总结 LANE 和 IPOA 这两种技术的基础上,进一步提出了一种在 ATM 上运行多协议(Multiple Protocol Over ATM,MPOA)的规范。

MPOA 集成了 LANE、IPOA 和 NHRP 等协议的功能。首先,MPOA 保留了原来 LANE 支持多种不同网络协议的特点,同时引入了 IPOA 中"路由"和 NHRP 下一跳直通地址查询的概念,此外 MPOA 还包含一种缺省传输路径转发的概念,有利于减少数据传输的时延和提高短小报文传输的效率。MPOA 定义了以下主要的网络元素,这些元素也可以理解为运行在工作站、服务器或路由器等设备上的模块。

1) MPOA 客户端

MPOA 客户端（MPOA Client，MPC）通常运行在 ATM 网络的接口设备上，如 ATM 的终端或者 ATM 网络边缘的路由器等设备。MPC 具有类似 LEC 的功能，可以完成 ATM 网络端口接入的适配和向 MPOA 系统中的服务器发起查询等操作。

2) MPOA 服务器

MPOA 服务器（MPOA Server，MPS）在系统中兼有 LES/NHRP 服务器和缺省路由器的功能，负责维护本地网络中 MAC 地址与 ATM 地址映射，网络层设备的网络编号（如 IP 地址）与 ATM 地址关联，以及路由表的功能。

MPOA 的工作原理可如图 11-49 描述，当有上层需要传输到 MPC_2 的数据到达 MPC_1 时，MPC_1 首先向 MPS_1 发起目的节点 ATM 地址的查询；如果目的节点是另外一个子网 LIS_2 上的节点，MPS_1 需要通过 NHRP 向 LIS_2 上的 MPS_2 获取 MPC_2 的地址信息。MPC_1 在得到 MPC_2 的 ATM 地址后，就可以通过 UNI 信令发起建立直接到达 MPC_2 的 SVC 连接。在 SVC 建立之前，MPC_1 可直接将需要发给 MPC_2 的报文通过缺省的路径发送，此时 MPS 负责将报文路由到 MPC。在 SVC 建立之后，所有的报文将通过更加高效的直达 SVC 路径传输，不必再经过 MPS_1 的转发。

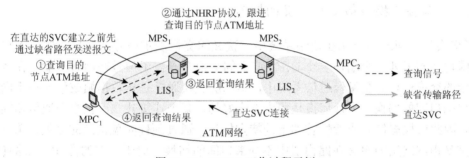

图 11-49 MPOA 工作过程示例

11.1.7 ATM 技术小结

基于 TCP/IP 的 IP 网络系统主要是由计算机专家设计，他们认为网络总是不可靠的，必须由源与目的节点最终保证传输的正确性。因此网络需要尽可能地简单，所有需要进行的复杂处理均在通信的两端实现。与基于 TCP/IP 的 IP 网设计理念不同，ATM 网络主要是由通信专家设计的，通信过程的所有问题，都应该主要在传输网络系统内部解决，必须为用户提供一种可靠的信息传输通道。因此相对来说，ATM 网络协议在传输方面远比 IP 来的完善。但是，一方面，随着物理层光纤带宽的不断提升，IP 网协议在通信方面的不足很大长度上可以通过带宽的增加来抵消；另一方面，ATM 技术的复杂性却无法消除，由此带来系统设备成本的高昂和维护的困难，看来难以避免最终走向消亡。尽管如此，ATM 技术的提出与发展对现代的宽带通信技术仍然具有非常积极的意义和促进作用，随后发展起来的 MPLS 技术和 SDN 技术等采用了很多与 ATM 技术非常类似的思想和方法。

11.2 多协议标签交换技术

11.2.1 MPLS 的产生背景与有关协议规范

前面我们反复提到，TCP/IP 是网络的网络层、传输层和应用层的协议，TCP/IP 的制定者把链路层和物理层合并称为网络接口层，但并没有定义其中的协议和有关的技术。随着互联网影响的不断增大，IP 网逐渐成为名副其实的综合业务信息网，IETF 也开始考虑如何使底层的网络系统更好地适应互联网各种传输业务的快速发展，其 1997 年所提出的 MPLS 技术，就是 IETF 涉足网络底层传输协议的一个开端。

MPLS 中的多协议，可以包含两个方面涵义：一方面在网络层之上，MPLS 可以支持包括 IPv4、IPv6 等在内的网络层协议；另一方面在网络层之下，MPLS 也可以在包括 ATM、帧中继、点对点协议（Point to Point Protocol，PPP）和 SDH/SONET 等现有的网络系统中运行。可见 MPLS 的设计充分考虑了如何对原有的网络资源和投资的保护，在发挥其原有的优点的同时对其进行升级换代，提高其系统的性能。

1. 第二层交换与第三层转发的概念

"交换"一词最早出现在电话系统中，狭义的交换表示信号从交换机的输入端口一个时隙切换到另外一个端口一个时隙，广义的交换则涵盖了信号在网络传输中在多个交换机中的交换过程。在现代通信系统中，第二层交换通常是指数据帧或信元在不同的输入输出端口间的切换，这种切换是预先设定好的，某个连接建立后在整个通信期间不会改变，因此可根据信元或者帧首部上的特定标记，通过硬件实现快速的交换；第三层的转发则是指网络层的报文在路由器中不同端口间的切换，对于典型的像 IP 网这样的非面向连接的传输系统，每个报文是独立选路的，同时路由本身也是可动态调整的，因此即使对同一业务流，报文在路由器中的输出端口本身也可能改变。这就使得第三层的转发较为复杂，切换的速度相对第二层交换来说较慢。引入 MPLS 的主要目的之一，就是要在影响传输速度较大的网络主干上，尽可能地采用第二层的交换替代第三层的转发，以提高切换的速度。

此外，实践已经证明，在无连接的网络层上，要实现有效流量工程和服务质量控制，是比较困难的。特别是在基于 IP 网上设计的可保证传输 QoS 的 RSVP，难以在网络的主干上应用。MPLS 的引入，在面向连接的基础上，采用了基于聚合流的服务质量保障方式，可以有效地解决传输过程中的 QoS 问题。MPLS 系统并不排斥第三层转发，对此更多的是考虑其在网络主干上应用第二层交换的同时，在主干的边缘更好地与第三层的转发融合。这样在用户系统接入到网络的路由器中时，仍然使用第三层的转发，使得第三层的防火墙过滤功能仍然可以发挥作用。IETF 制定的 MPLS 协议，从某种意义上来说，是将 TCP/IP 延伸到了链路层。

2. MPLS 的主要协议规范

IETF 制定了一系列有关 MPLS 的协议规范,包括 MPLS 的需求、MPLS 的结构、MPLS 的标签堆栈、在帧中继系统中的应用、基于标签发布协议与 ATM 交换的 MPLS、标签交换协议的参数和适用性、在边界网关协议 BGP4 中携带标签信息、RSVP 在标签交换隧道中的扩展应用、利用标签分发协议建立有约束的标签交换通道、如何在 MPLS 系统中支持差分服务等,这些协议规范分别由以下编号的标准定义:

RFC2547:BGP/MPLS VPNs;
RFC2702:Requirement for Traffic Engineering over MPLS;
RFC2917:A Core MPLS VPN Architecture;
RFC3031:MPLS Architecture;
RFC3032:MPLS Label Stack Encoding;
RFC3034:Use of Label Switching on the Frame Relay Network Specification;
RFC3035:MPLS Using LDP and ATM VC Switching;
RFC3036:LDP Specification;
RFC3037:LDP Applicability;
RFC3107:Carrying Label Information in BGP4;
RFC3209:RSVP-TE:Extension to RSVP for LSP Tunnels;
RFC3212:Constraint-Based LSP Setup Using LDP;
RFC3270:MPLS Support of Differentiate Services。

鉴于 TCP/IP 已经成为现代通信网络最主要的标准,上述的这些协议规范,得到了 ITU-T 的支持,将**标签分发协议**(Label Distribution Protocol,LDP)作为网络的传输标准信令,并在 MPLS 的基础上全面进行有关 IP 国际标准化的研究工作。许多的计算机网络设备商、通信系统的设备商、网络运营商,以及众多的研究机构都充分认识到 MPLS 的重要性,在 2000 年发起成立 **MPLS 论坛**,以推动这一技术的发展和应用。与 ATM 论坛类似,MPLS 论坛也是一个制定行业标准的组织,其主要关注的问题包括:MPLS 网络的**流量工程**、**服务类型**(Class of Service,CoS)、QoS 及 VPN 等方面的技术问题和有关的协议规范制定等。

11.2.2 MPLS 网络的基本组成与特性

一个典型的 MPLS 网络如图 11-50 所示,网络由处于网络边缘的**标签边缘路由器**(Label Edge Router,LER)和处于网络内部的**标签交换路由器**(Label Switch Router,LSR)组成,在这些路由器上,运行标签分发协议(Label Distribution Protocol,LDP)。MPLS 是由互联网的标准化组织 IETF 提出的,其主要目标是把包括 ATM 在内的现代通信网络底层的高性能交换技术,与 IP 组网的开放、便捷与路由寻址的灵活特性结合起来。因此,在 MPLS 中自然充分地集成和利用了原来 IP 网上的各种有效的协议和算法,如目前应用最广泛的**开放式最短路径优先路由协议**(OSPF)和 BGP 等。

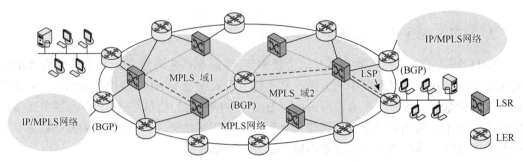

图 11-50 MPLS 网络系统的基本组成

1. MPLS 的主要功能特性

在设计 MPLS 时，既考虑了如何实现快速的分组报文的交换，也考虑了如何与原有的 IP 网的互联互通，使得 MPLS 可以在 IP 网的核心区域逐步地得到应用。MPLS 的主要功能特性可以归纳如下。

（1）基于 IP 网的路由协议和寻址方式，通过在网络中建立基于标签的虚连接实现高速的分组报文交换。

（2）通过业务流的融合汇聚，简化原来 IP 网上复杂的报文寻址转发机制。

（3）通过灵活的业务类别划分，更好地实现流量工程和分级的服务质量控制。

（4）在网络层的层面上兼容原有的 IP 网络服务和功能，可构建层次化的网络结构；在链路层和物理层上可充分利用现有的各种基于标签交换技术。

（5）在虚连接通道的创建过程中，支持拓扑驱动和数据流驱动方式。

上述有关的功能特性，通过本节后面内容的讨论，可进一步理解其中的涵义。

2. MPLS 网络的主要网元

在 MPLS 网络中，主要的网络元素是网络 LER 和 LSR。MPLS 最核心的思想之一就是将各种复杂的事务处理（如报文的分类、传输路径建立的操作，甚至选路等事项）在 MPLS 网络的边缘完成，而在其网络的内部主要实现高速传输与交换功能。MPLS 的这一特点，具体体现在其边缘路由器和交换路由器功能的设置上。

1）LER

如图 11-51 所示，LER 用于实现 MPLS 网络的不同域之间；MPLS 网络与非 MPLS 网络之间的连接，从这些意义上来说，LER 起到网关的作用。LER 根据 LDP，完成路由选择、业务分类、构建基于业务虚连接、为到达并准备进入 MPLS 网络的报文加标签，为离开 MPLS 网络的报文删除标签等操作。在 LER 中进行的业务分类操作形成转发等价类，这种分类不限于传统传输优先级意义上的分类，可以是非常广义的，有关转发等价类的概念稍后进一步介绍。通过 LER 的这些操作，可以很方便地实现接入控制、流量工程和对各种业务采取不同的管理策略的功能。

2）LSR

LSR 位于 MPLS 的内部，在虚连接建立过程中，LSR 参与路由选择，同时需要根据 LDP，负责标签的分发和交换转发表的构建。因此 LSR 需要像普通的路由器一样，在 LSR

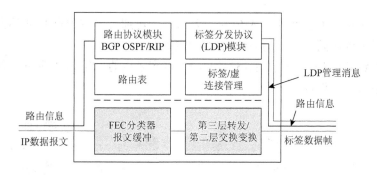

图 11-51　LER 功能结构示意图

之间，在 LSR 与 LER 之间定期或不定期地交换路由信息，维护最合理的路由表。在连接建立之后的传输过程中，主要负责标签的维护和报文的交换。与普通的路由器不同，此时报文的交换是在第二层中按照预定输入输出端口间进行转发，因此可以达到很高的交换速度（图 11-52）。

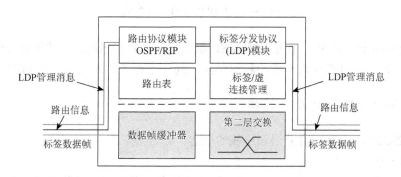

图 11-52　LSR 功能结构示意图

3. 标签交换路径

标签交换路径（Label Switch Path，LSP）是根据特定转发等价类的报文传输路径上经过的 LSR 在其第二层上构建的传输虚路径，因此一个 LSP 总是与某个特定的转发等价类关联的。从形式上来看，标签交换路径是由 LER 和 LSR 之间，或者两个 LSR 之间标识该路径的本地标签，以及 LSR 上的转发表构成，类似本章中的图 11-21（通过链接交换表构建的 ATM 网络虚连接）中所示的情形。实际上某个特定的 LSP 还隐含了在所经过的 LSR 中为该路径预留的传输带宽、缓冲队列和其他的处理资源。

为支持在 MPLS 中实现组播、多方会议等功能，MPLS 提供了以下 4 种 LSP 的工作形式。

（1）点到点 LSP：如图 11-53（a）所示，点到点 LSP 是一种最基本的方式。

（2）点到多点 LSP：如图 11-53（b），这种方式可应用于在组播的报文穿越 MPLS 时的工作场景。

（3）多点到点 LSP：如图 11-53（c），多点到点可以看作一种标签合并的情形。某个接入 MPLS 的网络若有多个进入 MPLS 的入口，则可通过多点到点 LSP 的方式，建立一种具有多个通道到达同一目的网络的出口工作模式。

（4）多点到多点 LSP：如图 11-53（d），多点到多点的 LSP 可以应用于利用 MPLS 构建多方会议系统的工作场景。

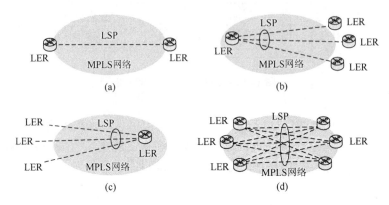

图 11-53 LSP 的 4 种工作形式

在上述的 4 种 LSP 的工作形式中，LSP 都是与一种具有相同属性的转发等价类（FEC）关联的，通常一个 FEC 可以与多个标签绑定，而一个标签只能属于一个 FEC。

4. 标签交换路径的层次结构

标签交换路径 LSP 还有**分层**和**堆栈**的概念。

1）LSP 的分层

分层是指构建一条复杂的 LSP 时，可以将其分层若干层，使其在最高层在形式上变成一个非常简单的结构，在某些情况下，会使 LSP 的管理变得较为简单。此外，在有些构建跨不同管理区域的 MPLS 网络的场合，通过分层管理，也可以对外屏蔽区域内的网络拓扑结构。

图 11-54 给出了一个分两层的 LSP 的示意图，其中上面一条虚线构成了 LSP 的第一层结构，形式上 LSP 是由 LER11、LSR12、LSR13 和 LER14 内建立的虚连接组成，由第一层的一组标签定义了该传输路径；下面的一条虚线则构成了 LSP 的第二层结构，这一层的结构由 LSR21、LSR22 和 LSR23 内建立的虚连接组成。

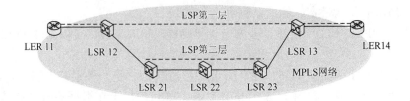

图 11-54 分层的 LSP 结构

2）标签堆栈

当 LSP 采用 n 层的结构时，标签也被分成了 n 层。当标记有标签的数据帧在 LSP 的第 m 层上传输时，相应地使用第 m 层的标签，此时 LSP 从第 1 层到第 $m-1$ 层的标签在第 m 层的入口处被压入标签堆栈内，在第 m 层的出口处，第 $m-1$ 层的标签再从标签堆栈中弹出。这里标签的入栈和出栈实际上物理上并不在一个地方，只是一个虚拟的堆栈，因为当数据帧在第 m 层中传输时，第 1 层到第 $m-1$ 层的标签都在这样一个虚拟的堆栈内，其中第 1 层的标签处在最底层，第 2 层的次之，……，这种方式与计算机中堆栈的工作原理非常类似。

在图 11-54 给出的两层 LSP 结构的示例中，假定在第 1 层 LSP 的 LSR12 与 LSR13 之间使用的是标签 Label1_23；而当数据帧达到 LSR21 时，标签 Label1_23 被"压入"标签堆栈内，在 LSP 的第 2 层的 2 段链路中，分别使用标签 Label2_12 和标签 Label2_23；而数据帧到达 LSR23 时，标签 Label1_23 从标签堆栈中"弹出"，重新放置在数据帧的前面；在 LSR13 中收到的仍然是从 LSR12 发出时的标记。

5. MPLS 的标签形式

标签（Label）是在第二层的数据分组（数据帧）前面为实现高速的分组交换而加入的标记，是一个简短且具有固定长度的标识符。标签只具有本地的意义，具有本地意义是指一个标签仅用在从源节点到目的节点的传输 LSP 路径中两节点的链路中，离开这两个节点，该标签不再具有意义。标签作为 LSP 途径某两个节点的一个标记，通常还隐含了在这两个节点和相应的链路中，预留了传输特定的业务的所需资源。标签通常很短且结构简单，这样在 LSR 中就可以通过硬件很快对数据分组进行判断处理，实现高速的分组交换。

前面已经提到，MPLS 协议和相应的技术，可以应用到已有的包括帧中继、ATM 和 PPP 系统中，当然可应用到专门针对 MPLS 开放的标签交换路由器中。当将 MPLS 协议应用到已有的系统中时，并不改变原有的数据帧或信元的结构和设备本身的交换方式，而是将原有数据帧和信元的首部，或者首部中的一部分，直接赋予标签的含义。当然一旦采用 MPLS 协议，则抛弃原有的系统中的信令系统或者控制机制，由标签分发协议 LDP 取而代之。因此，在利用原有的帧中继、ATM 和 PPP 等系统，来实现 MPLS 网络的功能时，具体标签的格式是不同的。当 MPLS 协议运行在 ATM 的硬件网络系统中时，直接利用信元首部的 VPI/VCI 作为标签。当 MPLS 协议运行在帧中继的硬件网络系统中时，则利用其帧首部控制域中的**数据线连接指示符**（Data Line Connection Identifier，DLCI）作为标签。上述的 VPI/VCI 和 DLCI 本身在原有系统中就是虚连接在某一段链路上的本地标识。由此可见标签也是一种逻辑的概念，并非简单地在第二层的分组中添加一个新的首部。

对于为 IP 报文传输设计的标记交换路由器中的标签，则对标签的格式做了专门的定义，这种标签称为**垫片标签**（Shim Label），其中的"垫片"一词用于形象地描述其短小紧凑。表 11-8 描述了 MPLS 协议运行在不同的硬件系统时，标签的含义。表中以太网是路由器最基本的接口，因此在标签交换路由器标签所使用的标签形式就是硬件系统为以太网时的形式。对于专门为 MPLS 系统定义的 Shim Label，其结构如图 11-55 所示。垫片标签只有 4 字节共 32bits 的长度，比 ATM 的信元首部的长度还要短，其主要包括：

（1）20bits 的**标签编号字段** Label，用于标记不同的标签；

（2）1bit 的标签的**栈底指示符** S，用于标识当前的标签是否是最顶层的标签；

（3）8bits 的**生存期指示符** TTL，用于避免数据帧在 MPLS 网络中因出现错误而无休止地循环传输；

（4）3bits 的**实验字段** EXP（Experiment），可用于进行某种实验时携带所需的信息或者留作未来使用。

表 11-8　不同硬件系统下 MPLS 的标签

硬件系统	标签
异步转移模式（ATM）	VPI/VCI
帧中继（Frame Relay）	DLCI
点到点（PPP）	Shim Label
以太网（Ethernet）	Shim Label

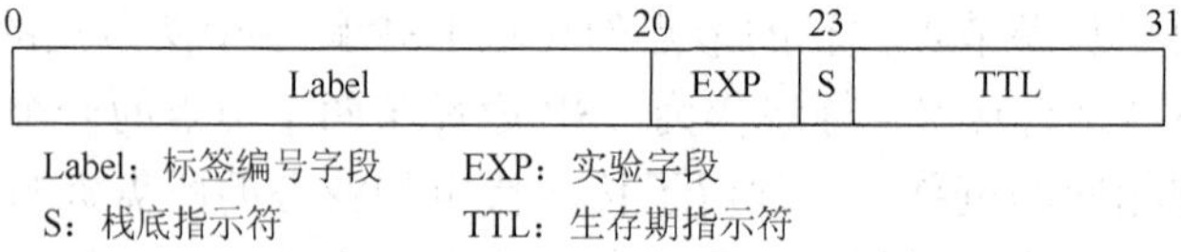

```
0                    20   23          31
┌──────────────────┬─────┬──┬──────────┐
│      Label       │ EXP │S │   TTL    │
└──────────────────┴─────┴──┴──────────┘
```

Label：标签编号字段　　EXP：实验字段
S：栈底指示符　　　　　TTL：生存期指示符

图 11-55　Shim Label 的结构

6. 转发等价类

在 MPLS 协议中引入了一种新的称为**转发等价类**的业务分类方法，有的文献也将转发等价类称为**前向转发等价类**。FEC 是 MPLS 协议的重要概念，是与标签绑定、构建特定 LSP 的主要依据。在 MPLS 协议提出之前，通常业务的类别是按照不同的业务对传输要求的不同来划分的。例如，ATM 网络中的 CBR、VBR_RT、VBR_NRT、ABR 和 UBR 等。MPLS 的转发等价类的分类方法，除了包含原来的分类方法外，还把原来的分类概念进一步扩大，FEC 对数据流分类的原则可以包括如下几个典型的方面。

（1）业务的传输服务质量要求：可以对不同传输服务质量要求的业务进行分类，使这些业务在经历 MPLS 网络或经历 MPLS 网络的部分区域时，得到相同质量的服务；

（2）业务的传输目的地：可将到达某个（终端）节点或某个网络的业务进行分类，只要是到达特定目的地的业务流，不管是什么具体的业务，均进入该业务类别；

（3）源与目的网络的结合：按照从某个源网络发往某个目的网络的业务进行分类，只要满足这样条件的业务流，均进入该类别；

（4）业务的服务质量要求与源节点、源网络、目的节点与目的网络等参数的结合。

目前已经明确定义可用于对业务分类的参数包括：地址前缀，如 IP 地址的网络编号；主机地址，如 IP 地址。实际上，就 IP 网上的业务来说，只要是可以根据 IP 报文中的 IP 地址、IP 地址中的网络编号、报文的协议号、报文的端口号等参数进行划分的业务流，理论上均可以用于定义不同的 FEC。这就为 MPLS 根据需要，预留特定的资源以构建不同传输通道提供了极大的灵活性。使得在 MPLS 网络中，比较容易地实现包括 QoS 控制、流量工程、拥塞管理、组播和 VPN 组网等各种主要的网络功能。

从 FEC 的定义来看，FEC 包含对**聚合流**处理的思想，在 IP 网中，服务质量的控制有基于 IntServ 和基于差分服务（DiffServ）两种方式。前者面向独立的单个流预留资源，在主干的路由器上难以应付维护众多独立流所需的复杂计算；后者基于同类业务聚合的流，但只能提供相对优先的服务。FEC 分类的方式与 LDP 的结合，可以在第二层的传输与交换系统中对聚合流提供具有资源预留性质的 QoS 保证服务。从某种意义上说，是 IP 网中综合服务与差分服务两种 QoS 控制机制的一种很好的组合。

FEC 的分类可以有很多种方式，可以是很简单的，也可以是具有综合性、比较复杂的。在 MPLS 系统的工作过程中，FEC 的这些分类操作都是在 MPLS 网络的 LER 上实现的，LER 在 MPLS 网络中，处于类似树状结构的网络的末梢树叶部分，数量通常远较网络中处于传输交换核心部分的 LSR 多。这样就相当于把大量复杂的工作分散到网络的边缘设备中，网络中的 LSR 只是负责高速的传输和交换，这不仅使得整个系统具有良好的性能，而且对设备综合处理能力的要求也可以大大降低。

11.2.3 标签分发协议

1. LDP

MPLS 本质上是一种在网络层面上面向连接的一种传输系统。与其他所有面向连接的系统一样，在数据分组的传输之前，需要先在网络中建立传输通道，在 MPLS 系统中这一传输通道就是前面分析过的 LSP。建立传输通道需要信令系统和相应的控制机制，LDP 实际上定义了 MPLS 网络中的一套信令系统和控制协议。LDP 确定的基本功能包括以下两个方面。

（1）MPLS 网络内各相邻节点间，如 LSR 之间、LSR 与 LER 之间的发现机制，从而可以在相邻节点间建立会话关系。在此基础上如需建立 LSP，即可协商和定义数据分组在传输过程的各种约定、要求和有关的规则。

（2）LDP 定义了如何实现标签与 FEC 的绑定关系；规定了标签的分发机制，包括标签的赋值、标签的请求、标签的分发和标签的维护等处理过程，以实现 LSP 的建立。

因为每一个特定的 LSP 都是由一组标签和 LSR 上的转发交换表来定义的，一旦为某个 FEC 建立了一个特定的 LSP，相应地就在沿 LSP 路径上的各个 LSR 上为该 FEC 预留了所需的传输资源。至于在 LSR 上如何预留带宽资源和进行交换的操作，是设备厂商的工作，LDP 没有规定具体如何实现。

2. LDP 的消息

LDP 定义的消息用于实现 LSR 之间、LSR 与 LER 之间的交互。LDP 的会话消息有以下几种。

（1）发现消息（Discovery Message）：标签交换路由器 LSR 通过周期性地发布发现消息，以告知相邻的节点其存在和有关的状态；

（2）会话消息（Session Message）：用于建立、维护和终结 LDP 会话；

（3）通告消息（Advertisement Message）：用于建立、修改和删除 FEC 对应的标签；

（4）通知消息（Notification Message）：用于发送出错通知和建议信息。

其中，发现消息采用 UDP 报文发送，因为发现消息是周期性发送的，一次没有正确接收可以等待下一次。其余的消息采用 TCP 报文的方式发送，以确保其可靠性。LDP 的消息均采用如图 11-56 所示的 TLV 编码格式，编码格式中的值域部分可以嵌套一个或者多个 TLV 格式的参数。

图 11-56　LDP 的消息编码格式

3. 标签分发过程协议的选择

标签的分发过程实际上就是一个虚连接的建立过程，这与 ATM 网络的连接建立过程或 IP 网中采用 RSVP 建立保证服务质量的传输路径的方法非常类似。因为 ATM 网络是与 IP 网不同的一套系统，ATM 网络采用的 PNNI 协议进行选路的方式也与 IP 网上的路由协议不同，而 RSVP 本身是基于 IP 网上的协议，直接采用 IP 网上原有的路由协议（如 OSPF、RIP 等）进行路径选择。因此在 LDP 的标签分发方式中，也可采用将经过修改后成为扩展 RSVP 的协议，作为 LDP 标签分发的一种方式。这主要通过在 Path 和 Resv 消息中增设标记请求、标记分发等信息单元来实现。此外，经修订后扩展的边界网关协议 BGP，也可用作 LDP 的标签分发。与此同时，IETF 也新定义了一种专门用于 MPLS 网络的标签分发方式。在实际系统中，具体采用何种标签分发方式，可根据实际的硬件和软件系统的情况和条件来决定。

4. 标签分配的驱动模式

标签分配的驱动模式是指如何促成标签分配的启动，即 MPLS 网络中特定的 LSP 的建立过程。目前主要有两种标签分配的驱动模式，具体如下所述。

1）控制流驱动模式

控制流是指某种控制信息或命令。控制流驱动是一种预设 LSP 的模式，即先根据要求建立从某处到达另外一处的传输通道，只要有相应的 FEC 数据分组到达，即可沿该 LSP 路径传输数据分组。控制流的产生可以有如下多种可能。

（1）**基于请求的控制方式**：当网络的管理系统收到授权用户的建立 LSP 的申请时，

可发送相应的控制命令,启动 LDP 的标签分配操作。

(2) **基于拓扑的控制方式**:如网络的拓扑发生变化或者某处出现故障,原来已经建立某些 LSP 需要进行路径的调整,此时可系统可自动触发启动 LDP 的标签分配操作。

控制流驱动模式属于预分配信道资源的工作方式,这种方式的优点是,控制的机制简单、数据分组的传输时延小,但灵活性受到一定的限制。

2)数据流驱动模式

数据流驱动模式是一种更为灵活的方式,只有当特定的数据流到达时,才发起标签分配的建立 LSP 的操作。数据流驱动模式为采用各种优化网络资源管理的调度算法提供了便利,从理论上来说,在 MPLS 网络中可以建立动态调整网络资源配置的方式。例如,可以根据对网络流量分布和拥塞的状况,为从某处发往另外一处的业务流建立特定的 LSP,同时在必要的时候可对 LSP 经过的路径进行调整。

5. 标签的分发方式

标签的分发方式主要分为上游标签分发和下游标签分发两种。这里上游或下游是指针对数据的流向而言的。

1)上游标签分发

上游的标签分发方式,适合于建立组播这类业务传输的 LSP,此时组播组的成员一般是处于被动状态的,不可能发起标签的分发,只能由上游进行标签分发的操作。

2)下游标签分发

下游的标签分发方式很大程度上继承了 IP 网中 RSVP 由数据流的接收方发起建立 LSP 的思想。下游标签的分发又可以分为以下两种。

(1) **下游自主标签分发方式**:通常由下游的 LER 主动发起标签的分发,这种方式一般用于建立相对持久的 LSP,如两个子网间的连接通道,此时不管当前有无传输业务,都会在 LSP 路径上的各个 LSR 内保留标签和转发交换表。

(2) **下游按需标签分发方式**:当收到上游特定的业务传输请求时,由下游根据需要发起标签分发和建立 LSP 的操作,当该项业务的传输工作结束之后,释放相应的标签和对应的 LSP 上的传输信道资源。这种方式适合用于短时通信的业务。

6. 标签分发的控制方式

有关标签的分发方式,还可以按有序方式或独立分发方式来进行分类,具体如下。

1)有序方式

在有序方式中,FEC 与标签间的绑定与构建 LSP 的消息是从 MPLS 网络数据流的入口或出口处的 LSR 发起的,并根据预定的顺序,从下游/上游 LSR 依顺序经 LSP 路径上的每一个 LSR,到达上游/下游的 LER,LSP 上的每个 LSR 只有收到相邻的 LSR 发来的 FEC 与标签绑定的消息后,才开始自身下一步的操作。

2)独立方式

在独立方式中 FEC 与标签间的绑定操作顺序没有严格的规定,每个 LSR 可以自主地进行。如果相邻的 LSR 间对于同一 LSP 如果出现标签取值上的冲突,LDP 定义了解决冲突的协商机制。

7. LSR/LER 中标签的保持方式

在 MPLS 系统中 LSP 的建立和状态的维护保持是依靠 LSR 间定期发布的有关标签绑定的 LDP 会话消息来实现的。显然在网络中承载会话消息的报文也存在丢失或者出错的可能性，对此 LDP 提供了以下两种标签的保持方式。

1）保守的标签保持模式

采用这种保持模式时，LSR 只维护有效的标签/FEC 绑定关系，一旦从相邻的 LSR 收到无效绑定关系的消息，则将其丢弃。这种模式有利于节省 LSR 的存储空间和处理时间。但这种模式没有办法适应前面提到的标签分发控制类型中的独立方式的工作模式，不利于网络拓扑变化时采用独立方式快捷地重构 LSP。

2）自由的标签保持模式

采用自由的标签保持模式时，LSR 即便收到暂时看似无效的标签/FEC 绑定消息，也尽可能地予以保存，以便稍后可能有用，因为这可能是采用独立方式的工作模式时相邻 LSR 发来的新的标签/FEC 绑定关系消息。可见采用自由的标签保持模式，有利于加速失效的 LSP 的重建过程，提高网络从故障中恢复的速度。

8. MPLS 网组播标签分发方式

MPLS 网络继承了 IP 网的 MRP，可以根据这些协议确定点到多点的组播路由树。在组播路由树确定之后，可以采用不同的方法为组播的 LSP 分发标签。

（1）**数据流驱动方式**：当组播的数据流到达组播路径上的某 LSR 节点时，该 LSR 自动地为下游节点分配组播 LSP 的标签；

（2）**控制流驱动方式**：当组播路径上的某个 LSR 节点收到下游节点申请加入某个组播组的消息时，为下游节点分配组播 LSP 的标签。

此外，还可以利用 RSVP 实现标签的分发。

11.2.4 MPLS 的路由方法

1. MPLS 中的路由技术

MPLS 是由互联网的标准化组织 IETF 制定的，其很大程度上是考虑如何实现网络第二层与第三层功能的有机结合，更好地支持 IP 的传输。因此，在路由实现上完全依赖现有 IP 网上的路由协议。这些协议主要包括以下几点。

（1）RIP；
（2）内部网关路由协议（Interior Gateway Routing Protocol，IGRP）；
（3）OSPF；
（4）边界网关协议（Border Gateway Protocol，BGP）；
（5）外部网关协议（Exterior Gateway Protocol，EGP）；

(6) 距离向量组播路由协议（Distance Vector Multicast Routing Protocol，DVMRP）；
(7) 协议无关组播路由协议（Protocol Independent Multicast Routing Protocol，PIM）；
(8) NHRP；

等等。在 MPLS 网络中要运行这些协议，相应地在网络中必须有一套支持这些协议运行的环境，如应保证在 MPLS 网络的 LSR 中，定期或不定期地交换路由信息。

2. 路由选择方式

路由选择方式是指，MPLS 网络中的 LSR 如何在现有的这些路由协议的基础上进行选路，对此 IETF 制定了以下两种路由选择方式。

1) 逐跳路由

采用逐跳路由（Hop-by-Hop Routing）的选择方式时，当 LDP 需要建立与某个 FEC 关联的 LSP 的会话消息到达当前的 LSR 时，LSP 通往目的地的下一跳链路选择的判断，由该 LSR 根据其自身路由表独立地作出。然后再将构建 LSP 的会话消息发往下一跳的 LSR，最终实现相应的 LSP 的构建。逐跳路由选择方式是目前 IP 网上路由器为报文选择转发输出端口的最基本和最常用的方法。

逐跳路由是一种分布式的选择方式，选择的路径随各个 LSR 上路由表的更新情况有一定的随机性，选路主要基于目的网络的编号（目的地址前缀）。逐跳路由难以与网络的负载均衡和拥塞控制等流量工程的操作关联起来，不易实现优化的 QoS 路由。

2) 显式路由

采用显式路由（Explicit Routing）选择方式时，如需要建立与某 FEC 关联的 LSP，根据系统采用的标签分发方式是上游标签分发还是下游标签分发，相应地由上游入口处的 LSR 或下游出口处的 LSR 确定 LSP 传输的路径，然后通过会话消息告知 LSP 途径的各个 LSR，并在此基础上进行标签的分发。

显式路由是一种相对集中式的源路由选择方式，LSP 路径可以由网络管理员依据某些条件来制定路由选择策略，这样就使得 LSP 路径的选择具有很大的灵活性。例如，将 LSP 的路径选择与流量工程和拥塞控制等结合起来，可更好地实现网络的负载均衡和获得优化的 QoS。显式路由的 LSP 路径也可以由入口或出口的 LSR 根据路由协议和相应的算法自动地创建，此时一般要求在 MPLS 上运行的是 OSPF 这种基于链路向量法类型的路由算法，因为采用这种路由协议的 LSR，才可能知道当前网络系统的拓扑结构。

11.2.5 基于 ATM 技术的 MPLS 网络系统

ATM 是通信领域中一种集大成的技术。ATM 技术与 MPLS 协议的核心思想有很多类似之处，但在 MPLS 协议提出之前，利用 ATM 网络传输 IP 报文采用的是一种叠加方式，两种系统有各自的网络协议和路由策略。按照前面介绍的 LANE、IPOA 和 MPOA 等 IP 与 ATM 结合的技术，网络在双重的网络全局地址和双重的路由协议下运行，其结果不是事半功倍，而是事倍功半。MPLS 协议的最大特点之一，就在于该协议可以在现有的包括帧中继、ATM 和 PPP 等系统的硬件环境下运行，同时在运行时保持了原来数据分组（帧）或信元结构的不变性。MPLS 协议与先进的 ATM 技术结合，有着特别重要的意义。

1. MPLS 与 ATM 结合的技术

MPLS 协议与 ATM 技术的结合，就是用 MPLS 协议定义的软件系统，包括 LDP、IP 地址和 IP 网络的路由协议，替代原来 ATM 网络中的 UNI/PNNI 信令系统、ATM 地址和 ATM 的 PNNI 路由协议；同时保留了原来 ATM 网络的整个硬件系统，以及与硬件系统密切关联的 ATM 信元结构及信元的交换方式。图 11-57 非常形象地描述了 MPLS 与 ATM 结合过程中发生的事情：将原来 ATM 网络中的 UNI 信令、PNNI 信令、PNNI 定义的路由方式及 ATM 的地址和相应的寻址方式，均抛进垃圾桶内；取而代之的是 LDP、IP 地址和 IP 的路由和寻址方式；但 ATM 的硬件系统保持不变。

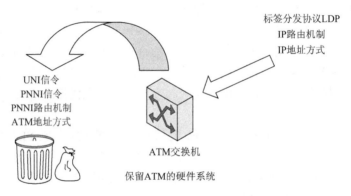

图 11-57　MPLS 协议与 ATM 硬件系统的结合

在 MPLS 协议与 ATM 技术结合的过程中，因为 ATM 本身是采用面向连接和以信元交换方式工作的，信元首部的 VCI/VPI 就是天然的标签。因此二者结合后并不需要在信元前面另外再增加一个新的标签。ATM 交换机中原有的软件系统在被基于 MPLS 协议的软件替代之后，ATM 交换机就成为 MPLS 的 LSR。

2. MPLS/ATM 系统的 LSP 建立过程

图 11-58 是一个由 LER 和 MPLS/ATM 结合的 LSR 的 MPLS 网络系统，MPLS 网络右侧的接入网络 A 与网络 B 希望构建一个到达左侧网络 C 的一个 LSP。假定采用下游有序分发标签的方式，由 LER4 发起显式由建立与到达目标网络地址为 C 的 FEC 绑定的 LSP。

（1）LER4 通过显式路由方式发起建立 LSP，携带具有一定 QoS 指标要求的请求和选定传输路径信息的会话消息首先被发送到下一跳的交换节点 LSR3；

（2）LSR3 判断本节点具有足够的资源可以支持建立相应的 LSP 后，将请求消息发往下一节点 LSR2；

（3）同理，LSR2 判断本节点具有足够的资源可以支持建立相应的 LSP 后，将请求消息发往 MPLS 网络边缘的路由器 LER1；

（4）LER1 启动标签分发操作，选定本地的标签 VPI=6/VCI=18，并向 LSR2 发送通告消息；

（5）LSR2 在收到通告并确认可采用标签 VPI=6/VCI=18 后，选择下一跳的标签 VPI=5/VCI=19，同时在内部的转发交换表中增加相应的表项。然后向 LSR3 发送通告消息；

（6）LSR3 做与 LSR2 同样的处理，选择下一跳的标签 VPI=23/VCI=14，在转发交换表中增加相应的表项。然后向 LER4 发送通告消息；

（7）如果 LER4 最后也确认标签的取值没有问题，最终就可建立起由网络 A 和网络 B 到网络 C 的 LSP。

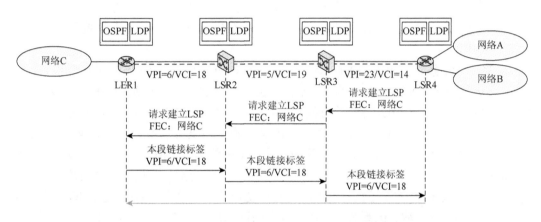

图 11-58　MPLS/ATM 网络 LSP 构建示意图

在关于目的地址为网络 C 的 FEC 绑定与沿该 LSP 传输路径的各段链路的标签绑定之后，由 A 和 B 这两个网络发往目标地址为网络 C 的所有 IP 报文，都会在 LER4 中转换为 ATM 信元，通过这个 LSP 被传输到 LER1，在 LER1 中重新组装恢复原来的 IP 报文之后，进一步发往网络 C 中的目的节点。

11.2.6　MPLS 技术小结

MPLS 是 IETF 为实现第三层网络间的路由和第二层高速传输交换良好结合而制定的协议规范。MPLS 综合了现有分组交换网络的许多优点，在继承 IP 网组网和路由方法的基础上，通过灵活的基于汇聚流的业务分类方法，可在网络中创建面向连接、适应不同应用需求和易于实现流量工程和拥塞控制的标签交换通道。MPLS 协议制定的标签交换方式，是一种逻辑的概念，其方法不仅可在专门设计的标签交换路由器上应用，也可以在现有的许多传输系统，如帧中继、ATM 等系统中应用，使这些系统能够以更高的效率，支持 TCP/IP。MPLS 的思想也体现在目前仍处于研究过程中的 SDN 系统中。

11.3 NGN 与软交换技术

11.3.1 NGN 与软交换技术的概念

IP 的广泛应用，光纤与宽带无线通信技术的发展，事实上已经使 IP 网络不仅可以传输原有传统电信和广电网络中各种类型的业务，同时可以迅速、便捷地开拓各种新的业务。尤其是随着 IPv6 协议的制定，其可能提供的巨大地址空间，使人们开始考虑应如何构建新一代的网络体系。本节所讨论的"下一代网络（Next Generation Network，NGN）"特指在 20 世纪 90 年代中，伴随 IPv6 协议的出现，人们提出的未来网络的构想。NGN 的许多思想，一直在不断地影响着人们对未来网络架构、网络协议和网络运行机制等方面的研究，包括近年来人们提出的有关 SDN 的协议和体系结构等方面的研究和技术开发。

NGN 的概念最早源于 1996 年美国政府和部分大学提出的下一代互联网（Next Generation Internet，NGI）（也称为 Internet2）的研究计划。由此带动了国际上许多其他国家、行业协会和标准化组织等机构开展对 NGN 的研究。NGN 到目前为止也没有一个统一的定义，泛指采用最新的传输技术、以 IP 为基础，可支持包括文字、图像、语音和视频等各类媒体业务的新一代网络体系结构。从传输网的角度，NGN 是以自动交换光网络（Automatic Switched Optical Network，ASON）为核心的光网络；从互联网的角度，NGN 是以宽带通信技术与 IPv6 为代表的 NGI；从移动通信网的角度，NGN 是以 3G（当时 3G 尚未部署）和其继续演进的系统；而从传统电信网的角度，NGN 则是以 IP 为基础的软交换综合业务网络系统。

ITU 在有关的行业协会和标准化组织对 NGN 大量研究的基础上，在 2004 年其发布的建议草案中给出了 NGN 的定义：NGN 是基于分组的网络，能够提供电信业务，能够使用多带宽，可确保 QoS 的传输技术。并且网络中的业务功能不依赖于底层的传输技术，NGN 能使用户自由地接入到不同的业务提供商，支持通用移动性，实现用户对业务使用的一致性和统一性。

从本篇的公用电话交换网的讨论中我们知道，传统的电信网络是以程控交换机及与其紧密关联的信令系统为基础构成的网络系统，通过信令的控制建立呼叫连接和提供服务，这种连接传输与控制密切关联，语音或数据的交换在程控交换机内通过严格设定的时隙切换进行，是一种"硬"的交换，不同的业务要有相应专门的传输与控制机制，系统设备的利用与信息的传输效率往往较低。NGN 采用分组传输的工作模式，传输与控制分离。分组的传输可以非常灵活，业务的数据分组在路由器或交换机内交换时并没有固定的时隙，甚至一个呼叫中的业务数据的不同分组可以通过不同的路径传输，呈现一种"软"的交换形式。当然，在采用软交换方式的同时，还能够保证高的传输效率和服务质量，这必须依赖新的通信技术来保证。

综上，从广义上说，NGN 泛指一个不同于现有网络的，采用大量先进技术，以 IP 技术为核心，同时可以支持语音、数据和多媒体业务的融合网络。从狭义上说，NGN 则特指以软交换设备为控制中心,能够实现包括语音、图像、数据和视频等多媒体业务的开放分层体系架构。该架构能够实现业务与呼叫控制分离,各功能模块之间采用标准的协议进行互通,能够提供多种接入方式,支持标准的业务开发接口的网络体系。在本节中主要讨论狭义的 NGN 和软交换技术。

11.3.2 基于软交换的 NGN

1. NGN 的体系结构与功能分层

一般认为,NGN 的功能由上到下可划分为应用层、控制层、传送层和接入层共 4 层。各层之间相对独立,通过标准接口进行交互,实现各种业务的传输功能和各类网络的融合。NGN 各层的主要功能如下所述。

（1）**接入层**（Access Layer）：将各类用户接入至网络,为终端提供各种不同的接入方式,这些接入可以是固定的或者是移动的；可以是窄带的或者是宽带的；其功能还包括实现用户侧和网络侧所需的信息格式的转换,以及实现网络边缘的控制信息交互。

（2）**传送层**（Transport Layer）：传送层主要由各种分组交换节点构成,提供用户业务数据和网络控制信息的路由和传输通道。

（3）**控制层**（Control Layer）：实现各种传输业务的呼叫控制功能。其中包括接入控制、资源调度管理和接续控制等有关的操作。

（4）**业务层**（Application Layer）：定义各种业务的类别、进行各种业务的管理认证和业务计费,为用户提供各种开放的、可编程的业务接口等。

2. 软交换系统的体系结构

软交换系统的体系结构主要根据 NGN 的功能分层来决定,如图 11-59 所示,各层的功能如下所述。

（1）**接入层**的信令网关可支持信令的转换,如 No.7 号信令网到 NGN 软交换系统采用的 SIP/H.323 信令间的变换。媒体网关则支持各种媒体编码格式的转换。集成接入设备可支持传统的各种网络设备的接入。终端接入设备则支持各种不同类型终端的接入。

（2）**传送层**的功能由分组交换机连接而成的网络来实现。分组交换网络在软交换控制设备的控制下完成路由传送功能。这里的分组交换机可以是高速的 IP 路由器、MPLS 路由器或者其他的 IP 交换设备。在传送层内,各种不同的业务种类的媒体数据被转换成统一的 IP 报文来传送。

（3）**控制层**在软交换系统中负责对传送网中的分组交换机进行资源的调度管理和业务的承载控制,实现用户认证、呼叫接入控制和路由等功能。

（4）**业务层**提供业务计费、安全及认证管理、各种业务的服务策略管理的功能,为第三方各种新传送业务服务的开展提供可编程接口。其中的策略服务器用于设定服务接入和资源使用的标准；AAA 服务器用于设定用户验证、鉴权和计费服务的方法和策略；而应用服务器则用于为软交换网络的各种新业务的开展提供应用编程接口（Application Programming Interface，API）。此外，业务层中的业务控制点则用于实现将智能网中现有的各种业务平滑地移植到 NGN 系统中。

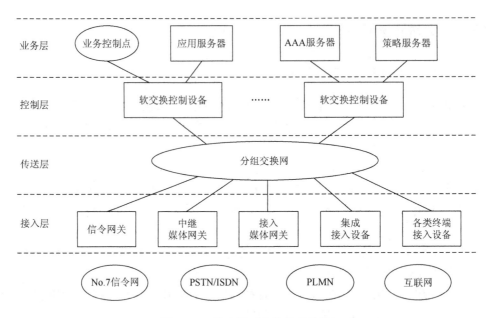

图 11-59　软交换系统的体系结构

3. 软交换的工作模式

软交换与传统交换工作模式上的区别可以通过二者间的对比来进行说明。图 11-60（a）所示的是传统的 PSTN 系统，传输与控制功能模块均位于各级的程控交换机内，这种功能模块通常是为专门的业务设计和服务的，交换通过硬件时隙交换矩阵实现。

图 11-60（b）所示的是软交换系统，业务传输由 IP 网实现；而传输控制则由软交换控制器来完成。软交换的基本设计思想是传输与控制分离，软交换系统的各个功能模块分离为独立的网络组件。各个组件可以按特定的功能进行划分，软交换控制器本质上是一个服务器，其软件系统的功能很容易根据不同业务的传输需求进行扩展。软交换的传输通过 IP 网来实现，IP 网在宽带高性能的路由器和 IP 交换机的支撑下，可以支持各种不同业务的传输要求。软交换的这种工作模式可以将网络的传输资源集中起来，通过标准的开放的可编程业务接口，方便地为现有的和未来的各种业务传输要求提供服务。

在现有的许多文献中将图 11-60（b）中的软交换控制器称为软交换设备，从功能上来说，它实际上是一个控制设备，携带业务数据的 IP 报文的交换过程实际上是在 IP 网上的路由完成的。在我国的《软交换设备总体技术要求》中将软交换设备定义为：分组网中的核心设备之一,它主要提供呼叫控制、媒体网关接入控制、资源分配、协议处理、路由、认证和计费等主要功能,并可向用户提供基本语音业务、移动业务、多媒体业务等传输控制服务。

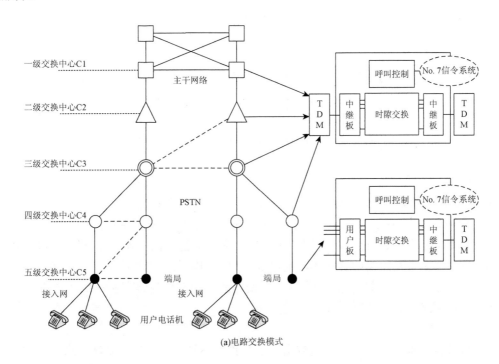

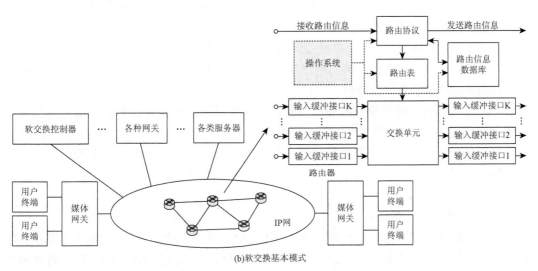

图 11-60 传统的 PSTN 系统和软交换系统

4. NGN 与软交换系统的主要设备

要实现 NGN 与软交换系统中的功能,需要包括以下设备。

1）软交换设备

软交换的过程实际上是在分组传输网中实现的，软交换设备主要用于实现软交换过程的控制功能。具体包括呼叫控制、媒体网关接入控制、资源分配管理、认证与计费等基本的业务功能。根据传输网中采用的不同技术，还可能包括传输路径的路由选择功能。

2）信令网关

传统的电信和移动通信网络采用 No.7 号信令和相应的 No.7 号信令网，NGN 和软交换系统则有其专门适用于 IP 网的 SIP 和 H.323 呼叫控制信令。信令网关可以对 No.7 号信令的消息进行转接、变换或者终结等处理。使得可在 NGN 与软交换系统中继续使用 No.7 号信令，实现传统的电路交换系统向软交换系统的平滑过渡。

3）媒体网关

同样的一种媒体业务，在不同类型的网络中传输时采用的编码或报文格式也可能有所不同，媒体网关可以完成这种格式间的转换，实现传统的电路交换的设备或者网络接入到 NGN，也可以通过 NGN 实现各种异构网络的融合。媒体网关主要有两类。

（1）**接入网关**：接入网关可以用于实现用户侧的语音和视频等多媒体信号编码方式与格式到分组网侧传输所需间的变化，也可以实现不同编码格式的终端间的变换；

（2）**中继网关**：中继网关用于实现传输的电路交换网络与软交换网络之间的互联，负责两种不同网络信息互通时媒体格式的变换。

4）综合接入设备

综合接入设备可用于提供包括数据、音视频等各种媒体信号的到软交换网络的接入。在用户一侧，可以是以太网、DSL 或者是传统的模拟用户接口等。要保证对综合业务传输的支持，综合接入设备应功能支持以下功能。

（1）**呼叫处理功能**：实现用户设备到软交换网络间呼叫控制信号的各种处理功能。例如，对于用户的模拟电话机，呼叫处理功能应能够实现将用户拨号的 DTMF 信号转换为软交换网络可辨认的数字信号等；

（2）**媒体控制与质量管理等处理功能**：可提供在进行媒体业务数据传输时对各种不同的编解码信号处理的功能，如编码输出速率根据可用带宽的大小作自适应调整的功能；特别是对于语音信号，需要有处理时延、丢包和回声等各种质量问题的功能。同时为了提高信道的效率，在发送端还需要具有静音检测技术，避免静音时段的无效数据的传输等。

5）软交换接入控制设备

软交换接入控制设备可实现软交换网络的边缘的业务汇聚，该设备具有安全防护、媒体管理和地址转换等功能，同时还可以提供用户信令和业务流的代理功能，用于对接入到软交换网络的不信任设备的接入的控制和其业务的控制。

6）应用网关

应用网关用于为第三方服务器提供标准的开放接口和统一的业务执行平台，其功能还包括应用的发现、注册、认证和授权等初始接入的控制功能。通过应用网关，软交换网络可以很方便地引入各种新的业务。

7）SIP 服务器

SIP 是软交换系统实现建立呼叫连接的信令控制协议。SIP 服务器与支持 SIP 的终端或 SIP 的各种代理构成软交换网络的信令系统，共同完成在软交换网络内建立呼叫连接的控制功能。

8）应用服务器

应用服务器可为软交换网络中的用户提供开展各种类型的服务或增值业务的平台，它可以通过 SIP 等控制协议实现业务请求、存储和信号处理和计算等资源提供的服务功能。

5. 软交换系统的主要特点

软交换系统的特点，主要包括以下两个方面。

（1）**模块化结构**。软交换系统在各种功能上采用了模块化的结构，实现了传输与控制分离，业务与承载分离。这种分离的结构方式使得各种业务均可以通过统一的分组交换网络进行传输，实现了网络综合业务的传输功能。同时传输的控制与具体的业务无关，不同服务质量要求的传输信道可以通过标准化的统一的信令系统来控制实现，从而避免了过去面向业务、复杂低效的专用信令系统和控制方式。

（2）**开放的体系**。在软交换系统中，各个网络组件采用标准的协议进行各种信息交互，实现互联互通。因此各个组件可以相对独立地根据功能扩展的要求进行发展。同时通过为第三方提供开放的各种服务业务开发的接口，可以快捷、方便地开拓各种新的业务服务和有关的应用。

11.3.3 软交换系统中的主要协议

构建软交换系统，需要一系列的协议规范。实际上这些协议规范，一开始并非是有意识地专门为构建一个称为软交换的网络而设计的。恰恰相反，随着 IP 网在通信的各个领域的发展，人们设计出了实现包括原有的网络功能和新的网络应用需求各种协议，这些协议大都是建立在分组交换和 IP 基础上的，正是这些协议的应用和发展，最终形成了软交换的概念和相应的网络体系结构。支撑软交换系统的协议主要可以分为 4 类：呼叫控制协议、媒体控制协议、业务应用协议和维护管理协议。

1. 呼叫控制协议

呼叫控制协议主要包括：SIP、H.323 和信令转换（协议）（Signaling Transport，SIGTRAN）等。SIP 和 H.323 在前面已经做过简要介绍。**SIGTRAN** 是 IETF 的信令传送工作组建立的一套在 IP 网络上传送 PSTN 信令（No.7 号信令）的传输控制协议。SIGTRAN 定义了一个比较完善的 SIGTRAN 协议堆栈。该协议栈分为网络层、传输层、信令传输适配层和信令应用层。其中网络层为 IP；传输层采用 SCTP，SCTP 是在 TCP 上进一步发展起来的支持多址多流的传输层协议；而信令传输适配层采用的 SUA、M3UA、M2UA、M2PA、IUA 协议和信令应用层采用的 TCAP、TUP、ISUP、SCCP、MTP3、Q931/QSIG 协议则完成继承了 No.7 号信令系统中相应的协议。SIGTRAN 保证了 PSTN 信令可以高效可靠地穿越 IP 网,通过软交换网络实现 PSTN 的互联;通过 SIGTRAN,也可以利用原有的 PSTN 信令实现软交换系统的信令功能。

2. 媒体控制协议

媒体控制协议主要有 MGCP 和 H.284/Megaco 等。

1)媒体网关控制协议(Media Gateway Control Protocol,MGCP)

MGCP 是 1999 年 IETF 制定的一个综合的媒体控制协议,包括三个部分:媒体网关控制器部分、信令网关和媒体网关。其中,媒体网关控制器对媒体传输的呼叫过程进行控制;信令网关用于连接 No.7 号信令网并对 No.7 号信令进行相应的变换处理;媒体网关则用对不同系统或终端间所要求的不同媒体格式进行所需要的变换。

2)H.284/Megaco

H.284/Megaco 是由 ITU-T 和 IETF 的 Megaco 工作组于 2000 年共同研究制定的媒体网关控制协议。该协议定义的连接模型包括"终端(Terminal)"和"上下文(Context)"这两个抽象的概念。终端是媒体网关中的逻辑实体,能发送和接收一种或多种媒体,在任何时候,一个终端属于且只能属于一个上下文。上下文可以表示时隙、模拟线和 RTP 流等。终端类型主要有半永久性终端(可对应 TDM 信道或模拟线等)和临时性终端(如 RTP 流,用于承载语音、数据和视频信号或各种混合信号)。可用属性、事件、信号和有关的统计值等表示终端特性。H.284/Megaco 同样定义了媒体网关控制器、信令网关和媒体网关的协议功能,同时比 MGCP 更简单,并且具有更好的灵活性和可扩展性,可以看作是 MGCP 的升级版本。

3. 业务应用协议

在软交换系统中具有代表性的业务应用协议是由 Parlay 工作组从 1998 年起开始推出的 Parlay 应用编程接口(Parlay_API),也称为 Parlay 规范。Parlay 工作组是由 BT、Ulticom、Microsoft、Nortel 和 Siemens 5 家公司联合发起成立的。制定 Parlay_API 旨在规范面向对象且独立于网络底层的业务控制协议。使得网络能够更好地为第三方业务提供商开发网络业务的各种应用提供标准的接口,便于使更多的网络服务提供者便捷地开发新的电信业务。Parlay_API 定义了两类接口。

(1)**框架类接口**:框架类接口提供了信任和安全管理、事件通知、完整性管理、业务查找、业务注册与订购等模块;

(2)**业务类接口**:每个 Parlay 业务都有一个业务管理的接口,当客户营销请求该项业务时,即可发送给相应的客户应用。

Parlay_API 定义了应用层上的呼叫控制、用户的认证和终端能力的交互、会话的连通性和消息传递服务、会话的管理和计费等功能。

4. 维护管理协议

软交换系统的维护管理协议主要采用互联网中已经获得广泛应用的简单网络管理协议(Simple Network Management Protocol,SNMP)。

11.3.4 软交换工作过程示例

本节通过一个简单示例，来说明软交换系统的工作过程。图 11-61 所示的是一个在 IP 网上通过软交换（控制器）（Soft Switch，SS）、媒体网关（Media Gateway，MG）构建的可实现 IP 电话功能的软交换系统，在 SS 和 MG 中运行的是 H.248/Megaco 媒体控制协议。

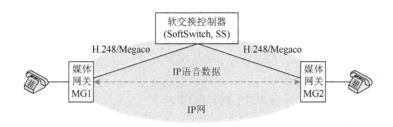

图 11-61　软交换工作过程示例

在 IP 电话可以呼叫之前，通常 MG 与 SS 之间要完成 H.248/Megaco 协议规定的初始化过程，完成网关的注册和各种系统工作参数的交互。完成初始化过程之后，需要通信的用户即可进入呼叫过程。假定连接 MG1 的某用户为主叫，连接 MG2 的某用户为被叫，呼叫的接续和通话过程中用户、媒体网关和软交换控制器间的信号交互关系如图 11-62 所示。H.248/Megaco 呼叫建立和释放流程如下。

（1）主叫摘机，MG1 检测到主叫摘机信息后，通过 Notify 命令将摘机事件报告给 SS。

（2）SS 回应 Reply 消息。

（3）SS 向 MG1 发送 Modify，命令 MG1 向主叫终端送拨号音，根据编号方案检测被叫号码，并监视挂机事件。

（4）MG1 回响应。

（5）用户拨号，MG1 收到第一位拨号号码，停送拨号音，继续接收被叫号码，直至可以识别出被叫为止，MG1 将收到的号码通过 Notify 命令报告给 SS。

（6）SS 回响应。

（7）SS 分析被叫号码，找出被叫端口，确定需在 MG1 和 MG2 之间建立承载连接，在 MG1 的关联域加入终端。

（8）MG1 回响应。

（9）SS 向 MG2 发送 Add，命令 MG2 创建关联域，并加入 TDM 终端标识和 RTP 终端。

（10）MG2 回响应。

（11）SS 将 MG2 的 RTP 接收信道地址及媒体格式通知 MG1，该事务处理包含两个 Modify 命令，一个是要求向 TDM 终端发回铃音，另一个是规定 RTP 终端的发送特性。

（12）MG1 回响应。这时，MG2 至 MG1 的后向通道已经建立，前向通道已保留但尚未建立。

(13) MG2 监测到被叫用户摘机,报告给 SS。

(14) SS 回响应。

(15) SS 命令 MG2 监视 TDM 终端挂机事件,并断开铃流。

(16) MG2 回响应。

(17) SS 通过 Modify 命令 MG1 停回铃音,并将 RTP 终端的媒体流模式改为"收发型"。

(18) MG1 回响应。

(19) SS 要求审计 MG2 上 RTP 终端的特性,即要求 MG2 报告该终端当前激活的检测事件、媒体特性等。

(20) MG2 报告审计结果,用户进入通话阶段。

(21) 设被叫用户先挂机,MG2 报告该挂机事件。

(22) SS 回响应。

(23) SS 通过 Substract 命令 MG2 删除终端。

(24) MG2 回响应,上报统计数据。

(25) SS 通过 Substract 命令 MG1 删除终端。

(26) MG1 回响应,上报统计数据。

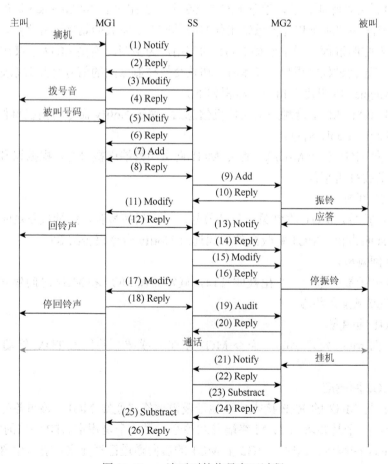

图 11-62 一次呼叫的信号交互过程

11.3.5 本节小结

本节介绍了 NGN 与软交换技术的基本概念，NGN 与软交换系统的体系结构和层次结构；讨论了软交换系统的主要设备、功能特性和特点；介绍了软交换系统的主要协议，并通过一个简单的示例说明了软交换系统的基本工作过程。

11.4 SDN

11.4.1 SDN 的概念

SDN 起源于 2006 年斯坦福大学的 Clean Slate 研究课题，2009 年，Mckeown 教授正式提出了 SDN 概念。随着网络规模的不断扩大，各种新的业务和服务的不断出现。在现有网络的基础上要适应这种新的应用需求，就需要在网络设备中不断增加具有新功能的有关协议和软件，这使得网络设备的软件系统变得十分复杂，导致网络的设备非常昂贵，同时网络的运行和维护的成本也很高，从而促使人们思考设计一种全新的、开放的和易于配置的网络系统结构。特别是此时，在 11.3 节中介绍过的 NGN 和软交换的系统中有关控制与传输、业务与承载分离的技术和方法已经经过了近 10 年的研究和发展，更为先进的 SDN 的思想由此应运而生。

SDN 又称为可编程网络，其主要思想和许多概念上继承了 NGN 和软交换系统中网络控制与数据传输相分离的思想和方法，在网元功能（Network Element Function，NEF）的划分上，将控制与交换单元进行更加彻底的分离，使得可以通过软件程序更灵活地配置网络，网络控制功能具备可编程特性。SDN 将网络控制功能集中管理，网络资源的管理和各种业务的路由选择均有网络控制器完成，网络中的交换设备只是负责分组的转发，使得网络中的各种设备能够更加专注于一种功能。由此得到的网络系统更便于升级和适应各种新型业务的需求。

SDN 中将数据与控制相分离的分层思想，借鉴了计算机系统的抽象结构，未来的网络结构将存在转发抽象、分布状态抽象和配置抽象这三类虚拟化概念。转发抽象剥离了传统交换机的控制功能，将控制功能交由控制层来完成；控制层需要将设备的分布状态抽象成全网视图，以便众多应用能够在获得全网信息的基础上进行网络的统一配置；配置抽象进一步简化了网络模型，用户仅需通过控制层提供的应用接口对网络进行简单配置，就可自动完成沿路径转发设备的统一部署。SDN 可以看作在充分继承原有先进的网络技术和方法的基础上，发展到一个新阶段的产物，虽然 SDN 目前并没有什么规模的应用，但 SDN 的设计思想，一定会影响到未来网络系统结构的研究和发展。

11.4.2 SDN 体系结构简介

1. SDN 的结构与功能分层

SDN 体系结构最早由开放网络基金会（Open Networking Foundation，ONF）提出，

该架构已经被学术界和产业界广泛认可。ONF 是一个推动 SDN 技术研究和应用的一个国际组织,主要的成员包括微软、谷歌、Verizon、思科、富士通、IBM、NEC、三星和惠普等 IT 行业的大公司。SDN 的体系结构可以从物理架构和逻辑结构两个方面来考虑。

1) SDN 的物理架构

图 11-63 给出了 SDN 的物理架构,该架构中的网元主要包含 OpenFlow 交换机和控制器,呈现简单和扁平的网络结构特性。

(1) **OpenFlow 交换机**。OpenFlow 交换机主要由**流表**(Flow Table)、**安全通道**(Secure Channel)、**交换矩阵**和**输入输出接口**等组成。其中的流表负责分组或报文的匹配及转发等操作,安全通道负责与控制器建立连接,而交换矩阵与接口则完成分组或报文在端口间的切换与缓冲功能。注意,这里的安全通道是一种依协议建立的虚通道,并不要求是一条物理信道。SDN 系统中的交换机被设计成一个仅完成分组或报文交换的设备,交换机间通过流表为不同的业务建立传输通道,而建立流表的策略、选路的机制和网络系统资源的配置全部由控制器来实现,由此完全实现了传输与控制分离的思想。

(2) **控制器**。SDN 中的控制器作为网络的调度中心,负责制定 SDN 网络的功能和管理策略,在网络的运行过程中收集网络的状态信息,根据网络的工作情况调度网络的资源。对于小型的网络,控制器可以是一个类似服务器的设备。而对于大型的网络,控制器可以是由一组服务器组成的控制系统,服务器间通过一个起协调器功能这样的设备/软件实现各个服务器间的信息交互和并行工作。因为 SDN 目前还在研究阶段,只是在某些公司内的系统中试运行,所以在 SDN 系统的网元中尚没有明确地定义类似 NGN 和软交换系统的中信令网关和媒体网关等支持现有各种业务传输和交互的设备。

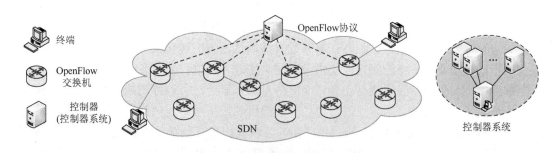

图 11-63　SDN 的物理架构

2) SDN 的逻辑结构

图 11-64 给出了 SDN 的逻辑结构,该结构分为基础设施层、控制层、应用层共三层。

(1) **基础设施层**(Infrastructure Layer)。该层主要由**网络设备**(Network Device)组成,目前主要定义的网络设备是支持 OpenFlow 协议的 SDN 交换机。它是保留了传统网络设备数据面能力的硬件,负责基于流表的数据分组转发,同时也承担网络状态信息的收集工作。在网络发展的过渡阶段，预计网络设备中还会包含类似软交换系统中的媒体网关和信令网关等设备。

（2）**控制层**（Control Layer）。该层主要包含 OpenFlow 控制器及网络操作系统（Network Operation System，NOS），负责处理收集到的网络的状态信息，根据应用层的策略进行具体的网络数据平面资源的调度管理、维护网络拓扑。控制器也是一个平台，该平台向下可以直接与使用 OpenFlow 协议的交换机进行会话；向上则为应用层软件提供开放接口，便于应用程序检测网络状态和下发控制策略。

（3）**应用层**（Application Layer）。该层由众多应用软件构成，这些软件能够根据控制器提供的网络信息执行特定控制算法，并将结果通过控制器转化为流量控制命令，下发到基础设施层的实际设备中。控制器中采用的 OpenFlow 协议、网络虚拟化技术和网络操作系统是 SDN 区别于传统网络架构的关键技术。

2. SDN 的主要特点

SDN 网络综合了分组交换网特别是软交换网络技术的优点，以及未来网络在发展过程中新业务不断涌现的需求和趋势，形成了一种新的体系结构。这种体系结构打破了传统网络设备制造商独立而封闭的控制面结构体系，使得各种网元能够更加灵活地进行组合，对于新的业务需求，网络设备所需要进行的改进很大程度上将集中在数量较少的控制器内，而这种变化将主要体现在软件的升级上，从而使得网络的运行维护大大地简化。SDN 的特点主要体现在以下几个方面。

（1）**数据面与控制面的分离**。简化了原来复杂、昂贵的网络交换设备，通过控制面功能的集中和规范数据面和控制面之间的接口，可实现对不同厂商的设备进行统一、灵活、高效的管理和维护。SDN 网络的控制功能只集中实现在控制层中的控制器，集中化的控制能够在获取全局的网络信息之后根据应用业务的需求进行相应的优化调配，如常见的负载均衡、流量工程和多租户应用等。由于 SDN 是集中控制的，在逻辑上还能将整个 SDN 网络看作一个整体，这样在进行网络配置和维护时将比传统网络的分布式管理更加方便与快捷。

（2）**开放网络编程能力**。SDN 以 API 的形式将底层网络能力提供给上层，实现对网络的灵活配置和对多类型业务的支持，进一步提高了对网络资源控制的精细化程度和利用效率。由图 11-64 给出的 SDN 架构图可知，SDN 具有开放的南向和北向接口。转发层需要在控制层的管控下工作，与之相关的网络设备信息和控制指令的传输都是通过南向接口实现的；而北向接口则是通过控制层向应用层业务开发的可编程接口，通过北向接口应用层可以操控转发层的底层资源。正是北向和南向接口的存在，才能在 SDN 中实现应用与网络的无缝集成，使得业务应用能够控制转发层的网络设备的运作以满足应用相应的需求，如业务的带宽要求、时延需求等。也正是 SDN 的开放接口特性，才能实现网络应用业务快速的迭代创新。

（3）**网络虚拟化**。SDN 开放的南向接口和北向接口，就像以前的 TCP/IP 一样，屏蔽了转发层的网络设备的差异，实现了底层的网络对应用层业务的透明化，也即实现了底层物理网络与逻辑网络的分离。这样的应用层的业务在操控转发层的网络设备时只需要考虑逻辑网络，而不受限于实际物理网络的位置等因素。

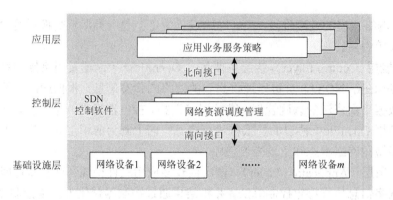

图 11-64 SDN 的逻辑结构

因为网络各种业务配置主要集中在控制器中以软件的方式实现，这不仅具有灵活的网络新业务的扩展能力，而且降低了设备，特别是交换设备升级配置的风险，从而可有效提高网络的运营效益，也可为网络运营商和服务提供商提供更好的业务创新平台。SDN 将传输控制、网络资源的优化管理，通过集中式控制的方式来实现，使得网络系统有可能从全局最优的角度来调度配置网络的各种资源。SDN 的这种工作模式，从安全的角度来说是存在许多风险的，网络系统的集中控制，使得控制器成为最容易被攻击的目标而导致网络系统的崩溃。如何有效地保证 SDN 网络的安全，目前仍然是一个开放的研究问题。

11.4.3 OpenFlow 协议

在 SDN 网络逻辑层的划分中，应用层到控制层的接口称为**北向接口**；而由控制层到基础设施层的接口称为**南向接口**。控制器到网络设备间的南向接口是上传状态信息，下传建立流表，对网络实施资源调度管理，保证系统运行的关键的接口。有关南向接口协议，若干国际组织提出了相应的标准或建议：ONF 提出了 OpenFlow 协议和 OF-CONFIG 协议，这两种协议具有兼容性；IETF 提出了 ForCES 协议；思科公司提出了 OnePK 协议，思科提出的协议与 OpenFlow 也具有兼容性。OpenFlow 是 SDN 中第一个使用的南向接口协议，目前受到学术界较为普遍的关注。此外，由于该协议需要改变现有的网络架构，不像 IETF 提出的 ForCES 协议与原来 IP 网的协议间有较好的继承性，因此 OpenFlow 最终能否成为 SDN 系统中真正获得实际应用的协议，还要假以时日才能判断。OpenFlow 协议主要定义了控制器与交换机之间的交互方式，交互过程可以运行在安全传输层协议（Transport Layer Security，TLS）或一般的无保护的 TCP 连接之上。

1. OpenFlow 协议的主要消息类型

OpenFlow 协议定义了控制器和交换机的接口标准，并制定了控制器和交换机之间信息交互的具体格式。OpenFlow 协议所定义的三种主要的信息类型如下所述。

1）控制器到交换机消息

控制器到交换机消息（Controller-to-Switch）均由控制器下交换机发出，这些消息的主要用于探测查询、配置和管理交换机。其主要功能包括：

（1）获取交换机容量信息，控制器通过发送该消息，向交换机查询了解其交换转发能力等性能方面的参数；

（2）查询和配置交换机参数，控制器可以通过该消息，查询了解交换机当前的系统配置参数，或对交换机的参数进行配置；

（3）管理交换机工作，利用该消息，控制器可以下发管理交换机工作状态的命令，具体可以包括添加、删除或者修改交换机当前的流表参数，对交换机的端口进行配置等；

（4）转发消息，控制器可命令交换机传递需要其转发的消息，指定某交换机从特定端口将消息进行转发。通过转发消息可以保证没有直接连接到控制器的交换机也可以实现与控制器的交互。

2）异步消息

异步（Asynchronous）消息是交换机主动发送给控制器的消息，主要用于交换机向控制器报告网络状态的变化。主要功能如下：

（1）向控制器转发数据报文，对于所有利用流表向控制器特定端口发送的数据报文，交换机都会产生异步消息以通知控制器；

（2）流表删除通知，当某个数据流从流表中被删除后，交换机需要将此信息通知控制器；

（3）端口信息变更通知，当交换机的端口状态发生变化时，通过发送该消息通知控制器，使得交换机知道网络的连接状态或拓扑结构状态发生了改变。

3）对称消息

对称（Symmetric）消息表明该消息可以由控制器发向交换机，也可以由交换机主动发送给控制器。该消息主要包括 Hello、Echo 和 Experimenter 三种消息：

（1）**Hello 消息**。Hello 消息是交换机与控制器建立连接进行初始化前，双方进行握手探询的交互消息；

（2）**Echo 消息**。Echo 消息中包括请求和反馈消息两类，收到 Echo 消息的一方必须进行回复，该消息可用来维护连接的工作状态，保证 OpenFlow 各类消息的可达性；

（3）**Experimenter 消息**。该消息主要是为 OpenFlow 交换机提供标准化的扩展接口，便于实现未来 OpenFlow 协议可能出现的新功能。

2. 流表

OpenFlow 协议是基于流来进行规则匹配和构建传输通道的，在 SDN 网络中传输特定业务流的传输通道是由流表来定义的。OpenFlow 交换机在工作时需要维护一个流表，交换机按流表进行数据转发。流表的下发、建立和维护均由控制器来完成。实际上，流表的概念并非是 SDN 或 OpenFlow 协议的首创，在所有面向连接的传输系统中，都包含流表的概念。在基于电路交换的 TDM 系统中,程控交换机内时隙的交换隐含有数据流的交换表;ATM 网络中的交换机内有构建虚连接的交换表;MPLS 系统的标签交换路由器中同样有标识等价业务类型的标签交换表。

OpenFlow 协议对此进行了扩展,给流赋予了更加广泛的概念。OpenFlow 协议流表的表项如图 11-65 所示,每个 OpenFlow 流表项由报头域、计数器和动作三部分组成。其中报头域的作用是数据包在转发时提供匹配项;而计数器的作用则是提供匹配流表项的数据包个数或比特数;最后的动作部分的作用则是指定当数据包与流表项的包头域匹配时需要执行的操作。

图 11-65　流表表项

1) 报头域

报头域用于当交换机接收到数据包时对匹配项与数据包的报头进行比较,若数据包的报头与某一流表项的包头域匹配,则更新该流表项的计数器并执行相应的动作。流表的包头域主要包含 12 个元组,具体如图 11-66 所示,包头域包含传统计算机网络的 OSI 七层协议中的数据链路层、网络层及传输层的配置信息,给出了可以用于定义流表的字段,其中包括以太网端口的物理地址、IP 地址、VLAN 的标签等。每个元组都可以是一个确定的值或者"ANY"以支持对该元组任意值的匹配。OpenFlow 的流表相比传统网络设备的转发表或路由表能支持更加灵活、更加细粒度和更加精确的匹配转发功能。

Ingress Port	Ether Source	Ether Dst	Ether Type	VLAN ID	VLAN Priority	IP Src	IP Dst	IP Proto	IP ToS	TCP/UDP Src Port	TCP/UDP Dst Port

图 11-66　定义流表的字段

2) 计数器

通过流表项的计数器,可以获取针对每个流表、每个数据流、每个端口或每个队列的统计信息,统计信息可以是匹配的数据包数、字节数或数据流持续时间等。计数器维护的统计信息可以用来实现负载均衡或流量工程等功能。

3) 动作

动作主要是指定当交换机接收到与包头域匹配的数据包时应执行的操作,OpenFlow 流表项中的动作不局限于传统网络设备的简单转发的操作,由于 OpenFlow 交换机无控制功能,所以在动作域需要指明更加详细的处理操作。如修改源 MAC 地址、修改源 IP 地址等。每个 OpenFlow 的流表项可以有零个或多个动作,若无指明动作将按默认动作——丢弃处理。一般 OpenFlow 流表项的动作可分为可选动作和必备动作两种。如表 11-9 所示,其中必备动作是每个 OpenFlow 交换机都必须默认支持的,而可选动作则不是每个 OpenFlow 交换机都支持的,故 OpenFlow 交换机拥有的可选动作需要通过 OpenFlow 控制消息告知控制器。

表 11-9 OpenFlow 流表动作列表

类型	名称		说明
必备动作	转发（Forward）	ALL	转发到不包含入端口的其他所有端口
		CONTROLLER	转发到控制器
		LOCAL	转发到本地网络协议栈
		TABLE	对数据包执行流表项执行的动作
		IN_PORT	从入端口转发出去
	丢弃（Drop）		对无指明动作的流表项，数据包若匹配则默认丢弃
可选动作	转发（Forward）	NORMAL	按传统网络设备进行转发处理
		FLOOD	按最小生成树从非入端口的其他所有端口洪泛
	排队（Enqueue）		交换机将数据包插入到某个端口的队列中去
	修改域（Modify-filed）		修改数据包的头部字段

当有数据报文经过 OpenFlow 交换机时，交换机首先会依据流表中的项对报文进行匹配，以确定对该报文的操作。若可以找到匹配的流，则按照预定的转发操作进行处理并更新该流的统计信息。若未找到可匹配的流，交换机则将到达的报文暂时缓存起来，同时将其第一个数据包送往控制器。控制器会根据报头的信息和网络的工作状态和资源状况，进行路由计算并生成新的流表表项，然后给相应的 OpenFlow 交换机下发该表项，交换机再按照该新的表项处理缓存的和后续到达的报文。

11.4.4 OpenFlow 交换机

1. OpenFlow 交换机的基本功能

按照 OpenFlow 协议运行的交换机就称为 OpenFlow 交换机。根据 SDN 架构的定义，SDN 交换机只负责简单的数据转发功能。OpenFlow 协议定义了 SDN 交换机作为 SDN 网络架构中的基础转发设备所应具有的基本功能及基本组成部分。图 11-67 给出了 OpenFlow 交换机的系统架构，OpenFlow 交换机的基本组成部分如下。

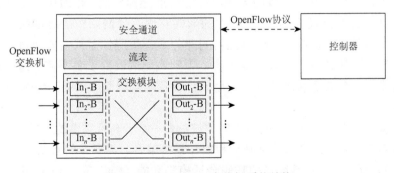

图 11-67 OpenFlow 交换机系统结构

（1）**安全通道**。OpenFlow 交换机都需要一个安全通道与外部的 SDN 控制器进行安全的交互通信，而安全通道上运行的就是 OpenFlow 协议，使用 OpenFlow 协议消息可以传递 OpenFlow 交换机与 SDN 控制器之间的设备状态信息及管理控制命令。

（2）**流表**。OpenFlow 交换机的数据转发功能是通过交换机中的流表实现的，流表中可能存在多个流表项，这些流表项可实现多个协议层、细粒度和高速的匹配转发。流表是 OpenFlow 交换机的关键组件。

（3）**交换模块**。交换模块提供 OpenFlow 交换机中的底层基础转发功能，为 OpenFlow 交换机的虚拟化和数据转发功能提供硬件支持。

2. OpenFlow 交换机报文匹配过程示例

当 OpenFlow 交换机接收到一个数据包后，将按照优先级高低的顺序依次去尝试匹配交换机中的流表，当有流表匹配后，将更新相应的计数器并执行相应的动作；对于无流表匹配的数据包会将其封装后转发到控制器。具体流程如图 11-68 所示。

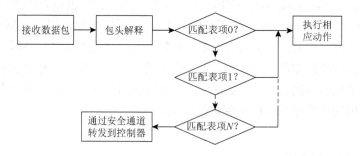

图 11-68　OpenFlow 交换机中的数据包处理过程

11.4.5　NFV

1. NFV

虚拟化是一个广义抽象的概念，就 IT 领域的资源利用来说，虚拟化就是将各种通用的硬件资源池化，从而可以根据应用的需求进行灵活的调用或配置。NFV 是基于 IT 的虚拟化技术，将现有网络设备的功能尽可能地通过标准的 IT 通用设备（如计算机、服务器或云计算的基础设施等），以软件的形式实现。使网络中的这些网元，以软件的形式部署在通用的 IT 设备上。要建立新的业务或升级服务，只需要通过加载相应的新软件即可实现，除非计算的资源需要扩容，否则底层的硬件设备不需要进行改变。对应网络运营商来说，较之于传统的基于专用硬件设备构建的通信网络，NFV 带来的好处可以归纳如下。

（1）**大幅度降低硬件成本**。电信级的传统设备，基于高可靠性的考虑，元器件的等级和电路板的制作要求都很高，并且硬件和软件紧密耦合，需要专门研制，因而成本很高。如可支持 100 万并发用户数容量的**呼叫会话控制功能**（Call Session Control Function，CSCF）单元和**归属地用户服务器**（HSS）等，其价格都为几百万元人民币。而采用 NFV

模式,由通用的服务器设备实现类似的功能,硬件的成本只有几万元,而其系统的可靠性则可通过普通服务器备份或云计算的方式来保证。

(2)**大大缩短新业务推向应用时间**。对于新的业务,如果采用传统的通信专用设备实施,受硬件系统开发的制约,硬件软件的研制开发周期约为 2 年。而采用 NFV 模式,业务的实施则主要取决于软件的开发,时间将缩短为几个月。由此可大大缩短新业务推广应用的时间。

(3)**快速调整服务区域的容量**。覆盖大服务区域的通信网络往往在工作的不同时段具有"潮汐效应",在正常的上班工作时间,企业、政府机构和商业写字楼等区域的通信业务量很大,但到了下班之后,则相应地会迅速下降;此外,在居民区或商场等地,则恰好相反。传统的方式通常是根据繁忙时刻的呼损来固定部署网元,显然资源得不到高效的利用,并且系统维护的成本很高。采用 NFV 模式,大量的网元通过虚拟的方法实现,因此很容易随时对网元的处理能力地进行灵活调整,实现系统的优化配置。进一步引入人工智能的管理方法之后,基本上不会增加系统的维护成本。

2. NFV 逻辑架构

构成 NFV 系统需要有支撑虚拟网元运行的基础设施,为虚拟网元提供服务的运营支持系统及业务支持系统。此外,还需要有调用和管理网元及协调上述各种单元的资源整体编排和管理控制单元。NFV 系统的逻辑架构如图 11-69 所示。

1)NFV 基础设施(NFV Infrastructure,NFVI)

NFVI 是指实现 NFV 所必需的硬件设施和有关的软件系统。硬件设施主要有服务器、存储设备及各种不能用软件实现的网络设备等。有关的软件系统主要是指运行在这些硬件上的操作系统,以及支持虚拟计算、虚拟存储和其他虚拟服务所需的软件。

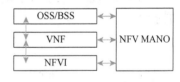

图 11-69 NFV 系统的逻辑架构

2)虚拟网络功能

虚拟网络功能(Virtual Network Function,VNF)类似传统网络中的设备,是以一个个单元的形式出现的,VNF 也称为**虚拟网元**。运行在 NFVI 上的特定网络功能软件,结合相应的基础设施,就构成了实现某种网络功能的 VNF。与同样软硬件组合的传统网元不同,VNF 是可伸缩的,其占用的 NFVI 资源可根据需要动态地进行调配,不仅效率高、部署灵活,同时具有更高的可靠性。

在 NFVI 与 VNF 之间,一般设有一种称为**虚拟监视器**(Hypervsior)的中间层软件,可以允许多个操作系统和应用程序共享一组基础物理硬件。

3)运行支持系统/业务支持系统

运行支持系统/业务支持系统(Operation Supporting System/Business Supporting System,OSS/BSS)是与传统电信网络对应的组件,主要由网络管理、运行维护、计费和客户需求服务等部分组成。对用户服务能力的数据由 OSS/BSS 下达到 VNF;同时有关网络运行状态的数据则由 VNF 上传到 OSS/BSS。

4）NFV 网络管理与编排系统

在 NFV 系统中，**编排器**（Orchestrator）、**虚拟网元管理器**（VNF Management，VNFM）和**虚拟设施管理器**（Virtual Infrastructure Management，VIM）统称为 **NFV 网络管理与编排**（NFV Management and Orchestration：NFV MANO）**系统**。

（1）**编排器**：负责对整个 NFV 系统架构进行编排管理和网络业务部署。编排器根据网管和 OSS/BSS 的部署要求，向 VNFM 和 VIM 发出实现网络功能部署的指令，通过 VNFM 和 VIM 完成虚拟机的创建和加载等工作。

（2）**VNFM**：作为 VNF 的管理单元，负责对 VNF 的实例化，具体包括实现资源配置、开启、容量扩缩、检测和终结等功能。

（3）**VIM**：根据 VNF 功能的要求，利用基础设施中的硬件和软件资源进行具体的调度配置，并对其运行进行相应的监测和管理。

3．NFV 的具体实例

下面列举一些 NFV 的实例来说明 NFV 的有关应用。

1）接入网络终端的 NFV 化

随着互联网各种服务和应用的增加，相应地会对终端的性能和配置提出新的要求，导致用户的终端要经常升级，对用户和运营商/服务提供商都会带来困扰。如图 11-70 所示，通过接入网络终端的虚拟化，可以尽可能地将需要升级变化的工作放到网络的**虚拟用户侧**中完成，既可以大大节省系统用于用户终端升级的维护成本，也可以很好地保护用户的硬件投资。

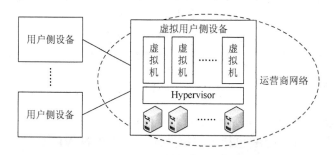

图 11-70 接入网络终端的 NFV 化

2）移动接入网络的 NFV 化

随着 4G 的普及应用和未来 5G 时代的到来，预计需要部署大量的小型基站，才有可能使得小区容量得到数量级的提升。功能完善的小型基站价格可达百万元，显然这种基站的广泛部署将使得运营商成本不堪重负。如图 11-71 所示的是一种移动接入网络的 NFV 化的方案，也称为**云化无线接入网**（Cloud of Radio Access Network，C-RAN）。C-RAN 将基带处理器，以及各种信号和信令处理从站点剥离，原来多个基站的这些信号处理功能集中在一个点或者网络的计算云资源中完成。传统的小型基站退化为分布式天线系统的射频单元，由此不仅可以大幅度降低传统专用网络设备的购置和维护管理成本，而且可以提升整个系统资源的利用效率。C-RAN 将有望成为未来室内移动通信系统设施部署的基本模式。

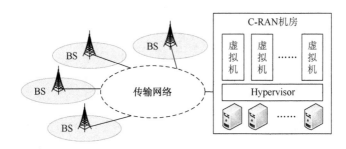

图 11-71　接入网络终端的 NFV 化

3）核心网的 NFV 化

前面已经提到，电信级的专用设备，通常价格昂贵，升级和扩容也非常不便。移动通信系统的**核心网**特指由**服务网关（S-GW）、移动性管理实体/GPRS 服务支持节点（MME/SGSN）、归属地用户服务器/归属地寄存器（HSS/HLR）、PCRF 和分组数据网关/GPRS 网关支持节点（P-GW/GGSN）**等功能组件构成的系统。如图 11-72 所示，核心网的 NFV 化可实现底层网络硬件基础设施与上层应用的解耦，使运营商可以根据网络的负载变化，实现动态的部署和容量的自适应扩缩。

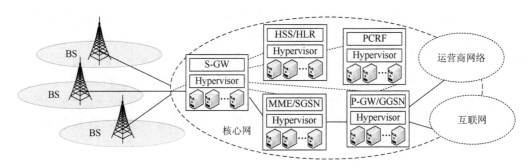

图 11-72　核心网的 NFV 化

4）数据中心的 NFV 化

数据中心是伴随互联网和云计算发展起来的一种服务器资源综合管理和集中优化利用的系统。传统的数据中心是一种服务器托管业务系统，附带地还有防火墙、负载均衡和 VPN 等增值服务，未来的数据中心的服务对象，既可能是传统意义上某个公司的存储和计算的服务器系统，也可能是各种行业的专门系统，如银行支持系统、移动通信信号处理系统、各种电商的销售系统、政府部门的行政管理支撑系统等。数据中心的 NFV 化（图 11-73）不仅可以充分发挥传统数据中心资源共享，降低维护成本的优势，同时可以便捷地进行提供服务容量的扩缩，实现业务服务的灵活编排或按需定制，此外，在包括防火墙、负载均衡器和 VPN 网关等辅助设施方面也可以实现虚拟化，从而保证数据中心高效率和高可靠性地运行。

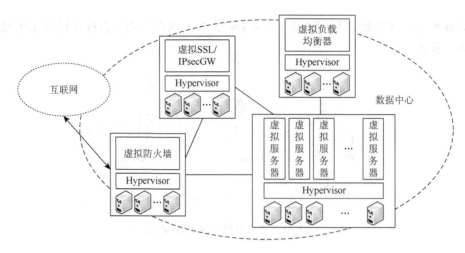

图 11-73　数据中心的 NFV 化

11.4.6　SDN 及 NFV 发展面临的主要问题

SDN 及 NFV 为未来网络技术发展提供了新的思路。但目前仍然有许多复杂的问题有待解决，其所面临的挑战主要包括以下几个方面。

1. 复杂性问题

SDN 网络的集中控制模式如何适应大规模的网络环境。大型通信网络拥有成千上万台网络设备，依赖基于分布式控制的路由器构建的 IP 网具有简单和强壮的特点，互联网得以形成可在世界范围运行的网络系统。而基于集中控制的 SDN，如何管理由大量物理交换机和服务器构成的资源池，并根据需要形成各种虚拟的交换设备并构造相应的网络，实现高效的资源配置，自适应调整和故障定位。尽管理论上可以划分出一个个相对独立的自治系统，每个自治系统由相应的控制器进行管理。对大型复杂系统的管理和系统间的协调，仍然有大量悬而未决的问题。

2. 安全和可靠性问题

IP 网因为采用了松散的分布式控制的组网方式，系统配置好之后，个别路由器的失效，甚至网管中心临时出现问题，网络可以照样运行，路由器中的路由软件有良好的自适应调整功能，出现故障时依然会最大限度地调整路由，保证网络的畅通。而对于集中控制的 SDN 网络，一旦控制器失效，网络很快就会面临崩溃。如何保证 SDN 系统的安全和可靠，如采用多控制器模式或控制器失效时可回到传统的分布式网络的状态的方案，还有许多问题需要研究。

3. 平滑过渡问题

通过有关 ATM 网络、MPLS 网络和软交换技术的讨论，不难发现 SDN 技术继承了现有网络技术的许多特点。从 IPv4 协议的网络过渡到 IPv6 协议的网络的经验来看，尽管同是 IP 网络，其出现的问题和面临的困难远超之前人们的想象，虽然已经经过了多年，现在依然还处在一个非常初步的阶段，甚至 IP 网是否最终会过渡到 IPv6 的网络，也出现了疑问。因此，要从现在 IP 网络几乎占统治地位的网络过渡到 SDN 网络，如何保护好原有的投资，必定同样会出现的各种困难和问题。

上述的这些问题，还有待于在今后系统实验和部署的过程中不断地研究和解决。

11.4.7 软件定义网络小结

SDN 是近 10 年以来兴起的一个新的网络技术研究热点，本节介绍了 SDN 的最基本概念和其体系结构。简要讨论了目前最受关注的 OpenFlow 协议和其特点，以及有关的流表的概念。介绍了 NFV 的有关概念和系统实现方案。SDN/NFV 是在继承现有网络技术大量成果和成功应用经验基础上的产物，SDN/NFV 中许多的关键技术目前来说仍然是开放的研究问题。即便不久的将来，有关 SDN/NFV 的网络协议趋于稳定和成熟，对于如何有效地汇聚 SDN 网络的状态信息，以及如何利用 NFV 的思想优化配置网络的资源，使得网络可安全可靠和高能效地运行，仍有大量的工作需要做。

思考题与习题

11-1 什么是同步转移模式，什么是 ATM？
11-2 ATM 网络有什么主要的设计目标？
11-3 ATM 技术有什么特点？
11-4 在 ATM 协议的参考模型中，层次是如何划分的？每一层中包含什么子层？
11-5 ATM 协议的每一层各主要实现什么功能？
11-6 为什么在 ATM 交换机之间有逻辑连接与物理连接之分，这些连接具体是指什么？
11-7 SDH/SONET 数据帧是以什么最小的比特单位来承载数据的？SDH/SONET 数据帧如何承载 ATM 信元？
11-8 ATM 信元有哪几种结构？ATM 信元的首部包含哪些参数域，这些参数主要起什么作用？
11-9 ATM 信元间如何实现定界？信元的同步算法具体是如何实现的？
11-10 ATM 的虚连接有什么类型，各有什么特点？
11-11 ATM 交换有哪几种方式？为什么要进行这样的划分？
11-12 ATM 业务有哪些主要的类别，这些类别各有什么传输要求？
11-13 ATM 业务类别的 A、B、C 和 D 类的抽象划分方法与 CBR、VBR-RT、VBR-NRT 和 UBR 等形象的划分方法有何对应关系？
11-14 AAL 有哪些不同的类型，这些不同类型的适配层有什么特点，分别适合于传输什么类型的业务？
11-15 什么叫 ATM 交换，一般如何实现？

11-16 ATM 交换机一般由哪些主要的软件和硬件模块组成？

11-17 ATM 交换机中的缓冲队列有什么样的主要排队模式，这些模式各有什么特点？

11-18 ATM 交换机的硬件交换系统有哪些主要的类型，各有什么特点？

11-19 ATM 交换机在进行电路交换的仿真时，有哪些不同的时序恢复方法，这些方法具体如何实现？

11-20 ATM 网络有哪几种主要的地址编址方法？

11-21 ATM 网络有哪些主要的服务特性参数？

11-22 不同的业务类型与这些业务参数之间有何关联关系？

11-23 信元在 ATM 网络中传输时，一般来说，最大时延和最大时延变化是如何估算的？

11-24 信元的差错率、信元的丢失率和信元的误插率是如何定义的？

11-25 影响服务性能参数的主要因素有哪些？这些因素具体与哪些性能参数有关？

11-26 ATM 网络的业务量管理主要有什么手段？

11-27 节制用户输入 ATM 网络的业务量的漏桶模型算法具体是如何工作的，漏桶模型有哪些主要的参数？

11-28 ATM 网络主要有什么类型的信令？

11-29 UNI 信令几大类消息，这些消息在虚连接建立和管理过程中主要起什么作用？

11-30 PNNI 信令有什么主要的功能？

11-31 对于复杂的 ATM 网络，PNNI 的组网一般采用什么样的结构？

11-32 在 ATM 网络中，基于 PNNI 的连接建立过程是如何实现的？

11-33 ATM 网络解决拥塞问题主要有什么样的措施？

11-34 采用 AAL5 工作方式，在网络拥塞需要丢弃信元时，一般采用什么样的优化策略？

11-35 采用 ABR 的服务方式时，如何实现反馈控制？

11-36 典型的 ATM 网络结构是如何组成的？

11-37 ATM 网络的 LANE 是如何实现的？

11-38 IPOA 如何解决 IP 在 ATM 网络上运行的问题？

11-39 MPOA 协议在 ATM 网络的基础上定义了网络元素，MPOA 可以解决什么问题？

11-40 MPLS 产生的背景是什么？为什么要将 IETF 引入 MPLS？

11-41 MPLS 网络一般是由什么网络元素组成的？MPLS 主要依靠什么协议支撑其运行？

11-42 LER 与 LSR 是如何组成的？这两种路由器在 MPLS 网络中主要起什么作用？

11-43 LSP 是如何构建的，LSP 有什么内涵，LSP 有哪几种主要的类型？

11-44 LSP 分层的概念是什么，LSP 采用分层的结构有什么好处？在 LSP 采用分层的结构时，标签堆栈是如何工作的？

11-45　MPLS 的标签为什么会有不同的形式，主要有哪些不同的形式和各有什么应用？

11-46　可以对 MPLS 的 FEC 进行何种不同的灵活划分？FEC 与标签绑定是指什么，FEC 与 LSP 有何种关系？

11-47　LDP 有什么主要的功能？

11-48　LDP 中有哪些主要的消息类型？不同的 LDP 消息各有什么作用？

11-49　LDP 的标签分配有什么样的驱动模式，这些模式各有什么特点？

11-50　LDP 的标签有什么样的分发方式，这些分发方式具体是如何操作的？

11-51　LDP 的标签分发有什么样的控制方式，这些方式有何不同？

11-52　LDP 有哪些不同的标签保持方式，不同的方式各有什么优缺点？

11-53　MPLS 协议继承了 IP 网的哪些主要的路由协议？

11-54　MPLS 网络在建立 LSP 时，有哪些不同的路由方式，这些方式各有什么特点？

11-55　ATM 技术与 MPLS 协议的结合有什么好处？在结合过程中时采用了各自的哪些技术？

11-56　试描述一个 MPLS LSP 的建立过程。

11-57　试从不同的角度，叙述 NGN 具体指的是什么网络。

11-58　NGN 如何进行层次划分，每层主要实现什么功能？

11-59　如何理解软交换系统的控制与传输分离、业务与承载分离？

11-60　NGN 与软交换系统有什么主要设备，其功能主要是什么？

11-61　主要有什么协议支撑软交换系统的工作？

11-62　SDN 网络与现有的网络技术相比，有哪些是相似的，又有哪些不同的特点。

11-63　SDN 网络主要由哪些网元组成，这些不同的网元各有什么功能？

11-64　试简述 SDN 的逻辑结构包含哪几层？每一层主要起什么作用？

11-65　OpenFlow 协议主要有什么类型的消息，这些消息各起什么作用？

11-66　SDN 的流表在 SDN 网络中主要实现什么功能，流表是在何处产生的，配置在 SDN 的什么网元上？

参 考 文 献

蔡木浮，2016. 软件定义无线网状网仿真平台构建与负载均衡技术研究. 广州：华南理工大学硕士学位论文.

杜治龙，1993. 分组交换工程（通信工程丛书）. 北京：人民邮电出版社.

龚向阳，金跃辉，王文东，等，2006. 宽带通信网原理. 北京：北京邮电大学出版社.

李津生，秋山稳，1993. 综合业务数字网与异步转移模式. 合肥：中国科学技术大学出版社.

李正茂，2016. 通信 4.0：重新发明通信网. 北京：中信出版集团.

林闯，单志广，任丰原，2004. 计算机网络的服务质量. 北京：清华大学出版社.

马丁·德·普瑞克，1995. 异步传递方式——宽带 ISDN 技术. 程时端，刘斌译. 北京：人民邮电出版社.

石晶林，丁炜，等，2001. MPLS 宽带网络互联技术（通信工程丛书）. 北京：人民邮电出版社.

邢秦中，1998. ATM 通信网（通信工程丛书）. 北京：人民邮电出版社.

徐培文，谢水珍，杨从保，2007. 软交换与 SIP 实用技术. 北京：机械工业出版社.

张云勇，刘韵洁，张智江，2004. 基于 IPv6 的下一代互联网. 北京：电子工业出版社.

赵学军，陆立，林俐，等，2004. 软交换技术与应用. 北京：人民邮电出版社.
Anonymous，2011-10-17. Stanford School of Engineering；Stanford's Clean Slate Program hosts Open Networking Summit with Founders of OpenFlow/SDN. NewsRx Science.
Black U，1998. ATM：Foundation for Broadband Networks. 北京：清华大学出版社.
Black U，1998. ATM：Internetworing with ATM. 北京：清华大学出版社.
Black U，1998. ATM：Signaling in Broadband Networks. 北京：清华大学出版社.
Chao H J，Guo X L，2002. Quality of Service Control in High-Speed Networks. New York：John Wiley & Sons，Inc.
Nadeau T D，Gray K，2014. 软件定义网络 SDN 与 OpenFlow 解析. 毕军主译. 北京：人民邮电出版社.
Newman R C，2003. 宽带网络. 戴琼海译. 北京：清华大学出版社.
ONF（Open Networking Foundation）. https：//www.opennetworking.org/.
Schwartz M，1998. Broadband Integrated Networks. 北京：清华大学出版社.
Stallings W，2003. 高速网络与互联网——性能与服务质量. 2 版. 齐望东等译. 北京：电子工业出版社.

第三篇　通信网络的管理与应用

　　本篇讨论通信网络的管理与应用。主要介绍通信网络管理的基本架构、工作原理和有关的协议；讨论保障通信网络安全的基本措施和方法；介绍互联网的各种典型应用和有关的协议；同时还讨论了未来将获得大规模应用的物联网技术、云计算与云服务；等等。

第12章 通信网络管理

随着互联网的发展及互联网时代的到来,网络互联的规模不断扩大,通信网络越来越密集,联网设备也趋向于多元化。联网设备的异构性、协议栈多样化及多制造商给通信网络的管理带来各种各样的挑战。为了更加有效地利用网络资源,合理分配和控制网络资源,为用户提供更加经济、连续、可靠和稳定的网络服务,需要大力发展网络管理技术。

12.1 通信网络管理概述

根据 ISO 的定义,**网络管理系统**是完成网络管理活动的信息应用系统。完整的**通信网络管理活动**和完整的**网络管理环境**必须包含三个部分:管理人员、管理工具和被管对象,其中管理工具又称为网络管理系统,被管对象又称为通信网。**网络管理活动**分为网络监测(Surveillance)和网络控制,其中**监测**是对网络运行状态的监测,管理工具通过收集和处理网络中的相关的网络状态信息,可以了解当前网络状态是否出现异常和故障;而**控制**则是调控网络运行状态,管理工具确定执行的指令并发送给通信网络后,对网络状态进行合理配置,为网络服务提供相应的性能。

网络管理的组织模型一般采用"域"的概念。域即指网络管理的作用范围或区域。当各种网络管理要素按照需求组合成一个集合时,被称为**管理域**。

1. 网络管理系统的管理模式

网络管理系统的管理模式通常有三种:**集中式管理模式**,是指在全网范围内仅有一个网络管理中心(Network Management Center,NMC),并且由网络管理中心对全网进行统一管理;**分布式管理模式**,是把整个网络划分为多个管理区域,每个管理区域均设置一个管理中心进行统一管理;**分级分布式模式**,则是前面两种模式的综合,它通常在分布式管理模式的各个管理中心上又设立一个管理下级管理中心的管理中心。这三种管理模式都有其利弊。集中式管理模式在"小"网络上表现良好,"小"网络指管理内容和传送信息量不大,网络地理分布较为集中的通信网络。而分布式管理模式则可以适应不断扩大的网络规模,在一定程度上解决大量信息送往集中的网络管理中心导致在其出入口处形成信息瓶颈等问题。分级分布式模式则可以使各个管理中心之间能够协调统一,更加适合于大规模的网络管理。

2. 网管组织形式

最基本的**网管组织形式**包括一个管理者和若干个被管代理。在一个管理域至少应有一个管理者和多个被管代理,当只有一个管理者时,管理者和代理是一对多的关系。但并不是每个代理都只能接受一个管理者的管理,当存在多个管理者和代理,并且有的代理同时接受多个管理者的管理时,管理者和代理就形成更复杂的多对多的关系。

12.2 网络管理的标准及协议

由于大量异构网络的存在,以及供应商提供的各个设备接口不一,网络管理面临着诸多挑战,国际上的许多机构和团体一直为制定网络管理国际标准而努力。其中最为著名的是**国际标准化组织 ISO** 和**国际电信联盟的电信标准分局 ITU-T**。

电信管理网(Telecommnication Management Network,TMN)标准由 ITU-T 定义。ITU-T 是通信领域中最权威的标准化机构,负责制定有关电信管理网的系列建议,主要包括 M、X、Q、G 系列建议。最早颁布的有关电信网管理的标准是 M.30 建议,是由 ITU-T 的前身 CCITT 在 1988 年制定的,随后完成了一系列有关 TMN 的建议,围绕电信网管理这一主题,形成了一套完整的建议(标准)系列。在制定网络管理标准上,ITU-T 和 ISO 通力合作,一方面,ISO 对有关 OSI 管理标准从更为一般性网络的层次上着眼,侧重于体系结构的构架。ITU-T 则直接将 OSI 标准加以引用,作为自己的 X.700 系列标准。另一方面,ITU-T 针对电信网络管理的特殊性,分别制定了 M 系列、Q 系列、G 系列用于电信网络管理的建议。

对于计算机互联网而言,实际上的国际标准是互联网国际标准制定组织 **IETF** 的因特网技术标准,其核心是网络管理协议。**网络管理协议**定义了网络管理者与网络代理间的通信方法,它的制定是为了避免不同厂商使用不同的方法收集网络状态数据而增加管理者较多的学习成本。

目前网络管理协议主要有 **CMIP** 协议(Common Management Information Protocol)和 **SNMP** 协议(Simple Gateway Monitoring Protocol)。前者是 ISO 针对 OSI 标准而设计的公共管理信息协议,与其 7 层模型相互对应,后者则是 IETF 发布的一种简单网络管理协议,目前 SNMP 已经得到数百家著名厂商的支持,成为了业界事实上的工业标准。

12.3 OSI 网络管理框架

目前大多数用户考虑的框架是 ISO 制定的 **OSI 网络管理框架**,它是国际上最早的网络管理标准,其管理协议是 CMIP,CMIS 则是其提供的相应的服务。

12.3.1 OSI 公共信息服务 CMIS

如前所述,**OSI 参考模型**有 7 个层次,而网络管理位于 OSI 的 7 层参考模型的应用层上。

OSI 网络管理协议是由 CMIP 和 CMIS 共同完成网络管理协议所负责的功能。其中 CMIP 是由 OSI9596 标准文本规定的公共管理信息协议,而 CMIS 则是由 OSI9595 标准文本所规定的公共管理信息服务。

1. CMIS/CMIP 体系结构

CMIS/CMIP 体系结构如图 12-1 所示。其中应用层的网络管理应用服务被定义于**系统管理应用实体**（System Management Application Entity，SMAE），公用信息交换的服务则由**公共管理信息服务元素** CMISE（Common Management Information Service Element）利用**联系控制服务元素**（Association Control Service Element，ACSE）和**远程操作服务元素**（Remote Operations Service Element，ROSE）提供。

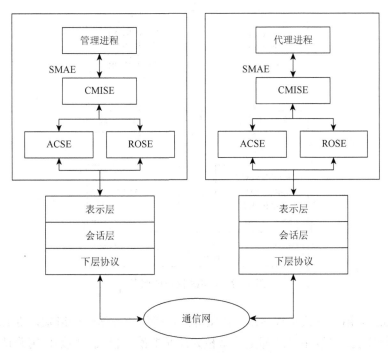

图 12-1 CMIS/CMIP 体系结构

2. CMISE 服务类别

CMISE 服务可以分为**联系服务**、**管理通知服务**和**管理操作服务**三类。用户要进行通信时所建立的应用联系就是由 ACSE 进行控制的。而**管理通知服务**则是用于通知的管理信息、被管理对象的具体规范定义通知及随后通信实体的行为。

CMIS 提供的服务如图 12-2 所示。

1）管理操作服务

管理操作服务是用于系统管理操作的管理信息。与管理通知服务类似，这里对于操作的定义及随后通信实体的行为依赖于执行操作的被管理对象的具体规范。

（1）M-GET。用于获取管理信息的有确认服务。该服务向对等用户发送一个请求，然后接受对方的响应。

（2）M-CANCEL-GET。用于取消上一次 M-GET 请求服务，要求在上一次 M-GET 请求被调用前终止响应。

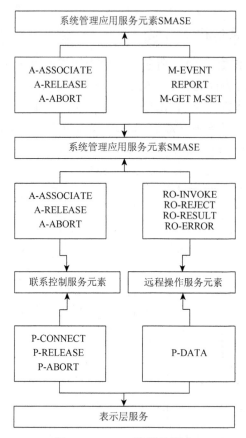

图 12-2　CMIS 提供的服务

（3）M-SET。用于修改管理信息。该服务向对等用户发送一个请求，要求对方修改被管理对象的属性值。可以主动选择是确认模式还是非确认模式，如果使用确认模式，对方将发回确认响应。

（4）M-ACTION。该服务在一个用户需要请求另一个用户（管理进程或管理代理）对管理对象执行一些操作时使用，有确认和无确认两种模式都可以使用。当使用有确认模式时，发方用户可以得到动作执行结果的回答。

（5）M-CREATE。用于建立新的被管对象的实例。该服务是有确认服务。

（6）M-DELETE。M-DELETE 服务正好与 M-CREATE 服务相反，用于删除被管对象的实例。该服务是一个有确认的服务。

2）联系控制服务元素 CIMSE

联系控制服务元素 CIMSE 建立联系的服务是通过调用 ACSE 来完成的。用于建立联系的服务有以下几种。

（1）**A-ASSOCIATE** 服务是有确认服务，用于在两个 CMISE 用户之间建立联系。

（2）**A-RELEASE** 服务是有确认服务，用于终止两个 CMISE 用户已建立的联系。

（3）**A-ABORT** 服务也是用于终止两个 CMISE 用户已建立的联系，但这是种强行终止的动作，不需要确认。

3) ROSE

远程操作服务元素 ROSE 提供 RO-INVOKE、RO-RESUKT、RO-ERROR、RO-REJECT 4 种服务。

（1）**RO-INVOKE**：用于调用一个远程操作；
（2）**RO-RESULT**：用于响应 RO-INVOKE 服务，表示操作已经完成；
（3）**RO-ERROR**：用于响应 RO-INVOKE 服务，表示操作未完成；
（4）**RO-REJECT**：用于拒绝 RO-INVOKE 服务。

4) 附加参数

附加参数主要用于链接操作和选择被管对象。其中**链接操作**是对一个有确认操作的多个响应，通过链接标志"Linked"将其链接到同一个操作中。对于施加在多个对象上的有确认的操作，当一个管理请求发出后，每个对象将返回一个响应，需要一种链接机制将这些响应链接起来，以便与请求相对应，这样就引入了链接。链接是由链接表示参数指定，该参数包括在每个响应和确认原语中。该参数值等于请求和指示原语中的调用标识符。而**选择被管理对象**则是当用户选择多个对象进行操作时，对象的选择需要满足一定的条件，这里主要涉及**划定范围**、**过滤**和**同步**三个概念。

（1）划定范围（Scoping）：通过引用被管对象的特定实例来定义，指确定要进行过滤的**基础被管对象**（Base Managed Object）。基础被管对象是选择过滤的对象的起点。根据包含和命名原则，被管对象形成一个层次型和树状结构。

（2）过滤（Filtering）：通过对上述划定范围内的对象进行运算，来进一步选择被管对象，是一个逻辑表达式。

（3）同步（Synchronization）：分为**原子方式**和**最大努力方式**两种。原子方式是若对多个对象的操作中只要有一个对象的操作失败，则所有的对象操作均不能成功。最大努力方式则是所有选择某种操作的被管理对象都进行这种操作。

12.3.2 公共管理信息协议 CMIP

公共管理信息协议 CMIP 在网络管理协议标准 ISO9596-2 中定义。它定义了网络管理中信息交互所使用的通信协议，在 OSI 的应用层的上半层运行。按照 OSI 的定义，CMIP 与 CMIS 共同使用，因此 CMIP 实际上就是对等的 CMIS 之间的通信协议。与 OSI 的各层协议一样，CMIP 定义了 PDU，PDU 的语法和语义按照 ASN.1 抽象语句的形式来定义。

CMIP 规定了 m-EventReport、m-EventReport-Confirmed、m-Get、m-Linked-Reply、m-Set、m-Set-Confirmed、m-Action、m-Action-Confirmed、m-Create、m-Delete、m-Cancel-Get-Confirmed 共 11 种 PDU。每个 PDU 最多由参数（ARGUMENT）、结果（RESULT）和错误（ERROR）三个部分构成。其中，参数项定义了发送方从服务原语中得到的操作参数，结果项和错误项则定义了接收方管理操作的执行情况。

为了描述 CMIP 的操作过程，以 M-Get 服务为例，操作流程如图 12-3 所示，具体如下所述。

（1）当管理应用需要得到某一被管理对象的参数时，调用 M-Get 服务，发出一个请求原语,交给公共管理信息协议虚拟机(Common Management Information Protocol Machine,CMIPM)处理。

(2)公共管理信息协议虚拟机按照 M-Get 请求原语中的参数,构造一个 M-Get 应用协议数据单元(APDU)。

(3)公共管理信息协议虚拟机调用 ROSE 的 RO-INVOKE 请求服务将 APDU 发送出去。

(4)接收方的 ROSE 在 RO-INVOKE 指示中将该 APDU 传送给对方的 CMIPM。

(5)如果响应方允许接收,CMIPM 向对方 CMISE 发出 M-Get 指示,它包括最初请求原语中的参数。

(6)响应方的 CMISE 向本地的 CMIPM 发出一个 M-Get 响应原语,原语中的参数由该操作标明,并提供被挂对象的请求信息。

(7)响应方的 CMISE 构造一个包含 M-Get 响应原语中的参数的 M-Get APDU。

(8)如果该操作成功,响应方的 CMIPM 用远程操作服务单元 ROSE 的 RO-RESULT 请求服务将 APDU 发回发起方。

(9)发起方的 ROSE 使用 RO-RESULT 指示将 APDU 传送给发起方的 CMIPM。

(10)发起方 CMIPM 给本地 CMISE 用户发送一个 M-GET 确认。

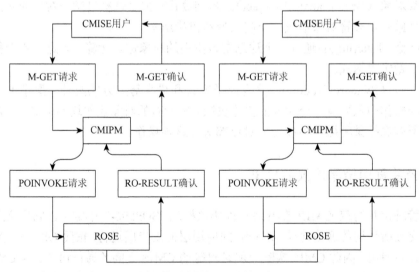

图 12-3 实现 CMIS 的处理过程

12.3.3 OSI 管理信息结构

OSI 的管理信息结构包括**管理信息模型**、**包含性与命名原则**和**被管理对象定义**三个部分内容,以定义各部分管理信息之间的逻辑关系。

1. 管理信息模型

管理信息模型确定了管理信息各个组成成分之间的相互联系,它规定了描述实体(如网络通信设备、软件设施等)特征的方法。OSI 网络管理信息模型主要是借助面向对象的方法。

1)基于面向对象设计的被管理对象

(1)**封装**：在被管对象类的定义中规定了对象边界可见的属性和操作。除非对属性、操作或通知做出规定去暴露某些操作，否则被管对象的内部操作在对象边界处是不可见的。封装必须维持对象的完整性，这要求通过向对象发送"报文"来完成所要执行的全部操作。

(2)**被管对象类**：每个被管对象类都包含程序包、属性、属性组和行为 4 个方面的内容。共享相同对象定义的被管对象是同一被管对象类的实例。

①**程序包**：是属性、通知、操作和行为的集合。程序包在被管对象定义中引用时，可规定为必有程序包和条件程序包，必有程序包在被管对象类所有实例中都具有，条件程序包只在符合特定条件的被管对象实例中存在。

②**属性**：是指被管对象具有的特征值。它可以确定和反映被管对象的行为。

③**属性组**：表示被管对象内的特定的属性的集合。

④**行为**：行为是指被管对象对公共操作所能做出的反应。

⑤**专门化和继承性**：被管对象类的专门化是通过把一个被管对象类定义为另一个被管对象类的扩展。在这种扩展中规定了新的内容，如增加了新的管理操作、新的属性、新的通知、新的行为及对原有被管对象类的扩展。**子类**是由一个被管对象类专门化而产生的被管对象类。相对于子类来说，用于专门化的类叫作父类。子类继承了父类的操作、属性、通知、程序包和行为。

2)系统管理操作

(1)**对象包括属性和操作**。管理操作是被管对象具有的操作。通过管理操作，可以获取或改变被管对象的属性，达到网络管理的目标。按照作用范围，管理操作可分为针对对象本身的操作和针对对象属性的操作两类。

(2)**面向属性的操作**。面向属性的操作的结果是改变对象属性的值，有以下 5 种。

①取属性值：读取对象的某一属性值。对应的 CMIS 服务为 M-GET。

②替换属性值：用一个规定的值替换指定的属性值。对应的 CMIS 服务为 M-SET。

③增加属性值：为某一属性增加一个指定的值。对应的 CMIS 服务为 M-SET。

④删除属性值：删除某一指定的属性值。对应的 CMIS 服务为 M-SET。

⑤设置缺省值：将制定的值设为某一属性的缺省值。对应的 CMIS 服务为 M-SET。

其中增加和删除操作的属性是指集合值属性。

(3)**面向对象的操作**。面向对象的管理操作的结果是改变整个对象的状态，而不仅仅是改变对象的某些属性。面向对象的管理操作有以下三类。

①创建对象实例：为该类对象创建一个新的实例。对应的 CMIS 服务为 M-CREATE。

②删除对象实例：删除被管对象实例本身。对应的 CMIS 服务为 M-DELETE。

③执行动作：执行指定的操作。对应的 CMIS 服务为 M-ACTION。

2. 包含性和命名原则

1)包含性

包含性指的是一个类的被管对象能包含其他相同或不同类的被管对象。被管对象包含在一个且仅一个**主含被管对象**内。主含被管对象本身可包含在另一个被管对象内。如图 12-4 所示，包含性可用有向图表示，该有向图的每个边（或箭头）指示从被含被管对象到主含被管对象的方向。

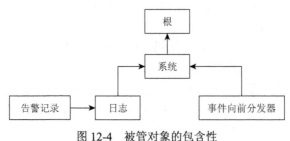

图 12-4 被管对象的包含性

2）命名树

包含性关系用来为被管对象命名。在某特定上下文内设定的名称是无二义性的；对管理而言，该上下文由主含对象确定。

（1）**从属对象**：按照另外一个对象命名的对象。

（2）**优先对象**：为另外一些对象建立起命名上下文的对象。从属对象由它的优先对象的名称和在其优先对象的应用范围内，唯一标识该对象的信息组合命名。

命名上下文本身可由另一命名上下文递归地加以限定，因此可将完整的命名结构图示为单根的级式结构，这种级式结构称为**命名树**。这样，优先对象就成为命名上下文，而且其名称就成为该上下文的名称。命名树的顶部叫作根，它是始终存在的一种零对象（即无相关联特性的对象）。某对象名仅需要在其优先对象的上下文内是无二义性的；在较宽的上下文内，其名称始终要受其优先对象名的限定。

被管对象的包含性、命名和存在性是密切相关的：只有其优先对象存在时，被管对象才存在；每个被管对象均具有名称，该名称是按照以上所述从相关的包含性中派生出来的。

3. 被管对象定义

被管对象的定义方法（Guidelines for Definition of Managed Objects，GDMO）提供了一种统一的方法描述命名结构及被管对象。其中命名结构的方法被称为模板。下面简介 GDMO 的各种模板工具。

被管对象类模板表达了类的各种动作特征及其节点位置，是被管对象类定义的基础模板。这里的节点指的是在继承树中的节点。至于相关参数满足的规范及对应的行为则是由**参数模板**确定。**命名约束模板**通过命名约束的方式为被管对象类中各被管对象实例定义可选择的命名结构，如果从属对象实例是通过属主被管对象（也是一特定被管对象类）或其他对象类（如目录对象类）的实例命名，命名模板通过命名约束以对象属性作为命名属性。

除此之外，当需要属性组时，**属性模板**中的属性类型定义会进一步结合形成**属性组模板**中的定义。被管对象类命名约束、参数和属性、动作和通知的行为部分则是由**行为模板**

定义。一个特定的动作类型相关的语法和行为则是由**动作模板**定义，通过 CMIS 的 M-ACTION 服务来执行。

12.4 电信管理网

为了实现跨平台跨系统跨异构网络的互通，定义相互认可的管理信息标准接口，电信管理网 TMN 标准由 ITU-T 定义，用于支持与电信网络有关的网络管理活动，提供一种有组织的体系结构，包括规划、供应、安装、操作和网络服务的管理。

TMN 与 OSI 都有着网络管理的相关内容，但是二者之间又有所不同。OSI 较之 TMN 的适用范围更广阔，所有的信息网络都可以采用 OSI 标准。但对于电信网络来说，TMN 比 OSI 更加具体和专门化，更加容易实现，而 OSI 更加偏向于理论模型的层面。

12.4.1 TMN 功能

1. TMN 的基本功能

TMN 的基本功能包括管理、通信和规划功能。

TMN 功能体系结构由一系列功能模块构成，通过组合各种功能模块来实现管理目标。其中**操作系统功能**（Operations System Function，OSF）主要负责电信功能的监控及协调，处理与电信管理有关的信息。**网络单元功能**则主要负责与 TMN 中的其他网元进行信息交互。**中介功能**（Mediation Function，MF），具有传递信息的作用，**工作站功能**（Work Station Function，WSF），它负责提供人机交互界面，使得网管可以更加简单地使用 TMN。**适配器功能**则实现了非 TMN 网元与操作系统功能的连接。

上述功能模块可以由以下几种模块化的功能构件组合而成：

（1）**管理应用功能**（Management Application Function，MAF）：它是除了工作站功能模块外所有模块都具有的构件，在整个系统中是处理管理者或代理的地位，是系统中管理业务的主要提供者。

（2）**报文通信功能**（Management Communication Function，MCF）：该构件的协议栈支持数据通信功能（Data Communication Function，DCF），同时兼容非 OSI 的第 7 层协议，并且通常关联了一个功能块的物理接口。

（3）**管理信息库**（Management Information Base，MIB）：它是一系列的被管对象，是管理信息的逻辑仓库。

（4）**信息转换功能**（Information Conversion Function，ICF）：该功能构件充当着一种转换器的角色，主要用于不同接口之间的信息模式的转换。

（5）**人机适配**（Human Machine Adaptation，HMA）：执行用户的授权操作，用户验证也在这个构件中运行，并且可以将管理应用功能的信息模式转化为标准电信网信息模式。

（6）**表示功能**（Presentation Function，PF）：用于将 TMN 有关的信息进行可视化的增删改查询操作。

为了描述功能体系结构中各个功能之间的关系,这里必须介绍的一个概念是参考点,它是指两个不重叠的功能连接处的概念点,即功能之间的接口。

TMN 定义了 q、x、f 三类 TMN 参考点及外界参考点:g、m。其中,q 参考点在操作系统功能、适配器功能、中介功能和网络单元功能模块之间;x 参考点在 TMN 之外的管理员和工作站功能之间;f 参考点在工作站功能和操作系统功能之间,工作站和中介功能之间;m 参考点在 TMN 之外的适配器功能和非 TMN 被管实体之间;g 参考点在 TMN 之外的管理员和工作站功能之间。

TMN 的数据通信功能 DCF 被用于交换信息,DCF 的主要任务就是提供信息传输机制,包括路由、中继和网络功能,相当于 OSI 参考模型的下三层功能。

2. TMN 的功能层

TMN 划分为 5 个功能层,由上至下依次进行介绍。

1) 网元层

网元层提供 TMN 所必需的网络管理代理功能。

2) 网元管理层

网元管理层(Element Management Layer,EMI)支持上层的功能抽象,同时存在着一组管理进程,响应下层的调用,负责管理所有的网络单元。网元管理进程的主要任务有:

(1) 控制和协调一组网络单元;

(2) 控制网关(中介)功能以使网络管理层能与网元交互;

(3) 维护有关网元的统计、日志和其他数据。

3) 网络管理层

网络管理层负责管理全部网元管理层推荐的网元,包括独立的和成组的网元,而不管某一特定网元服务的实际操作情形。网络管理层主要有三项基本职责:

(1) 在所负责的域内控制和协调包含所有网元的网络试图;

(2) 为用户提供支持网络的供应、停止和更改能力的服务;

(3) 与业务管理层交换有关性能、占用率和可用性等数据。

4) 业务管理层

业务管理层管理现有用户的合法业务,同时也考虑潜在用户的其他业务需求。业务管理层有 6 项基本职责:

(1) 提供面向用户包括认可的私营电信机构 RPOA(Recognised Private Operating Agency)的管理功能;

(2) 与业务提供者交互;

(3) 与网络管理层交流;

(4) 维护统计数据,如业务质量(QoS)数据等;

(5) 与事务管理层交流;

(6) 各业务之间的交互。

5) 事务管理层

事务管理层对整个企业的网络管理负责,以保证各项管理活动协调一致。

12.4.2 TMN 信息体系结构

TMN **信息体系结构**对于信息的组成成分及其各部分之间的关系有着重要意义。在 TMN 中，被管理的资源是采用面向对象的方法来描述的。每一个被管对象都必须是可管理的，并且都具有网络管理的特性，甚至可以说是一种抽象化后的概念视图，具备一定的管理功能。

电信网管理与一般网络管理的性质相同，也是一种信息处理应用。并且其所管理的环境一般是分布的，所以为了在管理进程之间进行信息交互，以监控不同网络及单元，网络管理系统一般也是分布的。

依据各自的管理职责，管理进程将扮演一种或两种角色：管理者和代理，如图 12-5 所示。

（1）**管理者角色**：系统中的主动方，主要发出各种管理操作的请求，同时接收被动方的报告。

（2）**代理角色**：将分析和处理管理者的请求操作，并负责处理被管对象的管理过程，在发生异常或者其他情况的时候有时也会向管理者报告。

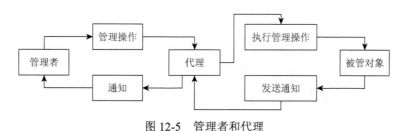

图 12-5 管理者和代理

信息体系结构的基本内容是信息模型。TMN 定义了一个对各个电信网是公用的信息模型，作为 TMN 的一般概念抽象，称之为**通用网络信息模型**。

通用网络信息模型采用了面向对象的方式，定义了 TMN 的对象类。定义是用 ASN.1 语言描述的。对象类分为网络、被管单元、终端点、交换和传输、交叉连接、功能域 6 部分。

12.5 互联网网络管理

互联网网络管理是对互联网网络资源包括计算机软硬件进行监视、测试、配置、控制与协调，其目标是保证整个系统运行性能的高效性、对外服务质量的优质性等。

互联网网络管理的标准由 IETF 发布，其核心是基于 SNMP 的管理框架。

12.5.1 基于 SNMP 的管理框架

SNMP 属于 TCP/IP 协议族。在网络管理中，点与点之间的信息传播方式及消息发送格式等均用它进行规定。

OSI 的"管理者—代理"基本管理模型在 SNMP 被用来监控互联网上的可管理的设备。基于 SNMP 的管理框架由**被管设备**（每个都含有一个代理）、**网络管理中心**（每个都含有一个管理者）和**管理协议**（SMNP 协议）三个要素组成。

管理者在 SNMP 模型中属于主动方，也就是所有的管理请求都是由管理者主动发起的，被管设备一直都处于等待状态，当接收到管理者的"取请求"或"设置请求"操作，被管设备就会对请求操作进行可行性分析，提供服务的代理，并且将请求信息转换为本地数据结构，执行相关操作，最终发布响应。而如果当陷阱报文（报文异常或预定义事件的报文）出现时，则主动方为代理，接收方为管理者，管理者在接收到陷阱报文之后，再视情况确定接下来的处理方式。

12.5.2 SNMP 参考模型

图 12-6 为 **SNMP 参考模型**，主要由互联网、管理协议、网络管理系统、被管设备 4 个部分组成。TCP/IP 管理协议集也在 SNMP 中被采用。

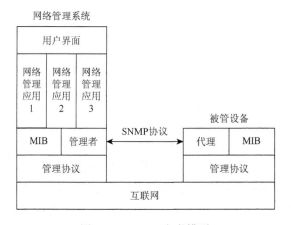

图 12-6　SNMP 参考模型

SNMP 作为参考模型中的桥梁，使得网络管理系统与被管设备相互联系起来，其中网络管理系统有 4 个主要部件：管理者（管理进程）、用户界面、网络管理中心的管理信息库 MIB、管理应用程序。

（1）管理者。指监视控制代理的管理进程。**管理者**具有向各个代理的 MIB 中的特定对象进行读写操作的权限。

（2）用户界面。主要用以对管理信息的性能数据展示、账务汇总、故障报告、拓扑关系可视化及清单配置等。

（3）网络管理中心的管理信息库 MIB。网络管理中心要控制每个代理的 MIB 变量，就需要网络管理中心的**管理信息库 MIB** 中含有本共同体中所有代理 MIB 的主清单，它通常位于本地数据库中。

（4）管理应用程序。**网络管理应用程序**集合了很多网络管理功能的应用程序，可以对管理信息进行轮询、设置和进行陷阱报文的处理等，同时也将 SNMP 数据转换成网络管理理用户可用的信息。

含有代理的网络设备其实就是被管设备。这里一般包含代理进程和代理的 MIB 两个关键的部件。其中代理进程除了发送陷阱报文报告预定义事件外，还有对管理进程合法性的检查、请求的接收及处理和响应。代理的管理信息库则是用户所关心的变量的集合。

12.5.3　SNMP 的管理信息结构

管理信息结构（Structure of Management Information，SMI）解决了 SNMP 管理信息的标识如何组织及构成的问题，它可被用来定义被管对象。按照 SMI 定义的 SNMP 被管对象的三个属性如下。

（1）**编码**：发送和接收报文及其所包含的被管对象全部用基本编码规则（Basic Encoding Rules，BER）来定义；

（2）**名字**：指被管对象的唯一标识符作为其名字；

（3）**语法**：抽象语法记法 ASN.1 定义了每一个被管对象的抽象数据结构。

SMI 提供了协议使用被管对象的模板和为 MIB 定义被管对象。

每一个被管对象都有一个名字即**对象标识符**（Object Identifier，OID），所有对象标识符形成一个树型层次结构。

SMI 还规定了 MIB 中被管对象的格式。在 MIB 中一般用通用模板来定义所有被管对象。每一个被管对象都有唯一并统一分配的名字。

12.5.4　SNMP

通过 SNMP 可以使得管理者可以读、写被管对象，还可以使用发送陷阱报文进行警示。总的来说，SNMP 是一种定义了高层管理框架所需的授权和鉴别机制、命令和响应的报文格式的应用层协议。

SNMP 的制定基于以下三项原则：

（1）最大限度地减少管理功能的数目和复杂程度，以最大程度降低代理开发费用，减少网络资源需求，减少对管理工具的格式及其开发工作的限制。

（2）设计结果应有良好的扩充能力，能够适应网络操作和管理的未来需求。

（3）体系结构应尽可能独立于其他网络设备、具体厂商及实现的细节。

所有按协议进行的通信都使用 SMI 定义的 ASN.1 子集。协议采用了 BER 的一个子集。UDP 被选定为传输协议以确保 SNMP 的简单性目标。出于对 SNMP 的可扩充性的考虑，实际上也正在使用其他传输协议，即便如此，UDP 仍然是推荐使用的传输协议。

1. SNMP 报文

SNMP 报文格式如图 12-7 所示。其中共同体名字段包括了用到的共同体名，它是字符串类型。当代理中保存有合法共同体名列表，它将对收到的报文的共同体名与自身所有的名进行字符串匹配。若共同体名字符串非法，则按照预先设置向管理者发出说明鉴别失败（Authentication Failure）的陷阱。

图 12-7　SNMP 报文格式

2. SNMP 交互方式

（1）取操作（Get）：**GetRequest** 代表取操作请求。为了获取管理对象的实例值，管理者可以发出取操作请求到代理的管理信息库中。整个过程如图 12-8 所示，管理者发出取操作请求的报文，代理接收请求并发送响应报文给管理者。

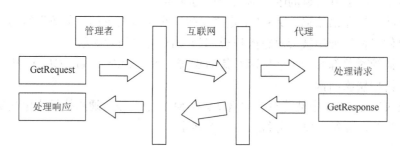

图 12-8　GetResquest-PDU 处理过程

（2）**取下一个操作**（GetNext）：这里的取下一个操作请求的报文除命令编号外其他操作、交互方式与格式都与取操作请求一样。

（3）**设置操作**（Set）：这里的设置操作请求的报文除命令编号外其他操作、交互方式与格式都与取操作请求一样。

（4）**响应操作**（GetResponse）：这里的取响应操作请求的报文除命令编号外其他操作、交互方式与格式都与取操作请求一样。

当任何一个取操作请求或者是设置操作请求被执行之后，代理就会发布响应报文到管理中心，再由管理中心进行字段校验和处理。

（5）**陷阱通知**（Trap）：当异常事件发生的时候，代理检查自身 MIB 中定义的对应的异常事件，负责向管理中心发送陷阱通知并进行协调，图 12-9 即为管理中心接收代理的陷阱通知并进行相应处理的流程。

3. SNMP 的操作过程

1）网络管理中心的协议操作过程

首先，产生 SNMP 报文的过程将会在管理应用程序当中被启动，这时管理者将会选择

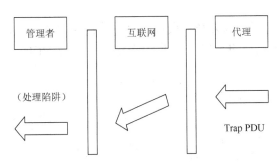

图 12-9　管理中心接收代理的陷阱通知并进行相应处理

数据报类型，编制变量列表，根据共同体名、版本号及请求 ID 新建 SNMP 报文。其次，应用程序会把生成的 SNMP 报文传送到运输层，由运输层完成 SNMP 报文的最终传输，此时管理中心也会记录下当前请求命令的标识号并启动计时器以防请求超时。如若代理有任何陷阱报文传送，管理中心接收并进行相应的处理。

2）代理的协议操作过程

代理进程在初始化后从 UDP 传输端口接收到 SNMP 报文，开始判断当前报文的格式是否正确，若不正确，则会丢弃报文返回等待状态；若格式正确则会进行版本号的校验。这个过程是通过调用解析程序完成的，目的在于尝试将 ASN.1 格式转换为内部兼容格式。上述检验通过之后，报文还需要通过鉴别功能模块的鉴别，若鉴别失败，代理则会发出鉴别失败的陷阱报文；若鉴别成功，代理才会分析报文信息并生成相应的响应报文。在生成响应报文的同时，代理需要对报文中的变量列表解码，若在这个时候发出故障则不会再发出陷阱报文而是将错误报告写入响应报文中，这部分差错信息通常会在差错状态和差错索引字段中指出。其中，解码功能模块被调用，对报文中的字段的顺序、长度、字段值及标签进行检查。当确认格式正确有效之后，代理会更进一步验证变量实例的存在与否，以及访问权限是否对应等，最终才对变量列表中的变量执行操作。最后，代理填充完响应报文后，进行编码，通过用户数据报传输服务，传送给请求的网络管理中心，然后进入循环"等待"状态。

12.5.5　管理信息库

管理信息库 MIB 是可以作为被管对象的一个总和。这里的对象都添加在了注册树上的相应位置，具有唯一的标识符，对象的定义主要来源于大学或研究机构，厂商或其他团体的专用对象，以及 IETF，等等。整个管理信息库其实是一棵树，每个对象标识符都位于层次结构中的一个位置上，并且每加入一个新的对象，整棵树就向下延伸，并且只有树的叶子节点才包含具有管理者可以访问的对象。

可以把 MIB 看作 SNMP 的所有对象组的集合——通常称之为 **MIB 空间**。图 12-10 抽象地描述了所有可能的 MIB 对象、某个特定网络管理中心可知的对象子集及任何一个特定代理可知的对象子集三者之间的关系。组是 MIB 中的一个部分，其中的被管对象表示被管网络设备中的某个特定组成部分。TCP、IP 和 ICMP 等都有相应的 MIB 组。

事实上，对于不同的网络设备通常都会有自己不同的 MIB 对象子集，子集中不同的

MIB 对象又有进一步分组，因为网络设备是由各种各样的部件组成的，并根据不同的用途来决定其组成，每个代理的 MIB 子集也经常称为单个的 MIB。

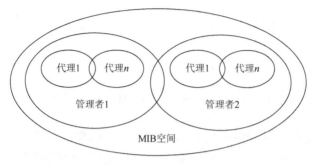

图 12-10 MIB 空间

SMIv1 已经用 SNMP 规定的 ASN.1 子集定义了 MIB 对象的格式，如图 12-11 所示。

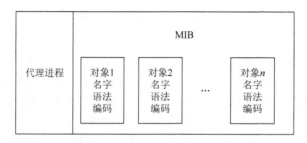

图 12-11 MIB 对象的格式

一个代理的 MIB 包含 n 个对象，而每个对象都有三个基本属性：名字、语法和编码。表 12-1 列举了一些常用 MIB 变量及其类别和含义。

表 12-1 常用 MIB 变量及其类别和含义

MIB 类别	类别	含义
sysUpTime	system	上次重启动的时间
ifNumber	Interface	网络接口数
ipDefaultTTL	ip	IP 的缺省 TTL 值
ipRoutingTable	ip	IP 路由表

12.5.6 SNMP 与 CMIP 比较

表 12-2 为 SNMP 与 CMIP 两种管理框架的对比情况，其中在花销上，后者主要是时间花销比较大，属于完全面向对象模型，分布式等级制的结构十分明显，如果在对应的软件和被管设备上运作也会带来较大的额外花销；而前者则是以简单易行的观念推出的，它

遵循"加上网络管理后对被管理的节点带来的影响必须最小,反映出了最小的共同特征"。

在通信方面,SNMP 采用无连接、不保证可靠的 UDP 传输服务。而 CMIP 采用 OSI 协议栈中面向连接、可靠的传输服务。

表 12-2　SNMP 与 CMIP 比较

特性	SNMP	CMIP
每个管理站管理的对象数	小	大
管理模型	管理进程和代理	管理进程和代理
被管对象的形式	简单变量,以 MIB 树组织	具有继承性的对象类
管理进程/代理交互	轮询,偶尔出现的陷阱	事件驱动
管理进程对被管对象的显式命令调用	无	有
安全	较弱	有
管理进程之间交换	无	有
成块传输	无	有
创建/删除被管对象	无	有
通信模型	数据报	基于会话
制定标准组织	IETF	ISO

12.6　网络管理的应用

12.6.1　网络监测

网络监测是指通过采集通信网络各个部分的信息使得网络管理系统可以检查各个联网设备的网络状态,这对于没有直接与终端互连的联网设备具有较为重要的意义。网络监测更多是特指整个管理过程中的信息采集部分,信息处理部分则是通过网络管理系统完成。

网络监测可以用以检查联网设备的网络状态,而**网络连接**则是网络状态的一个关键组成部分。它通常指网络中两个 IP 之间为传递信息而建立的一种状态。网络连接是否存在通常是通过 IP 之间是否发生信息交换或者有无数据包的发送和接收来确定。

在网络监测中,最重要的协议是 ICMP **网际控制报文协议**(RFC792),它可用于侦测远端主机是否存在、建立及维护路由资料、重导资料传送路径和资料流量控制等。ICMP 协议处于网络层中,ICMP 消息的自动发送会出现在发生 IP 数据报目标访问出错或者 IP 路由器在转发数据包时没办法依据目前的发送速率执行时,在主机和路由器之间 ICMP 的重要性尤为突出,控制信息的传递、错误报告及交换受限等内容都依赖 ICMP 进行交互。ICMP 报文类型如表 12-3 所示。

表 12-3 ICMP 报文类型

ICMP 报文种类	类型的值	ICMP 报文的类型
差错报告报文	3	终点不可达
	4	源点抑制
	11	时间超过
	12	参数问题
	5	改变路由
询问报文	8 或 0	回送请求或回答
	13 或 14	时间戳请求或回答

12.6.2 流量检测

流量监测对于流量计费、网络管理、故障监测有着重要的作用。网络中的流量往往在一定程度上展现出网络用户的业务行为特征,以及整个网络的整体运行情况,对于网络的优化、拥堵监测都具有一定的意义。当前的主要网络流量监测技术有 **SNMP 方法**、**NetFlow 方法及远程网络监测**(Remote Network Monitoring,RMON)。

1. 基于 SNMP 方法的网络流量监测技术

对于基于 SNMP 方法的网络流量监测技术,通常管理者都会是一个专门对流量进行处理和计算的服务器,又称之为计费服务器。在监测期间,路由器则充当着代理的角色,首先由管理者定期向代理发出 SNMP 请求,而后路由器将 IP 流量数据返回给管理者,再由管理者进行数据处理、数据格式转换、存储和统计。在这里代理不仅有普通的路由功能,同时也进行数据包的统计,当计费服务器查询的时候,实际上获得的是路由器存储在本地的 MIB。

这种流量监测技术对于"小"网络来说是简单可行的,但是具有一些较为明显的缺陷:主要是会影响网络带宽的性能及路由器的处理效率。这种性能的损耗主要来自于计费服务器的定时 SNMP 请求的发送,如果时间间隔过小,则会导致路由器发送指令太过频繁,影响路由器原有的路由转发功能;如果时间间隔过大,对于流量的统计又无法及时和准确。

2. 基于 NetFlow 的流量统计方法

Cisco 公司为了避免在进行流量统计的同时损耗网络自身的性能,提出了 NetFlow 技术,这种技术相较于 SNMP 的流量统计方法更加简便,而且效率较高,对路由器及带宽影响较小。但这种方法要求在计费服务器上配置 NetFlow 设备。实现过程是以针对每一个流统计流量,接着 NetFlow 再把统计结果一次性传输到计费服务器的监听进程,服务器接收到之后,再进行信息的整理和格式的转换。

3. RMON

在进行流量监测的过程中,网络监测器(Network Monitor)通常被设置在网络中的各个节点上,**RMON** 的概念便由此而生,它是在 NOC 进行网络重要参数统计数据的检测技术。各个网段都会有一个或多个远程网络监测设备进行监测,并且适时地与管理者进行交互。

IETF 发布了 RFC1757 和 RFC1513,分别对以太网和令牌环网的 RMON 进行了规范,形成了 RMONv1,显著地拓展了 SNMP 的功能。

图 12-12 是基于 RMON 的远程监测的一个配置实例,它是一个拥有 5 个子网的互联网。图的左下部的三个子网配置在一个楼内,另外两个子网是两个不同的远程站点。一个具有 RMON 管理能力的专门的管理站被连接到中心局域网上。另外两个子网的 RMON MIB 分别被配置到一个 PC 机上,这两个 PC 机专门用于进行远程监测。具有 RMON 管理能力的管理站被链接到 FDDI 骨干网上,称为设在本地的第二个网络管理站,最后,令牌环网(token ring LAN)的 RMON MIB 功能由连接该局域网的路由器完成。

在图 12-12 中,RMON probe 就是实现了 RMON MIB 的监测器。它拥有一个 SNMP 的 Agent,同时还拥有一个提供 RMON 功能的 RMON probe 实体,probe 实体具有对本地 RMON MIB 进行读写的能力。

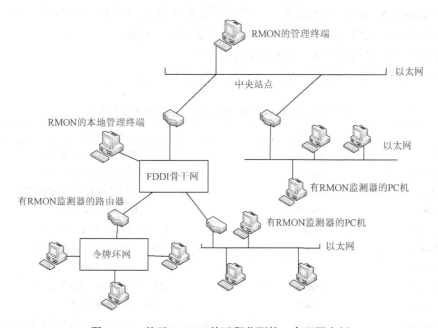

图 12-12 基于 RMON 的远程监测的一个配置实例

在一个管理域中,各个节点上配备的 RMON 设备可能来自不同的厂商。因此需要为与 RMON 设备通信建立公共的句法和语法标准。RMON 的句法也利用 ASN.1 描述,其管理信息结构与 SMIv2 定义被管对象类所采用的结构类似。

为了使管理站能够通过配置 RMON MIB 和设置其中的被管对象对 RMON 监测器进行控制,RMON MIB 采用了建立控制表的方法。原理上,对 RMON MIB 的一组监测功能有一个控制表,表中每一行对应一个子网的一种监测方法,包括监测的对象、周期、数据量等。控制表中的行由管理站建立、修改和删除。由于一个监测器可以为多个管理站服务,需要解决不同管理站的控制冲突问题,包括资源占用冲突、监测方法设置冲突等。

为此,RMON 中定义了两个新的数据类型:OwnerString 和 EntryStatus,进行(控制)表格的管理。前者用于定义标示行所有者的被管对象,后者用于定义标示行状态的被管对象。明确了表中行的所有者,就可以避免监测方法设置的冲突,使得非本行(本方法)所有者无权修改本行(本方法),从而不同的管理站可以相互独立地设置监测方法。有了表的状态,就可以动态建立、修改和删除监测方法。

具体地,OwnerString 通过 ASCII 字符记录所有者的标识信息,如 IP 地址、管理站名称、网络管理者名称、地址或电话号码对所有者进行标识。EntryStatus 类型对象的工作原理与 SNMPv2 中为了进行表的行建立和行删除操作而定义的 RowStatus 十分类似。

一个 EntryStatus 类型的对象在以下 4 种状态间转移。

(1)valid:状态值为 1,表示所在行处于可操作状态,即合法的管理者可通过 RMON 利用该行的数据;

(2)createRequest:状态值为 2,表示所在行处于创建状态,即某个管理者请求建立该行;

(3)underCreation:状态值为 3,表示所在行正在建立过程中,当行建立过程需要 Manager 和 Agent 之间交换多个 PDU 时,需要设置这种状态;

(4)invaild:状态值为 4,表示要删除所在行。

表 12-4 为 RMON1 MIB 包含的 10 个组及其基本功能。

表 12-4 RMON1 MIB 包含的 10 个组及其基本功能

组别	OID	功能描述
Statistics	rmon1	提供链路级有关性能的统计量
History	rmon2	收集和保存周期性统计数据
Alarm	rmon3	当收集的样本数据超过设定的阈值时报警
Host	rmon4	收集主机的统计数据
Host Top N	rmon5	计算指定统计量的前 N 个主机
Matrix	rmon6	收集有关主机对之间流量的统计量
Filter	rmon7	为了捕获想得到的参数进行过滤
Packet capture	rmon8	提供捕获通过通道的分组的能力
Event	rmon9	控制事件和通报的生成
Token ring	rmon10	对 Token ring 的流量进行统计、历史数据收集和保存等

RMON1 的应用对远程监控产生了非常好的效果,但是由于它仅面向 OSI 网络模型的第 2 层,因此又在此基础上开发了 RMON2,其管理对象为第 3 层到第 7 层。

RMON2 既定义了面向高层的 MIB,也对 RMON1 MIB 中 Statistics 组、History 组、Host 组、Matrix 组和 Fliter 组中的表进行了扩充。面向高层的 MIB 被组织成 10 个组,其内容如表 12-5 所示。

表 12-5　RMON2 MIB 包含的 10 个组及其基本功能

组别	OID	功能描述
protocolDir	rmon11	列出 probe 可监测的协议目录
protocolDist	rmon12	有关 8 位组和分组的相对统计量
addressMap	rmon13	接口的 MAC 地址向网络地址的映射
nlHost	rmon14	网络层来自和发往每个主机的流量
nlMaxtrix	rmon15	网络层每对主机间的流量
alHost	rmon16	应用层来自和发往每个主机的流量
alMatrix	rmon17	应用层每对主机间的流量
usrHistory	rmon18	关于告警和统计量的用户历史数据
probeConfig	rmon19	监测器的配置参数
rmonConformance	rmon20	RMON2 的符合规范

12.6.3　故障管理

1. 故障管理的基本概念

故障管理是一组对通信网及其环境的异常情况进行检测、隔离和修复的功能集。有以下几个概念需要详细说明。

（1）**故障**：故障是人们对服务中出现问题的感知，尤其是用户的感知。

（2）**告警**：告警是当检测到错误或异常状态时产生的特定类型的通知。

（3）**诊断**：诊断就是查找一个设备单元或软件的内在功能、性能上的故障。

（4）**测试**：测试就是查找网络资源中的故障。

故障管理分为 6 个功能组，其基本过程及各组相互关系如图 12-13 所示。

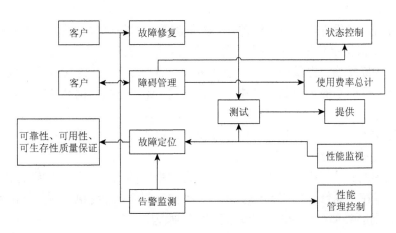

图 12-13　故障管理

恢复业务是故障管理的根本目的，其中寻找故障所在是根除故障的关键步骤，修复的及时性及有效性保障了整个系统的高可用性。除此之外，对于故障管理的有效性也存在着一些度量,这些度量是故障管理中必须收集和分析的重要指标,这对于系统的运行情况及网络资源的分配具有重要作用。

2. 故障管理的度量指标

故障管理的度量指标是**可靠性**(Reliability)、**可用性**(Availability)和**可生存性**(Survivability)。高可靠性、高可用性和强可生存性是系统稳定可靠运行的基础。

系统的可靠性是指该系统在一个给定时间段内、给定条件下实现用户请求的功能的能力。该技术指标通常用**平均无故障时间**(Mean Time Between Failures,MTBF)表示。

系统的可维修性是指该系统在给定的条件下、使用一定的程序和资源完成维护,重新获得或恢复到能够完成用户请求的功能的能力。该技术指标通常用平均维修时间(Mean Time to Repair,MTTR)表示。

系统的可用性是指在外部条件具备的情况下,该系统在给定的时刻或在某一时间段内任何时刻,能够实现用户请求的功能的能力。通常用可用度 XX.XXX%表示。

可用度与 MTBF 和 MTTR 是可以换算的,换算公式如式(12-1)所示:

$$A = MTBF / (MTBF + MTTR) \tag{12-1}$$

通信设备或系统对外界冲击的适应性,通常定性地称为可生存性、抗毁性。

3. 评判准则功能集

网络管理的可靠性、可用性、可生存性质量保证功能组就是建立评判准则。它包含以下功能集。

(1)**RAS 目标设置**:设置在一定时间内网络中断历时和频次的目标值,并使用户获得这样的目标值。

(2)**业务可用性目标设置**:设置在一定时间内业务中断历时和频次的目标值,并使用户可以获得该值。

(3)**可靠性、可用性、可生存性评估**:提供测量到的与可生存性相关的数据并与目标值进行比较,获得指定范围和时间内的各种测量的趋向表示。

(4)**业务中断报告**:提供进入业务中断报告的数据库入口,这种报告不仅应包括受影响的业务类型、受影响的客户数目及中断起止时间,还应包括指定区域在指定时间内的有关业务中断的统计。

(5)**网络中断报告**:提供进入网络中断报告数据库的入口。获得指定网络范围内(包括网元)在一定时间内的中断统计报告。

(6)**网元中断报告**:提供进入网元中断报告数据库的入口。当设备发生中断后,产生中断报告,并能在中断修复期间和修复之后进行更新报告。最终报告应包括故障设备的识别和定位、识别的类型、中断的起止时间和中断原因。

(7)**告警监测**:告警检测是一组对通信网进行与告警相关的事件或条件进行监视和/或查询的功能组。告警监测功能组包括告警策略、网络故障事件分析——包括关联和过滤、告警状态修订、告警报告、告警总结报告、告警事件标准、告警指示管理、告警日志控制、告警关联及过滤和失效事件的探测与报告。典型的告警监测管理过程如图 12-14 所示。

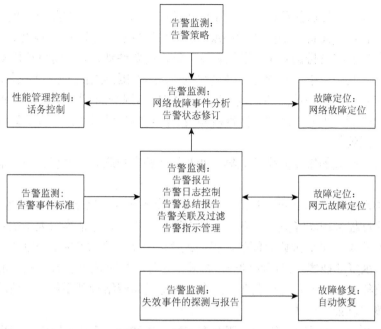

图 12-14 告警监测管理过程

进一步获取故障定位信息是一项经常需要做的工作,因为在很多情况下初始的失效信息并不足以进行故障定位,尤其是涉及网络层的故障时,网元难以定位,通常是这一步通过系统内部或者外接的测试系统执行,涉及启动进一步的故障定位例程。

4. 故障定位功能组

故障定位功能组包括故障定位策略、故障诊断运行、网元故障定位、网络故障定位和端节点参数和交叉连接信息证实 5 个功能集。

一般来说,故障大体可以由两类情况引起。

1)制造因素故障

由于制造原因造成的通信系统的故障:

(1)硬件故障:部件失效等;

(2)软件故障:程序错误、数据错误等。

2)外界因素故障

在系统运行过程中由于外界原因造成的故障,包括人为原因造成的故障和自然环境造成的故障。**人为原因造成的故障**有:人为破坏,如电子战、物理破坏、各种侵入、计算机病毒等;各种人为原因的差错,如系统扩容和调整引起的错误、误操作引起的数据丢失和错误等;**自然环境造成的故障**,如电磁干扰;自然灾害造成的物理损伤;环境条件变化引起的损伤,如温度、湿度。

故障修复功能组用于传送与故障有关的数据,并控制用冗余资源替换已经发生故障的设备或设施。该功能组包括**网元故障修复、与客户有关的修复安排、维修派工管理、修复过程管理**和**自动恢复** 5 个功能集。

(1) **网元故障修复功能集**：这个功能集就是在故障发生时，按照故障校正预案，用热备份网元或热备份单元替代故障的设备或单元，另外也包括故障单元隔离等功能，具体功能为自动恢复功能将备份的业务、系统和设备等预留资源切入，并将自动恢复结果报告给网络管理系统。其中对于一个服务，热备份处理功能完成初始化或终止执行热切换过程。对于一个系统就是热备份单元的切换，并尽可能保证对业务的影响最小。而重新构造功能就是在发生故障后，通过一系列手段重新构造、恢复服务或系统，并将重新构造的结果报告给网络管理系统。

(2) **与客户有关的修复安排功能集**：涉及与业务客户联系，并以客户为前提安排派工等操作。

(3) **维修派工管理功能集**：建立工单，支持设备修理、网络增容、业务开放等操作。

(4) **维修过程管理功能集**：建立维修过程管理数据库，包括维修人员的技术水平、工作单位、维修成本及平均维修时间等，保证维修的有效性和高效率的时间安排等。

(5) **自动恢复功能集**：在探测到一个故障，并且清晰辨识出包含该故障的最小的设备单元后，使故障的设备单元退出服务，并将此信息通知网络管理系统。该功能集还应提供禁用和自动恢复功能的能力。

测试可以采用两种方式：第一种测试方式称为**内测试**，就是说网络管理系统命令某个网元对电路和设备的特性进行分析，并将分析结果自动向网络管理系统汇报，这种测试方式全部在网元内完成；另一种测试方式称为**外测试**，网元只需将网络管理系统连接到它所要测试的电路和设备上，不用提供其他消息，整个分析过程在网络管理系统中完成。测试包括的功能集有测试点选取策略、业务测试、电路选择与故障相关性定位测试、测试序列选择、网络接入控制和恢复测试、接入配置测试、电路配置测试、网元测试控制、结果和状态报告、接入通路测试管理和接入测试。

一旦网络管理系统按照预先的设备探测并确认存在一个故障，就产生一个**故障单**（Trouble Ticket）；操作人员确认存在一个故障，就填写一个**故障报告**（Trouble Report）。故障管理涉及对故障单和故障报告的传送、故障的进一步研究和故障的清除，并应让操作人员了解当前业务状态和故障清除过程。故障管理包含故障报告策略、故障报告、故障报告状态改变通知、故障信息查询、故障单创建通知和故障单管理6个功能集。

12.6.4 流量管理

流量管理是基于网络的流量现状和流量监控策略保障关键网络应用，包括识别分类数据流，进行流量监控及相关优化。由于互联网的规模不断扩大，网络内外的情况越来越复杂，协议、标准与应用的数量也随之不断增长，这使得对于整个网络的调控更难，各项服务的优化更加是步履艰难，而流量管理技术就是针对上述问题而提出的。流量管理技术包括流量分类、流量控制和流量工程三个方面的内容。

1. 流量分类

流量分类是根据多种参数（如端口编号或协议）对计算机网络流量进行自动化分类的

过程。每个流量类将根据用户及服务采用不同的处理方式进行处理。

流量分类：流量分类可以应用在入口点处（流进入网络的位置）。入口点允许流量管理机制将流量进行分离、监控和处理。流量的分类方式主要有以下几种。

(1) **根据端口号进行分类**：其特点是快捷、耗费的资源较少、有较多的网络设备支持、没有在应用层上实现，无须考虑用户的隐私、仅适用于使用特定端口号的应用和服务、容易产生通过改变系统端口号的欺骗行为。

(2) **深度包监测**（Deep Packet Inspection，DPI）：与传统的只能监测数据包包头的过滤手段不同，DPI 主要用于分类和识别数据包及进行重新路由，同时对于特殊数据或代码有效载荷的数据包予以组织，用于 OSI 参考模型的应用层中，它更加专注于对于特殊数据包的发现和处理。

数据包分类：数据包的分类由网络调度程序完成。在分类流量的过程中使用一个特定的协议，预定的策略可以保证一定质量（如 VoIP 和流媒体服务）或提供最大努力交付。

DPI 的一个显著的好处就是可以使通信服务提供方灵活分配资源，进而精简信息流。比如，DPI 中存在的优先级高低的消息分类，高优先级的消息往往会比较低优先级的消息先进行路由和发送，同时可以进行数据传输的节制，提升网络用户的网络体验。但深度包检测的安全问题广泛存在，由于这种技术能确定具体数据包内容的发出者或接收者，因此其引起了网络隐私保护者的关注。

深度包检测（DPI）至少有三个局限性。第一，它在防御现有漏洞的同时可能会产生新的漏洞。虽然它能有效地防止缓冲区溢出攻击、拒绝服务攻击和某些类型的恶意软件，但是深度包检测也可被其他同类攻击所利用。第二，深度包检测增加了现有防火墙和其他与安全相关的软件的复杂性和难操作性。深度包检测需要定期更新和修订，以保持最佳效益。第三，深度包检测降低了计算机速度，因为它增加了处理器负担。尽管有这些限制，许多网络管理员仍然采用 DPI 技术，目的是为了应付复杂的和难操作的互联网有关的风险。

(3) **统计分类**：①依赖于统计分析的属性如字节频率、数据包大小和数据包间隔到达时间；②经常使用机器学习算法实现，如 K 均值聚类、朴素贝叶斯过滤器、C4.5、C5.0、J48 或随机森林；③分类速度相对较快；④可以检测未知应用程序的流量类。

Linux 的网络调度器和 Netfilter 都具有对网络数据包进行分类、标记和识别的功能。特别地，运营商通常将网络流量分为敏感、尽力而为和不受欢迎三种类型。

(1) **敏感类流量**（Sensitive Traffic）：敏感类流量是运营商期望按时进行交付的流量，包括 VoIP、在线游戏、电视会议、网页浏览。流量管理方案特别保证这一类服务的质量，并将此类服务的流量优先级设定为高于其他流量的优先级。

(2) **尽力而为类流量**（Best-effort Traffic）：尽力而为类流量都是非有害流量。运营商并不重点关心这类流量的服务质量，如丢包率、延迟、抖动等。一个典型的例子是点对点和电子邮件应用程序。流量管理方案一般将此类流量的优先级放在敏感类流量之后。

(3) **不受欢迎类流量**（Undesired Traffic）：这一类流量通常与垃圾邮件、蠕虫和其他恶意攻击有关。在一些特定网络中，这些流量还包括非本地 VoIP（如网络电话）或者是视频数据流服务，以保护内部相同类型的服务。在这些情况下，流量分类机制识别此类流量并允许网络运营商拦截或者阻碍其操作。

2. 流量控制

在计算机网络中，**网络流量控制**是通过网络调度器管理、控制或减少网络流量的过程，尤其是互联网带宽。网络管理员使用流量控制过程减少网络流拥堵、延迟和丢包，这属于带宽管理的一部分。为了有效地使用这些工具，必须测量网络流量以确定网络拥堵和攻击的根源。

流量整形（Traffic Shaping）是一种根据需求延迟部分或全部数据的计算机网络流量管理技术。流量整形是用来优化或保证性能、改善延迟、提高部分数据包可用带宽的技术。它经常与流量监管相互混淆，二者之间的区别与联系在于分组丢弃与数据包标记部分。

最常见的一种流量整形类型是**基于应用程序的流量整形**。在基于应用程序的流量整形中，识别工具首先被用来识别感兴趣的应用程序，然后指定相关的制定流量整形策略。许多应用程序协议使用加密技术来规避基于应用程序的流量整形。另一种类型的流量整形是基于路由的流量整形。基于路由的流量整形技术依赖于上一跳或者下一跳的路由信息。

流量整形的核心算法有**漏桶算法**和**令牌桶**（Token Bucket）**算法**两种。

突发流量及流量速率是漏桶算法的主要关注目标，该算法最突出的作用便是丢弃溢出单服务器队列（即漏桶）的数据包从而在一定程度上抹平流量曲线，平滑突发流量，控制流量速率，它的一个主要局限在于当一个网络中不存在拥堵现象时，漏桶算法无法使一个单独的流突发到端口速率，对于存在突发特性的流量缺乏效率。

漏桶算法的主要实现过程：首先是确定一个时间段，主机每间隔一个时间段向网络发送一个数据包，使网络中保持着一个常量的输出速率，这种做法在相同大小的数据包中是可行的，对于数据包大小不定的情形，尝试对每个时间段传输相同数目的字节数。

与漏桶算法不同，令牌桶算法并不是严格地保证数据包传送速率是某一个常数，而是考虑数据包传送的平均速率，对于突发流量的情况并不严格限制以改善漏桶算法的局限性。

令牌桶算法基本过程如图 12-15 所示。

在通信技术领域，**流量监管**是在遵守一定的规范的情况下监控网络流量的过程。关于流量的约定和规范将会提供流量整形过程以确保经过它的流量遵循现有的规范，否则将可能立即丢弃相应的数据包或者将其标注为不一致数据包，或者对数据包不作任何动作，这些都将依赖于现行的管理策略和通过的流量的特征。

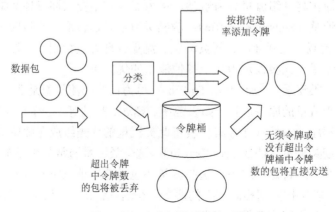

图 12-15　令牌桶算法基本过程

3. 流量工程

流量工程（Traffic Engineering）关注对于资源分配及服务性能方面的自动优化与提升，通常会把当前的业务逻辑映射到物理拓扑上，从宏观上调控整个网络的各个方面，同时又具有一定的微观调节效果。

IP 网络的发展与流量工程之间是互相交织的一个过程，这主要是因为目前对于信息传输不仅要求其具有可靠性，还对其可预见性、稳定性及服务质量的要求越来越高，这就对以前的 RIP、OSPF 和 EGP 等在网络调节方面较弱的协议提出了很大的挑战。以往的网络传输中对于网络资源分配及网络拥堵几乎视而不见，但对于流量工程来说，如何调控网络资源分配，避免同节点或链路过于堵塞是一个非常重要的话题。

从广义上看，流量工程在网络性能方面的目标，可以分为以下两类。

（1）**面向应用的性能对象**：与每种特定应用服务流的流量特性和 QoS 相关，尝试通过端到端的分组转发延迟、分组延迟抖动及服务响应时间改善网络性能。负载平衡是其中的主要功能之一，如因特网的 IGP 路由只能确定一条到给定目的地的路由，容易导致网络堵塞，若能将去往同一出口的流量进行分割，放入不同的路径进行传输，便可以满足分组传输性能要求。

（2）**面向网络的性能对象**：主要试图改善网络的资源利用率和网络吞吐量。

对于不同的服务类型，流量工程的要求不一。对于组播服务方面的流量工程，可以通过重选路由实现组播和单播之间的流量的优化，此外组播的延迟允许、拥堵允许及调控信道数量，网络使用的约束控制也是较为常见的问题。而在 Web 服务方面的流量工程，则比较注重对主机服务器的存取效率，较快的反应速度，以及相应的数据流的 QoS 参数。至于 VoIP 的流量工程，低呼损率、有延迟保障、拥塞保证和高的传输优先权是 IP 电话的主要需求。

思考题与习题

12-1 目前有哪些网络管理的标准及协议？请说明各适用领域。

12-2 TMN 划分为几个功能层？简述各功能层的作用。

12-3 试分析 SNMP 与 CMIP 两种网络管理框架的优缺点。

12-4 主要的网络流量监测技术有哪些？

12-5 什么是故障管理？简述故障管理的度量指标。

12-6 什么是流量分类？流量的分类方式有几种？

12-7 什么是流量整形？简述流量整形的核心算法。

12-8 请图示说明 SNMP 参考模型。SNMP 有几种操作方式？

12-9 什么是管理信息库？请列举几个常用 MIB 变量及含义。

参 考 文 献

郭军，2008. 网络管理. 3 版. 北京：北京邮电大学出版社.

韩卫占，2011. 现代通信网络管理技术与实践，北京：人民邮电出版社.

刘军良，肖宗水，2008. 分布式网络流量监测. 计算机工程，34（20）：124-126.

谢希仁，2008. 计算机网络. 5 版. 北京：电子工业出版社.

张沪寅，2012. 计算机网络管理教程. 武汉：武汉大学出版社.

Feridun M，Heusler L，Nielsen R，1996. Implementing OSI agent/managers for TMN. IEEE Communications Magazine，34（9）：62-67.

Harrington D，Presuhn R，Wijnen B，1997. RFC 2571：An architecture for describing SNMP management frameworks.

Li M，Sandrasegaran K，2005. Network management challenges for next generation networks. Local Computer Networks，2005. 30th Anniversary l. The IEEE Conference on. IEEE，（3）：593-598.

Nakai S，2000. Hierarchically distributed network management system using open system interconnection(OSI)protocols：U.S. Patent 6，105，061.

Sluman C，1989. A tutorial on OSI management. Computer Networks and ISDN Systems，17（4-5）：270-278.

Waldbusser S，1995. Remote Network Monitoring Management Information Base. RFC 1757.

第13章 通信网络安全

13.1 网络安全定义及相关术语

13.1.1 网络安全的定义

网络安全是指网络信息系统的数据、软硬件设备受到保护,能有效避免因偶然的或者恶意的入侵而遭遇泄露、更改、破坏,系统能连续可靠运行并提供质量保证的网络服务。大多数的通信模型如图 13-1 所示。通信一方通过 Internet 将信息传送给另一方,通信双方(称为交易的主体)必须协调努力共同完成消息交换。

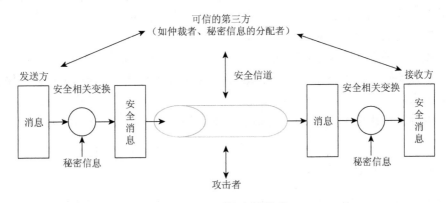

图 13-1 网络安全模型

在这样的模型之下,计算机网络受到的威胁大体上有以下两种。

1. 计算机网络实体受到的威胁

网络实体一般指网络中的关键设备,如各种路由器、服务器设备或软件系统。网络实体受到的威胁是指被恶意程序侵害,例如,恶意程序加入计算机程序,如木马、间谍软件、网络蠕虫、计算机病毒从而越权编辑或编译正常程序导致服务器工作异常或崩溃。

2. 计算机网络信息受到的威胁

计算机网络信息受到的威胁:指传输的信息被截止、窃听或更换。

一般而言,所有用来保证安全的方法都包含以下两个方面。

(1)被发送信息的安全变换。如对消息加密,通过某种变换使窃密者无法读懂信息,或将基于消息的编码附于消息后,用于验证发送方的身份。

（2）通信双方共享一些秘密协商信息，这些信息不被泄露，为攻击者所知，如下面章节即将提到的加密密钥，对于公钥密码，则只需发送方或接收方拥有秘密信息。

总的来说，计算机网络的安全问题包括三个方面：网络设备安全、网络信息安全、网络软件安全，最终目标是保护网络的信息安全。

广义上而言，网络安全的研究领域涉及网络上信息的保密性、完整性、可用性、不可否认性和可控性的相关技术和理论。

13.1.2 相关术语概念

网络安全的概念涉及方方面面。这里主要从网络安全通信的特性、网络入侵和攻击、网络信息安全保护三个方面，简单介绍通信过程中涉及的安全术语。

1. 网络安全通信的特性

（1）**机密性**（Confidentiality）：仅有确定的通信双方才能解读传输报文内容。窃密者即使截获到报文，对于已经进行加密（Encrypted）的报文也无法知晓其中的信息，即不能解密（Decrypted）即理解截取到的报文。

（2）**报文完整性**（Message Intergrity）：通信中必须保障通信内容未被修改。

（3）**端点鉴别**（End-point Authentication）：接收方和发射方应能确定对方，保证对方身份正确无误。

（4）**运行安全性**（Operational Security）：通信系统可持续可靠正常地运行，网络服务不中断。

2. 网络入侵与攻击

网络入侵与攻击手段种类繁多，技术涉及面广，总体而言可以总结为以下几种。

（1）**网络监听**（Sniffer）：将网络设定为监听模式，可监控数据流程、网络状态和信息传输，并可根据需要截获通信过程中的信息。

（2）**网络扫描**（Scanning）：网络扫描是指使用者将网络扫描设备连接到任何一台联网的计算机，借助特定设计的网络扫描软件扫描信息并将扫描到的信息传输到使用者的计算机中。

（3）**网络入侵**（Hacking）：侵入特定网络系统，获得相应权限，入侵的目的通常是利用被入侵者现有的网络资源为自己谋利。

（4）**网络后门**（Backdoor）：即后门程序，一般是指那些绕过安全性控制而获取对程序或系统访问权的程序。程序员在开发阶段往往通过自建后门程序以简化程序维护工作。然而后门程序存在隐患，被不法人员知道，或发布正式软件前未删除，则容易被犯罪者利用，针对漏洞进行攻击。不法攻击者也可能在已经攻破的计算机上种植一些便于自己访问的后门，以便后期再次窃密。

（5）**网络隐身**（Stealth）：隐身本质上是为了防止被发现实施攻击或监听，在入侵完毕后清除登录日志及其他相关的日志，这样就不会轻易被管理员发现，从而达到一种隐身的效果。

除此之外，黑客可能通过假扮正常用户，窃取关键信息或者所攻击目标的相应权限，从而进一步进行网络欺骗。常用的欺骗方式有口令攻击、**恶意代码注入**、**IP 欺骗**、**电子邮件欺骗**、**会话劫持**及**攻击-拒绝服务**（Denial of Service，DoS）等，并且随着网络复杂性的加剧，网络欺诈手段更加多元化。

3. 网络信息安全保护

当前采用的网络信息安全保护主要包括以下方面。

1）主动防御保护

主动防御保护就是在保证本地网络安全的情况下，主动采取各种手段进行主动性抵抗，对于潜在的攻击进行预测和识别，采取必要的措施阻止攻击者利用不同的技术手段入侵等。主动防御是一种前摄性防御，通常通过以下技术来实现。

（1）**身份鉴别**：身份鉴别重在保证身份的一致，验证过程明确表明来访者身份，需要符合验证依据、验证系统和安全要求。

（2）**权限设置**：权限设置定义经鉴别后用户的访问范围，界定对信息资源的操作范围。

（3）**数据加密**：对数据加密是对数据隐私进行保护的最行之有效的方式，借助不同的加密方式，能有力保障信息的机密性。

（4）**存取控制**：控制主体对客体的访问权限。存取控制多种多样，譬如有数据标识、访问权限设置、风险分析、控制类型、人员限制等。它是内部网络信息安全的重要保障。

（5）**虚拟专用网技术**：在公网基础上进行逻辑分割，从而虚拟构建出特殊通信环境，并使其具有私有性和隐蔽性。

2）被动防御保护

与主动防御保护相反，被动防御属于系统的自我防御，属于网络筑起的安全壁垒，保护通信系统的安全性。被动防御保护技术众多，主要包括以下几个方面。

（1）**防火墙**（Firewall）：一般在公共网与专用网、外部网与内部网之间的接口形成特殊的庇护网，其基本技术思想是包过滤技术。

（2）**口令验证**：通过口令验证完成用户身份认证，密码检查器包含能检查口令集中的薄弱子口令的口令验证程序，从而抵御不法黑客登录信息系统。

（3）**安全扫描器**：对本地或远程计算机上的网络漏洞进行自动扫描和检测，扫描器还可提供查看网络信息系统运行情况的功能。

（4）**入侵检测系统**（Intrusion Detection System，IDS）：IDS 是指根据制定的安全策略，能检测系统安全检查点状况的系统。IDS 能够对可能的入侵行为进行检测，对运行状况、资源进行监控，从而保障当前网络系统的资源的完整性、机密性和可用性。

（5）**物理保护与安全管理**：依照各项条例、管理办法或者标准对软硬件实体进行有效的协调和控制，增强管理的规范性，提高人为管控的合理性。

（6）**审计跟踪**：通过详细审计网络信息系统的运行情况，并保存审计记录文件或日志文件，为系统漏洞做准备，降低受入侵的可能性。

防火墙技术和 IDS 是被动防御保护中重要的环节，在 13.5.2 节将对其做进一步的介绍。

13.2 加密传输体系

通信网络安全与信息的加密传输息息相关，通过加解密算法和相应的密钥来实现通信双方的保密性。在现代密码中，密码设计者通常遵循柯克霍夫（Kerchoffs）原则："即使密码系统的任何细节已为人悉知，只要密钥（Key）未泄漏，它也应是安全的。"这说明加解密算法作为工具不应成为通信双方协商的保密手段，加密的安全性完全依靠密钥。

13.2.1 对称加密

对称加密是 20 世纪 70 年代公钥密码产生之前唯一的加密方式，被称为传统加密或是单钥加密。对称加密指发送方通过使用密钥及加密算法将明文信息转为密文，而在接收方，使用相同的密钥和解密算法也能够将密文转译成明文信息；或者通信双方密钥虽然不同，但可由任意一个密钥简单地推出另外一个密钥，这个密码机制称为单密钥的对称密码，又称为私钥密码。经典对称加密算法有数据加密标准 DES（Data Encryption Standard）、高级加密标准 AES、三重数据加密 3DES（Triple DES）等。

对称加密方案一般具有 5 个基本元素（图 13-2）。

（1）**明文**：原始可理解的消息或数据，属于发送方欲传达的信息。

（2）**密钥**：密钥是加密过程中重要的组成部分，通过不同的密钥进行加密，加密后密文不同。可以用一个统一密钥，也可分加密密钥和解密密钥。

（3）**密文**：属于信道传输的信息，是明文在密钥加密后的输出信息，密文表面是随机信息，一般是无法理解或解读的。

（4）**加密算法**：对明文进行加密操作时采用的规则，如各种代替和替换。

（5）**解密算法**：接收者对密文解密的规则或方法，可认为是加密的逆运算过程。输入密文和密钥，输出原始明文。

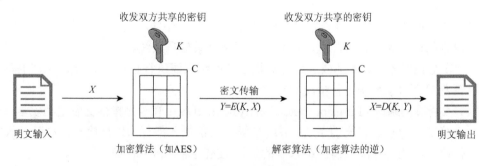

图 13-2　对称加密的简化模型

对称加密系统的简单且安全得益于其需符合以下两个条件。

（1）加密算法足够可靠。就算攻击者拥有一个或多个密文，或是对应的明文信息，对于密文信息或是密钥依然是不可知的。

（2）通信双方需要安全可靠地获得密钥的同时保证密钥的安全性。如果加密算法和对应密钥同时泄露，则借助取得的密钥能获取所有的通信信息。

对于对称算法，并不需要算法保密，仅需要密钥的保密。不需要对加密算法保密使得制造商可利用较低成本的芯片实现数据加密算法。这些芯片能够广泛地使用，许多产品中都有这种芯片。因此，采用对称密码，首要的安全问题就是密钥的保密性。

更进一步的理解如图 13-3 所示。发送方产生明文信息 $X=[X_1, X_2, \cdots, X_m]$，其中每个元素代表各个字母，譬如由 26 个大写或小写的字母组成，实际通信过程比较常见的有用二进制字母表$\{0, 1\}$表示，密钥格式与此类似。密钥由产生方通过安全信道分发给通信对方，密钥可以是发送方产生，也可以是第三方生成，通过安全可靠的方式告知发送方和接收方，最后产生密钥信息 K。

加解密总体流程如下所述。

（1）加密算法 E 根据输入信息 X 和密钥 K 生成密文 $Y=[Y_1, Y_2, \cdots, Y_n]$，即

$$Y=E(K, X) \tag{13-1}$$

上式表示明文 X 是输入变量，密文 Y 是输出变量，密钥 K 值决定式子的最终样子。

（2）预定接收者拥有密钥 K，采用解密算法 D，可以进行变换：

$$X=D(K, Y) \tag{13-2}$$

由此进行逆运算，可以根据密文的计算得出明文 X。

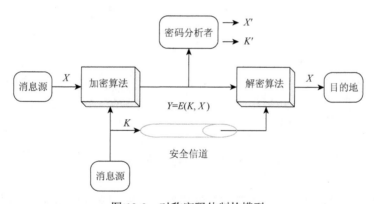

图 13-3　对称密码体制的模型

如图 13-3 所示，攻击者通过某种方法得到 Y 但不知道 K 或 X，一方面加密算法 E 和解密算法 D 相对透明，如果只是对当前密文对应信息感兴趣，攻击者可能根据明文的估计值 X' 来恢复 X；若攻击者想获取到更加详细、深入的信息，则其可能会借助计算密钥的估计值 K' 来恢复 K。攻击者善于结合算法或系统的管理手段进行密码的破译，基于密码算法性质的**密码分析**（Cryptographic Analysis）和基于穷举密钥的**穷举攻击**（Brute Force），是对密码破译的两种常用方法。

13.2.2　非对称加密

对称密钥加密快速且高效，但在密钥交换过程中很容易被嗅探，这是其显著的缺点。

为进一步在加密算法中减少需要保密的成分，提高通信安全技术的普适性和安全性，提出了非对称加密。考虑香农关于加密的含义：通过一个混合变换把明文空间 M 中有意义的消息均匀地分布到整个消息空间 C 中，所得的随机分布并不需要包含什么秘密技术。1975 年，Diffie 和 Hellman 首先实现了这一点，他们把这个发现称为**公钥密码学**。非对称加密又称**公钥加密**，产生一个密钥对，其中一个用于加密，另一个用于解密，作为对应关系存在。

通信双方通信前，若使用对称密码，需要分别传送一个密钥到对方。而发送方和接收方需要建立一条安全信道，但实现共享密钥相对困难，这需要提供专门的信使并以物理方式传送。而在公钥密码体制中，加密不用密钥，而只需对方的公钥，私钥仅在解密阶段使用，而且私钥仅能解密由对应的公钥加密后的信息。这个通信过程如图 13-4 所示。

（1）发送方和接收方各自生成一对密钥（公钥和私钥）并将公钥向他方公开。

（2）发送方使用接收方的公钥对机密信息进行加密后再发送给接收方。

（3）接收方再用自己保存的私钥对加密后的信息进行解密。

在传输过程中，即使攻击者截获了传输的密文，并得到了接收方的公钥，也无法破解密文，因为只有接收方的私钥才能解密密文。

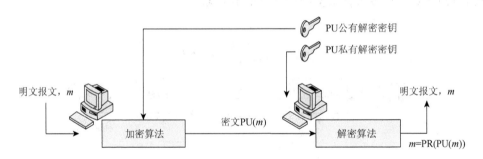

图 13-4 公开密钥密码

非对称加密与对称加密相比，其安全性更好：对称加密的通信双方使用相同的秘钥，如果一方的密钥遭泄露，那么整个通信就会被破解。而非对称加密使用一对密钥，一个用来加密，一个用来解密，而且公钥是公开的，密钥是自己保存的，不需要像对称加密那样在通信之前要先同步密钥。

相比于对称加密，非对称加密安全性更好，然而随之的加密和解密速度较慢，因而花费时间更长。非对称加密一般只适用于少量数据的加密。目前经典的非对称加密算法有：**RSA**、**Elgamal**、**背包算法**、**Rabin**、**D-H**、**椭圆曲线加密算法**（Elliptic Curves Cryptography，**ECC**）等。

13.2.3 混合加密

事实上，非对称密码与对称密码并不是对立的。公钥密码学很好地解决了密钥分配问题，然而公钥密码函数往往代数运算量大，相比对称密码函数运行低效。相比较而言，对称密码函数一般更加高效。对于对称密码函数运算，譬如 AES，其在 256 个元素的范围内进行运算，基本的运算如算法和求逆可以通过"查表"法实施，效率非常高。通常，公钥密码系统比相应的对称密码系统所需的计算量大得多。

利用公钥系统密钥易于分配及对称密码系统执行高效率的优点，将非对称密码与对称密码进行适当的组合，可以取长补短，发挥二者中系统设计的优势。譬如，当需要加密大量数据时，目前一种标准的方法是采用**混合体制**。其原理是利用公钥密码系统，加密一个用于对称密码加密的**短期密钥**，即通信双方建立了共享的短期密钥；并通过对称密码系统使用短期密钥来加密大量数据。在密码协议中，一个广泛应用的公钥与对称密码系统就是**数字信封技术**，这是 RSA 密码体制与对称密码体制（如 DES、3DES 或 AES）的组合。这个通用的组合（RSA+DES 或 RSA+3DES）是**安全套接字层 SSL 协议**的基本模式。

13.2.4 密钥管理

不管是公钥还是私钥，都涉及保密问题，既然都要求保密，自然就涉及密钥的管理问题。任何保密问题都是相对的，因此存在另一种有时效的密钥称为会话密钥（Session Key），一个会话的密钥往往只用于一次会话，也可以一定时间间隔变换密钥，根据一定机制进行管理，减少密钥泄露的机会。

1. 基于分发中心的对称密钥分发

密钥分发是指通过给通信双方分发密钥，并能提供密钥安全分发所需要的一些方法或者协议的管理功能。需分发的密钥包括双方之间的频繁使用且长期存在的主密钥及临时使用的会话密钥。

总的来说，对于通信双方 A 和 B，密钥的分发可采用以下不同的方式得到：

（1）A 选择一个密钥后以物理的方式传递给 B；

（2）第三方选择密钥后物理地传递给 A 和 B；

（3）A 或 B 通过使用近期的旧密钥，用以对新密钥进行加密，然后将产生的新密钥发给接收方；

（4）倘若 A 和 B 到第三方 C 之间存在加密连接，那么 C 可在该连接上发送密钥给 A 或 B。

前两种方式都需要人工交付一个密钥，然而，人工交付对于网络中的端对端加密是不实用的，在分布式系统中，任何给定的主机或终端都可能需要同时与很多其他主机及终端交换数据，因此需要动态提供大量的密钥。

举例来说，如果端对端加密在网络中或者 IP 层执行，那么网络中每一对想要通信的主机都需要一个密钥，即若有 N 台主机，则需要的密钥数目为 $[N(N-1)]/2$。如果加密在应用层的话，每一对需要通信的用户或者进程都需要一个密钥，而一个网络可能有上百台主机，但却有上千个用户和进程。例如，一个基于节点的网络有 1000 个节点，就需要分发大概 50 万个密钥，若相同的网络支持 10 000 个应用，则在应用层加密就需要 5000 万个密钥。

方式（3）虽可用于链接加密或者端对端加密，但是，若攻击者成功地获得一个密钥，则随后的密钥都会泄露，那么所有的密钥就得进行重新分发。

方式（4）的很多变体已经应用到端对端的加密，在这种方案中，负责为用户（主机、进程或者应用）分发密钥的密钥分发中心是必需的，并且为了密钥的分发，每个用户都需要和密钥分发中心（Key Distribution Center，KDC）共享唯一的一个密钥。

密钥分发中心是基于密钥层次体系的，最少需要两个密钥层（图 13-5）。两个终端系统之间的通信使用临时密钥加密，这个临时密钥通常称为会话密钥。会话密钥一般用于逻辑连接中，如帧传输连接或转发，然后随着连接的端口而被丢弃。终端用户从密钥分发中心得到通信所使用的会话密钥。所以，可以用密钥分发中心与终端用户或者系统共有的主密钥加密后对会话密钥进行传送。PGP（Pretty Good Privacy）加密采用类似的技术，详见 13.4.1 节。

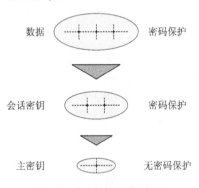

图 13-5 密钥层次的使用

每一个终端系统或者用户和密钥分发中心共用唯一的主密钥。假设有 N 个实体想要逐对地进行通信，那么每次通信过程中大概需要 $[N(N-1)]/2$ 个会话密钥。因此，主密钥的分发（共 N 个）可以通过一些加密的方式完成，如物理传递。

在密钥分发过程中，采取密钥分发中心和每个用户共享唯一密钥的通用方案，KDC 将作为通信双方的桥梁。在对称加密过程中，发送方和接收方使用相同的密钥，并对其他人保密。因此，频繁更换密钥可有效抵抗攻击者攻击密钥的行径。

大型网络可建立 KDC 的层次体系结构，网络中的一个小区域由本地 KDC 负责，并由本地 KDC 对本地域中的密钥进行分发。通过全局 KDC 对域间两个通信的本地 KDC 进行协商，最终生成共享密钥而加密完成。这能够减少主密钥分发的开销，同时防止 KDC 故障扩展到整个区域。层次的概念可以依据用户的规模及内部网络的地理位置扩展到三层或者更多的层。更多关于对称加密的密钥管理可参看相应的标准。

2. 基于非对称加密的对称密钥分发

非对称公钥加密系统经常用于小块数据的加密，对称加密密钥还可采用基于非对称加密的安全通道进行传送。一个简单的对称密钥分发方案如下（PU 代表公钥，PR 代表私钥）：

（1）A 产生一个公私钥对{PU_a，PR_a}，然后发送包含 PU_a 和 A 的标志符 ID_a 的消息给 B；

（2）B 产生密钥 K_S，用 A 的公钥加密后 E（PU_a，K_S），发送给 A；

（3）A 计算 D（PR_a，E（PU_a，K_S））从而恢复密钥 K_S，因为只有 A 能解密该信息，故只有 A 和 B 知道 K_S；

（4）A 丢弃 PR_a、PU_a，B 丢弃 PU_a。

这是一个简单的协议，在通信开始之前和结束之后都不存在密钥，即密钥被攻破的风险也是最小的。然而，窃听者可以截获消息然后再转发消息或者替换为其他消息，假设窃听者为 X：

(1) A 产生一个公私钥对 $\{PU_a, PR_a\}$，然后发送包含 PU_a 和 A 的标志符 ID_a 的消息给 B；

(2) X 截获信息后，创建自己的公私钥对 $\{PU_e, PR_e\}$，发送 $PU_e\|ID_a$ 给 B；

(3) B 产生密钥 K_S，发送 $E\{PU_e, K_S\}$；

(4) X 截获信息后计算 $D(PR_e, E(PU_e, K_S))$，获取 K_S；

(5) X 发送 $E(PU_a, K_S)$ 给 A。

在这个过程中，X 知道了密钥 K_S 而 A、B 毫不知情，在 A 和 B 使用 K_S 通信过程中 E 就能简单地窃听。因此，该协议存在中间人攻击的威胁。基于 RM Needham 和 MD Schroeder 提出的方法，可以防止主动的和被动的攻击：

(1) A 用 B 的公钥加密含有 A 的标志符 ID_a 和一个临时交互号 N1 的消息 M1 并发给 B，其中临时交互号被用来唯一地标志该消息传递。

(2) B 通过用 PU_a 加密包含 A 的临时交互号 N1 及 B 产生的新的临时交互号 N2 的消息 M2，并发给 A。因为只有 B 可以解密消息 M1，故 N1 在消息 M2 中出现可以使 A 确信该消息来自 B。

(3) A 使用的 B 的公钥加密后返回 N2，使 B 可以确信消息来自 A。

(4) A 选择密钥 K_S 后发送 $M=E(PU_b, E(PR_a, K_S))$ 给 B。用 B 的公钥加密确保只有 B 可以读取该消息，用 A 的私钥加密保证只有 A 才可能产生并发送该消息。

(5) B 计算 $D(PU_a, D(PR_b, M))$，从而恢复密钥 K_S。

该方案可以保证交换密钥过程中的保密性和身份认证。

非对称加密的密钥分发过程也可以采用 KDC 的方案，KDC 和每个用户共享一个主密钥，用主密钥加密即将要分发的会话密钥，而公钥方式被用于分发主密钥。公钥加密和解密需要相对较高的计算负荷，一般这种方法用在一个庞大的用户集中能更好地体现安全、有效的优势。

3. 非对称加密的公钥分发

公钥的分配方法可以分为公钥发布、公钥授权和公钥证书几种方式。

1）公钥发布

公钥的公开发布是指通信双方或任意一方直接将公钥通过安全方式发送给另一方，或由第三方通过广播方式发送到各方，如 PGP 用户发送消息时可以将其公钥附加在消息之后。这种公开发布固然简便，但公钥被伪造的可能性就越高。例如，用户 B 被某一不法用户 X 假冒，X 向 B 的合法通信方发送公钥或广播公钥，A 察觉之前，X 不但可窃取到本应由 A 解密的加密信息，而且还可用假冒的密钥进行认证。

系统中建立动态可访问的公钥目录可提高系统的安全性，这个公开目录一般由可靠的实体或组织管理：

(1) 管理员为每一个通信方建立一个目录项{姓名，公钥}，并维护该目录；

(2) 通信方借由目录管理员来注册一个公钥，必须由通信方亲自或通过安全的认证通信进行注册；

(3) 通信方可随时更换密钥，用户可能由于多次使用同一个密钥或密钥已经泄露而希望更换公钥；

（4）通信方也有权限访问该目录，为达到该目的，需要搭建从管理员到通信方的安全认证通信。

以上密钥管理途径存在明显缺点：攻击者若获得目录管理员私钥，传递虚假的私钥后将轻易假冒任何通信方，从而窃取发送给该通信方的消息。除此之外，修改目录管理员保存的记录来也是攻击者可达到此目的的常用方法。

2）公钥授权

与公开可访问的目录类似，公钥授权采用动态目录，但更为严格。通信方正确获取到目录管理员提供的公钥，而只有管理员知道公钥相应的私钥。一种典型的方案如下。

（1）A 发送一条带有时间戳的消息给公钥管理员，以请求 B 的当前公钥。

（2）管理员给发送经 A 的私钥加密的消息到 A，A 利用管理员公钥解密，从而确信消息来自管理员，这条消息包含：

①B 的公钥，用于 A 发给 B 的信息加密；

②原始请求，A 用其与最初的请求进行比较，以确保被管理员收到之前未被修改；

③原先的时间戳，保证不是来自发送管理员的旧消息。

（3）A 使用 B 的公钥加密包含 A 的身份标识符 IDa 和临时交互号 N1 的消息，然后发送给 B。

（4）B 使用同样的方法从管理员处得到 A 的公钥。

（5）B 用以 A 的公钥，对包含 A 的临时交互号 N1 和 B 产生的新临时交互号 N2 的消息进行加密，并发送给 A。因为只有 B 能解释消息，因此这样能使 A 确信该消息来自 B。

（6）A 用 B 的公钥加密包含 N2 的消息给 B，这样 B 就可以知道该消息来自 A。

一般获得各自的公钥后（前 4 步），就可以暂存公钥，（5）（6）交互进行。用户需要周期性地请求公钥信息，以保证通信中使用的是当前的公钥。

3）公钥证书

用户需要向目录管理员请求获得欲通信方的公钥才可进行通信，由此可知，多个用户同时申请将提高目录管理员的负担，也将成为系统性能的瓶颈。因此，Kohnfelder 提出：通过发送方和接收方使用自己的证书而非根据目录管理员的证书以交换密钥。证书包含公钥和公钥拥有者的标志，通信的数据块由可信的第三方（通常是证书管理员，如政府机构或金融机构）进行签名。通过某种安全的途径，用户将公钥递交给管理员，因此而取得一个证书，之后由用户公开证书。在通信中，所有要取得该用户公钥的一方均可取得该证书，验证证书的有效性则可依据附着的可信签名来鉴别。将密钥传送给通信另一方可借由传递证书的渠道完成，取得证书的通信方能够根据证书检测到是否是由证书管理员生成的。

接收方使用证书管理员的公钥 PUauth 对证书解密，因此接收方可验证证书确实来自于证书管理员。A 的身份标识符 IDa 和公钥 PUa 向接收方提供了证书持有者即 A 的名字和公钥，而时间戳验证证书的时效性。

在攻击者已知 A 的私钥的情况下，即使 A 产生新的公私钥并向公钥管理员申请新的证书，攻击者也可能重放旧证书给 B，若 B 用旧公钥加密数据，则攻击者可以读取信息。

接收方收到的时间戳类似私钥的有效期,若一个证书超时,则会被认为证书失效,这有效地保护了私钥泄露后带来的影响。

X.509 标准是一个广为接受的方案,用来规范公钥证书的格式。X.509 证书在大部分网络安全应用中都有使用,包括 IP 安全、传输层安全 TLS（Transport Layer Secnrity）和 S/MIME（Secure/Multipurpose Internet Mail Extensions）等。

13.2.5 公钥基础设施

公钥基础设施（Public Key Infrastructure，PKI）系统是由软件、人、策略、程序及硬件构成的一整套体系,在 RFC 2822 中进行了明确的定义,这些程序用来对建立在非对称密码算法之上的数字证书进行创建、管理、存储、分发和撤销操作。创建 PKI 的主要目的就是安全、便捷、高效地使用公钥。

1. PKI 模型

PKI 模型利用证书管理公钥,其利用第三方的可信任机构认证中心（Certificate Authority，CA）,并且对用户的公钥和其他标识信息包装,如用户名称、身份证号、E-mail 等,利用这些信息对用户身份进行鉴定。

1）PKI 模型的基本组成

一个典型的 PKI 应用模型至少应具有以下 5 个部分。

（1）CA：CA 是 PKI 的核心,CA 负责管理模型下所有用户（包括各种应用程序）的证书,并把用户的公钥和其他信息包装在一起,用于对用户的身份进行验证,同时 CA 也负责登记及发布用户证书的黑名单；

（2）**X.500 目录服务器**：对用户的证书和黑名单信息进行发布,并利用标准的 LDAP,用户可以查到每个人的证书,并可得到黑名单信息；

（3）**安全的 WWW 服务器**［拥有安全套接层（SSL）］：Netscape 公司最早提出 SSL 协议,该协议现已普遍用来进行身份验证,主要用于网站或网站浏览者,同时作为在浏览器用户和网页服务器互相进行加密通信的国际间标准,具体可见 13.3.1 节；

（4）**安全通信平台**：Web 客户端和 Web 服务器端构成了安全通信平台,SSL 协议所体现的高强度密码算法特性有效提高了 Web 运行的可靠性、完整性和机密性；

（5）**各行各业开发的应用系统**：其中运作制度的制定、认证规则、认证政策的制定、应用的技术等都是完整 PKI 的组成部分。

2）PKI 证书与密钥管理

从 13.2.4 节可以知道,除了保密性之外,公钥密码学的一个需要点关注的问题就是公钥的真实性和所有权问题；公钥证书的统一可扩展的分发方法,在 PKI 中,也提供了相似的管理方案。

（1）**公钥证书**。公钥证书也是数据的集合模式,而且是具有防篡改功能的,通过特殊设计,其能够表现为某个公钥与某一用户身份互相的绑定。这种绑定关系由可信的第三方作为担保方,称为认证机构,因此由它为用户分发证书。一般而言,证书可包含用户名、公钥及用户的其他身份信息,这些信息作为有机整体。而 X.509 v3 证书则一般包含证书序列号、版本号、有效期、签发者、拥有者、拥有者公钥信息及签名算法标识符 7 个域。

(2) **密钥管理**。有以下两种途径能得到用户公私密钥对。

①由用户自己产生密钥对:用户决定密钥长度、产生方法及负责私钥的存放,CA 根据用户提交的公钥和身份证明进行身份验证,在通过审查后 CA 将用户身份信息和公钥捆绑封装并进行签名,从而产生数字证书。

②CA 为用户产生密钥对:CA 产生密钥对、公钥证书及私钥证书,同时 CA 将私钥证书交给用户,并将公钥证书发布到目录服务器。CA 首先会对公钥证书进行存档操作,若用户私钥注明不是用于签名,则也会对用户私钥存档。

3)PKI 的信任模型

多个认证机构之间的信任关系确保了原有的 PKI 用户通信更加可靠,无须单单依靠和信任某个 CA,这有利于进行扩展、管理和包含,因此实际中多个 CA 存在于网络环境中。创建 PKI 信任模型的目的是:**保证一个认证机构签发的证书可被另一个认证机构的用户所承认**。常见的信任模型有以下 4 种。

(1)**严格层次信任模型**。在该信任模型中,上层 CA 为下层颁发证书。这种信任模型中有且只有一个根 CA,根 CA 的公钥公开,为各个证书用户所知。实现对证书的验证,只需要找到一条从根 CA 到一个证书的认证路径就可以,并建立对该证书的信任。

(2)**以用户为中心的信任模型**。对于以用户为中心的信任模型而言,信任哪些证书是由用户自己决定的。通常,用户一般选择关系密切的用户为最初信任对象。由于其依赖用户自身的行为和决策能力的特性,用户为中心的模型在技术水平较高的群体中是可行的,而在一般技术水平的群体中则不现实。

(3)**分布式信任模型**。分布式信任结构把信任分散在两个或多个 CA 上,这与严格层次结构中的所有实体都信任唯一 CA 的做法是完全不同的。例如,A 把 CA_1 作为信任根,而 B 可以把 CA_2 作为信任根。

(4)**交叉验证模型**。交叉验证作用能将先前没有关系的 CA 进行连接,这样各自终端用户互相能实现安全可靠的通信。有两种类型的交叉认证:域内交叉认证和域间交叉认证。

2. PKIX 模型

IETF 的公钥基础设施 PKIX(Public Key Infrastructure X.509)是工作组在 X.509 的基础上形成的一个新的网络认证体系基本模型。图 13-6 显示 PKIX 模型中的各个相互作用的元素,具体如下所述。

(1)**终端实体**:它可以是一个终端用户、设备,除此之外,也可以是在一个公钥数字证书作用范围中被认证的实体,该元素是必有的。终端实体支持 PKI 相关的设备。

(2)**签证机构(CA)**:是证书和证书撤销列表(CRL)的发行人,注册机构(RA)往往在上面运行,同时 CA 也负责部分管理工作。

(3)**证书存取库**:它提供了存取数字证书和证书撤销列表的方法,可以被终端用户检索,是必备的元素。

(4)**注册机构(RA)**:既能够负责 CA 的一些与终端实体注册的进程相关的管理工作,

也能够负责其他管理工作,该元素具有可选性。

(5) **证书撤销列表发布机构**:该元素是可选的,CA 能根据它来发布证书撤销列表。

1) PKIX 管理任务

PKIX 体系中的管理任务在管理协议下有条不紊进行,图 13-6 中描述了这些管理任务。

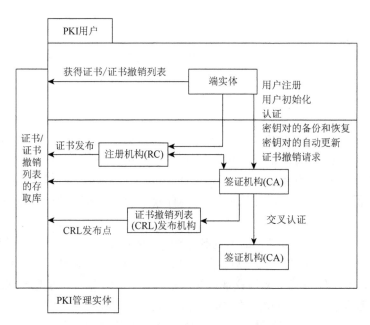

图 13-6 PKIX 结构模型

(1) **用户注册**:在该过程中为用户提供一个或多个证书,这个步骤先于签证机构,主要在用户首次认证之前进行。在 PKIX 中,注册从登记进程开始,其中的交互验证工作包括在线和离线过程。终端实体通常会在后续认证中发布一个或者多个共享密钥。

(2) **初始化**:在一个客户系统安全操作之前,有必要安装和密钥存储相关的关键信息。

(3) **认证**:签证机构提供数字证书给用户,根据提供的公钥返回证书,产生的证书会保存在对应的存储库中。

(4) **密钥对的恢复**:密钥的丢失通常是由密钥遗忘、磁盘驱动崩溃、硬件令牌毁坏等原因导致的。密钥对的恢复机制使得终端实体能从授权的密钥备份设备(如发布终端实体证书的 CA)恢复、重新存储加解密密钥对。

(5) **密钥对更新**:所有的密钥都需要定期地更新(即替换为新的密钥对),以及发布相应的证书。证书更新于证书的生命周期终止或者证书撤销时。

(6) **证书撤销请求**:提供撤销请求是有必要的,从属关系的改变或密钥的泄露,都需要证书的撤销和重新分配,已授权用户能向 CA 发出撤销请求。

(7) **交叉认证**:该过程一般用于证书数字签名的发布,由 CA 执行,用于 CA 间的数据交换工作,由此建立 CA 间的信赖关系。

2) PKIX 管理协议

在 PKIX 实体间,PKIX 工作组定义了两种可选的管理协议来完成管理任务。证书管理协议（CMP）的定义具体可见 RFC2510。管理任务的识别工作在 CMP 中完成，根据特定协议按流程进行。CMP 灵活，可运用于多个方面，在操作和技术上多样性好。

另外，RFC2797 提出使用 CMS（Certificate Management Messages）和 CMC（Certificate Management over CMS）来进行认证管理信息的封装。CMS 和 CMC 分别是为了满足更高的效能。各种协议运用在 PKIX 管理任务中，同时 PKIX 管理任务能支持多种协议。

13.3 传输层安全

13.3.1 SSL 协议

当 Web 最初出现在公众面前时，它仅被用来发布静态页面。然而，不久之后 Web 应用于金融交易，由此出现了在线银行、信用卡支付等场景，即创造了新的需求，这些应用都迫切需要安全的连接。电子商务应用的核心和关键问题是交易的安全性。由于互联网与生俱来的开放性，使得必须提供有效的控制才能有效地防止网上交易带来的高风险。

1995 年，作为当时占主导地位的浏览器厂商——Netscape，引入了安全套接字层（Secure Sockets Layer，SSL）的安全软件包以满足该需求，该软件包包括基于 RSA 和保密密钥的安全连接技术，该软件与其对应协议现已被广泛使用。不仅如此，常见的 X.509 证书和多种保密密钥加密算法也支持 SSL，如 DES 算法和 3DES 算法。

SSL 能够提供兼容浏览器和 Web 服务器有条不紊的通信过程，是一种目前应用广泛的传输层技术，特别是在大多数购物平台上，SSL 协议扮演着重要角色。该协议以保障安全通信为任务，使用户的浏览器和 Web 服务器能够安全沟通，其在 TCP/IP 中的地位如图 13-7 所示。

图 13-7 SSL 在 TCP/IP 协议中的地位

SSL 可以说是处于应用层和传输层的中间层，对下有用户浏览器的请求，对上将请求进一步封装最终根据 TCP，将消息发送到服务器上。SSL 在安全连接已形成的基础上主要处理数据的压缩和加密，在 SSL 之上使用的 HTTP 一般叫作**安全的 HTTP**（Secure HTTP，HTTPS），使用一个新的端口（443），而非标准端口（80）。

简单而言，SSL 是事先通信双方一起协商的安全信道，从而保证接收方和发送方之间的信息安全传输。一般若需要保密的电子商务信息等可通过该信道进行加密传输，该秘密信道即使在公共网络上"铺设"，也是安全的。SSL 安全且容易搭设、成本低，为快速架设商业网站提供了比较安全可靠的保障。目前大部分浏览器都支持 SSL 协议。

1. SSL 标准的服务类型

SSL 标准主要提供以下三种服务。

（1）**数据加密服务**：SSL 客户机与服务器首先需要对 SSL 初始握手信息进行交换，采用对称加密及公开密钥加密技术对该信息进行加密，从而防止数据在传输过程中被窃听甚至修改，然后进行数据交换。

（2）**用户身份认证服务**：SSL 客户机与服务器拥有自己独特的识别号，这些识别号使用公开密钥进行加密。客户机与服务器数据交换时，SSL 握手将交换各自的识别号，进而数据将可靠地传送到对应客户机或服务器上。

（3）**数据完整性服务**：在该过程中，提供哈希函数的转换，配合机密共享的途径，提供保障信息完整性的服务。除此之外，在客户机与服务器之间建立安全可靠信道，以保证数据在通信中完整地到达目的地。

2. SSL 的会话与连接

SSL 为 TCP 提供可靠的端到端安全服务。SSL 中包含两个重要概念：SSL 会话和 SSL 连接，定义如下所述。

（1）**连接**：就 SSL 而言，连接代表对等网络关系，连接与会话相关，并且连接是短暂的。

（2）**会话**：通过握手协议，通信双方建立 SSL 会话连接，会话中包含一组多个连接共享的密码安全参数的说明，会话是一个客户端和服务器端间的关联。会话对于减少每次连接建立安全参数的昂贵协商开销有一定作用。

3. SSL 工作过程

通过各个参数对 SSL 会话和 SSL 连接进行定义，图 13-8 所示是 SSL 工作过程，SSL 协议执行过程相对简单，可分为以下 4 步：

（1）SSL 客户机主动对 SSL 服务器发出请求连接，如图 13-8 中步骤（1），SSL 服务器对 SSL 客户机的请求进行响应，如图 13-8 中步骤（2）；

（2）SSL 客户机与 SSL 服务器使用 RSA 加密算法加密的密码，通信双方进行加密密码的交换；

（3）SSL 服务器收到加密密码后，验证密码的正确性，并进而验证 SSL 客户机是否可信；

（4）上述交换结束后，双方也交换结束的信息。

上述交互过程应用在电子商务中，譬如涉及银行的交易过程：用户选中物品后，将欲购买物品信息发给商家，商家收到信息后，转发到银行，之后银行需要验证用户信息的合法性。若合法通过，用户付款，之后通知商家付款成功，商家提供信息，告知用户购买商品成功，最后再将商品送到用户手中。

SSL 安全协议也有它的缺点，主要有：不能自动更新证书；认证机构编码困难；浏览器的口令具有随意性；不能自动检测证书撤销表；用户的密钥信息在服务器上是以明文方式存储的。

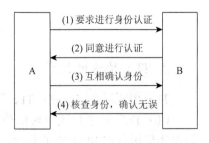

图 13-8　SSL 工作过程

虽然 SSL 安全协议存在弱点，但得益于操作的简捷性成本低，因而在欧美的商业网站上的应用较广，并且 SSL 技术也在不断完善中。目前最常用的是 1995 年发布的 SSL 第 3 版。

13.3.2 TLS 协议

1. TLS 协议的由来

1996 年，Netscape 公司将 SSL 移交给 IETF 进行标准化，并形成 RFC2246。TLS 是基于 SSL 第 3 版制定的，属于 SSL 的更新版本，而且是 Web 安全的国际标准。纵使 IETF 对 SSL 所做的修改非常小，但这些变化也无法使 SSL 版本 3 和 TLS 实现互操作，由于它们之间的不兼容性，大多数浏览器都实现了两个协议，需要时可以协商将 TLS 回退到 SSL，这就是 SSL/TLS。SSL 在市场上一直保持着强势，虽然 TLS 有可能逐渐取代它。目前 IE 浏览器的 SSL 和 TLS 的默认设置如图 13-9 所示。

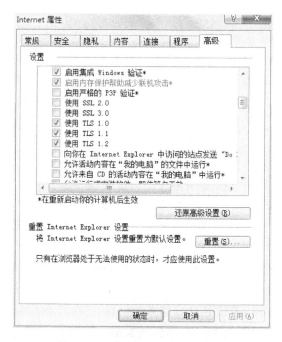

图 13-9 IE 浏览器 SSL/TLS 设置

2. TLS 协议的组成

TLS 由两层协议组成：TLS 记录协议和 TLS 握手协议。

（1）TLS 记录协议对通信信道进行安全封装，这些信道将用于高层应用协议。TLS 记录协议运行在 IP 及 TCP 层上，在收到通信信息后，将数据分为可控大小的分组，将数据进一步处理（压缩与否），再使用 RFC2104 中定义的 HMAC（Keyed-Hashing for Message Authentication）算法，进行加密并发送接收方，最终能保证数据的可靠性、完整性和机密性。接收方接收到发送来的密文分组后,重新对分组进行解密、验证(MAC)或解压缩,再对数据进行重组分组,递交上层,将结果转交给上层应用进程。在该会话中,基于 TLS 握手协议的秘密协商,双方获取对称加密或验证的密钥。

(2) TLS 握手协议准许相互认证、协商密码算法和确认密钥的过程在客户和服务器间自由进行。通过 TLS 握手协议,可在已确认的密钥的基础上,建立用于 TLS 记录协议处理高层应用协议的安全通信的连接。

13.4 应用层安全

13.4.1 电子邮件安全

在所有的分布式环境中,电子邮件几乎是最繁重的网络应用。无论双方使用何种操作系统和通信软件,用户都希望直接或间接地给互联网用户发送电子邮件。

电子邮件消息从一个站点到另一个远程站点,之间往往要经过几十台机器。这些机器中的任何一台都可以阅读和记录下该信息,以备将来可能之需。因此存在隐私问题。然而,许多人希望自己发送的电子邮件只有目标接收者才能阅读,其他人都无法阅读。随着对电子邮件依赖性的爆炸性增长,认证性和保密性服务需求也在日益增长。PGP 和 S/MIME 是两种被广泛应用的方法。

1. PGP 加密技术

PGP(Pretty Good Privacy)加密技术是一种建立在 RSA 公钥加密体系基础上的邮件加密技术实现手段,其实现过程利用了公共密钥或非对称文件的加密技术方法。

PGP 加密技术的创始人是美国的 Phil Zimmermann。他结合 RSA 公钥体系和传统加密体系各自的特点,具体表现在数字签名和密钥认证管理体制上的巧妙设计,促使 PGP 成为最受欢迎的公钥加密软件包。

RSA 算法计算量极大,使得加密大量数据耗时长,因此 PGP 不是用 RSA 而是采用传统对称加密算法 IDEA(International Data Encryption Algorithm),IDEA 相比 RSA 加/解密耗时短得多。PGP 随机生成一个密钥,运用 IDEA 算法对信息进行加密。信息加密后,再用 RSA 算法对该刚随机生成的密钥进行加密,而接收方则相反,运用 RSA 算法对密钥进行解密,之后再对信息运行 IEDA 算法进行解密,得出原文。

PGP 软件开源,图 13-10 显示了 PGP 消息的结构,以及电子邮件消息如何被签署和加密并传输到接收方。

如图 13-10 所示,PGP 将用户消息输入到哈希功能模块中,并使用发送者的私钥对哈希值进行加密,其用于产生数字签名,数字签名被添加到消息中,签名后的消息被压缩,并使用对称密钥进行加密,会话密钥使用随机数发生器产生,一次会话密钥需要传输到接收方并只有接收方才能打开,这是通过利用接收方公共密钥加密会话密钥完成的。加密后的会话密钥附在加密消息中,结果转换为 ASCII 码,以便用电子邮件传输。

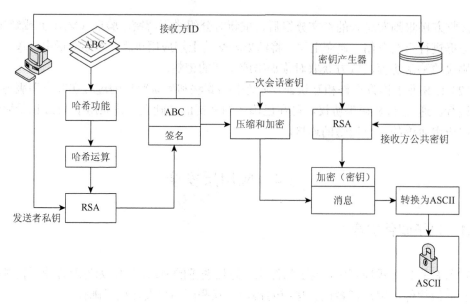

图 13-10　PGP 消息流程图

如图 13-11 所示，抽取消息的过程是相反的，外来的消息由 ASCII 码转换为二进制形式，并将加密后的会话密钥从消息中抽取出来。消息包含加密后的会话密钥，还包含识别指定消息接收者的信息，因此允许多个识别码，每个有不同的公钥—私钥对，加密后的会话密钥字段中的识别码是用于私钥的索引，接收者的私钥用于会话密钥的脱密，会话密钥则用于消息的脱密。

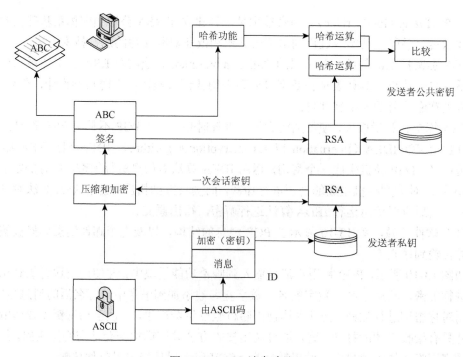

图 13-11　PGP 消息确认

接着抽取消息数字签名,在数字签名字段中包含一个识别码用来指出发送消息的用户是谁,该识别码用于查询发送者的公共密钥,公共密钥又用于数字签名的脱密,并抽取哈希值,然后消息传输到哈希功能模块,对两个哈希值进行比较,如果它们相同,则表明消息被成功地收到。

由数字签名我们知道,电子邮件的安全性体现在:①产生消息的人是需要发送者的私钥的,这有效地防止了伪造发送者;②只有知道接收者私钥的人才能成功地将消息脱密,这有效地防止了窃密者脱密。这种方法的强度取决于私钥的保护级别。

PGP 的问题主要体现在密钥分配和密钥管理上。密钥分配的主要问题是如何知道公共密钥的所有者及如何获得某人的公共密钥。一方面,公共密钥分配及确认这些密钥代表的实际仍还没有一个被广泛采纳的方法。另一方面,大多数人并不认为他们的电子邮件重要到要采用这样的安全级别。然而,PGP 可以解决窃听问题,还可以用于识别电子邮件消息的发送者和接收者。

2. S/MIME

就一般功能而言,S/MIME 与 PGP 非常相似,二者都提供了签名和加密消息的能力。S/MIME 扩展了安全方面的功能,具体表现在可以把 MIME 实体封装成安全对象,MIME 实体如数字签名和加密信息等。S/MIME 提供了认证、数据完整性、保密性和不可否认性,一方面非常灵活,支持大量的密码学算法,另一方面与 MIME 集成得很好,从而可以保护各种类型的邮件。此外,它也定义了许多新的 MIME 头,比如,用来存放数字签名的 MIME 头等。S/MIME 有以下功能。

(1) **封装数据**:由任意类型的加密内容和所用密钥所组成。

(2) **签名数据**:待签名的内容提取数字摘要,利用私钥加密,从而得到数字签名,然后,用 Base64 对内容和签名进行编码。由此可见,带有签名信息的数字消息具有特定要求的接收方,只有 S/MIME 能力的接收方能够处理。

(3) **透明签名数据**:仅有数字签名采用了 Base64 编码。换言之,没有 S/MIME 能力的接收方无法对签名进行验证,但却可以查看收到消息的内容。

(4) **签名并封装数据**:仅签名实体和封装实体能够嵌套,从而能实现对签名后的数据或透明数据进行加密和对加密后的数据进行签名。

S/MIME 与 X.509 v3 采取了相同的公钥证书的方式,而 S/MIME 的密钥管理模式是 PGP 的 Web 信任与严谨的 X.509 证书层次的混合方式。S/MIME 并没有一个严格的、从单个根开始的证书层次结构,相反,用户可以有多个信任锚。只要一个证书能够被回溯到当前用户所相信的某个信任锚,它就被认为是有效的。通常地,能被用于传送 MIME 数据的运输机制都能使用 S/MIME,譬如 HTTP。有关 S/MIME 的细节,可参考 RFC2311。

13.4.2 Web 安全

由于拥有大量的服务器和用户,万维网变成黑客的主要目标,可以说,Web 是如今大多数窃密者的主要工作场所,因此 Web 安全至关重要。

1. Web 面对的威胁挑战

功能多样化的 Web 上运行不同的通信协议，针对不同的运行方式和加密手段，黑客制造不同的窃密手段，从而造成不同程度的威胁。

1）针对 HTTP 的攻击

（1）**基于头部的攻击**：由于头部简单且任何无效的指令或回应都被忽略了，因此基于头部的攻击不是很常见。一种头部攻击是根据客户端和服务器端的可执行能力进行攻击；另一种头部攻击是使用 HTTP 协议来获取不属于任何超链接文档集合的文件。譬如，某些包含 Web 密码的文件可能由于配置错误默认被留在服务器上，通过统一资源定位符（Uniform Resource Locator，URL）能被定位到，攻击者可能使用公共域攻击软件，从而有效地获得用户和密码。

（2）**基于验证的攻击**：这是 HTTP 攻击中最常见的类型。用户名和密码采用明文发送，因此从网络安全的角度来讲，HTTP 验证并非很安全。此外，密码能被猜出来，就像任何基于网络的注册机制一样。另一种攻击是电子欺骗（可以是 DNS 欺骗等），用户可能被诱骗进某个伪装网站，从而使用户不知不觉暴露账户信息和个人信息，包含超链接的电子邮件信息经常被作为一种使用户登录虚假网站的方法。

（3）**基于流量的攻击**：Web 服务器易受到几种基于流量的攻击。攻击者对服务器制造数量巨大的请求，当达到 Web 服务器的极限时，其将拒绝连接，不断打开多重连接并保持它们的激活状态从而达到服务器的极限是很容易办到的，这将可能导致网站宕机，这种攻击也成为拒绝服务（DoS）攻击。这种攻击的副作用还会导致解决 Web 服务器的路由器因流量过载而使路由网络几近中断。

（4）**数据包嗅探**：HTTP 协议是一个明文协议，易于遭受嗅探，被嗅探的流量可以分辨某人所访问的网站和他所浏览的网页。有些网络流量是敏感的，例如，用明文访问一个银行账号将暴露财务数据，目前普遍采用解决办法是利用 HTTPS（见 13.3.1 节）。

2）针对超文本标记语言的攻击

Web 服务器传送的文件用超文本标记语言（Hyper Text Markup Language，HTML）文档作为主语言，HTML 文档由浏览器翻译，由于文档由浏览器来处理，因此服务器产生的文档可能存在安全风险。

（1）**基于头部的攻击**：对 HTML 头部的大多数攻击涉及三个标签：image、applet 和 hyperlink。image 标签可能导致 Web 服务器能记录那些包含指向此加载图像的链接的站点（可能是其他站点）。这一信息使 Web 服务器能够追踪用户所访问的地方，被称为 Web bug 或 clear gif。Applet 标签能使用户的浏览器下载 Web 服务器上的代码，applet 也能够给 Web 服务器返回数据。例如，攻击者可能利用 java applet 的运行读取不应该被访问的本地文件和数据。hyperlink 的超链接功能可能导致将用户转入欺骗性的网站，超链接可能指向其他网站或 HTML 文档，也可能指向包含恶意代码的其他类型的文档，或者文档本身就是恶意的。

（2）**基于协议的攻击**：一种基于协议的攻击是 HTML 代码设计者将修改后的信息嵌入到 HTML 文档中，另一种是以注释的形式或者以固定值传递到服务器端运行。攻击者通过修改网页信息给 Web 服务器发送/上传虚假信息，从而达到目的。如攻击者修改嵌入

HTML 文档中的商品价格，以某种方式成功上传订单，从而以极低的价格买到商品。

(3) **基于流量的攻击**：如流量嗅探，类似于 HTTP 协议。

3) 服务器端攻击

(1) **基于头部的攻击**：运行在服务端的公共网关接口（Common Gateway Interface，CGI）脚本不仅从网络接受参数，其亦提供到应用程序的网络访问，这可能带来缓冲溢出的隐患；另一个常见的漏洞是当攻击者通过 CGI 脚本访问没有打算被访问的文件或程序时出现的。当在 CGI 脚本存在错误并且没有限制时，漏洞也会暴露出来。在使用 CGI 脚本时，头部问题还与应用程序有关，这使得减少风险变得更加复杂。

(2) **基于验证的攻击**：主要的验证漏洞存在于对另一个应用程序提供验证访问的 CGI 脚本。CGI 脚本能够提供对应用程序验证方法的访问，而它并没有被设计用来接受基于网络的验证；另一种验证漏洞是客户没有办法去验证 Web 服务器或获知服务器端的可执行程序是否正被使用。因此，来自服务器端的可执行程序可能被用来收集关于用户的数据，CGI 脚本也可能潜在获取用户不应当发布的信息，如信用卡信息等。

4) 客户端攻击

(1) **基于验证的攻击**：大多数客户端可执行程序没有被验证，这可能导致恶意代码的植入。通过 Web 下载的可执行文件是最大的客户端威胁，这些文件可能包含恶意代码，如特洛伊木马、侦探工具和键盘记录器。恶意代码能植入到其他应用程序，通过恶意代码执行要做的事情。

(2) **基于流量的攻击**：除了嗅探漏洞之外，与客户端可执行程序相关的基于流量的漏洞是不多的，尤其在客户端下载量较少的情况下。但在客户端可执行程序产生巨大流量时，会导致网络问题的出现，如提供实时的股票市场信息或实时的气候数据的插件和网站，客户端插件将产生巨大的流量。

2. 常用 Web 安全对策

对于网络威胁的对策，Web 服务器和浏览器有不同的设置应对安全性的问题。Web 服务器对策可采用加密的远程访问、安全外壳协议（Secure Shell，SSH）等方法，这里简单介绍保护用户的对策。对于客户端而言，一个有效的方法是使用 Web 过滤以阻止用户进入不适宜的网站，Web 过滤器能够使用户远离有恶意代码安全陷阱的站点。有两类网络过滤器：URL 过滤器和内容过滤器。

1) URL 过滤

URL 过滤控制用户可访问的网址，其判断依据是基于最终目的地址或被请求的网址。URL 过滤有三种主要的方法：客户端、代理服务器和网络，并且每一种方法都部署一个禁止访问站点的黑名单或一个仅由能被访问站点组成的白名单。基于黑名单的过滤器的最大问题是保持名单更新，这是非常困难、劳动强度很高的。图 13-12 为客户端网址过滤器的简单模型。

2) 内容过滤

内容过滤更进一步地采纳 URL 过滤的思想，并试图检验 HTTP 的载荷。采用内容过滤的通常是网络设备而不是客户端应用程序，有些 URL 过滤器也执行内容过滤。有两种主要类型

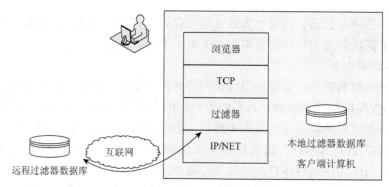

图 13-12　客户端网址过滤器的简单模型

的内容过滤器：入站的和出站的。二者之间的唯一不同点是它们所寻找的内容的类型。

图 13-13 显示了入站内容过滤器与代理服务器一起工作的例子，浏览器通过代理服务器请求文档，代理服务器下载文档并检查它的恶意代码。如果文档是干净的，就被传递到浏览器。如果文档不是干净的，那么代理服务器或者发送一个空文档或者发送一个重定向指出文档有问题。然而，如果 URL 使用另一种方法来传递文件（如 FTP），那么 Web 过滤器将不能阻止恶意代码。

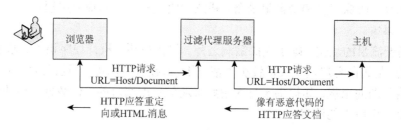

图 13-13　基于代理服务器的内容过滤器

出站内容过滤器检查 HTTP 内容是否是那些不应当离开机构的信息。出站内容过滤保护了隐私，经常使用禁止内容黑名单，当然也可以使用表达式来过滤内容。出站过滤器执行方式与代理服务器是相同的。

13.5　防火墙与入侵检测

在计算机网络中，当通信流量进入/离开网络时要执行安全检查、被记录、丢弃和/或转发，诸如此类的安全管理对于网络的管控至关重要，一般由防火墙、IDS 和入侵防止系统（IPS）负责管理。

13.5.1　防火墙

防火墙作为软硬件运行设备，可以限制未授权的用户进入内部网络，允许一些数据分组通过而阻止另一些通过。防火墙可以称为包过滤器，也可以称为流量的"门卫"。创建防火墙基于以下三个目标。

（1）从内外部沟通的所有流量都需要通过防火墙。防火墙是内部网和外部网其余部分之间的边界，设置防火墙的流量控制，能保证网络的安全访问。

（2）仅允许被批准的流量（由本地安全策略定义）通过。通过防火墙控制授权流量的访问，从而对机构网络起到保护作用。

（3）防火墙自身免于渗透。防火墙自身应有足够的健壮性、稳定性，如果设计或安装得不适当，反而会危及安全，这样它仅提供了一种安全的假象。

防火墙一般分为三类：传统的分组过滤器（Traditional Packet Filter）、状态过滤器（Stateful Filter）和应用程序级网关（Application-level Gateway）。

（1）**分组过滤器**：分组过滤条件由分组包头源/目的地址、端口号、协议类型等确定，也就是说，仅满足过滤条件的数据包才能接受路由转发到相应端口，否则丢弃，该功能作用在协议族的传输层和网络层。

（2）**状态过滤器**：能够直接处理来自分组的数据，再根据前后分组的数据进行统筹考虑，之后决定是否允许该数据流量通过。

（3）**应用程序级网关**：实际中由专门工作站负责，其应用在应用层上以监视和控制应用层通信，该功能由应用服务上特定的代理程序负责完成。

即使防火墙配置得极其完美，网络中仍然会存在大量的安全问题。例如，防火墙外面的入侵者可以在数据包中填入假的源地址，一个被信任的地址，从而绕过防火墙的检查机制；又比如，内部人员可能通过将保密文档偷偷加密，或转换为图片格式转运出去，这样可以绕过任何电子邮件过滤器。

防火墙的另一个缺点是它提供单道防线来阻挡攻击，一旦它被攻破就全盘皆输。因此，通常采用多层防火墙防范攻击。

另外，还存在许多其他类型的攻击是防火墙无法处理的。防火墙的基本思想是阻止入侵者进入，或者避免保密数据被转运出去。然而，卑劣的攻击者可能单纯想把目标站点搞瘫痪。通过向目标服务器及其端口发送大量合法的包，直至目标机器不堪重负而崩溃。拒绝服务攻击（Denial of Service，DOS）及其变种分布式拒绝服务（Distributed Denial of Service，DDoS）均属于此种攻击方式。

13.5.2　入侵检测

1. IDS

IDS 是对系统资源的非授权使用能够做出及时的判断、记录和报警的硬件或软件系统，即通过观察网络流量进行入侵检测的智能软件程序。入侵者可分为两类：外部入侵者和内部入侵者。前者一般指来自局域网之外的未被许可或授权的用户；后者一般指假扮其他有权访问敏感数据的内部用户或者访问受限制资源的内部用户，内部入侵者难以发现且更具危险性。

通过进行入侵检测，能够鉴别出系统中运行的正常性，并检测出系统中存在的安全或不遵守安全性规则的活动，系统管理员能借此参考，从而对系统进行重新安排管理或对所受到的攻击作出相应的应对措施。

根据入侵检测的信息来源不同，可以将入侵检测系统简单分为以下两类。

（1）**基于主机的入侵检测系统**：其对关键计算机服务器进行重点保护。此类系统能够解读主机记录在案的审计或日志记录，找出可能的不正常和不允许活动的证据，进而判断系统是否被入侵，判断是否启动相应应急响应程序，避免情况的进一步恶化。

（2）**基于网络的入侵检测系统**：其能对网络的关键路径进行实时可靠的监测，观察网络流量模式，监视网络上的所有流量分组来采集数据，从而进一步对有风险的、可疑的现象进行分析。

总体而言，IDS 的防线宽广，对不同的网络攻击监测面广，包括网络映射、端口扫描、DoS 带宽洪泛攻击、蠕虫和病毒、操作系统脆弱性攻击和应用程序脆弱性攻击。IDS 可能是专用的，如 Cisco、Check Point 自己销售的系统，也有公共域系统，如极为流行的 Snort IDS。IDS 种类繁多，简单而言，可分类为基于特征的系统和基于异常的系统，具体如下所述。

（1）**基于特征的系统**：此类 IDS 对特征进行管理，一般拥有一个保存着丰富攻击特征的数据库，每个特征是一个规则集，与入侵活动相关联。一个机构的网络管理员能够定制这些特征或者将其加进数据库中。

基于特征的 IDS 嗅探每个分组，并与数据库中的特征进行比较，如果匹配，IDS 产生告警，或单纯记录下来以备将来检查，或通过邮件发给网络管理员或直接发给网络管理系统。

然而，基于特征的 IDS 存在缺点：首先是对未被记录的新攻击缺乏判断力；其次是特征匹配并不代表就是一个攻击，可能误判而导致虚假报警；最后每个分组需与范围广泛的特征集相比较，IDS 可能过载并因此难以检测出其他恶意分组。

（2）**基于异常的系统**：基于异常的 IDS 通过对运行的流量观察，从而生成一个流量概况文件。寻找统计上不寻常的分组流，从而判断是否属于异常的流量，如 ICMP 分组过度的百分比、端口扫描和 ping 扫描导致的请求指数增长。相对于基于特征的系统，其不依赖于关于攻击的历史知识，但区分正常和异常流量是极具挑战性的。因此，目前大多数部署的 IDS 主要是基于特征的，某些 IDS 二者兼具。

Snort 是一个开源的 IDS，能够运行在多种操作系统平台上，通过 Snort 传感器，能轻松嗅探大流量流。Snort 以有众多的用户和安全专家在维护它的特征数据库而闻名。当一个新攻击出现时，Snort 团体能很快应对并发布一个攻击特征，然后被分布在全世界数以万计的 Snort 部署者下载。而且，Snort 特征的语法方便管理，网络管理员能够根据他们自己的机构需求，通过修改现有的特征或创建全新的特征来裁剪某个特征。

2. 入侵防止系统 IPS

IDS 一般可能与入侵防止系统（Intrusion Prevention System，IPS）进行配合，IPS 能滤除可疑流量，IDS 有一个由规则引擎实现的网络接口来嗅探流量，与 IPS 的主要区别是，IPS 一般有两个网络接口，通常配置成类似透明防火墙，IPS 也使用规则引擎，从而阻塞与规则集匹配的流量。一个规则引擎有三种可能结果，具体如下。

（1）正确判断。规则集正确地识别数据包或数据流量为攻击流量。

（2）误判。规则引擎识别正常流量为攻击流量，产生误判。误判将导致日志空间被大量占用，也会因为误判产生大量日志文件，并引起资源浪费。IPS 误判还可能引起设备阻塞正常流量，这是 IPS 并未被许多机构部署的原因之一。

（3）漏判。设备没有检测到攻击，产生漏判。

通常 IDS 与 IPS 设备制造商在积极减少误判和漏判的数量，但两者之间有个平衡的问题，需要折中考虑。

思考题与习题

13-1　什么是对称加密和非对称加密？比较两种加密方式的优缺点。

13-2　混合加密的原理是什么？举例说明混合加密的应用场景。

13-3　如何看待密钥的分配对整个加密系统的影响？试阐述对称密钥分配的几种方案并比较优缺点。

13-4　PKI 的组成分为几大部分？主要功能各是什么？

13-5　用于实现电子邮件传输过程安全的两种方式是什么？有哪些异同点？

13-6　试用图形方式描述 SSL 的握手过程。

13-7　请列举典型 Web 攻击方式并阐述可以采取的相应对策。如何提高 Web 客户机的安全性？

13-8　防火墙的主要功能是什么？是如何实现的？防火墙、入侵检测及入侵防护如何协同工作？

参 考 文 献

高晓飞，申普兵，2008. 浅析网络安全主动防御技术. 信息网络安全，（8）：44-46.

石志国，薛为民，尹浩，2011. 计算机网络安全教程. 2 版. 北京：清华大学出版社.

王其良，高敬瑜，2006. 计算机网络安全技术. 北京：北京大学出版社.

张世永，2003. 网络安全原理与应用. 北京：科学出版社.

Diffie W，Hellman M，1976. New directions in cryptography. IEEE Transaction on Information Theory，22（6）：644-654.

Diffie W，Hellman M E. 1976. Multiuser cryptographic techniques//Proceedings of the June 7-10，1976，national computer conference and exposition. ACM：109-112.

Jacobson D，2016. 网络安全基础：网络攻防、协议与安全. 仰礼友，赵红宇译. 北京：电子工业出版社.

Kurose J F，Ross K W，2008. 计算机网络自顶向下方法. 4 版. 陈鸣译. 北京：机械工业出版社.

Kohnfelder L M，1978. Towards a practical public-key cryptosystem. Cambridge：Massachusetts Institute of Technology.

Mao W，2004. 现代密码学理论与实践. 王继林，伍前红等译. 北京：电子工业出版社.

Merkle R C，1979. Secrecy，authentication，and public key systems. Computer Science，4（6）：375-415.

Needham R M，Schroeder M D，1978. Using encryption for authentication in large networks of computers. Communications of the Acm，21（12）：993-999.

Stallings W，2011. Cryptography and Network Security：Principles and Practice. 5th. Upper Saddle River：Pearson.

第 14 章　互联网应用

当前互联网能够有如此广泛的普及率，其中最重要的角色当属于互联网应用，正是各色各样的互联网应用改变着我们生活的方方面面，让我们的生活更加便利，工作更加高效。

14.1　互联网应用层协议

14.1.1　HTTP

当前互联网中所有 WWW 文件都需要遵循一个标准，这就是应用极为普遍的一种网络协议——HTTP。超文本是一种结构化的文本，不同节点中的文字信息被超链接这一种逻辑链接组织在一起。而 HTTP 是用于交互和传输超文本的。超文本概念由泰德尼尔森（Ted Nelson）提出，并被互联网工程工作小组标准化发布为 RFC。当前 HTTP 使用最为广泛的 HTTP 1.1 定义于 RFC 2616。

1. 技术架构

HTTP 是一种广泛使用在应用层上的分布式协同的超媒体信息系统的通信协议，是万维网数据通信的根基。协议作用于客户端和服务端之间，是一种请求响应模型。该模型分为三部分：用户代理、服务器和中间层。用户代理（也称为客户端）上运行 Web 浏览器、网络爬虫或者其他工具。应答的服务器上提供如 HTML 文件和图像等资源，或者是根据客户端的请求调用其他函数。HTTP 资源可以用统一资料定位器（URL）进行识别和定位。客户端和服务端之间可能存在多个中间层，而中间层可以是代理、网关或者隧道。通常，客户端向服务端的指定端口（默认端口为 80）发出 HTTP 请求信息，尝试建立 TCP 连接，当 HTTP 服务器监听到该端口的请求后，将会返回客户端一个响应信息。响应信息包含状态行、消息报头（可选）、空行及消息正文（可选）。消息正文可以是请求的文件、错误信息或者一些其他信息。通常请求一个网页需要传送很多数据，因此 HTTP 使用可靠的 TCP 连接进行传输，并且还可以对传输速率进行控制（图 14-1）。

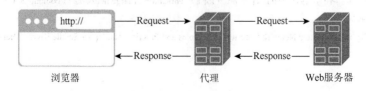

图 14-1　浏览器通过中间层（代理）发出 HTTP 请求

2. 请求方法

HTTP 定义了一系列的方法来表明对指定资源的操作。资源既包括事先存放在服务器的数据，也可以是动态生成的数据，其存在方式由服务器上的实现决定。通常，这些资源表示一个文件或者是服务器上可执行文件的输出。HTTP/1.0 说明书中定义了 GET、POST、HEAD 方法，HTTP/1.1 中新增了 5 种方法：OPTIONS、PUT、DELETE、TRACE 和 CONNECT。这些方法的规则被明确定义，所以任何客户端和服务器都能准确使用。协议中并没有限制方法的数量，所以允许未来版本中新增方法而无须破坏原有的结构。

各个请求方法的作用如下。

（1）**GET 方法**：通过 URL 请求所标识的资源，并且请求参数附在 URL 之后。为了安全性和稳定性，服务器通常会对 URL 的长度进行限制。

（2）**POST 方法**：通过 URL 请求所标识的资源。请求参数附在请求体中，可以传输大量的数据。

（3）**HEAD 方法**：与 GET 方法类型，但是响应消息不包括请求正文部分。这样可以快速获取消息报头中的元信息。

（4）**PUT 方法**：请求服务器存储一个资源，存储位置由 URL 标识，若 URL 指向的位置已经存在资源，则修改它；若 URL 没有指向存在的资源，则服务器在该 URL 位置创建该资源。

（5）**DELETE 方法**：请求服务器删除 URL 所标识的资源。

（6）**TRACE 方法**：向服务器请求回送收到的请求以便客户端查看中间层是否对请求进行修改。该方法主要用于诊断和测试。

（7）**OPTIONS 方法**：请求服务器返回支持的 HTTP 方法。该方法通常用于检测 Web 服务器的功能。

（8）**CONNECT 方法**：将请求连接转换为 TCP/IP 隧道。该方法通常用于将 SSL 加密的通信通过未加密的 HTTP 代理。

3. 状态码

从 HTTP/1.0 开始，HTTP 响应消息的第一行称为状态行。其中包括一个数值的状态码（如 "404"）和一个文本短语解释（如 "Not Found"），客户端处理响应消息的方式首先依赖于这个状态码，其次是响应消息报头中的其他信息。状态码可以自定义，当客户端遇到一个未知的状态码，它将会根据状态码的第一个数字判断响应消息的类别。HTTP 协议只是推荐开发者使用标准的文本短语进行解释，也可以被其他的短语代替。如果状态码表示遇到错误了，客户端可以展示该短语解释给用户，以便解决问题。HTTP 状态码主要分为 5 类：表示消息类别的 1XX，表示成功类别的 2XX，表示重定向类别的 3XX，表示客户端错误类别的 4XX，表示服务器端类别的 5XX。

14.1.2 邮件传输协议

超文本传输需要遵循 HTTP 协议，而电子邮件的传输需要遵循的标准是简单邮件传输协议（Simple Mail Transfer Protocol，SMTP），它定义了一组发送程序和接收程序之间传输电子邮件需要用的命令和应答格式，目标是可靠高效地传送邮件。SMTP 最早定义于 1982 年的 RFC 821 文档，而目前使用最为广泛的版本是更新于 2008 年的 RFC 5321 文档。SMTP 默认使用 TCP 的 25 号端口。尽管电子邮件服务器和其他邮件代理使用 SMTP 来进行收发邮件消息，用户层级中的客户邮件应用程序使用 SMTP 仅仅是用于发送消息到邮件服务器进行转发。用户应用通常使用邮局协议（Post Office Protocol，POP）或者邮件访问协议（Internet Message Access Protocol，IMAP）接收邮件。

邮件处理模型中，邮件客户端程序（Mail User Agent，MUA）提交 E-mail 到邮件服务器程序（Mail Submission Agent，MSA），然后 MSA 传递邮件到邮件传输代理程序（Mail Transfer Agent，MTA）。通常，MSA 和 MTA 只是同一台机器上同一软件的两个启动选项不同的实例（如图 14-2 所示，其中实线箭头表示可以通过 SMTP 进行传输）。

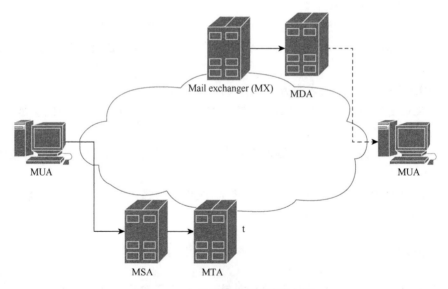

图 14-2　电子邮件发送过程示意图

MTA 需要定位到目标主机，它通过域名系统（Cormain Name System，DNS）来查找接收者所在域（即电子邮件地址中@字符后所标识的内容）的邮件交换记录（MX record）。返回的 MX record 包括目标主机的名字。接下来，MTA 作为 SMTP 客户端与交互服务器相连接。两个 MTA 可能是直接连接，也可能经过多个中间系统。一个接收 SMTP 的服务器可以是最终目的地，也可以是存储并转发的中继器，还可以是网关。当邮件传递到目的机器时，邮件投递代理程序（Mail Delivery Agent，MDA）接收并进行本地邮件投递。MDA 可以直接将消息存储，或者在网络中通过 SMTP 或者其他方式，如本地邮件传输协议

LMTP（Local Mail Transfer Protocol）进行转发。当邮件传递到本地邮件服务器并存储后，邮件可以被经过验证的 MUA 通过 IMAP 或者 POP 进行检索。值得注意的是，SMTP 定义的是消息的传输，而非消息的内容。所以它只是定义了邮件信封及其参数（如信封发送者）。

SMTP 是一种面向连接的基于文本的协议。考虑邮件内容的重要性，邮件发送者与接收者需要在一个可靠有序的数据流通道上进行数据传输，因此协议使用的是 TCP 连接。所以传输邮件之前需要建立 TCP 连接，并且传输结束后需要释放连接。一个 SMTP 会话包括由 SMTP 客户端发起的命令和对应的 SMTP 服务器的响应。具体步骤如下：

（1）客户端通过三次握手建立 TCP 连接；
（2）客户端向服务器发送用户名和转码后的密码已验证身份；
（3）服务器端验证成功后返回 OK 信息；
（4）客户端通过 RCPT 命令表明邮件的来源和去向；
（5）如果邮件地址合理，服务器返回 OK 信息；
（6）客户端通过 DATA 命令发送输入邮件正文；
（7）发送完毕后，客户端发送 QUIT 命令请求断开 TCP 连接。

14.1.3 邮件访问协议 IMAP/POP3

Internet 邮件访问协议（Internet Mail Access Protocol，IMAP）以前被称作交互邮件访问协议，1986 年由斯坦福大学开发。邮件客户端如 MS Outlook Express 通过该协议可以获取邮件服务器上邮件的信息或者下载邮件等操作。目前最新的版本 IMAP 版本 4 的修订版 1（IMAP4rev1）定义于 RFC3501。IMAP 协议运行在 TCP/IP 之上，使用的端口是 143。IMAP 支持在线和离线的操作模式。通常邮件客户端从 IMAP 服务器获取的邮件只是获取邮件的一份拷贝，并不会删除服务器上的邮件，除非用户显式地将它删除。因此同一个邮箱可以被多个客户端同时访问，即用户在通过 Web 界面进行访问的同时，手机、平板的客户端依旧能够正常登录和接收邮件。

和 IMAP 一样，POP 也是本地客户端用于访问远程服务器获取邮件的基于 TCP/IP 上的应用层协议，使用的端口是 110。POP 已经经过多个版本的迭代更新，而当前使用最为广泛的版本是 POP3。POP 是一种脱机模型，支持简单的下载和删除请求来访问远程邮箱。虽然如今 POP3 也可以选择下载后将邮件保留在服务器上，但是通常邮件客户端通过 POP 进行连接、下载所有的未读邮件并保存在个人终端机器上，然后服务器上的邮件将会被删除。具体流程为：当 POP 会话打开时，未读邮件将会和客户端的邮件合在一起，并且每个邮件拥有唯一的标识符。这个标识符可以是根据当前会话生成的消息号，也可以是 POP 服务器分配的全局唯一标识符。客户端获取邮件后，通过标识符对新邮件标识。当客户端退出会话时，这些被标识的邮件将会从服务器上删除。

POP 不像 IMAP 那样可以支持更加完整和复杂的访问。不过 IMAP 需要较大的存储空间，所以 20 世纪 90 年代和 2000 年初时，只有少部分互联网服务提供商支持 IMAP。而当时所有的 E-mail 客户端都支持 POP。随着时间的推移，目前许多流行的客户端都增加了 IMAP 的支持。

IMAP 与 POP 的对比如下所述。

（1）POP 是一个非常简单的协议，并且非常容易实现。

（2）POP 邮件服务器会把消息从邮件服务器上移动到用户本地电脑（虽然作为可选项也可以将其留在服务器上）。

（3）IMAP 默认将信息留在邮件服务器，只是简单下载一个拷贝。

（4）POP 将 mailbox 当成一个存储，没有对文件夹的细分。

（5）IMAP 客户端可以进行复杂的查询，可以请求指定消息头或者消息体的消息，或者查询所有满足一定条件的消息。mail 仓库中的消息可以被标识为多种状态，如 deleted 或者 answered。除非用户指定删除，否则将会一直保存在仓库中。简单来说，IMAP 可以像操作本地邮件那样操作远程的 mailboxes。依赖于 IMAP 客户端的实现和系统管理员定义的 mail 架构，用户可以直接保存在客户端机器上，或者保存在服务器上，又或者二选一。

（6）POP 只允许邮箱和一个客户端相连接。而 IMAP 协议明确允许多个客户端同时访问，并且客户端提供检测其他客户端修改的机制。

（7）当 POP 获取一条消息，它将会获取其所有部分，而 IMAP4 协议运行客户端将会获取特定的 MIME 部分。如可以只获取邮件内容而不获取附件。

（8）IMAP 支持服务器上的标识来跟踪消息状态，如消息是否被查看、回复、删除。

14.1.4 FTP

FTP 是一种标准的网络协议，用于在客户端和服务器端之间传输计算机文件。同时 FTP 也是一种基于客户端/服务端架构的跨平台应用程序，不同的操作系统都有对应的 FTP 应用程序，并且所有 FTP 应用程序在传输文件时都遵守同一种协议。在 FTP 的使用当中，用户主要使用的两个操作为：①下载，即将远程连接主机上的文件拷贝传输到操作者的计算机上；②上传，即将操作者计算机中的本地文件传输到远程连接主机。通常，客户端需要登录（输入用户名和密码），获得远程连接主机相应的权限以后，才能进行下载文件或上传文件的操作。其中传输用户名到服务器是用 USER 命令，而传输密码是通过 PASS 命令。如果客户端提供的信息被服务器端接受，那么其将会授权给客户端并打开会话。另外为了对传输的用户名和密码进行安全传输，FTP 可以使用 SSL/TLS 进行加密。不过 Internet 上的 FTP 主机数量众多，为每一位用户的主机都分配一个账号十分不现实。匿名 FTP 就是为解决这个问题而产生的，不过这需要在服务器上做相应的配置，并且匿名状态下的访问权限是受到限制的，如不能上传资料。

在图形化操作系统面世之前，FTP 客户端应用程序就已经诞生，那时候使用的是命令行程序，如今的 FTP 客户端和自动工具多种多样，适用于个人电脑、服务器、移动设备。并且 FTP 还和各种应用程序相结合，如 Web 在线编辑器。

FTP 运行模式有主动模式和被动模式两种，这决定了数据连接如何建立。两种情况中，客户端通过一个随机的大于 1024 的端口 N 和 FTP 服务器的 21 号端口建立 TCP 控制连接，建立命令联系通道。在主动模式中，如果要发生资料传输，通过 21 端口告知服务器客户端的数据通道端口 M（也是一个大于 1024 的端口，通常 $M=N$），并进行侦听，服务器利用 20 端口向客户端的端口 M 发起连接，并建立数据联系通道。但是处于防火墙内的客户端不能接收到来的 TCP 连接，此时则可以使用被动模式。这种模式中，客户端通过控制连接发送 PASV 命令到服务器。服务器打开一个端口并且开始监听，然后通过命令联系通道将服务器的 IP 和该端口号发送到客户端中。客户端收到信息后，打开一个端口与其创建数据联系通道（图 14-3）。这种模式中客户端发起所有的连接，而服务端则全是被动地接收，因此被称为被动模式。因此该模式适用于客户端是私有 IP，而服务器端是共有 IP 的情况。

与 HTTP 比较，FTP 的特点如下所述。

（1）FTP 的控制连接是有状态的，这可以维护当前的工作目录和其他一些标志。并且客户端与服务器需要建立两个链接，一个用于传输命令，而另一个用于传输数据。HTTP 的链接是无状态的，并且控制和数据的传输都是通过单一的链接。

（2）建立一个 FTP 控制连接是相当耗时的。因为这是一个请求/响应的模型，每次发送命令后都需要等待响应，有两次延时。所以通常的做法是多个文件传输时，保持控制连接而不是每次重新建立会话。相比之下，HTTP 在多次传输时可以重用 TCP 连接。概念上每次传输是独立的请求而非一个会话。

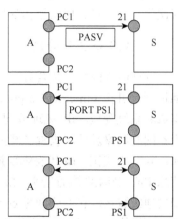

图 14-3 FTP 主动模式下的通信过程

（3）当 FTP 通过数据连接传输时，控制连接通道处于空闲状态。如果传输时间很长，那么防火墙或者 NAT 可能会认为控制连接关闭而停止跟踪它。这会破坏连接。在 HTTP 中，连接只有一个，所以只有在两个请求之间会处于空闲状态。如果空闲时间过长，连接将会被关闭，而这而是设计者所期望的。

14.1.5 域名系统

域名系统（Domain Name System，DNS）是 Internet 中的一项核心服务。在日常生活中最贴切形象的类比例子是电话本。呼叫一位朋友需要知道他的电话号码，而电话号码一般较难记忆，因此需要查阅电话本并按名字找到其对应的电话号码再呼叫。Internet 中一台主机想要访问另一台主机也是如此，需要先获得另一台主机的 IP 地址。IPv4 中 IP 地址由 32 位二进制字符组成，即使转换成 4 个十位数形式也依然因为其太过于抽象而难以记忆。因此域名（Domian Name）便是为了解决这个问题而产生的。域名通常是一串有意义的便于记忆的字符，域名解析即是将域名转换为 IP 地址的系统。因此用户对一个网站进行访问的时候，既可以输入其域名通过 DNS 进行解析，也可以直接输入该网站的 IP 地址。例如，www.example.edu 的域名经过转换后变成的 IP 地址为 93.184.216.119（IPv4）和 2606：2800：220：6d：26bf：1447：1097：aa7（IPv6）。与电话本不同的是，DNS 可以快速更新网络中一台计算机的地址改变而无须对终端用户产生影响。用户只需访问同样的域名。因此用户可以利用有意义的 URL 和邮件地址进行访问而不是记忆服务器确切的 IP 地址。

早期的 ARPANET（Advanced Research Projects Agency Network），计算机的普及率远远不及今天的时候，整个网络中只有几百台大型机，只需要一个文件（host.txt）就能记录全部的主机名称及其相应的 IP 地址。而且由主机名称查找 IP 地址的速度也非常快。但是随着 Internet 的发展和规模的变大。一台域名服务器已经不能支撑其所有的域名解析工作，如果这台服务器发生故障，所有的域名解析服务将会瘫痪，造成极大的损失。并且，在庞大的国际化网络中，这种集中式的管理会带来巨大的延迟，所以从 1983 年开始使用一种层次化、分布式、树状结构的域名系统 DNS。这种系统十分高效且可靠。

1. 域名分配和管理

管理庞大的域名集合并非易事，1998 年成立了一个非营利性组织——Internet 域名与地址管理机构（Internet Corporation for Assigned Names and Numbers，ICANN）。其主要承担域名系统管理、IP 地址分配、协议参数配置，以及主服务器系统管理等职能。ICANN 为不同的国家及地区设置了相应的顶级域名。这种顶级域名通常由两个英文字母组成。例如：us 代表美国、ru 代表俄罗斯、kp 代表韩国、cn 代表中国，cn 下的域名由中国互联网信息中心 CNNIC 进行管理。除了代表各个国家的顶级域名，ICANN 最初也定义了 6 个类别的顶级域名，它们分别是 com、edu、gov、mil、net、org。其中 com 用于企业，edu 用于教育机构，gov 用于政府机构，mil 用于军事部门，net 用于互联网络及信息中心等，org 用于非营利性组织。同时这些域名允许划分成多个子域，而子域可以被再次划分。所以整体来看，域名空间可以如图 14-4 所示，表现为一颗多叉树。

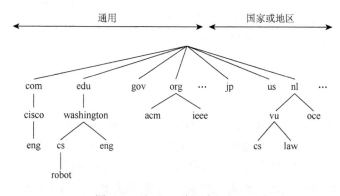

图 14-4　部分互联网域名空间

2. 结构和语法

树状结构的域名空间中，每个节点或者叶子都有一个标记和资源记录集，资源记录集中有零个或者多个资源记录。资源记录含有与域名相关的信息。其内容为一个五元组，包括：域名（Domain_name）、生存期（Time_to_live）、类别（Class）、类型（Type）和值（Value）。如果需要获得一个节点的整体域名，按次序将该节点到根的所有节点的域名连接，中间以符号点进行分隔。其中该节点的域名位于整体域名的最左端,最上层节点的域名位于最右端。同时,最上层的根节点域名称为顶级域名(Top-Level Domain,TLD),第二层节点的域名称为二级域名,依此类推,最多可以有 127 层。如域名 www.example.com 属于顶级域名 com,二级域名 example 是 com 下的子域名,三级域名 www 是 example.com 的子域名。每个标记可以包含 0~63 个字符,其中零字符的标记保留作为跟域,而完整域名的文本表示不能超过 255 个字符。尽管理论上域名可以包含 8 位字节表示的任意字符,不过优先使用的主机名字符集为 ASCII 的子集,包含字符 a~z、A~Z 和数字 0~9 及连字符。这个规则也被称为 LDH(Letters,Digits,Hyphen)规则。同时标记不能把连字符作为首字符或者尾字符。不过 ASCII 字符也限制了域名不能用其他语言的字符表示。因此 RFC 3492 中定义了国际化域名标签(Internationalizing Domain Names in Applications,IDNA)来解决这个问题,用户程序(如浏览器)可以通过 Punycode 编码将地方语言所采用的 Unicode 编码的字符串映射为有效的 DNS 字符。

3. 域名解析

根据树状的域名空间的层次结构,可以按照子树划分成多个不重叠的区域(Zones)。每个区域至少有一个域名服务器,其拥有所有直属子域的信息。区域的划分由管理员决定,而这很大程度是根据需求来决定的。例如,在华南理工大学中,有的学院(如英语学院)不希望拥有自己的域名服务器,而有的学院(如计算机学院)希望拥有。所以 eng.scut.edu.cn 的解析由区域 scut.edu.cn 进行解析,而 cs.scut.edu.cn 的解析由其计算机学院自己的域名服务器解析。为了保证冗余性,每个区域都会有一个或者多个辅助域名服务器。当主域名服务器发生故障时,辅域名服务器迅速切换以保证域名解析的正常进行。同时,域名服务器还需要和其他域名服务器通信的能力,当该服务器无法解析一个地址时,通过对其他域名服务器的查询。DNS 查询有两种方式:递归和迭代。假设直接查询的 DNS 服务器是服务器 A,并且 A 并不能直接返回结果。当 A 设置为递归查询时,其将会向其他服务器(如服务器 B)查询自身没有的域名,并最终由该服务器 A 返回最终结果,这通常应用在与客户端直接相连的服务器上。而当 A 设置为迭代查询时,知晓域名的 DNS 服务器 B 直接返回结果,这通常应用于 DNS 服务器之间。

14.2 互联网应用的发展

从 1969 年互联网的诞生到现在,已经经过了近 50 个年头,但是其依然保持着极高的发展速度。根据 CNNIC 发布的中国互联网发展统计报告,2014 年,平均每秒新建立的网站超过 6 个(图 14-5),每秒新增的网民数超过 2 个(图 14-6)。

随着互联网的极速发展,互联网在两个方面发生着巨大的变革:通信速率的极速增长和关联社会各方面的应用的快速出现。如今互联网主干链路的每秒的传输比特数远远超过原始因特网的主干链路,达到了 10 万倍之多,使得快速传输大容量数据成为可能。并且随着计算机的小型化和廉价化,越来越多的普通人接触和使用计算机,而互联网应用也涉及社会的方方面面。

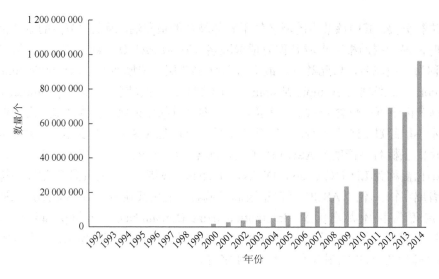

图 14-5　互联网网站数目的增长图

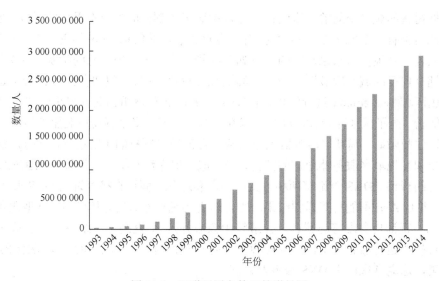

图 14-6　互联网用户数目的增长图

由于最早的互联网只能传送文本类数据，诞生了以电子邮件为代表的文本类互联网应用。而到了 20 世纪 90 年代，随着彩色屏幕的普及，一些互联网应用允许用户传输图像。在 90 年代后期，视频片段也开始在互联网上传输。另外在音频方面，音乐的种类越来越丰富、质量也越来越高。

通常，包含文本、音频、图像及视频组合的数据被称为多媒体（Multimedia）。互联网应用已经从单一的文本文档发展为形式丰富的多媒体内容。如今，互联网上大部分的内容都是以多媒体的方式呈现，并且随着带宽、传输质量的不断提高，更高清晰度的视频、更高保真的音频的传输也成为可能。目前已经有许多高质量的互联网应用在生活的各个方面得到广泛的应用。表 14-1 是几个具有代表性的当前流行的网络应用举例。

表 14-1 当前流行的网络应用举例

应用	适用领域
视频会议	商务到商务（B2B）通信
导航系统	军事、航运、通用汽车导航
传感器网络	环保、安全
社区媒体	消费者、志愿者组织

其中，视频会议系统（如思科公司的 Telepresence）在商务中应用非常广泛，因为其可以有效地减少商务活动中的差旅费用，使交流更加高效，从而降低企业成本。而互联网社区应用（如 Facebook、Twitter）则带来一种全新的高效的社交模式，人们可以通过这些应用彼此认识、广泛交友。随着互联网的进一步完善，传统的领域也发生了巨大变革。例如，传统的通信系统因为互联网技术从模拟信号发展为数字信号，而发生巨大变化，可见表 14-2。

表 14-2 传统领域与互联网的结合例子

领域	转变
电话系统	从模拟电话转向 IP 电话（VoIP）
有线电视	从模拟传递转向 IP 传递
蜂窝移动通信	从模拟制式转向数字蜂窝服务（3G）

下面各节将介绍互联网的目前流行的典型应用。

14.3 社交媒体

14.3.1 即时通信

即时通信是一种应用于两个及以上用户参与的通信技术。与电子邮件等技术不同的是，即时通信的交谈是即时（实时）的，即时接收和发送消息，并且同步状态是可以被用户感知到的。提供各种状态信息是即时通信的一个非常突出的特点，如联系人是否在线。一些早期的即时通信应用还通过字符的即时传输提供即时文本，包括字符输入和修改在内的用户每一个操作都会立即显示在屏幕中。伴随迅速发展的即时通信服务，一些新功能被整合在一起，如视频会议和网络电话（VoIP）功能。另外许多应用程序还允许文件的传输，虽然通常可传输文件的大小会有一定的限制。

即时通信大致可以分为两类：个人即时通信和企业即时通信。个人即时通信适用于绝大部分的普通用户，方便社交、娱乐，如 QQ、微信、米聊、YY 语音等；与个人即时通信所不同的是，企业即时通信面向企业内部用户，对平台的稳定性和安全性的要求都较高，并且目的是通过该平台建立员工交流平台，减少运营成本，促进企业办公效率。目前企业通信软件已被广泛使用，如企业 QQ、腾讯 RTX、微软 Microsoft Lyn、大蚂蚁 BigAnt、FastMsg 等。

尽管即时通信这个词语起源于 20 世纪 90 年代，但实际上它拥有比互联网更悠久的历史，第一次出现在 20 世纪 60 年代中期的如 CTSS（Compatible Time-Sharing System）的多用户操作系统上，起初是服务于屏幕输出等系统服务。很快人们发现利用该功能可以很方便地与登录在同一机器上的其他用户进行交流。20 世纪 70 年代初，柏拉图系统（PLATO system）中出现了在线聊天功能的雏形。随后于 20 世纪 80 年代，工程师与学术界广泛使用 UNIX/Linux 的交谈即时讯息。并且于 20 世纪 90 年代实现了网络交流。1996 年 11 月 ICQ 诞生。这是第一个被众多非 UNIX/Linux 用户使用的即时通信软件。其后，即时通信软件如同雨后春笋般在各地出现，不过各自有独立的通信协议，互相之间无法通信。因此用户可能需要同时使用多个即时通信软件，或者使用如 Pidgin 等支持多协议的客户端。

2010 年来，伴随网络的进一步成熟，视频会议、网络电话（VoIP）等高带宽的功能也被整合进即时通信服务中，于是这些媒体应用的区别变得越来越模糊。

14.3.2 微博/微信

微博（Weibo）是博客的一种，亦称为微型博客（MicroBlog）。与传统的博客不同，其内容非常十分短小，包含标点符号在内最多只有 140 字，当然现在也有一种长微博可以突破这个局限。内容形式可以是短句子、图片或者视频链接。因此，微博帖子的主题也比传统博客要简单得多，时效性与随意性相比博客更高。因此微博是一种更加偏向于分享短消息的网络社交工具。相比于博客注重于整理一段时间内的感悟，人们通过微博表达某时刻的想法与动态，正是因为其简单、易分享等特点，微博一经面世就非常流行。国内四大门户网站（新浪、腾讯、网易、搜狐）都有自己的微博产品，其中新浪微博的人气最高。而在国外，Twitter 和 Plurk 是其代表。

因为微博发布信息的渠道十分快捷，分享模式也十分简单，所以人们利用微博进行时事新闻的发布、讨论突发事件、关注社会动态等一系列行为。微博业已成为新闻媒体中一个必不或缺的平台。所有人都可以在微博上将自己所见到的时事记录下来，并与好友分享、讨论。虽然普通民众不像受过专门训练的新闻工作者那样具有很强的专业性和对新闻的敏感性，他们发布的微博更偏向于生活所见而非新闻报道，但这种方式使广大的普通民众参与到新闻中，成为很多新闻的第一目击者及见证人。

越来越多的传统媒体在新浪微博设置官方账号也正是因为这些优良的特性。并且得益于专业的新闻工作者，以及可靠的新闻源，这些官方账号发布的新闻与普通个人发布的相比更具可读性与真实性。并且其内容广泛涉及政治、经济、社会、科技、文化、公益等各个领域，不同领域的微博使用者都能在其中找到自己感兴趣的内容。微博新闻一次次打破了传统时事新闻发布和传播的速度纪录，其短小的 140 字以内的内容也便于读者的理解。传统媒体杂志的头条新闻也经常与微博的热点问题密切相关。

微信（WeChat）是腾讯公司于 2011 年推出的一个为智能终端提供即时通讯服务的应用程序。微信支持跨通信运营商、跨操作系统平台通过网络快速发送和共享语音短信、视频、图片和文字资料。微信的发展非常迅速,目前已经成为一款主流的移动社交 App。

14.3.3 网络论坛

网络论坛(简称为论坛,又称为网络讨论区)是一个主打人们在线讨论的网络平台。其提供的功能有上传和下载文件、阅读新闻和公告、公共留言板、与其他用户直接进行交流等。讨论的话题包含各个方面,如新闻、教育、娱乐等。电子布告栏系统 BBS(Bulletin Board System)是论坛的前身,发展初期,BBS 是由站长(又称为系统操作员)在业余时间维护的站点,是一个用户之间互相交流的空间。那时候 HTTP 协议等互联网技术还未得到普及,微型计算机还没出现,用户只能通过以电话为基础的调制解调器进行连接,并以纯文字的内容形式在终端界面上显示。随着网络技术的发展与普及,BBS 也依托互联网技术进行转变,功能和形式也变得更加丰富。其中使用 telnet 技术的是 BBS,而使用 HTTP 的被称为网络讨论区。虽然网络讨论区在技术上取代了原本的 BBS,但是相当一部分论坛依然保留 BBS 这一称呼。

随着网络的快速发展,越来越多的论坛诞生并壮大。同时综合性的门户网站和一些专注于特定领域的专题网站也纷纷开设自己的论坛。这些论坛给予了网民一个良好的交流空间,促进相互间的交流,极大地提升网站的互动性。如今的论坛涉及的内容涵盖我们生活当中的诸多方面。绝大部分人都能在其中找到自己关注的内容。当前的网络论坛大致分为以下两种。

(1)**综合类**:这类论坛的内容涵盖的范围较为广泛,不过也难以在各个方面都求精。通常这种论坛依托于有较高人气和流量的大型网站,吸引众多的网络用户。

(2)**专题类**:相比于综合类论坛里的泛泛而谈,专题类的论坛可以使更多兴趣相投的人在一起沟通,有利于获取更加精准的专业信息。并且这类论坛在学术科研教学方面有着积极的影响,如疾病类论坛、电脑爱好者论坛、军事类论坛。虽然这些信息也能够在综合类论坛中有单独的分类,但是专题类论坛有利于信息的最细化,获取更为专业化的信息。

14.4 搜 索 引 擎

搜索引擎是一种用于检索万维网信息的系统。百度(Baidu)和谷歌(Google)就是其中的典型代表。与需要人工干预的目录搜索引擎不同,网络搜索引擎通过网络爬虫按照一定的规则对实时信息进行抓取、下载。这些信息可以是网页、图片或者其他类型的文件。然后搜索引擎会对这些信息构建专用的索引,方便日后进行高效的检索。最后用户通过网页进行访问,并获得一系列的检索结果。因此一个最基本的网络搜索引擎的组成有网络爬虫、索引和检索服务三大部分。

14.4.1 网络爬虫

网络爬虫是一个根据一定策略对互联网信息进行访问的程序,其搜集的资源是为搜索引擎索引服务的。互联网上的网页资源数以百亿计,如何高效地访问并下载存储这些网页是网络爬虫需要解决的问题。所以爬虫的任务是快速采集有用的网页及其连接关系。同时还避免对被访问的 Web 服务器造成过多的影响。

通用的网络爬虫框架如图 14-7 所示。首先需要人工选择一些 URL 作为种子。这些种子 URL 首先会被放入爬虫的待爬取队列,并且会被逐一访问。每访问一个页面,爬虫通过多线程下载器将其文本信息和元数据放入存储中,再将其内所有的超链接标记并将它们放入待爬取队列中。爬取队列最初只有种子 URL,随着新页面的解析,新的 URL 会被添加进来,而已爬取的页面会从队列中删除。调度器根据默认的策略或者管理员定义的策略对待爬取的 URL 去重并爬取。如此反复,直到待爬取的 URL 队列为空。

不过爬虫系统在具体应用上会在多个方面存在不同,爬虫大致可以分为以下三种。

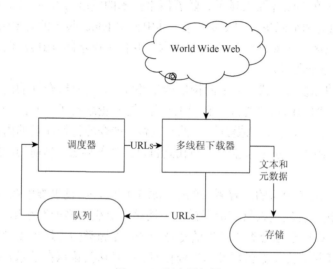

图 14-7　爬虫框架图

（1）**批量型爬虫**（Batch Crawler）：这种类型的爬虫的目标和范围较为确定。目标大致可以设定为爬取网页的数量或者爬取的时间,当爬取的页面达到预设值后,爬虫停止工作。

（2）**增量型爬虫**（Incremental Crawler）：不同于批量型爬虫到达目标后即停止,增量型爬虫的爬取行为是连续的,同时,因为互联网时刻处于变化之中,网页的增删改十分常见,持续爬取的增量型爬虫需要能够对网页的这些变化有所反应。我们常用的商业搜索引擎爬虫基本属于这一类。

（3）**垂直型爬虫**（Focused Crawler）：有时候只需要关注于特点主题或者行业的网页（如健康网站）,此时如果将所有页面都保存下来会极大地浪费存储空间,垂直型爬虫应运而生。此类型爬虫首先要解决的一个难点,即如何判断一个网页的内容是否与所关注的主题相关。从节省存储空间及网络带宽的角度来看,将所有网页都爬取下来再做筛选不太实际。因此需要爬虫在爬取的时候就可以判断该网址与主题的相关度,当判断是无关网页时,则不下载该网页的内容以节约资源。此种类型的爬虫常常应用在垂直搜索网站或者垂直行业网站。

14.4.2 倒排索引

搜索引擎中在大数据背景下的核心技术之一就是索引。因为互联网中的网页数量惊人，必须通过建立索引，才能够在用户可忍受的时间内快速地找到与查询词相关的网页。

在计算机科学中，索引已被大量应用以加快如数据库等应用的查询速度。如在数据库中。日常生活中索引结构也十分普遍，就像书本的目录，人们可以通过目录快速查找相关的章节。再比如像 hao 123 这种类型的导航网站本质上也是快速寻找需要的互联网页面的索引结构。

目前主流的索引技术有三种：倒排索引、后缀数组和签名。后缀数组的优点是速度快，但是其复杂的结构也造成维护困难，并不适用于搜索引擎中。虽然签名也适合作为索引，但倒排索引无论在速度还是性能方面都更胜一筹。因此倒排索引目前在搜索引擎中得到了广泛的应用。下面阐述倒排索引的基本概念。

简单的关键字搜索目标是查找含有该关键字的文档。词项—文档矩阵则是一种表达文档与词项之间关系的模型。表 14-3 展示了其含义。表 14-3 的每行代表一个词项，每列代表一个文档，若有包含关系则用对勾标记。

表 14-3 单词—文档矩阵

	文档 1	文档 2	文档 3	文档 4	文档 5
词项 1		√		√	√
词项 2	√	√		√	
词项 3			√		√
词项 4			√		
词项 5	√			√	
词项 6		√			√

从纵向观察，每列代表文档涵盖的单词，比如文档 2 包含词项 1、词项 2 和词项 6。从横向观察，每行代表该词项相关的文档。如第二行表示文档 1、文档 2 和文档 4 都包含词项 2。矩阵中其他的行列也可做此种解读。

搜索引擎的索引就是实现上述矩阵的具体结构。通常的索引都是从文档映射到词项，查询时遍历每一个文档，匹配是否含有该关键词。而倒排索引则反过来，是从词项映射到文档（基本思想如图 14-8 所示）。左边被称为词项词典（Lexicon），而每个词都有一个列表记录所有出现该词的文档（复杂的记录还会将文档中该词出现的次数及位置一并记录下来）。这个列表也被称为倒排表（Inverted List）或者倒排记录表（Posting List），其中的元素也被称为倒排记录（Posting）。通过倒排表，简单的单个关键字查找变得异常方便，只需要在词典中找到该词的位置，即可返回与其相关的全部文档。

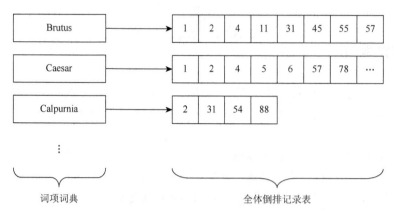

图 14-8 倒排索引范例

14.4.3 检索服务

搜索引擎的检索服务是一种判断网页内容是否与用户的查询相关的服务。检索的总体流程如图 14-9 所示。搜索引擎将海量的网页及文档转换为内部表示。当用户将自己的检索需求构造为查询词时，搜索引擎将用户的查询词转换为系统内部的查询表示。通过检索模型寻找到满足用户检索需求的文档。按照相关程度对结果进行排序后返回。如今的搜索引擎能轻而易举地返回数百万与查询相关的文档，但是用户只有精力查看前几页的结果。所以检索结果的排序与检索的质量密切相关，而检索模型则是其中用于计算相关度（Relevance）的核心组件。

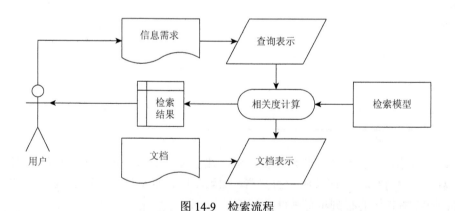

图 14-9 检索流程

检索模型多种多样，有基于集合论的布尔模型、基于代数论的向量空间模型、基于概率统计的模型及近些年兴起的机器学习方法等。这里介绍的是最为成熟也最为普遍使用的向量空间模型。

向量空间模型（Vector Space Model）于 20 世纪 70 年代由康奈尔大学的 Salton 教授提出，第一个应用该模型的系统是 SMART 信息检索系统。它是一种将文本文档转化为向量标识符（如索引）的代数模型。经过几十年的发展，该模型已经非常成熟，是最常用的一种检索模型,在搜索领域被广泛应用于信息检索、过滤及相关排序,并且还是自然语言处理和文本挖掘等其他领域的有效工具。

向量模型的基本思想为:将文档的语意通过文档所使用的词表示,即以词为维度,将文档与查询都转换为向量。它们之间相关度的计算则转换为向量之间相似度的计算,但是这二者并不完全等同。其中主要需要解决两方面的问题:①如何构建能表示文档的向量;②如何定义相似度度量来表示查询向量和文档向量的距离。

模型中通过 m 维特征向量来代表一个文档。根据特征定义的不同,维度的数量也有所不同。特征的形式有单词、词组及 N-gram 片段等,称为词项。使用最为广泛的是以单词为特征。此时向量的维度就与单词表的长度密切相关,并且每个特征都有一个权重。这 m 个带权重的特征即可表示一篇文档,而用户的查询也可以看作一篇非常短小的文档,其向量通常极其稀疏。

文档和查询向量化形式分别为

$$d_i = (w_{1,i}, w_{2,i}, \cdots, w_{t,i}) \quad 和 \quad q = (w_{1,q}, w_{2,q}, \cdots, w_{t,q})$$

其中,t 是系统中词项的数量;$w_{i,i}$ 是二元组 (k_i, d_i) 的权值,表示词项 k_i 在文档 d_i 中的权重,$w_{i,i} \geq 0$;$w_{i,q}$ 表示二元组 (k_i, q) 的权值,表示词项 k_i 在查询 q 中的权重,$w_{i,q} \geq 0$。

模型的一个要点是通过词项权重来向量化表示文档或查询。词项的权重的取值相当重要,与最终的检索结果密切相关。词项的权重计算方法有以下两种。

1. 词频法

词频(Term Frequency,TF)的取值即为词项出现在文档中的频率。设 k_i 为特定的词项,d_j 为特定的文档,则该词项在该文档权重的 *TF* 可以表示为

$$tf_{i,j} = \frac{k_i \text{在文档} d_j \text{中出现的次数}}{\text{在文档} d_j \text{中出现次数最多的单词的出现次数}} \tag{14-1}$$

采用词频作为权重,能够直观理解为出现次数越高的词项就越能反映该文档的内容。但值得留意的是,每个文档中都会有很多如"的""呢"和"呀"等的介词、量词、语气词,而这些词在每个文档中都有较高的词频,但却无法准确地表述文档内容。因此需要采用一些措施以消除这些噪声造成的影响。

2. TF-IDF 法

为了消除仅仅用 TF 所带来的噪声,人们采用 TF-IDF 来计算权重。其中 IDF 指的是逆文档频率,表示词项区分不同文档的能力。该方法的出色表现使其成为当前最为流行的权重计算方法。下面是 IDF 和 TF-IDF 权重的定义:

$$idf_i = \log \frac{N}{n_i} \tag{14-2}$$

$$w_{i,j} = tf_{i,j} \times idf_i \tag{14-3}$$

式(14-2)中,文档集所有的数目用 N 表示,其中包含词项 k_i 的文档数量用 n_i 表示,取对数是为了平衡 IDF 和 TF 的影响。从该定义能够观察到,w_i 在较多文档中都频繁遍出

现时，虽然会得到较大的 n_i 值，但是其 idf_i 值会较少，这表明该词词区分文档的能力较低。同时 idf 还可以对一些情况进行较好的表述。即有的词项仅在一个文档中出现几次，虽然其 tf 值较低，但是其较高的 idf 值可以弥补这个缺陷，使其具有较好的表征性。

向量化表示文档后，最常用的计算相似度方法是余弦法。余弦法可用来计算两个向量之间的夹角的大小，夹角较小的向量比较相近，可以避免长文档所带来的不必要的影响。余弦法相似度公式如下：

$$\text{Sim}(d_i,q) = \frac{\sum_{k=1}^{t}(w_{k,i} \times w_{k,q})}{\sqrt{\sum_{k=1}^{t}w_{k,i}^2} \times \sqrt{\sum_{k=1}^{t}w_{k,q}^2}} \quad (14\text{-}4)$$

其中，$w_{k,i}$ 表示文档 d_i 中的词项 k 的权重，$w_{k,q}$ 表示查询式 q 中词项 k 的权重，t 是文档集中词项的个数。

14.5 多媒体应用

14.5.1 网络新闻

根据传播媒介的不同，可以把新闻媒体分为 4 类：①第一媒体：传统报纸为代表的以纸为媒介的媒体；②第二媒体：广播为代表的以电波为媒介的媒体；③第三媒体：电视为代表的基于电视图像传播的媒体；④第四媒体：以互联网为代表的通过网络来传播的媒体。网络新闻即第四媒体，可以即时快速地传播信息，并且拥有数量众多的受众群体。因此是非常适合于发布和传播新闻的载体。其传播的形式多种多样（可以是文字、声音和视频等），汇集了报刊、广播、电视等传统媒体的优点，网络新闻的优势有很多，具体如下所述。

1. 传播及时，不受空间限制

报纸的发行周期通常是按天计算，杂志、刊物的周期通常是按周、月等较长的时间计算。即使是较为快捷的电视、广播周期单位也仅仅是小时或天。网络新闻借助网络平台传播快速的特点，可以按分、秒计算，具有很强的时效性。对于一些突发事件，网络新闻稍加编辑即可发布，而无须像传统媒体那样有众多繁琐的流程。同时，人们只需使用手机上网，无论何时何地都能查看到最新的新闻。这种快速的发布和接收是传统媒体不能相比的。

2. 较强的交互性

对于传统的报纸、广播、电视等媒体，人们都是被动地接收信息。这样的传播是单向的。而在网络新闻时代，人们可以通过评论、网络论坛等渠道进行参与，发表自己的意见，即时对信息进行反馈。新闻网站通过这样的反馈意见，可以迅速地了解网民的态度，与网民进行沟通，以便日后提供更好的服务。

3. 内容丰富、形式多样

网络新闻的内容既可以是全球范围的、有极大影响的新闻事件，也可以是地区性的、身边的小事。任何人都能满足自己的需求。同时新闻还通过超链接的方式进行扩展，使得人们很方便地关注事件的发展及其他相关的内容，具有极强的扩展性和丰富性。同时网络新闻的表现手段不仅可以是文字，还可以是声音和图像。因此网络新闻集传统媒体优点于一身，是融直观性、生动性、丰富性于一体的综合性新闻报道。这样能让新闻报道更具临场感和影响力。

随着网络新闻的蓬勃发展，其智能化和个性化程度正在逐步提高，网络新闻提供的智能化服务包括以下几点。

（1）**新闻搜索**：为用户快速检索和定位感兴趣的新闻，常用的新闻搜索引擎有谷歌、百度、腾讯等；

（2）**新闻推荐**：通过分析用户的浏览行为来实现个性化的新闻推荐，如"今日头条"，可以通过分析用户兴趣爱好，自动为用户推荐喜欢阅读的新闻内容；

（3）**新闻解读**：网络新闻编辑观也随着网络技术的发展而发展。最早是简单的"粘贴新闻"，仅仅是依托网络新闻的渠道增大传统媒体的覆盖面。随后是"组织加工"，从形式和内容进行加工组织，包括新闻专题的组织报道和构造新闻网站/频道的内容框架等，提高新闻的质量和可读性。现在的新闻阅读已进入智能化时代。例如，可通过对新闻事件的自动事件发现及关联分析等，挖掘新闻事件之间的联系，更加准确地探索事件发生的缘由；通过对用户新闻评论评价的情感分析，从不同角度对内容进行自动挖掘。各种技术手段的融合可以形成深度的新闻解读，从而带来不同的新闻价值。

当然网络新闻也存在负面效应，在盲目追求时效性和博眼球效应的引导下，缺乏严格的审核，可能造成假新闻泛滥。加强网络新闻的监管也势在必行。

14.5.2 流媒体

流媒体是指互联网上采用流技术使得音频、视频等多媒体数据可以在实时传播的过程。而流技术也称为流式传输技术，是将压缩的视频、音频等信息像流水一样传输给用户，用户无须预先下载整个媒体文件就能够观看。音频、视频的媒体文件通常比较大，如果需要预先下载，往往需要数分钟到数小时，这会影响用户体验。而采用流式传输，只需经过数秒或者数十秒的延迟将部分内容放入缓存中后即可查看，是一种一边传输一边播放的技术。除了传输外，该技术还涉及对媒体文件编码和解码等技术。流媒体被广泛使用于在线音乐、在线视频、在线教育等领域，对人们的工作和生活起到重要作用。

1. 流媒体系统主要部件

流媒体系统主要部件如图 14-10 所示，包括：①**前端编码压缩工具**：将多媒体文件转换为适合流媒体传输的流媒体格式；②**流媒体数据存储**；③**流媒体服务器**：存取和控制流媒体的数据的传输；④**传输网络**：传输流媒体数据的网络，该网络需要有相应的传输协议以保证流媒体的传输质量；⑤**客户端播放器**：对接收数据进行解码，并进行播放和浏览的应用程序。

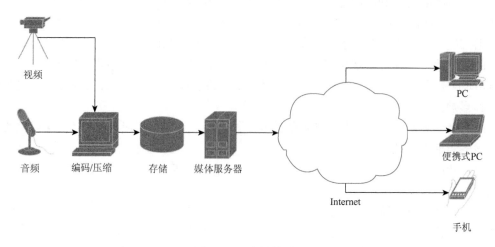

图 14-10　流媒体系统

对于音频流，通常采用的编/解码器是 MP3、Vorbis 或者 AAC；对于视频流，常用的编/解码器是 H.264 或者 VP8。音频、视频流通过编码器编码后，被封装在比特流的容器中（如 MP4、FLV、WebM、ASF、ISMA 格式的文件）。这些比特文件需要在互联网上传输，就需要使用网络传输协议。其中比较流行的协议有 RTP、Adobe 公司的 RTMP，苹果公司的 HLS（HTTP Live Streaming）等。同时，为了实现对音频、视频的播放控制，流媒体客户端还需要通过如 RTSP 或者微软媒体服务器协议 MMS（Microsoft Media Server）等控制协议与流媒体服务器进行交互。根据不同的场景选择合适的协议，才能保证传输质量，保障用户对流媒体的体验。

2. 流媒体的传输方式

通常有两种方法进行流式传输：顺序流式传输和实时流式传输。

1）顺序流式传输

顺序流式传输是完全按顺序对多媒体文件进行传输，并且建立连接后就不能对用户连接的速度进行调整。对于已经下载完毕的部分，用户能够观看和浏览，但是不能直接跳转还未下载的其他部分。人们通常也称其为 HTTP 流式传输，这是因为使用标准的 HTTP 即可完成传输，而无须依赖于其他定制的协议，所以通常与防火墙没有关系，便于管理。顺序流式传输的顺序特性可以保证接收到的媒体文件的质量，不过高质量的传输也意味着延迟的不可避免。因此该方法较适用于如片头、片尾或广告等高质量的短片段，不适合如讲座、演说或演示等长片段。此外它不能满足随机访问的需求。

2）实时流式传输

实时流式传输允许忽略出错丢失的信息，网络拥堵时也能正常传输，这是因为可以实时与网络连接带宽相匹配。虽然这种传输并不能像顺序流失传输那样保证质量，不过它可以较好地减少延迟，避免用户长时间等待，保证良好的用户体验，并且一定的错误或丢帧是可以被接受的。实时传送数据的方式比较适合于现场事件。另外，其随机访问的特性也使得用户能够定位媒体文件的任意位置。不同于建立在 HTTP 之上的流式传输协议，实时流式传输需要较为复杂的的系统设置和管理，因此需要专用的传输协议及服务器。通过这些服务器，用户才能对媒体进行级别丰富的控制。网络协议可以采用 RTSP 或 MMS 等。不过这些协议有时候会与防火墙产生冲突，导致无法接受实时内容。

总的来说，顺序流式传输和实时流式传输的区别主要在于媒体服务器和传输协议的不同。用户需要根据自身的需求采用适合的传输模式。此外，无论是哪种流式传输方式，其媒体文件都能完全缓存到硬盘。

14.5.3 网络游戏

网络游戏是一种需要部分联网或者全部联网的电子游戏。电子游戏在当前游戏平台（包括 PC、游戏主机、移动设备等）里非常普遍，并且其游戏类型也涵盖许多类型，如第一人称射击类型、战略类型、大规模多玩家在线角色扮演（Massively Multiplayer Online Role Playing Game，MMORPG）类型等。网络游戏的历史可以追溯到 20 世纪 70 年代的早期计算机网络。那时候的典型网络游戏是 MUD，其中第一代 MUD 诞生于 1978 年。其最初的版本仅支持内部网络，并于 1980 年支持 ARPANET。1984 年第一个商业化的角色扮演游戏 Islands of Kesmai 出现，随后产生了更多的图形游戏，如 1987 年发行的模拟飞行游戏"Air Warrior"。接下来，电子游戏主机也具备了联网能力，如 2000 年的 PlayStation 2 和 2001 年的 Xbox。随着网络速度的提升，出现了一些当前流行的游戏类型（如社交游戏）和新平台（如移动游戏）

通常研究者认为人们是因为一些外在目的而使用电脑的，并且电脑也是因此而设计的。然而，网络游戏的流行是因为一些内在动机，如乐趣、放松、竞技、成就和学习。网络游戏的平台相当广泛，从简单的基于文本的环境到有复杂图像处理的环境，甚至是虚拟世界。网络游戏中的所突出的网络部分也涉及各个方面，如在线分数排行榜。许多网络游戏（特别是 MMORPG）建立了自己的网络社区，而其他游戏（如社交游戏）将玩家现实生活社交关系整合进来。

网络游戏文化有时也面临着一些批评，人们批评其内容会促进欺凌、暴力和排外。有些玩家还对游戏上瘾或者产生社交障碍。网络游戏玩家覆盖各个年龄层、各个国家、各个职业。网络游戏的内容也被人们所研究，如玩家在虚拟社会中的相互作用和其行为与社会现象直接的关系。

网络游戏与单机游戏的区别如下所述。

（1）传统单机游戏的所有数据都存放于本地，并且游戏内属性（如等级、攻击力、防御力等）的变化都在本地完成，因此无须联网即可运行。而网络游戏则依托于网络游戏运营商的运营，游戏数据也需要存储于游戏服务器上，所以需要实时联网才能保证游戏的正常运行。虽然现在越来越多的单机游戏也具备互联网联机的功能，但是单机下能够正常运行依旧是其重要特征之一。

（2）单机游戏通常在画面、音乐及剧情方面都会十分优秀，而这需要较高的硬件配置，占用的系统资源（如硬盘空间）也较高。即使只有少数人玩，也依旧能够获得完整的体验。而网络游戏更加注重游戏内的互动，并且需要大量的用户才能营造活跃的氛围，因此网络游戏对于游戏的配置要求相对较低，更加趋向于大众化。

（3）单机游戏并不会针对"作弊"或"辅助"的行为有太大的限制，除非该单机游戏有联网的部分。但网络游戏不一样，其必须有一套十分严苛的安全系统（或称为防作弊系统）。只有这样的系统，才能维护游戏的正常秩序，保护普通游戏玩家、营运商及开发商的利益。

（4）通常的单机游戏发售后，游戏的内容就不会改变。玩家如果想要体验后续的内容，只能等待更新版本。一般需要等2年左右，一款单机游戏才会推出新的版本。而网络游戏基本没有新版本的概念，只需要有对应的更新即可。更新的时间或长或短，有的游戏甚至每周都能更新。因此网络游戏在游戏内容方面能够保持较长的新鲜感。

网络游戏的另一大特性是其需要与多个客户端进行通信，网络游戏常用的物理架构如下所述。

（1）**P2P 架构**：该架构中，一个客户端每次行动都需要将该行为发送给其他所有的客户端，并且在收到其他客户端的确认后方能完成该行动，因此这样可以实现完全同步。但是这种架构对网络环境要求较高，因为只要有一个客户端的网络较差，就会对其他客户端造成严重的影响。并且每次传输的信息必须准确无误，否则随着时间的积累，不同客户端之间的差异会逐步增加。因此该架构的游戏常用于 RTS（即战略游戏）上。

（2）**C/S 架**：由于 P2P 架构的缺陷使其无法支持包括 FPS（第一人称射击类游戏）在内的多种对游戏速度要求较高的游戏。C/S 架构由此产生。起初客户端完全不进行游戏的计算，仅仅是收集玩家的指令，并传输给服务器。然后再将服务器运行的结果显示并渲染出来。这种架构中客户端与服务器的通信速度决定了游戏的速度，并且各个客户端之间无需大量的通信以节省带宽。

不过这种模型中玩家的操作只有在通过服务器的计算后才得到反馈。如果延迟较高，体验依然非常不好。因此通常会使用以下两种方式消除或隐藏延迟带来的不良影响。首先是客户端预测：玩家执行操作后，客户端不仅将数据传输给服务器，本地也对该操作进行处理，并直接显示。数据从服务器传输回来时将与本地的数据进行比较，若不同则以服务器的为准（避免作弊）。其次是服务器端延迟补偿：客户端 A 发送的指令可能对客户端 B 造成影响。服务器收到指令后，会消除两个客户端传输延迟的影响，比较同一时刻两个客户端的状态，以准确地对该指令进行处理。

14.6 电子商务

14.6.1 网络购物

网络购物是电子商务的一种形式，其允许消费者通过互联网直接从卖家购买商品或者服务。如果购买的是实体商品，卖家将会通过物流发货。其中有的网店既有实体店面也有网络店面,而有的网店只在互联网上经营,并没有实体店面。近年来,随着手机功能的日益强大,移动网络购物越来越流行,消费者通过商家针对手机优化的网站或者手机 App 来购买。

网络购物大致可以分为三类:①B2C(Business to Consumer)网络购物:这种方式也称为"公对私",其上的企业也可以被看作一种电子化的零售店,其中最大的网络零售店有阿里巴巴、亚马逊和 eBay;②B2B(Business to Business)网络购物:也称为"公对公",指企业和企业之间是通过电子商务的形式进行交易;③C2C(Consumer to Consumer):也称为"私对私",是指个人商家将商品卖给个人的交易方式,如淘宝中的个人网店。

1. 网上购物的特点

1)网络商店中商品种类丰富

传统店铺中店铺的空间决定了摆放商品的多少,就算是大型超市中,商品的数量也是有限的。网络商店则不同,这个虚拟的平台可以展示各式各样的、来自国内外的商品,不受空间的限制,没有上限。

2)网络购物不受时间的控制

传统商店中,消费者必须注意商店的营业时间,否则无法购物。而在网络商店中,只要能登录网站,任何时刻都能购物。

3)购物成本低

购买商品时,人们总是喜欢货比三家,以挑到最满意的商品。传统商店中,各个商店都相隔一定距离,比较的过程费时费力。但是如果人们在网络商店内进行购物,查看不同商店中的物品只需要登录不同的网站即可。此时只需要鼠标或键盘的几次操作就能在数个网店中切换,而且一些购物平台还提供检索服务,购物体验较好。

4)网络商店库存压力小

在传统商店经常可以看到有的食品因快要过期了而降价销售,这是由于对顾客的需求预估错误。即使是非食品商品,积压在仓库的保管费也不是小数目。而网络商店中,商家可以在顾客下单后再进行远距离的调货,甚至生产;其只是在顾客需要的时候提供商品,因此无须太多库存,减少积压的资金。

5)商品容易查找

传统商店中,虽然商品会根据种类进行分类摆放,一定程度上让顾客容易寻找。但是有时候顾客依然难以寻找到自己想要的商品。而网络商店中商品的搜索异常简单,只需要在搜索框中输入商品的部分或全部名称即可,这大大节约了人们寻找商品的精力和时间。

2. 网络购物网站的关键技术

1)高并发访问

和传统的线下购物一样,抢购、促销也是网络购物网站吸引人们消费的手段。这需要网站能在短时间、高用户访问量的场景下依然保证网站的正常运行。从 2009 年起,国内最大的网络购物平台——淘宝/天猫,每年都会在 11 月 11 日这一天经历一场购物狂欢。这同时也是对平台的一个考验。每年淘宝网都能够较好地完成,这主要依托于其在国内最大的分布式 Hadoop 集群。2011 年，该集群已经拥有超过 2000 个节点，CPU 核心数共计 24 000 以上，总内存量超过 48 000GB，存储总容量达到 40PB 的级别。并且依托于全国各地上百个内容分发网络 CDN（Content Delivery Network）节点，保证用户尽可能拥有流畅的购物体验。

2）搜索与推荐

像淘宝这样的大型购物网站中商品的数量超过数十亿。对如此丰富的商品进行实时搜索是一项重要的需求。区别于通用的搜索引擎如百度和谷歌等，淘宝的搜索引擎还需要对用户的购物意图进行分析，判断此次查询是属于浏览型、查询型、对比型还是确定型。不同的购物意图所要展示的商品列表将会不同。这其中涉及分布式存储系统在内的多个系统的共同协作。此外，推荐也是网络购物中的重要部分。亚马逊网最早应用推荐系统，旨在帮助用户快速找到潜在购买的商品。

与传统购物方式相比，网络购物的最大成功在于能够给用户推荐可能会购买的商品，其核心就是推荐方法。

3. 网购系统的推荐方法

1）基于内容的推荐

基于内容的推荐利用用户以往阅读、收藏、点击、购买的物品的内容信息，建立用户喜好度模型，然后根据用户喜好度和待推荐物品的内容信息提供推荐列表。

2）基于协同过滤的推荐

基于协同过滤的推荐利用用户和物品的协同信息，通过可能感兴趣的近似用户或属性近似物品来间接提供推荐列表。基于协同过滤的推荐根据经验或模型，可以进一步分为基于经验的协同过滤［如通过基于用户的（User-based）的方法或基于物品（Item-based）的方法］和基于模型的协同过滤。

3）融合的推荐方法

融合的推荐方法是指兼有基于内容和基于协同过滤的综合推荐方法。

4. 网购系统的潜在问题

网络购物比传统购物有着无可比拟的优势，但也存在很多潜在的问题。

1）信誉度问题

网络购物中最重要的也是最突出的问题就是信誉问题。网络商店是虚拟的购物平台。顾客无法直接接触到商品。购买后最终到手的物品很可能与描述的不一致。或外观问题，或质量问题，或售后服务问题。这些都极大地依赖于网络商家的信誉度。

2）网络安全问题

网络安全问题一直伴随着网络的发展。但是在网络购物中该问题就尤其突出。因为在网络购物中，用户需要提供一些个人信息如姓名、手机号、银行卡号。另外账号密码、银行卡密码也有泄露的风险。这些是一直困扰着网民的问题，给快速发展的网络购物蒙上了一层阴影。

3）配送问题

在传统购物中，除了大型物品或者少数缺货物品外，顾客都能够在付款后直接带走商品。网络购物中，无论商品大小都需要依托于物流公司配送的过程。即使是同城配送，一般也至少要半天的时间才能将商品送至顾客手中。因此网络购物不适合购买急需使用的商品。

14.6.2 网上支付

网上支付（即在线支付）是指在线完成的付款方式。该支付方式可以根据支付接口的不同而分为第三方支付及银行支付。通过银行支付完成的网上支付是直接使用银行卡完成的。其中根据银行卡类别的不同又可以划分为借记卡支付或者信用卡支付。通过第三方支付需要事先将资金充值到所属的平台账号，当需要支付的时候就可以直接从该账号支付。国内使用较普遍的第三方支付平台为微信支付、支付宝等，而国外较为流行的是 PayPal、Google Wallet（谷歌钱包）等。

便携高效是网上支付的最大特点，只需要一台能够上网的 PC 机或者手机，只需要几个简单步骤就能够将资金转入到商家的账号。这样高效的方式所产生的支付费用仅仅是传统支付的几十分之一、甚至数百分之一，可以极大地节约中间支付成本，并且还不受空间或者时间的种种约束。起初网上支付是为了支撑网络购物的资金交易，不过随着近年来线下业务的拓展，其被逐渐应用到线下交易（如便利店、商场购物，吃饭结账等），其简单易用、无须找零的特点受到了人们的喜爱。

网上支付具有以下几个鲜明的特征。

（1）信息的传输是采用先进的技术来完成的。网上支付是采用完全数字化的方式完成资金转移的，而不是像传统的支付方式那样通过现金或者票据等有物理实体的方式。因此网络支付对硬件设备有一定的要求。

（2）网上支付是在互联网这样的开放平台中进行的；而传统支付运作的平台相对封闭。

（3）网络支付的技术支持。由于网络支付工具和支付过程具有无形化、电子化的特点，所以对网络支付工具的安全管理不能依靠以往的防伪技术，而是依赖于用户密码、软硬件加密和解密系统及防火墙等网络安全设备的安全保护功能的实现。

14.6.3 网上银行

网上银行又称为在线银行或电子银行，是互联网时代中获取银行服务的新渠道，用户可以通过网络对自己账号资金进行管理（查询、转载、理财等）。根据服务对象类型的区别，网上银行大致分为个人网上银行和企业网上银行。传统的银行分行制需要用户到 ATM 或者银行柜台才能获取到服务，受时间、地点的约束。而网上银行的最大优势在于允许在任何时间、任何地点、以任何方式让客户获得金融服务，即 3A 服务（Anywhere, Anyhow, Anytime）。即使在家中，用户也能对存款、信用卡等进行安全、方便的管理。

为了保证网上银行的安全性，仅仅通过普通账号和密码的方式是不够的。为了加强安全性，网上银行通常还会使用电子证书（根据存储位置可分为文件电子证书和移动电子证书）、手机动态密码、安全令牌等方式来做进一步的用户身份认证。网上银行网址需要通过 https 进行访问，这是为了确保数据在传输过程中不被窃听。

网上银行中的安全性至关重要，仅仅通过普通账号和密码的方式是不足的。通常会使用以下措施中的一种或多种。

（1）**安全的 SSL 会话**：HTTPS 在内的 SSL 会话可以确保数据在传输过程中不被窃听，这是网银安全最基础的防线。

（2）**多因素的身份认证**：单一的用户名密码方式有较大的被窃取的风险，各大银行都配合其他多种方式以进行身份验证。如 USBKEY 证书（U 盾）、短信动态密码、浏览器证书、动态口令等。其中 USBKEY 证书在网银中应用十分普遍，安全性也较好。短信动态密码较为方便，在网上支付中使用得较多。

（3）**安全控件**：假如用户的电脑被病毒入侵，监听键盘的输入就很容易被盗取用户名和密码。因此大多数网银都会采用安全控件来保护信息（特别是密码）不被恶意程序非法获取。

（4）**浏览器的限制**：网银通常会屏蔽一些浏览器的功能（如屏蔽菜单栏、导航栏、鼠标右键等）以防止来自浏览器的潜在威胁，并且有部分网上银行仅仅支持 IE 浏览器。

网上银行有许多优势，具体如下所述。

（1）**减少运营中成本**：网上银行业务的大力发展，能够减少分支机构、网点的设立，从而降低人员、地租等的支出，增加盈利能力。

（2）**不受时间与空间的限制**：传统银行业务受到网点位置与营业时间的种种限制，而网上银行业务则无须考虑这些。客户在任何时间、任何地点都能够享受金融服务。因此开通网上银行业务有利于扩充用户量。

（3）**提供个性化的、多种类的服务**：虽然银行网点也向客户提供诸如证券、基金及保险等金融产品，但是因为其信息咨询服务通常成本较高、信息较为简略，因此客户的使用次数不多。而当与互联网的网上银行结合时，客户随时随地都能使用，并且除了基本的银行业务外，能够便携地进行在线股票、债券的买卖等个性化业务。

14.6.4 在线旅游

在线旅游的概念与上述的网上支付、网上银行的概念有一些区别，是指用户通过互联网进行旅游信息的查询、旅游服务的预订及评价，而不是可以通过互联网去旅游。在线旅游不仅涉及旅游咨询及其社区网站等在线旅游平台，还包括景区、酒店、航空公司等旅游服务商。借助于互联网，在线旅游与传统旅行社门店的服务有着较大的不同。

传统旅行服务中旅游批发商和地接社将一系列包括服务在内的旅行产品进行整合打包（图 14-11）。消费者只能看到组团社中对外销售的整体的旅游线路。无法对单个旅游产品进行购买。组团社因此可以利用信息的不对称赚取差价。而在互联网时代，信息的获取越来越透明。在线旅游机构（OTA）应运而生，不仅可以像组团社那样销售整合打包的旅行产品，还可以直接采购机票和酒店等产品（图 14-12）。

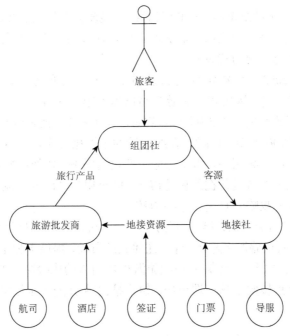

图 14-11　传统旅游行业运行模式

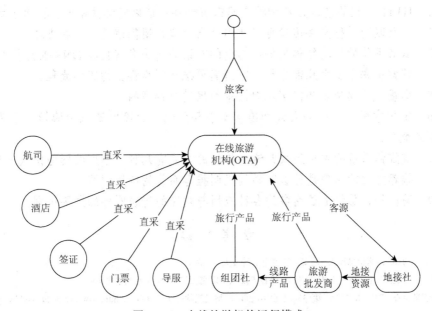

图 14-12　在线旅游机构运行模式

1999 年艺龙网和携程网的相继开通，标志着国内在线旅游市场的起步。2003 年，携程网在美国纳斯达克成功上市。这意味着这种旅游产品销售的全新方式已经被越来越多的人所接受，代表着这种全新服务的逐步成型。随后诞生了一系列新网站，以 2005 年的去哪儿网、2006 年的途牛旅游网、2008 年的驴妈妈旅游网为其中的代表。在线旅游的主要发展阶段如下所述。

（1）第一阶段（20世纪末至21世纪初）：在线旅游市场的起步阶段。此阶段在线旅游网站主要通过与航空公司及酒店等服务商合作，通过网络为客户提供在线预订的服务。这个阶段以携程网和艺龙网为代表。

（2）第二阶段（2003~2006年）：在线旅游市场的成长阶段。携程网上市后，芒果网、同程网等纷纷进入该市场。因此在线旅游产品也越来越成熟与丰富。但是有时候不同的网站报价差异较大，因此诞生了如去哪儿网等提供比价服务的搜索网站。

（3）第三阶段（2006~2010年）：在线旅游的个性化阶段。伴随着经济的发展，人们越来越不满足于统一的旅游服务，需要更加个性化的服务。驴妈妈旅游网、途牛旅游网以旅行路线设计这个细分领域进入在线旅游市场。同时用户之间的交流也越来越多，如蚂蜂窝旅游网以结合了分享攻略及自由行服务为核心。

（4）第四阶段（2010~2012年）：强力竞争者的进入。以电商业务为主的阿里巴巴集团以全新的子品牌"阿里旅游·去啊"进入在线旅游市场，提供更加全面的旅游比价服务。

（5）第五阶段（2013年~至今）：在线旅游市场的移动化阶段。伴随智能手机的普及，各个旅游网已经将重点转向于移动端市场，纷纷推出移动App来尽可能快速地抢占市场。

思考题与习题

14-1　HTTP协议的请求方法和状态码都有哪些？请以实际使用的界面来表示。

14-2　在互联网进行文件传输可以使用什么协议？请简述至少三种方法。

14-3　域名系统的层次结构是如何构建的？请简述域名解析和DNS查询基本过程。

14-4　搜索引擎主要由几部分组成？请简要概述网络爬虫的工作流程。

14-5　向量空间模型是如何实现对检索结果进行排序的？

14-6　倒排索引为什么会大大加速搜索引擎的响应速度？请以微博短文本为例来构建一个倒排索引。

14-7　流媒体系统的主要组成？流式传输的方式有几种？常用的网络协议是什么？

14-8　推荐方法的原理是什么？举例说明推荐系统的应用领域。

14-9　请归纳、总结电子商务的各种应用与对应的传统服务的主要区别。

参 考 文 献

董守斌，袁华，2010. 网络信息检索. 西安：西安电子科技大学出版社.

冯明，亓慧，黎瑞成，2015. 网络多媒体中的关键技术及应用研究. 北京：中国水利水电出版社.

中国互联网信息中心CNNIC，2015. 第35次《中国互联网络发展状况统计报告》. http://www.cnnic.net.cn/hlwfzyj/hlwxzbg/hlwtjbg/201701/ P020170123364672657408.pdf.[2017-08-08].

Crispin M，2003. RFC 3501: Internet Message Access Protocol (IMAP).

Fielding R，Gettys J，Mogul J，et al，1999. RFC 2616: Hypertext transfer protocol–HTTP/1.1. 1999.

Mockapetris P，1987. RFC 1035: Domain names-implementation and specification.

Myers J，Rose M，1996. RFC 1939: Post Office Protocol-Version 3.

Postel J B，1982. RFC 821：Simple Mail Transfer Protocol.

Postel J，Reynolds J，1985. RFC 959：File Transfer Protocol (FTP).

Schulzrinne H，1998. RFC 2326：Real Time Streaming Protocol (RTSP).

第 15 章　物联网应用

物联网（Internet of Things）现在已经成为一个家喻户晓、炙手可热的话题，这其中既有科学技术发展的自然推动，又包含社会应对经济转型和保持经济持续发展的必然要求，是社会信息化过程的重要环节。因此它受到了欧美、日韩各国的关注，并已成为我国新兴产业规划的重要领域之一。

图 15-1 显示了物联网的概念模型，最外一层是感知部分，包括射频识别（Radio Frequency Identification，RFID）、无线传感器网络（Wireless Sensor Network，WSN）、条码二维码、定位系统、扫描感应器等。中间一层是接入网，物品借此接入互联网，或者先组成局域网然后再接入互联网等，从而形成人—物、物—人、物—物等进行信息交换的网络信息系统。

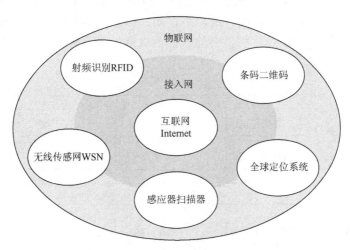

图 15-1　物联网的概念模型

15.1　物联网体系结构

物联网体系结构主要研究物联网的组成部分及这些组件之间的关系，物联网体系结构和传统体系结构一样，也可采用分层网络体系结构来描述。

物联网的技术复杂、形式多样，基于对物联网多种应用需求的分析，可把物联网分为三个层次：感知层、网络层和应用层，如图 15-2 所示。下面简单介绍各层的组成、功能及关键技术。

15.1.1　感知层功能及关键技术

感知识别是物联网的核心技术。感知层顾名思义主要用来感知周围环境的信息，传器是其主要装置。感知层是物联网识别物体、采集信息的来源。

其关键技术主要包括 RFID 技术和传感器技术。

1. RFID 技术

RFID 技术是一种无线通信技术，可以通过无线电讯号识别特定目标并读写相关数据，而无须识别系统与特定目标之间建立机械或者光学接触。目标物体所携 RFID 标签中的射频信息通过磁场传递，而无须接触目标物体。平时生活中就有很多应用样例，如小区门禁系统、电子不停车收费系统、公交车无人售票系统。以小区门禁系统为例介绍工作过程：当用户到达小区公寓门口时，用户把电子标签放置在门禁系统一定距离处，若用户是小区内居民，门禁系统会识别标签内信息，允许用户进入，否则禁止用户进入。

2. 传感器技术

传感器是"能感受被测量并按照一定的规律转换成可用输出信号的器件或装置"（GB 7665—2005）。传感器技术是以电、磁、声、光、热、力等各种物理"效应""现象"，化学中的各种"反应"，以及生物学中的各种"机理"为基础，研究和实现传感器设计与应用。

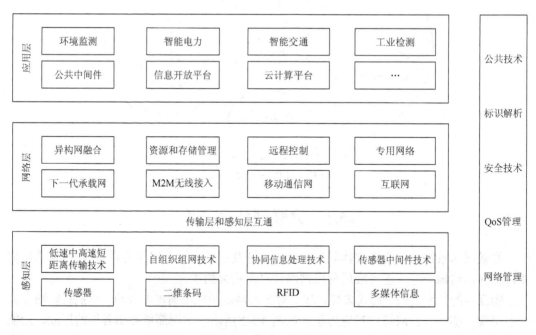

图 15-2 物联网体系结构

15.1.2 网络层功能及关键技术

感知层获得的信息需要被应用层使用，这要通过网络层来传输，并对其进行适当处理，其功能类似于人的中枢神经。其关键技术有以下几种。

（1）**无线传感器网络技术**：无线传感器网络中的节点相互联系，自组织成无线网络，当节点损坏或新的节点加入时，网络可以快速调节以适应这种状况，因此系统具有很强的鲁棒性和快速布防的特点。节点作为无线传感器网络的基本单位，具有感知信息、发送信息、转发信息等功能。

（2）**移动通信网络**：即移动的物体之间进行相互通信的网络。移动通信网络种类多种多样，如生活中常见的 3G、4G 网络、蓝牙系统、Wi-Fi、卫星通信系统等。

（3）**网络融合**：在物联网中，设备种类不一，所采用的网络也不一样，如 Wi-Fi 和 4G。怎么使这些网络互通互联是网络融合的关键，常用解决方法包括：使用 FMC（Fixed Mobile Convergence）实现固网与移动网络融合，同时使用光与 IP 互联融合技术、自动交换网络等技术。

15.1.3　应用层功能及关键技术

应用层是物联网与用户之间的接口，针对每一种典型的业务类型，规范其公共的属性。其关键技术有以下几种。

（1）**云计算**：云计算是一种可以对共享可配置计算资源进行方便、按需网络访问的模型。这些计算资源包括网络、服务器、存储器、应用程序和服务，它们可以被快速配置和释放，而无须受管理工作或服务供应商的干预。

（2）**人工智能**：人工智能企图了解智能的本质，旨在让机器像人一样进行思考。其主要应用有智能家居系统、专家系统等。

（3）**中间件**：中间件是独立的系统软件或服务程序，主要功能是连接独立的应用程序或系统，以实现多个系统和多种技术之间的资源贡献，组成一个资源丰富、功能强大的服务系统。

15.2　传感器与检测技术

作为物联网系统的基础，感知层主要用来获取数据，其手段主要有识别和感知两种技术。**识别技术**主要实现识别物体本身的存在，定位物体位置、移动情况等，常采用的技术包括射频识别技术如 RFID 技术、GPS 定位技术、红外感应技术、声音及视觉识别技术、生物特征识别技术等。**感知技术**主要用来感知物体或环境的各种变化，数据经常通过镶嵌在物体上或物体周围环境中的传感器获得。下面主要介绍 RFID 射频识别技术和传感器技术。

15.2.1　射频识别 RFID 技术

1. RFID 系统组成

RFID 系统主要由电子标签、天线、读写器和主机组成，如图 15-3 所示。

图 15-3 RFID 系统组成

标签与目标物体绑定，当读写器靠近标签时，标签内的天线发送信息给读写器，读写器接收信息后，将信息发送给主机，并接收主机命令，根据命令对标签进行相应操作。

（1）**标签**：标签由耦合组件和芯片组成，其内置天线可以发送和接收信号。根据标签的供电方式可分为有源和无源标签；根据封装材料可分为纸质标签、塑料标签、玻璃标签等；根据频段的不同可分为低频、高频、超高频和微波标签。

（2）**天线**：在标签和读取器间传递射频信号。天线分类众多：按工作性质可分为发射天线、接收天线和收发共用天线；按方向性可分为全向、定向等天线；按频带特性可分为窄频带天线、宽频带天线和超宽频带天线；按极化方向可分为圆极化天线、椭圆极化天线和有线极化天线。

（3）**读写器**：读写器主要用于读写标签信息。它是 RFID 系统的最关键部分，用来连接前向信道和后向信道的数据交换。其工作流程大致如下：读写器解码标签发来的调制信息，通过接口传递给应用系统，应用系统收到信息后，输出命令给读写器，控制读写器完成操作。

2. RFID 工作原理

RFID 源于雷达技术，其工作原理与雷达极为相似。电子标签处于等待状态，当读写器靠近电子标签时，读写器通过天线将信号发送给电子标签，电子标签通过内置天线接收信号后将内部存储的标识信息发送给读写器，读写器接收识别该信息并将信息发送给主机，主机对信息进行处理后将命令发送回读写器，读写器根据命令对电子标签执行相应的动作。

3. RFID 典型应用

经过 10 多年的发展，RFID 已经取得飞速发展，并且成功运用在诸多领域，涉及制造、运输、物流等。下面简要列举其典型应用。

（1）**证件管理**：现在实行的第二代身份证就运用了 RFID 技术，其影响人数众多，并且带动了集成电路等产业的发展，对国民经济和社会生活产生了重大影响。

（2）**RFID 电子门票**：RFID 技术还被运用在门票系统中，通过门票中内置的芯片实现自动检票，提高了检票效率，同时减少所需人力资源。

（3）**产品电子代码**：产品电子代码（Electronic Product Code，EPC）是国际条码组织推出的新一代产品编码体系，其载体是 RFID 电子标签。原来的产品条码仅是对产品分类的编码，EPC 码则对每一个产品都有一个唯一的编码。当电子标签到达读写器的读写范围内时，读写器可对电子标签进行读写操作。EPC 电子标签在全球范围内规格统一，成本也较低。

15.2.2 传感器技术

1. 传感器的定义

传感器是能够感受规定的被测量并按照一定的规律转成可用输出信号的器件或装置。它在某些领域又被称为变换器、检测器或探测器。

传感器定义中"可谓输出信号"是指便于传输、转换及处理的信号，主要包括气、光、电等信号。现在一般是指电信号，如电阻、电容、电感及电压、电流等；而"规定的被测量"一般指非电量信息，主要包括机械量（如位移、力、重量、振动、速度加速度等）、热工量（如温度、压力等）、物性和成分量（如气体和液体的化学成分等）及状态量（如颜色、透明度、颗粒度、磨损度等）。正因为这类非电量信号不能像电信号那样可由电工仪表或仪器直接测量，所以就需要利用传感技术实现非电量至电量的转化，然后利用电测的技术进行测量。

2. 传感器的分类

传感器按照不同的分类标准，可以分成多种类型。

（1）**按用途分类**：根据传感器的使用目的来划分，可分为湿度传感器、加速度传感器、力传感器。

（2）**按原理分类**：可分为电阻式传感器、电容式传感器、电感式传感器、红外传感器、激光灯传感器。这种分类有利于研究、设计传感器，有利于阐释传感器的工作原理。

（3）**按能源分类**：可分为有源传感器和无源传感器。有源传感器能将非电量转化为电量，其功能类似于发电机，具有能量转换的功能。如压电式、光电式传感器。无源传感器与有源传感器相反，其本身并没有转换能量的作用，它必须在其他能源的辅助下才能工作，从而实现控制传感器能量的目的，常见的如电感式传感器。

（4）**按结构性质分类**：分为结构性传感器和物性型传感器。结构性传感器的结构参数会随被所测量的改变而改变，如电容式传感器，当外力作用改变电容板间距时，其电容值会发生改变，根据一定的准则测量出目标值。物性传感器的原理是某些材料的内在特性或效应会随着测量值的改变而改变，从而将测量值转化为可用的电信号。如进行光电转换的光电传感器。

3. 常用的传感器

传感器的种类很多，现就几种典型的传感器简单介绍其工作原理。

1）光敏传感器

光敏传感器内置感光器件，当有光线照射时，感光器件吸收光谱，并将其转化为能被测量的电信号。某一型号的光敏传感器如图15-4所示。

2）热电阻传感器

热电阻传感器的原理是：当环境温度改变时，该感温器件的电阻值也会随之改变，如图 15-5 所示。热电阻传感器能够感知非常微弱的温度变化，一般应用在对温度精度要求比较高的场合。

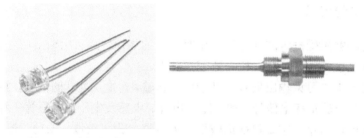

图 15-4　光敏传感器　　　　图 15-5　热电阻传感器

3）电阻应变式传感器

图 15-6 所示，应变式电子秤的测量部分由弹性梁和电阻应变片组成。电阻应变片分别粘贴于弹性梁的上下表面。托盘安装于弹性梁末端，当被测物放于托盘上时，重力作用导致弹性梁发生弹性变形。粘贴于弹性梁的电阻应变片会被拉伸或压缩，粘贴于上面的应变片会被拉伸，下面的应变片则被压缩。由于应变片电阻体受应力作用，引起其输出电阻发生变化。通过测量输出电阻变化的大小，即可知被测物体的质量。由此可见，电阻应变片感知应力或应变，使电阻发生变化，是一种电阻输出型传感器。

4）激光传感器

利用激光技术进行测量的传感器，图 15-7 是一种激光传感器。它由激光器、激光检测器和测量电路组成。激光传感器是一种新型的测量仪器，其工作原理大致如下：激光器内激光二极管向目标发射激光脉冲，激光脉冲碰到物体后散射，一部分散射光被激光传感器内的光电二极管吸收并放大，最后将其转化为相应的电信号。其应用也相当广泛，可测量长度、距离、方位等。

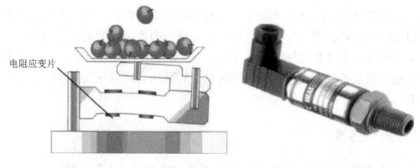

图 15-6　应变式电子秤　　　　图 15-7　激光传感器

随着自然科学的发展和社会的不断进步，人们对传感器的需求越来越多样化，这也促进了传感器技术的发展。在信息化社会，几乎没有任何一种科学技术的发展和应用能够离开传感器和信号探测技术的支持。随着现代测控系统自动化、智能化的发展,传感器准确度、可靠性、稳定性的要求也相应提高,并且还要求能够处理部分数据,对数据进行校准、检验等。有些场合还需要能同时测量多个参数的体积小的多功能传感器。

目前传感器技术的发展主要有两个方向:一个方向是在传感器的使用材料和做工工艺方面,力图找到更合适的传感器材料,同时也可以改进现有工艺,使传感器的性能更好;另一个方向是与计算机共同构成传感器系统,以实现传感器的集成化、智能化和多功能化。

15.3 无线传感器网络

物联网要实现物物相连,需要网络作为连接的桥梁。物联网的通信与组网技术的主要作用是可靠传输感知信息。由于物联网连接的物体种类繁多,涉及的网络技术五花八门,例如,可以是有线网络、无线网络;可以是短距离网络和长距离网络;可以是企业专用网络、公用网络;还可以是局域网、互联网,等等。本节主要讲述物联网的核心——无线传感器网络系统。

无线传感器网络是一种特殊的无线网络,其主要通过分布广泛的传感器收集数据,再通过分布式信息处理技术来完成信息分析,具有部署迅速、强鲁棒性等优点,经常运用于一些特殊场合:自然灾害区、硬件条件落后区域或者污染严重的区域。

15.3.1 无线传感器网络体系结构

无线传感器网络由无线传感器、感知对象和观察者三个基本要素构成。无线传感器通过无线方式与观察者、传感器通信。无线传感器的组成如图 15-8 所示,通常包括传感部件、数据处理部件、通信部件和电源部件。此外,有的传感器节点还装有 GPS 定位装置和移动装置。其中,传感部件负责收集外部环境中的原始数据,这些原始数据可能包括声、光、热、力等信息,原始数据经过数据处理单元简单处理后到达通信部件,通信部件通过无线方式把数据传输给数据汇聚中心点(Sink)。

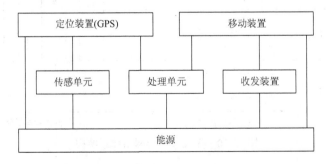

图 15-8 传感节点的物理结构

无线传感器在一个无线传感器网络中一般充当信息采集器,具体无线传感器网络示例如图 15-9 所示,传感器 A、B、C 组成一个通信链路,传感器节点 A 通过 B 把信息发送给 C，C 节点把检测数据传递给汇聚节点（即图中的接收器），接收器融合、压缩数据后通过互联网或其他通信方式把数据传递给管理节点，管理节点把最终数据呈献给用户。除此之外，管理者也可以直接发送命令，传感器节点收到命令后执行相应操作。

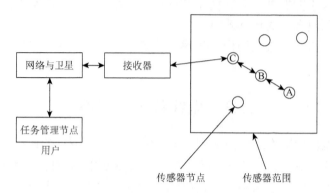

图 15-9　无线传感器网络示例

从无线联网的角度来看，无线传感器网络体系结构由分层的网络通信协议、网络管理平台和应用支撑平台三个部分组成，具体如图 15-10 所示。

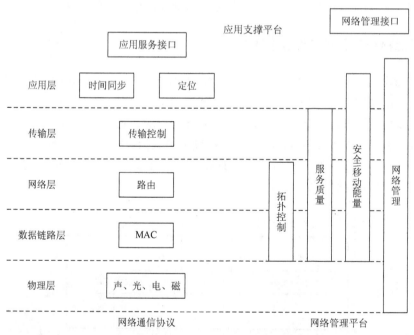

图 15-10　无线传感器网络体系结构

1. 网络通信协议

通信协议层又可以划分为物理层、数据链路层、网络层、传输层、应用层。下面对各层做简要介绍。

1）物理层

现有无线网络中的物理设备和传输媒质的种类非常多，通信手段也各种各样。物理层正是要去除这些差异，使得该层对于上层完全透明，而不必考虑下层的传输媒质是什么。由于无线传感器网络非常关注成本和功耗，物理层的设计好坏和整个网络的性能息息相关。若选择了不正确的调制方式和编码方案等，则将不能满足推广应用所需要的低成本和低耗要求。因此在设计时要考虑以下几点问题。一方面低能耗和低成本的特点要求调制机制尽量简单，使得能量消耗最低，而且某些应用还要求调制机制具有较强的抗干扰能力。另一方面因为物理层位于网络协议的最底层，是整个协议栈的基础，它的设计对于上层内容的跨层优化设计具有重要的影响。另外，物理层与硬件的关系最密切，微型化低功耗、低成本的传感器单元、处理器单元和通信单元的有机集成是非常必要的。

2）数据链路层

无线传感器网络除了需要传输层机制实现高等级误差和拥塞控制外，还需要数据链路层功能。总体而言，数据链路层主要功能是在两设备之间进行无差错的数据传输。数据链路层通常要执行的操作包括链路的建立、差错检测及纠错或重传恢复等。然而无线传感器网络因为其自身的特殊性，包括节点的能耗和处理能力约束及无中心控制器等特点，使得数据链路层功能的完成方式稍有不同。在 MAC 方面，为了使各个传感器节点公平使用通信资源，需要对共享媒体进行访问控制。由于无线传感器网络对于资源约束较高，普通无线网路的 MAC 协议在这里并不适用。例如，对于一般的分布式系统，MAC 协议主要保证 QoS 和有效带宽，因此需要使用特定的资源策略。这种访问方法不适用于无线传感网，因为无线传感器网络中没有中央控制节点。

3）网络层

无线传感器网络中节点一般距离较近，分布在一个相对密集的区域。此时，多跳通信能够减少信号衰弱，满足系统对于能耗的要求。无线传感器网络的网络层通常要考虑以下几个方面：尽量较少发送信息所耗能量；无线传感器网络通常以数据为中心；路由协议应该兼容其他网络，如与 Internet 相结合。

4）传输层

无线传感器网络中各节点协作模式使得其具有独特的优势，覆盖范围更广，信息精度更高，也可以仅仅提取局部特征。然而，这些都依赖于传感器节点和汇聚节点之间准确有效的通信。因此，可靠地传输机制显得非常重要。总体来说，传输层的设计需要考虑以下几点：通过拥塞控制机制调节注入网络的信息量；提供带有误差传输机制的传递服务，然而由于无线传感器网络对于节点的能耗、处理能力和硬件资源有特殊限制，常用的 TCP、基于窗口的拥塞控制机制并不可行。

5）应用层

无线传感器网络的应用多种多样，当前一些项目主要通过 Internet 进行访问，应用层管理协议使得底层软硬件的使用更加方便、高效。

2. 网络管理平台

网络管理平台主要用来管理传感器节点和传感器网络，具体包括拓扑管理、服务质量管理、能量管理、移动管理、网络管理等。

1）拓扑管理

无线传感器网络中节点众多，不时有新的节点加入和旧节点离开，甚至有些冗余节点为了降低能耗而进入休眠状态，从而导致网络拓扑结构不断改变，因此需要一种拓扑控制技术来管理各节点的状态，使得网络始终正常运行。

2）服务质量管理

服务质量管理即通常的 QoS 服务，可以在各协议层之间设计排队机制、队列管理机制或者带宽预留等机制，还可以定义数据的优先级，在用户对于网络的诸多要求和网络的负载能力之间达到一个很好的平衡。

3）能量管理

传感器节点能量有限，一旦电量消耗完，节点将失去作用。为了提高节点的利用率和增加系统的使用时间，每个协议层中都必须对节点能量的使用做精确高效的配置。

4）移动管理

如前所述，在某些场景下，传感器节点可以移动，网络的拓扑结构也就随之改变，移动管理则控制、监控节点的移动，并实时更新动态路由。

5）网络管理

无线传感器网络通信协议众多，上下协议层之间还要进行通信，网络管理负责维护网络上各种设备，保证协议的正常运行和流量监控，使整个网络协调、高效地运行。

6）应用支撑平台

应用支撑平台是以网络通信协议和网络管理为基础开发出来的一系列应用层软件，通过应用服务接口与用户交互。

15.3.2 无线传感器网络的特征

目前常见的无线网络包括移动通信网、无线局域网、Bluetooth、Adhoc 网络、无线城域网等，无线传感器网络与它们有诸多不同，具体体现在以下几个方面。

（1）**资源有限**：受限于传感器节点本身的特点，系统的协议应该简单高效、能耗较低、对计算能力要求很低。

（2）**能耗低**：传感器节点一般体积较小，所携带的电池容量也不会很大，而且传感器节点一般分布在比较特殊的地区，因此电池不能充电或者更换。一旦电量消耗完，该节点就不再发挥作用，因此在设计无线传感器网络时，需要考虑能源消耗问题。

（3）**大规模网络**：无线传感器网络中节点众多，这样可以获得多个维度的数据并进行分布式处理，对于单个节点的要求也可以降低，同时由于存在多余的节点，系统具有很强的校正功能。

（4）**自组织**：无线传感网络中的各个节点地位相同，相互之间不存在依赖关系，全部节点展开后，各个节点内部独立运作，并与其他节点相互联系，形成一个独立的网络。当有节点损坏或新节点加入时，该节点会自动加入或离开网络，对其他节点没有任何干扰，因此具有很强的鲁棒性。

（5）**多跳路由**：无线传感网对每个节点能耗要求很高，节点通信距离一般限定在几百米范围内，因此节点只能与周围临近节点进行通信，若超出此范围，则需要借助中间节点充当路由器进行信息转发，这与固定网络使用网关和路由器来转发数据不同，每个节点既要能发送数据，也要有转发数据的能力。

15.3.3 无线传感器网络应用领域

无线传感器网络的应用非常广泛，涉及军事应用、环境监测、医疗护理等领域。

（1）**军事应用**：传感器节点具有快速部署、自组织、隐蔽性强且容错性高等优点，满足作战中知己知彼的要求。典型场景是通过飞行器将大量节点撒至作战地点，这些节点自组织成网络，实时收集战场信息，并将信息返回到各作战单位。即使一些节点遭到敌人破坏，剩余节点也可以快速重新组织。

（2）**环境监测**：人们现在越来越关注环境，基于传感器网络的环境监测系统可以运用一些传感器节点来测量空气温度、湿度、光照度、降雨量等，也可以预警环境情况，如在森林中安装大量的温度传感器，当发生火灾时，可第一时间报告火情，第一时间展开灭火工作。

（3）**医疗护理**：无线传感器网络易于部署和扩展，其可配置和自组织性等特点使其在医疗护理中有着广泛的应用前景。传感器节点可以是可穿戴设备，也可以植入体内，可应用于老年人及婴幼儿监护、认知障碍者、残疾人及慢性病者的医疗护理。

（4）**其他**：除了上述领域外，无线传感器网络还被运用于一些其他的领域，如井矿、核电站、灾区等一些比较危险的地区，用来实时监测安全指标。此外还可以用于航空航天探索，可借助航天器在外星球表面覆盖传感器节点进行监测。

15.4 物联网数据融合与管理

物联网应用的目标是实现智能化控制物理世界。因此，智能化物联网应用是其核心和本质的要求。智能信息处理是指信息的储存、检索、智能化分析利用，如利用人工智能对感知的信息做出决策和处理等。

物联网的智能信息处理主要针对感知的数据，而物联网的数据具有独特的特点，主要表现在以下几个方面。

（1）**异构性**：在物联网中，感知对象不同，则相应的表征数据也就不同，即使是同一个感知对象也会有各种不同格式的表征数据。比如，为了智能化感知一栋建筑物，我们需要获得诸如温度、湿度等低维数据，也要获得其地理位置、内部实物位置等高维数据，同时还要利用网上提供的诸如 HTML 格式、XML 格式、图片和文本等数据。只有充分利用这些不同类型的数据，才能对一个物体有一个全面、准确的描述。

（2）**海量性**：物联网不仅包含多种异构网络，更包含形式多样的数据。在物联网中，物体对象之间的关系错综复杂，对象的状态时刻改变，描述对象特征的数据不断增多。如何从这些越来越多的原始数据中提取出更有价值的信息才是推理、决策的关键。

（3）**不确定性**：物联网中，各物体内部的状态适时改变，它们之间的关系错综复杂且常常改变，为了获得精准的信息，必须剔除冗余数据、虚假数据。

15.4.1 数据存储

在物联网应用中数据库起着记忆（数据存储）和分析（数据挖掘）的作用，因此数据库是物联网不可缺少的一部分。目前常用数据库技术一般有关系型数据库和非关系型数据库，如实时数据库和 NoSQL 数据库。

1. 关系型数据库

关系型数据库把数据存储在二维表结构中，列包含字段，行代表相应记录。关系型数据库是目前主流的数据库系统，具有使用方便和易于维护等特点。

关系型数据库把数据存储在本地文件系统，对于读写并发性较高的场景（如网站的注册登录），效率较低；另外，普通的关系型数据库的扩展性较差，当数据库中的数据越来越多地需要进行升级扩展时，往往需要停机维护，而不能简单地增加硬件节点来升级。

2. 实时数据库

如前所述，普通的关系型数据库并不能满足对于大量数据及时读写的要求，当物联网应用于对时间精度要求较高的场所时，关系型数据库显得能力不足，因此需要引入实时数据库。

实时数据库的显著特点就是实时性。一些应用常常要求数据库能够在指定时间内读写大量数据，如在实时监控领域，由于可能需要历史数据，需要把同一时间收集到的数据快速存储到数据库，并将数据与时间联系起来，用户一方面要查看当前实时数据，另一方面可能需要比对历史数据对将来数据做判断。在事务方面，目前有两种策略：一种机制是当事件触发时，数据库立即执行该操作，这很符合实时数据库的特性，但伴随的问题就是资源消耗较大；另一种是定时触发，数据库每隔一定时间扫描事件动作，当有触发事件时则执行相应操作。实时数据库一般同时提供这两种策略以应对用户的不同需求。

关系型数据库和实时数据库既有共性，也有差异。作为两种主流的数据库，实时数据库比关系型数据库更适合采集、存储海量并发数据。数据库结构的性能差异，决定了二者不同的应用范围。在数据量相对比较小、实时性要求低的应用领域，关系型数据库更胜一筹；但是在工业实时监控、江河水域监测、交通智能管理等面临海量并发、对实时性要求极高的应用领域，实时数据库具有更大的优势。

3. NoSQL 数据库

NoSQL 数据库与关系型数据库最大的不同在于 NoSQL 不再使用二维表结构存储数据，而是使用相对简单的键值对存储、列式存储、文档型存储或图形存储。例如，在存储一条发票信息时,关系型数据库需要设计一张表,把发票这个实体对象抽象为逻辑对象,并转化为数据对象存储在表中。而在 NoSQL 中,只要简单地保存发票信息就可以,完全不用提前设计与之对象的表结构。同时 NoSQL 也有诸多不足,如绝大多数产品不支持事务功能,一般是针对特定需求设计,很少考虑通用性。

NoSQL 相对于关系型数据库,其读写性能得到很大提高,NoSQL 同时支持分布式存储来存储膨胀的数据,能够满足物联网等应用的大数据需求。目前的商用应用典范主要有谷歌的 BigTable 和亚马逊的 Dynamo。

15.4.2 数据融合

数据融合是一种数据处理技术,一般指将多种数据或信息进行处理得出符合用户需求且高效的数据的过程,其工作流程通常是同时取得若干时隙的观测数据,按照一定准则对其进行综合分析,从而对将来做出预估或评测。

数据融合一般有数据级融合、特征级融合、决策级融合等层次的融合。

(1) **数据级融合**:最大程度地保留原始数据,将原始数据直接融合,得到尽可能多的原始信息。

(2) **特征级融合**:从原始信息中提取出关键特征,然后对特征做进一步处理,这一步相当于对数据进行了压缩。

(3) **决策级融合**:通常在更高的层次上进行,根据前两步得出决策,需要根据一定的准则对决策判定,以达到更高的准确率和更好的容错性。

数据融合与多传感器系统密切相关,物联网的许多应用都用到多个传感器或多类传感器构成的协同网络。在这种系统中,对于任何单个传感器而言,获得的数据往往存在不完整、不连续和不精确等问题。利用多个传感器获取的信息进行数据融合处理,对感知数据按照一定规则加以分析、综合、过滤、合并、组合等处理,可以得到应用系统更加需要的,如进行决策或评估等具体任务所需要的数据。

因此,当进行数据融合时,要充分考虑节点所在的地点、所处的时间、发送信息及使用的媒介等因素。另外,数据融合需要结合具体的物联网应用寻找合适的方式来实现。除了上述目标,还要实现如节省部署节点的能量和提高数据收集效率等目标。目前,数据融合广泛应用于工业控制、机器人、空中交通管制、海洋监视和管理等多传感器系统的物联网应用领域中。

15.5 物联网应用

物联网与其说是一种网络,不如说是一种应用。物联网的广泛应用极大地推动了物联网的发展,物联网在物流领域被首先使用,欧盟的产品电子代码 EPC 网络能够快速识别供应链中的商品及信息共享。随着技术的发展,物联网将会渗透到社会各个领域。物联网应用在发展过程中呈现出一些趋势特征,主要表现在:技术越来越融合化、嵌入化、可信化和智能化;管理应用越来越标准化、服务化、开放化和工程化。下面将对物联网的典型应用领域作简要介绍。

15.5.1 智能家居

智能家居是建筑和物联网相结合的产物，其在一般家居的基础上，将家庭设备通信、自动控制技术和家庭安防技术等连接在一起，从而形成一个高度集中化、方便快捷、安全舒适的家居生活环境。

物联网在智能家居中的应用体现在利用传感设备采集家居信息，并通过互联网把家居生活的各个部分紧密联系在一起，从而实现对家居生活的监控、控制，使得家居生活更加智能化、人性化。智能家居产品结合了自动化控制系统、计算机网络系统和网络通信技术，使各种家庭设备通过智能家庭网络联网实现自动化，通过宽带、固话和 4G 无线网络，可以远程操控家庭设备。与普通家居相比，智能家居不仅更加舒适、安全，而且将原来相互独立的家庭设备紧密联系在一起，从而使家居更加高效、智能。

基于物联网的智能家居从体系架构上来看，由感知、传输和信息应用三部分组成，在智能家居中，传感器感知人们周围的生活环境和人体本身，其中包含典型的感知技术，例如温度、湿度感应器、天然气泄漏感应器、光敏感应器等。网络层负责把收集到的数据准确实时地传输到相应的应用。家居应用主要包括电网应用、医疗卫生应用、娱乐休闲应用、家庭控制应用、安防应用等。大致如图 15-11 所示。

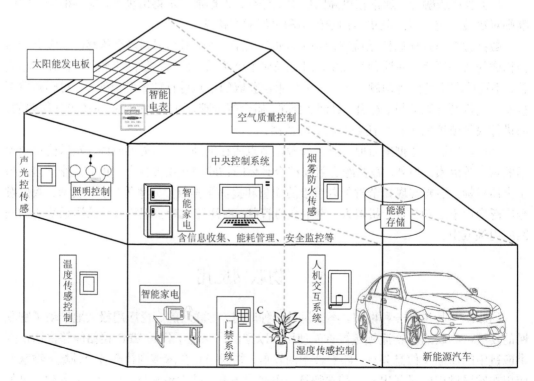

图 15-11 智能家居

15.5.2 智能交通

除了应用于家居方面，物联网也已成功地应用到智能交通领域。目前的智能交通系统主要包括车辆控制系统、交通监控系统、车辆管理系统和旅行信息系统等。

在车辆控制方面，主要是辅助或者替代驾驶员驾驶汽车。在汽车前面和两旁安装传感器，可以准确得知车与其他车或障碍物之间的距离，根据路况适时调整车速，当遇到紧急情况时，车载系统能够发出警报或者紧急刹车。在交通监控方面，车、驾驶员、道路三者紧密联系在一起，驾驶员可以从车上实时获得道路信息，交通事故在哪个地方，当前道路前方是否拥堵，是否有更畅通的道路选择，驾驶员能够获得最新数据来选择最佳路线。在车辆管理系统方面，设置中央指挥中心，运用卫星与搭载通信系统的车辆驾驶员进行通信，从市级乃至省级、国家级范围内对车辆实时控制，从而提高车辆系统的效率。在旅行系统方面，有专为旅行人员制定的交通系统。旅行人员可以从电脑、电视、路标等装置获取交通信息，包括当前最优的交通路线、人数较少的景点、信誉良好的酒店等。

15.5.3 医疗健康

对于医院来讲，物联网化是医院信息化发展的必然趋势。为了简化医疗操作流程、提高医疗品质、为病患者提供更加安全舒适的环境，许多医院已经运用物联网技术。

医院物联网建设很大程度上是基于**实时定位系统**（Real Time Location Systems，RTLS）的，很多应用也是在此基础上发展起来的。目前比较有代表性的解决方案主要基于 Wi-Fi 技术和 ZigBee 技术。

RTLS 主要可实现以下应用。

（1）**特殊病人管理**：对于医院的特殊患者，如精神病患者，残疾人患者等，医护人员不可能随时跟随照料，而这类患者一般自我管理能力较差，当遇到突发情况时需要立即有人看护，这时候可给患者佩戴电子标签，电子标签可以自动发送患者的位置信息，并有告警按钮提示医护人员，医护人员可以第一时间到达现场进行救援。

（2）**医院特殊重地管理**：医院有一些特殊地区禁止患者入内，可以通过给患者佩戴相应的电子标签，使得患者一旦进入禁地，就会触发报警系统，同时会把相应的位置信息发送给后台，以便工作人员前往处理。此外，规定有些患者只能在特定区域内活动，当患者走出特定区域后，所佩戴的标签同样会触发警报并告知后台人员患者所在地。

（3）**特殊药品管理**：医院有些特殊药品对于外界环境条件要求较高，需要控制一定的温度、湿度等，同时还要考虑所有药品的失效问题，通常这都要消耗大量的人力。如果把特殊的电子标签放置于药品所处环境，就可以实时采集药品环境信息并发送给医护人员，当环境数据超出正常水平时，高灵敏标签就会报警，管理人员可以及时对药品进行处理。

（4）**优化工作流程**：电子标签不仅可以给患者使用，还可以给医生使用。遇到紧急情况时，系统后台可以及时通知相应医生，并把后台采集到的紧急情况信息发送给医生，医生可以第一时间获取信息并做出回应。

上述这些基于物联网技术的应用总体上还遵循物联网通用的三层架构——感知层、传输层、应用层。在感知层中，植入人体内或穿在身上的或者在周围环境中的传感器节点感知目标数据，这些数据可能为连续性时变信号（如心电图）或者为离散时变信号（如血压）。这些数据经过网络层传输，到达指定应用，这些应用可能用于监护患者生理特征，或者存储分析历史数据来进行预测，等等。

思考题与习题

15-1 请阐述物联网体系结构，各层的组成、功能及关键技术。

15-2 请图示 RFID 系统的组成及工作原理。

15-3 请简述三种常用传感器的类型、原理及应用。

15-4 无线传感器网络体系结构基本组成是什么？请阐述各部分的主要设计考虑。

15-5 物联网数据存取有何特殊需求？如何选择可满足物联网数据存取需求的数据库？

15-6 什么是数据融合？物联网为什么需要数据融合？请简述物联网数据融合的层次模型。

15-7 以典型物联网应用为例来分析物联网应用的现状及发展。

参 考 文 献

黄玉兰，2014. 物联网传感器技术与应用. 北京：人民邮电出版社.
罗汉江，2013. 物联网应用技术导论. 大连：东软电子出版社.
刘丽军，邓子云，2012. 物联网技术与应用. 北京：清华大学出版社.
彭力，2011. 物联网应用基础. 北京：冶金工业出版社.
王汝林，2011. 物联网基础与应用. 北京：清华大学出版社.
Weis S A，2007. RFID（Radio Frequency Identification）：Principles and applications.Systerm，2（3）.
Sohraby K，Minoli D，Znati T，2007. Wireless Sensor Networks：Technology，Protocols，and Applications. New York：John Wiley and Sons：203-209.
Maraiya K，Kant K，Gupta N，2011. Wireless sensor network：A review on data aggregation. International Journal of Scientific & Engineering Research，2（4）：1-6.

第 16 章　云计算与云服务

云计算是一种基于网络的、按需获取计算资源的新型计算模式,是网格计算、分布式计算及并行计算等的融合和发展,于 2006 年 8 月首次被提出。作为 IT 行业在 PC 和互联网之后的又一次革新浪潮,云计算引领着新一代的 IT 变革,将深刻改变未来的工作方式和商业模式,为人类社会提供更方便快捷的信息服务。

16.1　基本概念与术语

云计算中的"云"是指一种可以远程供给、可扩展和测量的 IT 资源的特殊环境。而 **IT 资源**(IT Resource)是指一个虚拟的或物理的 IT 事物,例如,基于软件的虚拟服务器、基于硬件的物理服务器、网络设备等。

云计算的定义有多种,不同的人从不同的角度解释云计算的含义。云计算安全联盟(Cloud Security Alliance,CSA)定义"云计算的本质是一种服务提供模型,通过这种模型可以随时、随地、按需地通过网络访问共享资源池的资源,这个资源池的内容包括计算资源、网络资源、存储资源等,这些资源能够被动态地分配和调整,在不同的用户之间灵活的划分。凡是符合这些特征的 IT 服务都可以称为云计算服务"。

16.1.1　云计算特性

美国国家标准与技术研究院(National Institute of Standards and Technology,NIST)认为一个标准的云计算应该具备以下 5 个基本元素,分别是:**通过网络分发服务、自助式服务、可衡量的服务、资源的灵活调度**及**资源池化**。

(1)**通过网络分发服务**:在云计算出现之前,当人们需要完成工作时都必须接触到相关 IT 资源,才能享受到它提供的服务,而云计算的出现使得服务可以通过网络来传递。例如,通过平板计算机登录 Google Docs 就能在线编辑文档且存储。

(2)**自助式服务**:即在没有运营商的干预下,用户可以即时按需地使用资源。自助式服务能够让消费者更加快速、方便地享用云。是否有人工干预来完成资源的重新划分和调整,也是区分简单的 B/S 架构和真正云计算的一个重要标准。

(3)**可衡量的服务**:可衡量的服务是指云计算平台通过一些可衡量的指标对 IT 资源进行实时的监控,云提供者根据这些指标获得云用户实际的使用情况进行收费或进行快速的调整和优化。

(4)**资源的灵活调度**:因为实现资源池化,云提供者能够非常便利地将新设备添加到某个资源池中,以满足用户不断增长的需求,并且这样的扩展是自动且透明的。资源的灵活调度通常是采用云计算的核心理由,因为云用户不再需要顾虑未来发展需求而购买更好的硬件设备，只需要在负载增加时，由云提供者自动快速向云用户自动配置额外资源。具有大量 IT 资源的云提供者实现资源调度的灵活性更大。

（5）**资源池化**：在云计算中，CPU、存储及网络等 IT 资源以资源池方式进行抽象。资源进行池化后，IT 资源的存在形式和物理位置被抽象，这使得 IT 部门可以更灵活地统一配置资源。

16.1.2 角色

在云计算中存在多种关系及交互方式，组织机构与人可以担任不同类型的、事先定义好的角色。每个角色参与基于云的活动并履行与之相关的职责。

（1）**云提供者**：以云的方式提供 IT 资源的组织机构就是云提供者。云提供者需依据每个 SLA，负责向云用户确保云服务可用。除此之外，云提供者还需对自己的 IT 资源进行必要的管理和履行行政职责，确保整个云基础设施的稳定持续运行。

（2）**云用户**：也称为**云服务消费者**（Cloud Service Consumer），可以是组织机构也可以是个人，他们与云提供者签订正式的合同或约定来使用云提供者提供的可用的 IT 资源。

（3）**云服务拥有者**（Cloud Service Owner）：在法律上拥有云服务的个人或者组织称为云服务拥有者。云服务拥有者可以是云用户，或者是拥有该云服务所在的云的云提供者。例如：当云用户在云中部署了自己的服务，他就变成了云服务的拥有者；当云提供者部署了自己的云服务，并且提供给其他云用户来使用，他就变成了云服务拥有者。

（4）**云资源管理者**（Cloud Resource Administrator）：负责管理基于云的 IT 资源（包括云服务）的人或者组织。云资源管理者可以是云服务所属云的云用户，管理属于该云用户的可远程访问的 IT 资源；也可以是提供者，管理其内部和外部可用的 IT 资源。

16.1.3 云部署模型

云部署模型表示的是某种特定的云环境类型，一般是按照所有权、大小和访问方式来区分的。**公有云、社区云、私有云、混合云**是最常见的 4 种部署模型（表 16-1）。

（1）**公有云**：公有云可以被任何个人和组织通过互联网使用，它由云服务运营商负责维护。公有云里的 IT 资源通常是按照事先描述好的云交付模型提供的，一般需要付费或通过其他方式商业化。公有云的受众分布各地，这就使得公有云的规模一般较大，也造成其基础架构的组成比较复杂，有更高的可靠性、安全性要求。

（2）**社区云**：社区云的用户通常有共同的利益和目标。社区云的用户可能来自不同的组织或企业，因为共同的需求走到一起，社区云向这些用户提供特定的服务，满足他们共同的需求。社区云相比于公有云，其目的性更强，社区云的用户通常有共同的利益和目标，而公有云则是面向公众提供特定类型的服务，这个服务可以被用于不同的目的，一般没有限制。所以，社区云的规模通常比公有云小。

（3）**私有云**：私有云的建设、运营和使用都在某个组织机构或企业内部完成，此组织机构既是云用户又是云服务的提供者，并且其服务的对象被限制在这个组织内部，对外没有公开接口。

（4）**混合云**：混合云顾名思义就是两种或两种以上云的综合，混合云既可以是公有云与私有云的混合，也可以是私有云与社区云的混合。混合云服务的对象非常广泛，包括特定组织内部的成员及互联网上的开放受众。混合云架构中有一个统一的接口或管理平面，不同的云计算模式通过这个结构以一致的方式向最终用户提供服务。

表 16-1 云部署模型

公有云	私有云/社区云	混合云
第三方、多租户；云基础设施和服务以订阅为依据，一般按需付费	运行在公司自己的数据中心内部或代理使用的基础设施上的云计算模型	私有云和公有云的混合使用：当私有云空间不足时，可租赁公共云服务

16.2 云计算的基础设施

云计算的基础设施主要是指 IT 设施，包括**服务器集群**、**海量存储**和**高速网络**。云计算中，基础设施以池化的概念出现，组成集中的资源池。这些基础设施通过虚拟化处理，形成资源供云计算客户按需使用。

1. 服务器集群

服务器集群主要用来提供云计算所需的计算服务。将大量服务器集中起来，通过并行执行许多大工作量的处理工作。这些服务器具有强大的计算能力，支持不同的硬件处理架构。另外集群具有容灾的能力，一个机器故障并不会影响整个系统的正常运行。形成集群时，集群中的节点可能处于以下三种状态：脱机、联机和暂停。脱机时，机器不是完全有效的集群成员；而在联机时，节点是完全有效的集群成员，它遵从集群数据库的更新，负责维护心跳通信，并且拥有资源组。服务器集群按其用途可以分为高可用性集群、负载均衡集群和高性能计算集群等。高可用性集群需要保障用户应用程序不间断运行，负载均衡集群侧重于分摊系统的工作负载，而高性能计算集群致力于提供强大的计算能力，追求高的综合性能。

2. 高速网络

高速网络主要用来提供云计算所需的通信服务。云计算中的网络将资源池变成一个虚拟资源，然后将位于任何位置的用户连接到这些资源。云计算网络需要满足：在需要时增加或降低带宽；在存储网络、数据中心、LAN 之间实现低延迟的吞吐能力；允许在服务器之间实现连接，以支持虚拟机的自动迁移等。云计算中的网络可以看成前端、中间层和存储网络三个相互依赖的结构，前端负责连接用户到应用，中间层实现的是物理服务器互联和它们的虚拟机迁移。

3. 存储网络

存储网络主要用来提供云计算所需的存储服务。存储网络用来保存庞大的数字信息，以满足云计算的存储容量要求。存储网络通常由大量磁盘阵列组成，涉及磁盘阵列、I/O高速缓存、热插拔硬盘、存储虚拟化、快速数据复制机制、网络存储等技术。目前存储网络结构大致分为：直连式存储（Direct Attached Storage，DAS）、存储区域网络（Storage Area Network，SAN）和网络附加存储（Network Attached Storage，NAS）。

16.3 云计算关键技术

云计算方案的实现需要相应的关键技术支持，这些技术包括：虚拟化技术、数据存储技术、分布式计算技术等，没有这些技术的支持，云计算将只是空中楼阁。

16.3.1 虚拟化技术

虚拟化技术是当前信息产业研究的备受瞩目的焦点，它伴随着计算机技术的产生而出现，同时又促进了计算机技术的继续向前推进。虚拟化技术是一个广泛且不断更新扩充着的概念，目前仍没有一个统一的定义。维基百科是这样定义虚拟化的："虚拟化是表示计算机资源的逻辑组（或子集）的过程，这样就可以用从原始配置中获益的方式访问它们。这种资源的新虚拟视图并不受实现方法、地理位置或底层资源的物理配置的限制。"

硬件资源和软件资源都可以被虚拟化。虚拟化通过对资源进行逻辑抽象和统一表示，隐藏了底层的细节，形成资源池，简化了资源的访问管理，提高了资源的利用率，使得资源的部署更加快速、灵活。

虚拟化的分类方式有多种，按照目的来分有平台虚拟化、资源虚拟化和应用程序虚拟化三类。

（1）**平台虚拟化**：平台虚拟化是指对整个计算环境和运行平台虚拟化，包括服务器和桌面的虚拟化。前者将一台物理服务器虚拟成一台或多台相互独立的服务器，而后者使得桌面环境独立于物理设备。桌面虚拟化后，用户可在任何地方登录到相同的桌面，公司也能方便地统一管理用户的桌面。服务器虚拟化主要通过将服务器的一些主要资源，如CPU、内存等进行虚拟化来实现。

（2）**资源虚拟化**：资源虚拟化的对象为内存、存储、网络等资源。通过内存虚拟化，可以形成多个相互独立的内存块供虚拟机使用。存储虚拟化将物理存储资源进行逻辑抽象。网络虚拟化在底层物理网络和用户之间增加一个抽象层，该抽象层对下层的物理网络进行分割，为用户提供虚拟的网络连接服务。网络虚拟化一般包括VLAN和VPN。

（3）**应用程序虚拟化**：应用程序虚拟化将应用程序与底层的操作系统和硬件解耦合，包括模拟、仿真和解释技术等。

服务器虚拟化是其中使用最广泛的一种，为了实现服务器虚拟化，需要对CPU、内存和I/O接口三种硬件资源进行虚拟化。为了实现更好的动态资源管理，还需实现服务器的实时迁移，在保证服务正常运行的同时，将虚拟机的运行状态完整、快速地从源主机硬件平台迁移到新主机上。

虚拟化是云计算得以实现的重要基础，使用该技术的云平台具有**易伸缩**、**高可用**、**负**

载均衡、资源利用率高等特点。未来，虚拟化技术将在硬件辅助虚拟化、应用程序虚拟化及实时迁移等方面继续发展，推动云计算的前进。

16.3.2 云存储

云存储是一种新兴的网络存储技术，是指通过集群、网络、分布式数据库、分布式文件系统等，将网络中大量的、各种类型的存储设备通过应用软件集合起来协同工作，共同对外提供数据存储和业务访问功能。云存储也可以看作一个以数据存储和管理为核心的云计算系统。用户可以在任何时间、任何地方，透过任何可联网的装置连接到云上方便地存取数据。

1. 分布式文件系统

作为一种典型的分布式系统，云存储需要分布式文件系统的底层支撑方能实现。分布式文件系统通过管理整个系统中所有计算机上的文件资源，对用户和应用程序屏蔽各个计算机节点底层文件系统之间的差异，以提供给用户统一的访问接口和方便的资源管理手段。以下以 Google 的 GFS 为例介绍分布式文件系统的基本架构。GFS（Google File System）即 Google 文件系统，具有良好的可拓展性，适用于大规模的分布式数据密集型计算应用。GFS 系统有一个 Master 和多个块服务器，Master 中存放着文件系统的所有元数据。在 GFS 中，需要将存储文件划成 64MB 大小的块。GFS 使用的存储硬件相当便宜，因此能够以低成本的方式实现大量副本，从而保证其可靠性。GFS 与传统分布式文件系统在文件大小、数据写操作等方面有一些区别，如表 16-2 所示。

表 16-2 GFS 与传统文件系统的区别

文件系统	组件失败管理	文件大小	数据写方式	数据流与控制流
GFS	不作为异常处理	少量大文件	在文件末尾附加数据	两者分开
传统分布式文件系统	作为异常处理	大量小文件	修改现存数据	两者结合

在 GFS 文件系统中，每份数据在系统中保存三个以上的备份以保证数据的可靠性。备份也要进行更新，可以通过版本标识符来判断是否需要进行更新操作。频繁读取 Master 数据会造成性能下降，因此客户端仅读取所需数据块所在的位置，然后根据位置信息读取块服务器获取数据。

Google 文件系统写操作时的控制流与数据流如图 16-1 所示。

2. 分布式数据库

云计算中，对大量的分布在各节点上的数据进行高效的管理也相当重要。分布式数据库可以为大数据建立快速、可扩展的存储库，从而构建分布式数据存储系统，一般是非关系型的数据库。

BigTable 是 Google 设计的一个大型分布式数据库，以 GFS、Scheduler、Lock Service

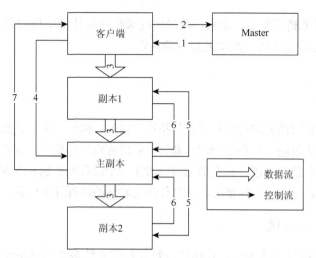

图 16-1　GFS 中的写操作控制与数据流

和 MapReduce 为基础，用来管理结构化数据。BigTable 将所有数据视为对象，形成巨大的表格，这点与传统的关系型数据库相差甚大。BigTable 对数据读操作进行了优化（云计算中数据的读操作频率远大于数据的更新频率），并采用列存储的方式（将表按列划分后存储），加快读取数据时的速度。BigTable 中，数据的存储结构为

<row：string, column：string, time：int64>　->string

BigTable 的逻辑结构如图 16-2 所示，它包含行、列、记录板和时间戳等元素，一段行的集合体就叫作一个记录板（Tablet），一个节点可以对大约 100 个记录板进行管理。

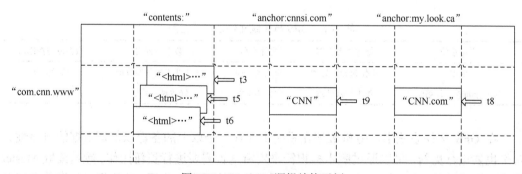

图 16-2　BigTable 逻辑结构示例

BigTable 中，行被动态地划分到记录板中。BigTable 中，用时间戳来区分数据的版本，通常由 64 位的整数来表示。多个列组成一个列簇（Columm Family），在 BigTable 中进行存取操作时均以列簇作为粒度。

链接到每个客户端的库，一个主服务器及多个记录板服务器是 BigTable 在执行时需要的三个主要的组件。其中主服务器决定如何将记录板分给各记录板服务器，保证各记录板服务器上的负载均衡，而记录板服务器管理其上的记录板的读写。为方便进行拓展，BigTable 通过三层的结构来保存记录板的位置，如图 16-3 所示。

第一级的 Chubby 文件保存有根子表的位置信息，根子表有且仅有一个，它包含所有

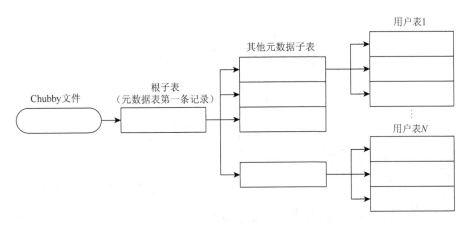

图 16-3　BigTable 中存储记录板位置信息的结构

元数据子表的位置信息，每个元数据子表又有若干用户表。当有数据读取请求时，需要一层层往下，首先读取 chubby 文件，得到根子表的位置，从中读取相应元数据子表的位置信息，然后读取该元数据子表，获得用户表的位置，再从该用户表中获得数据的位置，最后按该位置到服务器中读取数据。

16.3.3　编程模型

　　云计算的大部分应用是采用 MapReduce 的编程模型来编写程序的。MapReduce 是 Google 的"三驾马车"之一（其他两个分别是 GFS 和 Bigtable），是一种分布式编程、调度模型，有 Java、Python、C++等语言栈，常用来解决大规模数据集上的并行计算问题。MapReduce 主要采用了"分而治之"的思想，分为 Map 和 Reduce 两个阶段，首先执行 Map，将数据划分成无依赖的块，将原问题划分成一系列子问题，然后将这些数据块指派给各节点并行处理，完成该步后，执行 Reduce，将各结果进行汇总输出。MapReduce 模型中，处理的对象为 key/value 集，输入和输出均为 key/value 对。

　　图 16-4 展示了一个 MapReduce 程序的具体执行过程，由图可知，执行可以分为以下 5 个步骤：输入需要处理的数据文件、将数据文件分块调度给多个节点并发执行、本地写中间文件、并发执行 reduce 进行汇总、将最后的结果输出。在 MapReduce 中，数据分块、通信等都被隐藏，用户需要做的仅仅是事先指派 Map 和 Reduce 函数，编写并行程序。注意到，中间文件写在了本地，这样做可以减少大量的网络传输，防止拥塞，同时也加速了写操作。主控程序 master 管理着这些中间文件的位置信息，因此在指派 reduce 时，先要访问 master，然后再通过 RPC 从这些中间文件所在节点读取需要的数据。Map、Reduce 节点故障恢复较简单，只要将出错的节点进行屏蔽，然后将该节点的任务重新分配给其他正常工作的节点执行，最后将这一次处理由 master 告知正在等待故障节点结果的那些节点。master 故障通过检查点技术来解决，通过最新的检查点重新指定一个 master 即可。

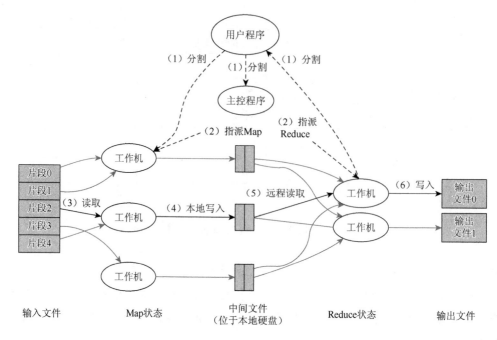

图 16-4　MapReduce 程序具体执行过程

16.4　云计算的分层体系

云计算按照服务类型可以分为 IaaS、PaaS、SaaS 三类，如图 16-5 所示。不同的云层提供不同的云服务，下面分别进行说明。

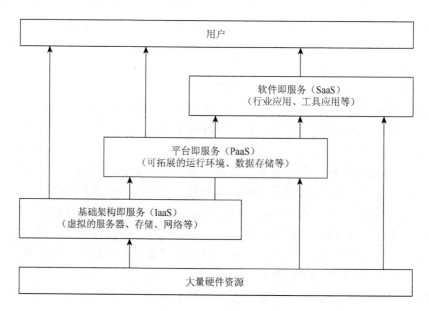

图 16-5　云计算层次分类

16.4.1 基础设施即服务 IaaS

IaaS 服务类型位于三层服务的最底端，由以基础设施为中心的 IT 资源组成，通过基于云服务的接口和工具访问和管理这些资源，将 IT 资源像水电一样以服务的方式提供给用户。IaaS 环境提供基本的计算和存储能力，包括硬软件、网络、OS 及其他的"原始"IT 资源。这些 IT 资源通常是未配置好的，需要云用户自行管理。IaaS 中的 IT 资源是抽象虚拟化后形成资源池的，这样可以使运行过程中更方便地拓展定制基础设施，提高资源利用率，减少花费。

虚拟服务器是 IaaS 环境中最核心的的 IT 资源，IaaS 允许消费者根据自己的需求个性化定制自己的服务器。IaaS 是自动化的管理方案，消费者自助式获取所需要资源，这降低了边际成本。自动化技术还使得资源的动态调度得以实现，如根据服务器 CPU 利用率自动为用户增加新的服务器和存储，从而满足事先与用户订立的服务水平协议。

16.4.2 平台即服务 PaaS

PaaS 位于三层服务的中间层，也被称为"云计算操作系统"。PaaS 由已经部署、配置好的 IT 资源组成，提供封装好的 IT 能力。用户使用 PaaS 提供的平台和接口可以进行在线开发工作。

通过 PaaS，云用户可以把企业内环境拓展到云，以经济的方法增强可扩展性；也可以使用就绪环境完全替代企业内环境；甚至可以为云提供者部署自己的云服务，提供给其他的云用户。

PaaS 相对于 IaaS 而言，因为平台已准备好，所以省去了建立和维护 IT 资源的负担，但相应的控制权也较低。PaaS 有不同的开发栈，如 Google App Engine 提供的是基于 Java 和 Python 的环境。

16.4.3 软件即服务 SaaS

SaaS 位于三层服务的顶端，是最常见的云计算服务。用户通过标准的 Web 浏览器来使用互联网上的软件。SaaS 将可重用云服务提供给多个云用户使用。

SaaS 环境中，云用户的管理权限非常有限。软硬件设施的维护管理由云服务提供者负责。按照软件类型的不同，用户可以通过免费的方式或出资租赁的方式享用。SaaS 的受众既可以是个人，也可以是团体。SaaS 提供的应用减少了客户安装维护软件的时间和技能负担。

Web 2.0 技术、多租户技术和虚拟化技术是 SaaS 层的主要技术。桌面应用向 Web 应用的转变就得益于 Web 2.0 的 AJAX 等技术。多租户是一种使得单个实例可以向多个租户提供服务的软件架构，硬件和软件架构由客户共享。虚拟化支持用户共享硬件架构。

上述的三层，每层都有自己的技术支持，每层都可单独成云，也可基于下面层的云服务。

16.5 云计算的应用

云计算、云服务领域潜力巨大，云提供商纷纷出手，加入云端之战，在各层推出不同的云服务和云应用，构建了广泛的应用版图（图16-6）。

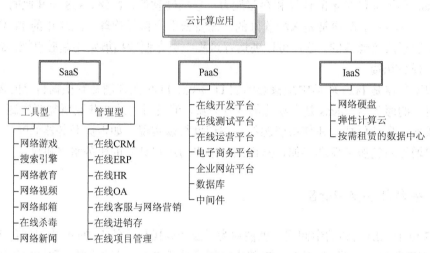

图 16-6 云计算的应用版图

16.5.1 IaaS 服务

IaaS 服务中，基础设施资源通过互联网供用户使用，提供常见的**存储**和**计算服务**，实现数据中心的按需租赁。

1. 网络硬盘

网络硬盘是一种在线存储服务，能够使用户在线访存文件、进行文件的备份、共享等。用户只要连上互联网，便可对网盘中的文件进行管理，不受地点的限制，不易丢失。网盘实际上是网络公司将其服务器硬盘阵列中的一部分容量提供给注册用户使用。网盘一般有免费和收费两种，因为网盘投资较高，所以免费网盘的容量往往不大，而且存储的单个文件大小上限也较小。而收费网盘相比于免费网盘，往往速度更快、容量更大、安全性能也更好。

2. 弹性计算

提供处理能力可弹性伸缩的在线计算服务，用户可以根据业务需求购买所需要的计算服务，按需使用，按需付费。

3. 按需租赁的数据中心

基础设施云日益发展成熟后，数据中心开始采用云计算技术，由原来的物理数据中心向虚拟数据中心发展,原先零散的虚拟化基础设施通过统一的管理,形成资源池,进行统一分配、管理和运行,用户通过网络便可按需租赁数据中心。

16.5.2 PaaS 服务

PaaS 以 SaaS 的模式将服务器平台提交给用户,该服务现在主要有在线开发平台、在线测试平台、数据库和中间件等应用。

(1)**在线开发平台**:提供一个平台,允许用户在线进行软件的设计开发等工作。客户不用购买硬件和软件,利用浏览器、远程控制台等技术就能创建部署应用和服务。如 Sina APP Engine 可以支持开发网站、博客、论坛、微博游戏等小型应用。

(2)**在线测试平台**:基于云计算的一种新型测试方案。服务商提供多种浏览器的平台,用户在本地把自动化测试脚本编写好,上传到网站,然后就可以在平台上运行脚本进行测试,而不需要本地的软硬件支持。

(3)**数据库和中间件**:在 PaaS 平台层,对应用系统而言,数据库和中间件资源是黑盒,能够进行集中化的资源分配和管理监控,实现弹性扩展。

16.5.3 SaaS 服务

SaaS 服务兴起于 21 世纪,是一种创新的软件应用模式,也是各公司瓜分的版图之一。软件被统一部署在服务器上,用户不用购买软件,而是对基于 Web 的软件进行租用,并且无须维护软件。常见的 SaaS 服务有**网络游戏**、**搜索**、**网络教育**、**在线杀毒**等。

思考题与习题

16-1 请简述一种云计算的定义。标准云计算的必备元素是什么?
16-2 云计算中有几种角色?请阐述各角色的分工与职责。
16-3 常用的云部署模型有几种?请对比分析各种类型的部署方式及特点。
16-4 请简要画出分布式文件系统 GFS 的系统架构,并说明其数据读取流程。
16-5 请简述分布式数据库 Bigtable 的主要工作原理,并分析其与传统关系数据库的区别。
16-6 简述 Map/Reduce 的体系结构和工作原理。
16-7 什么是虚拟化?常用虚拟化的类型和目的是什么?
16-8 什么是 IaaS、PaaS 及 SaaS?请阐述云计算的分层体系。
16-9 请列举目前流行的云服务,并以典型应用为例详细分析不同层次上云服务的特点和应用现状。

参 考 文 献

陈全,邓倩妮,2009. 云计算及其关键技术. 计算机应用,29(9):2562-2567.
雷万云,2011. 云计算:技术、平台及应用案例. 北京:清华大学出版社.

汤兵勇,李瑞杰,陆建豪,2014.云计算概论.北京：化学工业出版社.

王鹏,2011.问道云计算.北京：人民邮电出版社.

王庆波,金涬,何乐,等,2009.虚拟化与云计算.北京：电子工业出版社.

张为民,唐剑峰,罗治国,等.2009.云计算：深刻改变未来.北京：科学出版社.

Chang F, Dean J, Ghemawat S, et al, 2008. Bigtable: A distributed storage system for structured data. ACM Transactions on Computer Systems（TOCS）, 26（2）: 4-26.

Dean J, Ghemawat S, 2004. MapReduce: Simplified data processing on large clusters//Conference on Symposium on Opearting Systems Design & Implementation. USENIX Association: 10

Ghemawat S, Gobioff H, Leung S T, 2003. The Google file system//ACM SIGOPS operating systems review. ACM, 37（5）: 29-43.

Mell P, Grance T, 2010. The NIST definition of cloud computing. Communications of the ACM, 53（6）: 50.

Reed A, Rezek C, Simmonds P. Security guidance for critical areas of focus in cloud computing v3.0. Cloud Security Alliance, 2011: 14-44.

Rhoton J, 2010. Cloud Computing Explained. London: Recursive Press.

Rittinghouse J W, Ransome J F, 2016. Cloud Computing: Implementation, Management, and Security. BocaRaton: CRC Press.

缩写对照表

3GPP	The 3rd Generation Partnership Project	第三代移动通信系统伙伴项目
AAL	ATM Adaptive Layer	ATM 适配层
AAL5	ATM Adaptive Layer type 5	ATM 适配层 5
ABR	Available Bit Rate	可用位速率
AC	Authentication Center	鉴权中心
ACK	Acknowledgement	应答
ADM	Add/Drop Multiplexer	复接/分接器
AES	Advanced Encryption Standard	高级加密标准
AF_PHB	Assured Forwarding PHB	确保转发型 PHB
AFI	Authority Format Indicator	授权格式指示符
AID	Association Identifier	关联的标识
ALCAP	Access Link Control Application Part	接入链路控制应用部分
AODV	Ad hoc on-demand Distance Vector Routing	Adhoc 按需距离向量路由
API	Application Programming Interface	应用编程接口
APPN	Advanced peer-to-peer Networking	高级对等网
ARP	Address Resolution Protocol	地址解析协议
AS	Access Stratum	接入层
AS	Autonomous System	自治系统
ASON	Automatic Switched Optical Network	自动交换光网络
AT&T	American Telephone & Telegraph	美国电话电报公司
ATIS	the Alliance for Telecommunications Industry Solutions	美国电信工业解决方案联盟
ATM	Asynchronous Transfer Mode	异步转移模式
BA	Buffer Assignment	缓冲分配
BCCH	Broadcast Control Channel	广播控制信道
BCH	Broadcast Channel	广播信道
BE	Best Effort	尽力而为业务
BGP	Border Gateway Protocol	边界网关协议
B-ISDN	Broadband Integrated Services Digital Network	宽带综合业务数字网
BITS	Building Integrated Timing Supply	通信综合定时供给系统
B-LAN	Broadband-LAN	宽带局域网
BMC	Broadcast/Multicast Control	广播/多播控制

BSC	Base Station Controller	基站控制器
BSS	Base Station Subsystem	基站子系统
BSS	Basic Service Set	基本服务集
BSSAP	Base Station Subsystem Application Part	基站子系统应用部分
BTag	Begin Tag	报文起始标志
BTS	Base Transceiver Station	基站收发台
BUS	Broadcast and Unknown Server	广播和未知服务器
CAC	Connection Admission Control	连接接纳控制
CATV	Cable TV	有线电视
CBR	Constant Bit Rate	恒定位速率
CBT	Core Based Tree	核心基础树
CCCH	Common Control Channel	公共控制信道
CCITT	Consultation Committee of International Telegraph and Telephone	国际电报电话咨询委员会
CCK	Complementary Keying	补码键控
CCSA	China Communication Standards Association	中国通信标准化协会
CD	Cell Delay	信元延时
CDMA	Code Division Multiple Access	码分多址
CDV	Cell Delay Variation	时延变化
CDVT	Cell Delay Variation Tolerance	信元时延的变化
CER	Cell Error Rate	信元差错率
CF_Pollable	Contention Free Pollable	免竞争可轮询
CFP	Contention Free Period	免竞争期间
CID	Channel Identifier	信道标识
CID	Connection Identifier	连接标识符
CIDR	Classless Inter-Domain Routing	无类域内路由选择
CLP	Cell Lost Priority	信元拥塞丢弃丢等级
CLR	Cell Lost Rate	信元丢失率
CMR	Cell Mis-insertion Rate	信元误插率
CN	Core Network	核心网
CoS	Class of Service	服务类型
CPCS	Common Part Convergence Sublayer	公共部分汇聚子层
CPS	Common Part Sublayer	公共部分子层
CRC	Cyclic Redundancy Check	循环冗余检验
CS	Convergence Sublayer	汇聚子层
CS	Circuit Switching	电路交换
C-S	Client-Server	客户-服务器
CS/CCA	Carrier Sense/Clear Channel Assessment	载波侦听及空闲信道检测

CS_PHB	Class Selector PHB	类选择型 PHB
CSI	Convergence Sublayer Indicator	汇聚子层指示位
CSMA/CD	Carrier Sense Multiple Access/Collision Detection	载波侦听多址接入/碰撞检测
CTCH	Common Traffic Channel	公共业务信道
CTS	Clear to Send	清除
CU	Currently Unused	保留部分
DA	Destination Address	目的地址
DAMA	Demand Assigned Multiple Access	按需分配多址接入
DB	Data Base	数据库
DCC	Data County Code	数据国家码
DCCH	Dedicated Control Channel	专用控制信道
DCD	Downlink Channel Descriptor	下行信道描述符
DCF	Data Communication Function	数据通信功能
DCF	Distributed Coordination Function	分布协调功能
DCH	Dedicated Channel	专用信道
DES	Destination Equipment System	目的端系统
DFS	Dynamic Frequency Selection	动态频率选择
DHCP	Dynamic Host Configuration Protocol	动态主机配置协议
DIFS	DCF Inter Frame Space	DCF 帧间间隔
DLCI	Data Line Connection Identifier	数据线连接指示符
DL-MAP	Downlink Map	下行图案
DL-SCH	Down Link Shared Channel	下行共享信道
DNA	Data Network Architecture	数据网络结构
DNS	Domain Name System	域名系统
DPCH	Dedicated Physical Channel	专用物理信道
DQDB	Distributed Queue Dual Bus	分布式队列双总线
DS	Differentiated Services	区分服务
DS	Distribution System	分布式系统
DSAP	Destination Service Access Point	目标访问点地址
DSA-REQ	Dynamic Service Addition Request	动态服务添加请求
DSA-RSP	Dynamic Service Addition Response message	动态服务添加响应
DSCH	Downlink Shared Channel	下行链路共享信道
DSCP	Differentiated Services Code-Point	DS 码点
DSC-REQ	Dynamic Service Change Request	动态服务修改请求
DSC-RSP	Dynamic Service Change Response	动态服务修改响应
DSD-REQ	Dynamic Service Deletion Request	动态服务删除请求
DSD-RSP	Dynamic Service Deletion Response	动态服务删除响应
DSP	Domain Specific Part	域特定部分

DSP	Digital Signal Processing	数字信号处理
DSSS	Direct Sequence Spread Spectrum	直接序列扩频
DTCH	Dedicated Traffic Channel	专用业务信道
DTE	DataTerminal Equipment	数据终端设备
DTIM	Delivery Traffic Indication Message	投递传输指示信息
DTMF	Dual Tone Multiple Frequency	双音多频
DVMRP	Distance Vector Multicast Routing Protocol	距离向量组播路由协议
EF_PHB	Expedited forwarding PHB	加速转发型 PHB
EFCI	Explicit Forward Congestion Indicator	显式前向拥塞指示
EIR	Equipment Identity Register	设备标识寄存器
EPC	Evolved Packet Core	演进分组核心网
EPC	Electronic Product Code	产品电子代码
ESI	End System/Station Identifier	终端系统标识
ESP	Encapsulated Security Payload Header	安全封装载荷首部
ETag	End Tag	报文的结束标志
ETSI	European Telecommunication Standards Institute	欧洲电信标准协会
E-UTRAN	Evolved-UTRAN	演进的接入网
FACH	Forward Access Channel	前向接入信道
FBSS	Fast Base Station Switching	快速基站切换
FCH	Frame Control Header	帧控制报头
FCS	Frame Check Sequence	帧校验序列
FDD	Frequency Division Duplex	频分双工
FDDI	Fiber Distributed Data Interface	光纤分布式数据接口
FDD-LTE	Frequency Division Duplex-LTE	频分双工 LTE
FEC	Forwarding Equivalence Class	转发等价类
FF Style	Fixed-Filter Style	固定模式
FHSS	Frequency Hopping Spread Spectrum	跳频扩频
FIFO	First In First Out	先进先出
FPGA	Field-Programmable Gate Array	现场可编程门阵列
FR	Frame Relay	帧中继
FTP	File Transfer Protocol	文件传输协议
GCRA	Generic Cell Rate Algorithm	通用信元速率算法
GFC	General Flow Control	一般流量控制
GFR	Guaranteed Frame Rate	有保证的帧速率
GFSK	Frequency Shift Keying	高斯频移键控
GPC	Grant per Connection	每连接授权
GPRS	General Packet Radio Service	通用分组无线业务
GPS	Global Positioning System	全球定位系统

缩写	英文	中文
GPS	Generalized Processor Sharing	共系通用处理器
GPSS	Grant per subscriber station	每站点授权
GS	Guaranteed Service	保证型服务
GSM	Global System for Mobile Communication	全球移动通信系统
GTP	GPRS Tunneling Protocol	GPRS 隧道协议
GW	Gate Way	网关
HCF	Hybrid Coordination Function	混合协调功能
HDLC	High-level Data Link Control	高级数据链路控制
HEC	Header Error Check	首部差错校验
HHO	Hard Handover	硬切换
HLR	Home Location Register	归属位置寄存器
HR/DSSS	High Rate Direct Sequence Spread Spectrum	高速直接序列扩频
HSDPA	Highspeed Downlink Packet Access	高速下行链路分组接入
HSPA	Highspeed Packet Access	高速分组接入
HSTP	High level STP	高级的信令转接点
HT	High-Throughput	高吞吐量控制
HTML	Hyper Text Markup Language	超文本标记语言
HTTP	Hyper Text Transfer Protocol	超文本传送协议
HWMP	Hybrid Wireless Mesh Protocol	混合无线 Mesh 网协议
IAB	Internet Architecture Board	互联网体系结构委员会
IAPP	Inter-Access Point Protocol	AP 接入点间的协议
IBSS	Independent BSS	独立基本服务集
ICD	International Code Designator	国际码指定符
ICI	Interface Control Information	接口控制信息
ICMP	Internet Control Message Protocol	网络控制管理协议
ICT	Information Communication Technology	信息通信技术
IDI	Initial Domain Identifier	初始域标识
IEEE	Institute of Electrical and Electronic Engineers	电气与电子工程师学会
IETF	Internet Engineering Task Force	互联网工程任务组
IGMP	Internet Group Management Protocol	组播管理协议
IMT	International Mobile Telecommunications	国际移动通信
IN	Intelligent Network	智能网
IP	Internet Protocol	因特网协议
IPng	IP Next Generation	下一代互联网协议
IPOA	IP Over ATM	基于 ATM 的 IP 技术
IPX	Internetwork Packet Exchange	互联网分组交换
ISDN	Integrated Services Digital Network	综合业务数字网
ISM	Industrial Scientific Medical	工业-科学-医疗

ISO	International Standard Organization	国际标准化组织
ISUP	ISDN User Part	ISDN 网络用户部分
ITU	International Telecommunication Union	国际电信联盟
LAN	Local Area Network	局域网
LANE	LAN Emulation	局域网仿真技术
LDAP	Lightweight Directory Access Protocol	轻量级目录访问协议
LDP	Label Distribution Protocol	标签分发协议
LEC	LANE Client	LANE 客户机
LECS	LANE Configuration Server	LANE 配置服务器
LER	Label Edge Router	标签边缘路由器
LES	LANE Service	LANE 服务器
LI	Length Identifier	长度标识
LLC	Logical Link Control	逻辑链路控制
LPR	Local Primary Reference	区域基准时钟
LSP	Label Switch Path	标签交换路径
LSR	Label Switch Router	标签交换路由器
LSTP	Low level STP	低级的信令转接点
LTE	Long Term Evolution	长期演进
M3UA	MTP3 User Application layer	消息传输部分 3 级用户适配层
MAC	Medium Access Control	媒体访问控制
MAN	Metropolitan Area Network	城域网
MAP	Mobile Application Part	移动应用部分
MBMS	Multimedia Broadcast/Multicast Service	多媒体多播广播业务
MBS	Maximum Burst Size	最大突发量
MBWA	Mobile Broadband Wireless Access	移动宽带无线接入
MCCA	MCF Controlled-based Channel Access	MCF 基于控制的信道接入
MCCH	Multicast Control Channel	多播控制信道
MCF	Mesh Coordination Function	Mesh 协调功能
MCR	Minimum Cell Rate	最小信元速率
MCU	Multipoint Control Unit	多点控制单元
MDHO	Macro Diversity Handover	宏分集切换
MF	Mediation Function	中介功能
MG	Media Gateway	媒体网关
MGCP	Media Gateway Control Protocol	媒体网关控制协议
MIB	Master Information Block	主信息块
MID	Multiplexing ID	复接标记
MIH	Media Independent Handover	媒体独立切换
MIMO	Multiple-in Multiple out	多进多出

缩写	英文	中文
MISO	Multipoe-Input Single-Output	多输入单输出
MLME	MAC Layer Management Entity	MAC 子层管理实体
MME	Mobile Management Entity	移动管理实体
MPC	MPOA Client	MPOA 客户端
MPEG	Moving Picture Export Group	运动图像专家组
MPLS	Multiple Protocol Label Switch	多协议标签交换
MPOA	Multiple Protocol over ATM	ATM 上运行多协议
MPS	MPOA Server	MPOA 服务器
MRP	Multicast Routing Protocol	组播路由协议
MS	Mobile Station	移动终端
MSC	Mobile Service Switching Center	移动业务交换中心
MSH-CSCF	Mesh Centralized Schedule Configuration	网状网集中式调度配置
MSH-CSCH	Mesh Centralized Schedule	网状网集中式调度
MSH-DSCH	Mesh Distributed Schedule	网状网分布式调度
MSH-NCFG	Mesh Network Configuration	网状网络配置
MSH-NENT	Mesh Network Entry	网状网络接入
MSS	Maximum Segment Size	最大报文段长度
MSS	Mobile Subscriber Station	移动终端
MTCH	Multicast Traffic Channel	多播业务信道
MTP	Message Transfer Part	消息传递部分
MTP3-B	Message Transfer Part level 3-Broadband	消息传输部分
NAS	Non-Access Stratum	非接入层
NAT	Network Address Translation	网络地址转换
NAV	Network Allocation Vector	网络分配向量
NEF	Network Element Function	网元功能
NGI	Next Generation Internet	下一代互联网
NGN	Next Generation Network	下一代网络
NHRP	Next Hop address Resolution Protocol	下一跳地址解析协议
NHS	Next Hop address resolution Server	下一跳地址解析服务器
NNI	Network to Network Interface	网络与网络间的接口
NPC	Network Parameter Control	网络参数控制
NSS	Network Sub-System	网络子系统
OAM	Operation Administration and Maintenance	操作管理与维护
OFDM	Orthogonal Frequency Division Multiplexing	正交频分复用
OMAP	Operation & Maintenance Application Part	操作维护应用部分
OMC	Operation and Maintenance Center	操作维护中心
ONF	Open Networking Foundation	开放网络基金会
OSF	Operations System Function	操作系统功能

OSI	Open System Interconnection	开放系统互联
OSPF	Open Shortest Path First Interior Gateway Protocol	开放式最短路径优先协议
PAN	Personal Area Network	个域网
PC	Point Coordinator	点协调器
PCCH	Paging Control Channel	寻呼信息信道
PCCPCH	Primary Common Control Physical Channel	主公共控制物理信道
PCF	Point Coordination Function	点协调功能
PCH	Paging Channel	寻呼信道
PCI	Protocol Control Information	协议控制信息
PCM	Pulse Code Modulation	脉冲编码调制
PCR	Peak Cell Rate	峰值信元速率
PCRF	Police Control and Charging Rule Function	策略控制与计费规则功能
PDCP	Packet Data Convergence Protocol	分组数据汇聚协议
PDH	Pseudo-synchronous Digital	准同步序列
PDN	Packet Data Network	分组数据网络
PDSCH	Physical Downlink Shared Channel	物理下行链路共享信道
PDU	Protocol Data Unit	协议数据单元
P-GW	PDN-Gateway	分组数字网网关
PHB	Per-Hop Behavior	逐跳行为
PHICH	Physical Hybrid-ARQ Indicator Channel	物理 HARQ 指示信道
PIFS	PCF Interframe Space	PCF 帧间间隔
PIM	Protocol Independent Multicast Routing Protocol	协议无关组播路由协议
PKM	Privacy Key Management	密钥管理协议
PKM-REQ	Privacy Key Management Reques	秘钥管理请求
PKM-RSP	Privacy Key Management Response	秘钥管理回复
PLCP	Physical Layer Convergence Procedure	物理层会聚
PLME	Physical Layer Management Entity	物理子层管理实体
PLMN	Public Land Mobile Network	公共陆地移动通信网
PMCH	Physical MCH	物理多播信道
PMD	Physical Media Dependent	物理媒体依赖
PMP	Point to Multi-Point	点到多点
PPM	Pulse Position Modulation	脉位调制
PPP	Point to Point Protocol	点对点协议
PRACH	Physical Random Access Channel	物理随机接入信道
PRB	Physical Resource Block	物理资源块
PRC	Primary Reference Clock	基准参考时钟
PREP	Path Reply	路径响应
PREQ	Path Request	路径请求

PS	Packet Switching	分组交换
PSTN	Public Switched Telephone Network	公用交换电话网
PT	Packet Type	分组类型
PTI	Payload Type Indicator	载荷类型标识
PUSCH	Physical Uplink Shared Channel	物理上行链路共享信道
PVC	Permanent Virtual Connection	永久虚连接
QoS	Quality of Service	服务质量
RA	Receiving STA address	接收工作站地址
RACH	Random Access Channel	随机接入信道
RAM	Random Access Memory	随机存储器
RANAP	Radio Access Network Application Part	无线接入网应用部分
RARP	Reverse Address Resolution Protocol	反向地址解析协议
RAS	Registration, Adminssion and Status	注册、许可和状态
RC	Report Count	报告计数
REC	Recommendation	建议书
REG-REQ	Register Request Message	注册请求信息
REG-RSP	Register Response Message	注册响应信息
RFC	Request For Comments	请求评注
RIP	Routing Information Protocol	路由选择信息协议
RLC	Radio Link Control	无线链路控制
RNC	Radio Network Controller	无线网络控制器
RPF	Reverse Path Forwarding	反向通路转发
RPR	Resilient Packet Ring	弹性分组环
RR	Receiver Report	接收方报告
RRC	Radio Resource Control	无线资源控制
RRM	Radio Resource Management	无线资源管理
RS	Repeat Station	中继站
RSVP	Resource reservation Protocol	资源预留协议
RTCP	Realtime Transport Control Protocol	实时传输控制协议
RTG	Rx/Tx Gap	接收/传输转换间隔
RTP	Real-time Transport Protocol	实时传输协议
RTS	Request to Send	请求发送帧
RTSP	Realtime Streaming Protocol	实时流式协议
RTT	Round-Trip Time	往返时间
S1-AP	S1-Application Protocol	S1 应用协议
SA	Source Address	源地址
SAAL-NNI	Signalling ATM Adaptive Layer-Network to Network Interface	网间接口信令 ATM 适配层

SACK	Selected ASK	选择确认
SAP	Service Access Point	服务接入点
SAR	Segmentation And Reassembly sublayer	分段与重组子层
SBC-REQ	SS Basic Capability Request Message	SS 基本能力请求信息
SBC-RSP	SS Basic Capability Response Message	SS 基本能力响应信息
SC	Sub-Committee	分委员会
SC	Single Carrier	单载波
SCCP	Signalling Connection Control Part	信令连接控制部分
SCCPCH	Secondary Common Control Physical Channel	辅助公共控制物理信道
SCE	Service Creation Environment	业务生成环境
SCP	Service Control Point	业务控制点
SCR	Sustainable Cell Rate	持续信元速率
SCTP	Stream Control Transmission Protocol	流控制传输协议
SDES	Source Description	源点描述
SDH	Synchronous Digital Hierarchy	同步数字体系
SDN	Software Defined Network	软件定义网络
SDU	Service Data Unit	服务数据单元
SE Style	Shared-Explicit Style	共享模式
Seg	Segment Type	分段类型
SES	Source Equipment System	源端系统
SGSN	Serving GPRS Support Node	服务型 GPRS 支撑节点
S-GW	Serving-Gateway	服务网关
SHCCH	Shared Channel Control Channel	共享信道控制信道
SIB	System Information Block	系统信息块
SIFS	Short Inter Frame Space	短帧间间隔
SIM	Subscriber Identity Module	识别卡
SIGTRAN	Signaling Transport	信令转换（协议）
SIP	Session Initiation Protocol	会话发起协议
SLA	Service Level Agreement	服务水平约定
SMS	Service Management System	业务管理系统
SMTP	Simple Message Transfer Protocol	简单邮件传送协议
SN	Sequence Numbering	信元顺序计数
SNA	System Network Architecture	网络体系结构
SNMP	Simple Network Management Protocol	简单网络管理协议
SON	Self-Optimizing Networks	自优化网络
SONET	Synchronous Optical Network	同步光纤网
SP	Static Priority	固定优先
SP	Signalling Point	信令处理点

SPI	Security Parameter Index	安全参数索引
SPX	Sequenced Packet Exchange	顺序分组交换
SR	Sender Report	发送方报告
SRTS	Synchronous Residual Time Stamp	同步余差标记法
SS	Security Sublayer	安全子层
SS	Subscriber Station	用户站
SS	Soft Switch	软交换（控制器）
SSAP	Source Service Access Point	源访问点地址
SSCF	Service Specific Co-ordination Function	具体业务协调功能
SSCOP	Specific Service Connection Oriented Protocol	特定业务面向连接协议
SSCS	Service Specific Convergence Sublayer	业务特定汇聚子层
SSID	Service Set Identifier	服务集标识符
SSP	Service Switching Point	业务交换点
STP	Signalling Transfer Point	信令转接点
SVC	Switch Virtual Connection	交换式虚连接
TA	Transmitting STA Address	发送工作站地址
TAT	Theoretical Arrival Time	理论达到时间
TC	Transmission Convergence	传输汇聚
TC	Technical Committee	技术委员会
TCAP	Transaction Capabilities Application Part	事务处理能力应用部分
TCP	Transmission Control Protocol	传输控制协议
TDD	Time Division Duplex	时分双工
TDD-LTE	Time Division Duplex-LTE	时分双工 LTE
TDMA	Time Division Multiple Access	时分多址
TD-SCDMA	Time Division-Synchronous Code Division Multiple Access	时分同步码分多址
TFTP	Trivial File Transfer Protocol	简单文件传输协议
TMN	Telecommunication Management Network	电信管理网
TOS	Type of Service	业务类型
TRG	Tx/Rx Gap	传输/接收转换间隔
TRTF	Internet Research Task Force	互联网研究任务组
TS	Traffic Shaping	业务流整形
TTA	Telecommunication Technology Association	电信标准协会
TTC	Telecommunication Technology Committee	电信技术委员会
TTL	Time to Live	生存时间
TUP	Telephone User Part	电话用户部分
UBR	Unspecified Bit Rate	不定位速率
UCD	Uplink Channel Descriptor	上行信道描述符

UDP	User Datagram Protocol	用户数据协议
UE	User Equipment	移动终端设备
UGS	Unsolicited Grant Service	主动授权业务
UL-MAP	Uplink Map	上行图案
UL-SCH	Up Link Shared Channel	上行共享信道
UNI	User to Network Interface	用户与网络接口
UPC	User Parameter Control	用户参数控制
URL	Uniform Resource Locator	统一资源定位符
USCH	Uplink Shared Channel	上行共享信道
UTRAN	UMTS-Terrestrial Radio Access Network; UMTS Universal Mobile Telecommunication System	通用移动通信系统陆地无线接入网
UUI	User to User Information	用户间的信息
UWB	Ultra-Wide Bandwidth	超宽带
VBR-NRT	Variable Bit Rate-None Real Time	非实时可变位速率
VBR-RT	Variable Bit Rate-Real Time	实时可变位速率
VCI	Virtual Channel Identifier	虚信道标识
VLAN	Virtual LAN	虚拟局域网
VLR	Visitor Location Register	访问位置寄存器
VPI	Virtual Path Identifier	虚通道标识
VPN	Virtual Private Network	虚拟专用网
WAN	Wide Area Network	广域网
WCDMA	Wideband Code-Division Multiple Access	宽带码分多址
WF Style	Wide-card-Filter Style	通配符模式
WG	Working Group	工作组
WiMAX	Worldwide Interoperability for Microwave Access	全球微波接入互操作
WLAN	Wireless Local Area Networks	无线局域网
WMAN	Wireless Metropolitan Area Network	无线城域网
WPAN	Wireless Personal Area Network	无线个域网
WSF	Work Station Function	工作站功能
WWW	World Wide Web	万维网